Guido Ebner   Dieter Schelz

# Textilfärberei und Farbstoffe

Beispiele angewandter organischer Chemie

Mit 15 Abbildungen und
3 Ausschlagtafeln

Springer-Verlag
Berlin Heidelberg New York
London Paris Tokyo

Dr. Guido Ebner
CIBA-Geigy AG Basel
Postfach
CH-4002 Basel

Dr. Dieter Schelz
Institut für Farbenchemie
Universität Basel
St. Johannsvorstadt 10/12
CH-4056 Basel

ISBN 3-540-15047-1 Springer-Verlag Berlin Heidelberg New York
ISBN 0-387-15047-1 Springer-Verlag New York Berlin Heidelberg

CIP-Titelaufnahme der Deutschen Bibliothek
Ebner, Guido: Textilfärberei und Farbstoffe : Beispiele angewandter organ. Chemie / Guido Ebner ; Dieter Schelz. – Berlin ; Heidelberg ; New York ; London ; Paris ; Tokyo : Springer, 1988.
ISBN 3-540-15047-1 (Berlin ...) brosch.
ISBN 0-387-15047-1 (New York ...) brosch.
NE: Schelz, Dieter:

Dieses Werk ist urheberrechtlich geschützt. Die dadurch begründeten Rechte, insbesondere die der Übersetzung, des Nachdrucks, des Vortrags, der Entnahme von Abbildungen und Tabellen, der Funksendung, der Mikroverfilmung oder der Vervielfältigung auf anderen Wegen und der Speicherung in Datenverarbeitungsanlagen, bleiben, auch bei nur auszugsweiser Verwertung, vorbehalten. Eine Vervielfältigung dieses Werkes oder von Teilen dieses Werkes ist auch im Einzelfall nur in den Grenzen der gesetzlichen Bestimmungen des Urheberrechtsgesetzes der Bundesrepublik Deutschland vom 9. September 1965 in der Fassung vom 24. Juni 1985 zulässig. Sie ist grundsätzlich vergütungspflichtig. Zuwiderhandlungen unterliegen den Strafbestimmungen des Urheberrechtsgesetzes.

© Springer-Verlag Berlin Heidelberg 1989
Printed in Germany

Die Wiedergabe von Gebrauchsnamen, Handelsnamen, Warenbezeichnungen usw. in diesem Werk berechtigt auch ohne besondere Kennzeichnung nicht zu der Annahme, daß solche Namen im Sinne der Warenzeichen- und Markenschutz-Gesetzgebung als frei zu betrachten wären und daher von jedermann benutzt werden dürften.

Druck: Druckhaus Beltz, Hemsbach/Bergstr.; Bindearbeiten: J. Schäffer, Grünstadt
2151/3140-543210   Gedruckt auf säurefreiem Papier

Herrn Professor

*Thadeus Reichstein*

nachträglich
zum 90. Geburtstag

# Vorwort

<u>Ueber unsere Absichten, Grenzen und Möglichkeiten</u>

Vom Spezialisten sagt ein Bonmot, dass er von immer weniger immer mehr, von seinem Gegenpol, dass er von immer mehr immer weniger verstehe. Am Ende seines Weges, so heisst es mit zulässiger Uebertreibung, werde folglich der eine über alles so gut wie nichts, der andere über so gut wie nichts alles wissen. Uebertrieben gewiss, zulässig vielleicht, lässt sich diese Spruchweisheit auch auf die moderne Chemie anwenden, die wesentlich mehr als die klassischen Fächer der organischen, anorganischen und physikalischen Chemie umfasst. Nicht alles lässt sich heute noch im Rahmen eines genormten Chemiestudiums bewältigen. Wo also findet Kompromissbereitschaft ihr Optimum ?

Gefragt sind Schwerpunktprogramme und knappe Texte, da es in der Regel um eine erste Information geht. Geeignet sind reife Gebiete; hierzu zählt einerseits die makromolekulare Chemie mit dem Teilbereich Textilien, andererseits die Farbstoffchemie als Paradebeispiel angewandter organisch-chemischer Forschung.

So wendet sich dieses Buch in erster Linie an Studierende der Chemie am Ende des ersten Studienabschnittes. In zweiter Linie wendet es sich an Textilchemiker und Koloristen. Dabei wollen wir keineswegs mit etablierten Lehrbüchern der Textilchemie konkurrieren, sondern diese mit einem Blick von einer anderen Warte sinnvoll ergänzen. Im Hinblick auf eine in kulturgeschichtlich bedeutenden Quellen wurzelnde Tradition und eine fachübergreifende Entwicklung wendet es sich ferner an Studierende und Absolventen anderer, insbesondere naturwissenschaftlich orientierter Fächer.

Die Lektüre setzt aber Grundkenntnisse, bezüglich einzelner Abschnitte vertiefte Kenntnisse in organischer Chemie voraus, was in diesem Zusammenhang warnend angemerkt sei. Unverzichtbar bleiben die zu den

Grundkenntnissen zu zählenden Regeln der Nomenklatur, derer eine vordergründige Umgangssprache nicht bedarf. Gleiches gilt für viele Wendungen des Fachvokabulars. So muss unser Bemühen um einen breiteren Leserkreis zwangsläufig in ein Dilemma führen, das sich am besten mit einer Glosse C.P. MüLLER-THURAUs veranschaulichen lässt (".... wenn sie Beipackzettel von Medikamenten lesen" in : Ueber die Köpfe hinweg. Düsseldorf : Goldmann 1984).

Sie, lieber Leser, bitten wir um Nachsicht, falls die eine oder andere Schreibweise auf Ihre Ablehnung stösst. Sollten wir Fehler übersehen haben, so geschah dies unbeabsichtigt; andererseits sind die in der Schweiz gebräuchlichen Schreibmaschinen mit einer Tastatur ausgerüstet, die zugunsten anderer auf einige wenige der Ihnen geläufigen Zeichen und Buchstaben verzichtet.

Kollegen, Freunden und Vorgesetzten, die mit Tat und/oder Rat zum Gelingen dieses Buches beigetragen haben, danken wir herzlich. Herrn E. BORNAND, Ciba-Geigy AG, sind wir für die Durchsicht des Textes zu Dank verpflichtet. Dank gebührt auch Frau H. MANTEL, Kaiseraugst, die das Manuskript in geduldiger Arbeit erstellt hat.

Basel, im Juli 1988                      Guido Ebner
                                                           Dieter Schelz

# Inhaltsverzeichnis

| | | |
|---|---|---|
| 1 | Einleitung | 1 |
| 2 | Naturfasern | 7 |
| 2.1 | Cellulosefasern | 8 |
| 2.1.1 | Natürliche Energiespeicher und Photosynthese | 8 |
| 2.1.2 | Zum chemischen Aufbau des Cellulosemoleküls | 9 |
| 2.1.3 | Kristallstruktur und morphologischer Aufbau | 11 |
| 2.1.4 | Charakteristische Eigenschaften der Cellulose | 14 |
| 2.1.5 | Die Begleitstoffe in den nativen Cellulosefasern | 15 |
| 2.1.6 | Die Baumwolle | 17 |
| 2.1.7 | Die Blatt- und Stengelfasern | 19 |
| 2.2 | Proteinfasern | 21 |
| 2.2.1 | Aminosäuren, Peptide und Proteine | 21 |
| 2.2.2 | Die Konstitution des Wollproteins | 24 |
| 2.2.2.1 | Bruttozusammensetzung und Seitenkettenwechselwirkungen | |
| 2.2.2.2 | Die Kerateinfraktionen | 26 |
| 2.2.2.3 | Zur Aufklärung der Primärstruktur | 27 |
| 2.2.2.4 | Zur Ermittlung einer fossilen Struktureinheit | 31 |
| 2.2.3 | Die α-Helix und die β-Faltblatt-Struktur | 33 |
| 2.2.4 | Proteine als Polyelektrolyte | 35 |
| 2.2.5 | Die Wolle | 41 |
| 2.2.6 | Die Seide | 46 |
| 3 | Chemiefasern | 48 |
| 3.1 | Chemiefasern der ersten Generation | 49 |
| 3.1.1 | Die Bereitstellung der Cellulose | 49 |

| | | |
|---|---|---|
| 3.1.2 | Die Verarbeitung des Rohstoffes | 49 |
| 3.1.2.1 | Das Viskoseverfahren | 50 |
| 3.1.2.2 | Das Acetatverfahren | 51 |
| 3.1.3 | Historisches | 52 |
| 3.2 | Chemiefasern der zweiten Generation | 53 |
| 3.2.1 | Polymerisation | 53 |
| 3.2.2 | Polykondensation und Polyaddition | 58 |
| 3.2.3 | Polyesterfasern | 58 |
| 3.2.3.1 | Terephthalsäure und Dimethylterephthalat | 61 |
| 3.2.3.2 | Zur Polykondensation und zum Spinnprozess | 63 |
| 3.2.4 | Die Polyamide | 65 |
| 3.2.4.1 | Zur Synthese von Polyamid-6,6 | 68 |
| 3.2.4.2 | Zur Synthese von Polyamid-6 | 71 |
| 3.2.4.3 | Zur Synthese von Polyamid-11 | 75 |
| 3.2.4.4 | Charakteristische Eigenschaften | 75 |
| 3.2.5 | Polyacrylnitrilfasern | 76 |
| 3.2.5.1 | Herstellung und Polymerisation von Acrylnitril | 76 |
| 3.2.5.2 | Modifizierte Acrylfasern | 77 |
| 3.2.5.3 | Die Spinnverfahren | 78 |
| 3.2.6 | Struktur/Eigenschafts-Beziehungen | 79 |
| 3.3 | Chemiefasern der dritten Generation | 81 |
| 3.3.1 | Der Spielraum; Gebrauchsqualitäten und Industriequalitäten | 81 |
| 3.3.2 | Saugfähige Polyacrylnitrilfasern | 82 |
| 3.3.3 | Zur Steuerung der Anfärbbarkeit | 83 |
| 3.3.4 | Polyurethan-Elastomerfasern | 84 |
| 3.3.4.1 | Die strukturellen Voraussetzungen | 85 |
| 3.3.4.2 | Die synthetischen Aspekte | 87 |
| 3.3.4.3 | Die Ausgangsmaterialien | 87 |

| | | |
|---|---|---|
| 4 | Vom Farbstoff-Begriff zu den Struktur- und Einteilungsprinzipien | 89 |
| 4.1 | Die Definition | 89 |
| 4.2 | Farbstoffchromophor und Farbigkeit | 89 |
| 4.3 | Farbstoffchromophortypen | 95 |
| 4.3.1 | Formale Chromophorbausteine | 95 |
| 4.3.2 | Kombinationen formaler Chromophorbausteine | 96 |
| 4.4 | Farbstoffklassen | 101 |
| 5 | Die Chemie der Farbstoffe | 104 |
| 5.1 | Polymethinfarbstoffe | 104 |
| 5.2 | Merochinoide Farbstoffe | 110 |
| 5.2.1 | Triphenylmethanfarbstoffe | 111 |
| 5.2.2 | Xanthenfarbstoffe | 114 |
| 5.2.3 | Phenoxazinfarbstoffe | 116 |
| 5.2.4 | Phenthiazinfarbstoffe | 117 |
| 5.2.5 | Phenazinfarbstoffe | 119 |
| 5.3 | Nitro- und Nitrosofarbstoffe | 120 |
| 5.4 | Azofarbstoffe | 122 |
| 5.4.1 | Tautomeriegleichgewichte | 124 |
| 5.4.2 | Diazotierung und Kupplung | 126 |
| 5.4.3 | Diazo- und Kupplungskomponenten - Bewährtes und Neues | 129 |
| 5.4.4 | Monoazofarbstoffe | 134 |
| 5.4.5 | Disazofarbstoffe | 139 |
| 5.4.6 | Trisazofarbstoffe | 145 |
| 5.4.7 | Tetrakis- und Polyazofarbstoffe; Stilbenderivate | 149 |
| 5.4.8 | Strukturverwandte Farbstoffe | 150 |
| 5.5 | Metallkomplexfarbstoffe | 152 |
| 5.5.1 | Aza[18]annulen-Metallkomplexe | 152 |

| | | |
|---|---|---|
| 5.5.2 | Formazan-Komplexe | 157 |
| 5.5.3 | Azo-Metallkomplexe | 159 |
| 5.6 | Die Carbonylfarbstoffe und ihre Derivate | 164 |
| 5.6.1 | Chinoide Farbstoffe | 167 |
| 5.6.1.1 | Chinoide Dispersions- und Beizenfarbstoffe | 168 |
| 5.6.1.2 | Wasserlösliche Chinonfarbstoffe | 171 |
| 5.6.1.3 | Chinoide Küpenfarbstoffe | 175 |
| 5.6.1.4 | Chinonimidfarbstoffe | 182 |
| 5.6.2 | Indigoide Farbstoffe | 184 |
| 5.6.2.1 | Die Derivate des klassischen Indigos | 186 |
| 5.6.2.2 | Thioindigoide und Hemithioindigoide | 190 |
| 5.6.2.3 | Farbstoffe im Grenzbereich zwischen Indigoiden und Polymethinfarbstoffen | 192 |
| 5.7 | Anhang: Echtheitsansprüche, Anpassung der Farbstoffauswahl | 194 |
| 6 | Von den Applikationsklassen des Colour Index zu den Mechanismen des Färbeprozesses | 197 |
| 6.1 | Grundlagen | 197 |
| 6.1.1 | Die Verankerungsprinzipien | 197 |
| 6.1.2 | Das Egalisieren | 199 |
| 6.1.3 | Das Migrationsverhalten | 199 |
| 6.1.4 | Ueber Carrier-Wirkung, Einfrier-, Glas- und Erweichtemperaturen | 200 |
| 6.1.5 | Anhang: Chemikalien und Textilhilfsmittel | 203 |
| 6.1.5.1 | Tenside | 204 |
| 6.1.5.2 | Lösungsvermittler | 207 |
| 6.1.5.3 | Verdickungsmittel | 208 |
| 6.2 | Dispersionsfarbstoffe | 209 |
| 6.2.1 | Strukturmerkmale und Einsatzbereiche | 209 |
| 6.2.2 | Das Verankerungsprinzip der Dispersionsfarbstoffe | 211 |

| | | |
|---|---|---|
| 6.3 | Säurefarbstoffe | 214 |
| 6.3.1 | Strukturmerkmale, Subklassen und Einsatzbereiche | 214 |
| 6.3.2 | Das Verankerungsprinzip der gewöhnlichen, metallfreien Säurefarbstoffe (und der Metallkomplexe mit vierzähnigen Liganden) | 215 |
| 6.3.3 | Das Verankerungsprinzip der 1:1-Metallkomplex-Säurefarbstoffe | 217 |
| 6.3.4 | Das Verankerungsprinzip der 2:1-Metallkomplex-Säurefarbstoffe | 218 |
| 6.4 | Beizenfarbstoffe | 219 |
| 6.4.1 | Strukturmerkmale und Einsatzbereiche | 219 |
| 6.4.2 | Die Applikationsvarianten und das Verankerungsprinzip | 220 |
| 6.4.3 | Historisches | 221 |
| 6.5 | Basische Farbstoffe | 223 |
| 6.5.1 | Strukturmerkmale und Einsatzbereiche | 223 |
| 6.5.2 | Das Verankerungsprinzip der Basischen Farbstoffe auf Polyacrylnitril und anionisch modifiziertem Polyamid | 224 |
| 6.5.3 | Historisches | 225 |
| 6.6 | Reaktivfarbstoffe | 226 |
| 6.6.1 | Strukturmerkmale und Einsatzbereiche | 226 |
| 6.6.2 | Das Verankerungsprinzip der Reaktivfarbstoffe | 229 |
| 6.7 | Direktfarbstoffe | 231 |
| 6.7.1 | Strukturmerkmale und Einsatzbereiche | 231 |
| 6.7.2 | Das Verankerungsprinzip der Direktfärbungen auf Cellulose | 231 |
| 6.7.3 | Nachbehandlungsmethoden und Subklassen | 233 |
| 6.8 | Küpenfarbstoffe | 234 |
| 6.8.1 | Strukturmerkmale und Subklassen | 234 |
| 6.8.2 | Einsatzbereiche und Handelsformen | 236 |
| 6.8.3 | Das Verankerungsprinzip und die Verfahrensvarianten für Cellulose | 237 |

| | | |
|---|---|---|
| 6.8.3.1 | Das diskontinuierliche Färbeverfahren | 238 |
| 6.8.3.2 | Das kontinuierliche Färbeverfahren | 238 |
| 6.8.3.3 | Der Oxydationsschritt | 239 |
| 6.8.3.4 | Die häufigsten Fehlerquellen | 239 |
| 6.8.4 | Die Leukoküpensäureester | 241 |
| 6.8.5 | Der Aetzdruck | 243 |
| 6.9 | Schwefelfarbstoffe | 246 |
| 6.10 | Azo-Entwicklungsfarbstoffe | 247 |
| 6.10.1 | Strukturmerkmale und Einsatzbereiche | 247 |
| 6.10.2 | Das Verankerungsprinzip der Azo-Entwicklungsfarbstoffe auf Cellulose | 248 |
| 6.10.2.1 | Kupplungskomponenten | 248 |
| 6.10.2.2 | Diazokomponenten | 250 |
| 6.10.3 | Anwendung im Textildruck, Reservedruck | 254 |
| 6.10.4 | Das Verankerungsprinzip der Azo-Entwicklungsfarbstoffe auf Polyester | 255 |
| 6.11 | Aza[18]annulen-Entwicklungsfarbstoffe | 257 |
| 6.12 | Anilinschwarz | 257 |
| 7 | Aspekte der Textilveredlung | 259 |
| 7.1 | Die Vorbehandlung des Textilgutes | 260 |
| 7.1.1 | Die Vorbehandlung der Baumwolle | 261 |
| 7.1.1.1 | Ueber das Sengen, Entschlichten, Beuchen und Mercerisieren | 261 |
| 7.1.1.2 | Die gängigsten Bleichmittel | 263 |
| 7.1.1.3 | Optische Aufheller | 267 |
| 7.1.2 | Die Vorbehandlung von Bastfasern | 267 |
| 7.1.2.1 | Flachs | 267 |
| 7.1.2.2 | Jute und Ramie | 269 |
| 7.1.3 | Die Vorbehandlung von Regeneratcellulose und Celluloseacetat | 269 |
| 7.1.4 | Die Vorbehandlung der Wolle | 271 |
| 7.1.5 | Die Vorbehandlung der Seide | 273 |

| | | |
|---|---|---|
| 7.1.6 | Die Vorbehandlung synthetischer Fasern | 274 |
| 7.1.6.1 | Das Waschen und Bleichen von Polyamidfaserstoffen | 277 |
| 7.1.6.2 | Das Waschen und Bleichen von Polyester und Polyacrylnitril | 277 |
| 7.1.6.3 | Das Thermofixieren | 278 |
| 7.2 | Die Praxis des Färbens | 280 |
| 7.2.1 | Anmerkungen zu einem Färbereipraktikum | 280 |
| 7.2.1.1 | Das Ausziehverfahren | 280 |
| 7.2.1.2 | Die Foulardverfahren | 282 |
| 7.2.1.3 | Der Textildruck | 283 |
| 7.2.2 | Die Organisation und Struktur des Veredlungsbetriebes | 284 |
| 7.2.3 | Die Farbstoff-Handelsformen | 285 |
| 7.2.4 | Rezeptieren und Nuancieren | 286 |
| 7.2.5 | Das Färben von Cellulosefasern | 286 |
| 7.2.5.1 | Das Färben mit Direktfarbstoffen | 287 |
| 7.2.5.2 | Das Färben mit Kupferungsfarbstoffen | 290 |
| 7.2.5.3 | Das Färben mit Entwicklungsfarbstoffen | 292 |
| 7.2.5.4 | Das Färben mit Reaktivfarbstoffen | 293 |
| 7.2.5.5 | Zwei Druckvorschriften | 297 |
| 7.2.5.6 | Das Färben mit Küpenfarbstoffen | 299 |
| 7.2.6 | Das Färben von Proteinfasern | 303 |
| 7.2.6.1 | Das Färben mit Säurefarbstoffen | 304 |
| 7.2.6.2 | Das Färben mit Chromierfarbstoffen | 305 |
| 7.2.6.3 | Das Färben mit 1:1-Metallkomplex-Säurefarbstoffen | 308 |
| 7.2.6.4 | Das Färben mit 2:1-Metallkomplex-Säurefarbstoffen | 310 |
| 7.2.6.5 | Das Färben mit Wollreaktivfarbstoffen | 310 |
| 7.2.7 | Das Färben von Acetatfasern | 314 |
| 7.2.7.1 | Färbeverfahren für Normalacetat | 314 |
| 7.2.7.2 | Färbeverfahren für Triacetat | 315 |

| | | |
|---|---|---|
| 7.2.8 | Das Färben von Polyesterfasern | 317 |
| 7.2.8.1 | Aufmachung, Echtheiten und Farbstoff-Auswahl | 317 |
| 7.2.8.2 | Polyester/Dispersions-Färbungen im Auszieh-verfahren | 318 |
| 7.2.8.3 | Polyester/Dispersions-Färbungen im Foulard-verfahren | 320 |
| 7.2.9 | Das Färben von Polyester/Cellulose-Mischungen | 322 |
| 7.2.9.1 | Verfahrensvarianten im Ueberblick | 322 |
| 7.2.9.2 | Die Thermosolverfahren | 324 |
| 7.2.9.3 | Die Einbad-Zweistufen-Methode | 326 |
| 7.2.10 | Das Färben von Polyester/Woll-Mischungen | 327 |
| 7.2.10.1 | Wollreserve, Wollschutzmittel, Färbever-fahren und Farbstoffauswahl | 327 |
| 7.2.10.2 | Das Einbad-Ausziehverfahren mit Teralan-farbstoffen | 328 |
| 7.2.11 | Das Färben von Polyacrylnitrilfasern | 329 |
| 7.2.11.1 | Aufmachung, färberische Eigenschaften und Farbstoffauswahl | 329 |
| 7.2.11.2 | Die Kennzahlen | 330 |
| 7.2.11.3 | Färbeverfahren für Basische Farbstoffe | 332 |
| 7.2.12 | Das Färben von Polyamidfasern | 334 |
| 7.2.12.1 | Färbeverfahren für Säure- und anionische Komplexfarbstoffe | 335 |
| 7.2.12.2 | Die Anforderungen an Polyamidfarbstoffe | 336 |
| 8 | Fragen und Uebungen | 339 |
| 8.1 | Textilfasern im Ueberblick | 339 |
| 8.2 | Polymerisatfasern | 340 |
| 8.3 | Polykondensatfasern | 340 |
| 8.4 | Natur- und Regeneratfasern | 341 |
| 8.5 | Einteilung und Benennung der Farbstoffe | 344 |
| 8.6 | Handelsformen und Echtheiten | 351 |
| 8.7 | Applikationsverfahren, Grundbegriffe | 352 |

| | | |
|---|---|---:|
| 8.8 | Tenside | 353 |
| 8.9 | Textildruck | 354 |
| 8.10 | Applikationsklassen | 355 |
| 9 | Anmerkungen und Glossar | 360 |
| 9.1 | Zum Abschnitt 1 | 360 |
| 9.2 | "      "      2 | 361 |
| 9.3 | "      "      3 | 362 |
| 9.4 | "      "      4 | 362 |
| 9.5 | "      "      5 | 362 |
| 9.6 | "      "      6 | 363 |
| 9.7 | "      "      7 | 363 |
| 9.8 | "      "      8 | 366 |
| 10 | Hinweise für ein vertieftes Studium | 374 |
| 10.1 | Polymerwissenschaften | 374 |
| 10.2 | Faserkunde | 378 |
| 10.3 | Textilveredlung, Textiltechnik | 381 |
| 10.4 | Biologie und Biochemie des Sehvorganges | 384 |
| 10.5 | Farbmetrik, Farbenlehre | 385 |
| 10.6 | Farbstoffe und Chromophorklassen: Struktur, Synthese und Reaktivität | 386 |
| 10.7 | Applikationsklassen und Färbeprozess | 392 |
| 10.8 | Die Praxis des Färbens und Bedruckens textiler Materialien | 397 |
| 10.9 | Nichttextile Einsatzbereiche | 403 |
| 11 | Register | 408 |

# 1.

# Einleitung

Wissenschaft und Technologie sind charakteristische Elemente der menschlichen Gesellschaft. Ohne eine solche Gesellschaft würden sie weder existieren noch eine Existenzberechtigung haben. Es ist deshalb nicht verwunderlich, dass die Formen, in denen sie uns entgegentreten, seit eh und je mit dem Wandel der Gesellschaftsformen korreliert waren. Dabei hat sich gezeigt, dass durch die Ergebnisse wissenschaftlicher und technischer Arbeit die Möglichkeiten menschlichen Zusammenlebens grundsätzliche Erweiterungen erfahren haben. Ohne diese Ergebnisse hätte sich beispielsweise der Mensch als Spezies nicht ausserhalb der natürlichen Prozesse des "Biotops Erde" stellen können, d.h. in der Auseinandersetzung mit seiner natürlichen Umwelt wäre die Zahl der biologisch möglichen menschlichen Individuen beschränkter geblieben (vgl. Abschnitt 9.1). Die elementaren Zielsetzungen der menschlichen Sozietät haben sich seit Anbeginn nur wenig gewandelt. Sie lassen sich etwa unter dem Oberbegriff "Verminderung des Lebensrisikos und Steigerung der Lebensqualität" zusammenfassen. Beiträge zu liefern für die Auseinandersetzung des Menschen mit seiner natürlichen Umwelt ist an die Wissens- und Technologiebereiche der Naturwissenschaften und der Medizin delegiert. Wissenschaft heisst folglich die Basis für die Erkenntnis der Probleme und die Grundlage für deren Lösung zu schaffen. Sie beantwortet die Frage, welche Mechanismen für ein Problem relevant sind, wie sich ihr Ablauf gestaltet, und warum es gerade dieser ist. Aufgrund dieser Erkenntnis lässt sich ein Instrumentarium bereitstellen und eine Methodik entwickeln, die eine praktische Lösung des Problems ermöglichen; wie eine gezielte Beobachtung der Himmelsmechanik an die Entwicklung des Fernrohrs, so war beispielsweise diejenige des Auftretens von Farbigkeit an das Aufkommen der Spektroskopie gebunden. Obwohl häufig zwischen Wissenschaft und Technologie unterschieden wird, erscheinen aus der Perspektive der Gesamtsozietät, beide als Einheit.

Ein Grundbedürfnis des Menschen ist dasjenige des Schutzes gegen äussere Einflüsse, ein weiteres zielt auf Aesthetik und Wohlbehagen.

Einen Teil dieser Bedürfnisse zu befriedigen, gehört in den Bereich der Textilien und Farbstoffe. Beide Wissenszweige sind ausgesprochen interdisziplinär, falls dem Begriff "Disziplin" die herkömmliche, aufgrund der Wissensfülle notwendig gewordene Einteilung der Wissensgebiete in Lehre und Forschung zugrunde gelegt wird, welche mehrheitlich auf einer willkürlichen Systematisierung des Lehrstoffes fusst.

Der Auftrag der Gesellschaft an die für die wissenschaftliche und technologische Bearbeitung zuständigen Instanzen lautet im vorliegenden Fall :

1) Materialien bereitzustellen, die dem persönlichen Schutz- und Dekorationsbedürfnis des Menschen dienen.

2) Methoden und Verfahren zu entwickeln, die es erlauben, diese Materialien in hoher Qualität, in genügender Menge, zu vertretbaren Preisen und unter möglichster Schonung der Umwelt zu fertigen.

Schema 1-1 weist auf die angesprochenen Instanzen aus

    1) Botanik
    2) Zoologie
    3) Agronomie
    4) Chemie
    5) Physik
    6) Oekonomie
    7) Oekologie

Alle diese Wissenschaften sind zusammen mit den zugehörigen Technologien an unterschiedlicher Stelle am Gesamtgeschehen beteiligt und haben auf das Endergebnis entscheidenden Einfluss. Es ist wesentlich, sich dieser Vielfalt und Komplexität bewusst zu werden, sonst ist man allzu schnell geneigt, das Geschehen in unzulässiger Vereinfachung zu sehen. Das Wissen um Farbstoffe, Textilien und Färberei hat einen so hohen Stand erreicht, dass die Wahrscheinlichkeit wesentlicher Verbesserungen klein geworden ist. Man ist daher versucht, die Bedeutung des Gesamtgeschehens gering zu schätzen; nichts wäre verfehlter als dies. Aus der Interdependenz der Disziplinen erwachsen weitere

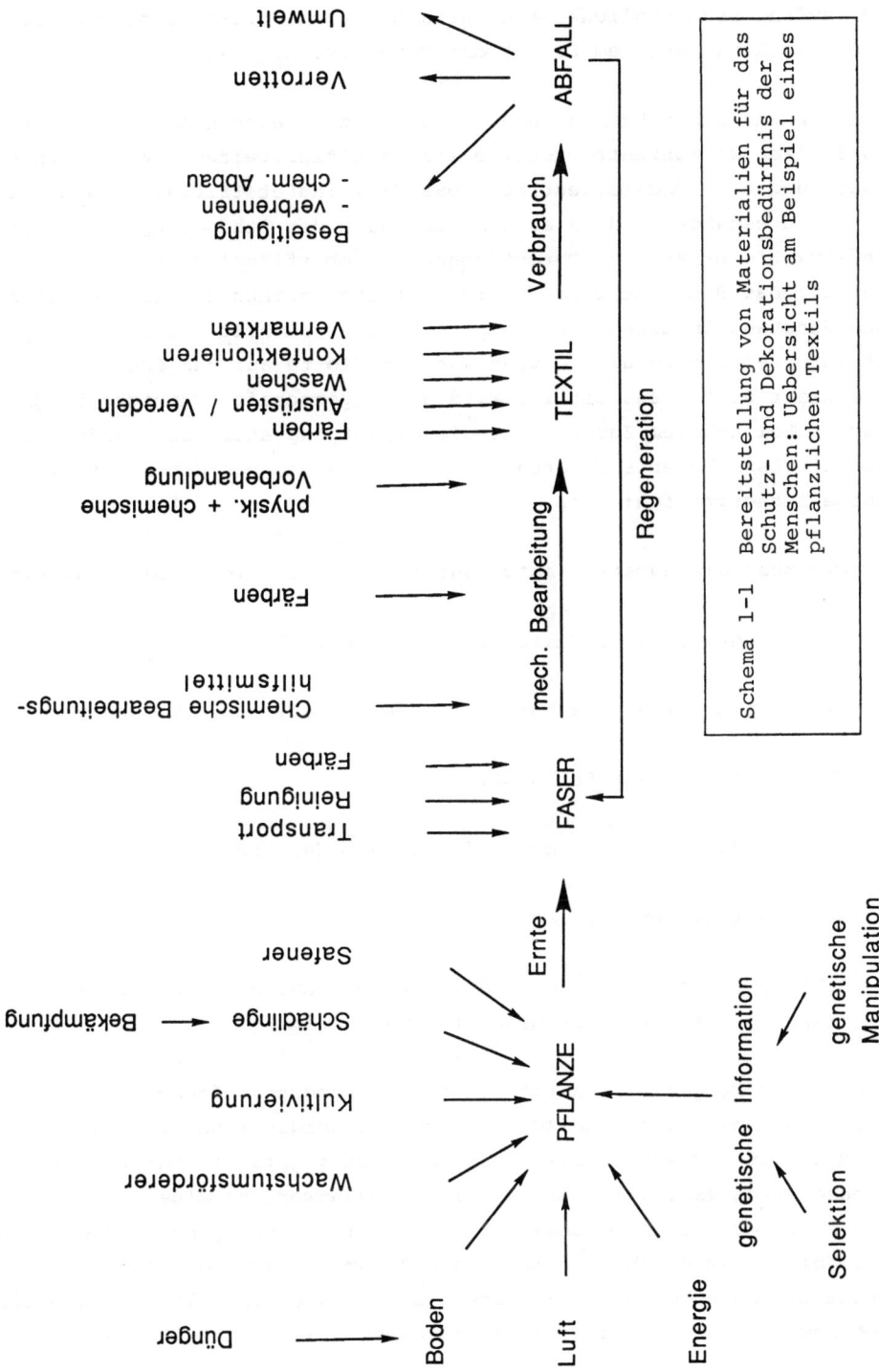

Schema 1-1  Bereitstellung von Materialien für das Schutz- und Dekorationsbedürfnis der Menschen: Uebersicht am Beispiel eines pflanzlichen Textils

und laufend neue Möglichkeiten für den steten Fortschritt, und dies in erster Linie auf dem Gebiet der Methodik.

Wenn wir uns einen kurzen Augenblick auf das Geschehen in der Färberei als Teilaspekt konzentrieren, so wird der tiefgreifende Wandel in den Anschauungen besonders deutlich. Das Ziel lautet trivial: Ein Substrat ist so zu behandeln, dass es dem Auge nach der Behandlung farbig erscheint. Die praktische Durchführung ist oberflächlich besehen ebenso einfach. Das Substrat wird in eine "Flotte" getaucht, die eine chemische Substanz in einem Lösungsmittel gelöst enthält. Diese Substanz ist ihrerseits farbig. Sie geht von der Flotte auf das Substrat über, "sie zieht auf" - und mit ihr wird die Eigenschaft "Farbigkeit" übertragen. Bei näherem Zusehen ist dieser Vorgang aber alles andere als trivial. Es erheben sich grundsätzliche Fragen, von denen wir einige wenige herausgreifen:

1) Wie muss die Substanz aufgebaut sein, damit sie farbig erscheint?

2) Warum führt diese Struktur zur Farbigkeit?

3) Wie gelangt dieser Farbstoff von der Flotte auf das Substrat?

4) Warum zieht dieser Farbstoff auf?

5) Wie verhält sich der Farbstoff auf dem Substrat?

6) Warum verhält er sich so?

7) Gibt es bessere Methoden, den Farbstoff auf das Substrat zu bringen, als durch die beschriebene Anordnung?

Jede dieser Fragen beinhaltet ein ganzes Programm offener Detailfragen, bevor eine abschliessende Antwort erteilt werden kann. Weil jedoch vom Resultat her schliesslich nur das fertig gefärbte Material in seinen Eigenschaften zählt, ist die alleinige Beantwortung einer einzelnen oder mehrerer der anstehenden Fragen in sich ungenügend, und erst das Gesamtbild, das durch systematisches Zusammentragen der Antworten entsteht, ergibt eine einigermassen brauchbare Vorstellung. Es handelt sich somit gewissermassen um das Zusammensetzen eines Bildes mittels einzelner Mosaiksteine, die jeder für sich eine Ahnung von dem Bild noch nicht zulassen. Der Wandel in den Vorstellungen besteht nun darin, dass ein Fortschritt nicht allein durch die Verbesserung eines einzelnen Elements erzielt werden kann, sondern nur aus dem Verstehen der komplexen gegenseitigen Bezüge aller Elemente untereinander erwartet werden darf. Wenn es historisch gesehen zunächst darum gegangen war, mit Hilfe chemischer Kenntnisse farbige Substanzen zu schaffen, so ist bald klar geworden, dass es keine gezielten Verbesserungen geben kann, solange man die chemischen und physikalischen Eigenschaften der Substrate und ihre langfristige Wechselwirkung mit den Farbstoffen vernachlässigt. Schliesslich waren auch die Erfordernisse der Applikationsverfahren in die Beurteilung einzubeziehen. Weitere zwingende Randbedingungen sind diejenigen der Preise, die der Markt für die Eigenschaft der Farbigkeit zu zahlen gewillt ist, sowie diejenigen, die sich aus dem Erfordernis der Schonung von Mensch und Umwelt ergeben.

Auf molekularer Ebene lässt sich ein vierteiliger Prozess erkennen: Der Farbstoff, der in der Flotte in der Form einzelner Moleküle oder kleiner Molekülaggregate vorliegt, muss zunächst innerhalb der Flotte eine Teilstrecke zurücklegen, die der mittleren Entfernung der Teilchen von der Substratoberfläche entspricht. Der zweite Schritt besteht in der Anlagerung des Farbstoffes an die Oberfläche des Substrates, die mit einer temporären Akkumulation des Farbstoffes einhergeht. Denn der dritte Teilschritt, nämlich die Diffusion des Farbstoffes innerhalb der Faser, verläuft wesentlich langsamer als der Transport innerhalb der Flotte. Schliesslich muss der Farbstoff innerhalb des Substrats an geeigneten Stellen - sei es reversibel oder irreversibel - "verankert" werden. Mit jedem dieser Teilschritte sind zahlreiche Fragen verbunden; deren Beantwortung grundsätzliche Vorarbeiten aus dem Bereich der Physik und der Chemie voraussetzt. Wir werden sie im einzelnen zu betrachten haben. Wir tun dies, indem wir uns zunächst dem chemischen und morphologischen Aufbau und den Eigenschaften der Substrate widmen, danach werden wir die Strukturprinzipien und die Eigenschaften der Farbstoffe behandeln und schliesslich wollen wir uns den Vorgängen zuwenden, die sich bei der Kombination beider abspielen. Und zwar wollen wir die Aufmerksamkeit der Studierenden speziell auf die in der Praxis angewendete Technologie lenken.

Zu diesem Zweck genügt es erfahrungsgemäss, die komplexen physikalisch-chemischen Wechselwirkungen auf wenige, anschaulich darstellbare Grundprinzipien zu reduzieren. Fortgeschrittene Studenten, insbesondere physikalisch-chemischer Fachrichtung verweisen wir auf die Spezialliteratur (vgl. z.B. 10.7).

Wenn wir uns soeben den Verhältnissen bei der Färbung in groben Zügen zugewendet haben, so war dies beispielhaft gemeint. Auf analoge Weise können den Substraten auch andere Eigenschaften vermittelt werden, auf die wir jedoch nicht im Detail eingehen wollen. In der Terminologie der Textilveredlung werden diese Vorgänge gewöhnlich mit den Begriffen Ausrüstung oder Appretur bezeichnet, z.B. das optische Aufhellen, das wasserabstossend oder wasserdicht Ausrüsten, das flammfest Ausrüsten, Ausrüsten zur Verbesserung der Reissfestigkeit oder des Griffs.

# 2.

# Naturfasern

Wenn wir uns jetzt zuerst den Substraten zuwenden, werden wir eine grobe Einteilung in Natur- und Chemiefasern zugrunde legen. Unter dem ersten Stichwort wollen wir alle weitgehend naturbelassenen Faserstoffe tierischen und pflanzlichen Ursprungs zusammenfassen. In das darauffolgende Kapitel gehören dann vor allem die vollsynthetischen Fasermaterialien; daneben die Regeneratfasern, deren Makromoleküle zwar in der Natur vorkommen, die aber zu ihrer Aufbereitung chemisch-technischer Verfahren bedürfen, und die halbsynthetischen Fasern, deren Moleküle vor der Verarbeitung chemisch verändert werden, Stoffe also, die eine grenznahe oder mittlere Position einnehmen.

Obwohl der lebendige Organismus hinsichtlich der äusseren Bedingungen, unter denen er Chemie zu treiben gezwungen ist, unglaublich eingeengt erscheint - denn Leben, wie wir es kennen, ist ja nur in einem recht begrenzten Temperatur- und Druckbereich und in Gegenwart von Wasser möglich -, bringt er es fertig, Stoffe beliebiger Komplexität und präzisester Spezifität auf elegante Weise aufzubauen. Die ungeheure Informationsdichte, die das Prinzip des genetischen Codes zulässt, macht dies möglich. Synthetisches Instrumentarium im biologischen Bereich ist die Katalyse mittels Enzymen; Reinigungs- und Trennverfahren bedienen sich hochspezialisierter Membranen. Im Vergleich dazu sind die Arbeitsweise und die Methode des synthetischen Chemikers unbeholfen. Was Wunder, wenn die Natur immer wieder als Vorbild und Lehrmeister genommen wird.

## 2.1
## Cellulosefasern

### 2.1.1.
### Natürliche Energiespeicher und Photosynthese

Die bedeutendsten Fasern, die für textile Zwecke verarbeitet werden, sind pflanzlichen Ursprungs. Chemisch gesehen handelt es sich dabei um Cellulose, die in der Pflanze durch Photosynthese aus dem $CO_2$ der Luft und aus dem Wasser des Bodens gebildet wird. Der dabei in den chlorophyll-haltigen Organellen der Pflanzenzelle ablaufende Prozess, die Photosynthese, ist bis heute nicht restlos geklärt. Immerhin ist soviel bekannt, dass er sich in zwei grundsätzlich voneinander zu unterscheidende Teilschritte gliedert, wovon nur der eine unter Einwirkung von Licht verläuft. Offensichtlich dient derjenige Teilprozess, der sich unter Lichteinwirkung vollzieht, der Aufladung eines natürlichen Energiespeichersystems. Der aufgeladene Energiespeicher gibt dann in einem zweiten Schritt, der sehr viel langsamer verläuft als der erste, die aufgenommene Energie in zweckdienlichen Portionen an den Hauptprozess ab, der der eigentlichen Synthese gewidmet ist. Es sind mehrere solcher Energiespeicher in der Natur entdeckt worden. Der bekannteste davon ist das Adenosin-Triphosphat (ATP), das für fast alle endergonen Prozesse, die im lebenden Organismus für die Aufrechterhaltung des Lebensprozesses ablaufen müssen, als Energielieferant dient.

Vom Hauptvorgang ist bekannt, dass der endergone Schritt in der Spaltung des Wassers zu sehen ist, genaugenommen werden $OH^{\ominus}$-Ionen zu Sauerstoff oxidiert:

$$2\ OH^{\ominus} - 2\ e^{\ominus} \longrightarrow O_2 + 2\ H \qquad (2.1)$$

Durch die Verwendung von $^{17}O$-markiertem Wasser konnte der Nachweis erbracht werden, dass der abgegebene Sauerstoff tatsächlich aus dem Wasser stammt und nicht aus dem $CO_2$.

## 2.1.2
### Zum chemischen Aufbau des Cellulosemoleküls

Unter energischen Bedingungen liefert die saure Hydrolyse chemisch reiner Cellulose praktisch quantitativ D-(+)-Glucose. Bei vorsichtiger Arbeitsweise können Di-, Tri-, Tetra- und Hexa-Saccharide (Cellobiose, -triose, -tetraose und -hexaose) gefasst werden, die mit spezifischen Enzymen weiter abgebaut werden.

Den umgekehrten Weg schlägt offensichtlich die Biosynthese ein: Aus der im wässrigen Milieu vorliegenden Gleichgewichtsmischung von α- und β-D-(+)-Glucose wählt die Pflanzenzelle die β-Form zum Aufbau der Cellobiose, an die schliesslich weitere Einheiten angeknüpft werden. Cellobiose ist 4-O-(β-D-Glucopyranosyl)-D-Glucopyranose; Sechsringstruktur und Sessel-Konformation der Monomereinheiten und die β-Glykosid-Bindung lassen auf eine analoge Verknüpfung und Geometrie in den Makromolekülen der Cellulose schliessen (Formelbild 2.1, R = $CH_2OH$).

__2.1__

__Merke :__

Wird die Cellulose vor dem hydrolytischen Abbau zur Trimethylcellulose veräthert, so resultiert 2.3.6-Trimethylglucose. α- und β-Form sind diastereomere Hemiacetale (mit Sechsringstruktur); sie unterscheiden sich in der Chiralität des Zentrums C(1), das in der offenkettigen Form das Carbonylsauerstoff-Atom trägt. Die α-glykosidische Verknüpfung von D-(+)-Glucose führt zum Disaccharid Maltose und zu den Polysacchariden Amylose und Amylopektin (Stärke); Monosaccharide mit Sechsringstruktur nennt man Pyranosen, solche mit Fünfringstruktur Furanosen.

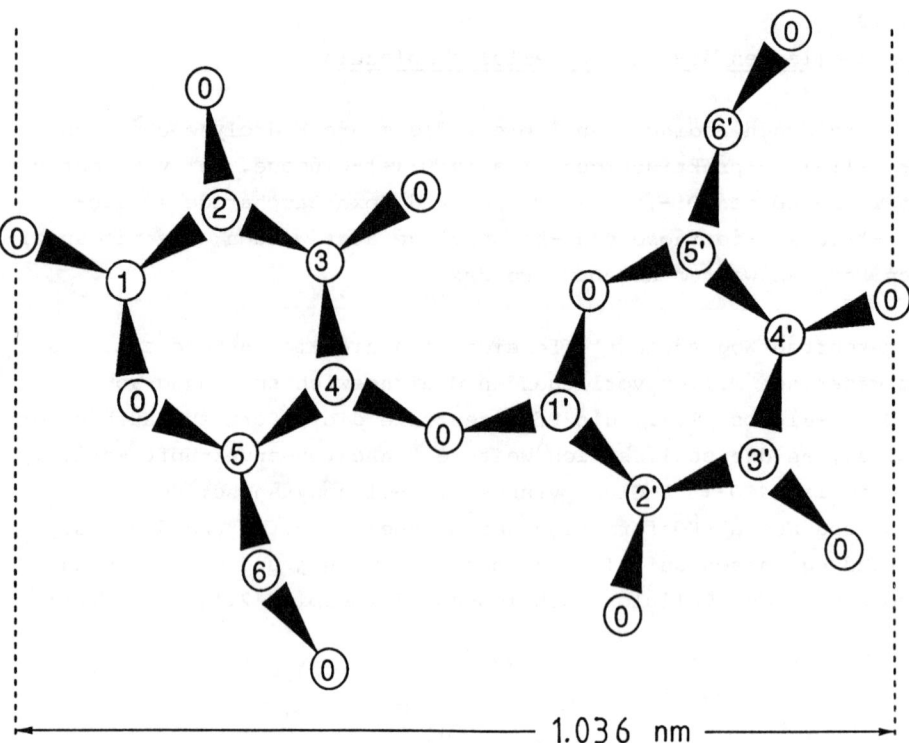

Abb. 2:1 Strukturmodell der Cellobiose mit Nummerierung der C-Atome (1 bis 6 und 1′ bis 6′).

Der Polymerisationsgrad n beträgt bei natürlichen Cellulosefasern 2000 - 5000, bei regenerierter Cellulose ca. 600. Da er vergleichsweise gross ist, entspricht die Bruttozusammensetzung praktisch der Formel $(C_6H_{10}O_5)_n$.

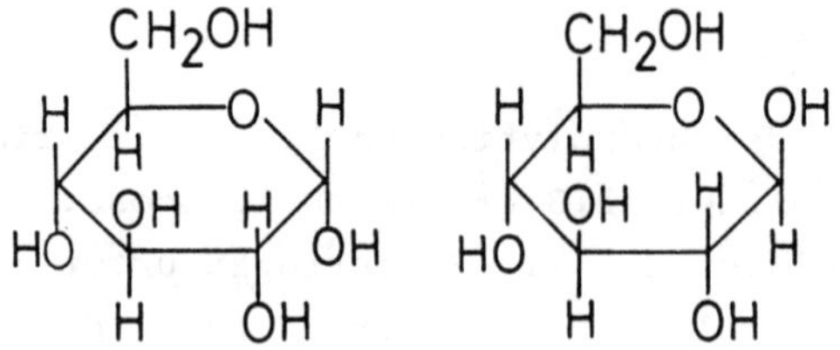

Schema 2-2  α-D-(+)-Glukose __2.2__ und β-D-(+)-Glukose __2.3__

## 2.1.3
### Kristallstruktur und morphologischer Aufbau

Seit es eine Faserkunde gibt, wurde immer wieder die Frage diskutiert, in welcher Art die Makromoleküle untereinander verbunden sind. Dass natürlich gewachsene Systeme keine homogenen Gebilde darstellen, wurde früh erkannt, doch waren und blieben Versuche zur Klärung dieses Tatbestandes mangelhaft. Mitte der 50er Jahre wurde das Postulat erhoben, dass auf Cellulose aufgebautes Material zwei Bereiche umfassen müsse und zwar solche, bei denen die Makromoleküle in relativer Ordnung der gegenseitigen Lage vorliegen, und andere, bei denen diese Anordnung regellos ist. In Analogie zur mineralischen Materie bezeichnete man die Bezirke relativer Ordnung als kristallin, diejenigen mit statistischer Unordnung als amorph. Wohl war man damals imstande, instrumentell die Röntgen-Beugung für eine Untersuchung heranzuziehen, allein eine Interpretation der dabei gefundenen Interferenzmuster war nicht möglich.

Wie man inzwischen erkannt hat, muss zwischen zwei verschiedenen Formen der Cellulose unterschieden werden, die in der Literatur mit Cellulose I und Cellulose II bezeichnet werden. Die erste ist diejenige, die in mehr oder weniger unveränderter Form aus Pflanzen gewonnen wurde, Cellulose II trifft man bei Regenerat-Cellulose. Die Kettenmoleküle der Cellulose I sind parallel angeordnet, diejenigen der Cellulose II antiparallel. Die Ketten liegen in Faserrichtung und bilden in den Abb. 2:2 und 2:3 die c-Achse. Die Länge eines Cellobiose-Bausteines (1,03) weicht von der Länge des Cellobiosemoleküls in Abb. 2:1 geringfügig ab, weshalb eine leichte helicale Verdrillung entlang der c-Achse diskutiert wird.

Nach röntgenographischen Untersuchungen der 50er Jahre betragen die kristallinen Anteile in den nativen Fasern ca. 70%, in den regenerierten Fasern ca. 35 - 40%. Heute versucht man, zusätzliche Information u.a. mittels Infrarot- und Raman-Spektroskopie zu gewinnen. Spezielle Präparate, die gereinigten Zellwänden entnommen werden, liefern separate Spektren von orientierten und nicht orientierten Bereichen. Vorteilhaft für derartige Untersuchungen ist die polarisierte IR-Strahlung; wir verweisen auf einen Beitrag von BLACKWELL et al., dem interessierte Leser eine ausführliche Gegenüberstellung berechneter und beobachteter Schwingungsfrequenzen entnehmen können (vgl. 10.1).

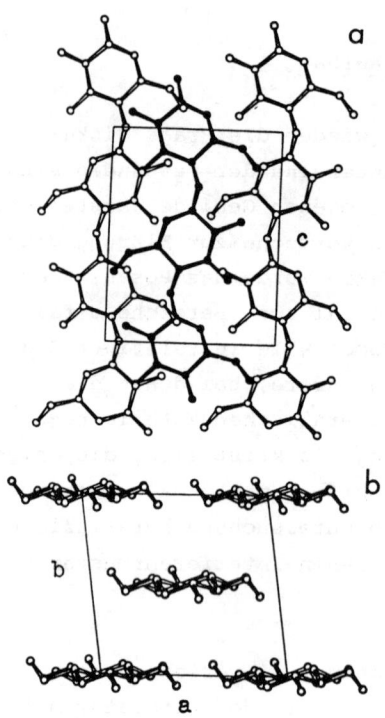
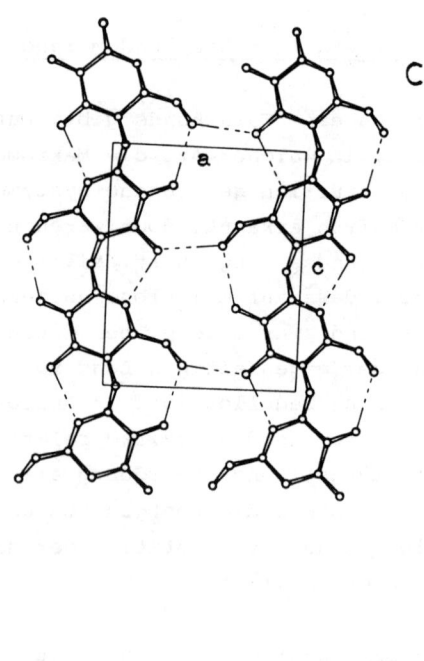

Abb. 2:2  Zur Kristallstruktur der Cellulose I :
Die Ketten sind im Verband parallel angeordnet.
  a) Projektion auf die ac-Ebene des Elementargitters;
  b) Projektion auf die ab-Ebene des Elementargitters;
  c) Wasserstoffbrücken: Intramolekulare Brücken stabilisieren eine Art Leiterstruktur (ununterbrochene Sequenz von Cyclen), intermolekulare den Kettenverband.

(Nach J. BLACKWELL et al.)

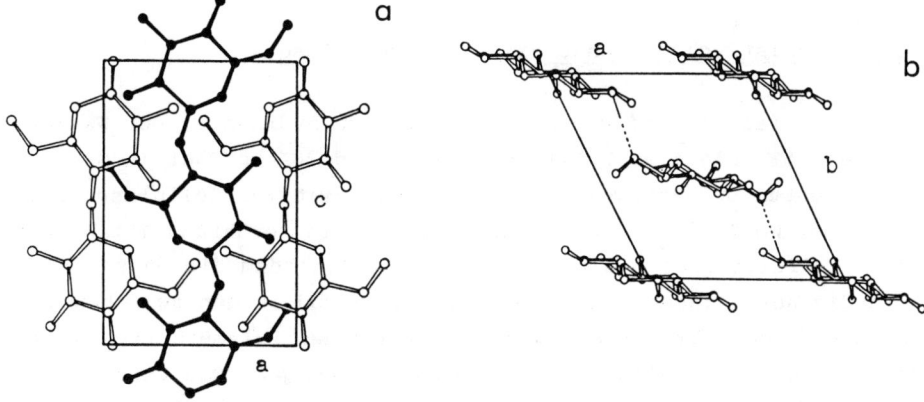

Abb. 2:3   Zur Kristallstruktur der Cellulose II :
Die Ketten sind antiparallel angeordnet.
a) Projektion auf die ac-Ebene des Elementargitters;
b) Projektion auf die ab-Ebene des Elementargitters
(Blick entlang der Faserachse).
(Nach J. BLACKWELL et al.)


Im Lichtmikroskop erkennt man als Bausteine der Zellwand faserartige
Gebilde. Diese sogenannten Fibrillen sind von rundem Querschnitt mit
einem Durchmesser von etwa 0,2 µm. Zu Schichten geordnet, bilden sie
die Lamellen der Zellwände, neben denen je nach Herkunft auch unge-
ordnete Bereiche erkennbar werden, die beim Färben das Eindringen und
die Verankerung der Farbstoffmoleküle wesentlich erleichtern. Die
elektronenmikroskopisch erkennbaren Unterstrukturen, die sich aus etwa
42 Makromolekülen zusammensetzen, werden als Mikrofibrillen bezeichnet; ihr Durchmesser beträgt etwa 10 bis 30 nm, ihre Länge bis zu
mehreren µm. Auch die Mikrofibrillen sind in sich weiter strukturiert.
Röntgenographisch zeigen sie Bereiche wechselnder Kristallinität.
Die geordneten Bezirke haben eine Längenausdehnung von etwa 5 bis
25 nm. Die Cellulosemoleküle sind in der Regel länger als die Kristallite, sodass die Ketten von einem zum anderen geordneten Bereich
übergreifen.

2.1.4
Charakteristische Eigenschaften der Cellulose

Die Cellulosefasern sind wie alle Naturfasern hydrophil. Der Wassergehalt bei 65% relativer Luftfeuchtigkeit und 20° beträgt in Gewichtsprozenten bei Baumwolle 7,3, bei regenerierten Cellulosefasern 12 - 15 (bei Wolle 15,0 und bei Seide 10,5). In Berührung mit Wasser erfahren Cellulosefasern eine starke Quellung, indem die Wasserdipole in die natürlichen Hohlräume eindringen und in den zwischenmicellaren Bereichen Brückenbindungen zwischen den Polymerketten unter Solvatation der alkoholischen Fasergruppen sprengen. Die Faserquellung erfolgt anisotrop, wobei die Längenzunahme im allgemeinen gegenüber der Querschnittzunahme vernachlässigbar klein bleibt.

Während die Cellulose durch Säuren leicht abgebaut wird, ist sie in Abwesenheit von Oxydationsmitteln gegen Alkalien weitgehend beständig. Mit starkem Alkali kann an den alkoholischen Hydroxylgruppen Alkoholatbildung eintreten (Alkalicellulose), die aber durch Auswaschen mit

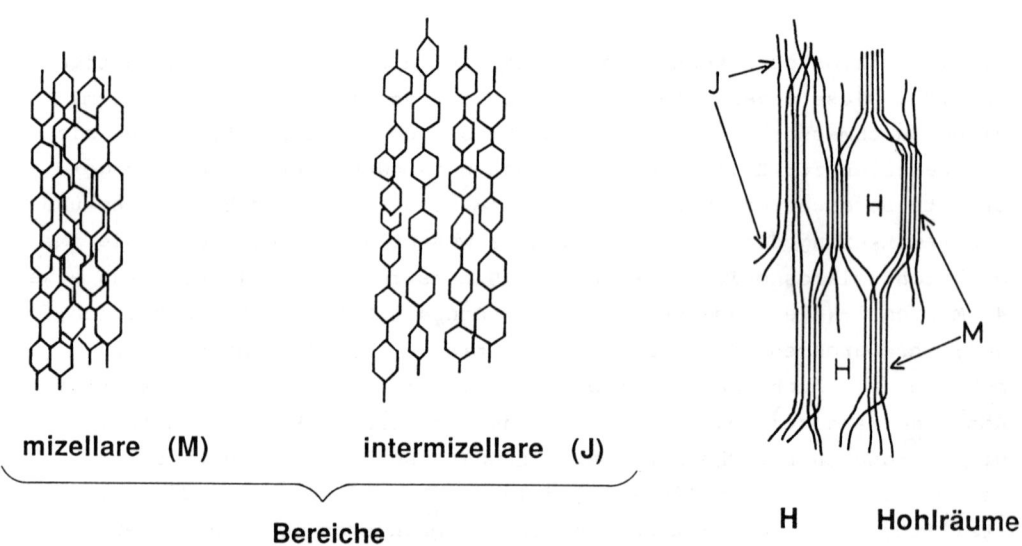

Abb. 2:4 Schematische Darstellung kristalliner und amorpher Strukturen in Mikrofibrillen von Cellulose (nach DEHNE und KREYSIG).

Wasser leicht rückgängig gemacht werden kann. Oxydationsmittel wandeln in der Regel die Acetalbindung zwischen den Glucosebausteinen in eine Esterbindung um, welche im alkalischen Medium (z.B. bei alkalischer Wäsche) leicht verseift wird. Mit starkem Alkali werden regenerierte Cellulosefasern gelöst, native quellen stark auf; werden sie dabei gleichzeitig gestreckt und anschliessend ausgewaschen, so erhält der Faden einen schwach seidenartigen Glanz (mercerisieren). Die Aufnahme der Farbstoffe wird durch dieses Veredlungsverfahren verbessert. Man beachte, dass sich die Eigenschaften nativer Cellulosefasern beim Mercerisieren denjenigen der Regenerat-Cellulose annähern.

2.1.5
Die Begleitstoffe in den nativen Cellulosefasern

Die Lieferanten natürlicher Cellulosefasern sind Pflanzen. Für die Fasergewinnung eignen sich nur bestimmte Pflanzenteile wie Samenhaare und Stützgewebeanteile aus Blättern und Stengeln. Man teilt deshalb die verschiedenen natürlichen Fasern grob in drei Kategorien ein: Samenfasern (Baumwolle), Stengelfasern (Hanf) und Blattfasern (Sisal).

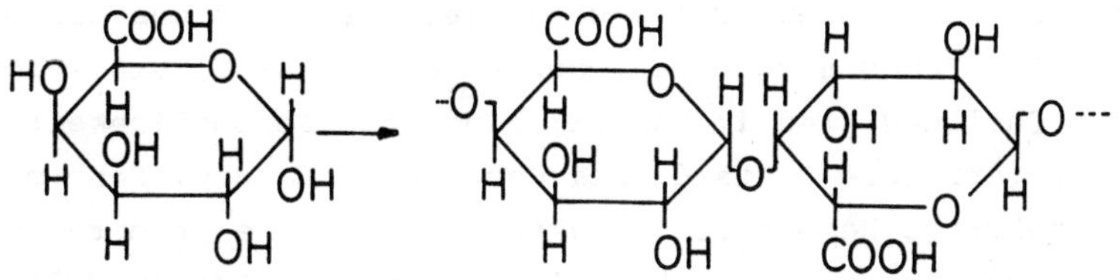

Schema 2-3  Galakturonsäure 2.4 und Pektin 2.5

Tabelle 2/1   Zusammensetzung der Cellulosefasern

|  | Baumwolle | Rohflachs | Hanf | Ramie | Abaca | Sisal |
|---|---|---|---|---|---|---|
| Cellulose | 80 - 90 | 71,5 | 77 | 66 | 63 | 65,8 |
| Hemicellulosen/ Pektin | 4 - 6 | 9,4 | 10 | 13 | 25,4 | 23 |
| Wachse und Fettstoffe | 0,5 - 1 | 2,4 | 0,6 | 0,5 | 0,2 | 0,3 |
| Eiweiss | 1,5 |  |  |  |  |  |
| Wasser | 6 - 8 | 10,7 | 8,9 | 10 | 10 | 10 |
| Mineralstoffe | 1 - 2 | 1,2 - 6 | 1 | 1,5 - 5 | 1,2 | 1 - 4 |
| Wässr. Extraktstoffe | - | 6 | 3,5 | 10,5 | 1,4 | 1,2 |

Als Naturprodukte sind diese Fasern keine chemisch reinen Stoffe. Wie man der Tabelle 2/1 beispielsweise entnimmt, bestehen sie zwar zum grössten Teil tatsächlich aus Cellulose; jedoch sind erhebliche Mengen an Begleitstoffen enthalten. Diese Begleitstoffe beeinflussen die Eigenschaften der Fasern sowohl hinsichtlich ihres mechanischen wie ihres chemischen Verhaltens. Neben dem auch im trockenen Zustande reichlich vorhandenen Wasser, das über H-Brücken die "innere Oberfläche" der Cellulose belegt, sind die bedeutendsten Begleitstoffe Hemicellulosen, Polysaccharide, die nicht aus Glukose, sondern aus anderen Hexosen oder Pentosen aufgebaut sind; sie zeigen einen höheren Quellungsgrad im Wasser, eine bessere Löslichkeit in Säuren und eine geringere Beständigkeit gegenüber Laugen. Eine praktisch allgegenwärtige Hexose ist Galaktose. Wird ihre primäre Hydroxylgruppe oxydiert, so entsteht Galakturonsäure (Schema 2-3).

Das entsprechende Polyglykosid Pektin ist ebenfalls in praktisch allen natürlichen Cellulosefasern anzutreffen. Weitere Begleitstoffe wie Lignin, Eiweisskörper, Oele und Fette sind überwiegend Bestandteil des Fasermaterials selbst; sie können jedoch gelegentlich aus anderen Pflanzenteilen in das Fasermaterial gelangen, wie das in den Samen der Baumwolle enthaltene wertvolle Oel, das leicht austritt, wenn die Fasern nach dem Pflücken von den Samen und deren Schalen befreit werden (man bezeichnet den letztgenannten Vorgang als Egrenieren).

## 2.1.6
### Die Baumwolle

Den ersten Platz unter allen Textilfasern nimmt noch immer die Baumwolle ein. Ihre wichtigsten Anbaugebiete liegen in den USA, in der UdSSR, in China, Indien, den Nilländern Aegypten und Sudan sowie in Brasilien. Geerntet wird nach dem Aufspringen der Samenkapseln. Jeder Same ist mit einem Haar ausgestattet, das unter natürlichen Bedingungen zu seiner Verbreitung durch den Wind dient und bei der Ernte zusammen mit dem Samen maschinell abgesaugt wird. Das Samenhaar ist Bestandteil einer Pflanzenzelle, die während des Reifeprozesses abstirbt. Anstelle des Zellkerns befindet sich in ausgereifter Baumwolle ein charakteristischer Hohlraum, das Lumen (Abb. 2:5). Beimengungen an unreif geernteter Baumwolle wirken sich als stark qualitätsmindernd aus, da sie wegen ungünstiger mechanischer und färberischer Eigenschaften die Weiterverarbeitung stören. Dicke und Stapellänge, d.h. die durchschnittliche Länge der einzelnen Haare, variieren je nach Herkunft; Glanz, Weichgriff und Tragekomfort von Bekleidungsstücken sind umso besser, je grösser die Stapellänge und je feiner der Durchmesser der Einzelfaser ausfällt (vgl. Tabellen 2/2 und 2/3).

Tabelle 2/2  Provenienz, Stapellänge und Verwendung von Baumwollfasern (auszugsweise nach SVF-Lehrgang)

| Stapel | Qualität | Provenienz | Durchschnitts-Stapellänge und Eigenschaften | Farbe und Glanz | Verwendung (vgl. 9.2) |
|---|---|---|---|---|---|
| Extralang | Karnak | Aegypten | 40 – 42 mm, ziemlich gleichmässig, sehr biegsam und kräftig | gelb bis rötlich, matt glänzend | für Kammgarne mit höchsten Qualitätsansprüchen |
| | Peru-Pima | Südamerika | 43 – 45 mm, ziemlich gleichmässig | gelblich-weiss | für Kammgarne hoher Qualität |
| Lang | Gizah 30, Menoufi | Aegypten | 34 – 36 mm, biegsam | gelb bis rötlich-braun, matt glänzend | für Kammgarne, in reiner Provenienz oder in Mischung |
| | Louisiana | Nordamerika | 32 – 34 mm, fest, elastisch | weiss bis crème | für Kammgarne, rein oder in Mischung |
| Mittel | Texas, Louisiana | Nordamerika | 24 – 26 mm, etwas weniger biegsam als die ägyptischen Qualitäten | weiss bis gelblich | vorwiegend für kardierte Garne |
| | Paulista | Brasilien | 26 – 28 mm, gleichmässig | gelblich-weiss | für kardierte Garne |
| Kurz | Surate, Oomra, Bengalen | Indische Qualitäten und kürzere türkische Qualitäten | 18 – 20 mm | bräunlich bis weiss | für Vigognegarne |

Tabelle 2/3  Faserdurchmesser der Baumwolle verschiedener Herkunft in Mikron ($10^{-6}$ m).

| | |
|---|---|
| Sea Island | 7 - 13 |
| Peru Pima | 6,5 - 10,5 |
| Peru Tanguis | 11 - 15 |
| Karnak | 8,5 - 13 |
| Gizah 30 | 10 - 15 |
| Ashmouni | 11 - 17 |
| Südbrasil | 10,5 - 15 |
| Rowden-Texas | 11 - 16 |
| Mexico-Matamores | 7 - 11 |

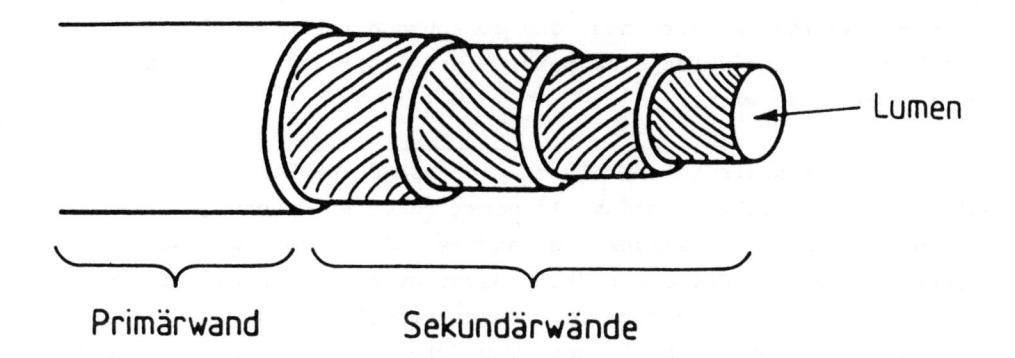

Abb. 2:5  Morphologie der Baumwollfaser: Die Orientierungswinkel entsprechen ungefähr der Schraffierung

Ausser der Baumwolle besitzt nur noch eine Samenfaser eine gewisse Bedeutung: Der in Indonesien angebaute Kapok, der wegen der Weichheit, Leichtigkeit sowie der guten Wärmeisolierung überwiegend als Füllstoff für Kissen und andere Polsterartikel dient.

2.1.7
Die Blatt- und Stengelfasern

Während die für die Textilgewinnung geeigneten Pflanzenteile bei den Samenhaarfasern durch die Pflanze gewissermassen schon während des

Wachstums vorsortiert werden, müssen Blatt- und Stengelfasern vom übrigen Blatt- und Stengelmaterial mühsam abgetrennt werden. In den Blättern sind es Teile des Stützgewebes, bei den Stengeln die unter der eigentlichen Rinde und über dem Kollenchym liegende Bastschicht, die sich als Fasermaterial eignen, weshalb man auch von Bastfasern spricht. Wie die Aufbereitung vor sich geht, wollen wir uns am Beispiel des <u>Flachses</u>, einer seit urdenklichen Zeiten in den gemässigten Zonen angebauter Stengelfaser ansehen:

Die geernteten 80 - 100 cm hohen Pflanzen werden durch eine Art Kamm gezogen und so von Blättern und Blüten befreit; dieser mechanische Vorgang heisst Riffeln. Ziel des anschliessenden Röstprozesses ist es, die Bastschicht abzutrennen, die zwischen der Rinde und dem Kollenchym liegt und durch eine pektin- und ligninhaltige Kittsubstanz festgehalten wird.

Zum Auflösen der Kittsubstanz eignet sich ein durch Bakterien in Gang gesetzter enzymatischer Prozess. In einer feuchten Umgebung vermehren sich die bereits in der Pflanze vorhandenen Bakterien und lösen die Kittsubstanz auf. Im Falle der "Kaltwasserröste" wurden die Stengel für 8 - 10 Tage in das seichte Uferwasser eines stehenden oder fliessenden Gewässers gelegt, im Falle der "Tauröste" auf einer Wiese ausgebreitet und 10 - 12 Wochen liegengelassen. Eine Beschleunigung mittels Temperaturerhöhung ist nur in engen Grenzen möglich; arbeitet man fabrikmässig bei Temperaturen bis zu $35^\circ$ C, kann der Vorgang auf 3 bis 4 Tage verkürzt werden (Warmwasser- oder Fabrikröste).

Die getrockneten Stengel werden mechanisch gebrochen, wobei die holzigen Anteile zerstückelt werden. Die mechanische Entfernung der Bruchstücke geschieht in Schwingtrommeln. Der so gewonnene Rohflachs besteht aus mehr oder weniger zusammenhängenden schichtigen Faserbündeln. Die Zerteilung dieser Faserbündel in einzelne Fasern geschieht durch ein Aufschneiden in Längsrichtung, das Hecheln. Die 60 - 80 cm langen Fasern, die im Gegensatz zur Baumwolle aus einem Zellverband bestehen, werden zu einem als "Leinen" bezeichneten Textil weiterverarbeitet.

In analoger Weise verfährt man bei der Gewinnung von Hanf und Jute und der Blattfasern Abaka und Sisal. Allen Blatt- und Stengelfasern gemeinsam sind hohe Anteile an polymeren Begleitstoffen, die als

Bindemittel zwischen den einzelnen Zellen dienen und neben Unterschieden im morphologischen Aufbau für die von den Samenfasern abweichenden Eigenschaften verantwortlich sind (vgl. 2.1.5).

## 2.2
## Proteinfasern

### 2.2.1
### Aminosäuren, Peptide und Proteine

Hauptbestandteil aller Faserstoffe tierischen Ursprungs, nämlich der Körperhaare von Säugetieren und der Spinnfäden von Insekten, sind Proteine, die aus den natürlich vorkommenden α-Aminosäuren aufgebaut werden. Die Verknüpfung mittels "Peptidbindungen" erfolgt jeweils zwischen der Carboxylgruppe und der α-ständigen Aminogruppe (Schema 2-4). Die Reihenfolge, in der die Bausteine innerhalb des Makromoleküls miteinander verknüpft sind, wird als Sequenz bezeichnet. Bedenkt man, dass durch Kombination von 20 proteinogenen Bausteinen bei einer Kettenlänge von 100 Resten $20^{100}$ Primärstrukturen entstehen könnten, so leuchtet die Notwendigkeit möglichst exakter Sequenzanalysen unmittelbar ein. Man beachte, dass für Proteine definitionsgemäss M > 10.000 g/Mol gilt; andernfalls spricht man von Polypeptiden.

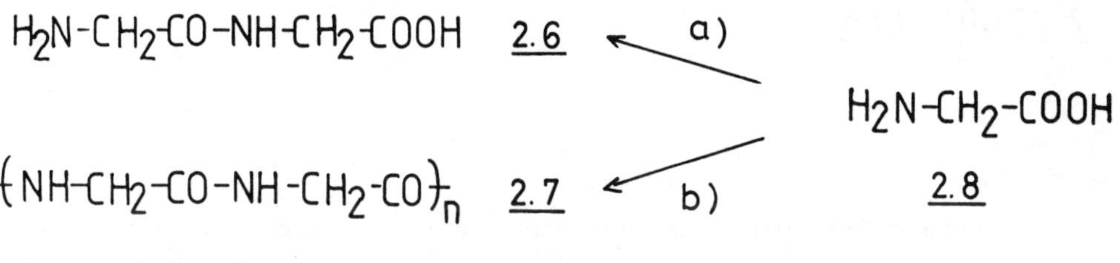

$H_2N-CH_2-CO-NH-CH_2-COOH$    <u>2.6</u>   ←   a)

$H_2N-CH_2-COOH$    <u>2.8</u>

$+(NH-CH_2-CO-NH-CH_2-CO)_n$    <u>2.7</u>   ←   b)

Schema 2-4   Formale Bildung eines Dipeptides (oben) und eines Polypeptides (unten)
a) 2 Glycin → Diglycin + $H_2O$
b) 2 n Glycin → Polyglycin + (2n − 1) $H_2O$

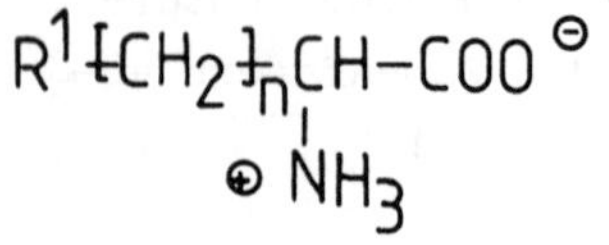

$R^1\!\!-\!\!(CH_2)_n\!\!-\!\!CH\!-\!COO^\ominus$
$\quad\quad\quad\quad |$
$\quad\quad\quad\quad \oplus NH_3$

<u>2.8</u> bis <u>2.18</u>

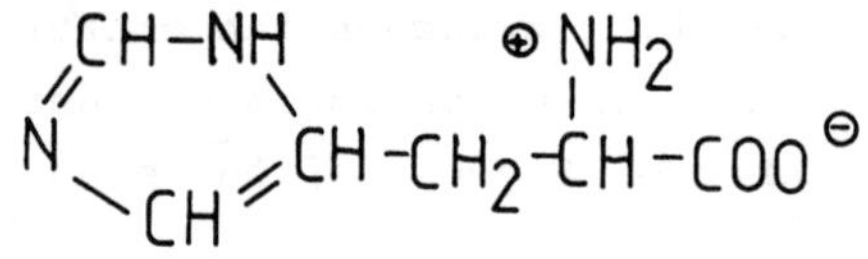

$\begin{array}{c} CH-NH \\ \| \quad\quad \searrow \\ N \quad\quad CH-CH_2-CH-COO^\ominus \\ \searrow_{CH}\nearrow \quad\quad\quad\quad | \\ \quad\quad\quad\quad\quad\quad\quad \oplus NH_2 \end{array}$

<u>2.27</u>

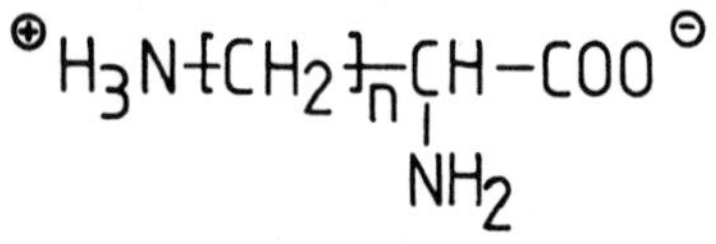

$^\oplus H_3N\!\!-\!\!(CH_2)_n\!\!-\!\!CH\!-\!COO^\ominus$
$\quad\quad\quad\quad\quad |$
$\quad\quad\quad\quad\quad NH_2$

<u>2.19</u> und <u>2.20</u>

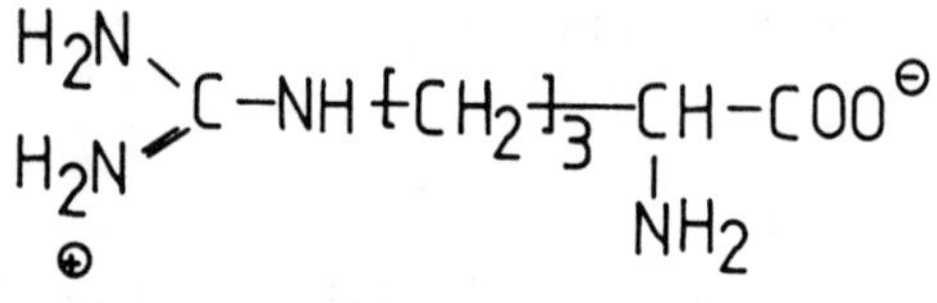

$\begin{array}{c} H_2N \\ \quad\searrow C-NH-(CH_2)_3-CH-COO^\ominus \\ H_2N \nearrow \quad\quad\quad\quad\quad\quad | \\ \oplus \quad\quad\quad\quad\quad\quad\quad\quad NH_2 \end{array}$

<u>2.28</u>

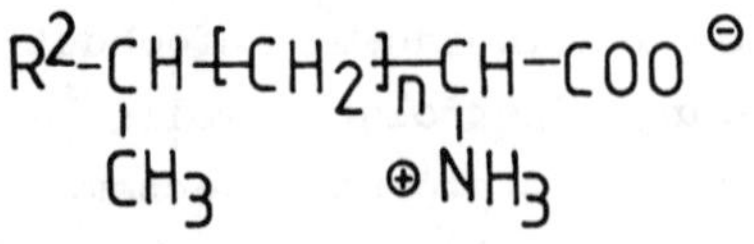

$R^2\!-\!CH\!-\!(CH_2)_n\!-\!CH\!-\!COO^\ominus$
$\quad\quad |\quad\quad\quad\quad\quad |$
$\quad\quad CH_3\quad\quad\quad \oplus NH_3$

<u>2.21</u> bis <u>2.24</u>

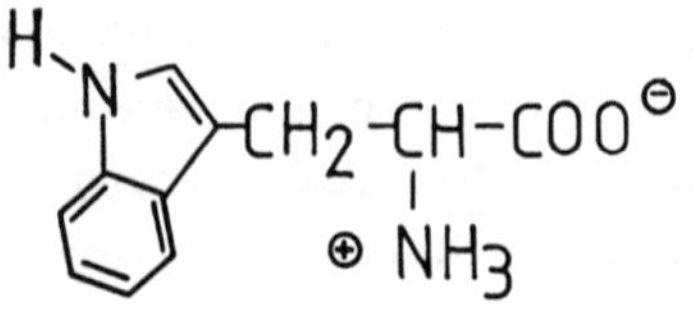

[indole]–$CH_2$–$CH$–$COO^\ominus$
$\quad\quad\quad\quad\quad\quad\quad |$
$\quad\quad\quad\quad\quad\quad\quad \oplus NH_3$

<u>2.29</u>

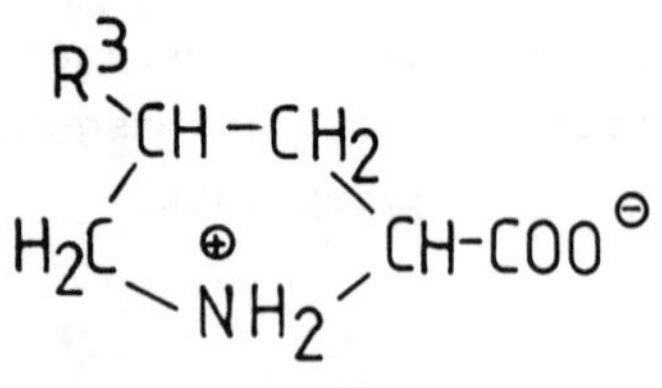

$\begin{array}{c} R^3 \\ \searrow CH-CH_2 \\ H_2C \quad\quad\quad\quad\searrow CH-COO^\ominus \\ \quad\searrow NH_2 \nearrow \\ \quad\quad \oplus \end{array}$

<u>2.25</u> und <u>2.26</u>

$(S\!-\!CH_2\!-\!CH\!-\!COO^\ominus)_2$
$\quad\quad\quad\quad |$
$\quad\quad\quad\quad \oplus NH_3$

<u>2.30</u>

Schema 2-5  Die Grundstrukturen der natürlichen Aminosäure-
betaine; es genügen acht (in nicht-ionischer Darstellung sieben) Formelbilder mit maximal zwei
Variablen

Tabelle 2/4   Uebersicht über die natürlichen Aminosäuren

| Formel Nr. | n | $R^n$ | Name | M (g/Mol) | Löslichkeit a) |
|---|---|---|---|---|---|
| 2.8  | 0 | H | Glycin | 75,1 | 25,0 |
| 2.9  | 0 | $CH_3$ | Alanin | 89,1 | 16,5 |
| 2.10 | 1 | OH | Serin | 105,1 | 5,0 |
| 2.11 | 1 | SH | Cystein | 121,2 | 28 |
| 2.12 | 1 | $CONH_2$ | Asparagin | 132,1 | - |
| 2.13 | 1 | COOH | Asparaginsäure | 133,1 | 0,5 |
| 2.14 | 1 | $SCH_3$ | Methionin | 149,2 | 3,4 |
| 2.15 | 1 | $C_6H_5$ | Phenylalanin | 165,2 | 3,0 |
| 2.16 | 1 | $C_6H_4$ (p)OH | Tyrosin | 181,2 | < 0,1 |
| 2.17 | 2 | $CONH_2$ | Glutamin | 146,1 | - |
| 2.18 | 2 | COOH | Glutaminsäure | 147,1 | 0,8 |
| 2.19 | 3 | - | Ornithin | 132,2 | sehr gross |
| 2.20 | 4 | - | Lysin | 146,2 | "        " |
| 2.21 | 0 | $CH_3$ | Valin | 117,2 | 8,9 |
| 2.22 | 0 | OH | Threonin | 119,1 | 36 |
| 2.23 | 0 | $C_2H_5$ | Isoleucin | 131,2 | 4,1 |
| 2.24 | 1 | $CH_3$ | Leucin | 131,2 | 2,2 |
| 2.25 | - | H | Prolin | 115,1 | 162 |
| 2.26 | - | OH | Hydroxyprolin | 131,1 | 36 |
| 2.27 | - | - | Histidin | 155,2 | 4,3 |
| 2.28 | - | - | Arginin | 174,2 | gross |
| 2.29 | - | - | Tryptophan | 204,2 | 1,1 |
| 2.30 | - | - | Cystin | 240,3 | < 0,1 |

a) g/100 ml in $H_2O$/25 °C   (2.10 : 0 °C,   2.22 : 14 °C)

## 2.2.2
## Die Konstitution des Wollproteins

Das Wollprotein gehört zu den unlöslichen Gerüsteiweiszstoffen (Skleroproteinen). Hauptbestandteil ist mit ca. 80% das sogenannte Keratin; daneben entfallen ca. 17% auf andere, ebenfalls schwerlösliche Proteine. Nach DICKERSON und GEISS müssen diese Strukturproteine, die auch in Hufen, Hörnern und Nägeln vorkommen, einfach und aus sich stets wiederholenden Elementen aufgebaut sein, ebenso wie alle Steine eines Hauses einander gleichen müssen, da sonst die Baupläne für das Gebäude unausführbar kompliziert werden (vgl. Abschnitt 9.2 und 10.1).

### 2.2.2.1
### Bruttozusammensetzung und Seitenkettenwechselwirkungen

Wie alle Säureamide lassen sich die Strukturproteine sowohl in stark basischen wie stark saurem Medium verseifen; letzteres ist vorzuziehen, da α-Aminosäuren andernfalls racemisieren. Zur Auftrennung des Hydrolysates eignet sich neben der Ionenaustauschchromatographie (vgl. 10.3) und anderen flüssigchromatographischen Methoden auch die Gaschromatographie, die allerdings eine Veresterung der Aminosäuren voraussetzt.

Einen wichtigen Beitrag zum Aufbau des Wollproteins leisten Aminosäuren, die in der Seitenkette über freie funktionelle Gruppen verfügen (Tabelle 2/5). Nach dem Einbau von Monoaminodicarbonsäuren und Diaminomonocarbonsäuren wie der Glutaminsäure einerseits und dem Lysin andererseits, muss es geradezu zwangsläufig zur Ausbildung intramolekularer Ionenbindungen kommen (Schema 2-6). Wichtig sind ferner H-Brücken-Bindungen, insbesondere zwischen NH und CO der gleichen oder zweier benachbarter Polymerketten (vgl. Abb. 2:7 und 2:8).

Tabelle 2/5  Die Bausteine des Wollproteins (nach ZAHN)

| Aminosäure | Symbole | | Eigenschaft des Restes | pI | Konz μ mol/g | Formel Nr. |
|---|---|---|---|---|---|---|
| Glycin | Gly | (G) | | 5.97 | 760 | 2.8 |
| Alanin | Ala | (A) | | 6.00 | 470 | 2.9 |
| Valin | Val | (V) | apolar | 5.96 | 490 | 2.21 |
| Leucin | Leu | (L) | | 5.98 | 680 | 2.24 |
| Isoleucin | Ile | (I) | | 5.94 | 270 | 2.23 |
| Phenylalanin | Phe | (F) | | 5.48 | 260 | 2.15 |
| Serin | Ser | (S) | | 5.68 | 900 | 2.10 |
| Threonin | Thr | (T) | hydroxylhaltig | 5.64 | 570 | 2.22 |
| Tyrosin | Tyr | (Y) | | 5.66 | 350 | 2.16 |
| Asparaginsäure | Asp | (D) | sauer | 2.77 | 200 | 2.13 |
| Glutaminsäure | Glu | (E) | | 3.22 | 600 | 2.18 |
| Asparagin | Asn | (N) | ω-Amide | | 360 | 2.12 |
| Glutamin | Gln | (Q) | | | 450 | 2.17 |
| Lysin | Lys | (K) | | 9.59 | 250 | 2.20 |
| Arginin | Arg | (R) | basisch | 11.15 | 600 | 2.28 |
| Histidin | His | (H) | | 7.47 | 80 | 2.27 |
| Cystin | Cys | (C) | schwefelhaltig | 5.03 | 460 | 2.30 |
| Methionin | Met | (M) | | 5.74 | 50 | 2.14 |
| Prolin | Pro | (P) | heterocyclisch | 6.30 | 520 | 2.25 |
| Tryptophan | Trp | (W) | | 5.89 | 40 | 2.29 |

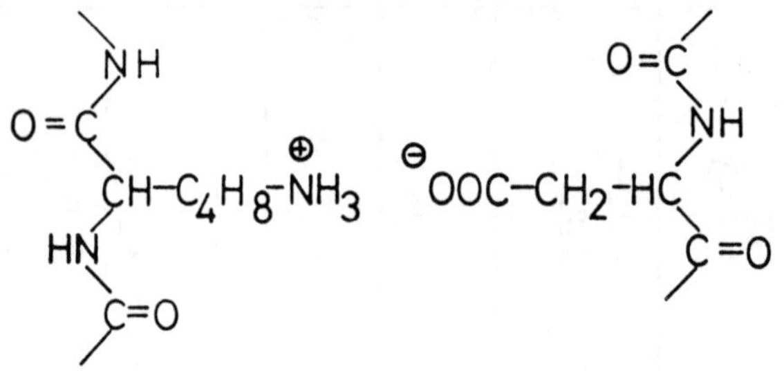

$$\begin{array}{c}\text{NH}\\|\\ \text{O=C}\\|\\ \text{CH–C}_4\text{H}_8\text{–NH}_3^{\oplus} \quad {}^{\ominus}\text{OOC–CH}_2\text{–HC}\\|\\ \text{HN}\\|\\ \text{C=O}\end{array} \qquad \begin{array}{c}\text{O=C}\\|\\ \text{NH}\\|\\ \text{C=O}\end{array} \qquad \underline{2.31}$$

Schema 2-6   Ausbildung einer intermolekularen Salzbrücke zwischen Lysin einerseits und Asparaginsäure andererseits

Neben elektrostatischen Wechselwirkungen und H-Brücken gibt es eine dritte Möglichkeit, Bindungen zwischen benachbarten Proteinketten auszubilden; sie leitet sich vom Cystin ab, das zwei α-Aminosäureeinheiten besitzt und sich so am Aufbau zweier Kettenmoleküle beteiligen kann. Die Disulfidbrücken sind für Wolle charakteristisch.

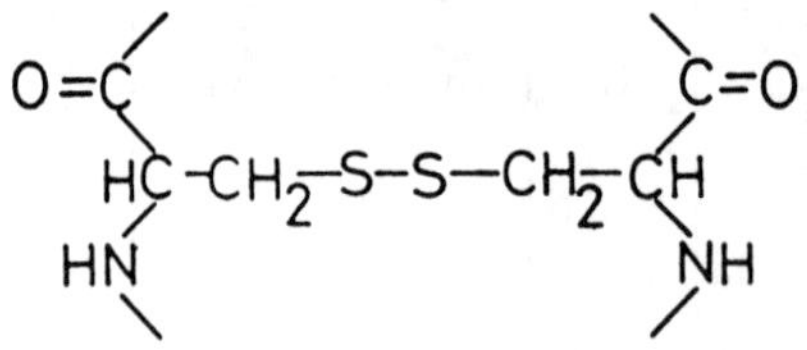

$$\begin{array}{c} \text{O=C} \qquad\qquad \text{C=O}\\ |\qquad\qquad\qquad\qquad | \\ \text{HC–CH}_2\text{–S–S–CH}_2\text{–CH} \\ |\qquad\qquad\qquad\qquad | \\ \text{HN}\qquad\qquad\qquad \text{NH} \end{array} \qquad \underline{2.32}$$

Schema 2-7   Brücke durch Cystin, das zugleich zwei benachbarten Proteinketten angehört

2.2.2.2
Die Kerateinfraktionen

Um die Kerateine, die das Keratin aufbauenden Proteine, zu lösen, müssen die Disulfid-Brücken gesprengt und die übrigen Seitenketten-

wechselwirkungen durch polare Lösungsmittel überwunden werden. In der
Regel geschieht das durch Reduktion, Alkylierung mit Jod-Essigsäure
und Lösen in Wasser/Harnstoff-Gemischen. Die gelösten S-carboxymethy-
lierten Kerateine lassen sich in vier Hauptfraktionen zerlegen, nämlich eine schwefelarme (1,5 - 2% S, M = 45.000 bis 60.000 g/Mol)
und eine schwefelreiche Fraktion (4 - 6% S, M = 14.000 bis 28.000),
die mit 58 bzw. 18 Massen % überwiegen, sowie eine dritte mit extrem
hohem S-Gehalt (ca. 8% S, M = 28.000 bis 37.000) und eine vierte,
tyrosinreiche (0,5 - 2% S, M = 9.000 bis 13.000) Fraktion.

Zur weiteren Auftrennung eignet sich in erster Linie eine Kombination
von Chromatographie (oder Gelfiltration) und Elektrophorese. So zer-
fallen beispielsweise die schwefelreichen Fraktionen aus der Schaf-
wolle in vier Hauptgruppen (M = 23.000, 19.000, 16.000 und 11.000 g/
Mol). In analoger Weise ergab Trennung an oberflächenmodifizierter
Cellulose im Fall des Mohairs (Ziegenhaar) drei Fraktionen (M1, M2,
M3), wobei die 11.000-Dalton-Gruppe in M1 und M2, die 16.000-Dalton-
Gruppe ausschliesslich in M2 auftrat.

Die weitere chromatographische Trennung erfolgte bei pH 2.8 an Cellu-
losephosphat mit einem NaCl-Gradienten in 5M Harnstoff/Wasser-Mischung.
Als Beispiel sei die 16.000-Dalton-Gruppe herausgegriffen, die eine
grössere Anzahl eng verwandter individueller Komponenten lieferte
(Abschnitt 2.2.2.3, Tabelle 2/6, Kasten).


### 2.2.2.3
### Zur Aufklärung der Primärstruktur

Weit schwieriger als die Analyse von Totalhydrolysaten oder die Isolierung definierter Proteinfraktionen gestaltet sich die Sequenzanalyse. Erinnert sei in diesem Zusammenhang an den Nobelpreis für
FREDERICK SANGER, der mit seiner Arbeitsgruppe in Cambridge unter
Kombination von partieller saurer und enzymatischer Hydrolyse mit der
Endgruppenbestimmung die Aminosäuresequenz des Insulinmoleküls ent-
schlüsseln konnte.

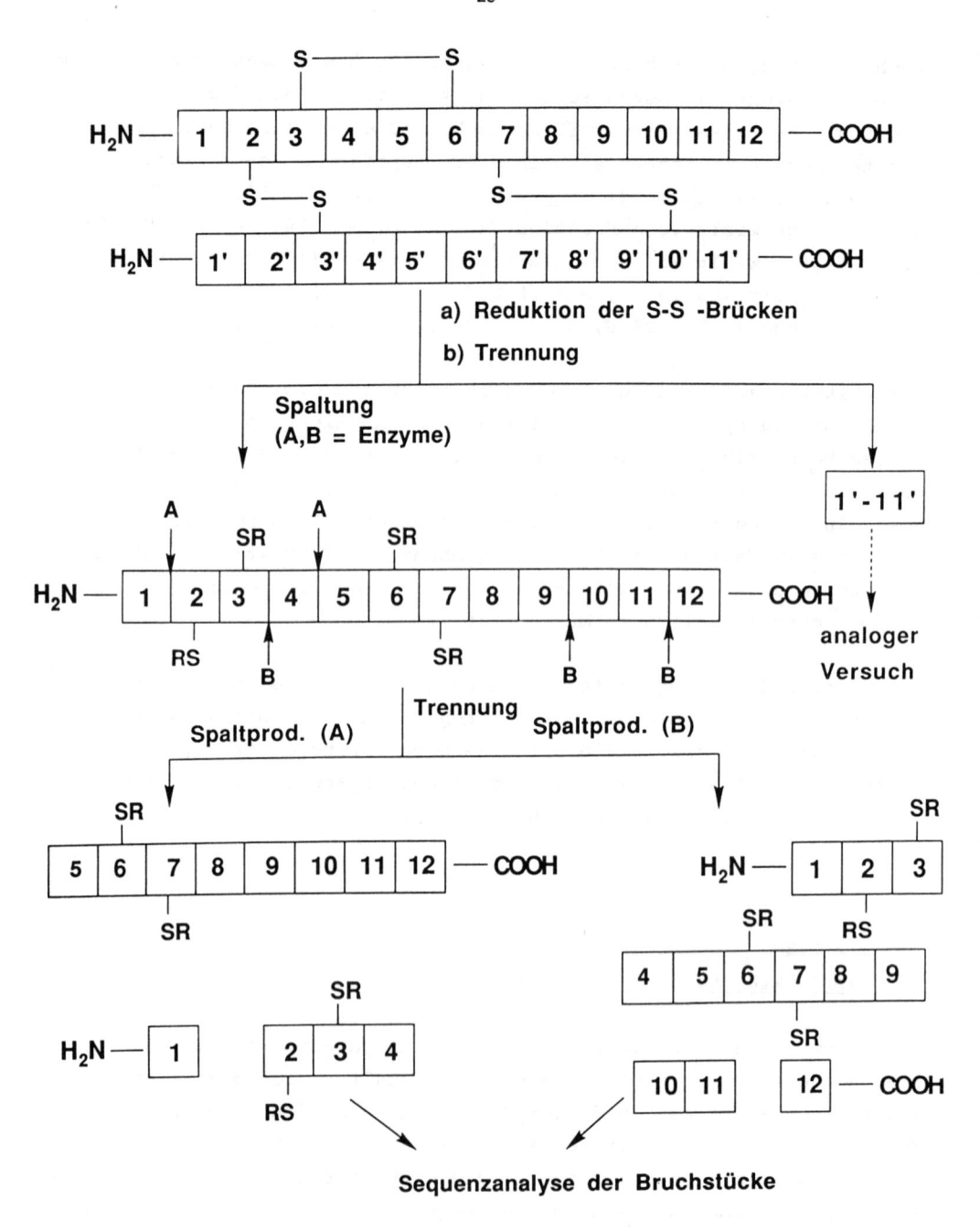

Abb. 2:6  Zur Aufklärung der Primärstruktur (nach DEHNE und KREYSIG)

| Die übereinstimmende Sequenz eng verwandter Kerateine nach SWART, JOUBERT und PARRIS ||||||||||
|---|---|---|---|---|---|---|---|---|---|
| | | | | 5 | | | | | 10 |
| THR | GLY | SER | CYS | CYS | GLY | PRO | THR | PHE | SER |
| | | | | 15 | | | | | 20 |
| SER | LEU | SER | CYS | GLY | GLY | GLY | CYS | LEU | GLN |
| | | | | 25 | | | | | 30 |
| PRO | b | c | TYR | ARG | ASP | PRO | CYS | CYS | CYS |
| | | | | 35 | | | | | 40 |
| ARG | PRO | VAL | SER | d | GLN | e | THR | VAL | SER |
| | | | | 45 | | | | | 50 |
| ARG | PRO | VAL | THR | PHE | VAL | f | ARG | CYS | THR |
| | | | | 55 | | | | | 60 |
| ARG | PRO | ILE | CYS | GLU | PRO | CYS | ARG | ARG | PRO |
| | | | | 65 | | | | | 70 |
| VAL | CYS | CYS | ASP | PRO | CYS | SER | LEU | GLN | GLU |
| | | | | 75 | | | | | 80 |
| GLY | CYS | CYS | ARG | PRO | ILE | THR | CYS | g | PRO |
| | | | | 85 | | | | | 90 |
| THR | SER | CYS | h | ALA | VAL | VAL | CYS | ARG | PRO |
| | | | | 95 | | | | | 100 |
| CYS | CYS | TRP | ALA | THR | THR | CYS | CYS | GLN | PRO |
| | | | | 105 | | | | | 110 |
| VAL | SER | VAL | GLN | i | PRO | CYS | CYS | ARG | PRO |
| | | | | 115 | | | | | 120 |
| THR | SER | CYS | j | PRO | k | ALA | PRO | l | m |
| | | | | 125 | | | | | 130 |
| ARG | THR | THR | CYS | ARG | THR | PHE | ARG | THR | SER |
| n | CYS | CYS | | | | | | | |

Die Aufklärung der Primärstruktur, die in Abb. 2:6 schematisch wiedergegeben wird, beginnt gewöhnlich mit der reproduzierbaren Zerlegung der Polypeptidkette in möglichst grosse Bruchstücke. Nach erfolgter Trennung gelangt man durch weitere Spaltung zu Fragmenten aus etwa $7 \pm 5$ Aminosäureresten, deren Sequenzanalyse in der Regel keine Schwierigkeiten bereitet. Formale Kombination der ermittelten Bausteine liefert schliesslich die gewünschte Information. Die Verbesserung der Methoden führte bis zum automatischen Sequenzanalysator, der es gestattet, nacheinander bis zu 20 Reste vom Kettenende abzulösen, sodass man sich schliesslich auch an die Sequenzanalyse einzelner Kerateinfraktionen herangewagt hat; vgl. auch 8.4.2 und 10.1.

Die Ergebnisse der Sequenzanalyse werden üblicherweise durch Aneinanderreihen der Aminosäure-Symbole dargestellt. Und zwar beginnt man oben links mit dem Aminoende; unten rechts folgt am Schluss das Carboxylende (Kasten). Durch Einführen von Variablen lassen sich die Primärstrukturen eng verwandter Proteine zusammenfassen (hier b - n; den Buchstaben a, der weggelassen wurde, benutzt man meist, um zwischen einem freien und einem geschützten/blockierten Aminoende zu unterscheiden). Im vorliegenden Fall sind es 13 Keratein der 16.000-Dalton-Gruppe, die grösstenteils aus Merinowolle (III A), teils aus Mohair (M 2.6) isoliert wurden und, wie die relativ geringe Anzahl unterschiedlich besetzter Positionen (22, 23,35,37....) zeigt, tatsächlich eng miteinander verwandt sind. Charakteristisch sind hier 130 bis 132 Aminosäure-Bausteine, von denen - wie ein Vergleich mit Tabelle 2/6 zeigt - 30 bis 35 auf Cystyl/Cysteyl, 18 bis 19 auf Prolyl und 13 bis 16 auf Arginyl entfallen, während Lysyl, Histidyl und Methionyl völlig fehlen. Aufmerksamkeit verdienen das Mohair-Protein M 2.6 und das Merino-Protein III A3, die lediglich in den Positionen 37 und 47 voneinander abweichende Bausteine aufweisen.

Tabelle 2/6  Die varianten Positionen ausgewählter Kerateine
             aus Merino-Wolle und Mohair (vgl. Kasten)

| Position b | c | d | e | f | g | h | i | j | k | l | m | n | Kerateinfraktion |
|---|---|---|---|---|---|---|---|---|---|---|---|---|---|
| ARG | TYR | SER | THR | PRO | CYS | GLN | SER | ARG | --- | CYS | --- | ARG | IIIA1 |
| ARG | TYR | SER | THR | PRO | CYS | GLN | SER | ARG | --- | CYS | --- | PRO | IIIA2 |
| ARG | TYR | CYS | --- | PRO | CYS | GLN | CYS | GLN | --- | CYS | SER | PRO | IIIA3 |
| CYS | CYS | SER | THR | SER | CYS | GLN | CYS | --- | SER | --- | --- | PRO | IIIA3A |
| ARG | TYR | CYS | THR | PRO | CYS | GLN | CYS | GLN | --- | --- | SER | PRO | IIIA4 |
| CYS | CYS | SER | THR | PRO | CYS | GLN | CYS | GLN | --- | CYS | SER | PRO | IIIA5 |
| CYS | CYS | CYS | THR | PRO | GLY | GLN | CYS | GLN | --- | CYS | SER | PRO | IIIA5A |
| ARG | TYR | CYS | THR | PRO | CYS | GLU | CYS | GLN | --- | CYS | SER | PRO | IIIA5B |
| CYS | CYS | SER | THR | PRO | CYS | GLN | CYS | GLN | --- | --- | SER | PRO | IIIA6 |
| CYS | CYS | SER | THR | PRO | CYS | GLN | CYS | GLN | --- | --- | SER | PRO | IIIA7 |
| CYS | CYS | CYS | THR | PRO | CYS | GLN | CYS | GLN | --- | --- | SER | PRO | IIIA8 |
| ARG | TYR | CYS | THR | SER | CYS | GLN | CYS | GLN | --- | CYS | SER | PRO | M2.6 |
| ARG | CYS | CYS | THR | SER | CYS | GLN | CYS | GLN | --- | CYS | --- | PRO | M2.6A |

## 2.2.2.4
### Zur Ermittlung einer fossilen Struktureinheit

Wie bereits bei flüchtiger Durchsicht auffällt, enthält die im Kasten auf Seite 29 wiedergegebene Sequenz ein mehrfach wiederkehrendes Strukturelement Cys Cys X Y Z, das beispielsweise beim Keratein III A5 mit den Positionen 4,22,29,62,72,78,91,96 und 107 beginnt. Im Laufe der Evolution ist es, so darf man mit grosser Sicherheit annehmen, aus einer der eingangs zu 2.2.2 postulierten elementaren Einheiten hervorgegangen.

Mit welchen Aminosäurebausteinen waren nun aber in der fossilen Struktureinheit die Positionen X Y Z belegt? Keinerlei Schwierigkeiten bereitet die Antwort für die Position Y, die in 6 von 9 Fällen vom Prolyl-Rest eingenommen wird. Ausgefeiltere statische Methoden bedienen sich des in der Tabelle 2/7 wiedergegebenen natürlichen Aminosäure-Codes. Sie gestatten es schliesslich, auf prinzipiell analogem Wege X und Z zu ermitteln.

Um das methodische Vorgehen zu erfassen, betrachten wir Tabelle 2/8, der die Besetzung von Z mit 3 mal Thr, 2 mal Val und je 1 mal Asp, Cys, Ile, Ser zugrunde liegt. Im codierenden Basentriplett Z(1) Z(2) Z(3) entspricht diese Besetzung 4 1/2 mal A, 3 mal G und 1 1/2 mal U für Z(1), 1 mal A, 1 1/2 mal G, 3 1/2 mal C und 3 mal U für Z(2) sowie 2 1/2 mal C oder U und 6 1/2 mal Any für Z(3), da Ser sowohl durch UC Any als auch durch A G (U oder C) codiert wird und wir das statische Gewicht je zu 1/2 willkürlich festgelegt haben. Das wahrscheinlichste Basentriplett ist deshalb A C Any, das für Thr codiert.

Tabelle 2/7   Aminosäurecode der mRNS

| Nucleotid (Buchstabe) im Codon (1. bis 3.) | | | | | |
|---|---|---|---|---|---|
| 1. | 2. | | | | 3. |
| | U | C | A | G | |
| U | UUU ⎫ Phe<br>UUC ⎭<br>UUA ⎫ Leu<br>UUG ⎭ | UCU ⎫<br>UCC ⎬ Ser<br>UCA ⎪<br>UCG ⎭ | UAU ⎫ Tyr<br>UAC ⎭<br>UAA ⎫ Ende<br>UAG ⎭ | UGU ⎫ Cys<br>UGC ⎭<br>UGA   Ende<br>UGG   Trp | U<br>C<br>A<br>G |
| C | CUU ⎫<br>CUC ⎬ Leu<br>CUA ⎪<br>CUG ⎭ | CCU ⎫<br>CCC ⎬ Pro<br>CCA ⎪<br>CCG ⎭ | CAU ⎫ His<br>CAC ⎭<br>CAA ⎫ Gln<br>CAG ⎭ | CGU ⎫<br>CGC ⎬ Arg<br>CGA ⎪<br>CGG ⎭ | U<br>C<br>A<br>G |
| A | AUU ⎫<br>AUC ⎬ Ile<br>AUA ⎭<br>AUG   Start, Met | ACU ⎫<br>ACC ⎬ Thr<br>ACA ⎪<br>ACG ⎭ | AAU ⎫ Asn<br>AAC ⎭<br>AAA ⎫ Lys<br>AAG ⎭ | AGU ⎫ Ser<br>AGC ⎭<br>AGA ⎫ Arg<br>AGG ⎭ | U<br>C<br>A<br>G |
| G | GUU ⎫<br>GUC ⎬ Val<br>GUA ⎭<br>GUG   Start, Val | GCU ⎫<br>GCC ⎬ Ala<br>GCA ⎪<br>GCG ⎭ | GAU ⎫ Asp<br>GAC ⎭<br>GAA ⎫ Glu<br>GAG ⎭ | GGU ⎫<br>GGC ⎬ Gly<br>GGA ⎪<br>GGG ⎭ | U<br>C<br>A<br>G |

Statistisch relevant wird das Verfahren schliesslich, wenn man einerseits alle 13 durch Tabelle 2/6 erfassten Kerateine, andererseits Strukturelemente A Cys X Y Z und Cys B X Y Z in die Auswertung einbezieht; vorauszusetzen ist, dass der Baustein in A oder B - wie z.B. Gly in Position 17 mit GG(U oder C) statt U G(U oder C) - durch einfache Mutation einer codierenden Base aus Cys hervorgeht.

Auf analoge Weise ergibt sich X zu Arg; der vollständige Satz des fossilen Elementes lautet somit Cys Cys Arg Pro Thr (vgl. SWART/JOUBERT/PARRIS in 10.1 ).

Tabelle 2/8   Zur Auswertung der Position Z in Cys Cys X Y Z
(Erläuterungen siehe Text)

| Codierende Basen | Häufigkeit in den Positionen | | |
|---|---|---|---|
| | Z(1) | Z(2) | Z(3) |
| Adenin    (A) | 3 + 1 + 1/2 | 1 | - |
| Guanin    (G) | 2 + 1 | 1 + 1/2 | - |
| Cytosin   (C) | - | 3 + 1/2 | - |
| Uracil    (U) | 1 + 1/2 | 3 | - |
| A oder G | - | - | - |
| C oder U | - | - | 1 + 1 + 1/2 |
| beliebig (Any) | - | - | 3 + 2 + 1 + 1/2 |

## 2.2.3
### Die α-Helix und die β-Faltblatt-Struktur

Die Konformation (Faltung) einer Proteinkette entspricht nicht der statistischen Knäuelung gewöhnlicher Makromoleküle. Der wichtigste Bestandteil des Wollkeratins ordnet sich vielmehr zu einem schraubenförmigen Gebilde an, dessen einzelne Windungen durch Ausbildung von intramolekularen Wasserstoffbrücken fixiert werden. PAULING und COREY, die diese Struktur aufgrund röntgenspektroskopischer Untersuchungen an Eiweisskörpern gefunden haben, nannten eine solche Schraubenkonfiguration Helix. Bevorzugt wird generell die Alpha-Helix, die 3,6 Aminosäurereste pro Windung enthält.

Im Gegensatz zum Wollkeratin ist das Seidenfibroin _ausschliesslich_ aus parallel zur Faserachse gestreckten Polypeptidverbänden aufgebaut, in denen benachbarte Kettenmoleküle in entgegengesetzte Richtungen verlaufen und in den kristallinen Bereichen durch H-Brücken zu einem "Faltblatt" verknüpft sind.

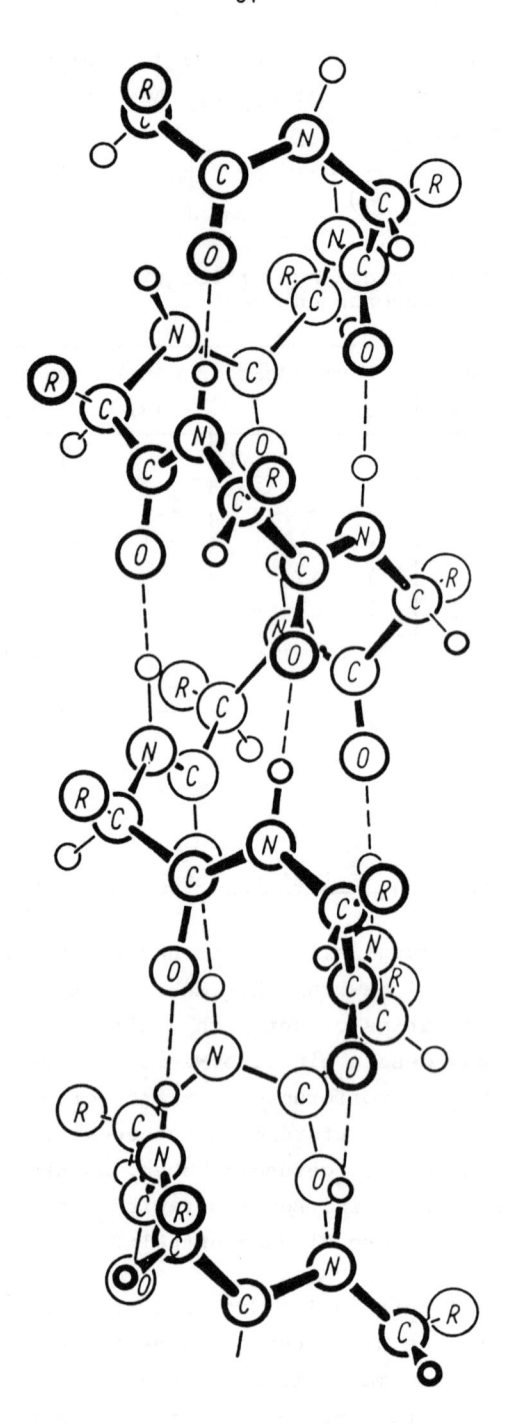

Abb. 2:7  Die α-Helix eines Proteins (nach PAULING und COREY)

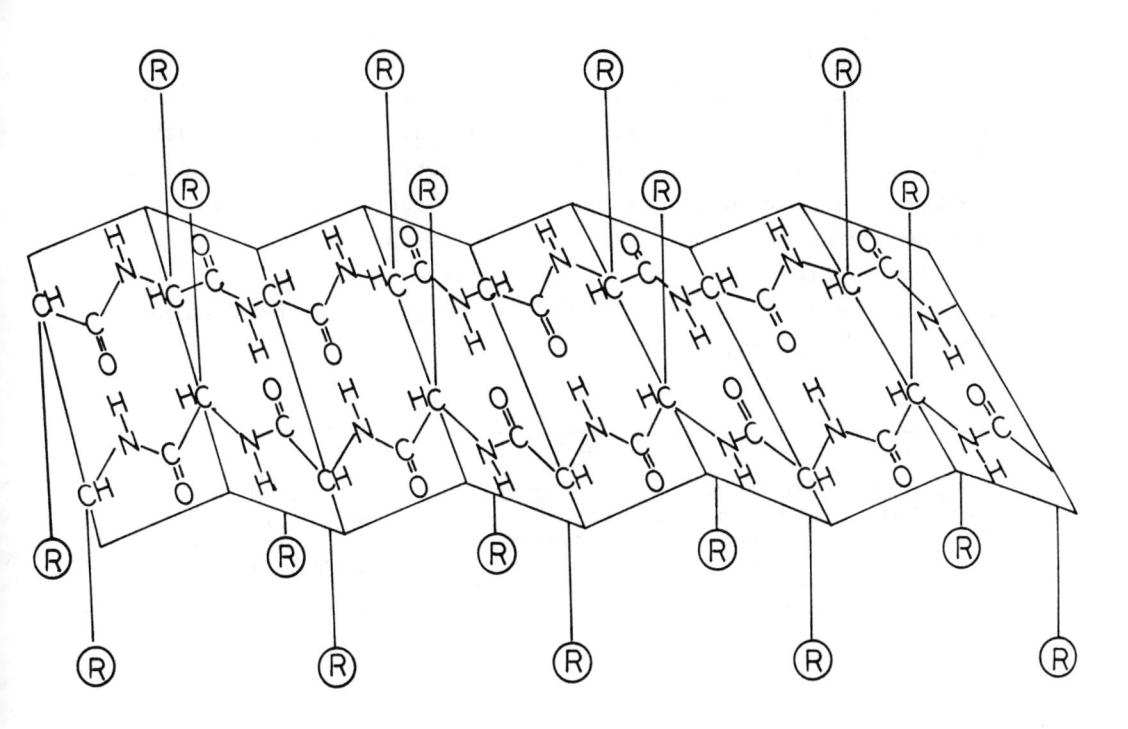

Abb. 2:8   Zur Faltblattstruktur; aufeinanderfolgende Seiten-
           ketten stehen abwechselnd oberhalb und unterhalb
           des Faltblattes (nach DEHNE und KREYSIG)


Charakteristisch für Seide sind Aminosäuren mit kurzer Seitenkette sowie das Fehlen von Cystin (keine Disulfid-Brücken). Wie Sequenzanalysen ergaben, wiederholt sich über weite Strecken der Kette die Einheit $(Gly-Ser-Gly-Ala-Gly-Ala)_n$.


## 2.2.4
### Proteine als Polyelektrolyte

Nach Abschnitt 2.2.2.1 besitzen einige der natürlichen Aminosäuren in der Seitenkette saure oder basische Substituenten, die nach dem Einbau in die Makromoleküle der Proteine miteinander wechselwirken.

In Analogie zu den Aminosäurebetainen entstehen so spontan innere Salze (Schemata 2-5 und 2-6). Gemäss Schema 2-8 überwiegt je nach pH des Milieus die Zahl der kationischen oder die der anionischen Substituenten, sodass das Protein, um der Elektroneutralitätsbedingung zu genügen, aus der Umgebungslösung eine entsprechende Anzahl von Gegenionen aufnimmt. Proteinfasern werden so zu amphoteren Polyelektrolyten, die sich durchaus mit Ionenaustauscherharzen vergleichen lassen und wie diese mit den Ionen umgebender Elektrolytlösungen in Wechselwirkung treten.

---
**Merke**
Der pH-Wert (pI), bei dem die Anzahl der anionischen mit der der kationischen Substituenten exakt übereinstimmt, wird definitionsgemäss isoelektrischer Punkt genannt. In Lösungen mit pH $\cong$ pI neigen Eiweissverbindungen zur Koagulation.

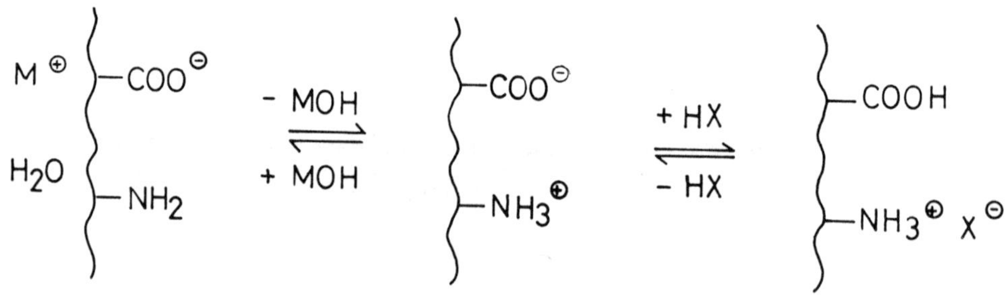

---

$$M^{\oplus} \begin{Bmatrix} -COO^{\ominus} \\ \\ -NH_2 \end{Bmatrix} \quad \underset{+ MOH}{\overset{- MOH}{\rightleftharpoons}} \quad \begin{Bmatrix} -COO^{\ominus} \\ \\ -NH_3^{\oplus} \end{Bmatrix} \quad \underset{- HX}{\overset{+ HX}{\rightleftharpoons}} \quad \begin{Bmatrix} -COOH \\ \\ -NH_3^{\oplus} \ X^{\ominus} \end{Bmatrix}$$

H$_2$O

<u>2.33</u>　　　　　　　　　<u>2.34</u>　　　　　　　　　<u>2.35</u>

Schema 2-8  Das Protein als Puffersubstanz

Ein Austausch geschieht indessen nur bis zur Ausbildung eines Gleichgewichtszustandes. Formal kann dieses Gleichgewicht durch die theoretischen Ansätze beschrieben werden, die von DONNAN im Zusammenhang mit den osmotischen Erscheinungen an einer semipermeablen Membran entwickelt worden sind (da die aktiven Zentren im Inneren der Faser

fixiert sind, wirken die Grenzflächen Faser/Elektrolytlösung bzw.
Faser/Färbebad wie semipermeable Membranen).

Nehmen wir als Beispiel einen Polyelektrolyten vom Typus $Na^{\oplus} R^{\ominus}$,
der in wässriger Lösung ein Sol bildet, und bringen ihn in ein Gefäss
mit einer semipermeablen Membran, die ihn von einer wässrigen Einbettungslösung trennt.

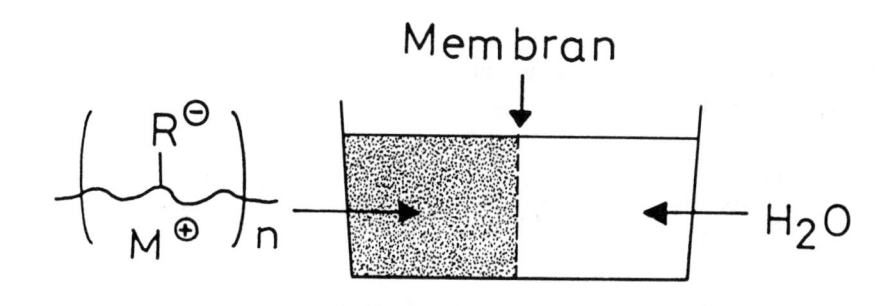

Abb. 2:9    Modell zum DONNAN-Ansatz

In erster Näherung darf man annehmen, dass nichts geschehen wird,
weil das $Na^{\oplus}$ infolge der Undurchlässigkeit der Membran für $R^{\ominus}$ ebenfalls im Sol verbleiben muss. Eine Diffusion des $Na^{\oplus}$ durch die
Membran wird dennoch stattfinden. Denn das Sol enthält ja neben dem
Polyelektrolyten noch Wasser als Lösungsmittel, welches infolge seines
Dissoziationsgleichgewichtes

$$H_2O \rightleftarrows H^{\oplus} + OH^{\ominus} \qquad (2.2)$$

Wasserstoff-Ionen liefert, so dass der Elektroneutralitätsbedingung
im Sol genügt werden kann. Die diffundierenden $Na^{\oplus}$-Ionen nehmen
gewissermassen bei ihrer Wanderung von innen nach aussen $OH^{\ominus}$-Ionen
mit. Dadurch steigt im Sol die $[H^{\oplus}]$-Ionenkonzentration an. Das Sol
wird sauer. Man spricht von einer Membranhydrolyse.

Wenn wir dem System ein dissoziierendes Neutralsalz zufügen - etwa NaCl - so wird sich dieses zwischen der Polyelektrolytlösung und dem Einbettungsmedium verteilen. Man wird finden:

| innen | aussen | |
|---|---|---|
| $[Na^{\oplus}]_i$ | $[Na^{\oplus}]_a$ | |
| $[R^{\ominus}]_i$ | | (2.3) |
| $[Cl^{\ominus}]_i$ | $[Cl^{\ominus}]_a$ | |

Die Elektronenneutralitätsbedingung muss für beide Räume zutreffen. Es ergibt sich die Bilanz

$$\begin{aligned} \text{innen}: \quad & [Na^{\oplus}]_i = [R^{\ominus}]_i + [Cl^{\ominus}]_i \\ \text{aussen}: \quad & [Na^{\oplus}]_a = [Cl^{\ominus}]_a \end{aligned} \quad (2.4)$$

Der zweite Hauptsatz der Thermodynamik liefert für den Gleichgewichtszustand die Bedingung, dass die freie Energie dG für die Ueberführung von dn-Molen NaCl von innen nach aussen und umgekehrt gleich 0 sein muss.

$$dn\,RT\,\ln\frac{[Na^{\oplus}]_a}{[Na^{\oplus}]_i} + dn\,RT\,\ln\frac{[Cl^{\ominus}]_a}{[Cl^{\ominus}]_i} = dG = 0 \quad (2.5)$$

Daraus folgt sofort:

$$\frac{[Na^{\oplus}]_a}{[Na^{\oplus}]_i} = \frac{[Cl^{\ominus}]_i}{[Cl^{\ominus}]_a} \quad (2.6)$$

oder

$$[Na^{\oplus}]_a \cdot [Cl^{\ominus}]_a = [Na^{\oplus}]_i \cdot [Cl^{\ominus}]_i \quad (2.7)$$

Unter Berücksichtigung der Elektroneutralitätsbedingung für die Aussenlösung folgt

$$[Na^{\oplus}]_i \cdot [Cl^{\ominus}]_i = [Cl^{\ominus}]_a^2 \quad (2.8)$$

Weil die innen vorhandenen Kationen nicht nur die [Cl$^\ominus$]-Ionen sondern auch die Anionen des Polyelektrolyten neutralisieren, muss dort gelten:

$$[Na^\oplus]_i > [Cl^\ominus]_i \qquad (2.9)$$

Aus der Kombination von (2.8) mit (2.9) folgt dann

$$[Cl^\ominus]_i < [Cl^\ominus]_a \qquad (2.10)$$

so dass

$$[NaCl]_i < [NaCl]_a \qquad (2.11)$$

wird.

<u>Der Polyelektrolyt im Innern verhindert also bei der Zufuhr von Salz zum System eine gleichmässige Verteilung dieses Salzes auf beide Räume.</u> Er hindert das Eindringen desselben in seinen Raum.

Auf ähnliche Weise lässt sich anhand der Gleichungen (2.12) bis (2.19) ableiten, warum bei der Titration von Wolle mit der Säure HA <u>ein Zusatz von Neutralsalz MA den pH des Aussenmediums erhöht</u> (der Anschaulichkeit halber ignorieren wir den zwitterionischen Zustand und setzen X = $NH_2$, was zulässig ist, weil nach dem Einwirken der Säure gleichwohl die Ionen $\overline{R-NH_3}{}^\oplus$ und $\overline{A^\ominus}$ vorliegen; eine analoge Ableitung für die Titration schwach saurer Ionenaustauscher mit der Lauge MOH findet der interessierte Leser bei HELFFERICH, vgl. 10.3.

Für eine einfache Näherung nehmen wir das Dissoziationsgleichgewicht (2.12) im Inneren der Wollfaser an (die Ueberstreichungen markieren Substituenten und Ionen im Inneren der Faser):

$$\frac{\overline{[R-X]}\;\overline{[H^\oplus]}}{\overline{[R\,X\,H^\oplus]}} = K \qquad (2.12)$$

Definitionsgemäss ist $-\log\overline{[H^\oplus]} = \overline{pH}$ und $-\log K = pK$. Das Verhältnis $\overline{[R\,X]} / \overline{[R\,X\,H^\oplus]}$ der undissoziierten und dissoziierten aktiven Gruppen kann nach (2.13) durch den Dissoziationsgrad α ausgedrückt werden.

$$\overline{[RX]} / \overline{[RXH^{\oplus}]} = \alpha / (1 - \alpha) \qquad (2.13)$$

Damit ergibt sich die Beziehung

$$\overline{pH} = pK - \log \frac{1 - \alpha}{\alpha} \qquad (2.14)$$

Für α = 0,5, also bei einer Beladung mit 50% der maximalen Kapazität an HA, gilt Gl.(2.15).

$$\overline{pH} = pK \qquad (2.15)$$
$$[\text{für } \alpha = 0,5]$$

Der (scheinbare) pK-Wert der aktiven Gruppen ist also gleich dem pH-Wert im Inneren des Austauschers bei 50% Beladung mit HA, der mit dem entsprechenden pH-Wert in der Lösung nicht übereinstimmt. Dagegen kann in erster Näherung angenommen werden, dass das Verhältnis $[A^{\ominus}] / [OH^{\ominus}]$ in Lösung und Austauscher das gleiche ist; damit folgen die Gl.(2.16) und (2.17).

$$\overline{[OH^{\ominus}]} = [OH^{\ominus}] \, \overline{[A^{\ominus}]} / [A^{\ominus}] \qquad (2.16)$$

$$\overline{[H^{\oplus}]} = [H^{\oplus}] \, [A^{\ominus}] / \overline{[A^{\ominus}]} \qquad (2.17)$$

Mit $\overline{[A^{\ominus}]} = 1/2 \, [\overline{Z}]$, wenn nämlich α = 0,5 und $[\overline{Z}]$ die Gesamtzahl an dissoziierten und undissoziierten aktiven Gruppen ist, gilt dann Gl.(2.18), die ausser pK = $\overline{pH}$ nur experimentell ableitbare Grössen enthält (und deshalb zur Abschätzung der pK-Werte von Ionenaustauschern herangezogen wurde). Nach Umformung zu (2.19) gibt sie für α = 0,5 (und die angrenzenden Bereiche der Titrationskurve) den Einfluss von $[A^{\ominus}]$ auf den pH-Wert der Aussenlösung annähernd richtig wieder.

$$pK = \overline{pH} = pH - \log [A^{\ominus}] + \log \frac{[\overline{Z}]}{2} \qquad (2.18)$$
$$[\text{für } \alpha = 0,5]$$

$$pH = \text{konst} + \log [A^{\ominus}] \qquad (2.19)$$
$$[\text{für } \alpha = 0,5]$$

Man beachte, dass (entgegen einer verbreiteten Ansicht) die <u>Neutralsalzzusätze keine Zunahme der Pufferkapazität</u> bewirken.

## 2.2.5
### Die Wolle

Als Wolle bezeichnet man allgemein Haarfasern von Säugetieren. Lieferanten sind Schafe, Ziegen, Kamele, aber auch Nagetiere wie Kaninchen und Biber. Der weitaus grösste Anteil an Wolle stammt vom Schaf, weswegen unter Wolle im engeren Sinne die Schafwolle verstanden wird. Die Ursprünge der Schafzucht liegen vermutlich im anatolisch-syrisch-palästinensischen Raum. Seit dem alten Reich in Aegypten und der Bronzezeit in Europa kultiviert, gilt die Wolle als älteste Textilfaser. Heute sind die wichtigsten Erzeugerländer Australien, USA, Argentinien, Neuseeland, Südafrika, der ferne Osten und die UdSSR.

Die Qualität der Wolle hängt von zahlreichen Faktoren ab. Ebenso wichtig wie die Rasse erscheint z.B. die Ernährung und das Klima - auch jährliche Schwankungen sind von Bedeutung - die Art der Schur, etwaige Krankheiten, aber auch die Herkunft der Faser von verschiedenen Stellen des Vlieses spielt eine Rolle (Stapellänge: Abschnitt 2.1.6).

Die feinen Wollsorten gewinnt man vom ursprünglich aus Spanien stammenden Merino-Schaf (mittlerer Faserdurchmesser kleiner als 25 µm), grobe Wolle liefern die ursprünglich in England gezüchteten Rassen (Down-Schafe, Hügel-Schafe, Sumpf-Schafe, Glanzwoll-Schafe und Berg-Schafe). Träger von langstapliger und gröberer Wolle erhält man durch Kreuzungen zwischen Merino-Schafen und einer der englischen Rassen (Crossbreds). Warme und trockene Witterung ergibt feinere Wolle, während die gleichen Schafe in kalter und feuchter Umgebung grobe Wolle erzeugen. Die zahlreichen Krankheiten der Schafe sowie Hungerperioden beeinträchtigen die Produktion. Da die geschädigten Stellen in der Regel nur wenige Millimeter lang sind, entsteht eine auf den ersten Blick normal erscheinende Wollqualität, die aber der Verarbeitung nicht standhält.

Ueblicherweise werden die Schafe einmal jährlich geschoren (Vollschur). Da das Fellkleid des Tieres unmittelbar nach der Schur rascher wächst als später, werden in Ländern mit besonders günstigen Bedingungen (Südafrika, Südamerika) auch Halb- oder Dreiviertelschuren vorgenommen, d.h. es wird zweimal pro Jahr oder dreimal pro zwei Jahre geschoren. So erzeugt das Schaf vergleichsweise mehr Wolle als bei

Vollschur. Allerdings wird die Stapellänge verkürzt. Beim Scheren wird das Haarkleid als zusammenhängendes Ganzes - als Vlies - abgeschnitten (Roh- oder Schweisswolle). Die Qualität der Fasern ist uneinheitlich, die einzelnen Feinheiten des Vlieses müssen deshalb heraussortiert werden. Die übrigen Teile des Fellkleides werden als Stücke bezeichnet: Locken, Hälse, Bäuche, Schwänze und Beine gehören zu minderen Qualitäten, die gerade noch als Schurwolle bezeichnet werden dürfen.

Das Wollhaar ist ein Produkt der äusseren Hautschicht des Tieres, der Epidermis. Es wird an der Basis einer Pore gebildet und durch diese nach aussen gestossen. Ein in den Porenkanal mündender Fettkanal überzieht das Haar mit einer wachsartigen Fettschicht: Wollfett. Separate Poren liefern den Wollschweiss. Diese Begleitsubstanzen haften der Faser an und müssen vor der Weiterverarbeitung in einem Waschprozess entfernt werden (Schuppen-Protein 3 - 8%, Wollfett 14, Wollschweiss 4, Erde und Verunreinigungen pflanzlicher Herkunft bis 20, Feuchtigkeit 12%).

Abb. 2:10   Zur Feinheit am Vlies (Qualitäten 1, 2, 3, 4, zuletzt die nicht bezeichneten Randgebiete)

Die Länge des Wollhaares variiert von etwa 6 - 40 cm, die Dicke wird mit 15 - 45 µm angegeben. Dabei gilt die Regel: Je feiner das Haar um so kürzer ist sein Stapel.

Aufbau der Wollfaser

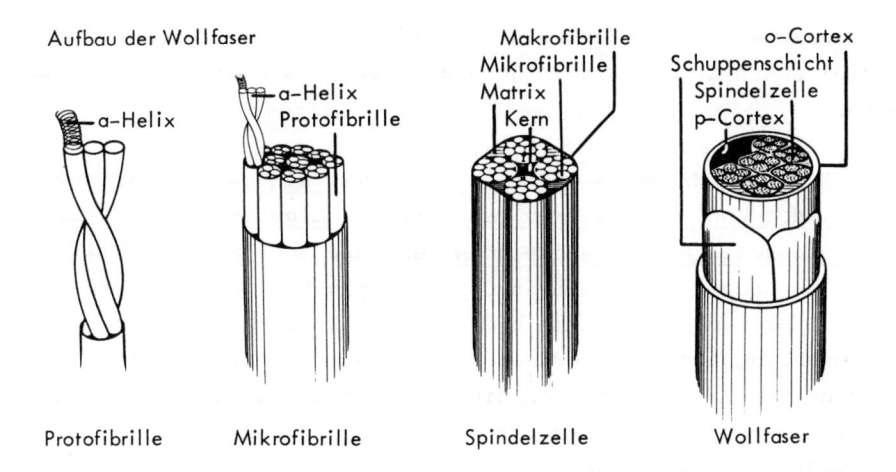

α-Helix

α-Helix
Protofibrille

Makrofibrille
Mikrofibrille
Matrix
Kern

o-Cortex
Schuppenschicht
Spindelzelle
p-Cortex

Protofibrille · Mikrofibrille · Spindelzelle · Wollfaser

Abb. 2:11  Zum Aufbau der Wollfaser (vgl. die Darstellung auf quasi logarithmischer Skala in Abb. 2:12)

Die komplexe Struktur des Wollhaares, die in Abb. 2:11 schematisch wiedergegeben wird, beruht auf einem erfolgreichen Konstruktionsprinzip; dem Prinzip nämlich, Komponenten mit verschiedenen Eigenschaften zu einem Material zu vereinen, das optimal an seine Aufgabe angepasst ist. In der Hierarchie der Wollfaser ist dieses Prinzip, das nicht nur für die meisten biologischen, sondern inzwischen auch für viele technische Werkstoffe charakteristisch ist, in der Form von Kern/Mantel- und Filament/Matrix-Strukturen sogar mehrfach verwirklicht.

Am oberen Ende der Leiter beginnt der Dualismus mit Schuppenschicht (Cuticula) und Rindenschicht (Cortex). Die Schuppenschicht überzieht das ganze Wollhaar. Die Schuppen sind mit ihrem gegen die Haarwurzel zielenden Ende mit der Faser verwachsen. Diese Anordnung hat zur Folge - besonders nach einer Behandlung mit feuchter Wärme, die eine Quellung und damit ein stärkeres Abstehen der losen Enden der Schuppen vom Faserkörper bewirkt - dass der Reibungswiderstand beim Gleiten der Faser gegen die Schuppen grösser ist als umgekehrt. So werden bei der mechanischen Bearbeitung eines Wollfaservlieses oder Bündels die Einzelfasern zu einer dichtgepackten Struktur, einem Filz zusammengeschoben.

Auf der nächst niedrigeren Ebene, der <u>Cortex, die das gesamte Innenvolumen bildet und die äusseren mechanischen Eigenschaften des Haares wie Zugfestigkeit, Knick- und Biegewiderstand bestimmt</u>, stehen sich Spindelzelle und der Zellmembrankomplex gegenüber. Die Spindelzellen mit einer Länge von ca. 0,1 mm und einer Dicke von 1 bis 2,5 µm sind in der Faserlängsachse angeordnet und enthalten Reste des Zellkerns. Bei Ziegen- und Kaninchenhaaren findet man noch einen sogenannten Markkanal; gefärbte Haare enthalten in diesem Kanal Pigmentkörner, die im Mikroskop sichtbar werden.

Weiter unten auf der Ebene der Spindelzelle, die auch Cortexzelle genannt wird, finden wir die Makrofibrillen und die interfibrillären Kittsubstanzen.

Am unteren Ende der Hierarchie folgen auf der Ebene der Makrofibrillen die in die schwefel- und tyrosinreichen Proteine der Matrix eingebetteten Mikrofibrillen, deren Substrukturen lange strittig blieben. Nach neuesten Ergebnissen sind die rechtsgängigen Strukturen der α-Helix zu Dimeren vereint, die sich in komplexer Weise zu Subfilamenten und Filamenten zusammenschliessen (H. ZAHN: Festvortrag am 27.3.87 anlässlich der Emeritierung H. ZOLLINGER's; den interessierten Leser verweisen wir noch auf die unter 10.1 zitierten Arbeiten aus dem Kreis um R.D.B. FRASER).

Die Festigkeit der Wollfaser ist verhältnismässig gering, die Reisslänge (vgl. 9.2) beläuft sich auf ca. 10 - 15 km. Verglichen mit Baumwolle (20 - 50 km) oder Seide (27 - 40 km) nimmt sich dieser Wert bescheiden aus. Dagegen ist ihre Elastizität ausserordentlich hoch: In trockenem Zustand kann sie um 25 - 48%, im nassen gar um 30 - 62% gedehnt werden, bevor sie bricht. Die Elastizität ist denn auch für die mechanischen Eigenschaften ausschlaggebend, die zum textilen Gebrauch durchaus hinreichen.

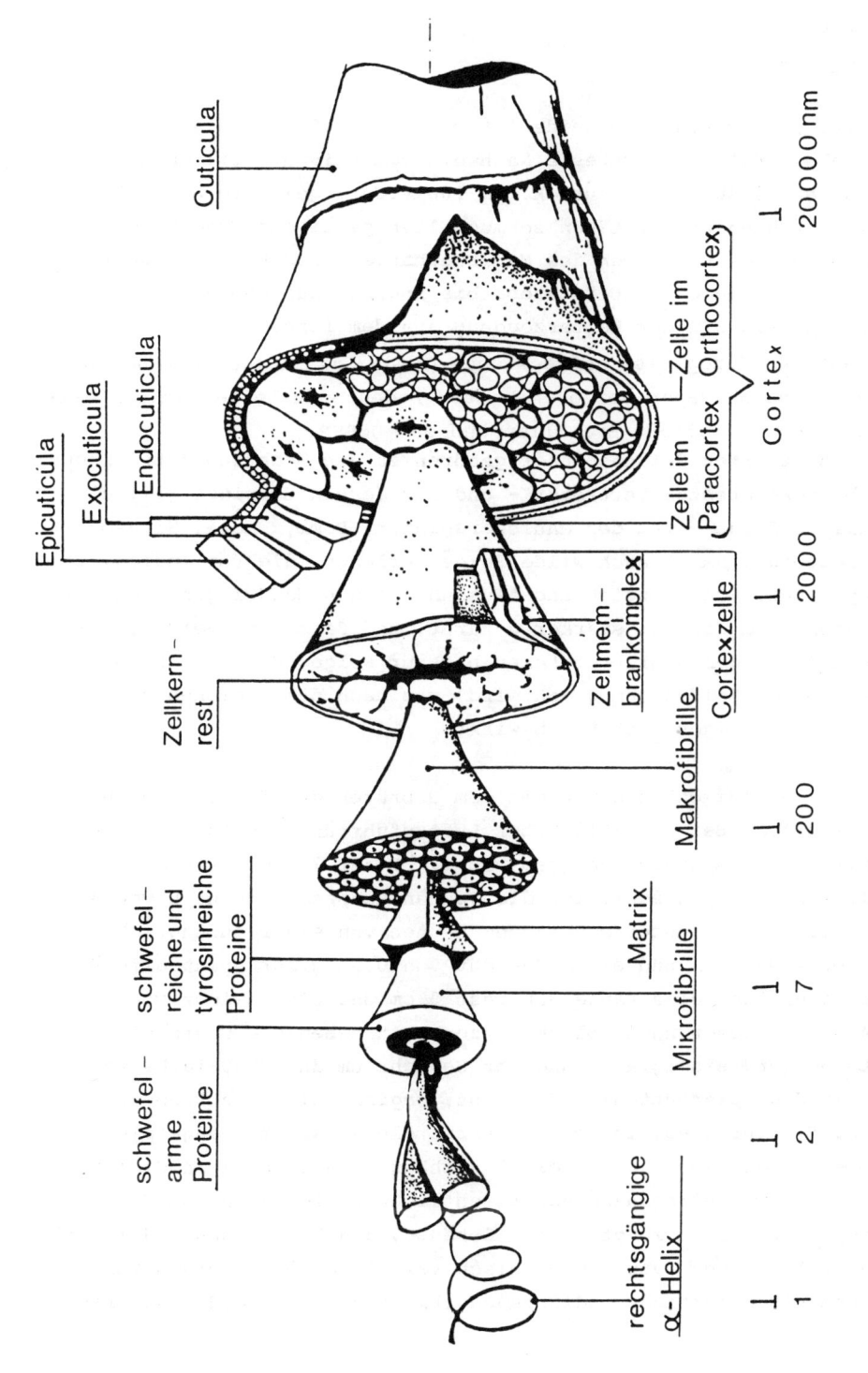

Abb. 2:12  Der Aufbau der Wollfaser aus anderer Perspektive:
Hierarchie einer feinen Merinowollfaser (mit freundlicher
Genehmigung der Division of Protein Chemistry C.S.I.R.O
Parkville, Victoria)

## 2.2.6
## Die Seide

Die Kultivierung von Naturseide ist mehr als 5000 Jahre alt und in China beheimatet. Der früheste Nachweis von Seidentextilien geht auf das Jahr 1240 v.Chr. zurück. Um 200 v.Chr. gelangte Seide nach Korea. In hohlen Wanderstäben schmuggelten persische Mönche 552 n.Chr. Seidenraupeneier und Samen des Maulbeerbaumes nach Byzanz, von wo sich die Zucht langsam über Europa bis England ausdehnte. Noch heute stammt mehr als 3/4 der Welterzeugung aus dem fernen Osten. Hauptlieferant für Europa ist heute wieder China, das seine führende Rolle vorübergehend an Japan verloren hatte. Bedeutende Seidenzuchten existieren auch in Indien, Brasilien und der UdSSR.
Die domestizierten Seidenspinner gehören zu den Nachtschmetterlingen. Der wohl bekannteste Vertreter - und nur dessen Gespinst gilt als eigentliche Seide - ist der Maulbeerspinner, Bombyx mori. Wirtschaftliche Bedeutung haben auch wilde Seiden erlangt, die von Indien, China und Japan unter der Bezeichnung "Tussah" in den Handel gebracht werden; ihre Fäden sind dicker, stärker gefärbt, und Bast- und Seidensubstanz sind bei ihnen gemischt. Letzteres hat zur Folge, dass ein Entbasten wie bei echten Seiden unmöglich wird, was nach dem Bleichen und Färben ein unruhiges Aussehen bewirkt.

Die Seidenraupenzucht beginnt mit dem Bebrüten der "Samen" in speziellen Brutöfen. Bei kontrollierter Luftzufuhr und konstanter Feuchtigkeit wird die Temperatur langsam von 17 $^\circ$C auf 27 $^\circ$C gesteigert. Nach 10 bis 14 Tagen schlüpfen die jungen Raupen. Innerhalb von 4 - 5 Wochen wachsen sie unter mehrfachem Häuten von einer anfänglichen Länge von etwa 3 mm und einem Gewicht von 0,5 mg zur Spinnreife heran. Sie besitzen dann eine Länge von fast 9 cm und ein Gewicht von ungefähr 4 g. In dieser unglaublich kurzen Zeit haben die Tiere also ihre Länge verdreissigfacht und ihr Gewicht um das 8000-fache vermehrt. In die Spinnhütten eingebracht, beginnt sich die Raupe zu verspinnen. Sie tut dies, indem sie zuerst ein äusseres Traggespinst aus losem Fadengewebe (Flockseide) aufhängt. Darin wird in gleichmässigen Achterschlingungen der eigentliche Seidenfaden in Bündeln abgelegt. Das Tier erzeugt so ein Gehäuse, den Kokon. Während man alle übrigen natürlichen Fasern mechanisch verspinnen muss, produziert die Raupe einen fertigen Endlosfaden (Filament). Das hydratisierte

Protein (Fibrinogen) entsteht in wässrigem Milieu in zwei länglichen
Drüsen, die gemeinsam in den Spinnfinger der Unterlippe münden, aus
welchem die Raupe den Faden als Doppelstrang auspresst. Die Kettenmoleküle befinden sich zunächst in einem ungeordneten Zustand; während des Auspressens werden sie gestreckt und zum wasserunlöslichen Fibroin verbunden. Kurz vor der Vereinigung der beiden Drüsenkanäle
wird von weiteren Organen (Filippische Drüsen) der Seidenbast (Sericin)
beigemischt. Beim Austritt erstarrt das Fibroin sofort, während das
Sericin, das den Doppelstrang zusammenhält und zusätzlich zum Verbinden der einzelnen Fadenlagen untereinander dient, erst allmählich
erhärtet.

Nach der Ernte werden die Puppen durch Dampf oder Heissluft getötet.
Der frische Kokon besteht zu 14% aus dem eigentlichen Seidenfaden
(1000 bis 3000 m) und zu 85% aus der darin befindlichen Puppe. Die
Kokonhülle umfasst drei Schichten: Die äussere Flockseide, den abhas-
pelbaren Teil des Fadens (Bave) und das Puppenbett (Telette). Der ab-
haspelbare Teil der Seide (500 - 1000 m pro Kokon) wird auf der "Spinn-
bank" gewonnen, wo rotierende Bürsten die freigelegten Fadenanfänge
erfassen; man bezeichnet diese Seide als Grège. Die Flocke und sonstige
nicht haspelbare Anteile werden gesondert aufbereitet, geschnitten
und als Stapelfaser (Schappe) verarbeitet. Glanz und Griff, die besonders geschätzten Eigenschaften, erfordern eine Heisswasserbehandlung, die den Seidenbast entfernt. Seide ist die kostbarste und
edelste Textilfaser, die die Natur liefert. Trotz eines Titers von nur
1 bis 2 tex zeichnet sich der feine Seidenfaden durch eine ausserordentliche Festigkeit aus (vgl. 2.2.5 und 9.2).

Die traditionelle Seidenherstellung dürfte in absehbarer Zukunft vom
Bioreaktor abgelöst werden. Molekularbiologen im südkalifornischen
San Diego haben das Gen mit der Rezeptur für die seidige Eiweissfaser
bereits erfolgreich in Bakterien verpflanzt. Durch geringfügige Ab-
wandlungen der Sequenz hofft man Varianten mit noch besseren Gebrauchseigenschaften zu finden.

Man beachte die wichtigsten Komponenten der Rohseide und ihren pro-
zentualen Anteil am Fasergewicht:

```
72  -  81 %   Fibroin
17  -  25 %   Sericin
 0,5 -  1 %   Fett
 1  -   1,5%  Farbstoffe und anorganische Bestandteile
```

# 3.

# Chemiefasern

Technische Werkstoffe bereitzustellen gehört zu den wichtigsten
Aufgaben der Chemie. Auf dem Sektor der Textilchemie entspricht es
dieser Zielsetzung, spinnbare Rohstoffe aus natürlichen Quellen
zu isolieren oder auf chemischem Wege nach dem Vorbild der Natur
künstlich aufzubauen. Die Erkenntnis, dass pflanzliche Fasern aus
Cellulose bestehen, liess bald die Frage aufkommen, ob Cellulose,
die nicht in Form einer verarbeitungsfähigen Faser vorliegt, ebenfalls für textile Zwecke herangezogen werden könne. Aus den Arbeiten,
die an diese Fragestellung anknüpften, sind als Chemiefasern der
ersten Generation Fasern aus Regeneratcellulose und Celluloseestern
hervorgegangen. Auch Proteinfasern sind später auf analogem Wege
hergestellt worden; sie erlangten jedoch nie eine grössere wirtschaftliche Bedeutung.

Das Erfassen der Bauprinzipien erlaubte es, einen Schritt weiterzugehen und spinnbare Rohstoffe zu gewinnen, die in der Natur selbst
nicht vorkommen. Synthetische Materialien wie Polyamid, Polyester
und Polyacrylnitril wurden so zu Chemiefasern der zweiten Generation.
Systematische Forschungsarbeiten auf dem Gebiet der Makromoleküle
lieferten schliesslich die Basis für die Chemiefasern der heutigen
dritten Generation, deren Eigenschaften durch gezielte Synthese
an die Bedürfnisse des Verbrauchers angepasst werden.

Gelegentlich werden die Regeneratfasern mit den "halbsynthetischen"
Celluloseestern zu einer eigenständigen Gruppe zusammengefasst;
statt von Chemiefasern der 2. und 3. Generation spricht man dann
von Synthesefasern der 1. und 2. Generation.

## 3.1
**Chemiefasern der ersten Generation**

Die Herstellung von Fasern aus Regeneratcellulose und Celluloseestern lässt sich auf zwei Grundprinzipien zurückführen :

1) Die Bereitstellung eines hinreichend reinen Rohstoffes (z.B. Extraktion von Cellulose aus Holz);

2) die Ausarbeitung eines Verfahrens, das es erlaubt, auf wirtschaftliche Weise aus der Rohcellulose ein Fasermaterial herzustellen.

### 3.1.1
<u>Die Bereitstellung der Cellulose</u>

Um den ersten Teil der Aufgabe zu lösen, werden die neben der Cellulose im Holz vorhandenen Bestandteile durch Einwirkung von Natronlauge und Calciumbisulfit in wasserlösliche Derivate überführt; in dem stark alkalischen Milieu werden Fette, Wachse und Proteine hydrolysiert; unter aeroben Bedingungen gehen auch Hemicellulosen in Lösung, und die als Abbauprodukte des Lignins anfallenden Oligomeren können dank ihrer Carbonylfunktionen durch Addition von $NaHSO_3$ in Lösung gebracht werden.

### 3.1.2
<u>Die Verarbeitung des Rohstoffes</u>

Der zweite Schritt erfordert eine zum Auflösen des Polymeren geeignete Kombination von Reagenz und Lösungsmittel, ferner ein Fällbad, um entweder die unlösliche Cellulose zu regenerieren oder ein verarbeitungsfähiges Derivat zu isolieren, sowie eine Vorrichtung zur Herstellung von Filamenten (Endlosfäden).

### 3.1.2.1
### Das Viskoseverfahren

Zur Herstellung der Viskose-Spinnlösung wird die Cellulose zunächst mit konzentrierter Natronlauge versetzt. Nach einem Reifungsprozess wird Schwefelkohlenstoff zugesetzt, der sich mit dem überwiegenden Teil der freien alkoholischen OH-Gruppen zum Xanthogenat verbindet; Schema 3-1.

**3.1**  $(Z-OH)_m + m\, NaOH \longrightarrow (Z-O^\ominus Na^\oplus)_m + m\, H_2O$
Cellulose

**3.2**  $(Z-O^\ominus Na^\oplus)_m + m\, CS_2 \longrightarrow \left[ Z-O-C \begin{smallmatrix} \nearrow S \\ \searrow S^\ominus Na^\oplus \end{smallmatrix} \right]_m$  **3.3**

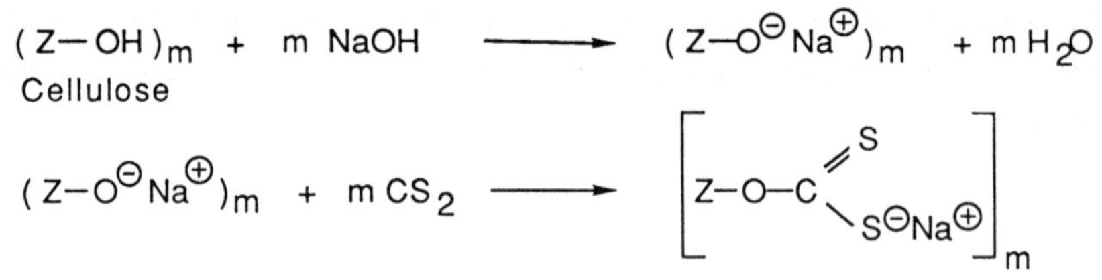

Schema 3-1  Ueberführen der Cellulose in ihr Xanthogenat

Das Xanthogenat löst sich in Natronlauge zu einer hochviskosen Flüssigkeit. Nach einem weiteren Reifeprozess wird diese Lösung in ein Fällbad gepresst, das Schwefelsäure, Natriumsulfat und Zinksulfat enthält. Diese Verarbeitungsprozesse lassen die Kettenlänge auf durchschnittlich 200 - 400 Monomereinheiten abfallen.

Die Eigenschaften der entstehenden Filamente sind durch die Badzusammensetzung beeinflussbar. Relativ hohe Säure- und Zinksulfatkonzentrationen bewirken ein rasches Ausfällen der Oberflächenschicht, wodurch eine glatte Filamentfaser entsteht (Mantel-Kern-Faser). Umgekehrt bewirkt eine relativ niedrige Säure- und Zinksulfat-, aber hohe Natriumsulfatkonzentration eine langsame Koagulation von der Oberfläche her, so dass sich der Faden nach dem Spinnprozess zusammenziehen kann (gekräuselte Polynosicfaser).
Im Spinnbad wird der abgezogene Faden mechanisch verstreckt. Die Kettenmoleküle richten sich dabei parallel zur Zugkraft aus.

Obwohl dieser Vorgang eine Rekristallisation fördert, ist für
Regeneratfasern ein erhöhter Anteil an amorphen Bereichen charakteristisch.

Merke
=====

Schmelzspinnverfahren : Die Schmelze des Polymeren wird in
eine (Schutz) Gas-Atmosphäre versponnen.

Trockenspinnverfahren : Die Lösung des Polymeren wird in
einen Heissgasschacht versponnen.

Naszspinnverfahren : Die Lösung des Polymeren wird in eine
flüssige Phase versponnen.


3.1.2.2
Das Acetatverfahren

Zwei weitere Fasern auf Cellulosebasis erhält man durch Veresterung
mit Essigsäureanhydrid in Gegenwart von Schwefel- und Essigsäure:
Im Triacetat sind alle sechs, im Normal- oder Zweieinhalbacetat im
Mittel fünf der sechs freien Hydroxylgruppen einer Cellobioseeinheit
verestert (3 bzw. 2 1/2 pro Glucosebaustein).
Aus wirtschaftlichen Gründen stand lange Zeit ausschliesslich das
durch partielle Verseifung des Triacetats erhältliche Normalacetat
zur Verfügung, das aus einer Lösung in Aceton nach dem Trockenspinnverfahren zur Faser versponnen wird. Erst ein neues grosstechnisches Produkt, das durch direkte Chlorierung von Methan gewonnene
Dichlormethan liess Triacetatfasern konkurrenzfähig werden; für
das wirtschaftlichere Trockenspinnverfahren stand jetzt ebenfalls
ein niedrigsiedendes Lösungsmittel zur Verfügung.

Da während der sauren Veresterung und Weiterverarbeitung eine
partielle Verseifung von Glykosidbindungen unvermeidbar ist, dürfen

nur ausgewählte Rohstoffe wie Baumwollabfälle oder Edelzellstoffe verwendet werden, die einen Celluloseester hinreichender Kettenlänge garantieren.

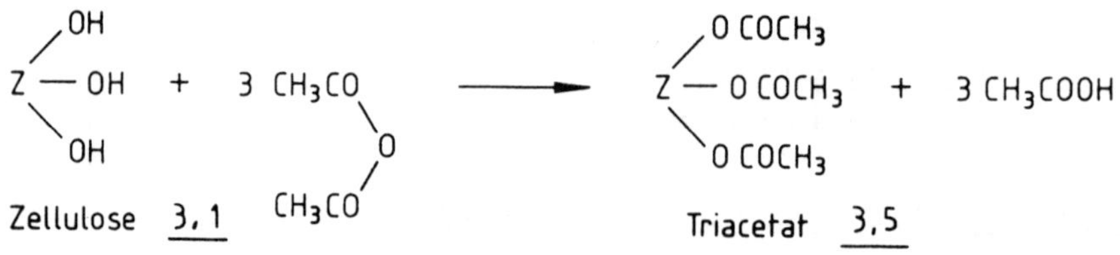

$$Z\begin{array}{c}\diagup OH\\-OH\\\diagdown OH\end{array} + 3\ CH_3CO\diagdown O \diagup CH_3CO \longrightarrow Z\begin{array}{c}\diagup O\ COCH_3\\-O\ COCH_3\\\diagdown O\ COCH_3\end{array} + 3\ CH_3COOH$$

Zellulose  **3.1**  　　　　　　　　　　　　Triacetat  **3.5**

Schema 3-2   Ueberführen der Cellulose in ihr Triacetat

### 3.1.3
### Historisches

Der erste, der sich mit der Veresterung von Cellulose auseinandersetzte, war SCHOENBEIN; mit Salpetersäure erhielt er in der Mitte des 19. Jahrhunderts das in Aethyläther/Alkohol lösliche Trinitrat (Schiessbaumwolle). Länger im Gebrauch war das 1884 von CHARDONNET eingeführte Dinitrat (Folien, Filmrollen, Zierfäden für Stickereien).

Von ebenfalls ausschliesslich historischem Interesse ist die Kupferseide, zu deren Herstellung Cellulose in Kupferoxyd/Ammoniak-Lösung (SCHWEIZERs Reagenz) aufgelöst wird; während des Spinnprozesses, bei welchem die Spinndüsen in strömendes Wasser eintauchen, wird das Komplexbildungsgleichgewicht zugunsten der Edukte verschoben.

Das aus der Braunalge gewonnene Natriumsalz der Polymannuronsäure (Alginsäure) lässt sich ebenfalls zu einer Faser verspinnen. Als Fällbad dient eine salzsaure Calciumchloridlösung. Mit Cellulosefasern in Mustern verwoben, kann die in verdünnter Natronlauge lösliche Faser aus dem Gewebe herausgelöst werden. Auf diese Weise gelang es, ohne grösseren Aufwand Spitzenstickerei zu imitieren.

3.6

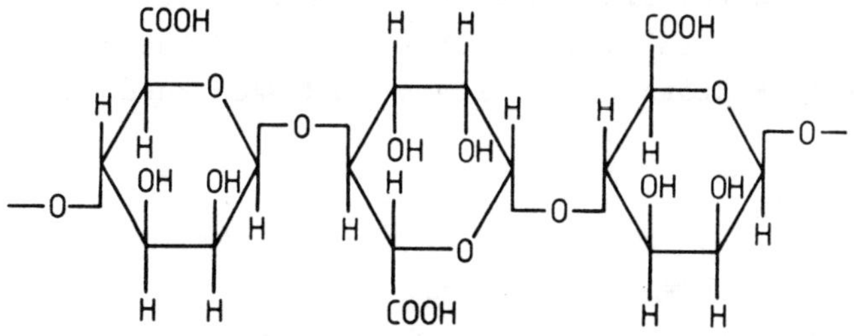

Schema 3-3   Alginsäure


## 3.2
## Chemiefasern der zweiten Generation

Vollsynthetische Fasern zu gewinnen, ist eng verknüpft mit der Entwicklung synthetischer Methoden, die es gestatten, gewöhnliche Moleküle zu Makromolekülen zu vereinen. Erste Tastversuche reichen bis an die Jahrhundertwende zurück (Bakelite). Vor dem ersten Weltkrieg versuchte dann HOFFMANN, aus Butadien künstlichen Kautschuk herzustellen. Entscheidende Impulse kamen schliesslich mit grundlegenden Arbeiten zur Polymerisation, Polykondensation und Polyaddition aus dem Arbeitskreis um STAUDINGER.


3.2.1
<u>Polymerisation</u>

Polymerisation setzt olefinische Doppelbindungen voraus; unter Verlust einer Doppelbindung pro Monomereinheit entstehen im einfachsten Fall hochmolekulare Alkane (Schema 3-4). Das Makromolekül entsteht dabei schrittweise unter ständiger Addition weiterer Monomereinheiten an eine wachsende Kette; Kettenträger können sowohl Radikale wie Ionen sein.

Beispielsweise initiieren starke (LEWIS-) Säuren oder starke Basen, die sich unter Ausbildung von Carbenium- oder Carbeniat-Ionen an die Doppelbindung anlagern, die ionische Polymerisation. Bei der radikalischen Polymerisation lassen sich kinetisch folgende vier Teilschritte erfassen: Initiatorzerfall, Start- und Wachstumsreaktion, Kettenabbruch.

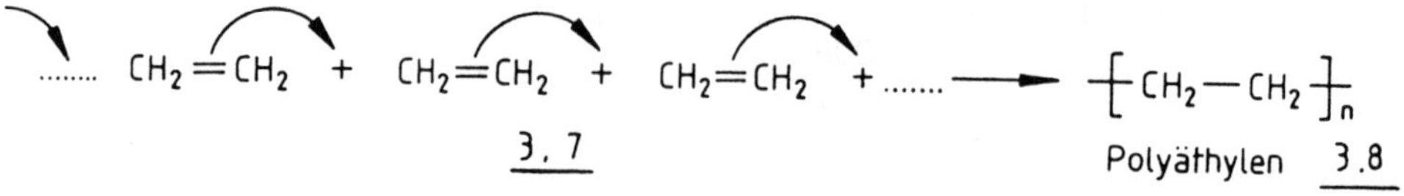

$$\cdots\cdots CH_2=CH_2 + CH_2=CH_2 + CH_2=CH_2 + \cdots\cdots \longrightarrow \left[CH_2-CH_2\right]_n$$
$$\underline{3.7} \qquad\qquad\qquad \text{Polyäthylen} \ \underline{3.8}$$

Schema 3-4  Polymerisation von Aethylen $\underline{3.7}$

Als Starter eignen sich radikalbildende Substanzen wie Kaliumpersulfat, Peressigsäure oder Benzoylperoxid; auch energiereiche Strahlung kann zur Radikalbildung herangezogen werden. Addition eines Primärradikals an die Doppelbindung eines Moleküls Styrol oder Acrylnitril ergibt im zweiten Schritt ein energieärmeres resonanzstabilisiertes Sekundärradikal, an welches sich innerhalb der Lebensdauer ständig weitere Monomere addieren.

Wie leicht einzusehen ist, wird die Anzahl der Bausteine, die sich auf diese Weise zu einem Makromolekül vereinigen, u.a. von ihrer Verfügbarkeit in der unmittelbaren Umgebung der wachsenden Kette begrenzt. Erhöhung der Monomerkonzentration wirkt deshalb kettenverlängernd. Umgekehrt wirkt jede Erhöhung der Initiatorkonzentration oder der Temperatur kettenverkürzend, da die Anzahl wachsender Ketten pro Volumeneinheit zunimmt.

Eine weitere Möglichkeit zur Steuerung des Polymerisationsgrades resultiert aus der Reglerfunktion von Thiolen oder anderen Substanzen mit hohen Uebertragungskonstanten, die nach (fast) jedem Kettenabbruch eine neue Kette zu starten vermögen. Sie bewirken so eine Herabsetzung des Polymerisationsgrades ohne die Bruttoreaktionsgeschwindigkeit zu vermindern. Im Fall der Emulsionspolymerisation tritt an ihre Stelle die Wahl der Tröpfchengrösse.

Die wichtigsten Kettenabbruchreaktionen sind Kombinationen und Disproportionierungen der Kettenträger. Der Abbruch kann auch durch Zugabe von Inhibitoren erzwungen werden, die entweder selbst Radikale sind ($O_2$, $NO_x$) und mit den Kettenträgern kombinieren oder wie z.B. Chinone zu energiearmen Radikalen führen, welche die Wachstumsreaktion nicht fortpflanzen können.

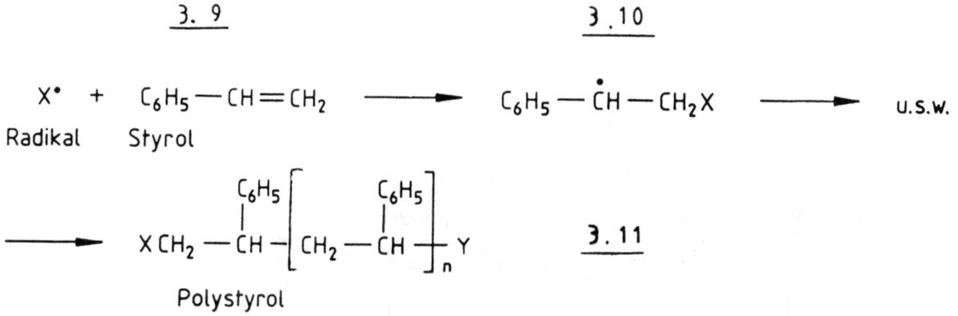

$$\underline{3.9} \qquad\qquad\qquad \underline{3.10}$$

$$X^\bullet + C_6H_5-CH=CH_2 \longrightarrow C_6H_5-\overset{\bullet}{C}H-CH_2X \longrightarrow \text{u.s.w.}$$
Radikal   Styrol

$$\longrightarrow XCH_2-\underset{|}{\overset{C_6H_5}{C}}H-\left[CH_2-\underset{|}{\overset{C_6H_5}{C}}H\right]_n Y \qquad \underline{3.11}$$

Polystyrol

Schema 3-5   Radikalmechanismus bei der Polymerisation von Styrol zu Polystyrol (X und Y sind Endgruppen wie z.B. H oder $OSO_3Na$)

Die Eigenschaften eines makromolekularen Stoffes hängen nicht nur von der Konstitution und Bruttozusammensetzung des Fadenmoleküls ab. Mindestens ebenso wichtig ist die Geometrie des Fadenmoleküls. Diese Geometrie bestimmt nämlich weitgehend die Wechselwirkungen der Makromoleküle untereinander, und intermolekulare Wechselwirkungen sind bekanntlich für die physikalischen Eigenschaften im makroskopischen Bereich von vordringlicher Bedeutung. Bei gewissen Substitutionsmustern des Aethylens, wie z.B. beim Styrol oder Acrylnitril, lässt die Polymerisation pro Monomereinheit ein asymmetrisches C-Atom entstehen, welches die Substituenten und die benachbarten

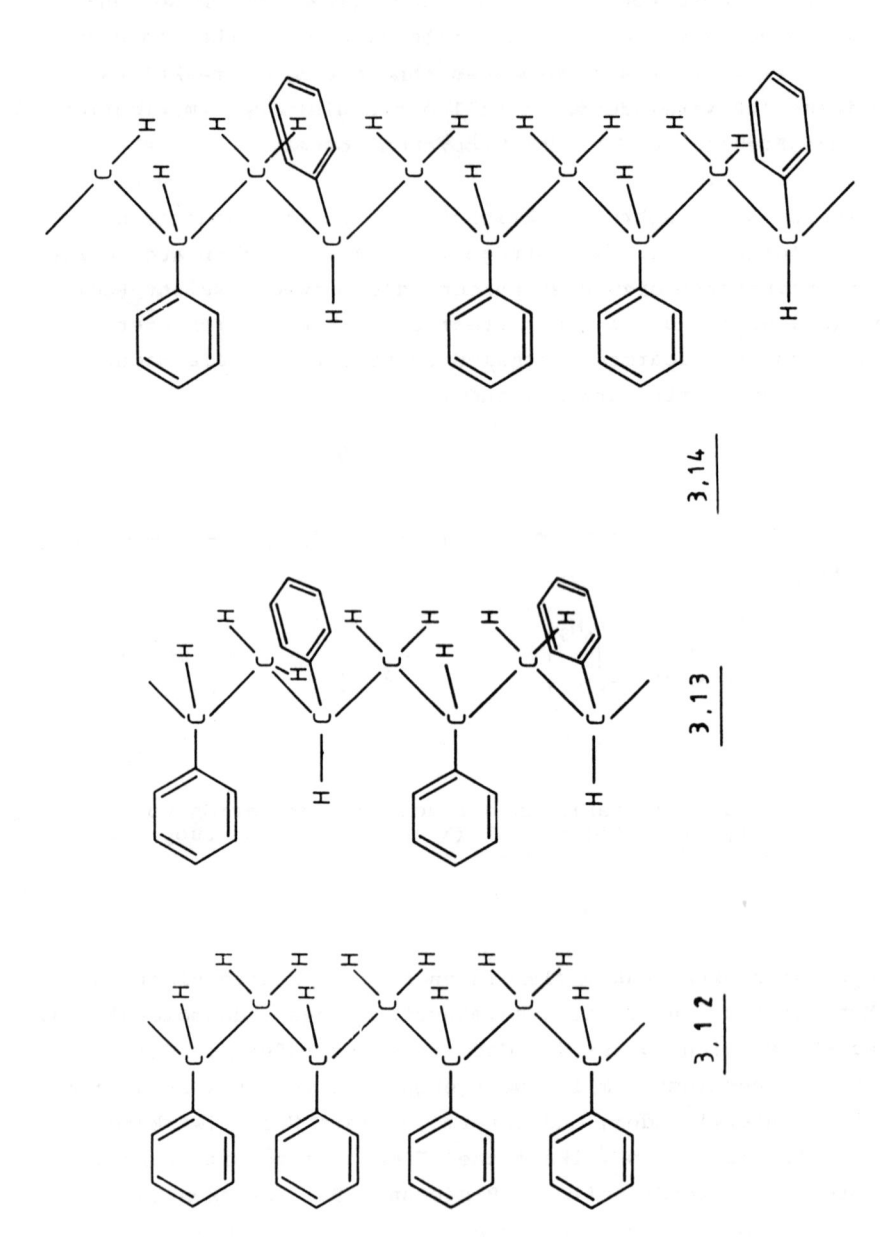

Schema 3-6  Diastereomerie des Polystyrols: isotaktisch 3.12, syndiotaktisch 3.13 und ataktisch 3.14

C-Atome der Polymerkette entweder in d- oder in l-Konfiguration
tragen kann. Diese durch die Wärmebewegung nicht ineinander über-
führbaren Konfigurationen können im Prinzip sowohl in statischer
als auch in nichtstatischer Folge auftreten. Im ersteren Fall entsteht ein in der Regel wenig kristallisationsfreudiges Gemisch aus
unzähligen Diastereomeren.

Im Gegensatz zu dieser als ataktisch bezeichneten Verteilung spricht
man bei gleicher Konfiguration aller Asymmetriezentren einer Kette
von isotaktischer und bei alternierender Verteilung von d- und
l-Konfiguration von syndiotaktischer Verteilung. Je reiner solche
isotaktischen oder syndiotaktischen Verteilungen realisiert sind,
desto höher ist in der Regel die für Textilfasern unabdingbare
Kristallinität.

Der gezielte Aufbau solcher makromolekularen Gebilde setzt ein Verfahren der stereospezifischen Polymerisation voraus. Ermöglicht
wurde es durch ZIEGLER-Katalysatoren, die sich aus Titanchlorid,
Molybdänoxid oder Chromoxiden zusammensetzen und in Kombination mit
Aluminiumalkylen wirken.

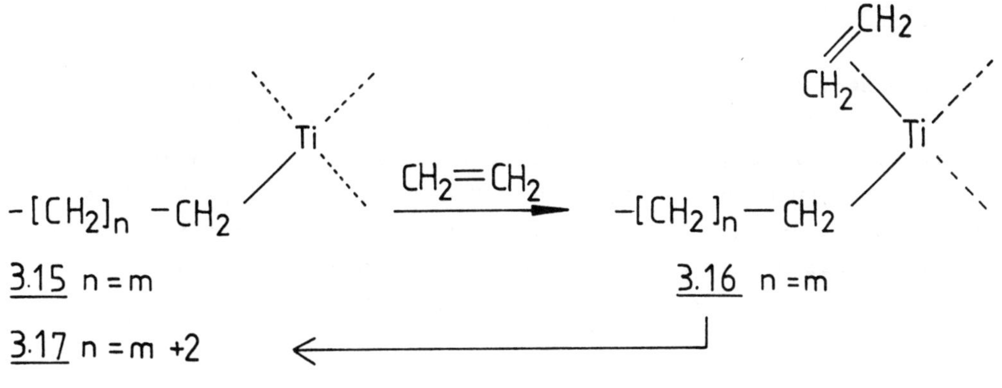

$-[CH_2]_n - CH_2$ — Ti — $\xrightarrow{CH_2=CH_2}$ — $-[CH_2]_n - CH_2$ — Ti (mit $CH_2=CH_2$)

3.15 n = m                                3.16 n = m

3.17 n = m +2 ⟵ ──────────────┘

Schema 3-7  ZIEGLER Koordinationskatalyse: Schematische
            Darstellung

Wenn anstelle einer einheitlichen Komponente ein Monomergemisch zur Reaktion gebracht wird, entstehen Kettenmoleküle mit statistischer Verteilung der Substituenten; man spricht dann von Copolymerisation. Da eine gezielte sequentielle Verteilung der Monomereinheiten zu aufwendig wäre - denn ähnlich wie bei Peptidsynthesen müsste Molekül für Molekül in einem separaten Schritt eingebaut werden -, begnügt man sich im allgemeinen damit, ganze, einheitlich aus Comonomeren aufgebaute Oligomerstränge in ein Polymerisat einzufügen; diese Art der Polymerbildung heisst Blockpolymerisation; von Pfropfpolymerisation spricht man schliesslich, wenn die Ketten eines Polymeren mit Seitenzweigen eines anderen Polymerisates versehen werden; vgl. z.B. 10.1.

Ein wichtiges Beispiel für ein Homopolymerisat wird im Abschnitt 3.2.5 ausführlicher besprochen; daneben finden viele andere Homopolymere wie Polyäthylen, Polypropylen, isotaktisches Polystyrol in Fasermaterialien Verwendung; vgl. z.B. 10.2.


### 3.2.2
### Polykondensation und Polyaddition

Charakteristisch für Polykondensation wie Polyaddition sind bifunktionelle Moleküle. Im letzteren Fall enthalten diese einerseits polare Doppelbindungsfunktionen, andererseits gesättigte additionsfähige Substituenten mit beweglichen H-Atomen; als Beispiel zeigen wir im Schema 3-8 den Aufbau eines Polyurethans aus Butandiol und Hexamethylendiisocyanat. Beispiele für Polykondensationen werden in den Abschnitten 3.2.3 und 3.2.4 ausführlicher diskutiert.


### 3.2.3
### Polyesterfasern

Polyester erhält man (formal) durch Kondensation mehrwertiger Säuren mit mehrwertigen Alkoholen (z.B. Schema 3-9). Zur Herstellung von Textilfasern dienen vor allem Polykondensate der Terephthalsäure, während sich die auf aliphatischen Dicarbonsäuren basierenden Produkte ihres niedrigen Schmelzpunktes wegen als ungeeignet erwiesen haben. Prototyp ist das bei 256 °C schmelzende Poly(äthylenglykolterephthalat) 3.23. Charakteristisch für 3.23 ist eine durch hohe Kristallinität bedingte Dichte von 1,4 g cm$^{-3}$, die mit hoher Festigkeit und Formstabilität einhergeht. In stetig wachsender Menge werden auf 1,4-Bis(hydroxymethyl)cyclohexan und 1,4-Butandiol basierende Produkte verwendet (Schema 3-10).

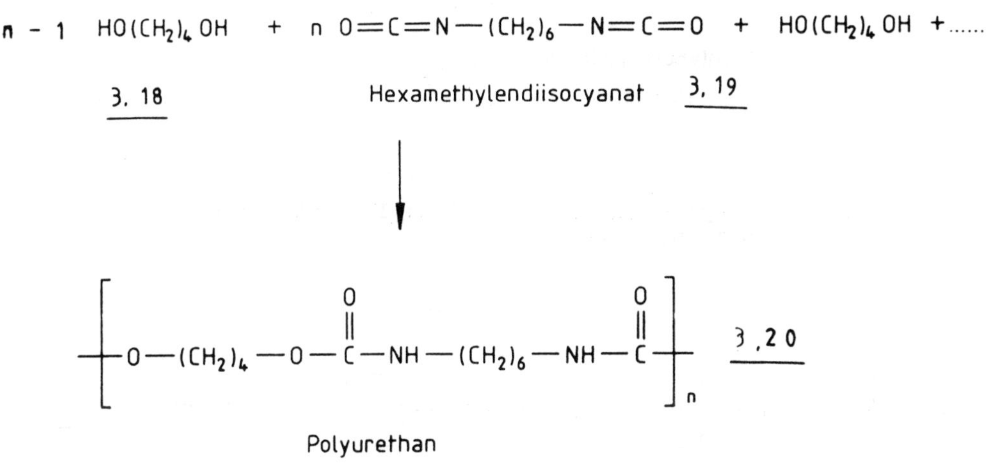

$$n - 1 \ HO(CH_2)_4 OH \ + \ n \ O{=}C{=}N-(CH_2)_6-N{=}C{=}O \ + \ HO(CH_2)_4 OH \ + \ldots$$

3.18             Hexamethylendiisocyanat     3.19

$$\left[ -O-(CH_2)_4-O-\underset{\underset{O}{\|}}{C}-NH-(CH_2)_6-NH-\underset{\underset{O}{\|}}{C}- \right]_n \quad 3.20$$

Polyurethan

Schema 3-8   Polyaddition von 1,4-Butandiol und Hexamethylendiisocyanat

Polyester besitzen nur geringes Wasserrückhaltevermögen; ihre Affinität zu Oel und Fett wird andererseits erst mit zunehmender Dichte zurückgedrängt. Polyesterfasern sind in den üblichen Lösungsmitteln praktisch unlöslich und weitgehend chemikalienbeständig; lediglich konzentrierte wässrige Laugen führen bei Siedehitze zu langsamem hydrolytischen Abbau.

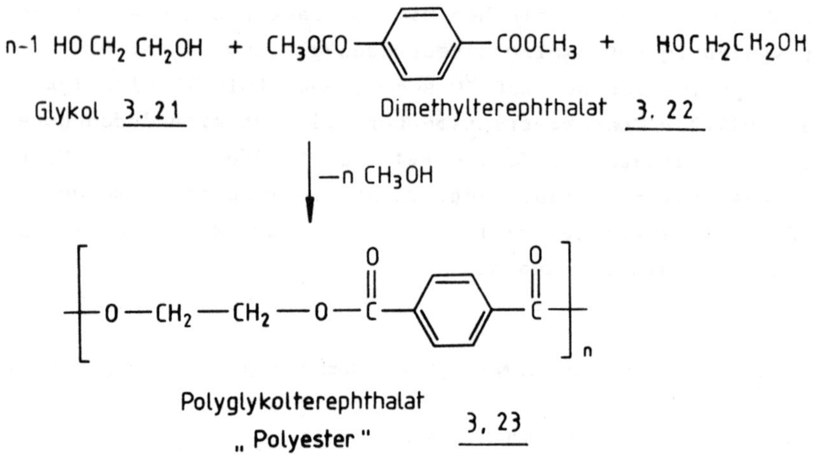

n-1 HOCH$_2$CH$_2$OH + CH$_3$OCO—⟨⟩—COOCH$_3$ + HOCH$_2$CH$_2$OH

Glykol  3.21                Dimethylterephthalat  3.22

$\downarrow$ —n CH$_3$OH

$\left[ -O-CH_2-CH_2-O-\overset{O}{\underset{\|}{C}}-\bigcirc-\overset{O}{\underset{\|}{C}}- \right]_n$

Polyglykolterephthalat
„ Polyester "  3.23

Schema 3-9  Polykondensation von Aethylenglykol mit Dimethylterephthalat

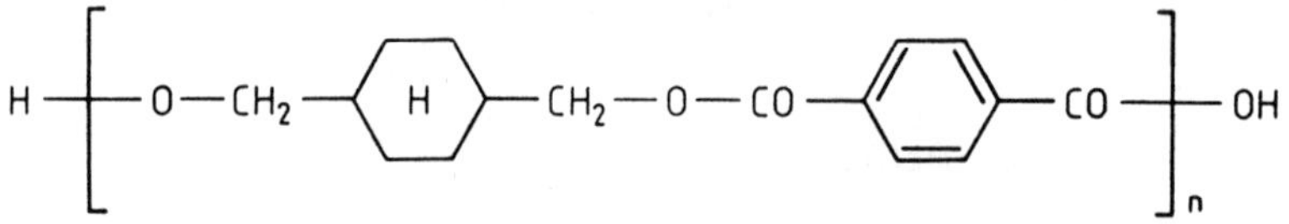

H$\left[ -O-CH_2-⟨H⟩-CH_2-O-CO-\bigcirc-CO- \right]_n$OH  3.25

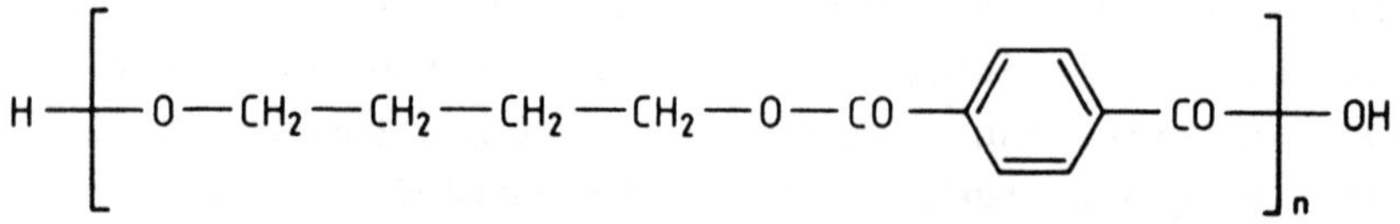

H$\left[ -O-CH_2-CH_2-CH_2-CH_2-O-CO-\bigcirc-CO- \right]_n$OH  3.24

Schema 3-10  Polykondensate des 1,4-Butandiols und des Cyclohexandimethylols

## 3.2.3.1
### Terephthalsäure und Dimethylterephthalat

Die hochschmelzende und nur in teuren aprotisch-polaren Lösungsmitteln lösliche Terephthalsäure (TPA) zu reinigen, liegt jenseits ökonomisch sinnvoller Grenzen (Smp.425 $^{\circ}$C unter Druck, Sublimation bei 300 $^{\circ}$C). Vertretbar ist allenfalls eine Druckhydrolyse des gereinigten Dimethylterephthalats (DMT). Wir beschreiben deshalb im folgenden kurz die Herstellung des DMT und eine Variante zur "faserreinen" Herstellung der TPA.

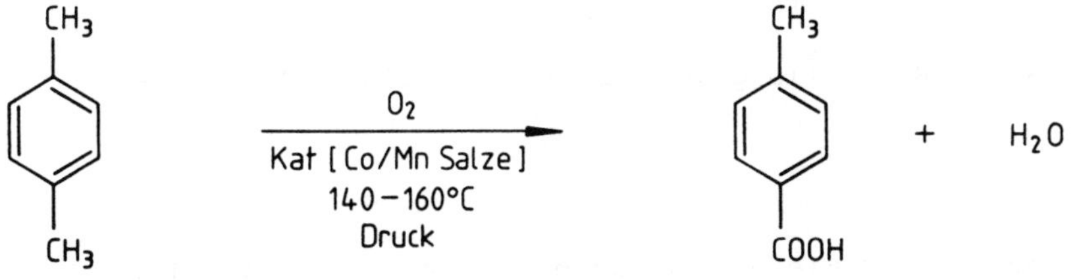

p-Xylol **3.26**      $\xrightarrow[\substack{\text{Kat [Co/Mn Salze]} \\ 140-160°C \\ \text{Druck}}]{O_2}$      p-Toluylsäure **3.27**    $+$    $H_2O$

Schema 3-11    Katalytische Oxidation von p-Xylol


Ausgangsmaterial für die grosstechnische Produktion ist p-Xylol **3.26**. Seitenkettenoxidation in der flüssigen Phase endet auf der Stufe der p-Toluylsäure **3.27**. Eine Weiteroxidation gelingt erst nach Veresterung mit Methanol, die am zweckmässigsten bei 240 $^{\circ}$C und einem Druck von 30 bis 40 bar erfolgt. In der Regel werden beide Prozesse gemäss Schema **3.12** kombiniert. Nach destillativer Trennung wird der Toluylester erneut in den kontinuierlich geführten Synthesekreislauf eingeschleust.

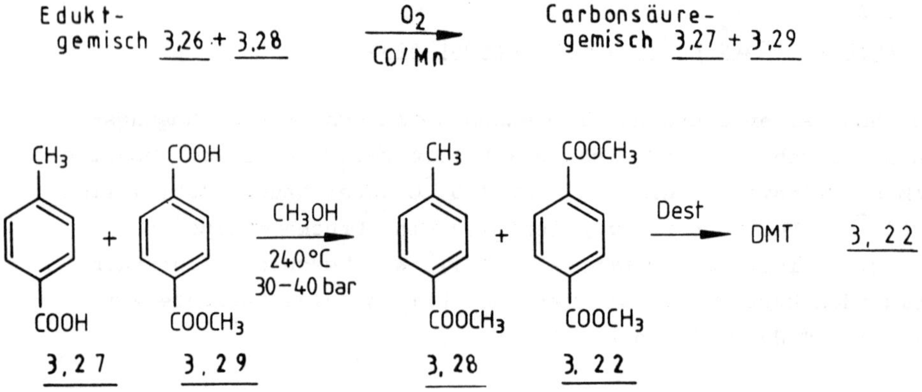

Edukt-
gemisch 3,26 + 3,28  →[O₂ / Co/Mn]→  Carbonsäure-
gemisch 3,27 + 3,29

$CH_3$-C₆H₄-COOH (3,27) + HOOC-C₆H₄-COOCH₃ (3,29) →[CH₃OH, 240°C, 30–40 bar]→ $CH_3$-C₆H₄-COOCH₃ (3,28) + $CH_3$OOC-C₆H₄-COOCH₃ (3,22) →[Dest]→ DMT   3,22

Schema 3-12   Herstellung von Dimethylphthalat (DMT)

Im AMOCO-Prozess, der wie andere neuere Verfahren darauf abzielt, TPA auf direktem Wege und in hinreichend reiner Form zu gewinnen, wird p-Xylol in Gegenwart organischer und anorganischer Bromverbindungen umgesetzt. Auf diese Weise lässt sich die Radikalkettenreaktion leichter fortpflanzen, und Verluste durch Nebenreaktionen bleiben begrenzt; die als Nebenprodukt anfallende p-Formylbenzoesäure wird in die relativ leicht abtrennbare Toluylsäure 3.27 überführt.

Ein weiteres Verfahren beruht auf der Reaktionsfolge Toluol ⟶ p-Methylbenzaldehyd ⟶ TPA; der erste Schritt erfolgt unter Bedingungen der GATTERMANN/KOCH-Formylierung, der zweite analog zum AMOCO-Prozess. Man beachte, dass bei allen auf der Oxidation mittels Luftsauerstoff beruhenden Herstellungsverfahren grosse Mengen an Abgasen, Abwasser und Destillationsrückständen anfallen, die eine potentielle Umweltbelastung involvieren.

3.26    p-Xylol  →[O₂, [Co/Mn], NH₄Br, Br₂—CH—CH—Br₂ (Tetrabromaethan)]  TPA  3.30

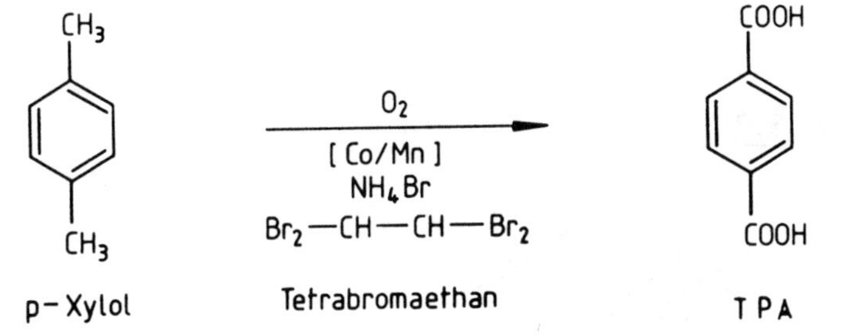

Schema 3-13  Einstufige Herstellung von Terephthalsäure (TPA) aus Xylol


3.2.3.2
Zur_Polykondensation_und_zum_Spinnprozess

Poly(äthylenglykolterephthalat) 3.23 wird heute (fast) ausschliesslich zweistufig produziert: Im ersten Schritt wird DMT oder TPA mit überschüssigem Aethylenglykol zum Bis-(2-hydroxyäthyl)-terephthalat verarbeitet; polykondensiert wird anschliessend unter Abspaltung von Aethylenglykol. Das heisse Polykondensat ist eine hochviskose Flüssigkeit, die in Bändern unter Stickstoffatmosphäre abgezogen wird. Nach dem Kühlen wird das Band geschnitten. Für den Spinnprozess darf der Polyester einen Wassergehalt von höchstens 0,01% aufweisen. Gesponnen wird auf einem Aggregat, das die getrockneten Schnitzel zur Schmelze aufheizt und die viskose Flüssigkeit durch Spinndüsen abpresst. Die Aufspulmaschine zieht die Fäden mit hoher Geschwindigkeit ab, sodass sie unter Parallelorientierung der Kettenmoleküle auf das vier- bis fünffache verstreckt werden. Hierbei darf die Temperatur nicht zu weit absinken; andernfalls zeigen die Fasern eine starke Schrumpftendenz: die Verstreckung wird thermisch fixiert (Schmelzspinnverfahren).

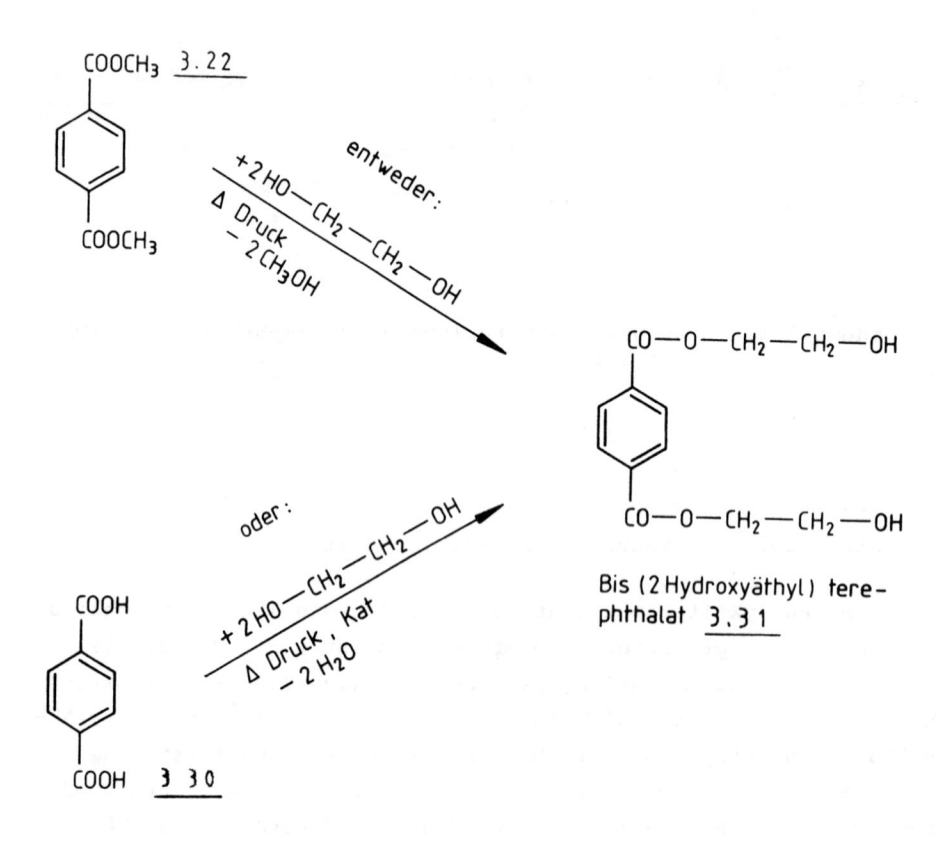

Schema 3-14  Herstellung von Polyester aus DMT oder TPA

## 3.2.4
### Die Polyamide

Unter den Polyamiden, den nach den Polyestern im textilen Sektor am häufigsten verwendeten synthetischen Produkten, ist zwischen zwei Strukturtypen zu unterscheiden. Typ A (3.34) resultiert aus der Kondensation eines Diamins 3.32 und einer Dicarbonsäure 3.33 und wird in der Nomenklatur durch nachgestellte Ziffern x, y gekennzeichnet, welche die Länge der Kohlenstoffgerüste in den Monomereinheiten symbolisieren. Polyamid-6,6 (Nylon) geht beispielsweise aus Hexamethylendiamin und Adipinsäure hervor (je sechs C-Atome); formales Hinzufügen einer Methylen-Einheit führt zu einem Polyamid-7,6, wenn die Kohlenstoffkette der Aminkomponente, bzw. zu einem Polyamid-6,7, wenn das Gerüst der Säurekomponente verlängert wird. Typ B (3.36), generell erhältlich durch Polykondensation einer ω-Aminocarbonsäure, lässt sich unter günstigen Voraussetzungen durch Ringöffnungspolymerisation eines Lactams 3.35 gewinnen; entscheidend ist die Ringspannung, die beim 5-gliedrigen Pyrrolidon durch ein Minimum läuft und bei x > 8 praktisch auf Null abfällt. Die wichtigsten Beispiele sind Polyamid-6 (Perlon, Nylon-6) und Polyamid-11 (Rilsan); die Bezifferung erfolgt analog Typ A.

$H_2N(CH_2)_xNH_2$

__3.32__

$HOOC(CH_2)_zCOOH$

__3.33__ $z = y-2$

$\longrightarrow$ $H\left[NH(CH_2)_xNH-OC(CH_2)_zCO\right]_n OH$

__3.34__

$n\ \overline{HN(CH_2)_sCO}$ $\longrightarrow$ $H\left[NH(CH_2)_sCO\right]_n OH$

__3.35__ $s = x-1$     __3.36__

Schema 3-15   Zur Definition von Polyamid-x,y und Polyamid-x: x und y indizieren die Anzahl C-Atome in den Monomereinheiten

RETORTENFASER FUER FRAUENBEINE

1938 wurde die Faser aus der Retorte erstmals in Serie für Frauenbeine produziert: Nylons, ein Hauch von nichts mit einer Naht über Schenkel und Wade samt flotter Ferse. Du Pont setzte mit dem neuen Kunststoff voll auf Damenstrümpfe. Instinktsicher. Frauen standen vor den Warenhäusern, die den begehrten Artikel frisch reinbekommen hatten, stundenlang Schlange, und vielerorts wurden sogenannte Nylon-Clubs gegründet, um garantiert regelmässig damit beliefert zu werden.

Die Nachfrage überstieg das Angebot von der ersten Stunde an: 64 Millionen Paar Strümpfe zu Preisen zwischen einem und zwei Dollar wurden schon im ersten Jahr allein in Amerika verkauft. Auch die Zeitungen überboten sich in Superlativen: Die Erfindung wurde als Triumph der Menschheit über die Natur gefeiert, Nylon als die Masche des Jahrhunderts gepriesen.

Kaum aber hatten sich die Frauen daran gewöhnt, statt grober Baumwolle, die Masche der feinen Art zu tragen, kam der Krieg, und Nylon wurde an der Front gebraucht. Der Hersteller Du Pont wirkte von nun an seinen synthetischen Stoff wesentlich strammer und fertigte daraus vorab Fallschirme, Pistolengriffe und Flugzeugreifen. Nylon fürs Bein wurde Mangelware und als Währung auf dem Schwarzmarkt bald einmal bis zu vierstelligen Summen gehandelt.

1945 besann sich Du Pont wieder auf die ursprüngliche Goldgrube, seine treue Stammkundschaft. "Nylons for Christmas", lautete der zugkräftige Werbeslogan zur ersten Friedensweihnacht. Ein Jahr danach waren Nylonstrümpfe für Amerikanerinnen schon kein Luxusartikel mehr, die exklusive Masche wurde zum Allgemeingut.

Dagegen mussten die meisten Frauen in Europa noch eine Zeitlang für ein Paar der unerschwinglichen Nylons anstehen.

Erst in den fünfziger Jahren begann auch bei uns die allgemeine Plastifizierung.

Der Ursprungs-Nylon 66 hielt in vielen Varianten Einzug in der Bekleidungsindustrie. Die Dehnbarkeit der neuen Nylons machte auch die weitaus bequemeren Strumpfhosen möglich.

Badenixen mussten in den neuen schmiegsamen und schnell trocknenden Badeanzügen fortan nicht mehr schlottern. Und die schicken Teddy Boys um 1955 trugen am liebsten knitterfeste Anzüge aus Synthetik.

Kurzum: Die Chemiefasern siegten an allen Fronten. Erst in den 70er Jahren kamen die Kunstfaser-Klamotten langsam in Verruf. Nicht zuletzt aus ökologischen Ueberlegungen. Dennoch: Ohne Nylon geht (fast) nichts mehr. Rund 1800 "Ableger" der ersten Synthesefaser, wie sie Du Pont auf den Markt gebracht hat, werden heutzutage gezählt. Und fast jedes zweite Kleidungsstück, das auf dem Globus spazierengetragen wird, ist aus Chemiefaser.

(Basler Zeitung, 16.1.1988)

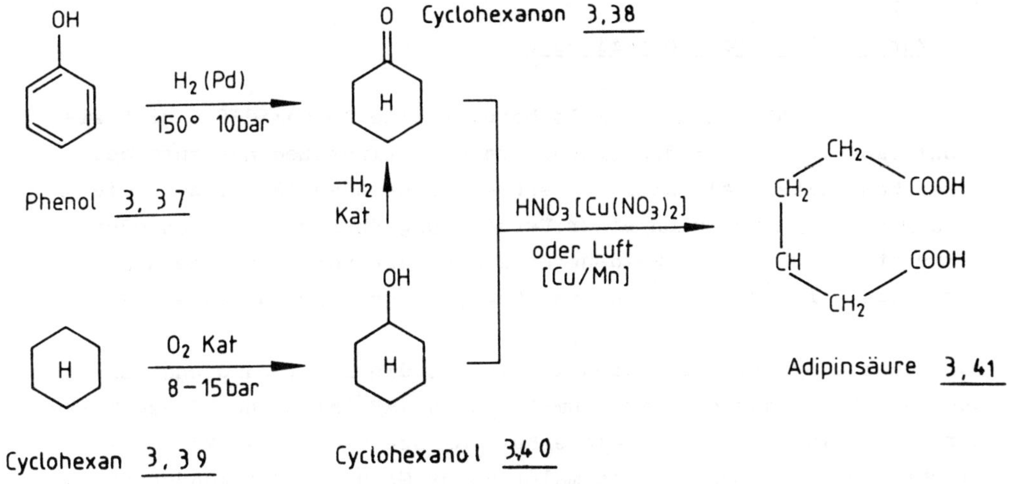

Schema 3-16  Herstellung von Adipinsäure

HOOC(CH$_2$)$_4$COOH  +  2 NH$_3$  ⟶  H$_4$N$^{\oplus}$ $^{\ominus}$OOC(CH$_2$)$_4$COO$^{\ominus}$NH$_4^{\oplus}$

3,41                                    Ammoniumadipat   3,42

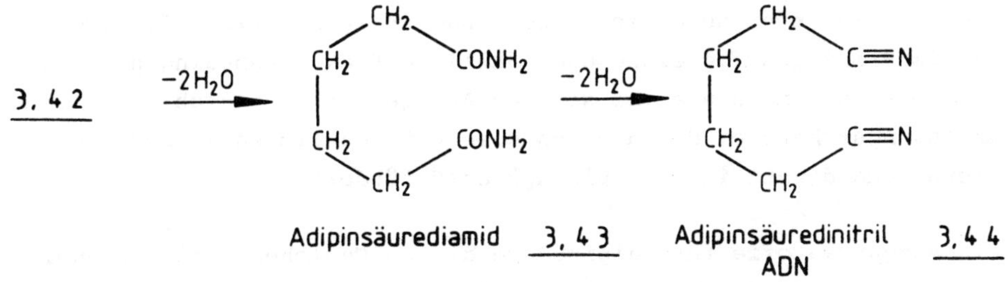

3,42  $\xrightarrow{-2H_2O}$  Adipinsäurediamid  3,43  $\xrightarrow{-2H_2O}$  Adipinsäuredinitril  3,44
ADN

Schema 3-17  Herstellung von Adiponitril aus Adipinsäure

### 3.2.4.1
### Zur Synthese von Polyamid-6,6

Das 1935 von CAROTHERS erstmals hergestellte Polyamid-6,6 gilt als Pioniersubstanz unter den Synthesefasern. Einer Legende zufolge, deren Wahrheitsgehalt sich nur schwer nachprüfen lässt, soll die Handelsbezeichnung Nylon einer Verärgerung über tatsächlich oder vermeintlich überhöhte Seidenpreise Ausdruck verleihen, denn sie berge die Anfangsbuchstaben von " Now you lousy old Nipponese ".

Das moderne Syntheseverfahren involviert die Isolierung und Reinigung des Hexamethylendiammonium-Adipates (AH-Salz). Auf diese Weise wird u.a. eine exakt äquimolare Zusammensetzung des Reaktionsgemisches und folglich ein optimaler hoher Grad der Polykondensation gewährleistet. Eingesetzt wird in der Regel eine bequemer handhabbare wässrige Lösung, die wegen der Flüchtigkeit des Diamins unter Druck aufkonzentriert wird. Im diskontinuierlichen Herstellungsverfahren wird danach unter Eigendruck erhitzt. Bei 200 °C und ca. 75% AH-Salz beginnt die Polykondensation. Bei ca. 220 °/18 bar wird der Druck durch Ablassen von Dampf zunächst konstant gehalten, ab ca. 265 ° wird allmählich auf Normaldruck entspannt. Nach weiteren 30 - 60 Min. bei ca. 280 ° ist die Reaktion meist vollständig abgelaufen; die Schmelze wird unter Stickstoff gekühlt und verfestigt, das Produkt zerkleinert, auf 0,1% Feuchte getrocknet und abgefüllt.

Daneben sind kontinuierlich arbeitende Anlagen entwickelt worden, die im Prinzip auf gleiche oder ähnliche Reaktionsbedingungen ausgelegt sind. Am Ende einer solchen Anlage befindet sich meist eine Entgasungsschnecke, die die Schmelze vom restlichen Wasserdampf trennt und direkt in ein Spinnaggregat fördert.

Als Ausgangsstoffe für Adipinsäure dienen Cyclohexan oder Phenol (Schema 3-16). Adipinsäure lässt sich schliesslich über das Ammoniumsalz 3.42 und das Amid 3.43 in das zur Fabrikation des Hexamethylendiamins geeignete Dinitril 3.44 umwandeln (Schmelze, 250 - 300 °, Pyrophosphorsäure).

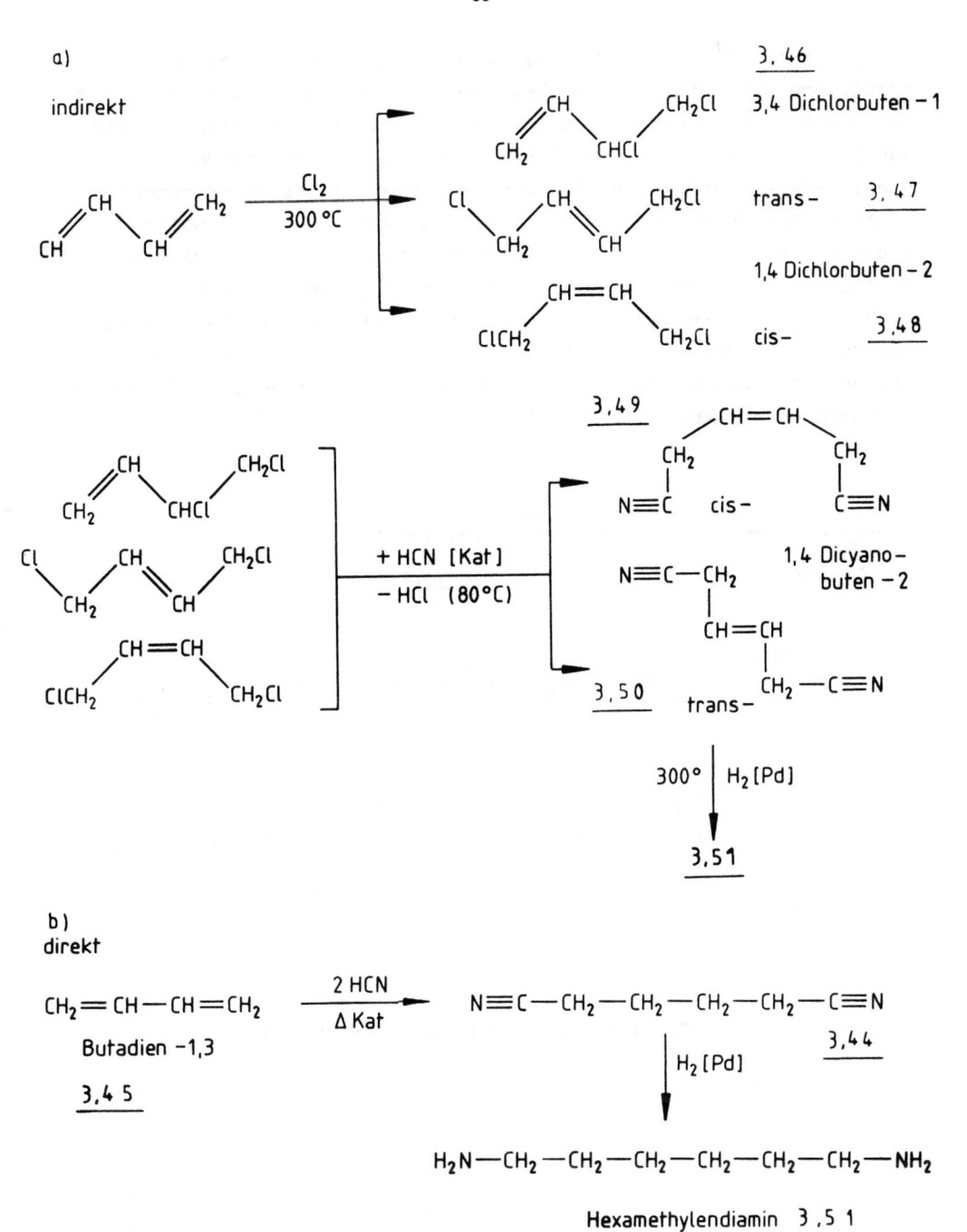

Schema 3-18  Herstellung von Hexamethylendiamin aus Butadien

Ein zweiter wirtschaftlicher Syntheseweg basiert auf der Hydrocyanierung von Butadien. Man beachte, dass sowohl im ersten wie im zweiten Reaktionsschritt Gemische anfallen, deren Auftrennung wie häufig in der synthetischen Chemie überflüssig ist (Schema 3-18). Die im ersten Schritt anfallenden Isomeren 3.46 bis 3.48 ergeben in flüssiger Phase bei 80 °C mit NaCN/CuCN ein Gemisch isomerer Nitrile (im Fall 3.46 erfolgt Telesubstitution unter Allylumlagerung). Von besonderem Vorteil ist hier, dass alle Zwischenprodukte schliesslich zum selben Endprodukt 3.51 führen. Auch die direkte Addition von HCN ist möglich; diese Reaktion wird von Nickelphosphin-Komplexen katalysiert, wenn Aluminium- und Zinnchloride als "Promotoren" hinzukommen (Schema 3-18 unten).

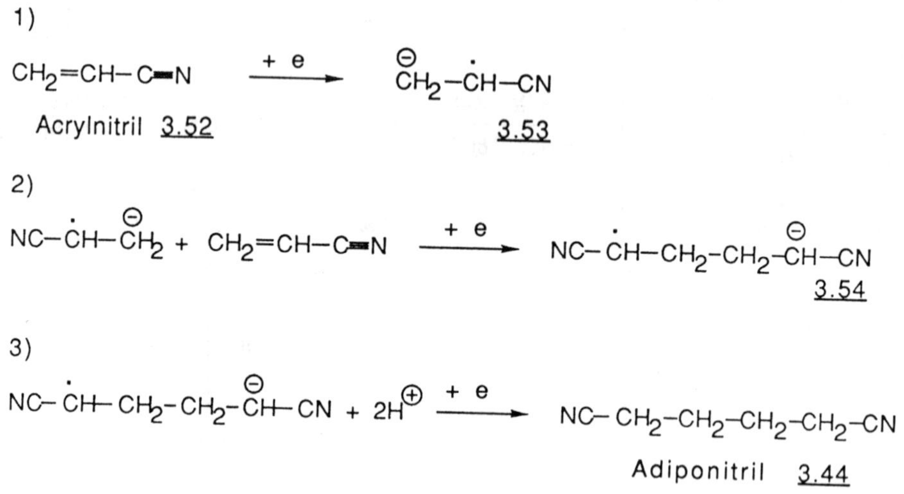

1)

$$CH_2=CH-C\equiv N \xrightarrow{+\;e} \overset{\ominus}{C}H_2-\overset{\cdot}{C}H-CN$$

  Acrylnitril 3.52      3.53

2)

$$NC-\overset{\cdot}{C}H-\overset{\ominus}{C}H_2 + CH_2=CH-C\equiv N \xrightarrow{+\;e} NC-\overset{\cdot}{C}H-CH_2-CH_2-\overset{\ominus}{C}H-CN$$

    3.54

3)

$$NC-\overset{\cdot}{C}H-CH_2-CH_2-\overset{\ominus}{C}H-CN + 2H^{\oplus} \xrightarrow{+\;e} NC-CH_2-CH_2-CH_2-CH_2-CN$$

    Adiponitril 3.44


Schema 3-19  Elektrochemische Hydrodimerisierung von Acrylnitril

Ein dritter Weg führt über die elektrochemische Hydrodimerisierung
von Acrylnitril. In wässriger Emulsion mit einer Tetraalkylammonium-
Verbindung als Leitsalz entsteht an einer Cd-Kathode Adiponitril
**3.44**, das gemäss Schema 3-18 zum Hexamethylendiamin **3.51** hydriert
wird. Vermutlich lässt der in unmittelbarer Umgebung der Kathoden-
oberfläche ablaufende Vorgang sich folgendermassen deuten :

1) Adsorption und Elektrontransfer zum Radikalanion **3.53**

2) Cyanäthylierung des Radikalanions

3) Anlagerung von zwei Protonen, erneuter Elektron-Transfer und Desorption.


### 3.2.4.2
### Zur Synthese von Polyamid-6

Die Herstellung von Polyamid-6 basiert auf ε-Caprolactam (Schema
3-20). In einem kontinuierlichen Verfahren wird die Schmelze unter
Zusatz von 0,5 - 1% Wasser oder eines anderen Beschleunigers langsam
durch einen vertikal montierten, beheizten Reaktionszylinder gefördert. Das zugesetzte Wasser reagiert dabei zu ε-Aminocapronsäure,
die auf relativ komplizierte Weise zum Produkt polykondensiert.

Die Reaktionsdauer richtet sich im wesentlichen nach der Art
und Menge der Zusätze, nach der Temperatur in den aufeinanderfol-
genden Zonen der Apparatur und sonstigen konstruktiven Eigenarten.
In der Regel dauert ein Durchsatz 10 - 30 Stunden. Das auf diese
Weise gewonnene Gleichgewichtspolymerisat enthält etwa 8 - 10%
cyclische Oligomere. Mit einer Evakuierung der Schmelze kann der
Oligomer-Anteil beträchtlich herabgesetzt werden. Die Verschiebung
des Gleichgewichtes erfordert dann aber die Zugabe monofunktioneller
Reglersubstanzen. Wesentlich schneller, nämlich innerhalb weniger
Minuten entsteht Polyamid-6 unter diskontinuierlichen Bedingungen
bei der durch metallorganische Reagenzien katalysierten anionischen
Polymerisation.

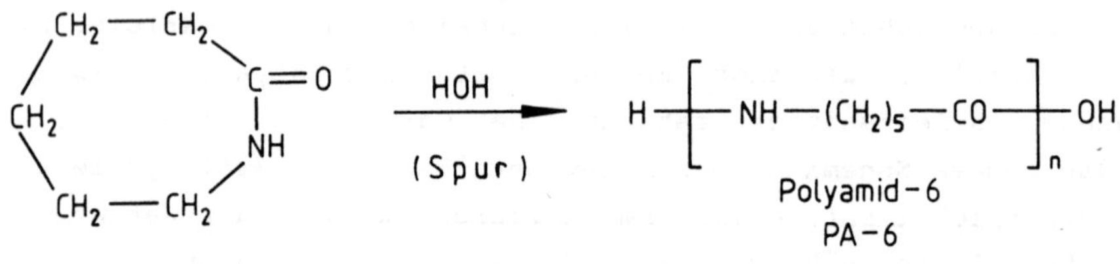

Schema 3-20  Ringöffnungspolymerisation :
Umlagerung von ε-Caprolactam zum Polyamid-6

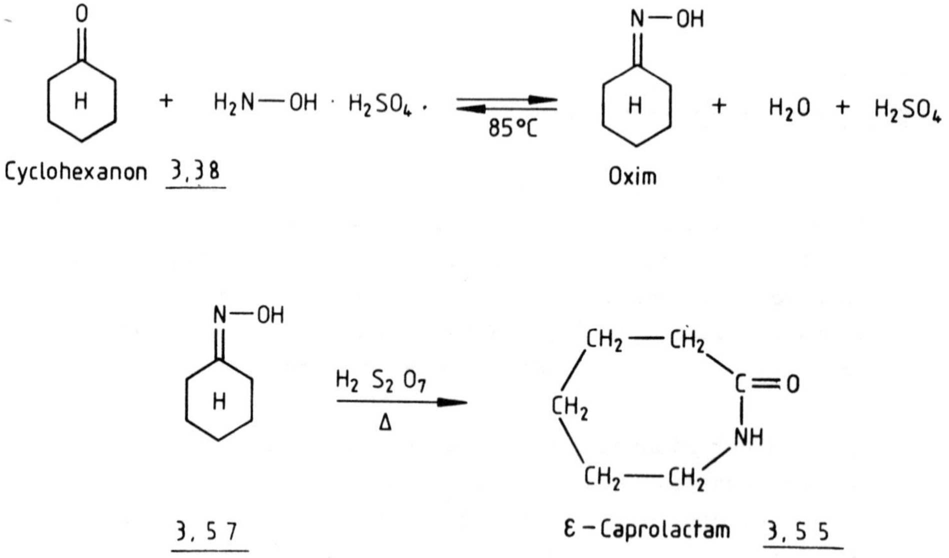

Schema 3-21  Herstellung von ε-Caprolactam aus Cyclohexanon:
Oximierung (oben)
BECKMANN-Umlagerung (unten)

Als Quelle für 3.55 dienen Phenol oder Cyclohexan, die - wie bereits im Schema 3-16 vorgestellt - Cyclohexanon 3.38 liefern. Die Umwandlung in das Oxim 3.57 erfolgt in Gegenwart einer Hilfsbase wie z.B. NaHCO$_3$; die BECKMANN-Umlagerung wird bei 100 - 120 $^\circ$ in Gegenwart von H$_2$SO$_4$/SO$_3$ kontinuierlich betrieben. Zur Erläuterung des Umlagerungsmechanismus verweisen wir auf elementare Lehrbücher der organischen Chemie.

Aus Toluol 3.58 erhält man über die Zwischenprodukte 3.59 und 3.60 ebenfalls 3.55. Nitrosodecarboxylierung der Cyclohexancarbonsäure liefert dabei über ein tautomeres Nitrosoderivat das Oxim 3.57, das unter den Reaktionsbedingungen unmittelbar weiterreagiert.

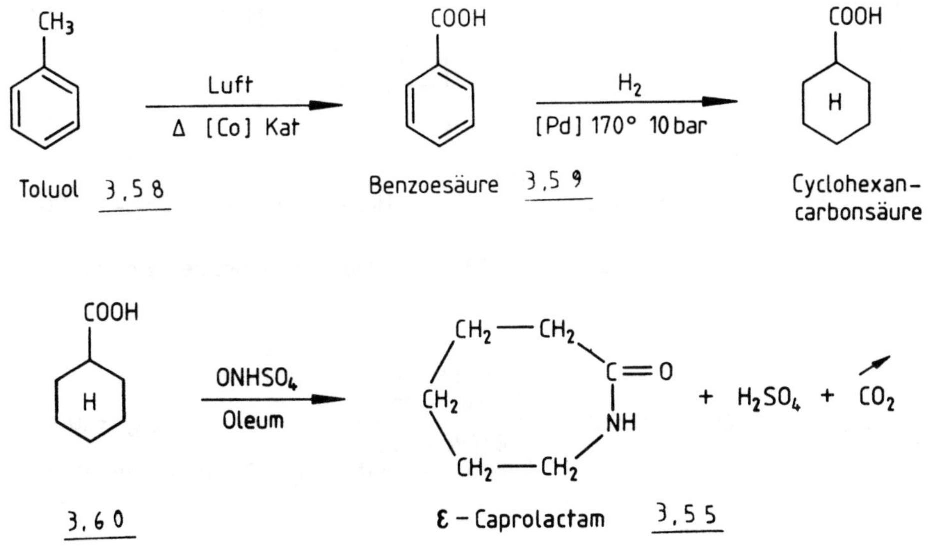

Schema 3-22  Herstellung von ε-Caprolactam aus Toluol

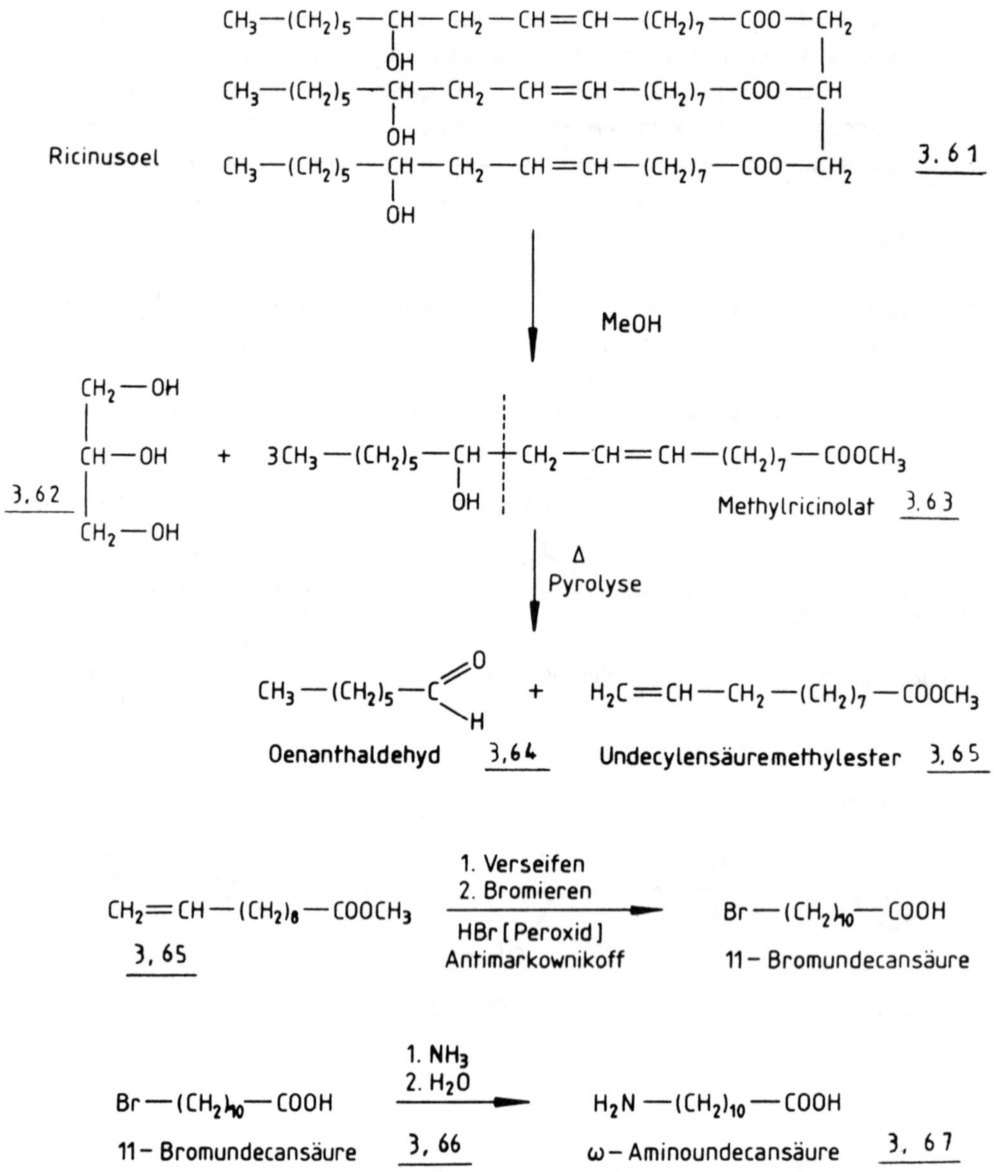

Ricinusoel

$CH_3-(CH_2)_5-\underset{OH}{CH}-CH_2-CH=CH-(CH_2)_7-COO-CH_2$
$CH_3-(CH_2)_5-\underset{OH}{CH}-CH_2-CH=CH-(CH_2)_7-COO-CH$
$CH_3-(CH_2)_5-\underset{OH}{CH}-CH_2-CH=CH-(CH_2)_7-COO-CH_2$   3.61

↓ MeOH

$\underset{3.62}{\begin{array}{c}CH_2-OH\\|\\CH-OH\\|\\CH_2-OH\end{array}}$ + $3\,CH_3-(CH_2)_5-\underset{OH}{CH}\,\vdots\,CH_2-CH=CH-(CH_2)_7-COOCH_3$   Methylricinolat  3.63

↓ Δ Pyrolyse

$CH_3-(CH_2)_5-C\overset{O}{\underset{H}{\diagdown}}$ + $H_2C=CH-CH_2-(CH_2)_7-COOCH_3$

Oenanthaldehyd  3.64     Undecylensäuremethylester  3.65

$CH_2=CH-(CH_2)_8-COOCH_3$  $\xrightarrow[\substack{HBr\,[Peroxid]\\Antimarkownikoff}]{\substack{1.\ Verseifen\\2.\ Bromieren}}$  $Br-(CH_2)_{10}-COOH$

3,65                                                              11- Bromundecansäure

$Br-(CH_2)_{10}-COOH$  $\xrightarrow[3,66]{\substack{1.\ NH_3\\2.\ H_2O}}$  $H_2N-(CH_2)_{10}-COOH$

11- Bromundecansäure                      ω-Aminoundecansäure   3.67

Schema 3-23  Herstellung von ω-Aminoundecansäure aus Ricinusöl

### 3.2.4.3
Zur Synthese von Polyamid-11

Die Synthese von Polyamid-11 basiert auf dem Rohstoff Ricinusöl
**3.61**, dessen Verfügbarkeit eng mit der Agrarwirtschaft in den wichtigsten Anbaugebieten Brasiliens, Nordafrikas und Indiens verquickt und deshalb gewissen Schwankungen unterworfen ist. Von Vorteil sind die relativ niedrigen Gestehungskosten, von Nachteil ist der Schmelzpunkt von nur 185 °C. Der Syntheseweg involviert fünf Stufen, nämlich

a) Umesterung mit Methanol
b) eine unter Allylumlagerung verlaufende Aldolspaltung (Pyrolyse)
c) Verseifung der Esterfunktion
d) Anti-MARKOWNIKOFF-Addition von HBr
e) nukleophiler Br/$NH_2$-Austausch (Substitution)
f) Polykondensation der nach Schema 3-23 resultierenden ω-Aminoundecansäure **3.67**.

### 3.2.4.4
Charakteristische Eigenschaften

Die Weiterverarbeitung der Polyamide erfolgt in Analogie zum Polyester im Schmelzspinnverfahren (unter Schutzgas). Die in einem zweistufigen Verstreckprozess parallel geordneten Makromoleküle bilden intermolekulare H-Brücken. In Analogie zur Seide resultieren so hohe Strapazierfähigkeit sowie beachtliche Lösungsmittelbeständigkeit. Lösend oder stark quellend wirken Gemische aus Alkoholen und Halogenalkanen sowie konzentrierte organische und anorganische Säuren, Phenole sowie gesättigte Lösungen von HCl, $CaCl_2$ oder $MgCl_2$ in Methanol. Die in der Hitze hergestellten Lösungen in Formamid, Dimethylsulfoxid oder Benzylalkohol gelieren beim Abkühlen. Die Polyamide werden von verdünnten wässrigen Säuren namentlich bei höherer Temperatur durch Verseifung von Amidbindungen geschädigt. Eine langsame Autoxidation vermindert Licht- und Luftbeständigkeit. Während 100 g Wolle bzw. Seide maximal 85 bzw. 23 mmol einer einbasischen Säure binden, liegt der Vergleichswert für die Polyamide in der Regel bei 4 bis 8 mmol.

## 3.2.5
### Polyacrylnitrilfasern

Polyacrylnitril (PAC) ist ein vielseitig einsetzbares Textilmaterial. Ober- und Unterbekleidung, Dekorationsstoffe, Polstermöbel, Teppiche, aber auch technische Gewebe, werden daraus gefertigt. Hervorzuheben sind: Der seidenähnliche Aspekt der Endlosfaser, die wollähnlichen angenehmen Trageigenschaften der PAC-Hochbauschartikel, die bedeutende, auf Dipol/Dipol-Wechselwirkungen zurückzuführende Reissfestigkeit.

### 3.2.5.1
#### Herstellung und Polymerisation von Acrylnitril

Erste wirtschaftliche Bedeutung erlangte das aus Aethylenoxid oder Acetylen durch Addition von HCN gewonnene Acrylnitril anfangs der 30er Jahre, als es mit Butadien zu einem Synthesekautschuk copolymerisiert wurde (Perbunan, Buna N). Heute geht man üblicherweise vom Propen aus, das in der Gasphase in Gegenwart von Eisenverbindungen und $Bi_2O_3/MoO_3$-Katalysatoren mit $NH_3$ und Luft-$O_2$ umgesetzt wird (Schema 3-24).

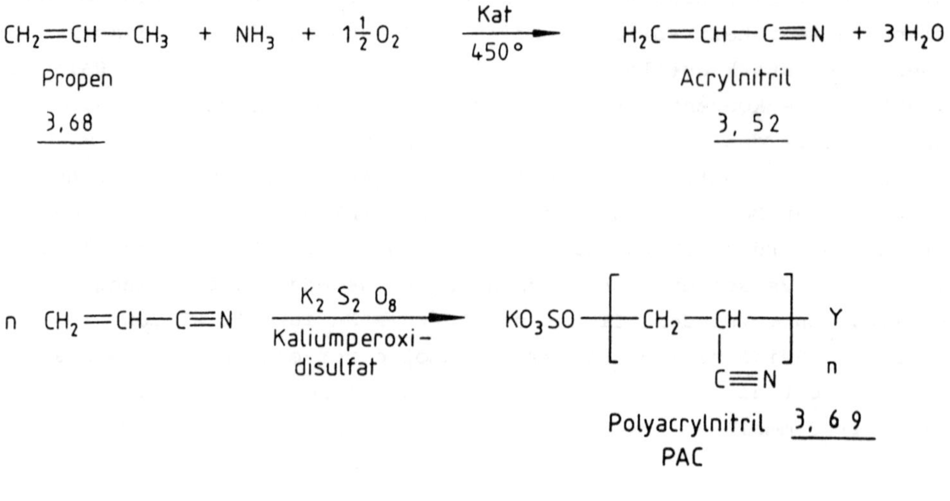

$$CH_2=CH-CH_3 + NH_3 + 1\tfrac{1}{2}O_2 \xrightarrow[450°]{Kat} H_2C=CH-C\equiv N + 3 H_2O$$

Propen  
3.68

Acrylnitril  
3, 52

$$n\ CH_2=CH-C\equiv N \xrightarrow{K_2S_2O_8 \atop \text{Kaliumperoxi-disulfat}} KO_3SO-\left[CH_2-\underset{\underset{N}{\overset{\|\|}{C}}}{CH}\right]_n Y$$

Polyacrylnitril   3, 69
PAC

Schema 3-24   Herstellung und Polymerisation von Acrylnitril

Polymerisiert wird bei Gegenwart von $K_2S_2O_8$ entweder in einem
aprotonisch polaren Lösungsmittel, in einer wässrigen Emulsion
oder nach einem speziellen Verfahren, das die geringe Wasserlöslichkeit von 7,2% bei 0 °C ausnutzt (Fällungspolymerisation).


3.2.5.2
Modifizierte_Acrylfasern

Reines PAC, das sich nur schlecht färben lässt, dient fast ausschliesslich technischen Zwecken. Für Heim- und Bekleidungstextilien geeignetes Material erhält man durch Copolymerisation in
Gegenwart von Styrolsulfonsäure, die sich statistisch in die Polymerkette einfügt (das Formelbild 3.71 gibt deshalb nur eine von vielen Möglichkeiten wieder). Im Kontakt mit einer wässrigen Farbstofflösung erfolgt Farbkationen/Wasserstoffionen-Austausch. Auf diese
Weise wird die Anfärbbarkeit wesentlich verbessert.

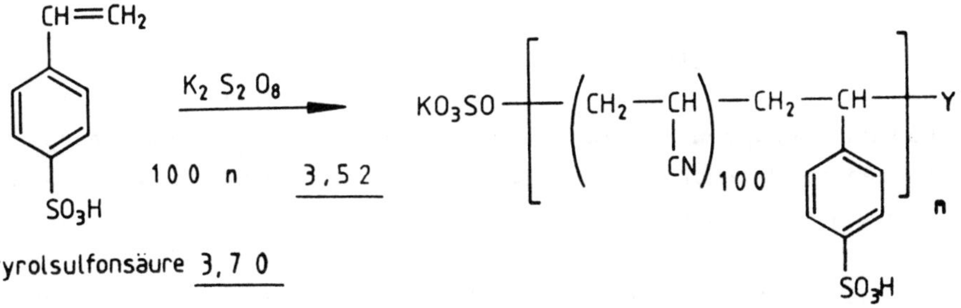

n   p-Styrolsulfonsäure  3,7 0

Acidificiertes PAC  3,71

Schema 3-25   Herstellung von acidifiziertem (basisch färbbarem)
Polyacrylnitril

Für Spezialzwecke wird anstelle der Vinylsulfonsäure bis maximal 15% 2-Methyl-4-vinylpyridin oder Dimethylaminoäthylacrylat eingesetzt. Ein Gewebe mit verschiedenen basifizierten und acidifizierten Garnen ermöglicht Multicolor- oder Hell/Dunkel-Effekte (Differential Dyeing). Mengenmässig bleiben die an der Schwelle zur dritten Chemiefasergeneration angesiedelten Spezialfasern weit hinter dem Haupttyp zurück.

In analoger Weise lässt sich PAC auch mit anderen Comonomeren wie z.B. Acrylsäuremethylester, Vinylchlorid oder Vinylacetat modifizieren. Bei Produkten mit mehr als 15 Massen-% Comonomeren verwendet man die Bezeichnung "Modacryl", während unter dem Namen Polyacrylnitril alle Fasern zusammengefasst werden, die mindestens 85% polymerisiertes Acrylnitril enthalten. Die meisten dieser Fasern bestehen aus ternären Copolymerisaten mit 89 - 95% Acrylnitril, 4 bis 10% eines nicht ionogenen Comonomeren und 0,5 - 1% eines ionogenen Comonomeren.

### 3.2.5.3
### Die Spinnverfahren

Für das Verspinnen kommen nur das Nass- oder das Trockenspinnverfahren in Betracht. Bei hoher Temperatur zersetzt sich das Material, so dass ein Schmelzspinnen ausscheidet.

Als Lösungsmittel für das Trockenspinnverfahren eignet sich Dimethylformamid (DMF), das nur Spuren Wasser und freier Amine enthalten darf. Die 25 bis 30%ige Lösung wird kurz vor dem Düsen auf Temperaturen zwischen 100 und 150 °C, die Wände der Spinnschächte auf 150 - 200 °C erhitzt. In Richtung der Fäden wird ein heisser Gasstrom geführt, dessen Gehalt an $H_2O$ und $O_2$ möglichst niedrig sein soll, um eine Verfärbung der Spinnfäden oder eine Reaktion mit dem DMF zu vermeiden.

Für das Naszspinnen eignen sich neben DMF andere aprotonisch polare Lösungsmittel, aber auch wässrige Lösungen von $HNO_3$, $ZnCl_2$ oder NaSCN. Die Fällbadzusammensetzung variiert stark; in der Regel verwendet man Gemische mit bis zu 70% Wasser. Durch die Wahl der Koagulationsbedingungen ist es möglich, die Kern/Mantel-Struktur mehr oder weniger stark zu entwickeln, sowie Porösität und Querschnittform zu beeinflussen. Die Weiterverarbeitung erfolgt überwiegend auf Basis Stapelfaser; in Filamentform werden PAC-Fasern nur für Gardinenstoffe und technische Artikel verwendet.

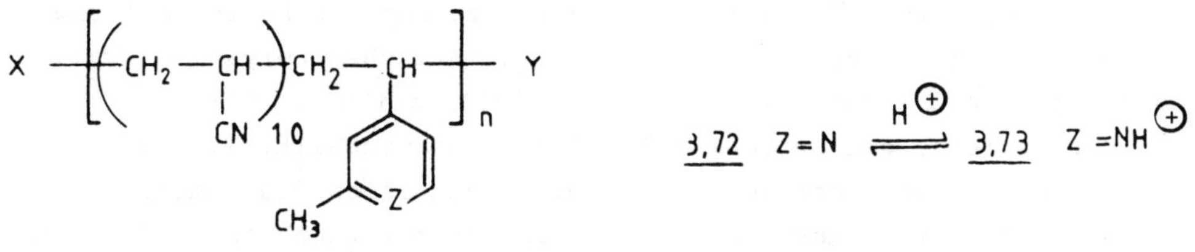

$$\underline{3.72} \quad Z = N \quad \xrightleftharpoons{H^{\oplus}} \quad \underline{3.73} \quad Z = NH^{\oplus}$$

Schema 3-26  Mit Säurefarbstoffen färbbares Polyacrylnitril $\underline{3.73}$
(X,Y=Endgruppen, z.B. $OSO_3Na$)

### 3.2.6
### Struktur/Eigenschafts-Beziehungen

Aus der Vielzahl der Einzelbeobachtungen, die sich mit fortschreitender Erfahrung angehäuft hatten, resultieren allmählich konkrete Hinweise auf die Zusammenhänge zwischen dem chemischen und morphologischen Aufbau und den makroskopischen Eigenschaften der polymeren Stoffe.

Wichtig ist beispielsweise der Polymerisationsgrad, da er über den Schmelzpunkt den Spinnprozess und die technischen Qualitäten der Faser, wie Reiss- und Scheuerfestigkeit beeinflusst. In gleicher Weise wirkt der Verstreckungsprozess, bei dem die Fadenmoleküle unter Begünstigung von kristallinen Bereichen durch die Zugkraft parallel ausgerichtet werden.

Statistisch eingebaute Comonomere stören die regelmässige Anordnung der Polymerketten in gleicher Weise wie statisch angeordnete Asymmetriezenten, sodass bei sinkendem Schmelzpunkt der Weichgriff steigt;

den gleichen Effekt zeigen längere aliphatische Seitenketten, die
für ein Auseinanderrücken der Polymerstränge sorgen; niedrig
schmelzende aliphatische Polyester sind schliesslich extrem weich,
so dass sie nur in Kombination mit Hartsegmenten in einer Art Block-
kondensation Anwendung finden (vgl. Abschnitt 3.3.4).

Andererseits führt der Aufbau aus aromatischen Monomeren unter An-
stieg des Schmelz- und Erweichungspunktes zu höherer Festigkeit und
Härte; überzeugende Beispiele sind die aromatischen Polyamide (vgl.
Abschnitt 10.2). Polare Kettenglieder und Substituenten fördern
in gleicher Weise den zwischenmolekularen Zusammenhalt. Wie am
Beispiel einer homologen Reihe von Polyamiden leicht zu demonstrieren
ist, steigen Schmelzpunkt und Kristallinität mit zunehmendem Gewicht
polarer Gruppen.

In analoger Weise lässt sich die Hydrophilie beeinflussen: Bereits
PA-3 ist hydrophil wie Seide; allerdings lässt es sich wie PA-4
und PA-2 noch (?) nicht preisgünstig herstellen. Modacrylfasern mit
einem hohen Anteil an Halogen zeichnen sich durch verminderte Brennbarkeit aus; im Gegensatz zu den meisten anderen Faserstoffen er-
lischt die Flamme, wenn man den Kontakt mit anderen brennenden Materialien unterbricht.

Polyurethane 3.20 und Polyharnstoffe liefern Hartfasern, die insbesondere zur Borstenherstellung verwendet wurden. Ersetzt man den
bifunktionellen Alkohol durch einen mehrwertigen, so entstehen ver-
netzte Produkte. Das gleiche gilt für Mischungen von bi- und poly-
funktionellen Monomeren. Da der Vernetzungsgrad die Eigenschaften
mitbestimmt, gestattet gerade das Polyadditionsverfahren, Stoffe
mit gewünschten Eigenschaften aufzubauen, die durch die Kettenlänge
der eingesetzten Alkohole und konstitutionelle Eigenarten der Iso-
cyanate weiter abwandelbar sind.

Alle diese und viele andere Erfahrungen und Erkenntnisse bilden die
Grundlage der heutigen dritten Generation von Kunststoff- und Fasermaterialien.

## 3.3
## Chemiefasern der dritten Generation

Typisch für Faserstoffe der dritten Generation sind u.a. die hochreissfesten Aramidfasern, die flammresistenten Metallchelatfasern und die unter extremen Bedingungen bewährten Kohlenstoff-Fasern. Da ein näheres Eingehen zu weit vom Hauptthema wegführen würde, müssen wir wiederum auf die Spezialliteratur verweisen. Im folgenden beschränken wir uns deshalb auf wenige allgemeine Aspekte und beschreiben beispielhaft

a) eine verarbeitungstechnische Modifizierung, die Polyacrylnitrilfasern hohe Saugfähigkeit vermittelt
b) die chemische Modifizierung zum Zwecke spezieller Anfärbbarkeit sowie
c) die Herstellung eines Polymeren mit hoher Elastizität.


### 3.3.1
<u>Der Spielraum; Gebrauchsqualitäten und Industriequalitäten</u>

Zu den Industriequalitäten zählen u.a. thermische, mechanische und chemische Beständigkeit und die Anfärbbarkeit, zu den Gebrauchsqualitäten Reissfestigkeit, Flammfestigkeit, wenn man beispielsweise an Reifenfabrikation, Sicherheitsgurte, Traglufthallen denkt. Gebrauchseigenschaften bestimmen aber auch die Anwendung dieser Fasern in den Bereichen der Bekleidung, des Wohnens und des sonstigen täglichen Bedarfs: Aeussere Aspekte, Trageigenschaften wie Wärmeretention, Weichheit und Griff oder Pflegeleichtigkeit und viele andere mehr. Welche Möglichkeiten stehen offen, um allen diesen - teils widersprüchlichen - Ansprüchen zu genügen?

Der zur Verfügung stehende Spielraum lässt sich mit acht Stichwörtern umreissen :

1) Entwicklung neuer Monomerbausteine.
2) Neuartige Kombinationen mit Comonomeren.

3) Schrittweiser Aufbau polymerer Strukturen, vgl. 3.3.4.
4) Abwandlung des Grundpolymers durch chemische Reaktionen an Substituenten und Seitenketten (polymeranaloge Reaktionen).
5) Veränderung des Polymerisationsgrades und der Molekülmassenverteilung, d.h. Annäherung an den Idealfall einer einheitlichen Molmasse.
6) Mischtechniken, Faserstoff-Kombinationen.

   a) Polymerlegierungen, vgl. 3.3.3 und 10.1
   b) Bikomponentenspinnen (Mischung während des Spinnprozesses; Varianten: Seite an Seite, Kern-Mantel, fibrilläre Verteilung)
   c) Stapelmischungen (beim mechanischen Verspinnen; z.B. Polyester/Cellulose)
   d) Mischgewebe

7) Querschnitt- und Oberflächenmodifizierung, vgl. 3.3.2.
8) Inkorporation niedermolekularer Stoffe.


3.3.2
Saugfähige Polyacrylnitrilfasern

Im Bestreben, Fasern mit höherem Tragekomfort herzustellen, wurde der Entwicklung hydrophiler Fasern besondere Bedeutung beigemessen. Schlichtes, auf Anhäufen hydrophiler Bausteine beruhendes Imitieren von Naturfasern kann, wie anhand ungehärteten Polyvinylalkohols leicht zu demonstrieren ist, in unerwünschte Sackgassen führen oder wie im Fall der Polyamide an ökonomische Grenzen stossen (vgl. Abschnitt 3.2.6).

Ein abweichendes Konzept stützt sich auf Fasern, die Feuchte mittels eines inneren Porensystems aufnehmen, das durch einen Mantel richtig dimensionierter Stärke geschützt wird. Dieser Mantel muss eine Vielzahl feiner Kanäle besitzen, die das Wasser in das Faserinnere leiten.

Die Herstellung derartiger Fasern gelingt auf der Basis von Polyacrylnitril sowohl nach dem Nass- als auch nach dem Trockenspinnverfahren. Im letzteren Fall setzt man der Spinnlösung ein geeignetes Fällmittel zu, das eine Mantelbildung um den entstehenden, an Fäll-

und Lösungsmittel reichen Faden bewirkt. Nach Abgabe des Restlösungsmittels hinterbleibt ein Porensystem, das Feuchtigkeit aufgrund von Kapillarkräften festhält. Im anderen Fall zielt die Koagulation im Fällbad auf hochgequollene, porenreiche Fäden, in die man spezielle wasserlösliche Substanzen eindiffundieren lässt. Härten der Fäden und anschliessendes Auswaschen der Hilfsstoffe erzeugt dann das gewünschte Porensystem.

Eine andere Variante stützt sich auf Comonomere mit hydrophilen Gruppen (Acrylsäure, Dimethylaminoäthylmethacrylat) bzw. auf die Verseifung in analoger Weise eingefügter Substituenten.

### 3.3.3
### Zur Steuerung der Anfärbbarkeit

Wie bereits im Abschnitt 3.2.5.2 gezeigt wurde, kann die Anfärbbarkeit von Textilfasern durch Copolymerisation mit ionogenen Monomeren gezielt gesteuert werden. Bedenkt man die Umweltprobleme, die sich aus dem Färben mit Carriern ergeben, oder die Schädigung des Wollanteils, wenn entsprechende Mischgewebe unter HT-Bedingungen gefärbt werden, so wird klar, warum einer solchen Möglichkeit beim Polyester besondere Aufmerksamkeit zuteil wurde (vgl. Abschnitte 7.2.8 und 7.2.10).

Einbau von Sulfoisophthalsäure bzw. Pyridin-3,5-dicarbonsäure ergibt beispielsweise die ionisch anfärbbaren Polyester _3.74_ und _3.75_, die auch Dispersionsfarbstoffe bereitwilliger aufnehmen. Allerdings lassen sich Carrier oder hohe Färbetemperaturen nur dann vollständig umgehen, wenn man die Fasern z.B. durch Einbau von Adipinsäure weiter abwandelt; in Kauf zu nehmen hat man so stets eine Verminderung der Formbeständigkeit.

Einen anderen Weg geht man mit hochionogenen Produkten. Wird der durch Kondensation von 2-(N,N-Dialkylaminomethyl)-1,3-propylenglykol mit DMT erhältliche Homoester den konventionellen Materialien zu ca. 10% beigemischt, so resultiert eine Faserlegierung, die unter HT-Bedingungen anionische Farbstoffe aufnimmt.

Während eine analoge Modifizierung von Polyolefinfasern noch keine
wirtschaftliche Bedeutung erlangt hat, zielte die Entwicklung bei
den Polyamiden auf modifizierte Teppichgarne, mit denen sich Multicolor- oder Hell/Dunkel-Effekte erzeugen lassen (vgl. 3.2.5.2).
Beispielsweise kann man die Farbstoffaufnahme durch Modifizierung
mit N,N'-Bis-(3-aminopropyl)-piperazin beachtlich steigern, während
der Zusatz gewisser Reglersubstanzen die in den Standard-Typen vorhandenen basischen Substituenten blockiert. Zur anionischen Modifizierung eignet sich schliesslich das oben beschriebene Isophthalsäure-Derivat.

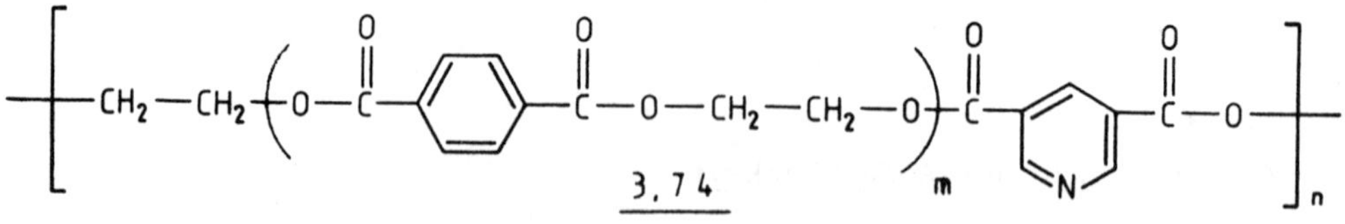

[Strukturformel 3.74]

[Strukturformel 3.75]

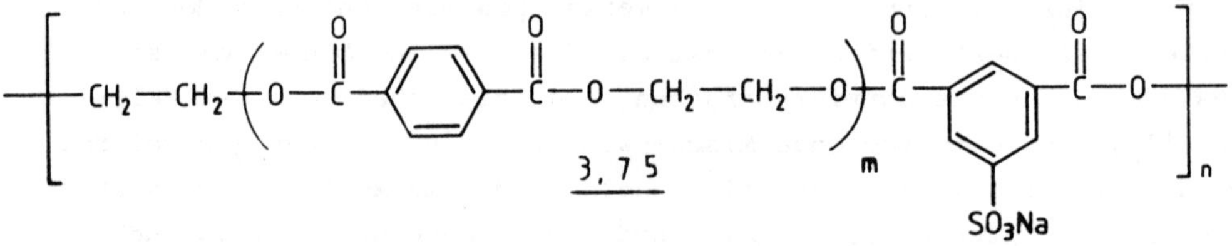

Schema 3-27   Sauer und basisch färbbare Polyester

### 3.3.4
### Polyurethan-Elastomerfasern

"Polyurethan-Elastomerfasern (PUE) sind Fasern aus Hochpolymeren,
die zu mindestens 85 Massen-% aus segmentierten Polyurethanen bestehen". Derartige Produkte (Elasthan, Spandex) sind aufgrund ihres
chemischen Aufbaues hoch verformbar und besitzen eine Reissdehnung
von vorzugsweise mehr als 400%; lassen die Verformungskräfte nach,

so ziehen sie sich augenblicklich und nahezu vollständig auf ihre
Ausgangslänge zurück (vgl. 9.3). Man beachte, dass diese Definition
texturierte Fäden ausschliesst, die ihre Dehnbarkeit lediglich der
speziellen Verarbeitungsform eines an sich unelastischen Materials
verdanken.

### 3.3.4.1
### Die strukturellen Voraussetzungen

Die Elastizität der Polyurethanderivate beruht auf einer <u>Segment-
struktur</u> der Polymerketten, die aus dem formalen Einschieben lang-
kettiger, "weicher" Oligomerstränge in eine an sich "harte" d.h.
hochschmelzende Polyurethan-Struktur resultiert (vgl. 3.2.6). Unter
mechanischer Spannung werden die weichen Segmente entknäuelt, während die von den Polyurethansegmenten gebildeten kristallinen Bereiche
quasi als Ankerpunkte gegen ein Abgleiten der Ketten wirken und so
eine elastische Rückkehr zum ungedehnten Zustand erlauben. In
Schema 3-28 haben wir die starren Hartsegmente durch Walzen, die
zwischenmolekularen Bindungskräfte, vorwiegend H-Brücken, durch Linien
illustriert, während eine allgemeine Formel <u>3.76</u> für das Hartsegment
aus Schema 3-29 hervorgeht.

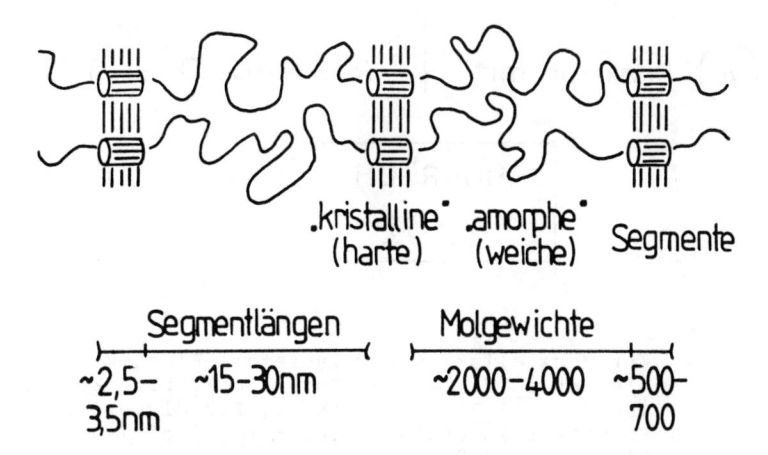

Schema 3-28   Harte und weiche Segmente im Polyurethan-Elasto-
              meren (nach von VALKAI et al.; vgl. 10.2).

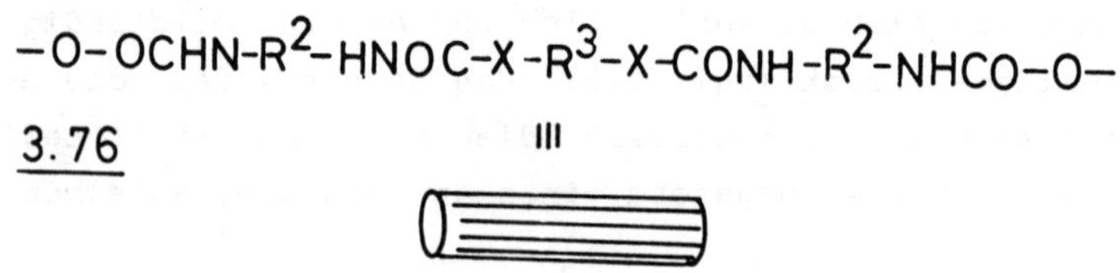

$$-O-OCHN-R^2-HNOC-X-R^3-X-CONH-R^2-NHCO-O-$$

<u>3.76</u>　　　　　　　　　　III

Schema 3-29　Das Hartsegment im Polyurethan-Elastomer

$$HX-R^3\!\!-\!\!\left(X-OC-HN-R^2-HN-OC-O-R^1-O-CO-NH-R^2-NH-CO-X-R^3\right)_{\!n}\!\!XH$$
<u>3.82</u> ( X = NH ) oder <u>3.83</u> ( X = O )

(B) Reaktion mit　↑　n+1　$R^3\!\!-\!\!(XH)_2$　<u>3.80</u>, <u>3.81</u>

$$O{=}C{=}N-R^2-HN-OC-O-R^1-O-CO-NH-R^2-N{=}C{=}O$$
<u>3.79</u>

(A) Reaktion mit　↑　$R^2\!\!-\!\!(N{=}C{=}O)_2$　<u>3.78</u>

$$HO-R^1-OH$$
<u>3.77</u>

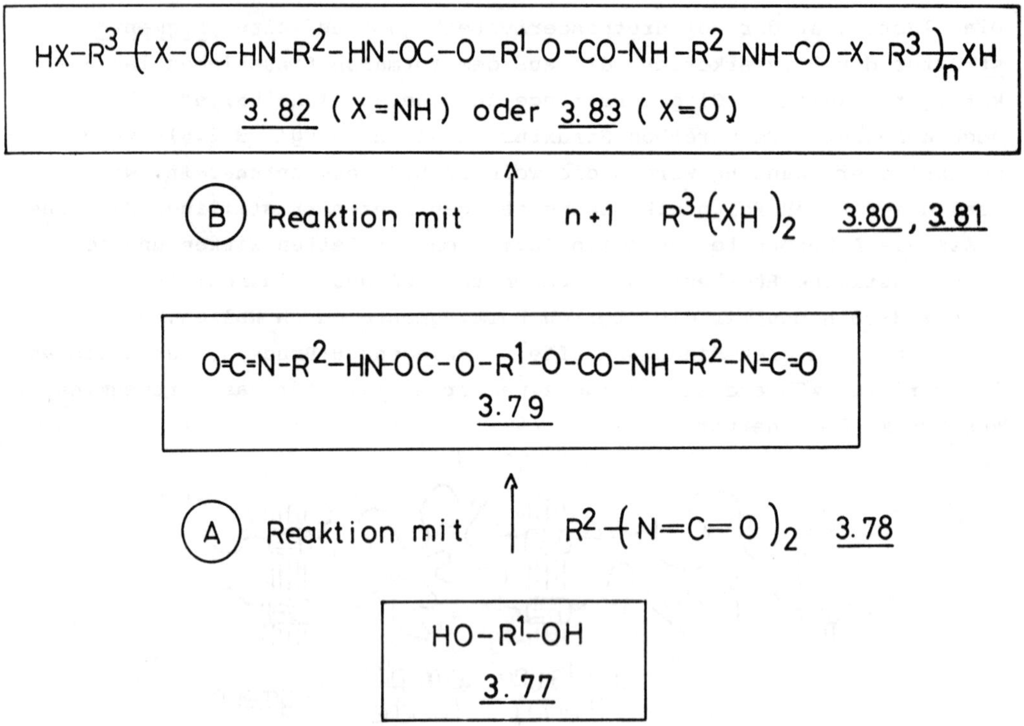

Schema 3-30　Zur Herstellung von Polyurethan-Elastomeren: Bauelement <u>3.77</u> (langkettig, weich), bifunktionelles Isocyanat <u>3.78</u> (kurzkettig), Präpolymer <u>3.79</u>, Kettenverlängerungsmittel <u>3.80</u>, <u>3.81</u> (kurzkettig), Elastomere <u>3.82</u>, <u>3.83</u>

3.3.4.2
Die synthetischen Aspekte

Das Syntheseschema für den Aufbau der hart/weich-segmentierten Polymeren lässt sich auf die Additionsreaktionen A und B sowie die Edukte 3.77, 3.78 und 3.80 zurückführen, deren Variationsbreite anschliessend besprochen werden soll:

Im ersten Reaktionsschritt wird das oligomere Diol 3.77 mit dem niedermolekularen difunktionellen Isocyanat 3.78 zum sogenannten NCO-Präpolymeren 3.79 umgesetzt, das bei Raumtemperatur als zähflüssig-klebrige Masse anfällt und relativ niederviskose Lösungen bildet. Als Reaktionsmedium eignen sich bei T <100 $^{o}$C u.a. die Schmelze des Diols bzw. aprotonisch polare Lösungsmittel (bei einem OH/NCO-Verhältnis unter 1 : 2 tritt vermehrt eine als Vorverlängerung bezeichnete Urethanverknüpfung zweier Makrodiole ein, während im umgekehrten Fall freies Diisocyanat in der Reaktionsmischung verbleibt; aus verteilungsstatistischen Gründen lassen sich beide Effekte auch bei exakt eingehaltenem Molverhältnis niemals vollständig unterdrücken).

Im zweiten Reaktionsschritt werden die NCO-Endgruppen in 3.79 mit etwa äquimolaren Mengen an ebenfalls niedermolekularen "Kettenverlängerungsmitteln" 3.80 unter Ausbildung der Urethan/Harnstoff-Segmente O----$R^3$----O zum fertigen Elastomermolekül umgesetzt. Verwendet man wiederum aprotonisch polare Lösungsmittel, vorzugsweise Dimethylformamid, so kann die anfallende Reaktionslösung im Nass- oder Trockenspinnverfahren direkt weiterverarbeitet werden.

3.3.4.3
Die Ausgangsmaterialien

Die Diole 3.77 sind nach mehreren Methoden erhältlich: Polyesterdiole gewinnt man u.a. durch thermische Kondensation aliphatischer Dicarbonsäuren mit einem geringen Ueberschuss an difunktionellen Alkoholen; als Beispiel diene ein Mischpolyester aus Adipinsäure 3.43 und einem Aethylenglykol/1,4-Butandiol/2,2-Dimethylpropandiol-Gemisch (ein geringer Zusatz an verzweigtkettigen Diolen unterdrückt die unerwünschte Kristallisationsneigung; die Hydrolysebeständigkeit, die in der Regel mit zunehmender Zahl der C-Atome zwischen den Diolen steigt, wird ebenfalls günstig beeinflusst). Breite Anwendung finden auch Polyätherdiole, die sich z.B. durch Polymerisation von Tetrahydrofuran gewinnen lassen; von Vorteil ist eine günstige Molekülmassenverteilung, von Nachteil ihre relativ geringe Autoxidationsbeständigkeit.

Eine wesentlich geringere Variationsbreite kennzeichnet die Wahl des Diisocyanates 3.78, da die Elastomereigenschaften durch die Bausteine des Hartsegmentes entscheidend beeinflusst werden. Neben untergeordneten Mengen an Toluol-2,4-diisocyanat verwendet man fast ausschliesslich Diphenylmethan-4,4'-diisocyanat ($R^2$ = $-C_6H_4-CH_2-C_6H_4-$).

Als Kettenverlängerungsmittel, die früher irrtümlicherweise als Vernetzer bezeichnet wurden, können neben den Diaminen 3.80 und Diolen 3.81 prinzipiell alle niedermolekularen Verbindungen verwendet werden, die zwei gegenüber Isocyanaten hinreichend reaktionsfähige Substituenten aufweisen; nur wenige ausgewählte Verbindungen ergeben jedoch hochwertige Elastomereigenschaften. Als besonders geeignet erwiesen sich Hydrazin, das in Form des Monohydrates $H_2N-NH_2 \cdot H_2O$ eingesetzt wird, Dihydrazide der Kohlensäure (X = NH, $R^3$ = HNCONH) sowie diprimäre Amine aliphatischer, cycloaliphatischer und araliphatischer Grundstruktur. Bifunktionelle Alkohole 3.81 werden heute nur noch selten verwendet; ausgenommen sind kleine Mengen, die man den Diaminen 3.80 zur Modifizierung beimischt, vor allem, wenn sie wie z.B. Bis(2-hydroxypropyl)-N-methylamin farbstoffaffine tert. Aminogruppen in die Polymerstruktur einbringen.

# 4.

# Vom Farbstoff-Begriff

# zu den Struktur- und Einteilungsprinzipien

Nach der Diskussion der Substrate wenden wir uns den Farbstoffen zu, denn für das Verständnis der Färberei ist die Kenntnis beider Stoffgruppen notwendig. Farbstoffe und Substrate, die im Färbeprozess miteinander in Beziehung treten, bedürfen bestimmter struktureller Voraussetzungen.

## 4.1
## Die Definition

Farbstoffe sind farbige, ungesättigte organisch-chemische Verbindungen, die Substrate hinreichend echt zu färben vermögen. Sie unterscheiden sich dadurch von den mit Hilfe eines Bindemittels applizierten anorganischen Mineralfarben (Pigmenten). Die Entwicklung brauchbarer Textilfarbstoffe hat auf die einfache Synthese farbiger Moleküle aus möglichst preiswerten Ausgangsstoffen abzustellen, wobei zusätzlich geeignete funktionelle Gruppen die Echtheiten und die Applizierbarkeit sicherstellen müssen. Wie die Geschichte der Farbstoffchemie zeigt, wurde dieses Ziel durch lange empirische Erfahrung, durch ständig verbesserte Modellvorstellungen und nicht zuletzt mit Hilfe des Zufalls erreicht.

## 4.2
## Farbstoffchromophor und Farbigkeit

Farbigkeit entsteht durch Wechselwirkung eines $\pi$-Elektronensystems (Farbstoffchromophor) mit Licht (Fig. 4-1). Infolge selektiver Absorption bestimmter Wellenlängen kommt es zur elektronischen Anregung

$E_1$ ⟶ $hc/\lambda$
$E_0$ ○

| Chromophor | | Licht |

Selektive Absorption   $E = hc/\lambda$

Emission   $E' = hc/\lambda'$

Wechselwirkung ⟶

$\pi$ - Elektronensystem eines Moleküls mit geeigneten Energiedifferenzen $\Delta E$ der $\pi$ - Elektronenzustände $E_n$ :

$E_1 - E_0 = \Delta E = hc/\lambda$

Summe der Lichtquanten $E_i = hc/\lambda_i$ im sichtbaren Spektrum elektromagnetischer Strahlung der Wellenlängen $\lambda_i$

von 400 - 730 nm

Farbigkeit

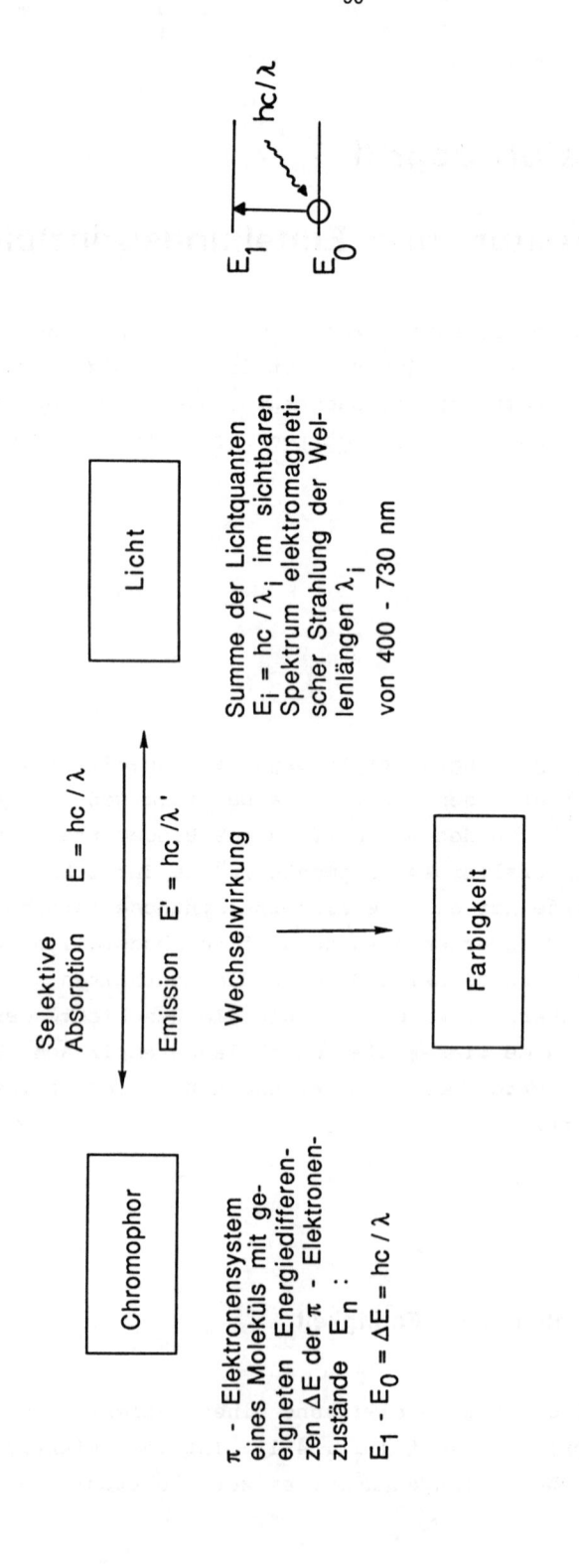

Schema 4-1   Ursachen der Farbigkeit organischer Moleküle

des Moleküls. Bei Fluoreszenzfarbstoffen wird zusätzlich Licht der Wellenlänge $\lambda'$ emittiert. Der Farbstoffchromophor muss so aufgebaut sein, dass die Energiedifferenzen der $\pi$-Elektronenzustände $\Delta E = E_1 - E_0$ mit der Energie $E = hc/\lambda$ des absorbierten Lichtquants übereinstimmt. Weil den Uebergängen zwischen den $\pi$-Elektronenzuständen noch Vibrations- und Rotationszustände überlagert sind, werden Lichtquanten über einen beträchtlichen Energiebereich absorbiert. Auf diese Weise tritt an die Stelle monochromatischen Lichts in den Linienspektren der Atome hier Licht eines grösseren Spektralbereiches (Absorptionsbanden, Bandenspektrum). Da die Energiezustände eines Farbstoffes mehr oder weniger stark von Wechselwirkungen mit umgebenden Molekülen abhängen, kann die Farbe eines Farbstoffes von Phasenübergängen (Gas - apolare Lösung - polare Lösung - Kristall) stark beeinflusst werden. Jeder Absorptionsbande lässt sich schliesslich eine Wellenlänge $\lambda_{max}$ bei maximaler Lichtabsorption zuordnen. Lage und Form der Bande bestimmen die Farbe des Farbstoffes bzw. der Lösung (schmale Banden ergeben leuchtende, breite Banden stumpfe Farbtöne).

Der Farbenkreis von OSTWALD (vgl. Schema 4-2) gibt den Zusammenhang zwischen der Farbe des absorbierten Lichtes und der Eigenfarbe des Farbstoffs (Komplementärfarbe) für einfache Fälle (eine Absorptionsbande im sichtbaren Teil des Spektrums) gut wieder. Der Farbenkreis enthält einen äusseren Kreisring, der den Farbeindruck des Lichtspektrums von $\lambda$ = 400 bis 730 nm wiedergibt. Ein innerer Kreisring enthält die Eigenfarben des Farbstoffs, wie sie das menschliche Auge (im weissen Licht) wahrnimmt; sie sind komplementär zu den Farben des angrenzenden äusseren Kreisringes und ergänzen sich jeweils zu Weiss. Absorbiert z.B. ein Farbstoffchromophor blaugrünes Licht im Bereich von 480 - 510 nm, so nimmt das Auge einen roten Farbeindruck wahr. Der Farbenkreis ist nicht ganz geschlossen. Es fehlt der Farbeindruck Grün, der durch eine einfache Absorptionsbande nicht erzeugt werden kann.

Vom farbphysiologischen Standpunkt her lässt sich das Spektrum in drei, mit den Rezeptoren des Auges korrelierende Bereiche einteilen (Grundfarben: Rot, grün, blau). Soll der Farbeindruck "grün" erzeugt werden, darf im wesentlichen nur der für den mittleren Wellenlängenbereich zuständige Rezeptor erregt werden. Ein grüner Farbstoff muss

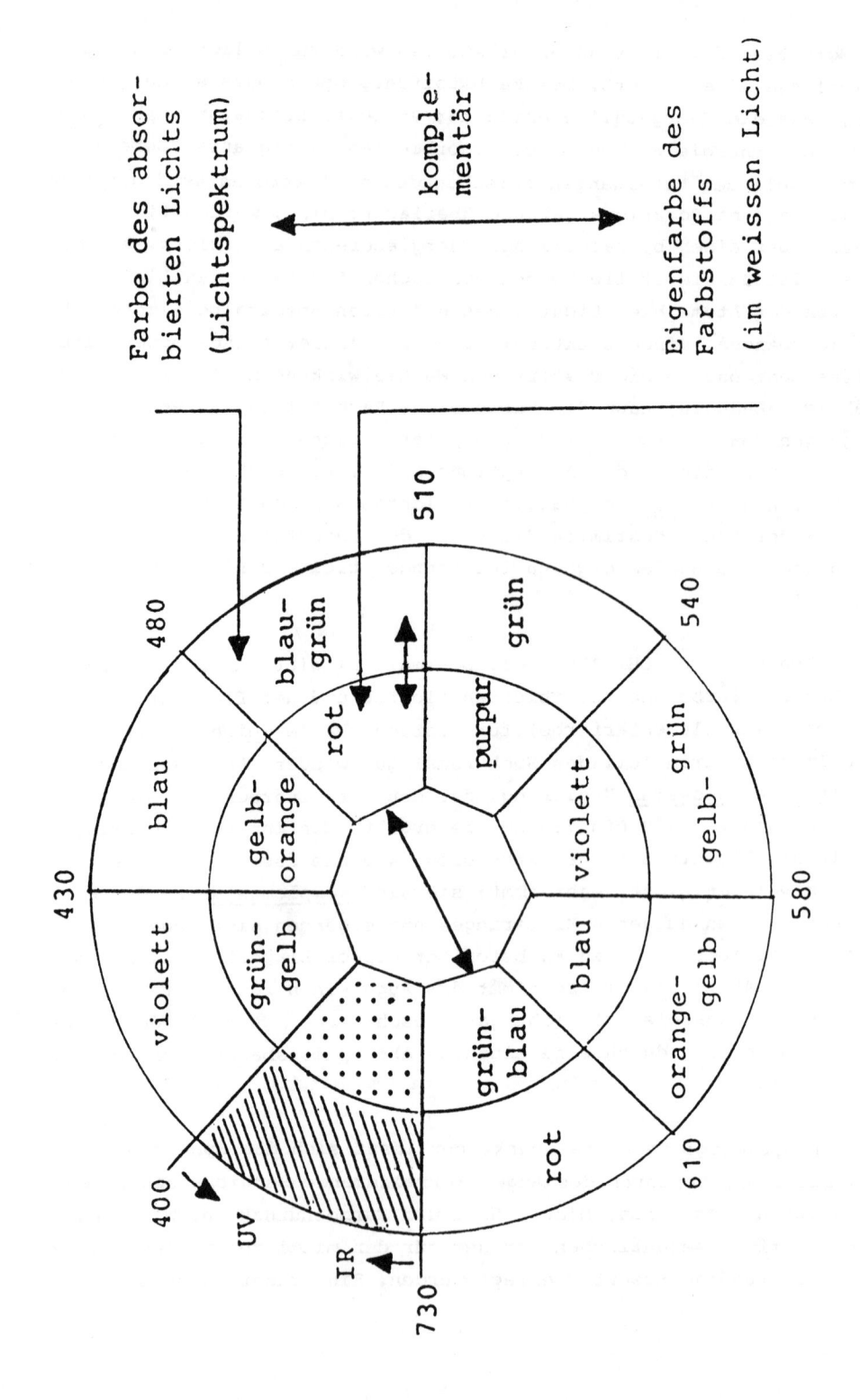

Schema 4-2  Modifizierter OSTWALD-Farbenkreis

deshalb sowohl im langwelligen roten als auch im kurzwelligen blauen Bereich absorbieren. Im Gegensatz dazu entsteht der Farbeindruck "gelb" durch (etwa gleich starke) Anregung zweier Rezeptoren.

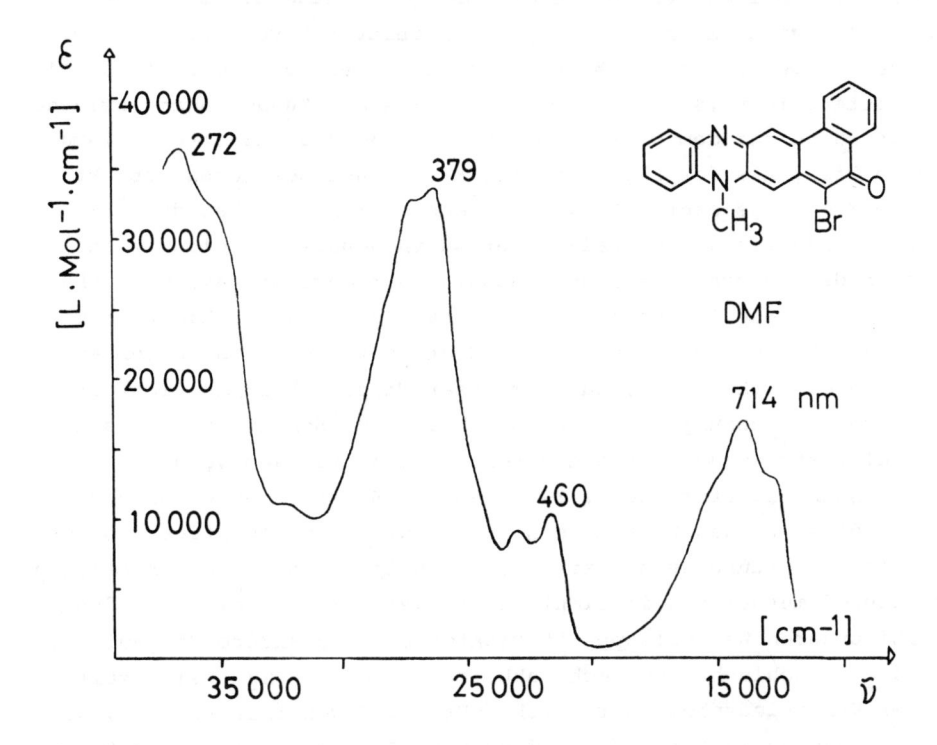

Abb. 4:1  UV/Vis-Spektrum eines grünen Farbstoffes mit ausgeprägter Absorptionslücke zwischen 510 und 540 nm (Lösung in Dimethylformamid)

Zitat : Durch eine vereinfachte didaktische Darstellung mag der Eindruck entstehen, dass der erste Schritt des naturwissenschaftlichen Vorgehens im Voraussetzen der physikalischen Realität bestehe. Wenn man etwa die Leistungen des Farbsehens zu erklären versucht, fängt man meist mit der physikalischen Natur des Lichtes und dem Kontinuum der Wellenlängen an, um dann erst zu den physiologischen Vorgängen überzugehen, die aus diesem ein Diskontinuum von Qualitäten machen. Der Gedankengang, auf dem der Lernende hier geführt wird, entspricht durchaus nicht dem Weg, den die naturwissenschaftliche Erkenntnis beschritten hat. Dieser nimmt seinen Ausgangspunkt wie immer vom subjektiven Erleben, von der naiven Wahrnehmung der Farben, und schreitet dann zu der Erkenntnis fort, dass im Licht der Sonne, das durch ein Prisma zerlegt werden kann, sämtliche Farben des Regenbogens enthalten sind. Ohne den physiologischen Mechanismus, der das quantitative Kontinuum verschiedener Wellenlängen in Bänder verschieden erlebter Qualitäten einteilt, hätten die Physiker nie bemerkt, dass ein Zusammenhang zwischen der Wellenlänge und dem Winkel besteht, in dem das Licht vom Prisma gebrochen wird. Als der Physiker, der Erforscher des Aussersubjektiven, das zu verstehen gelernt hatte, war wieder der Erforscher des erkennenden Subjektes an der Reihe: Der Wahrnehmungsphysiologe Wilhelm Ostwald entdeckte den Verrechnungsapparat der Farbkonstanz und erkannte seine arterhaltende Bedeutung. Er entlarvte dadurch den Widerspruch zwischen Newtons Farbenlehre und der Goethes als ein Scheinproblem. Dieser Gang der Erkenntnis, auf dem unser Wissen über das Licht und über unsere Wahrnehmung des Lichtes Schritt für Schritt und eins ums andere gefördert wurde, ist ein gutes Beispiel für das Vorgehen des objektivierenden Naturforschers. Zwischen dem Schritt des einen und dem des anderen Fusses besteht ein Verhältnis wechselseitiger Förderung, das man in der Naturwissenschaft das "Prinzip gegenseitiger Erhellung" (principle of mutual elucidation) nennt. Wenn man das eine Mal den Blick auf unseren Weltbildapparat richtet und das andere Mal auf die Dinge, die er schlecht und recht abbildet, und wenn man beide Male, trotz der Verschiedenheit der Blickrichtung, Ergebnisse erzielt, die <u>Licht aufeinander werfen</u>, so ist dies eine Tatsache, die nur aufgrund der Annahme des hypothetischen Realismus erklärt werden kann, der Annahme nämlich, dass alle Erkenntnis auf Wechselwirkung zwischen dem erkennenden Subjekt und dem erkannten Objekt beruht, die beide gleichermassen wirklich sind. Wir alle verstehen ohne weiteres, wenn man von der Farbe eines Gegenstandes spricht, und legen uns dabei gar nicht Rechenschaft davon ab, dass dieses Ding je nach Beleuchtung völlig verschiedene Wellenlängen des Lichtes reflektiert. Ich sehe das Papier in meiner Schreibmaschine als weiss, obwohl es im Augenblick das stark gelbliche Licht einer elektrischen Lampe zurückstrahlt; in der roten Beleuchtung des Sonnenunterganges würde ich es ebenfalls als weiss wahrnehmen. Der Apparat meiner Konstanzwahrnehmung bewirkt dies, indem er ohne mein bewusstes Zutun die Gelb- oder Rotkomponente der

Beleuchtung von der Farbe "subtrahiert", die das Papier im Augenblick tatsächlich zurückstrahlt. Die Farbe der Beleuchtung, die er zum Zwecke dieser Berechnung sehr wohl "wissen" muss, übergeht er in seiner Meldung, denn sie interessiert den wahrnehmenden Organismus im allgemeinen nicht. Auch eine Biene, die einen weitgehend analogen Apparat der Farbkonstanz besitzt, ist durchaus uninteressiert an der Farbe der herrschenden Beleuchtung; was sie können muss, ist, eine honigreiche Blüte an "ihrer Eigenfarbe", d.h. an den ihr konstant anhaftenden Reflektionseigenschaften, wiederzuerkennen, gleichgültig, ob sie vom bläulichen Morgenlicht oder rötlichen Abendlicht bestrahlt wird. Ende des Zitates (vgl. 10.4 ).

## 4.3
### Farbstoffchromophortypen

Die Lichtabsorption eines Farbstoffchromophors wird durch die Energiedifferenzen der $\pi$-Elektronenzustände bestimmt, die am Quantensprung des Elektrons beteiligt sind (vgl. Fig. 4-1). Quantenchemische Methoden gestatten es heute, diese Energiedifferenzen und damit auch die Wellenlänge des absorbierten Lichtes ($\lambda_{max}$) angenähert zu berechnen.

Die Energien der $\pi$-Elektronenzustände sind durch den Aufbau des Farbstoffchromophors festgelegt. Die $\pi$-Elektronensysteme farbiger ungesättigter, organischer Moleküle zeigen unterschiedliche und variantenreiche Bauprinzipien. Trotzdem lässt sich diese Mannigfaltigkeit auf wenige Grundchromophortypen zurückführen, die aus formalen Chromophorbausteinen aufgebaut werden (vgl. 9.4).

### 4.3.1
#### Formale Chromophorbausteine

Das $\pi$-Elektronensystem eines Farbstoffmoleküls lässt sich auffassen als Kombination formaler Chromophorbausteine: den $\pi$-Acceptoren A , den π-Brücken B und den π-Donoren D. Die Bausteine A , B , D bestehen aus Atomen mit unterschiedlich besetzten $p_z$-Orbitalen:

    π-Acceptor    A : Atom mit unbesetztem $p_z$-Orbital
    π-Brücke      B : Atom mit halbbesetztem $p_z$-Orbital
    π-Donor       D : Atom mit vollbesetztem $p_z$-Orbital

Beispiele für solche Bausteine sind:

    π-Acceptoren A :   $\overset{\oplus\oplus}{-\underset{|}{N}-}$   $\overset{\oplus}{-\underset{\cdot\cdot}{N}-}$   $\overset{\oplus}{-\underset{|}{C}-}$   $\overset{\oplus}{-C=}$

    π-Brücken    B :   $-\overset{\cdot}{\underset{|}{C}}-$   $-\overset{\cdot}{\underset{\cdot\cdot}{N}}-$

    π-Donoren    D :   $-\overset{\ominus}{\underset{|}{C}}-$   $-\overset{\ominus}{\underset{\cdot\cdot}{N}}-$   $-\overset{\ominus}{\underset{\cdot\cdot}{O}}:$   $=\overset{\ominus}{N}:$   $-\underset{|}{\bar{N}}-$   $-\bar{\underset{\cdot\cdot}{O}}-$   $-\bar{\underset{\cdot\cdot}{S}}-$

A und D sind von unterschiedlicher Stärke, der in obigen Reihen Rechnung getragen wird.


### 4.3.2
### Kombinationen formaler Chromophorbausteine

Der Farbstoffchromophor $A_aB_bD_d$ entsteht aus der Kombination von A , B und D bei genügend grosser Gesamt-π-Elektronenzahl $z_\pi = b + 2d$ , wobei a , b , d ganze Zahlen bedeuten. Ist b eine gerade ganze Zahl, ergeben sich π-Systeme mit abgeschlossener Valenzschale, ist b eine ungerade Zahl, liegen π-Systeme mit offener Valenzschale (Radikale) vor.

Aus der Fülle der Farbstoffchromophore mit abgeschlossener Valenzschale, wie sie in Textilfarbstoffen vertreten sind, lassen sich zwei Grundchromophortypen herausschälen:

    Der Polyenchromophor    :   $A_a-B_b-D_d$    b = gerade Zahl
                                                                                        a = d
    Der Polymethinchromophor :   $D-B_n-A-B_m-D$
                                                         oder         n + m = gerade Zahlen
                                                           $A-B_n-D-B_m-A$

Der Polyenchromophor findet sich in den klassischen Polyenen, z.B. in 4.1 (x = 12) ($\lambda_{max}$ : 482 nm, orange). Grosse π-Elektronenzahlen ($Z_\pi \geq 14$) sind notwendig, um mit diesem Chromophor Farbigkeit zu erzielen, und nur bei weiterer starker Erhöhung von $Z_\pi$ gelangt man bis in den blauen Farbbereich ($\lambda_{max}$ = 580 - 610 nm). Dieser Chromophor ist in den Textilfarbstoffen kaum vertreten.

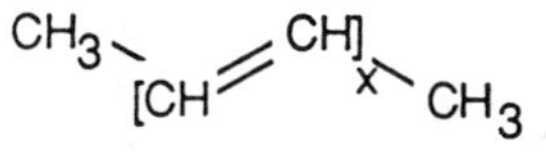

$CH_3\text{-}[CH=CH]_x\text{-}CH_3$

$Z_\pi = 2x$

(a = d = 0, b = 2x)

4.1

$Me\text{-}\underset{Me}{N}\text{-}[CH=CH]_y\text{-}\overset{\oplus}{C}H\text{-}\underset{Me}{N}\text{-}Me$

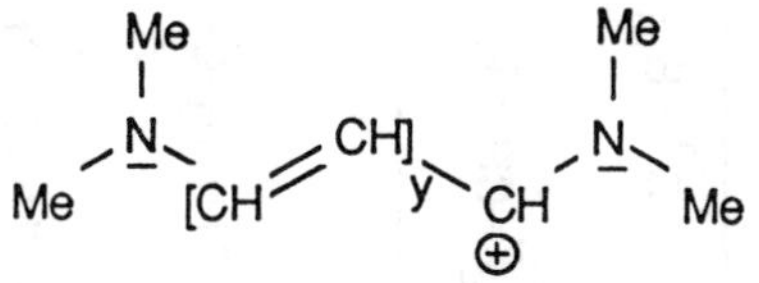

$Z_\pi = 2y + 4$

(D = $NMe_2$, A = $\overset{\oplus}{C}H$, n + m = 2y)

4.2

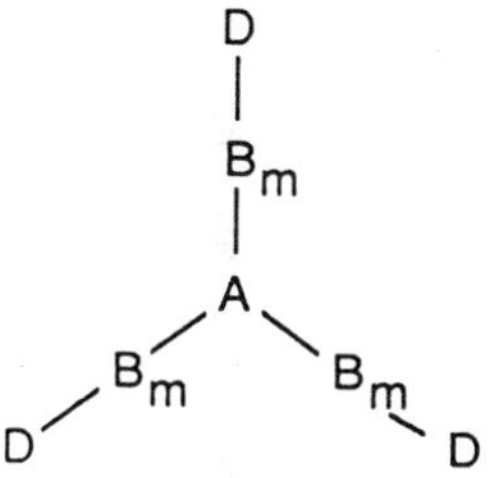

4.3

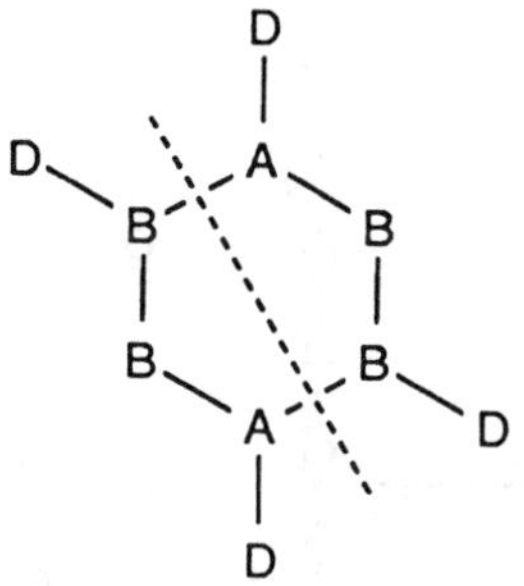

4.4

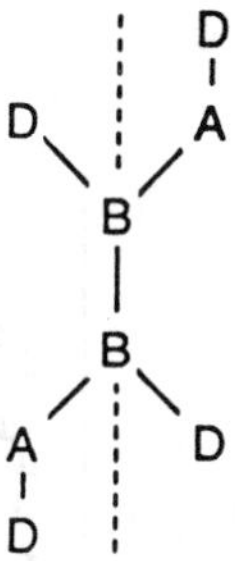

4.5

Schema 4-3  Vom linearen Bau zu gekreuzt-konjugierten und gekoppelten Chromophoren

Demgegenüber lassen sich mit dem Polymethinchromophor Farbstoffe aufbauen, die - wie das Beispiel 4.2 zeigt - schon bei kleinen π-Elektronenzahlen im VIS-Spektrum absorbieren und mit $Z_\pi$ = 8 bis 14 die gesamte Farbskala von gelb bis blaugrün ($\lambda_{max}$ : 416 - 735 nm) durchlaufen.

$A_a - B_b - D_d$

$\overset{\oplus}{C}H_2 - CH - CH = CH - CH = \overset{\ominus}{C}H_2$

$\overset{\oplus}{C}H_2 - CH = CH - CH - CH = \overset{\ominus}{C}H_2$    **4.6 A**

$\longleftrightarrow$

$CH_2 = CH - CH = CH - CH = CH_2$    **4.6 B**

$a = d = 1, b = 4$   oder

$a = d = 0, b = 6$

$Z_\pi = 6$

---

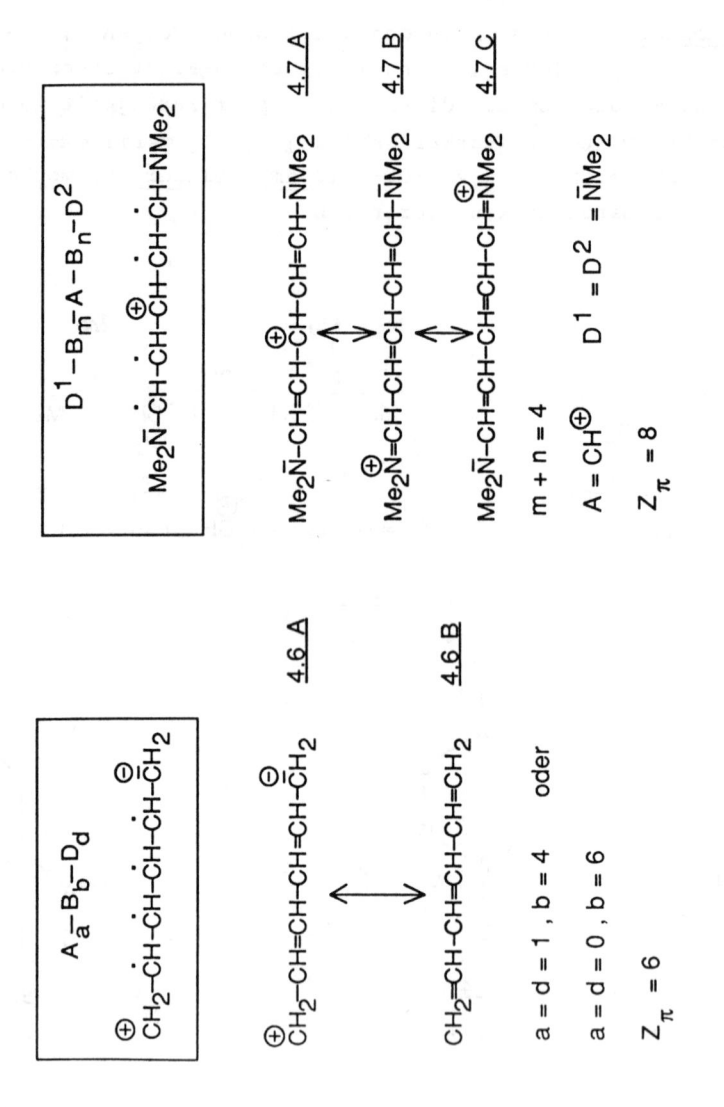

$D^1 - B_m - A - B_n - D^2$

$Me_2\overset{..}{N} - CH - CH = CH - \overset{\oplus}{C}H - CH = CH - \overset{..}{N}Me_2$

$Me_2\overset{..}{N} - CH = CH - \overset{\oplus}{C}H - CH = CH - CH = \overset{..}{N}Me_2$    **4.7 A**

$\longleftrightarrow$

$Me_2\overset{..}{N} - CH = CH - CH = CH - \overset{\oplus}{C}H - CH = \overset{..}{N}Me_2$    **4.7 B**

$\longleftrightarrow$

$Me_2\overset{..}{N} - CH - CH = CH - CH = CH - CH = \overset{\oplus}{N}Me_2$    **4.7 C**

$m + n = 4$

$A = CH^{\oplus}$    $D^1 = D^2 = \overset{..}{N}Me_2$

$Z_\pi = 8$

Schema 4-4   Polyen und Polymethin; eine Gegenüberstellung

Die Mannigfaltigkeit komplexer Farbstoffchromophore ergibt sich nicht nur aus der Variation von A , B , D in den beiden einfachen Grundchromophortypen, sondern vermehrt aus der Möglichkeit von Chromophorverzweigungen, -kreuzungen und -kopplungen. Die Beispiele <u>4.3</u> bis <u>4.5</u> zeigen Möglichkeiten wie sie in den Triphenylmethanfarbstoffen, den chinoiden Farbstoffen und den indigoiden Farbstoffen verwirklicht sind.

In vielen Chromophoren liegt die A/D-Kombination in Form von >C=O , -C=N , -NO$_2$ , -N=N- und >C=N< -Gruppen vor.
$\phantom{xxxxxxxxxxxxxxxxxxxxxxxxxxxxxxxxxxxxxxxxxx}\oplus$

---

Das π-Elektronensystem wirksamer Farbstoffchromophore ist delokalisiert. Hier zeigt sich der Unterschied in den Polyen- und Polymethin-Grundchromophoren besonders deutlich

---

Während im Polyen <u>4.6</u> die Formel <u>4.6B</u> dominiert, was zu starker Alternanz von Einfach- und Doppelbindungen führt, wird im Polymethinkation <u>4.7</u> eine starke π-Elektronendelokalisation über die Grenzformeln <u>4.7A</u> - <u>4.7C</u> angezeigt (vgl. auch Abschnitt 5.1).

---

Das einfache Modell der formalen Chromophorbausteine und ihrer Kombinationsmöglichkeiten kann als wirksame Hilfe beim Entwurf neuer Farbstoffchromophore und deren Verwirklichung in der Farbstoffsynthese dienen.

Tabelle 4/1  Aufschlüsselung der Hauptapplikationsklassen nach chromophoren Strukturen

| chromophores System / Applikationsklasse | Azo- | Chinon- | Metall-komplex | Mero-chinoide | Indigoide | Poly-methin | Nitro- |
|---|---|---|---|---|---|---|---|
| | | | Farbstoffe | | | | |
| Dispersionsfarbstoffe | S | S | | | | V***) | V |
| Basische Farbstoffe | H | H | V | S | | V | |
| Säurefarbstoffe | S | H | S | H | | V | V |
| Beizenfarbstoffe | S | H | | H | | | |
| Reaktivfarbstoffe | S | H | H | | | | |
| Direktfarbstoffe | S | V | H | V | | | |
| Küpenfarbstoffe | | S | | | H | | |
| Entwicklungsfarbstoffe | S | | V*) | V**) | | | |

Symbole:  S sehr häufig,  H häufig,  V vereinzelt

*) Phthalogene    **) Anilinschwarz    ***) Neutrocyanine

## 4.4 Farbstoffklassen

Um die ständig wachsende Anzahl farbiger Substanzen und die einander ablösenden Generationen von Textilfarbstoffen zu ordnen, bedarf es mehrerer Einteilungsprinzipien, die unter der Vielzahl der Individuen gemeinsame Merkmale hervorheben. Eine wichtige Einteilung basiert auf Teilstrukturen des $\pi$-Elektronensystems wie beispielsweise indigoiden, chinoiden und merochinoiden Strukturelementen. Sie führt gelegentlich zu Mehrdeutigkeiten. Im Zweifelsfall verfahre man nach der Regel, dass der Einordnung stets ein um mehrere $\pi$-Zentren ausgedehnteres Strukturelement zugrunde gelegt werden sollte; lässt sich ein solches nicht ermitteln, verdient das wichtigere (häufiger vorkommende) Strukturelement den Vorrang (Beispiele: Polymethin vor Azo, Azo vor Nitro; vgl. z.B. 5.4.8). Besonders häufig und/oder wichtig sind chinoide Teilstrukturen, die Azogruppe sowie Metallheterocyclen (Chelate). Bei der soeben vorgestellten Einteilung spricht man von Chromophor- oder Strukturklassen. Sie dient primär dem Studierenden als Wegweiser durch eine verwirrende Vielfalt individueller Strukturen.

Demgegenüber hat der Colorist als Anwender der Farbstoffe nach gemeinsamen Anwendungskriterien und der Farbstoffhersteller nach den für die Wechselwirkung mit den Substraten zuständigen Bauprinzipien zu suchen; beide Kriterien münden ein in die Einteilung nach Farbstoff-Applikationsklassen. Da auch bei diesem Prinzip Mehrdeutigkeiten nicht völlig auszuschliessen sind, empfiehlt es sich, bei fliessenden Uebergängen die vom Colour-Index gezogenen Grenzen zu beachten (wir fördern dies im Kapitel 6 mit Hilfe der stets vorangestellten Definitionen).

Tabelle 4/2  Aufschlüsselung der Applikationsklassen nach Einsatzgebieten

| Applikations-klasse | Subklasse | Fasern | | | | | | |
|---|---|---|---|---|---|---|---|---|
| | | Poly-ester | Acetat | Poly-acrylnitril | Poly-amid | Seide | Wolle | Cellulose |
| Dispersions-farbstoffe | | S | S | H | H | – | – | – |
| Basische Farbstoffe | | – | V | S | H*⁾ | h | h | h |
| Säure-farbstoffe | Standardtyp<br>1:1-Komplexe<br>1:2-Komplexe | –<br>–<br>– | –<br>–<br>– | V**⁾<br>–<br>– | S<br>d<br>H | S<br>E<br>E | s<br>s<br>s | –<br>–<br>– |
| Beizen-farbstoffe | | – | – | – | – | V | s | h |
| Reaktiv-farbstoffe | | – | – | – | V | H | H | S |
| Direkt-farbstoffe | | – | – | – | H | H | d | S |
| Küpen-farbstoffe | Standardtyp<br>Leukoester | V<br>– | –<br>– | V<br>– | V<br>V | V<br>V | h<br>V | S<br>d |
| Entwicklungs-farbstoffe | Azo-<br>Oxydations-<br>Azaannulen- | S<br>V<br>– | –<br>–<br>– | V<br>V<br>– | V<br>–<br>– | V<br>–<br>– | –<br>–<br>– | S<br>d<br>d |

Symbole: S sehr häufig, H häufig, E empfehlenswert (Nuancen weniger geschätzt), d überwiegend im Textildruck, h historisch interessante Anwendung, V prinzipiell möglich, aber technisch un-interessant

*⁾ Nur für anionisch modifiziertes PA    **⁾ $Cu^I$-Methode (die Cu-Ionen werden komplex gebunden, die Gegenionen sind austauschbar)

Das praxisorientierte Nomenklatursystem des Colour-Index integriert im dreiteiligen Farbstoffnamen Applikationsklasse, Farbe und eine fortlaufende Nummerierung. Der orange anionische Azofarbstoff Orange II (Trivialname analog Malachitgrün) ist beispielsweise als C.I. Acid Orange 7 registriert. Auch dem Studierenden sei empfohlen, falls sich die Gelegenheit bietet, in den verschiedenen Bänden dieses Registrierwerkes zu blättern, welche die Farbstoffe u.a. nach Applikationsklassen, Strukturelementen oder Handelsnamen ordnen (vgl. 9.4 und 10.7).

Eine Aufschlüsselung der Applikationsklassen nach chromophoren Strukturen gibt Tabelle 4/1; zu den dort erfassten Klassen kommen noch die Pigmentfarben, deren Hauptanwendungsbereich ausserhalb des textilen Sektors angesiedelt ist, sowie die mit den Küpenfarbstoffen verwandten Schwefelfarbstoffe (vgl. 6.9 und 10.7). Eine strenge Zuordnung der Applikationsklassen zu Substraten ist nicht möglich; in der kegel lassen sich jedoch typische oder bevorzugte Substrate angeben (vgl. Tabelle 4/2).

# 5.

# Die Chemie der Farbstoffe

In den folgenden Kapiteln sollen zunächst im Rahmen der wichtigsten Farbstoff-Strukturklassen beispielhaft ausgewählte Farbstoffe diskutiert und ihre Strukturen, Eigenschaften und der synthetische Zugang besprochen werden. Anschliessend werden im Abschnitt 6 Textilfarbstoffe unter dem Gesichtspunkt der Applikationsklassen behandelt, um so die Gemeinsamkeiten in der färberischen Anwendung aufzuzeigen.

## 5.1

**Polymethinfarbstoffe**

Polymethinfarbstoffe enthalten den Polymethinchromophor 5.1, ein stark delokalisiertes $\pi$-Elektronensystem, aus dem bei $D^1$, $D^2 \equiv -N<$ Kationocyanine, bei $D^1$, $D^2 \equiv -O^{\ominus}$ Anionocyanine (Oxonole) und bei $D^1 \equiv -N<$, $D^2 \equiv -O^{\ominus}$ Neutrocyanine (Merocyanine) ableitbar sind.

Die Methingruppen in A, B haben dieser Klasse den Namen gegeben. Sind diese Bausteine teilweise Stickstoff ($N^{\oplus}$, $\dot{N}$), so spricht man von Azamethinen. Die Endgruppen D ($NR_2$, OR) sind aus Stabilitätsgründen oft als heterocyclische Elemente in den Farbstoffen enthalten. In den Hemicyaninen sind die Methingruppen $B_m$ einseitig durch den Benzolring ersetzt.

$$\boxed{D^1-[B]_n-A-[B]_m-D^2}$$
**5.1**

A : $\overset{\oplus}{CH}$, $\overset{\oplus}{N}$
B : $\dot{CH}$, $\dot{N}^{\ominus}$
D : $NR_2$, $O^{\ominus}$, OR
n + m: gerade, ganze Zahlen

Schema 5-1  Eine allgemeine Formel für Polymethinfarbstoffe

Uebersetzt man die Formel 5.1 in die konventionelle Formelschreibweise, so resultieren mit m + n = gerade, ganze Zahlen u.a. diradikalische Grenzstrukturen, die sich durch ein restriktives m, n = gerade, ganze Zahlen ausschliessen lassen. Beachtenswert ist, dass diese Restriktion mit der Forderung nach symmetriegerechter Formulierung (m = n) kollidieren kann. Symmetriegerechte Grenzformeln, die viele Eigenschaften der Farbstoffe wie beispielsweise die Nukleophilie (Elektrophilie) des zentralen Methinkohlenstoffatoms in 5.2 (in 5.3) besser widerspiegeln als die noch immer bevorzugten Formeln vom Typ 4.7 B / 4.7 C, müssen deshalb für vinyloge Reihen von Aniono- und Kationocyaninen abwechselnd mono- und tripolar formuliert werden.

Verknüpft das π-Gerüst in 5.1 zwei gleichartige Donatoren, so resultiert hohe Symmetrie, die mit effektiver π-Elektronendelokalisation einhergeht; verknüpft es aber einen schwachen mit einem effektiven Donor, so resultiert eine weitgehende Bindungsalternanz (vgl. Seite 99 Kasten). Am eindruckvollsten lässt sich diese Tatsache demonstrieren, wenn man in unkonventioneller Weise neben π-Donatoren auch σ-Donatoren zulässt, eine Bedingung, die beispielsweise mit $D^1$ = $R_2C^\ominus$ und $D^2$ = H oder Alkyl erfüllt wird und den Polyenchromophor schliesslich als Grenzfall des Polymethinchromophors ausweist.

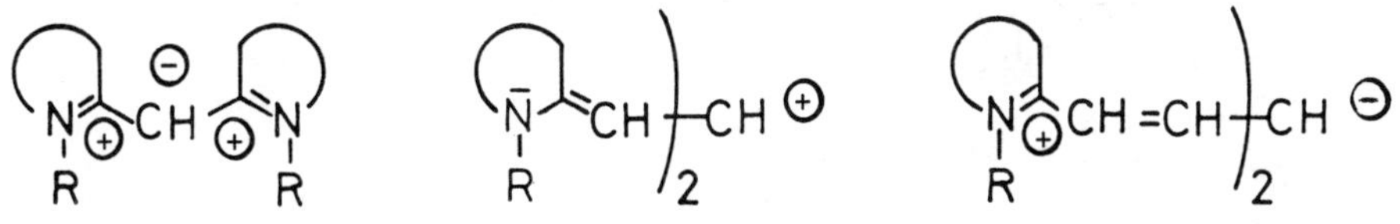

5.2        5.3        5.4

Schema 5-2   Symmetriegerechte Grenzformeln für Mono-, Tri- und Pentamethincyanine

---

Astraphloxin FF    5.5            [C.I. Basic Red 12]

---

Der Farbstoff 5.5 ist ein blaustichig roter ($\lambda_{max}$ : 547 nm) historischer Seidenfarbstoff hoher Brillanz, aber geringer Lichtechtheit.

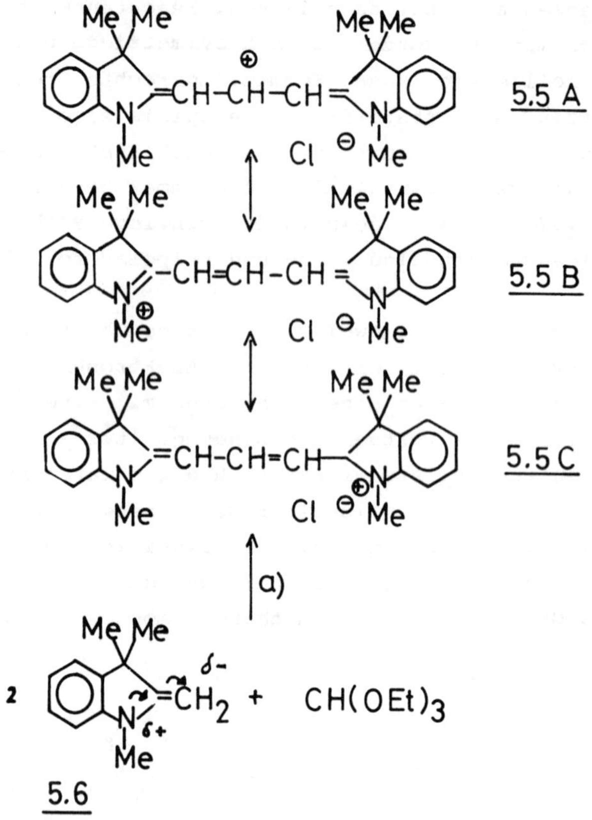

Schema 5-3  Synthese des Trimethincyaninfarbstoffes <u>5.5</u>
a) Erhitzen in Pyridin/HCl (Me = CH$_3$, Et = C$_2$H$_5$)

Wie die Grenzformel 5.5A zeigt, besitzt er einen Polymethinchromophor mit 8 π-Elektronen (genau genommen gehören zum farbgebenden System auch die π-Elektronen der beiden Benzolringe). Die Grenzformeln 5.5A, 5.5B und 5.5C deuten die starke π-Elektronendelokalisierung an. (Aus Platzgründen beschränken wir uns in Zukunft meistens auf die Formulierung einer, wo möglich, nomenklatur- und/oder symmetriegerechten Grenzformel).

Der Farbstoff wird hergestellt durch Kondensation von FISCHER-Base (Nukleophil) mit Orthoameisensäureäthylester (Elektrophil).
Für kationische Farbstoffe typisch ist seine substratabhängige Lichtechtheit; ungenügend auf hydrophilen Fasern, verbessert auf hydrophoben, insbesondere Polyacrylnitril.

| Astrazonrot 6B | [C.I. Basic Violet 7] |
|---|---|

Dieser blaustichig rote Farbstoff kann als unsymmetrisches, verzweigtes Polymethin (Hemicyanin) mit $B_m \equiv$ Phenylen betrachtet werden. Er hat auf Acetatfasern und Polyacrylnitril gute Allgemeinechtheiten. Ausgenommen ist die Lichtechtheit, die etwas abfällt.

Er entsteht bei der Kondensation von FISCHER-Base 5.6 mit dem Aldehyd 5.8. Für Acetat werden Basische Farbstoffe heute kaum noch verwendet; vgl. die Analogie in 6.3.4 sowie Tabelle 4/2.

| Cellitonechtgelb 7G   5.9 | [C.I. Disperse Yellow 31] |
|---|---|

Typisch für 5.9 ist eine zusätzliche Verzweigung des Chromophors, wobei sowohl die Ester- wie die Cyanogruppe als Kombination von π-Acceptor/π-Donor anzusehen sind.

Der ungeladene Farbstoff 5.9 (Neutrocyanin) eignet sich bei hohen Allgemeinechtheiten und guter Lichtechtheit als Dispersionsfarbstoff für alle hydrophoben Fasern einschliesslich Normal- und Triacetat. Er entsteht bei der Kondensation von Cyanessigsäure-äthylester mit dem Aldehyd 5.10.

Farbstoffchromophore sind häufig in Säure/Base-Gleichgewichte einbezogen (5.9 kann z.B. an $>C=O$ ein Proton aufnehmen).

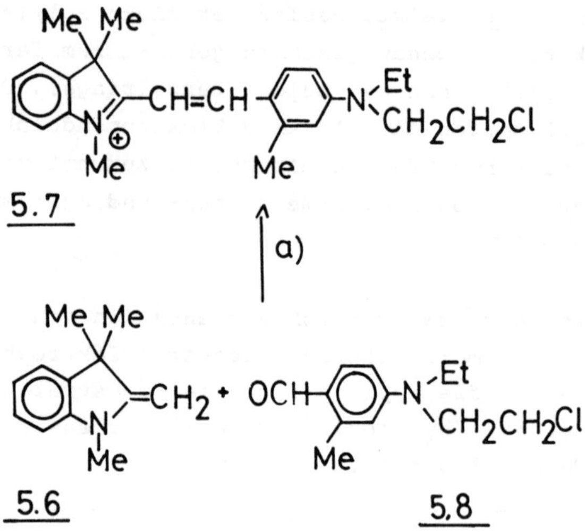

Schema 5-4 Synthese des Hemicyaninfarbstoffes 5.7
a) Erhitzen in Gegenwart von HCl (Symbole wie Schema 5-3)

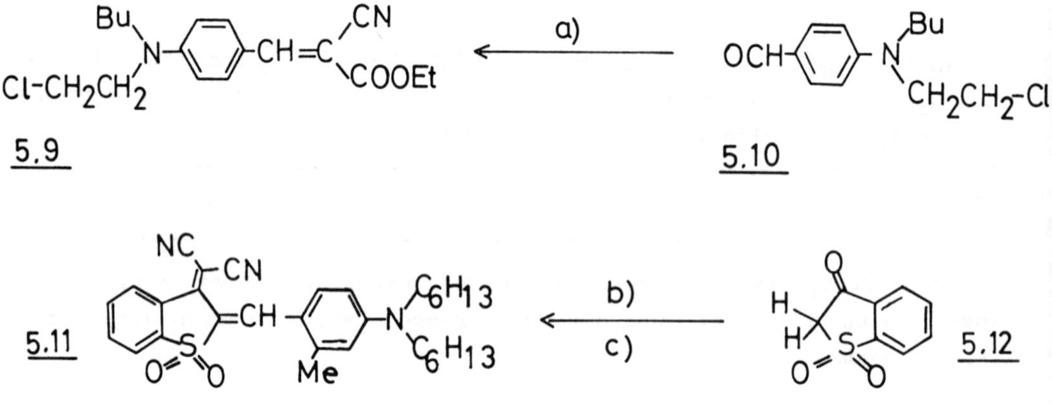

Schema 5-5 Synthese der Neutrocyanine 5.9 (gelb, Bu = $CH_2CH_2CH_2CH_3$) und 5.11 (leuchtend blau)

a) Kondensation mit $NC-CH_2-COOEt$ (Erwärmen)
b) Kondensation mit $NC-CH_2-CN$ (Säure/Base)
c) Kondensation mit $R-CH=O$ (Säure/Base)

Als säure- und alkaliecht gelten Textilfarbstoffe, wenn die $pK_a$ ausserhalb des pH-Bereichs üblicher Färbe- und Nachbehandlungsbäder liegen.

---

**Foronbrillantblau S-R    5.11        [C.I. Disperse Blue 354]**

---

Ebenfalls zu den mehrfach verzweigten Neutrocyaninen zählt der neuentwickelte blaue Dispersionsfarbstoff 5.11. Bemerkenswert ist die hohe Brillianz der Ausfärbungen, allerdings ist seine Lichtechtheit vergleichsweise mässig. Seine Synthese stützt sich auf das ambidente Thionaphthenon-S,S-dioxid 5.12, das schrittweise mit Malodinitril (Nukleophil) und R-CHO (Elektrophil) kondensiert wird.

Als qualitative Farbregeln seien festgehalten :

1) Die Verlängerung der Polymethinkette um eine Vinyleneinheit bewirkt bei hochsymmetrischen Reihen eine bathochrome Verschiebung um ca. 110 nm.

2) Mit abnehmender Symmetrie nimmt auch der Betrag des Vinylensprunges ab.

3) Je unsymmetrischer (oder verzweigter) ein Polymethinfarbstoff, desto kürzerwellig (bei gleicher Anzahl von π-Zentren zwischen $D^1$ und $D^2$) die Absorption, vgl. 5.7 mit 5.9.

(Dass keine Regel ohne Ausnahme sei, wird andererseits durch den Vergleich von 5.9 mit 5.11 erneut bestätigt!).

## 5.2
## Merochinoide Farbstoffe

Merochinoide Farbstoffe enthalten den modifizierten Polymethinchromophor 5.13, in dem $B_n$ und $B_m$ durch aromatische Ringsysteme (Benzol, Naphthalin) ersetzt sind. Die Vielfalt der Farbstoffe ergibt sich aus der Möglichkeit, zusätzliche π-Donoren ($D^3$, $D^4$) in die Moleküle einzubauen, wobei $D^3$ auch über ein aromatisches Ringsystem mit A verbunden sein kann. Symmetriegerechte Grenzformeln für vinyloge Reihen müssen hier ebenfalls abwechselnd mono- und tripolar formuliert werden (vgl. Abschnitt 5.1).

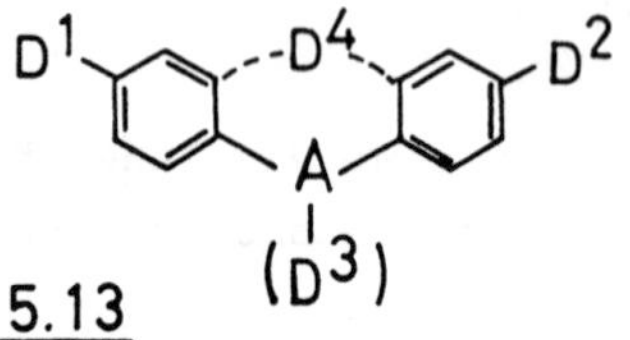

A : $\overset{\oplus}{C}H$, $\overset{\oplus}{C}$-Phenyl, $\overset{\oplus}{N}$

$D^1$, $D^2$, $D^3$ : $-N<$, $-O^{\ominus}$

$D^4$ : $>O$, $>S$

Schema 5-6   Eine allgemeine Formel für Merochinoide Farbstoffe

Der π-Donor $D^4$ schliesst einen neuen Ring zu tricyclischen Farbstoffen, was häufig mit dem Erscheinen von Fluoreszenz und einer dramatischen kurzwelligen Verschiebung der Farbbande (Hypsochromie) verbunden ist. Merochinoide Farbstoffe gehören zu den ältesten künstlichen Farbstoffen; entsprechend zählebig sind überlieferte, zu Verwechslungen verleitende Bezeichnungen wie "Chinoniminfarbstoff" (besser ist Diarylnitrenium: vgl. Kasten und 5.6.1.4).

Durch Variation von A und $D^4$ lassen sich folgende Subklassen ableiten:

| | | |
|---|---|---|
| Diphenylmethanfarbstoffe | : | $A = CH^{\oplus}$ |
| Triphenylmethanfarbstoffe | : | $A = C^{\oplus}$ -Phenyl |
| Chinoniminfarbstoffe | : | $A = N^{\oplus}$ |
| Acridinfarbstoffe | : | $A = C^{\oplus}$, $D^4 = {>}NR$ |
| Xanthenfarbstoffe | : | $A = C^{\oplus}$, $D^4 = {>}O$ |
| Thioxanthenfarbstoffe | : | $A = C^{\oplus}$, $D^4 = {>}S$ |
| Phenazinfarbstoffe | : | $A = N^{\oplus}$, $D^4 = {>}NR$ |
| Phenoxazinfarbstoffe | : | $A = N^{\oplus}$, $D^4 = {>}O$ |
| Phenthiazinfarbstoffe | : | $A = N^{\oplus}$, $D^4 = {>}S$ |

## 5.2.1
Triphenylmethanfarbstoffe

Triphenylmethanfarbstoffe (Synonyme: Triphenylcarbenium-, Triphenylmethyliumfarbstoffe) zeigen eine hohe Brillanz. Sie überdecken die Farbtöne Rot, Violett, Blau und Grün. Auf hydrophilen Fasern ist insbesondere ihre Lichtechtheit mässig.

| Kristallviolett | 5.14 | [C.I. Basic Violet 3] |
|---|---|---|

Dieser brillante violette Farbstoff ($\lambda_{max}$ : 586 nm) mit sehr hoher Farbstärke ($\varepsilon > 10^5 L \cdot M^{-1} cm^{-1}$), aber geringen Echtheiten, entsteht durch Kondensation von 4,4'-Bis-dimethylamino-benzophenon (MICHLERS Keton) 5.15 mit N,N-Dimethylanilin 5.16 unter Einwirkung von Phosgen.

In einer Natriumhydroxid-Lösung geht der Farbstoff in die farblose Carbinolbase 5.17 über, die beim Ansäuern 5.14 zurückbildet. In stärkeren Säuren wird 5.14 stufenweise an zwei Donorgruppen protoniert, wobei Farbumschläge nach Grün und Gelb zu beobachten sind.

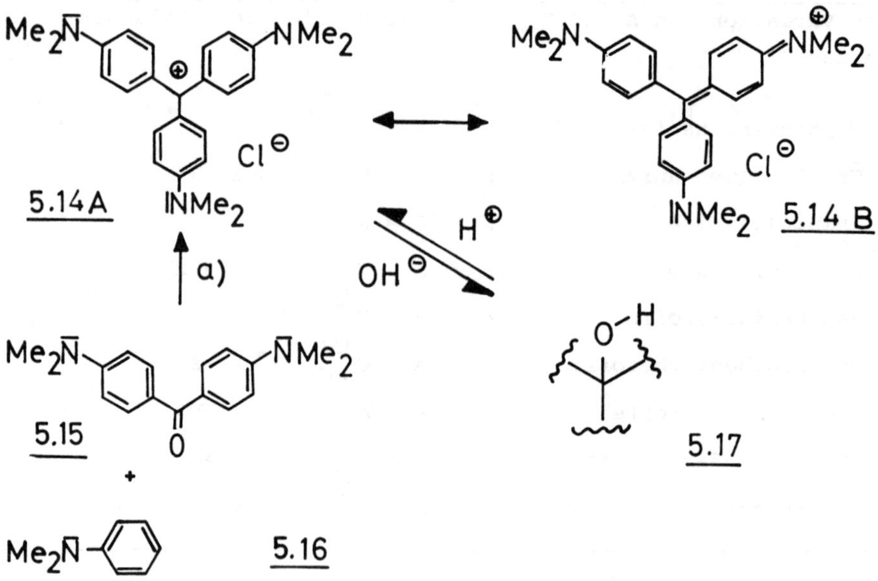

Schema 5-7  Synthese des violetten Triphenylmethanfarbstoffes
5.14

a) Erhitzen mit POCl$_3$ oder COCl$_2$/ZnCl$_2$

Die Grenzformel <u>5.14B</u> mit benzoiden und chinoiden Teilformen illustriert die beibehaltene altertümliche Klassenbenennung "merochinoid".

Kristallviolett findet Anwendung in der Bürobedarfsindustrie (Tinte) sowie als Farblack (nach Ueberführung in das Salz der Phosphor-Molybdän-Wolfram-Säure).

---

Malachitgrün   <u>5.18</u>                    [C.I. Basic Green 4]

---

Ein typischer Vertreter der Triphenylmethanfarbstoffe ist Malachitgrün <u>5.18</u>, ein Farbstoff mit <u>zwei</u> Farbbanden ($\lambda_{max}$ : 425 und 620 nm; vgl. Abschnitt 4.2).

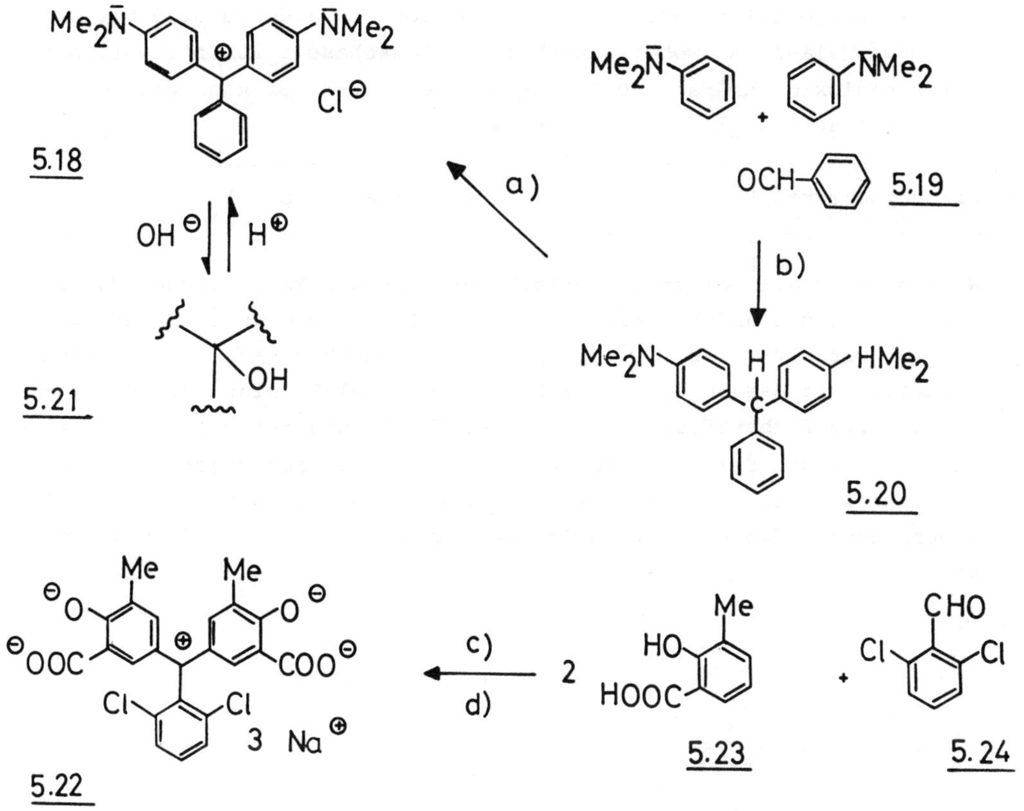

Schema 5-8 Synthese der Triphenylmethanfarbstoffe
5.18 (grün) und 5.22 (nach Komplexbildung mit Cr (III) blau).
a) Oxydation mit $PbO_2$/HCl
b) Kondensation ($ZnCl_2$, Erwärmen)
c) Kondensation in $H_2SO_4$
d) Oxydation

Er wird hergestellt durch Kondensation von Benzaldehyd 5.19 mit
N,N-Dimethylanilin, wobei zunächst die Leukobase 5.20 entsteht, die
mit Bleidioxid zum Farbstoff 5.18 oxydiert wird. Er kann über die
"Carbinolbase" 5.21 gereinigt werden.

---
Eriochromazurol B    5.22          [C.I. Mordant Blue 1]
---

Während Kristallviolett und Malachitgrün zu den kationischen Farbstoffe
zählen, hat man andere Triphenylmethanfarbstoffe durch Einführung von
Sulfo-, Carboxy- oder $O^{\ominus}$-Gruppen zu anionischen Farbstoffen umfunktioniert, wie das Beispiel des Eriochromazurol B zeigt, eines weinroten Beizenfarbstoffes, der mit Chrom(III)ionen auf Wolle blaue Färbungen erzeugt. Seine Herstellung gelingt durch Kondensation von
5.23 mit 2,6-Dichlorbenzaldehyd 5.24. Dabei entsteht zunächst die Leukoverbindung, die mit Nitrosylschwefelsäure zum Farbstoff oxydiert
wird.

### 5.2.2
### Xanthenfarbstoffe

Die Farbstoffe dieser Klasse leiten sich formal von Xanthen ab; der
Chromophor enthält als $D^4$ ein Sauerstoffatom (vgl. 5.13). Dies führt
(durch Einebnung und Starrheit des Molekülgerüsts bedingt) zu starker
Fluoreszenz und brillanten Farbtönen. Ausserdem ist die Einführung
von $D^4$ mit einer kräftigen Verschiebung des Absorptionsmaximums nach
kürzeren Wellenlängen verbunden; aus analogen blauen bis roten Triphenylmethanfarbstoffen werden violette bis orange Xanthenfarbstoffe.

---
Rhodamin B    5.25          [C.I. Basic Violet 10]
---

Der Farbstoff 5.25 entsteht durch Kondensation von Phthalsäureanhydrid
5.27 mit 3-Diäthylaminophenolhydrochlorid 5.26.

Die Grenzformel 5.25B berücksichtigt die Delokalisation der Ladung
auf ein zusätzliches (Xanthylium) Zentrum, was die erhöhte Beständigkeit gegenüber Hydroxid-Ionen erklärt.

Der Farbstoff zeigt auf Acetat und Polyamid Fluoreszenz. Wegen zu geringer Echtheiten (auf Textilien) wird er fast ausschliesslich in der Leder- und Papierfärberei verwendet sowie zur Herstellung von Farblacken.

---

**Fluoreszein    5.28         [C.I. Acid Yellow 73]**

---

Dieser gelbe, stark fluoreszierende Farbstoff ist der Prototyp von Fluoreszenzfarbstoffen. Er wird durch Kondensation von Resorcin 5.29 mit Phthalsäureanhydrid 5.27 in konz. Schwefelsäure hergestellt und

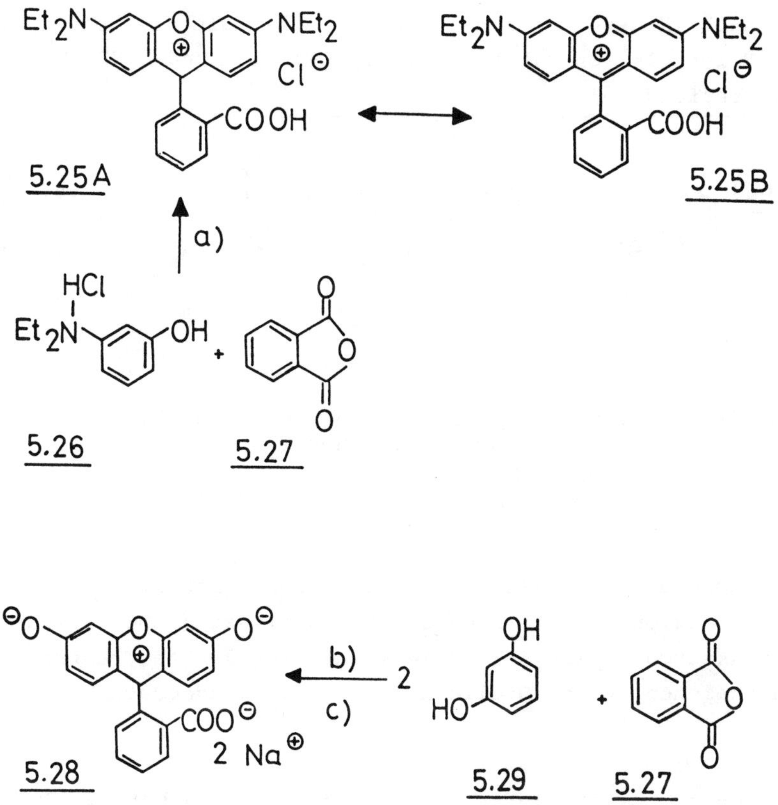

Schema 5-9   Synthese der Xanthenfarbstoffe 5.25 (violett) und 5.28 (gelb).
  a) Kondensation (Erwärmen)
  b) Kondensation (Erwärmen in $H_2SO_4$)
  c) Neutralisation (NaOH)

als Natriumsalz isoliert. Wegen mangelnder Echtheiten besitzt Fluoreszein als Textilfarbstoff kaum Interesse; als Markierfarbstoff ist er jedoch bei Flussversickerungen (Donau) eingesetzt worden.

Bromiertes Fluoreszein, <u>Eosin</u>, ist der Farbstoff der roten Tinte.

### 5.2.3
### Phenoxazinfarbstoffe

Der π-Acceptor A = C$^{\oplus}$ im Chromophor merochinoider Farbstoffe kann durch N$^{\oplus}$ ersetzt werden. Dies führt hier zu einer Verschiebung der Farbbande nach längeren Wellen (Bathochromie), wie die beiden nachfolgenden Beispiele von MICHLERs Hydrolblau 5.30 und BINDSCHEDLERs Grün 5.31 treffend zeigen.

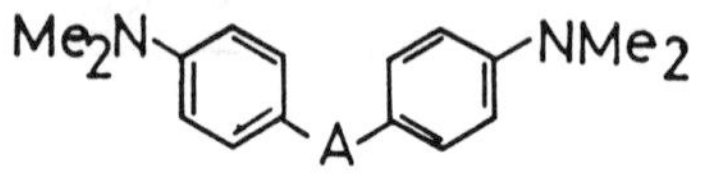

$$Me_2N-\underset{A}{\bigcirc}-\bigcirc-NMe_2$$

5.30  A = C$\overset{\oplus}{H}$   $\lambda_{max}$ : 607 nm
5.31  A = $\overset{\oplus}{N}$   $\lambda_{max}$ : 725 nm

Schema 5-10  Bathochrome Verschiebung der langwelligen Absorptionsbande durch Aza-Substitution

Nach quantenmechanischen Rechnungen ist die Aufenthaltswahrscheinlichkeit eines Elektrons im obersten besetzten Niveau (HOMO, $E_0$) an der Stelle A praktisch gleich null (die symmetriegerechte Grenzformel mit dem Ladungszeichen an der Stelle A liefert eine adäquate Vorhersage).

Ersatz von CH durch das elektronegativere N führt daher zur Destabilisierung; die Energiedifferenz $hc/\lambda$ zum niedrigsten unbesetzten Niveau (LUMO, $E_1$ in Schema 4-1) wird folglich kleiner, die Wellenlänge $\lambda$ grösser; es resultiert eine längerwellige Absorption.

Der Ringschluss mit $D^4$ ($\geqslant$O, >S, >NR) bringt auch hier wiederum den gegenteiligen Effekt (Hypsochromie); er führt zu tricyclischen Farbstoffen, die sich von den Heterocyclen Phenoxazin, Phenthiazin und Phenazin ableiten.

---
Capriblau GON     5.32
---

Dieser seit 1890 bekannte Phenoxazinfarbstoff wird durch Kondensation von p-Nitroso-N,N-dimethylanilin 5.33 mit 3-Diäthylamino-p-kresol 5.34 und nachfolgende Oxydation gewonnen. Hauptanwendungsbereich war das Färben und Bedrucken tannierter Baumwolle.

Andere Vertreter dieser Subklasse sind noch heute im Gebrauch (z.B. C.I. Basic Blue 6, hergestellt aus 5.33 und 2-Naphthol, oder C.I. Mordant Blue 45, hergestellt aus 5.33 und 3,4,5-Trihydroxybenzoesäureamid).

## 5.2.4
### Phenthiazinfarbstoffe

---
Methylenblau     5.35                    [C.I. Basic Blue 9]
---

Der Phenthiazinfarbstoff 5.35, ein historischer Seidenfarbstoff, der auch zum Färben von Bastfasern und Leder geeignet ist, wird in der Medizin als Antisepticum angewandt. Er entsteht in einer Folge interessanter Reaktionsschritte (Schema 5-11).

N,N-Dimethylanilin 5.16 wird in p-Amino-N,N-dimethylanilin 5.39 überführt, das nach Oxydation zum Chinonimoniumsalz, Addition von Thiosulfat und erneute Oxydation in 5.37 übergeht. Nach elektrophilem Angriff von 5.37 auf 5.16 ($S_E$Ar) geht aus dem Substitutionsprodukt nach erneuter Oxydation der Chinoniminfarbstoff 5.38 hervor, der nach Elimination von Schwefelsäure unter Ringschluss die Leukobase 5.36 bildet, welche zum Farbstoff 5.35 oxydiert wird. Das Oxydationsmittel ist Natriumdichromat.

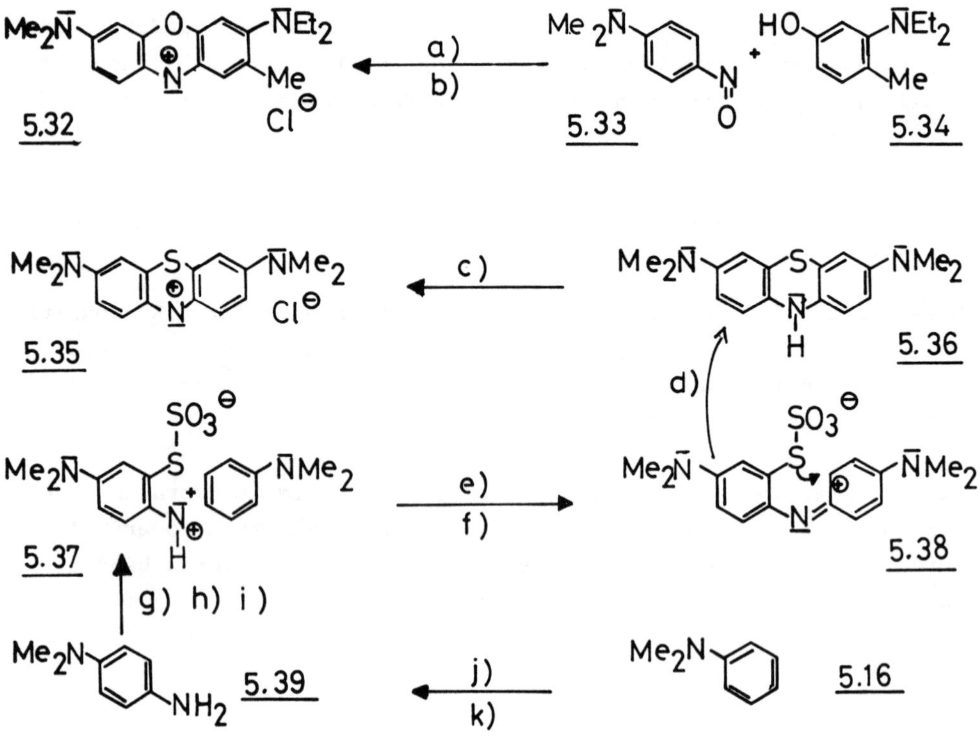

Schema 5-11  Synthese eines blauen Phenoxazinfarbstoffes __5.32__
und eines blauen Phenthiazinfarbstoffes __5.35__

a) Kondensation in Gegenwart von HCl
b) Oxydativer Ringschluss
c) f) g) und i) Oxydationsschritte ($-2e^{\ominus}$, $-H^{\oplus}$)
d) Intramolekulare Substitution ($SO_3 \rightarrow H_2SO_4$)
e) $S_EAr$
h) Addition des Thiosulfat-Ions
j) Nitrosierung
k) Reduktion

## 5.2.5
### Phenazinfarbstoffe

| Safranin T   5.40 | [C.I. Basic Red 2] |
|---|---|

Safranin T **5.40**, ein roter Papierfarbstoff, gehört zur Klasse der Phenazinfarbstoffe, aus der auch der erste künstliche Farbstoff, das Mauvein (PERKIN, 1856) stammt.

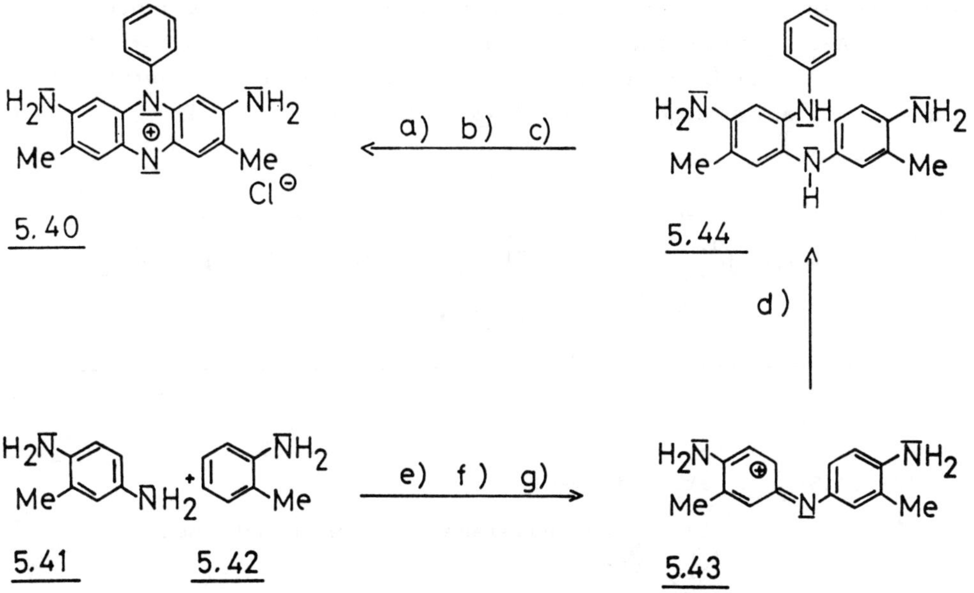

Schema 5-12  Synthese eines gelben Phenazinfarbstoffes
  a) c) e) und g) Oxydationsschritte ($-2e^{\ominus}, -H^{\oplus}$)
  b) Ringschluss (HCl)
  d) Addition von $C_6H_5-NH_2$ ($-H^{\oplus}$)
  f) $S_E Ar$

Die Synthese von **5.40** beginnt mit der Oxydation einer äquimolaren Mischung der Amine **5.41** und **5.42**, die zum Chinoniminfarbstoff **5.43** führt; nachfolgende Addition von Anilin ergibt **5.44**, das wieder zu einem Chinoniminfarbstoff oxydiert wird; durch Ringschluss entsteht eine Leukobase, die im letzten Schritt zu Safranin T oxydiert wird. Oxydationsmittel ist Natriumdichromat.

## 5.3
### Nitro- und Nitrosofarbstoffe

Diese relativ unbedeutende Gruppe von Farbstoffen enthält mehrheitlich den modifizierten Neutrocyaninchromophor 5.45 I, in dem $(B)_m$ fehlt und $(B)_n$ in einen aromatischen Rest einbezogen ist; die Kombination $A-D^2$, die mehrfach eingebaut sein darf, ist mit $A = \overset{+}{N}=O$ oder $\overset{+}{N}$ und $D^2 = O^-$ definitionsgemäss festgelegt. Weitere Varianten lassen sich mit der allgemeinen Formel 5.45 II umschreiben.

$$\boxed{\begin{array}{c} D^1-[B]_n-[A-D^2]_z \\ \underline{5.45}(I) \end{array}} \qquad \boxed{\begin{array}{c} D^1-[B]_m-D^2-[B]_n-[A-D^3]_z \\ \underline{5.45}(II) \end{array}}$$

$(B)_m, (B)_n$ : aromatische Reste
$D^1$ : beliebiger ungeladener Donor-Substituent
$A$ : $\overset{+}{N}=O, \overset{+}{N}$
$D^2$ : $O^{\ominus}$

Schema 5-13 Allgemeine Formeln für Nitro- und Nitrosofarbstoffe

Unter den für textile Zwecke genutzten Nitrofarbstoffen findet man ausschliesslich die Farbtöne gelb und orange; vorteilhaft sind andererseits ihre niedrigen Gestehungskosten. Typisch für die noch seltener vorkommenden Nitrosofarbstoffe ist die komplexbildende Gruppierung $ON - B^1 = B^2 - OH \rightleftharpoons HON = B^1 - B^2 = O$.

> 4-Anilino-3-nitro-           [C.I. Disperse Yellow 42]
> benzolsulfonsäureanilid   5.46

Der gelbe Dispersionsfarbstoff 5.46, durch Kondensation von Anilin mit dem Chlornitro-benzolsulfochlorid 5.47 leicht herstellbar, zeigt auf Acetat und Polyester gute Licht- und Allgemeinechtheiten.

> Natrium-2-anilino-5 (2,4-dinitro-
> anilino)-benzolsulfonat   5.49   [C.I. Acid Orange 3]

Haupteinsatzgebiet des orange-gelben Säurefarbstoffes 5.49, der in analoger Weise aus 5.51 (Elektrophil) und 5.50 (Nukleophil) erhältlich ist, ist das Färben von Wolle und Seide. Auf Nylon fällt die Lichtechtheit etwas ab.

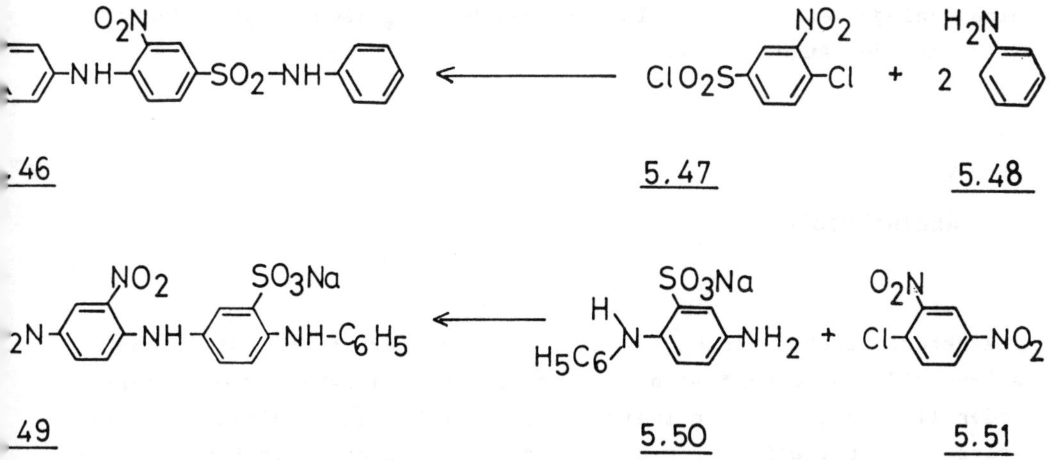

Schema 5-14  Nukleophile aromatische Substitution: Synthese der Nitrofarbstoffe 5.46 und 5.49

Historische Beispiele sind 1) Pikrinsäure  2) 2,4-Dinitro-1-naphthol und 3) Dinitroso-Resorzin (Soldidgrün O).

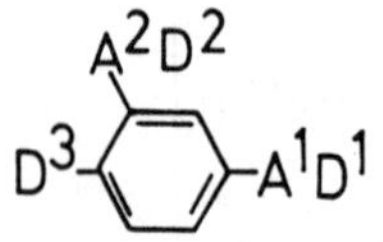

**5.52** 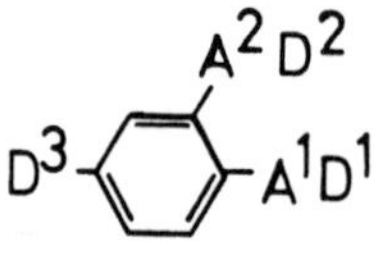     **5.53** 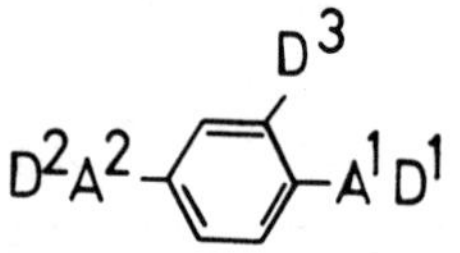     **5.54**

Schema 5-15    Zum Verteilungssatz der Auxochrome: Welches Substitutionsmuster führt zur längst-, welches zur kürzestwelligen Absorption ?


Als <u>qualitative</u> Farbregel sei festgehalten:

Von den Substitutionsmustern des Typs $D-C_6H_3-(AD)_2$ führt das in <u>5.54</u> zur längstwelligen, das in <u>5.52</u> zur kürzestwelligen Absorption; eine analoge Reihenfolge gilt für $DA-C_6H_3-(D)_2$ (sogenannter Verteilungssatz der Auxochrome).


## 5.4
## Azofarbstoffe

Charakteristisches Strukturelement aller Azofarbstoffe ist die an $sp^2$-hybridisierte C-Atome gebundene Azogruppe (-N=N-). Die ausserordentliche Vielfalt der individuellen Strukturen resultiert einerseits aus der Vielfalt der aromatischen, heteroaromatischen und enolischen Reste, in welche die Nachbar-C-Atome einbezogen sind, andererseits aus den synthetischen Möglichkeiten, die es ohne weiteres zulassen, die Azogruppe (fast) beliebig oft in ein Farbstoff-Molekül einzubauen. Je nachdem wie oft sie in einer Farbstoffmolekel tatsächlich vorhanden ist, unterscheidet man Mono-, Dis-, Tris-, Tetrakis-,...., und Poly-azo-farbstoffe.

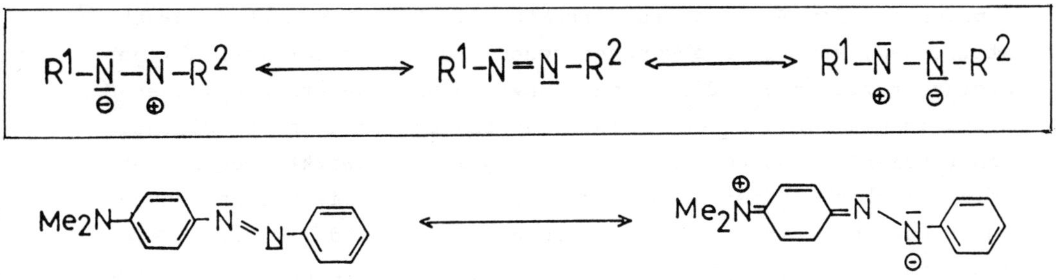

$$R^1-\underline{\bar{N}}-\bar{N}-R^2 \longleftrightarrow R^1-\bar{N}=\underline{N}-R^2 \longleftrightarrow R^1-\bar{N}-\underline{\bar{N}}-R^2$$
$$\phantom{R^1-}\ominus\phantom{-\bar{N}-}\oplus \phantom{XXXXXXXXXXXXXXXXXXXXXXXXXXXXXXX} \oplus \phantom{-\bar{N}-}\ominus$$

$$Me_2N-\bigcirc-\bar{N}=N-\bigcirc \longleftrightarrow Me_2\overset{\oplus}{N}=\bigcirc=\bar{N}-\underset{\ominus}{\bar{N}}-\bigcirc$$

$$\boxed{D^1-[B]_n-A-D^2-[B]_m} \qquad \underline{5.55}$$

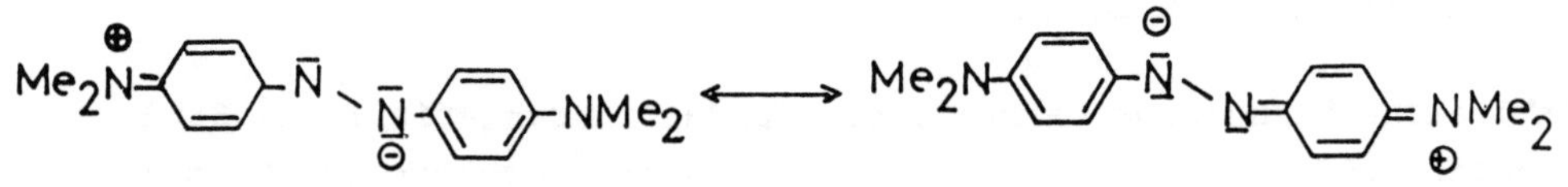

$$Me_2\overset{\oplus}{N}=\bigcirc=\bar{N}-\underset{\ominus}{\bar{N}}-\bigcirc-NMe_2 \longleftrightarrow Me_2N-\bigcirc-\underset{\ominus}{\bar{N}}-N=\bigcirc=\overset{\oplus}{N}Me_2$$

$$\boxed{D^1-[B]_n-X^1-X^2-[B]_m-D^2} \qquad \underline{5.56}$$

$$Me_2\overset{\oplus}{N}=\bigcirc=\bar{N}-\underset{\ominus}{\bar{N}}-\bigcirc-NO_2 \longleftrightarrow Me_2\overset{\oplus}{N}=\bigcirc=\bar{N}-N=\bigcirc=N\underset{O}{\overset{\ominus O}{\diagup}}$$

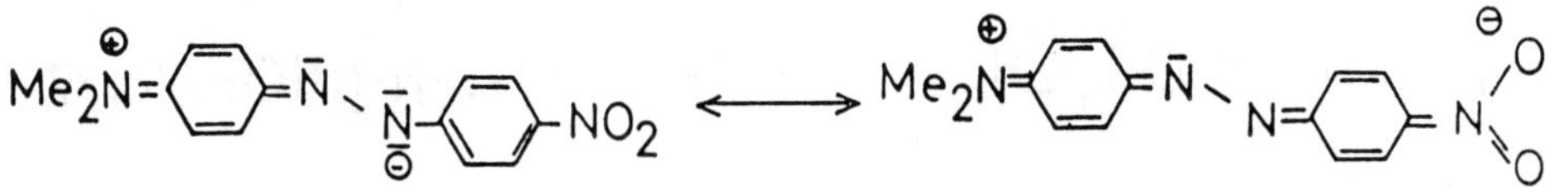

$$\boxed{D^1-[B]_n-A^1-D^2-[B]_m-A^2-D^3} \qquad \underline{5.57}$$

Schema 5-16  Von der Polarisierbarkeit der Azo-Gruppe zu den elementaren Substitutionsmustern der Monoazofarbstoffe Typ I ≡ Standardtyp <u>5.55</u>, Typ II ≡ hydrochinon- oder polyenähnliches <u>5.56</u>, Typ III ≡ polymethin-ähnliches <u>5.57</u>

Kombination der Monoazo-Grundstruktur mit Donor- und Akzeptorsubstituenten, wie sie aus synthetischen Gründen in der Mehrzahl der Azofarbstoffe anzutreffen sind, führt zu drei unterschiedlichen Substitutionsmustern (Schema 5-16). Während symmetrische Substitution einer Polarisation und Ladungstrennung entgegenwirkt, begünstigt die Polarisierbarkeit der Azogruppe im Fall asymmetrischer Anordnung der Substituenten weitgehende Annäherung an einen modifizierten Merocyaninchromophor: Dipolmoment, partieller Doppelbindungscharakter der formalen Einfachbindungen.

### 5.4.1
#### Tautomeriegleichgewichte

Zahlreiche technische Farbstoffe, die das charakteristische Strukturelement 5.58 enthalten, sind in einer zweiten prototropen Form 5.59 existent. Wie anhand der UV/Vis-Spektren von Modellsubstanzen mit den Elementen 5.60 und 5.61 gezeigt werden konnte, bewirkt die Umwandlung 5.58 → 5.59 eine bathochrome Verschiebung der längstwelligen Absorptionsbande und eine beträchtliche Zunahme der Extinktion.

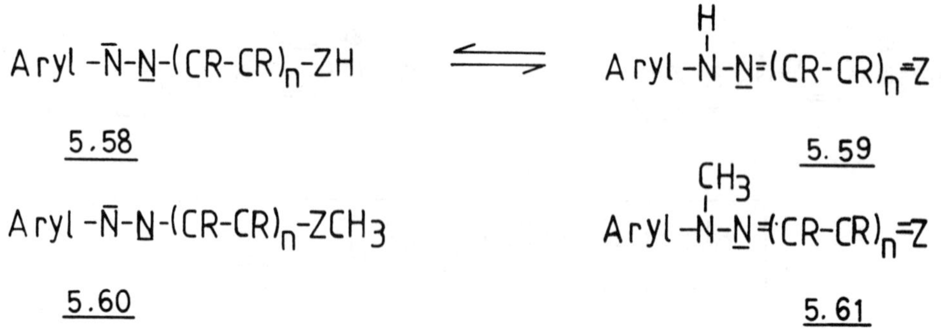

$$\text{Aryl}-\overline{\text{N}}-\underline{\text{N}}-(\text{CR}-\text{CR})_n-\text{ZH} \quad \rightleftharpoons \quad \text{Aryl}-\overset{\text{H}}{\underset{|}{\text{N}}}-\underline{\text{N}}=(\text{CR}-\text{CR})_n=\text{Z}$$

$$\underline{5.58} \hspace{6cm} \underline{5.59}$$

$$\text{Aryl}-\overline{\text{N}}-\underline{\text{N}}-(\text{CR}-\text{CR})_n-\text{ZCH}_3 \quad\quad \text{Aryl}-\overset{\text{CH}_3}{\underset{|}{\text{N}}}-\underline{\text{N}}=(\text{CR}-\text{CR})_n=\text{Z}$$

$$\underline{5.60} \hspace{6cm} \underline{5.61}$$

Schema 5-17  Tautomerie und Modellsubstanzen

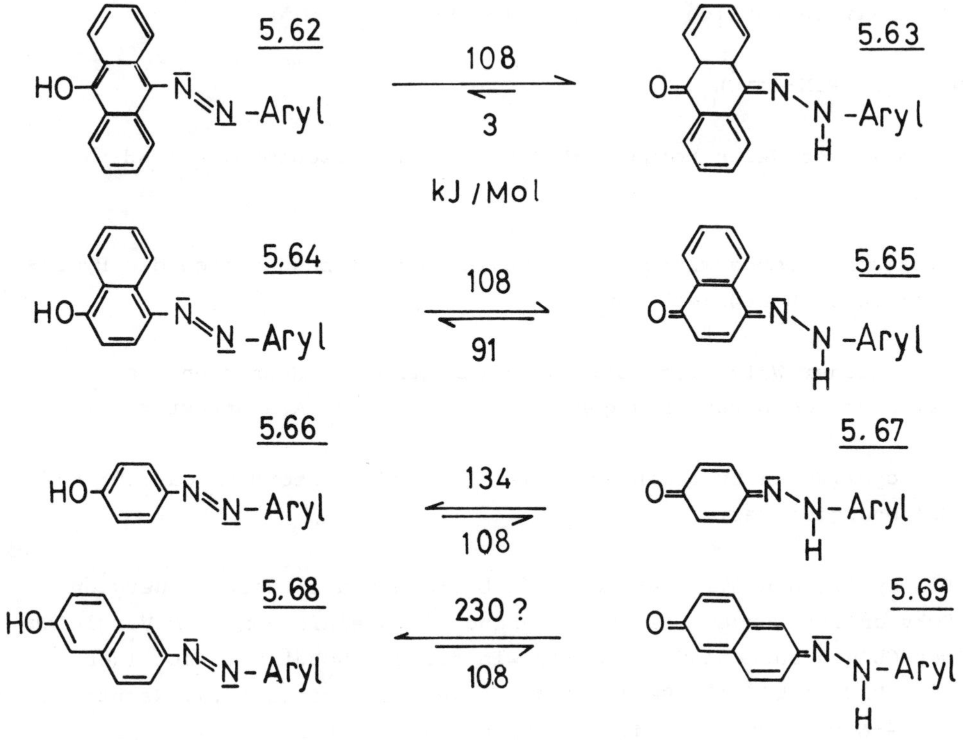

**5.62** HO-anthracenyl-N=N-Aryl  ⇌ (108 / 3 kJ/Mol) **5.63** O=anthracenyl-N(H)-N-Aryl

**5.64** HO-naphthyl-N=N-Aryl ⇌ (108 / 91) **5.65** O=naphthyl=N-N(H)-Aryl

**5.66** HO-C₆H₄-N=N-Aryl ⇌ (134 / 108) **5.67** O=C₆H₄=N-N(H)-Aryl

**5.68** HO-naphthyl-N=N-Aryl ⇌ (230? / 108) **5.69** O=naphthyl=N-N(H)-Aryl

Schema 5-18   Zur Gleichgewichtslage der Azo/Hydrazon-Tautomerie

Von wirtschaftlichem Interesse ist insbesondere der zweite Effekt; denn ein günstiger Quotient aus Farbstärke und Herstellungskosten kann die Marktchancen eines Produktes erheblich verbessern.

Die Effekte, welche das Tautomeriegleichgewicht beeinflussen, lassen sich in wenigen Regeln zusammenfassen:

1) Akzeptorsubstituenten im Arylrest (links) von 5.58/5.59 begünstigen die Hydrazonform, Donorsubstituenten die Azoform, besonders wirksam in Ortho- und Parastellung eines Phenylrestes; heterocyclische Ring-

glieder wirken ähnlich: =N- wie =C(NO$_2$)- ,

R-N⦂ wie R$_2$N-C̷=C̷H .

2) In analoger Weise begünstigt Z = O die Hydrazonform, Z = NH die Azo-Form.

3) Protische Lösungsmittel (hydrophile Fasern) begünstigen die Hydrazonform durch H-Brückenbildung.

4) In analoger Weise begünstigen intramolekulare H-Brücken die o-Keto-Hydrazon-Struktur gegenüber der o-Hydroxy-Azo-Struktur.

5) In acyclischen Systemen (n=1) ist die Hydrazonform um ca. 108 kJ/Mol energieärmer.

6) Bei cyclischen Systemen muss die Differenz der Resonanzenergien berücksichtigt werden, die sich anhand eines einfachen, vom Vergleich Aromat/Chinon ausgehenden Modells wie folgt abschätzen lässt (Werte für die RSE in kJ/Mol: Benzol 150.5, 1,4-Benzochinon 16.5, Naphthalin 255, 1,4-Naphthochinon 164.5, Anthracen 349, Anthrachinon 346).

<u>Anders formuliert:</u> Die Hydrazonform ist energieärmer, wenn das korrespondierende Chinon ein schwaches Oxydationsmittel ist, die Azoform ist energieärmer, wenn es ein starkes Oxydationsmittel ist.


## 5.4.2
## Diazotierung und Kupplung

Technische Bedeutung auf dem Gebiet der Textilfarbstoffe besitzt unter den 10 Herstellungsmethoden für Azoverbindungen nur die Azokupplung: Eine aus dem primären Amin <u>5.70</u> gewonnene Diazokomponente <u>5.71</u> (elektrophiles Diazonium-Ion) reagiert mit der Kupplungskomponente <u>5.72</u> (nukleophiles Phenolat- bzw. Enolat-Ion oder aromatisches Amin) unter Substitution von y$^{\oplus}$ zum Azofarbstoff <u>5.73</u> (vgl. 9.5).

(a) $(R)_n\text{-Ar-NH}_2 \xrightarrow[-2 H_2O]{HNO_2 / H^{\oplus}} (R)_n\text{-Ar-N}_2^{\oplus}$
  5.70                                              5.71

(b) $Y\text{-(B)}_m\text{-D}^Z \xrightarrow[-Y^{\oplus}]{5.71} (R)_n\text{-Ar-N=N-(B)}_m\text{-D}^Z$
  5.72                                              5.73

(c) $(R)_n\text{-Ar-NH}_2 \underset{-H^{\oplus}}{\overset{+H^{\oplus}}{\rightleftharpoons}} (R)_n\text{-Ar-NH}_3^{\oplus}$
  5.70                                              5.74

(d) $HNO_2 \underset{-H^{\oplus}}{\overset{+H^{\oplus}}{\rightleftharpoons}} H_2O\text{-NO}^{\oplus}$
                                                    5.75

(e) $(R)_n\text{-Ar-NH}_2 \underset{H^{\oplus} - 5.71}{\overset{5.71 \; -H^{\oplus}}{\rightleftharpoons}} (R)_n\text{-Ar-NH-N=N-Ar-(R)}_n$
  5.70                                              5.76

(f) $(R)_n\text{-Ar-N}_2^{\oplus} \underset{-2 OH^{\ominus}}{\overset{+2 OH^{\ominus}}{\rightleftharpoons}} (R)_n\text{-Ar-N=N-O}^{\ominus}$
  5.71                                              5.77

(g) $Y\text{-(B)}_m\text{-D}^Z \underset{-H^{\oplus}}{\overset{+H^{\oplus}}{\rightleftharpoons}} Y\text{-(B)}_m\text{-DH}^{Z+1}$
  5.72                                              5.78

Schema 5-19  Zur Diazotierung und Azokupplung (a und b) und den
             (potentiell) vorgelagerten Gleichgewichten (c bis g)

In Schema 5-19 bedeuten dabei:

$(R)_n$-Ar ≡ ein beliebiger Aryl-Rest mit Donator- und/oder Akzeptor-Substituenten

$D^Z$ ≡ π-Donator ($O^{\ominus}$, $NMe_2$, $NH_2$ .... mit Z = -1,0)

$(B)_m$ ≡ eine gerade Anzahl π-Zentren (analog 5-1)

Y ≡ elektrofuger Substituent
(in der Regel H; aber auch $SO_3H$, Cl, Br, $CH_2OH$: beispielweise wird anstelle des karzinogenen 2-Naphthylamin häufig die 2-Naphthylamin-1-sulfonsäure verwendet).

Die Diazotierung (a) wird normalerweise in mineralsaurer wässriger Lösung bei Temperaturen um 0 °C unter Verwendung von einem Aequivalent $NaNO_2$ und mindestens 2 1/2 Säureaquivalenten durchgeführt. Ein Ueberschuss von $NaNO_2$ muss vermieden werden, da er die Persistenz von 5.71 ungünstig beeinflussen soll und bei der anschliessenden Kupplung (b) Konkurrenzreaktionen verursacht (Bildung von Nitrosophenolen, Nitrosaminen oder Diazoverbindungen aus 5.72).

In der Regel liegt der günstige Bereich für Kupplungen (b) von 5.71 auf aromatische Amine bei 9 > pH > 4, auf Enole bei 9 > pH > 7 und auf Phenole bei pH ≈ 9. Zusätze von Pyridin erhöhen in der Regel die Ausbeute der Kupplungsreaktion; für viele technische Syntheseverfahren sind sie deshalb unentbehrlich. Die allgemeine Basenkatalyse, die ihrer Wirkungsweise zugrunde liegt, beeinflusst unter Umständen auch die Orientierung (Substitutionsstelle). Nicht zu vernachlässigen ist sie bei Kupplungen auf Derivate der 1-Naphthol-3-sulfosäure, bei denen die (unerwünschte) p-Kupplung stärker als die o-Kupplung katalysiert wird (allgemeine Basenkatalyse: wirksam sind definitionsgemäss alle Basen |B; spezifische Basenkatalyse: wirksam ist ausschliesslich $OH^{\ominus}$).

Aufmerksamkeit verdient schliesslich eine Reihe von <u>Gleichgewichten - c) bis g) - die einerseits der Diazotierungs-, andererseits der Kupplungsreaktion vorgelagert sind</u> und bei der Wahl der Reaktionsbedingungen berücksichtigt werden müssen:

Nach dem Einbau von wirksamen Akzeptorsubstituenten, der das Gleichgewicht (c) zugunsten von 5.70 verschiebt, muss einerseits anstelle von 5.75 (d) die effektivere Nitrosylschwefelsäure $HSO_4NO$ als Diazotierungsreagenz verwendet werden; andererseits reicht dann OH in 5.72 als aktivierender Substituent aus, sodass mit Phenolen und Naphtholen Kupplung (b) schon bei niedrigeren pH-Werten möglich wird.

Gesteigerte Aufmerksamkeit verdienen Kupplungen mit primären und sekundären Aminen, da bei zu hohem pH gemäss (e) Triazene 5.76 entstehen. Um eine ausreichende Konzentration an freier Kupplungskomponente 5.72 zu garantieren, ist andererseits Gleichgewicht (g) zu beachten.

Das Gleichgewicht (f) schliesslich ist ein Paradebeispiel für eine - bisher ausnahmslos bei Lewis-Säuren beobachtete - Inversion der pKa; d.h. die einbasische Säure, die durch $H_2O$-Aufnahme und $H^{\oplus}$-Abgabe entstehen sollte, ist viel acider als die Lewis-Säure selbst. So ist bei 5.71 in der Regel $K_2$ etwa um den Faktor $10^3$ grösser als $K_1$, experimentell ermitteln lässt sich dann stets nur das Produkt aus $K_1$ und $K_2$.

$$K_1 = K_1' [H_2O] = [(R)_n\text{-Ar-}N_2\text{-OH}] [H^{\oplus}] [(R)_n\text{-Ar-}N_2^{\oplus}]^{-1}$$

$$K_1 \cdot K_2 = [(R)_n\text{-Ar-}N_2O^{\ominus}] [H^{\oplus}]^2 [(R)_n\text{-Ar-}N_2^{\oplus}]^{-1}$$

### 5.4.3
### Diazo- und Kupplungskomponenten
####  - Bewährtes und Neues

Die unter 5.4.2 beschriebenen Synthesen stützen sich auf eine Reihe überlieferter "Bausteine", deren Strukturelemente uns in immer neuen Varianten begegnen. So zählt der Formelband des Colour-Index in der dritten Auflage von 1971 noch immer mehr als 220 vom Rekordhalter Benzidin 5.79 abgeleitete Azofarbstoffe. Seiner erst spät nachgewiesenen Karzinogenität wegen gebührt der erste Platz heute dem bisherigen Zweitplazierten, nämlich der als Kupplungskomponente bewährten Salicylsäure 5.82.

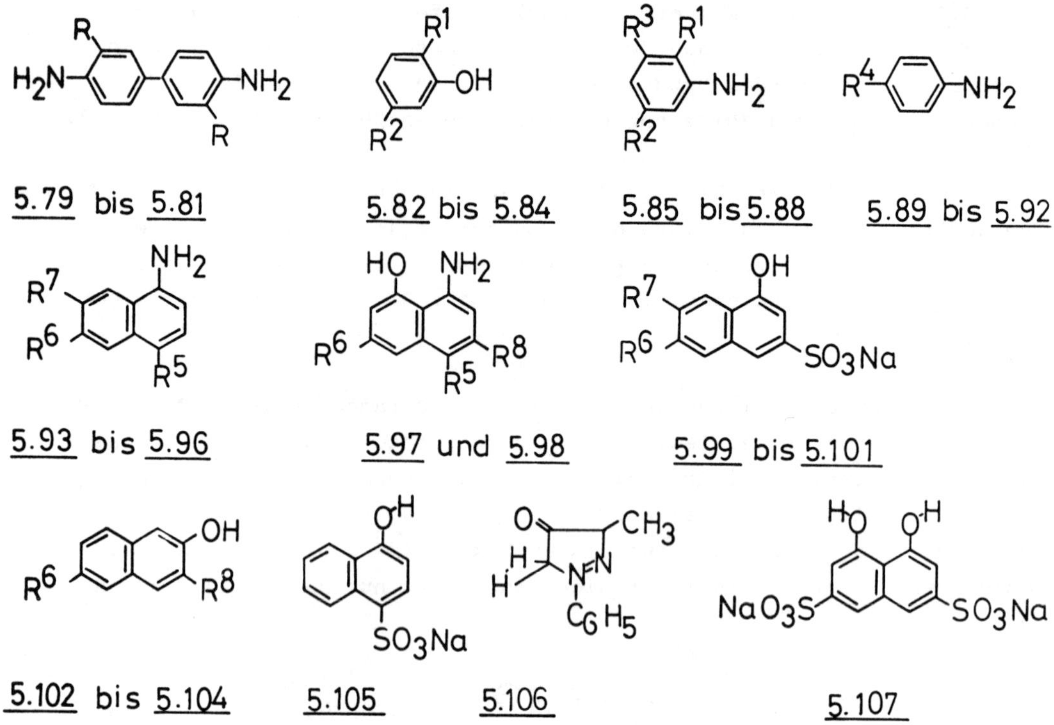

5.79 bis 5.81    5.82 bis 5.84    5.85 bis 5.88    5.89 bis 5.92

5.93 bis 5.96    5.97 und 5.98    5.99 bis 5.101

5.102 bis 5.104    5.105    5.106    5.107

Schema 5-20   Ueberlieferte Diazo- und Kupplungskomponenten
(Substitution und Häufigkeit: Tabelle 5/1)

Wie die Zusammenstellung in Schema 5-20 und Tabelle 5/1 zeigt, werden andere beachtliche Spitzenpositionen von ambifunktionellen Komponenten eingenommen, die wie die Naphthylamine 5.93 bis 5.96 sowohl als Kupplungs- wie als Diazokomponente einsetzbar sind. Analoges gilt für die bifunktionellen Aminonaphthole 5.97 bis 5.101; zu beachten ist hier vor allem die Reihenfolge der Kupplungsschritte. Im ersten Schritt kuppelt man unter schwach sauren Bedingungen mit $Ar^1-N_2^\oplus$ ortho-(oder para-)ständig zu NHR (NH$_2$), im zweiten Schritt unter basischen Bedingungen mit $Ar^2-N_2^\oplus$ ortho-(oder para-)ständig zu OH. Denn die alternative, mit der alkalischen Kupplung beginnende Reihenfolge lässt

Tabelle 5/1  Uebersicht über Substitution und Häufigkeit überlieferter Diazo- und Kupplungskomponenten

| Formel Nr a) | Substituenten $R^n$ | $R^{n+1}$ | $R^{n+2}$ | Formel Nr a) b) | Substituenten $R^n$ | $R^{n+1}$ | $R^{n+2}$ |
|---|---|---|---|---|---|---|---|
| 5.79 (220) | H | – | – | 5.92 (59) | NHCOCH$_3$ | – | – |
| 5.80 (93) | CH$_3$ | – | – | 5.93 (157) | H | H | H |
| 5.81 (89) | OCH$_3$ | – | – | 5.94 (86) | SO$_3$H | H | H |
| 5.82 (186) | COOH | H | – | 5.95 (40) | H | H | SO$_3$H |
| 5.83 (84) | H | OH | – | 5.96 (30) | H | SO$_3$H | H |
| 5.84 (56) | H | H | – | 5.97 (145) | H | SO$_3$H | SO$_3$H |
| 5.85 (138) | H | H | NH$_2$ | 5.98 (40) | SO$_3$H | H | H |
| 5.86 (107) | H | H | H | 5.99 (141) | H | NH$_2$ | – |
| 5.87 (51) | OCH$_3$ | CH$_3$ | H | 5.100 (87) | NH$_2$ | H | – |
| 5.88 (48) | CH$_3$ | H | H | 5.101 (48) | NHC$_6$H$_5$ | H | – |
| 5.89 (110) | NO$_2$ | – | – | 5.102 (116) | H | H | – |
| 5.90 (92) | SO$_3$H | – | – | 5.103 (57) | SO$_3$H | H | – |
| 5.91 (62) | NH$_2$ | – | – | 5.104 (54) | H | SO$_3$H | – |

a) vgl. Schema 5-20; in ( ) Anzahl davon abgeleiteter Handelsfarbstoffe (Colour Index 1971)

b) Anzahl Handelsformen, denen ein Gemisch aus 5.95 und 5.96 zugrunde liegt: zusätzlich 56

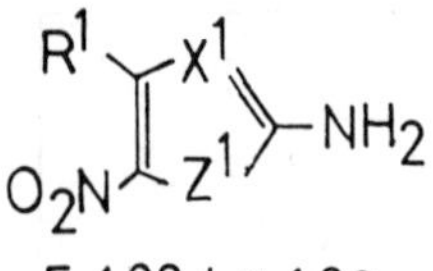

5.108 / 5.109

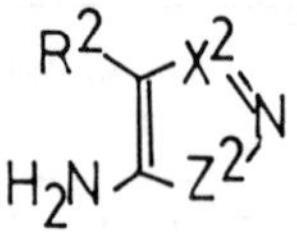

5.110 / 5.111

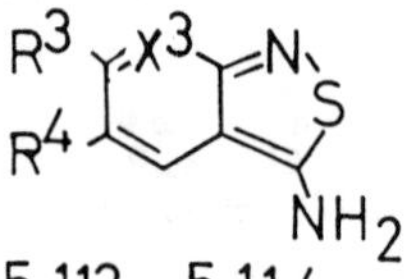

5.112 – 5.114

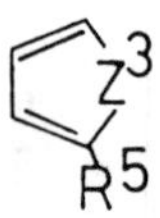

5.115 / 5.116

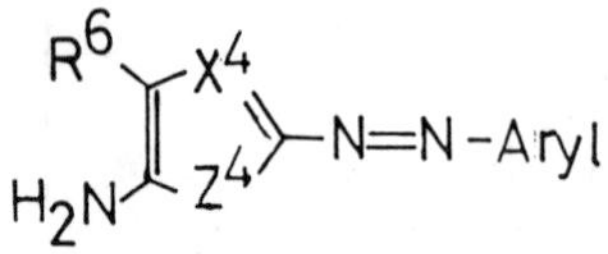

5.117 / 5.118

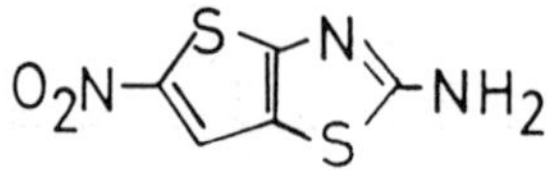

5.119

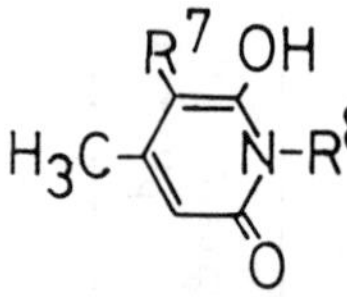

5.120 – 5.122

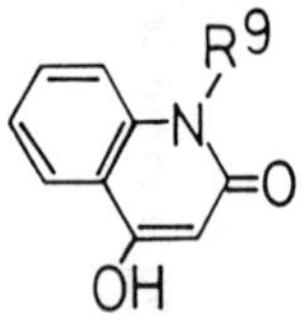

5.123 / 5.124

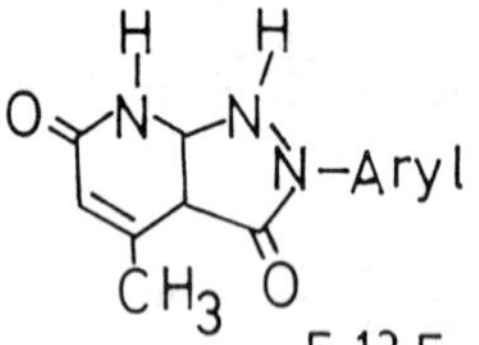

5.125

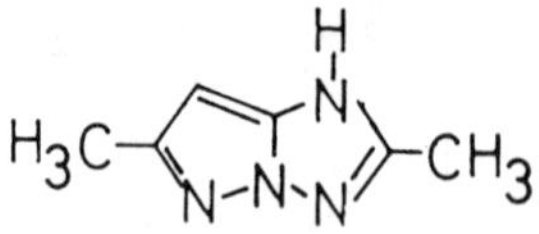

5.126

Schema 5-21 Neuere heterocyclische Diazo- und Kupplungskomponenten (willkürliche Auswahl aus der Patentliteratur)

einen Monoazofarbstoff entstehen, der für eine Kupplung ortho zu $NH_2$ zu stark desaktiviert ist. Noch restriktivere Bedingungen gelten für 5.99, von dem sich ausschliesslich Monoazofarbstoffe gewinnen lassen.

Die Hinwendung zu heterocyclischen Komponenten ist im Colour-Index noch nicht hinreichend dokumentiert. Ohne die neuere Patentliteratur zu berücksichtigen, müsste unsere Zusammenstellung deshalb unzureichend bleiben. Denn welcher synthetisch orientierte Chemiker liesse sich von der Auswahl 5.108 bis 5.126 nicht zu weiteren nützlichen Variationen inspirieren ?

Tabelle 5/2  Uebersicht über die Ringheteroatome und die Substitution neuerer Diazo- und Kupplungskomponenten

| Formel Nr [a] | Ringglieder und Substituenten [b] | | | |
|---|---|---|---|---|
| | $R^n$ | $R^{n+1}$ | $X^n$ | $Z^n$ |
| 5.108 | $CH_3$ | – | N | S |
| 5.109 | H | – | $C-NO_2$ | S |
| 5.110 | H | – | CH | S |
| 5.111 | CN | – | N | $NCH_2C_6H_5$ |
| 5.112 | H | $NO_2$ | CH | – |
| 5.113 | H | CN | N | – |
| 5.114 | $SCH_3$ | $NO_2$ | N | – |
| 5.115 | $N(CH_3)_2$ | – | – | S |
| 5.116 | $N(CH_3)_2$ | – | – | O |
| 5.117 | CN | – | N | $N-CH_3$ |
| 5.118 | $SO_2CH_3$ | – | C-CN | S |
| 5.120 | H | Aryl | – | – |
| 5.121 | CN | Alkyl | – | – |
| 5.122 | Py | H | – | – |
| 5.123 | H | – | – | – |
| 5.124 | $CH_3$ | – | – | – |

[a] vgl. Schema 5-21      [b] Py ≡ Pyridinium (1-verknüpft)

### 5.4.4
### Monoazofarbstoffe

Monoazofarbstoffe sind in beinahe allen Applikationsklassen anzutreffen. Ausgenommen sind einerseits die ein wesentlich höheres Molekulargewicht erfordernden Direktfarbstoffe, andererseits, weil Azoverbindungen reduktive Färbebedingungen in der Regel nicht überstehen, Küpen- und Schwefelfarbstoffe. Charakteristisch für die meisten Monoazofarbstoffe sind relativ schmale, zu brillanten Tönen führende Absorptionsbanden.

| Alizaringelb 2G | 5.127 | [C.I. Mordant-Yellow 1] |

Hergestellt wird 5.127 aus diazotiertem m-Nitranilin; Kupplungskomponente ist die für komplexbildende Azofarbstoffe charakteristische Salicylsäure (Kurzschreibweise: m-Nitranilin ⟶ Salicylsäure; die Pfeile weisen stets von der Diazo- auf die Kupplungskomponente). Der bewährte Farbstoff aus dem Jahre 1887 (NIETZKY, Basel) wird dank seiner guten Echtheiten und seiner geringen Gestehungskosten noch heute verwendet. (Chromierfarbstoff des Typs B; vgl. S.220)

| Orange II | 5.129 | [C.I. Acid Orange 7] |

Der durch Diazotierung von Sulfanilsäure 5.90 und Kupplung auf 2-Naphthol 5.102 gewonnene Monoazofarbstoff 5.129 (Kurzschreibweise: 5.90 ⟶ 5.102) ergibt auf Wolle ein rotstichiges leuchtendes Orange. Mit Barium- und Aluminium-Ionen erhält man schwer lösliche, als Pigmente brauchbare Niederschläge.

Charakteristisch für die o-Hydroxy-Azo-Struktur ist eine den $pK_a$ herabsetzende H-Brücke: Im Gegensatz zu Orange II ist das aus 5.90 und 1-Naphthol gewonnene Orange I ein pH-Indikator-Farbstoff.

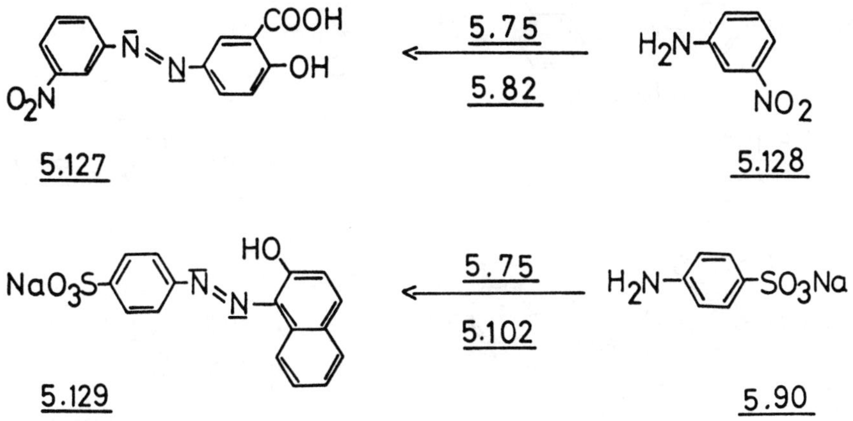

Schema 5-22  Synthese des komplexbildenden gelben Monoazofarb-
stoffes 5.127 und des orangen Azo-Säurefarbstoffes
5.129

---

Cibacronscharlach 2G-E  5.130          [C.I. Reactive Red 9]

---

Die Herstellung des Chromophorteils 5.131 stützt sich auf die Reaktion 5-Acetamido-2-amino-benzolsulfonsäure (alkalisch) ⟶ I-Säure (5.100). Kondensation von 5.131 mit Cyanurchlorid (5.132) führt zunächst zu einem Dichlortriazinylderivat, das anschliessend mit dem Anilinderivat 5.133 umgesetzt wird. Auf analoge Weise werden Reaktivgruppen in andere Monoazofarbstoffe mit endständiger freier Aminogruppe eingebaut. Für Reaktivfarbstoffe charakteristisch ist ferner die Anhäufung von Sulfogruppen.

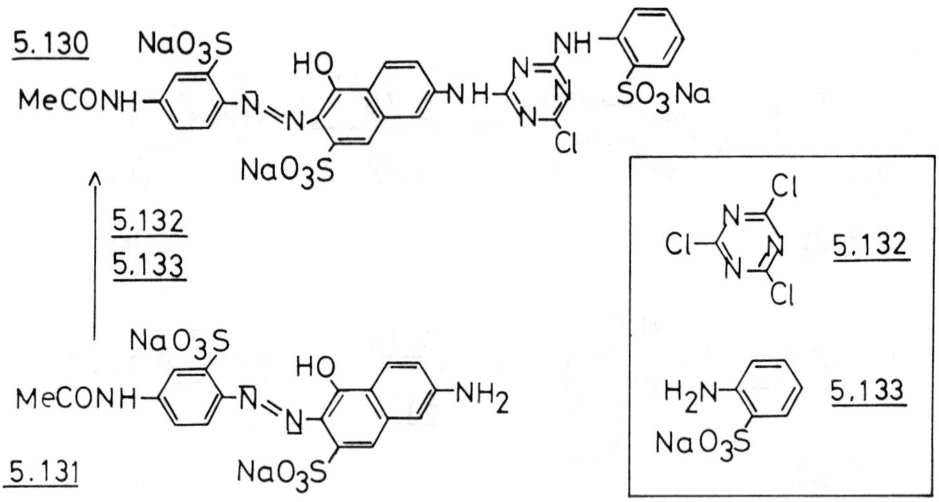

Schema 5-23  Einbau von Reaktivgruppen in Monoazofarbstoffe mit endständiger freier Aminogruppe

| Chromechtblau R | 5.134 | [C.I. Acid Red 12] |
| | | [C.I. Mordant Blue 78] |

Die Herstellung von 5.134 erfolgt gemäss Naphthionsäure ⟶ 1-Naphthol-5-sulfosäure, Ausfärbungen des roten Säurefarbstoffes auf Wolle ergeben bei der Behandlung mit $Na_2Cr_2O_7$-Lösung den blauen Cr(III)-Komplex des korrespondierenden o,o'-Dihydroxyazofarbstoffes; an der mit dem Pfeil markierten Position wird dabei eine zusätzliche OH-Gruppe oxydativ eingeführt. Die o,o'-Dihydroxy-azo-Struktur ist wie die bereits erwähnte Salicylsäure-Gruppierung für die Bildung stabiler Komplexe charakteristisch.

Foronmarineblau S-2GL     5.135     [C.I. Disperse Blue 79]

Um Herstellungskosten zu senken, hat man mit Erfolg versucht, blaue anthrachinoide Dispersionsfarbstoffe durch Neuentwicklungen zu ersetzen; dieser Trend wird beispielsweise mit 5.135 belegt. In der Regel stützt man sich dabei, da die von Polynitroanilinen abgeleiteten Diazonium-Ionen äusserst instabil sind, auf die Diazotierung von Polyhalogenanilinen; nach der Azokupplung führt eine nucleophile Substitution mit Nitrit-Ionen in aprotonisch polarem Medium zum blauen Monoazofarbstoff (formulieren Sie die Reaktionsgleichung!).

Als qualitative Farbregeln seien festgehalten:

| | | |
|---|---|---|
| Benzol-Azo-Enol | ergibt | gelb |
| Benzol-Azo-Phenol | " | gelb |
| Benzol-Azo-Anilin | " | gelb-orange |
| Benzol-Azo-Naphthol | " | rot-orange |
| Naphthalin-Azo-Naphthol | " | rot |
| Dinitrobenzol-Azo-Benzoldiamin | " | blau |
| Trinitrobenzol-Azo-Benzoldiamin | " | blau |

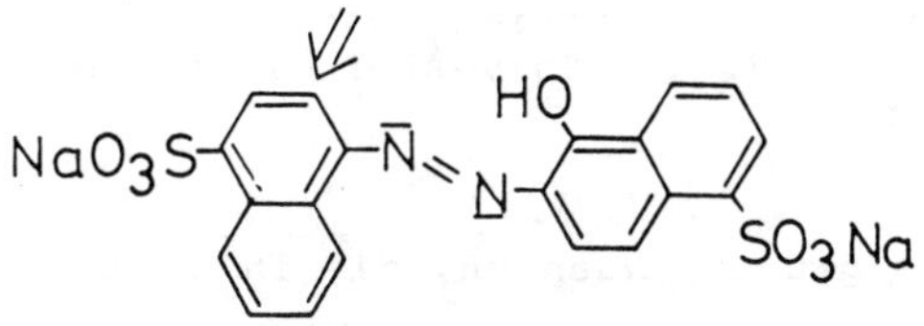

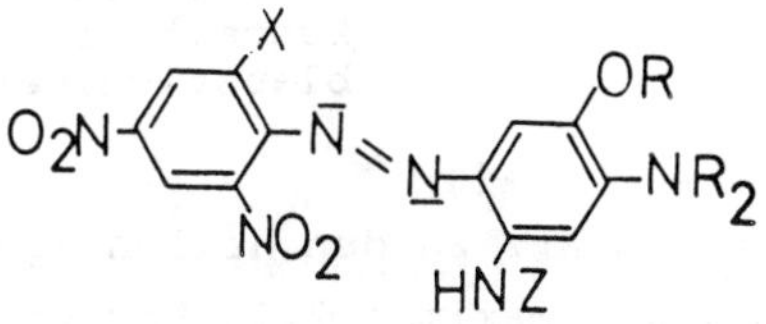

Schema 5-24    Zwei Monoazofarbstoffe mit auffälligen Eigenschaften (R = Alkyl, X = Halogen, Z = Acyl)

| Artisildiazoschwarz GP     5.136          [C.I. Disperse Black 1] |

Die Synthese des gelben Farbstoffes 5.136 erfolgt im ersten Schritt gemäss p-Nitranilin → Naphthylamin; anschliessend wird die Nitrogruppe mit $Na_2S$ reduziert.

Gefärbt wird zweistufig: Werden die charakteristischen Aminogruppen nach dem ersten Schritt (der Monoazofarbstoff ist bereits auf der Faser) diazotiert, erhält man nach dem Kuppeln mit 3-Hydroxy-2-naphthoesäure unter Bildung von 5.137 auf Polyester, Polyamid und Acetat ein tiefes blaustichiges Schwarz; auf Polyacrylnitril entstehen weniger echte Brauntöne.

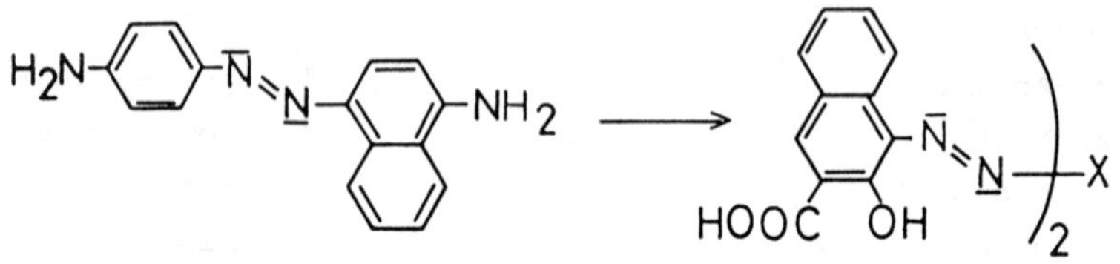

5.136 (≡ $H_2N$-X-$NH_2$)         5.137

Schema 5-25   Ein Monoazofarbstoff als bifunktionelle Diazokomponente; wird nach dem Färben diazotiert und gekuppelt, so resultiert z.B. auf Polyester ein tiefes blaustichiges Schwarz

Im Gegensatz zu den hellen (gelben bis grünen) Nuancen, die in der Regel mit maximal 2,5% Farbstoff gefärbt werden, erfordern Schwarzfärbungen mindestens 4 - 5% Farbstoff; erkennen lässt sich die Eigennuance eines Schwarzfarbstoffes deshalb am einfachsten mittels einer Verdünnungsreihe. Grautöne erhält man nur bei weitgehender, am besten durch Mischung realisierbarer Annäherung an den idealen Schwarzfarbstoff, für den eine "Rechteckbande" über den gesamten sichtbaren Wellenlängenbereich zu postulieren ist (Prozentangaben: siehe 7.2.1, vgl. Typkonzentration in 7.2.3).

## 5.4.5
### Disazofarbstoffe

Unter synthetischen Gesichtspunkten teilt der Colour Index die Disazofarbstoffe in vier Untergruppen ein (Schema 5-26).

---

Hierbei und im folgenden bedeuten :

| | |
|---|---|
| A, A' | Diazokomponenten |
| E, E' | Kupplungskomponenten |
| D, D' | bifunktionelle Diazokomponenten (z.B. 5.79 bis 5.81) |
| Z, Z' | bifunktionelle Kupplungskomponenten (z.B. 5.83, 5.97 bis 5.101) |
| M, M' | (mittlere) Kupplungskomponenten mit diazotierbarer Aminogruppe (z.B. 5.93, 5.95, 5.96, 5.99) |
| Z-X-Z | binucleare Kupplungskomponente mit Bindeglied X (z.B. I-Säure-Harnstoff wie in 5.142) |
| S, T | Symbole für trifunktionelle Komponenten |

---

Azofarbstoffe der allgemeinen Formel 5.138 mit mindestens zwei Azogruppen sind besonders häufig unter den Direktfarbstoffen vertreten; unabdingbare Voraussetzung hierfür ist die Fähigkeit, eine aggregationsfördernde koplanare Konformation einzunehmen.

An zweiter Stelle in der Häufigkeit stehen die Säurefarbstoffe, während bei den Dispersionsfarbstoffen die Forderung nach niedrigem Molekulargewicht die Verwendung von Disazofarbstoffen weitgehend einschränkt.

```
Ⓘ    A ──→ Z ←── A'
Ⓘ Ⓘ  E ←── D ──→ E'
Ⓘ Ⓘ Ⓘ A ──→ M ──→ E
Ⓘ Ⓥ  A ──→ Z X Z ←── A'
```

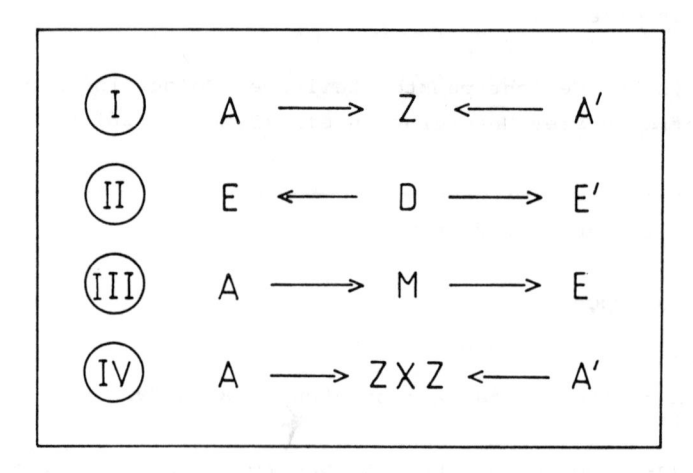

Schema 5-26   Einteilung der Disazofarbstoffe unter synthetischen Aspekten (Erläuterung der Kurzschreibweise im Abschnitt 5.4.4, Erläuterung der Symbole auf Seite 139 ).

In der Formel 5.138 bedeuten $R^1$ und $R^2$ Benzol- oder Naphthalinderivate, welche unter Umständen noch weitere Azogruppierungen tragen können, während die Mittelglieder X sich vom Benzidin, p,p'-Diaminodiphenylamin, p,p'-Diamino-trans-stilben, p,p'-Diamino-diphenylharnstoff, p,p'-Diamino-diphenylsulfid, Benzol oder Naphthalin ableiten; die Azogruppen sind in den letzteren beiden Fällen fast ausschliesslich in 1,4- oder 2,6-Stellung verknüpft, und Derivate des Benzidins dürfen nur in 3,3'-Stellung nicht aber in 2,2'-Stellung zusätzlich substituiert sein, weil sonst die Möglichkeit zu koplanarer Einstellung verloren geht.

Es fällt auf, dass alle X zu einer annähernd linearen Molekülgestalt führen. In der Tat zeigen entsprechende Azofarbstoffe, denen der lineare Aufbau abgeht, eine weit geringere Aggregationstendenz.

$$R^1-\bar{N}=\underline{N}-X-\bar{N}=\underline{N}-R^2 \qquad \underline{5.138}$$

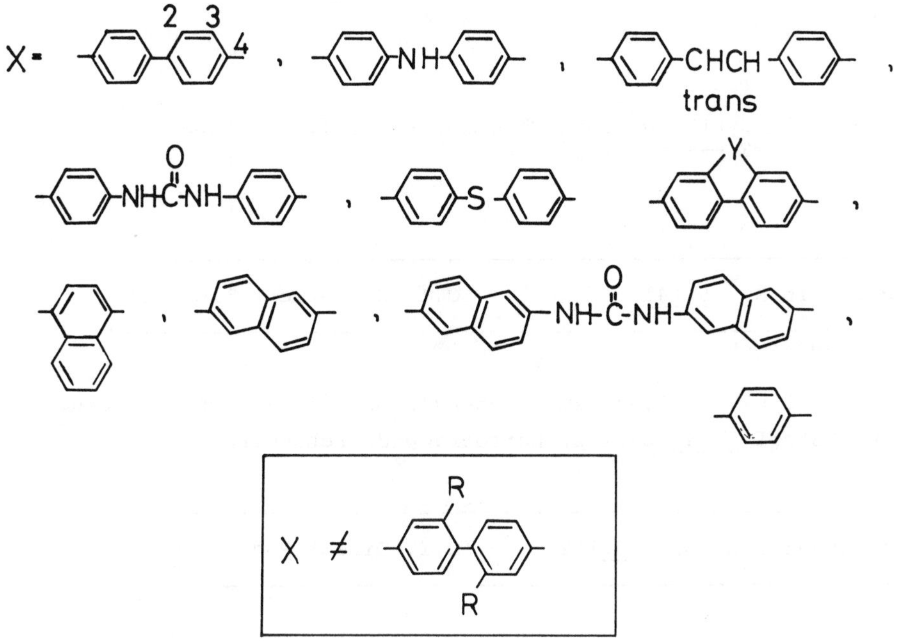

Schema 5-27  Azo-Direktfarbstoffe: Allgemeine Formel <u>5.138</u>
und Variationsbreite

Eriochromgelb GS       <u>5.139</u>            [C.I. Mordant Yellow 16]

Der aus p,p'-Diamino-diphenylsulfid <u>5.140</u> und Salicylsäure <u>5.82</u> gewonnene Chromierfarbstoff <u>5.139</u> liefert ein weiteres Anwendungsbeispiel für die bewährte komplexbildende o-Hydroxy-carboxy-Teilstruktur.

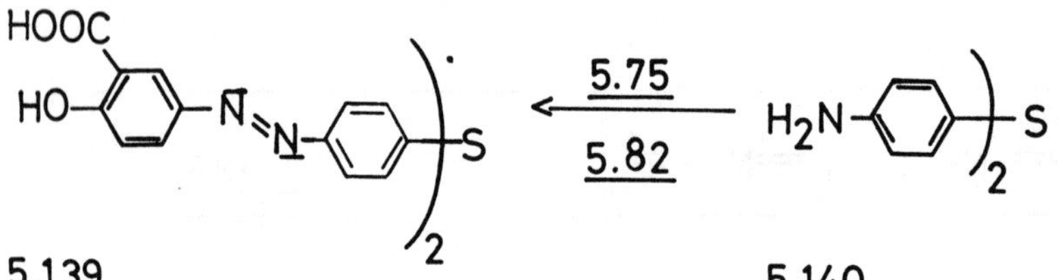

$$\underset{\textbf{5.139}}{\text{HOOC-C}_6\text{H}_3(\text{OH})-\text{N=N-C}_6\text{H}_4\text{-})_2\text{S}} \xleftarrow[\textbf{5.82}]{\textbf{5.75}} \underset{\textbf{5.140}}{\text{H}_2\text{N-C}_6\text{H}_4\text{-})_2\text{S}}$$

Schema 5-28  Synthese eines Chromierfarbstoffes gemäss
E ← D ⟶ E'

---

| Terasilgoldgelb R    5.141            [C.I. Disperse Yellow 23] |

Der aus 5.86 (2 x) und 5.84 gemäss Phenylazoanilin ⟶ Phenol hergestellte Farbstoff 5.141 besitzt hervorragende Echtheiten.

| Benzylechtscharlach 5BS    5.142         [C.I. Direct Red 14] |

Zur Herstellung von 5.142 wird m-Amino-benzoesäure diazotiert und bei pH < 7 auf I-Säure-Harnstoff (6,6'-Ureylen-bis-1-naphthol-3-sulfosäure) gekuppelt. Umsetzung mit diazotiertem o-Anisidin bei pH > 7 ergibt dann 5.142.

Kurzschreibweise :

m-Aminobenzoesäure (1) (sauer)
  ↘
   ↗  I-Säure-Harnstoff

o-Anisidin (2) (alkalisch)

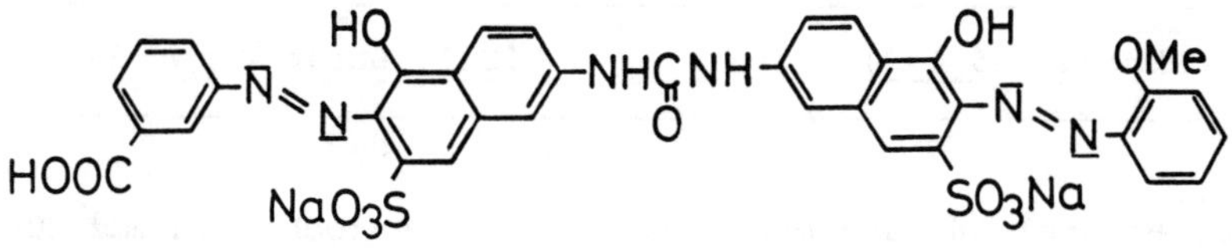

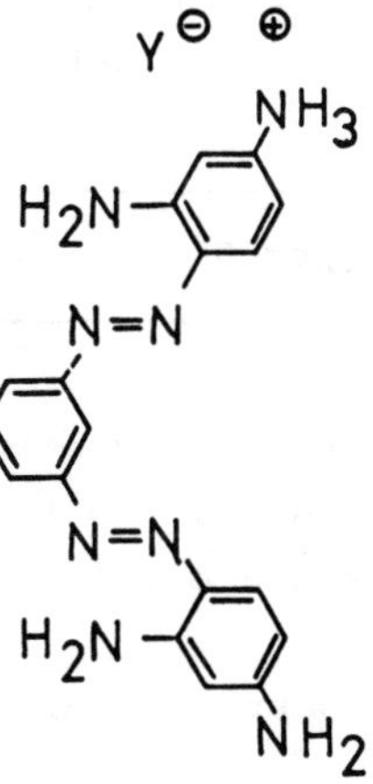

Schema 5-29   Ausgewählte Disazofarbstoffe 5.141 (gelb)
5.142 (scharlachrot), 5.143 (braun), 5.144 und
5.145 (beide schwarz)

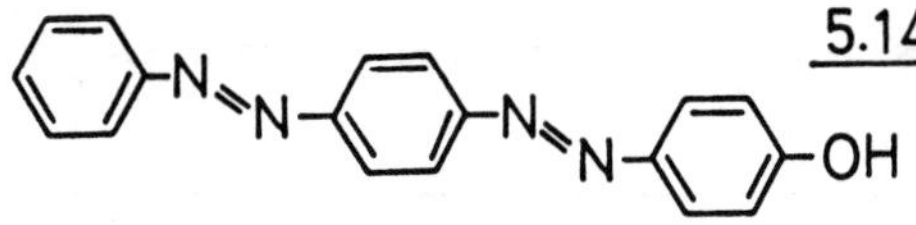

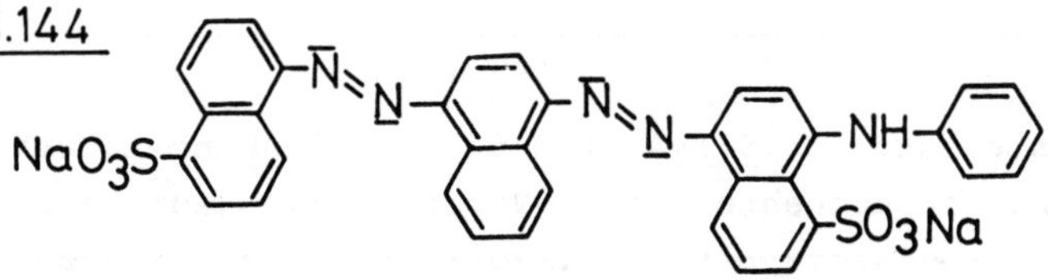

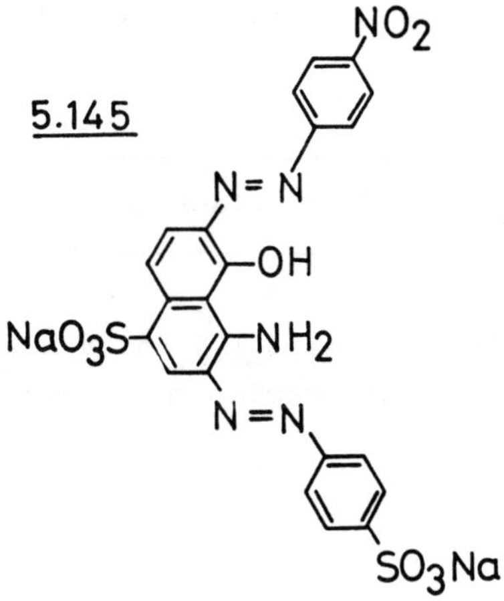

| Bismarckbraun  (5.143)  [C.I. Basic Brown 1] |

Bei der Herstellung aus m-Phenylendiamin-hydrochlorid mit $HNO_2$ im Molverhältnis 3 : 2 entsteht ein Gemisch (mit 5.143 als Hauptkomponente). Derartige sogenannte Produktionsmischungen sind unter den Textilfarbstoffen relativ häufig anzutreffen. Hauptanwendungsbereich des Farbstoffes ist heute das Färben von Papier und Leder.

| Benzylechtschwarz 3B   5.144   [C.I. Acid Black 24] |

Zur Herstellung von 5.144 wird der aus 5-Amino-naphthalin-1-sulfosäure (Diazokomponente) und 1-Naphthylamin (Kupplungskomponente) gewonnene Monoazofarbstoff diazotiert und auf N-Phenyl-Perisäure gekuppelt. Die Aggregationstendenz ist kleiner als bei anderen Beispielen für die allgemeine Struktur 5.138. Die 6%ige Färbung auf Wolle ist blaustichig schwarz.

| Wollschwarz GR   5.145   [C.I. Acid Black 16] |

Die Herstellung des schwarzen Säurefarbstoffes 5.145 basiert auf Sulfanilsäure, p-Nitranilin und S-Säure, die gemäss folgender Kurzschreibweise miteinander verknüpft werden.

Sulfanilsäure (Mineralsäure-Zusatz)

$$\searrow \atop \nearrow \; \text{S-Säure (5.98)}$$

p-Nitranilin (Bicarbonat-Zusatz)

Die 6%ige Färbung erzeugt auf Wolle ein neutrales, farbkonstantes Schwarz (Lichtechtheit 8). Im Gegensatz dazu neigen Färbungen mit dem strukturell ähnlichen C.I. Acid Black 17 (statt p-Nitranilin nimm 1-Naphthylamin) zum Rotstich und einer blauen Metamerie.

**Merke:** Metamerie ≡ (scheinbare) Farbänderung beim Uebergang vom Tages- zum Kunstlicht (eine exakte Definition geht stets vom Vergleich zweier oder mehrerer Proben aus, die einmal den gleichen, unter anderen Beleuchtungsverhältnissen unterschiedliche Farbeindrücke vermitteln).

### 5.4.6
### Trisazofarbstoffe

Unter synthetischen Gesichtspunkten sind hier sechs Untergruppen relevant (Schema 5-30). Abgesehen von wenigen Säurefarbstoffen, die überwiegend zur Lederfärbung dienen, gehören alle Trisazofarbstoffe - wie auch die in 5.4.7 beschriebenen Tetrakis- und Polyazofarbstoffe - zur Applikationsklasse der Direktfarbstoffe.

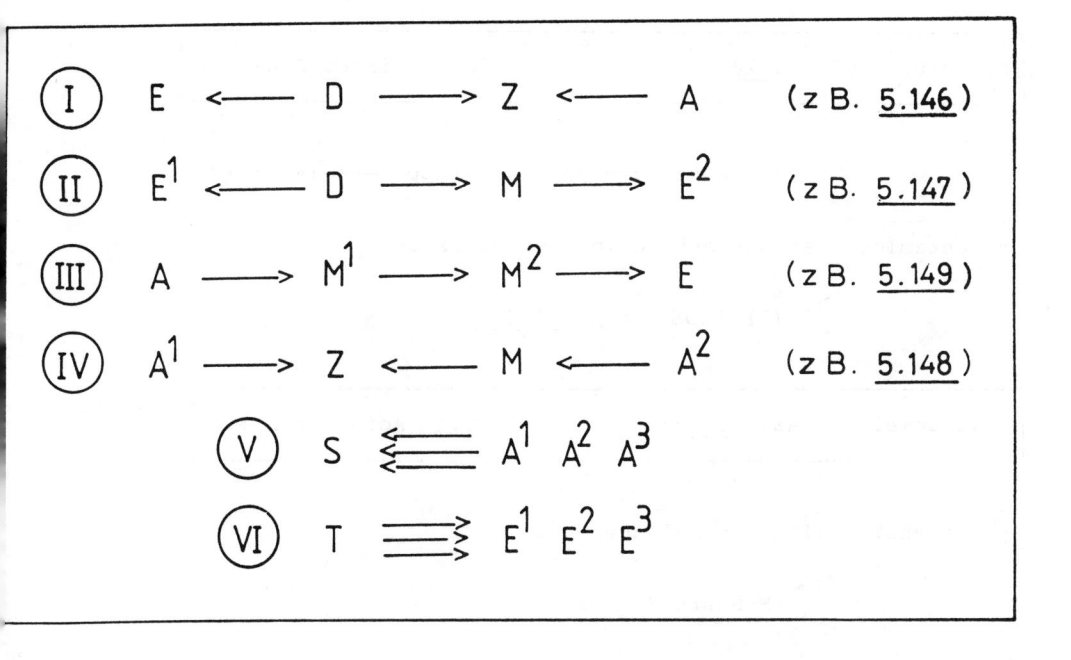

$$
\begin{array}{ll}
\text{(I)} & E \longleftarrow D \longrightarrow Z \longleftarrow A & (\text{z B. } \underline{5.146}) \\
\text{(II)} & E^1 \longleftarrow D \longrightarrow M \longrightarrow E^2 & (\text{z B. } \underline{5.147}) \\
\text{(III)} & A \longrightarrow M^1 \longrightarrow M^2 \longrightarrow E & (\text{z B. } \underline{5.149}) \\
\text{(IV)} & A^1 \longrightarrow Z \longleftarrow M \longleftarrow A^2 & (\text{z B. } \underline{5.148}) \\
\text{(V)} & S \rightleftarrows A^1 \; A^2 \; A^3 & \\
\text{(VI)} & T \rightleftarrows E^1 \; E^2 \; E^3 & \\
\end{array}
$$

Schema 5-30   Einteilung der Trisazofarbstoffe unter synthetischen Aspekten

Strukturformeln ausgewählter Trisazofarbstoffe sind in Schema 5-31 und 5-32 zusammengefasst. Zur Skizzierung der Synthesewege bedienen wir uns bei den vergleichsweise einfachen Vertretern 5.146 bis 5.148 der oben erläuterten Kurzschreibweise.

---

Diaminstahlblau L     5.146                    [C.I. Direct Blue 39]

---

o-Tolidin
↗ (2) (alk.) S-Säure

↘ (1) (alk.) [H-Säure (sauer) ← 5-Nitro-o-toluidin]

---

Siriusblau GG     5.147                    [C.I. Direct Blue 34]

---

8-Acetamido-5-amino-naphthalin-2-sulfonsäure
↗ (3) Hydrolyse der Amidgruppe ⟶ (4) 5.101

↘ (1) 5.96 ⟶ (2) 5.105

---

Wolldunkelgrün AZ     5.148                    [C.I. Acid Green 33]

---

p-Nitranilin (1) (mineralsauer)
↘
  H-Säure (5.97)
↗
p-Phenylazoanilin (alkalisch)

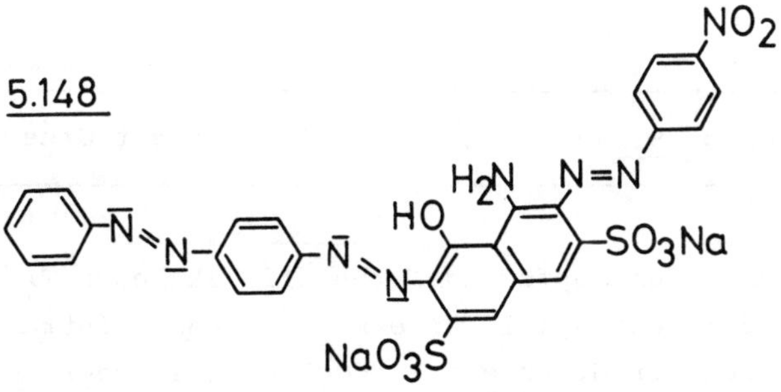

Schema 5-31 Ausgewählte Trisazofarbstoffe 5.146 und 5.147 (blau); 5.148 (grün)

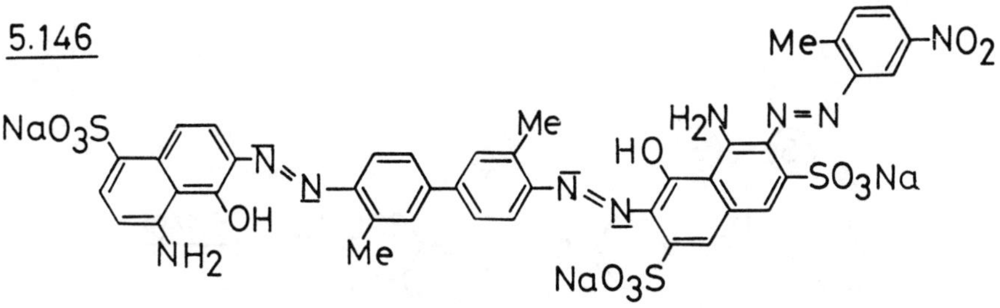

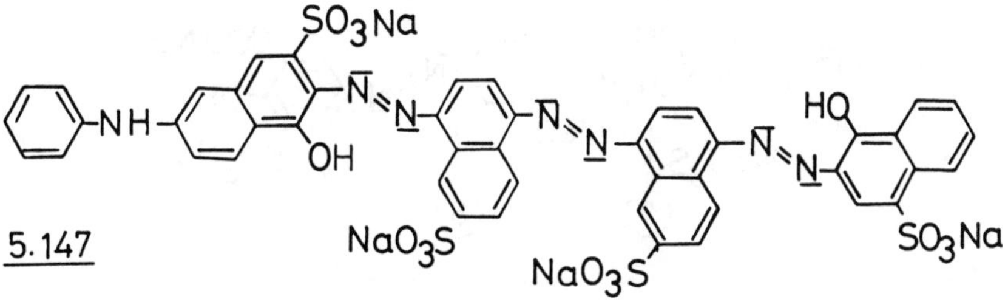

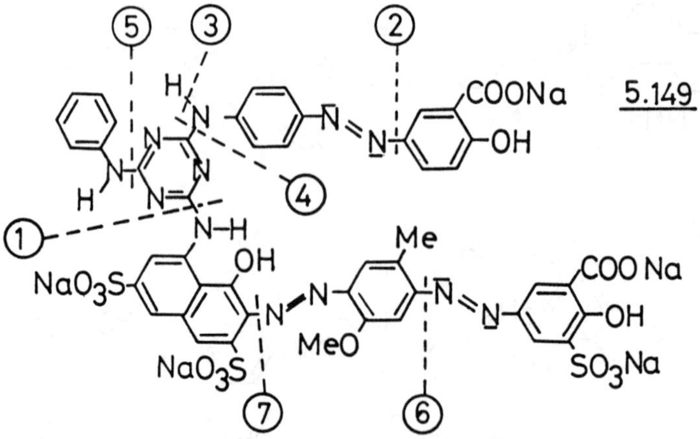

Schema 5-32  Ein Paradebeispiel für intramolekulare Farbmischung

---

Cuprophenylgrün G   5.149                [C.I. Direct Green 59]

---

Der zur Subklasse der Kupferungsfarbstoffe zählende Trisazofarbstoff 5.149 ist ein Paradebeispiel für eine sogenannte intramolekulare Farbmischung, bei der durch ein Bindeglied zwei oder mehrere, verschiedene Wellenlängenbereiche abdeckende Farbstoffe miteinander verknüpft werden; hier ein gelber Monoazo- und ein blauer Disazofarbstoff durch S-Triazin.

Der komplexe Syntheseweg beginnt mit der Kondensation von 5.97 und 5.132 (eingekreiste 1 im Formelbild). In einem zweiten Kondensationsschritt (4) wird der gelbe, durch Reduktion der Nitrogruppe aus p-Nitroanilin ⟶ Salizylsäure gewonnene Monoazofarbstoff, in einem dritten Kondensationsschritt (5) Anilin eingebaut. Schliesslich dient

der Monoazofarbstoff aus 5-Amino-3-sulfo-salizylsäure ⟶ Cresidin
als Diazokomponente für einen abschliessenden Kupplungsschritt
(Symbol 7 im Formelbild).


### 5.4.7
**Tetrakis- und Polyazofarbstoffe; Stilbenderivate**

Die wichtigsten Tetrakisazofarbstoffe gehören zu den unten wiedergegebenen sechs Strukturtypen; in ( ) ist jeweils die Anzahl der vom
Colour-Index 1971 registrierten Vertreter beigefügt (total 92). Auf
konkrete Formelbeispiele für Farbstoffe mit vier oder mehr Azogruppen
wird verzichtet; stattdessen sei auf die Uebungen im Abschnitt 8.5
verwiesen.

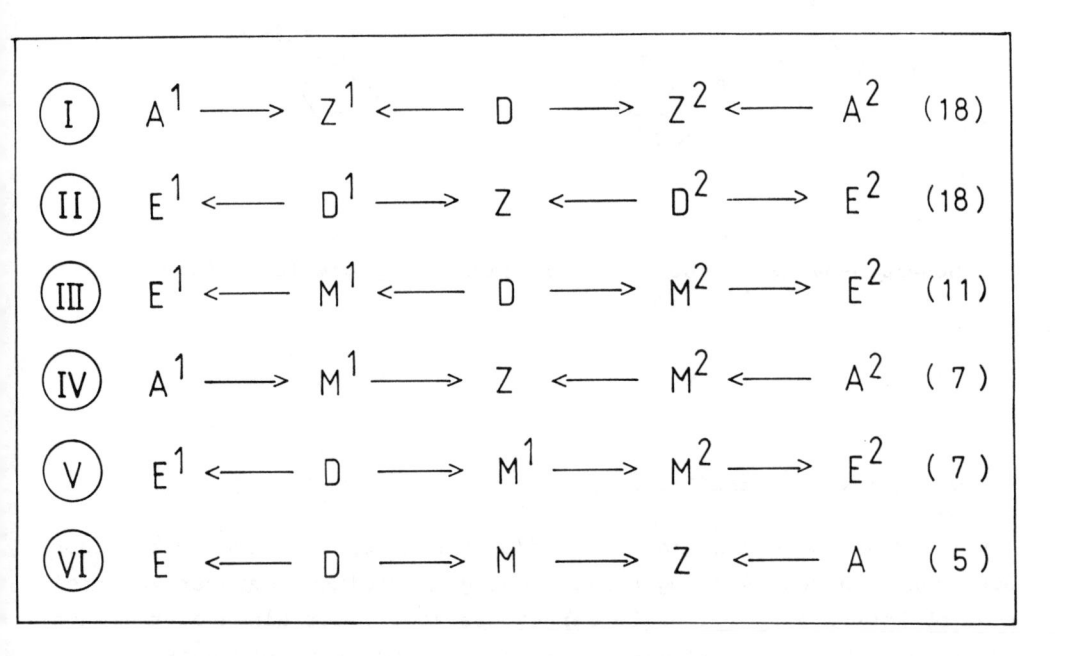

$$
\begin{array}{ll}
\text{I} & A^1 \longrightarrow Z^1 \longleftarrow D \longrightarrow Z^2 \longleftarrow A^2 \quad (18) \\
\text{II} & E^1 \longleftarrow D^1 \longrightarrow Z \longleftarrow D^2 \longrightarrow E^2 \quad (18) \\
\text{III} & E^1 \longleftarrow M^1 \longleftarrow D \longrightarrow M^2 \longrightarrow E^2 \quad (11) \\
\text{IV} & A^1 \longrightarrow M^1 \longrightarrow Z \longleftarrow M^2 \longleftarrow A^2 \quad (7) \\
\text{V} & E^1 \longleftarrow D \longrightarrow M^1 \longrightarrow M^2 \longrightarrow E^2 \quad (7) \\
\text{VI} & E \longleftarrow D \longrightarrow M \longrightarrow Z \longleftarrow A \quad (5)
\end{array}
$$

Schema 5-33  Einteilung der Tetrakisazofarbstoffe (Häufigkeit
siehe Text; Symbole in 5.4.5, Kurzschreibweise in
5.4.4 erläutert)

Zu den Stilbenfarbstoffen zählt der Colour-Index u.a. Kondensationsprodukte der 4,4'-Dinitro-2,2'-stilben-disulfosäure (5.152) mit aromatischen Aminen; im einfachsten Fall wird Anilin, in der Regel ein Monoazofarbstoff mit endständiger primärer Aminogruppe wie z.B. 5.151 verwendet.

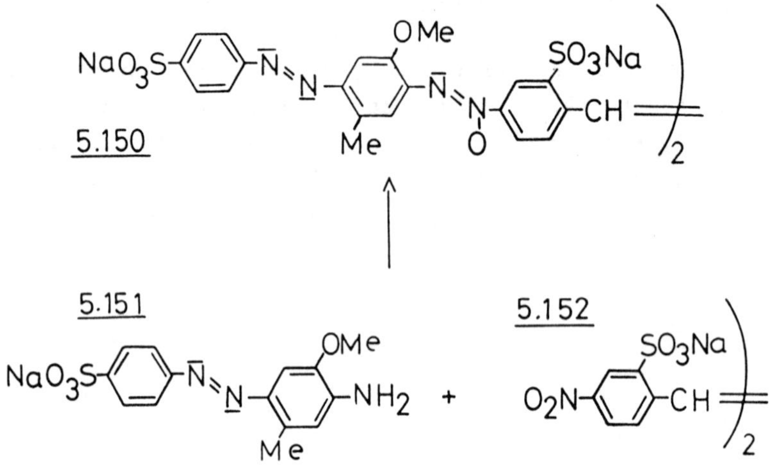

Schema 5-34  Synthese von Siriuslichtorange 3R [C.I. Direct Orange 37]

5.4.8
Strukturverwandte Farbstoffe

Unvermeidbare Ueberschneidungen und/oder ein schrittweises Ineinander-Uebergehen lassen es gelegentlich müssig erscheinen, darüber zu streiten, ob konkrete individuelle Farbstoffe (noch) der einen oder (schon) der anderen Chromophorklasse zuzurechnen seien. Von Nutzen ist die Suche nach mehr oder weniger kontinuierlichen Uebergängen bei der Syntheseplanung; beispielsweise im Grenzbereich zwischen Azofarbstoffen einerseits sowie Aza-Hemicyaninen und Aza-Derivaten der merochinoiden Farbstoffe andererseits. Durch die (ergänzungsbedürftigen) Reihen A bis D (Schema 5-35) soll der Blick des Lesers für derartige, neue hypothetische Strukturen aufzeigende Zusammenhänge geschärft werden.

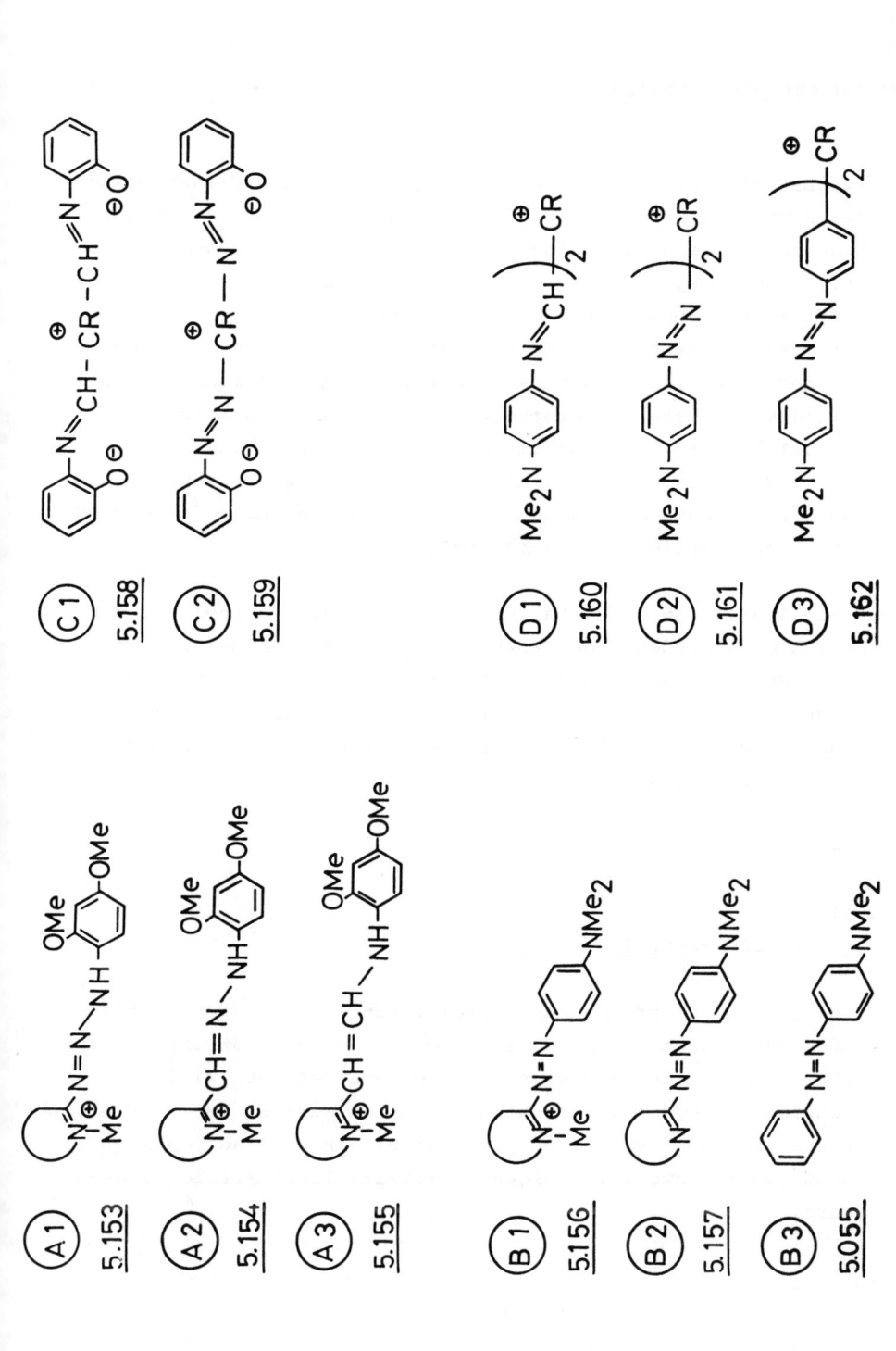

Schema 5-35  Strukturvariationen im Grenzbereich konventioneller Chromophorklassen

## 5.5
## Metallkomplexfarbstoffe

Komplexfarbstoffe werden aus Uebergangsmetall-Ionen mit energetisch günstigen d-Orbitalen und drei- oder mehrzähnigen, farbigen organischen Liganden aufgebaut. Analoge Metallheterocyclen bilden sich auf der Faser, wenn beispielsweise ausgewählte Direktfarbstoffe mit Cu(II)-Salzen oder wenn Färbungen von Chromierfarbstoffen mit $Na_2Cr_2O_7$ behandelt werden. Infolge von Wechselwirkungen zwischen den Grenzorbitalen der Liganden und den d-Orbitalen des Metall-Ions absorbieren die resultierenden Metallheterocyclen in einem anderen Bereich (in der Regel bei längeren Wellen) als die metallfreien Grundkörper. Durch eine kovalente oder - wie hier - koordinative Verknüpfung mit Atomen schwerer Elemente wird häufig eine bemerkenswerte Steigerung der Lichtechtheit erzielt (Schweratom-Regel).

Während die Aza[18]annulen-Metallkomplexe (Phthalocyanine) mit den pflanzenbiologisch bedeutenden Porphyrinen und den an den aktiven Zentren der Hämoglobine gebundenen Hämen strukturell eng verwandt sind, haben sich die Azo-Metallkomplexfarbstoffe aus den Beizenfarbstoffen entwickelt. Eine kleinere dritte Gruppe umfasst die sogenannten Formazankomplexe.


### 5.5.1
### Aza[18]annulen-Metallkomplexe

Die von elektrisch neutralen Annulenkomplexen abgeleiteten Textilfarbstoffe lassen sich ausnahmslos auf die allgemeine Struktur 5.163 zurückführen, wobei die Delokalisation der π-Elektronen wiederum durch Grenzformeln symbolisiert wird. Formales Merkmal der vier gleichwertigen Grenzformeln, von denen hier nur eine Hälfte aufgenommen wurde, sind jeweils zwei, im folgenden mitzuzählende "freie" Elektronenpaare.

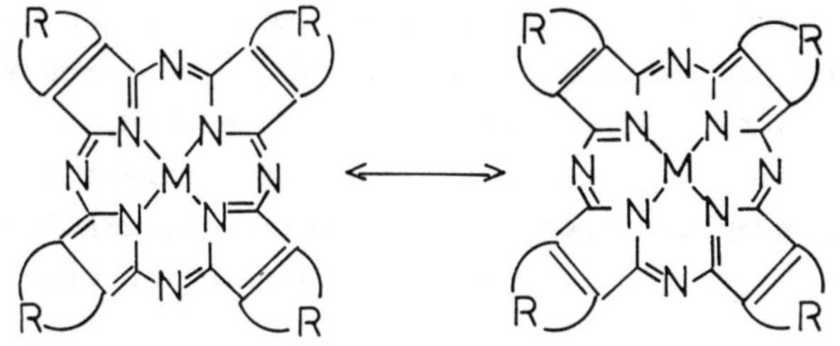

Schema 5-36  Zur Grundstruktur der Aza[18]annulen-Metall-
komplexe (Phthalocyanine)


Anellierungsglieder R sind u.a. $-C_4H_4-$ , $-C_3H_3N-$ , $-SCH_2CH_2S-$ ,
$-C_4H_nX_{4-n}-$ (mit z.B. X = Cl, n = 0). Das am häufigsten verwendete
M(II) ist Cu(II). Daneben sind in technischen Annulenfarbstoffen
Co(II) und Ni(II) vertreten.

Metallfreie Phthalocyanine wie $C_{32}H_{18}$ (wenn R = $C_4H_4$), das man beispielsweise durch Einleiten von $H_2S$ in geschmolzenes 5.164 erhält,
sind ebenfalls in Gebrauch, spielen jedoch wegen mangelnder Metallecht-
heit eine untergeordnete Rolle ($H_2S$ wirkt als Katalysator und Reduktionsmittel; Stöchiometrie: 4 $C_8H_4N_2$ + 2H $\longrightarrow$ $C_{32}H_{18}N_8$). Obwohl
dieses $C_{32}H_{18}N_8$ bereits 1907 hergestellt worden ist - zwanzig Jahre
vor dem Kupfer-Phthalocyanin 5.163(I) -, begann die technische Bearbeitung dieser Farbstoffklasse erst Anfang der dreissiger Jahre.

Dehydrophthalocyanine wie $C_{32}H_{16}N_8$ (wenn R = $C_4H_4$) sind schwer zu
fassen; in nichtwässriger Lösung entstehen Additionsprodukte $C_{32}H_{16}$-
$N_8CuX_2$ (X = OH, Br etc.), während in wässriger Lösung das Annulen-
gerüst völlig zerstört wird.

Die Absorptionsbanden der Farbstoffe liegen ausnahmslos im langwelligen Bereich des sichtbaren Spektrums (Farbtöne violett bis blaugrün).

Im Einklang mit der (4n + 2)-Regel von HUECKEL können die Molekeln des metallfreien Grundkörpers einen durch ein äusseres Magnetfeld induzierten Ringstrom aufrechterhalten, was sich u.a. im $^1$HNMR-Spektrum manifestiert. Zur spektroskopischen Charakterisierung der Uebergangsmetallkomplexe dienen andererseits die ESR-Spektren, mit deren Hilfe sich u.a. die relativen Energien der d-Orbitale erfassen lassen.

---

Merke :

Der metallfreie Grundkörper (ohne R) besitzt 26 π-Elektronen; hinzu kommen in der Regel 4 x 4 π-Elektronen aus R.

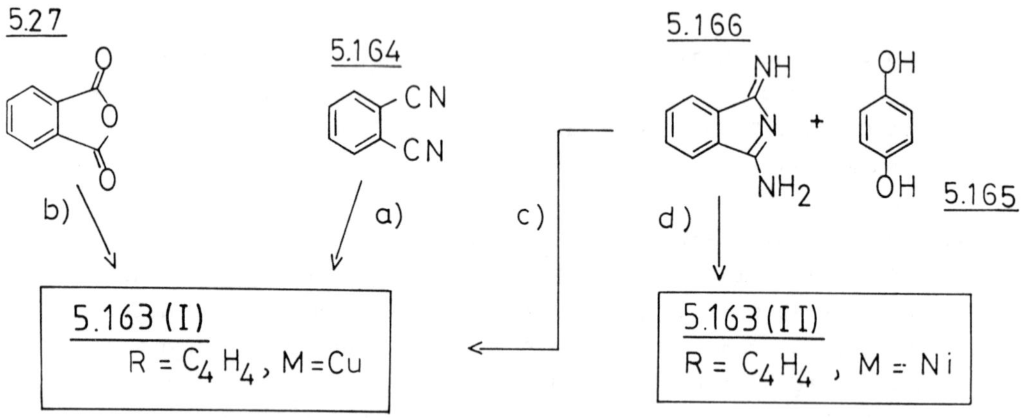

---

Schema 5-37  Vier Wege zu Phthalocyaninen: a) und b) Pigmentproduktion, c) und d) Färben und Drucken mit Phthalogen-Mischungen

Als Reduktionsmittel dienen hier Cu(I) bzw. 5.165
a) $Cu_2Cl_2$, 180 - 200 °C
b) Cu(I)Salz, $H_2NCONH_2$-Schmelze, Katalysator
c) und d)  Cu(II)Salz bzw. Ni(II)Salz, 100 °C (Säurekatalyse, $H_2O$-Dampf)

Am häufigsten vertreten sind die Phthalocyanine unter den Pigmentfarbstoffen, von welchen einzelne Vertreter in mehreren Kristallmodifikationen im Handel sind (beispielsweise C.I. Pigment Blue 15 bis C.I. Pigment Blue 15 : 4). Als Entwicklungsfarbstoffe (Abschnitte 6.10 bis 6.12) stehen sie am Ende eines auf Amino-imino-isoindoleninen wie 5.166 basierenden Färbeprozesses. Wasserlösliche, durch zwei- und mehrfache Sulfonierung erhältliche Derivate sind unter den Direkt- und Säurefarbstoffen anzutreffen, ein partiell sulfoniertes Kobalt-Phthalocyanin, das sich durch alkalisch-wässrige Zwei-Elektronen-Reduktion reversibel in ein wasserlösliches Derivat überführen lässt, sogar unter den Küpenfarbstoffen. Darüber hinaus enthält eine beträchtliche Anzahl von Reaktivfarbstoffen den Phthalocyaninchromophor.

---

Phthalocyaninblau    5.163(I)         [C.I. Pigment Blue 15]

---

Die geläufigste Synthese des Pigmentfarbstoffes 5.163(I) bedient sich des Phthalodinitrils 5.164, eine Variante des Phthalsäureanhydrides 5.27. Als Katalysator wirkt beispielsweise Ammoniummolybdat.

---

Phthalogenbrillantblau    5.163(I)     [C.I. Ingrain Blue 2]
und
Phthalogentürkisblau IFBK    5.163(II)    [C.I. Ingrain Blue 14]

---

Ein identisches Pigment 5.163(I) entsteht auf Textilfasern, wenn das Indoleninderivat 5.166 unter milden Bedingungen mit Cu(II)Salzen und einem Reduktionsmittel reagiert. Auf analoge Weise entsteht das Nickelderivat 5.163(II). Die Handelsbezeichnung "Phthalogen" ist der Firma BAYER AG geschützt.

---

Solartürkisblau GLL    5.163(III)       [C.I. Direct Blue 86]

---

Der durch Sulfonierung von C.I. Pigment Blue 15 gewonnene Direktfarbstoff 5.163(III) enthält zwei Sulfogruppen in den 3-Positionen

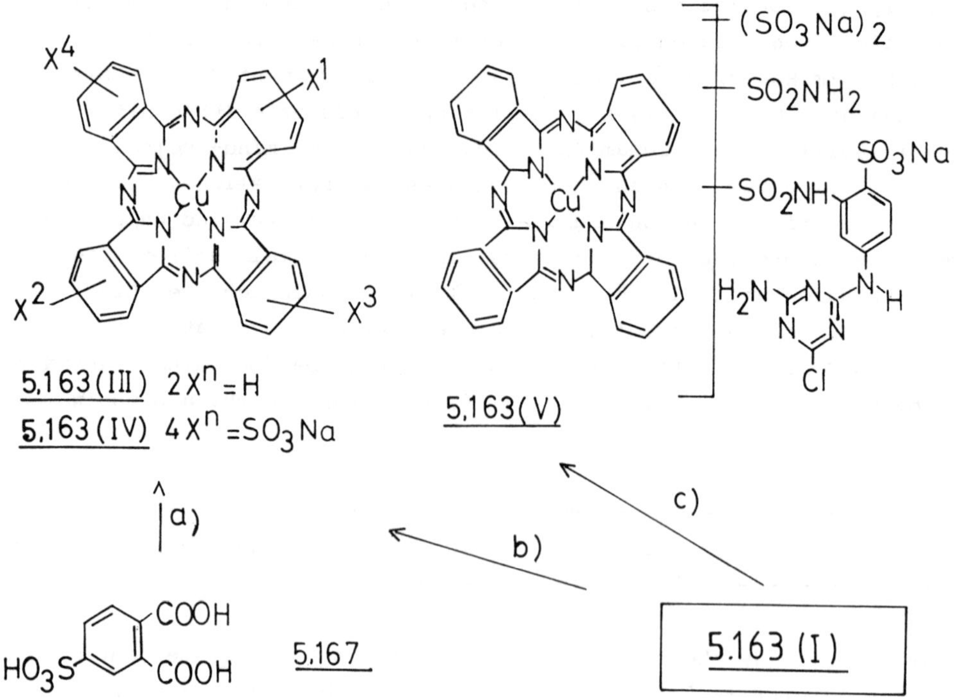

5.163(III)  $2X^n = H$
5.163(IV)  $4X^n = SO_3Na$

5.163(V)

5.167

5.163(I)

a) Cu(I)Salz, Katalysator, Harnstoff-Schmelze
b) $H_2SO_4/SO_3$ (Oleum), 50 - 60° C
c) mehrstufige Synthese

Schema 5-38  Wasserlösliche Derivate des Phthalocyanins: Säure-, Direkt- und Reaktivfarbstoffe

(bezogen auf Phthalsäure). Durch Ueberführen in das Bariumsalz gelangt man zum C.I. Pigment Blue 17.

Fastogenblau SBL   5.163(IV)   [C.I. Acid Blue 249]

Disulfonate mit den Sulfogruppen in 4-Stellung weisen eine gegenüber 5.163(III) deutlich geringere Aggregationstendenz auf. Im Tetrasulfonat 5.163(IV) ist diese soweit vermindert, dass ein brauchbarer Säurefarbstoff resultiert.

---

Cibacrontürkisblau G-E  5.163(V)        [C.I. Reactive Blue 7]

---

In Analogie zu 5.163(III) trägt der Reaktivfarbstoff 5.163(V) in den Resten $X^n$ unterschiedliche Substituenten. Der Syntheseweg ist nicht veröffentlicht worden; bekannt ist jedoch, dass man in ähnlichen Fällen zunächst aus Cyanursäurechlorid 5.132 und einem Diamin ein Triazinylamino-Derivat herstellt, das in einem abschliessenden Schritt mit einem Chlorsulfonylderivat des Chromophorteils verknüpft wird.

5.5.2
Formazan-Komplexe

Eine zweite Gruppe stabiler Metallkomplexfarbstoffe lässt sich aus dreiwertigen Uebergangsmetall-ionen und Arylazo-hydrazonen wie 5.168 und 5.169 aufbauen. Im Fall des vierzähnigen Liganden 5.169 entstehen neutrale 1 : 1-Komplexe 5.170.

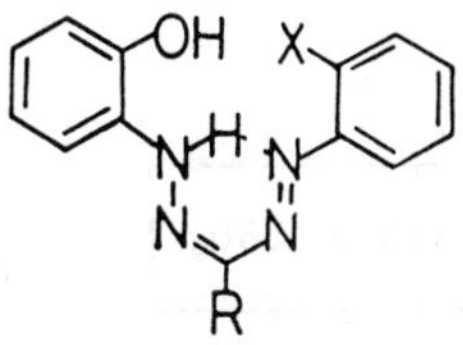

5.168   X = H
5.169   X = OH

5.170

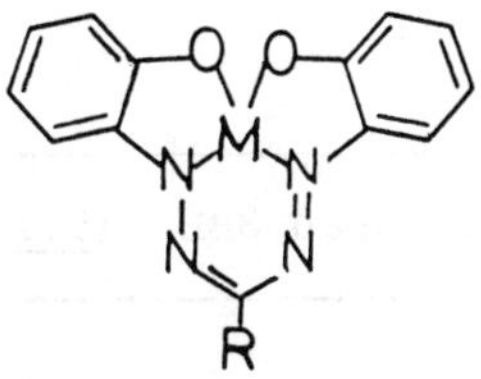

Schema 5-39   Zur Grundstruktur der Formazankomplexe

Beachtenswert ist die struturelle Verwandtschaft mit den Tetraaza-oxonolen 5.159, deren formale Kombination mit einwertigen Uebergangs-metall-ionen ebenfalls 5.170 ergibt.

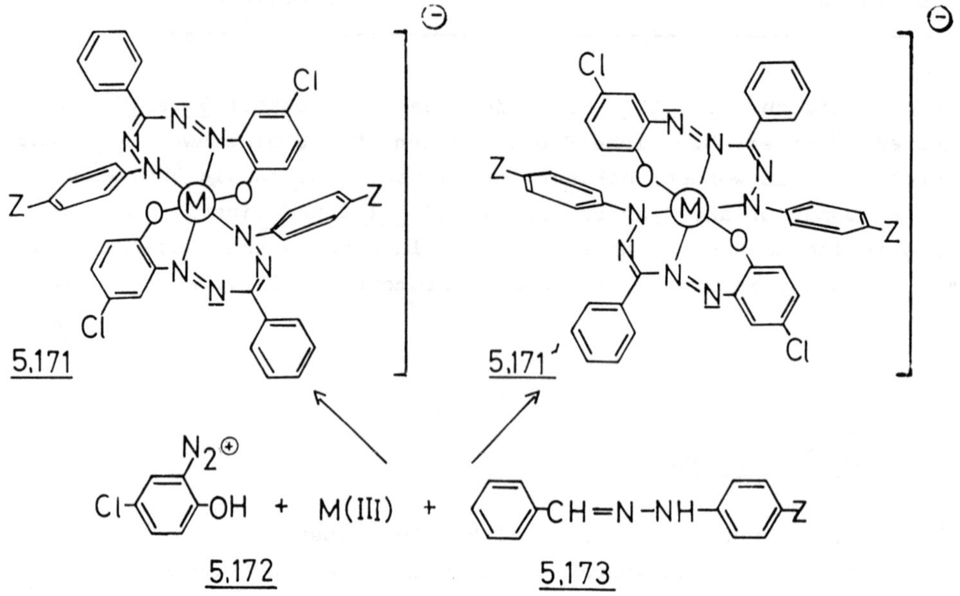

Schema 5-40  Zur Synthese von Polfalangrau 3BL (Formel 5.171'
oder 5.171; Z = $SO_2NH_2$, Na-Gegen-Ion, M = Co)

---

Polfalangrau 3BL    (5.171*)           [C.I. Acid Black 180]

---

Den anionischen 2 : 1-Komplex 5.171 (oder 5.171') erhält man durch Diazotierung von 4-Chlor-2-amino-phenol, Kupplung auf p-(Benzyliden-hydrazino)benzolsulfonamid 5.173 und Umsetzung mit Co(III)Salz. Am Schluss wird der Farbstoff durch NaCl-Zusatz gefällt.

5.5.3
Azo-Metallkomplexe

In der o,o'-disubstituierten Azostruktur begegnen wir einem, zu zahlreichen Varianten fähigen dreizähnigen Liganden. Komplexbildung mit Cu(II) führt zu elektrisch neutralen, planaren Komplexstrukturen, die u.a. für viele Direktfarbstoffe charakteristisch sind. Die mit Cr(III) gebildeten 1 : 1-Komplexe liegen je nach der Anzahl ihrer Sulfogruppen und dem pH der Färbebäder als Anionen oder als Zwitterionen vor; denn aus den $H_2O$-Molekeln, welche die restlichen Koordinationsstellen besetzen, lässt sich leicht ein zusätzliches Proton entfernen. In Analogie zu 5.171 sind darüber hinaus zahlreiche anionische 2 : 1-Komplexe gewonnen worden. Man beachte, dass in die Bildungskonstante der 2 : 1-Komplexe die $H^{\oplus}$-Aktivität in der 4. Potenz eingeht ($LH_2$ ist ein dreizähniger, zweibasischer Ligand):

$$2\ LH_2 + M^{3\oplus} \rightleftarrows ML_2^{\ominus} + 4\ H^{\oplus} \qquad K = \frac{[ML_2^{\ominus}][H^{\oplus}]^4}{[LH_2]^2[M^{3\oplus}]}$$

Welche Positionen in der oktaedrischen Koordinationssphäre von den Ligandatomen besetzt werden, hängt primär von der Ringgliederzahl der resultierenden Metallheterocyclen ab. In der Regel (Schema 5-41) führt die Kombination von Fünf- und Sechs-Ring (links) zu meridionaler, die Kombination von zwei Sechs-Ringen (rechts) zu facialer Koordination; in 5.174 besetzen die Zähne X und O gegenüberliegende (trans), in 5.176 benachbarte (cis) Positionen.

Abweichungen von dieser Regel lassen sich auf sekundäre Einflüsse zurückführen, die u.a. von der Ringgliederzahl in den Resten beiderseits der Azogruppe ausgehen.

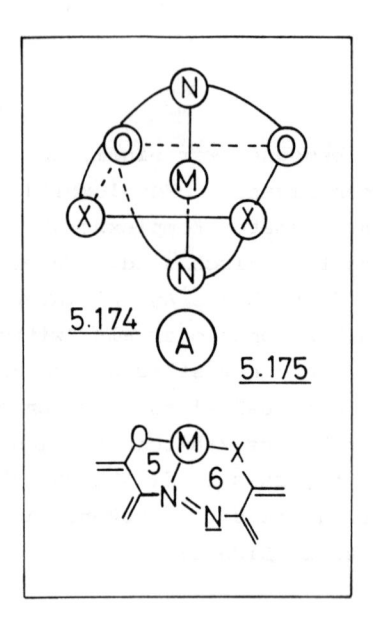

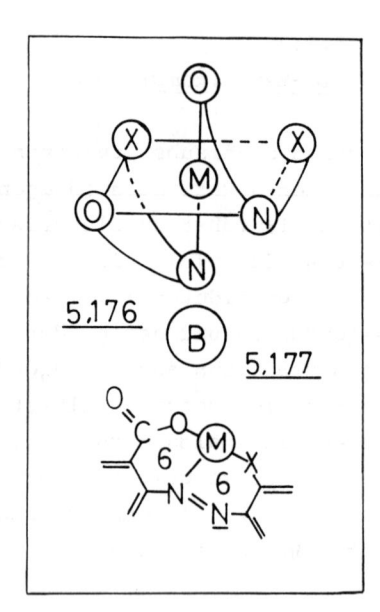

Schema 5-41  Zur Komplexisomerie der Azo-Metallkomplexe:
5/6-Ring-Kombination und meridionale Koordination (links)
6/6-Ring-Kombination und faciale Koordination (rechts)

Solilangelb GRL    5.178            [C.I. Acid Yellow 134]

Der Ligand wird aus 2-Acetamido-6-amino-4-nitrophenol (Diazokomponente) und Acetylaceton (Kupplungskomponente) gewonnen. Die Bildung des Komplexes 5.178 erfolgt dann unter schwach basischen Bedingungen. Nachteilig ist das relativ geringe Egalisiervermögen dieses orangestichig gelben Farbstoffes.

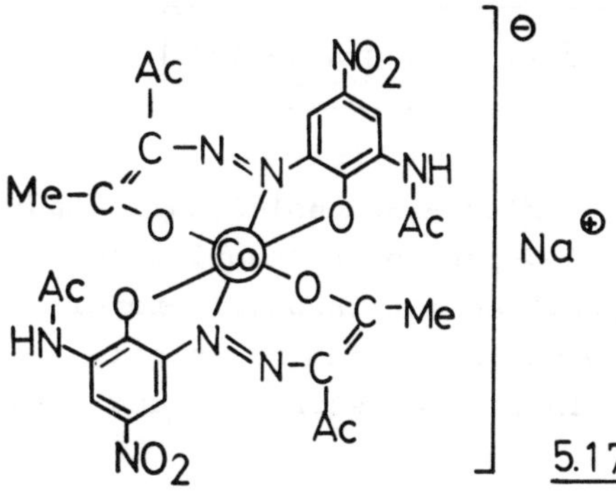

5.178

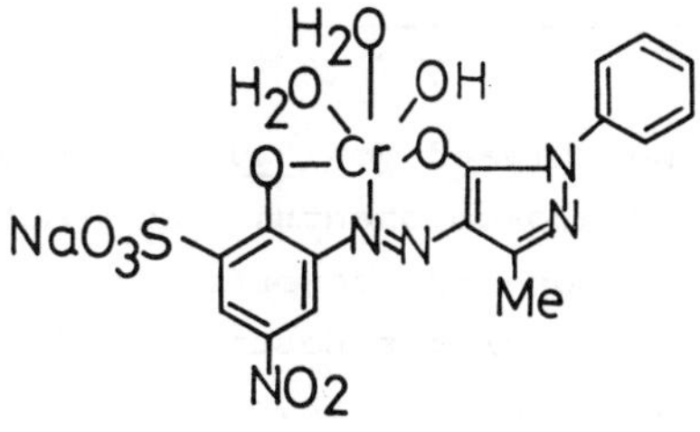

5.179

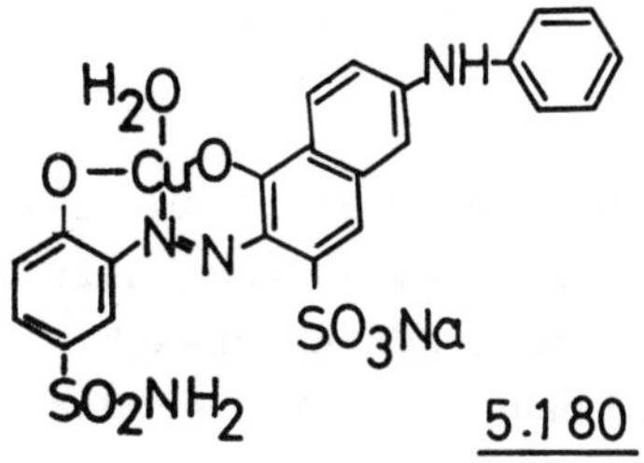

5.180

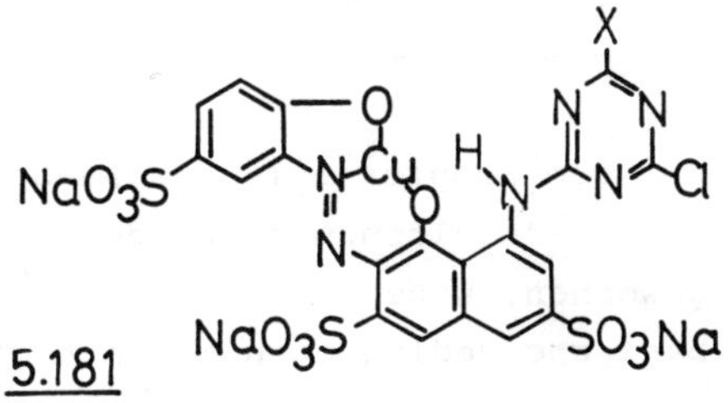

5.181

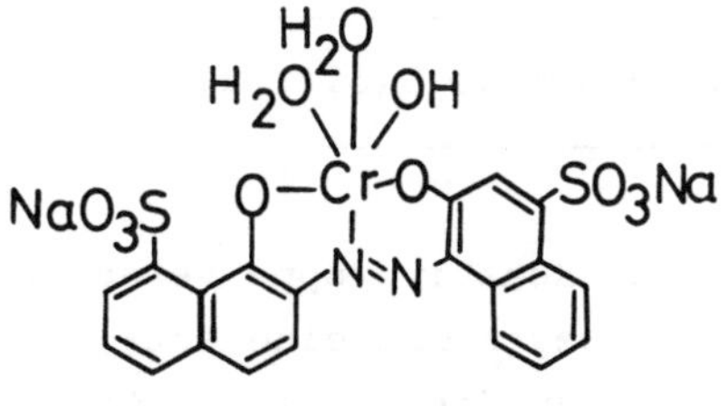

5.182

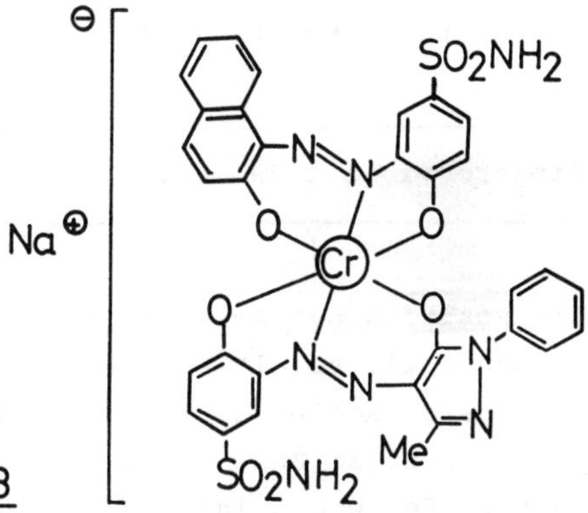

5.183

Schema 5-42 Ausgewählte Azo-Metallkomplexe:

Direkt-, Reaktiv- und Säurefarbstoffe (5.178 bis 5.183; gelb-orange-violett-violett-blau-braun)

Ac = $COCH_3$, X = $NH_2$ und $OC_6H_5$ (etwa je zur Hälfte)

| Neolanorange G     **5.179**            [C.I. Acid Orange 74] |
|---|

Der Ligand von 5.179 wird aus 6-Amino-4-nitro-1-phenol-2-sulfonsäure (Diazokomponente) und 3-Methyl-1-phenyl-5-pyrazolon (Kupplungskomponente) gewonnen. Dreistündiges Erhitzen mit Chrom(III)formiat in wässriger Lösung bei 130 °C unter Druck führt zum rotstichig orangen 1 : 1-Komplexfarbstoff 5.179. In stärker saurer Lösung liegt dieser Farbstoff als Zwitterion vor.

| Solophenylviolett RL     **5.180**         [C.I. Direct Violet 46] |
|---|

Der dem Komplex 5.180 zugrundeliegende Azoligand wird aus 2-Amino-1-phenol-4-sulfonamid und der Kupplungskomponente 5.101 (Schema 5-20) gewonnen, wobei der zweite Reaktionsschritt wieder durch schwach basische Bedingungen begünstigt wird. Die Eignung eines Monoazoderivates als Direktfarbstoff ist bemerkenswert; offensichtlich bewirkt die Bildung eines planaren Cu(II)Komplexes eine starke Zunahme der Aggregationstendenz (vgl. Abschnitte 5.4.5 und 6.7).

| Cibacronviolett 2R     **5.181**           [C.I. Reactive Violet 2] |
|---|

Die Position der Aminogruppe, an welcher eine Reaktivgruppe verankert werden soll, spielt bei der Wahl des Syntheseweges oft eine entscheidende Rolle. Während endständiges $NH_2$ es zulässt, die Reaktivgruppe erst am Ende des Syntheseweges einzuführen, geht man bei Farbstoffen wie 5.181 mit ungünstiger Position des $NH_2$ von Kupplungskomponenten aus, in welche die Reaktivgruppe bereits eingebaut worden ist. Die Bildung des Komplexes erfolgt bei 5.181 dann in einem abschliessenden Schritt. Der Farbstoff liegt als Produktionsmischung vor (die Reaktivgruppe ist in X unterschiedlich substituiert).

| Vitrolanblau 2G    5.182          [C.I. Acid Blue 158] |

Die Synthese des Liganden gelingt hier gemäss 1-Amino-2-naphthol-4-sulfonat (schwach basisch) ⟶ 1-Naphthol-8-sulfonat. Der Komplex 5.182 bildet sich dann während 7-stündigem Erhitzen in schwefelsaurer Cr(III)-Salzlösung auf ca. 115 °C. Die koordinativ gebundene OH-Gruppe kann in stärker saurer Lösung ein H$^{\oplus}$ aufnehmen.

| Irgalanbraun TL    5.183          [C.I. Acid Brown 21] |

2 : 1-Komplexe mit unterschiedlichen Liganden verkörpern eine weitere Möglichkeit zu intramolekularer Farbmischung, die hier mit einer orangefarbenen und einer violettstichig braunen Komponente realisiert wird. Man erhält sie aus 1 : 1-Komplexen, in welche unter schwach basischen Bedingungen ein zweiter mehrzähniger Ligand eingefügt werden kann.

| Cibacronschwarz BG    5.184          [C.I. Reactive Black 1] |

Der schwarze Farbstoff besteht aus einer Produktionsmischung des 2 : 1-Chromkomplexes A und des 2 : 1-Kobaltkomplexes B sowie weiterer Komponenten, bei denen die Ligandstellen partiell mit Salicylsäure belegt sind.

Nach der alkalischen Kupplung von diazotiertem 1-Amino-6-nitro-2-naphthol-sulfonat auf 5.100 (Schema 5-20) wird zunächst mit Cyanurchlorid kondensiert. Anschliessend wird das Produkt mit NH$_3$-Lösung und zuletzt mit den Metallsalzen behandelt.

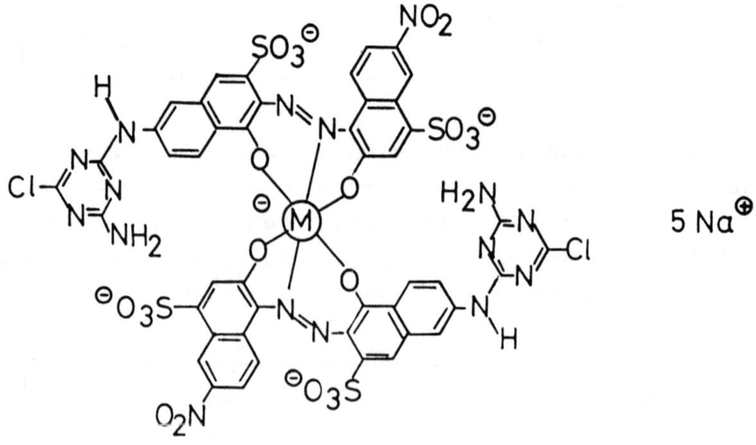

**5.184**

Schema 5-43  Ein schwarzer Metallkomplex-Reaktivfarbstoff:
Produktionsmischung aus <u>5.184</u> A (M = Cr) und
<u>5.184</u> B (M = Co)

## 5.6
## Die Carbonylfarbstoffe und ihre Derivate

Einfügen eines zusätzlichen Bausteines
chromophor <u>5.1''</u> (D = O$^\ominus$) führt zur Grundstruktur <u>5.185</u> der chinoiden
und indigoiden Carbonylfarbstoffe, Einbau zweier Donorgruppen (D = O$^\ominus$)
in den Polyenchromophor <u>4.6'</u> zu einer korrespondierenden Dihydro-
oder Leukoform <u>5.186</u>, die mit <u>5.185</u> durch ein Zwei-Elektronen-Redox-
gleichgewicht verknüpft ist.

Man beachte, dass
1) ein Strukturelement A durch Aufnahme eines Elektrons definitionsgemäss in ein Strukturelement B übergeht

2) bei chinoiden Farbstoffen alle Elemente A und B in carbocyclische (seltener heterocyclische) Teilstrukturen einbezogen sind, während die indigoiden Farbstoffe exocyclische Doppelbindungen zwischen heterocyclischen Teilstrukturen aufweisen.

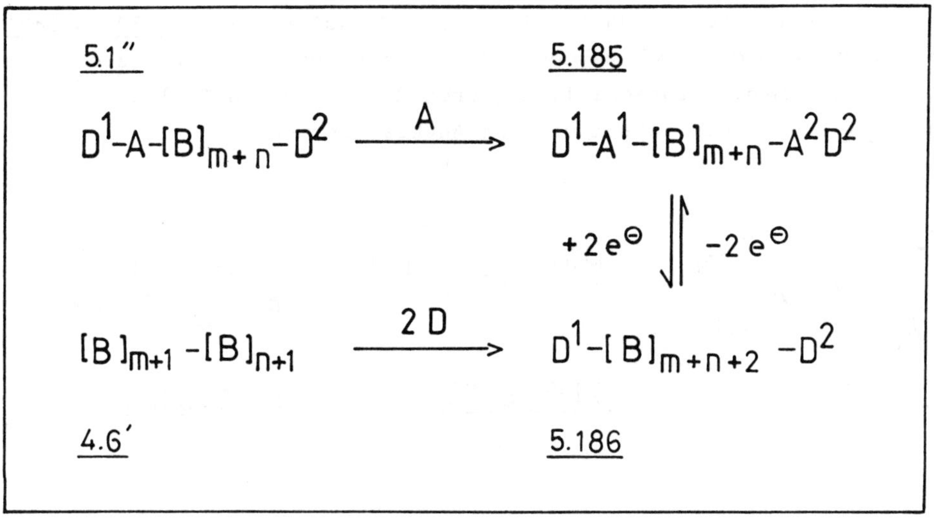

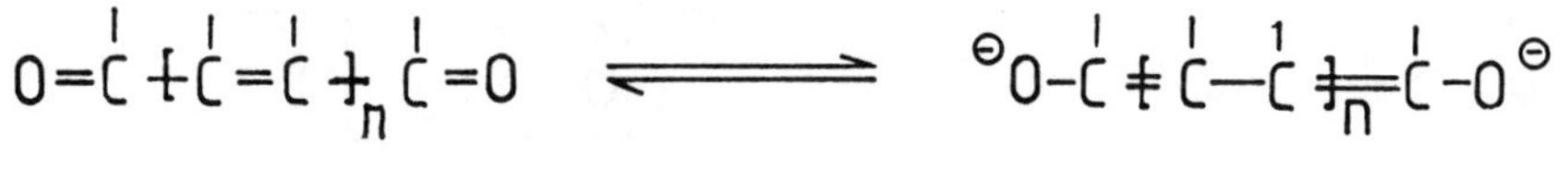

---

$\underline{5.1''}$ $\qquad\qquad\qquad\qquad\underline{5.185}$

$$D^1-A-[B]_{m+n}-D^2 \xrightarrow{A} D^1-A^1-[B]_{m+n}-A^2D^2$$

$$+2e^{\ominus} \updownarrow -2e^{\ominus}$$

$$[B]_{m+1}-[B]_{n+1} \xrightarrow{2D} D^1-[B]_{m+n+2}-D^2$$

$\underline{4.6'}$ $\qquad\qquad\qquad\qquad\underline{5.186}$

---

$$O=\overset{|}{C}+\overset{|}{C}=\overset{|}{C}+_n\overset{|}{C}=O \;\rightleftharpoons\; {}^{\ominus}O-\overset{|}{C}\not=\overset{|}{C}-\overset{|}{C}\not\equiv_n\overset{|}{C}-O^{\ominus}$$

$\underline{5.185'}$ $\qquad\qquad\qquad\underline{5.186'}$

Schema 5-44  Wie durch formales Einfügen des Bausteines A (von 2 x D) aus einem modifizierten Polymethin (Polyen) ein Carbonylfarbstoff (bzw. seine Leukoform) hervorgeht:
Wegen der entgegengesetzten Ladung von A und D ist $\underline{5.1''}$ einfach, $\underline{5.186}$ zweifach negativ geladen, während $\underline{4.6'}$ und $\underline{5.185}$ keine Ladung tragen. Die Uebersetzung in die konventionelle Formelschreibweise führt zu $\underline{5.185'}$ und $\underline{5.186'}$

Unter den langwellig absorbierenden Farbstoffen finden sich auffällig viele π-Systeme mit einer Kombination zweier Teilchromophore als charakteristischem Strukturmerkmal. Ein jüngstes Beispiel liefern endständig substituierte Chinodimethane des kreuzkonjugierten Typs 5.187, die aus einer formalen, π-Zentren eliminierenden Verknüpfung der identischen Neutrocyanine 5.188 und 5.188' hervorgehen. Eine analoge eliminierende Verknüpfung führt, wie an der Transformation 5.189, 5.189' ⟶ 5.190 gezeigt wird, zu den indigoiden Farbstoffen. Weitere Varianten findet man, veranschaulicht durch den umrahmten Teilchromophor von 5.191, unter den substituierten Anthrachinonen.

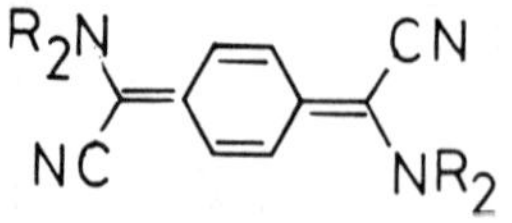


5.187

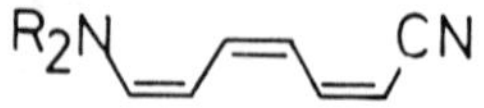


5.188, 5.188'

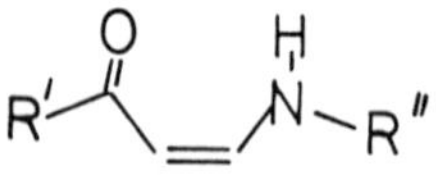


5.189, 5.189'

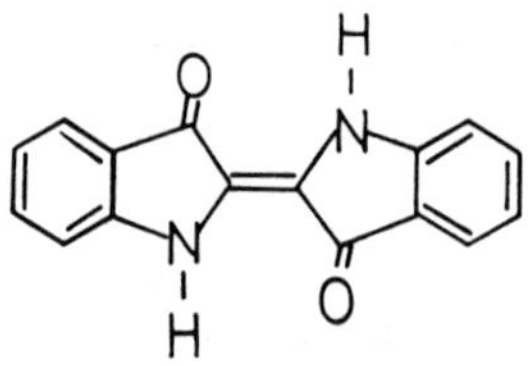


5.190

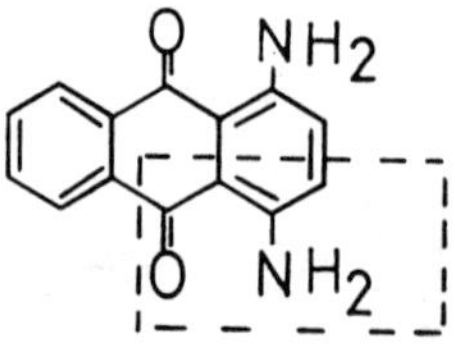


5.191

Schema 5-45 Zur Kombination von Teilchromophoren (Erläuterung siehe Text)

Anders formuliert: Die langwellig absorbierenden Carbonylfarbstoffe enthalten zusätzlich zum Strukturelement 5.185 mindestens zwei weitere Donorsubstituenten. Dass die Lichtabsorption tatsächlich umso langwelliger wird, je mehr Donoren vorhanden sind und je grösser deren Donorstärke ist, zeigt sich deutlich an den einfachen Derivaten der folgenden Reihe (5-46).

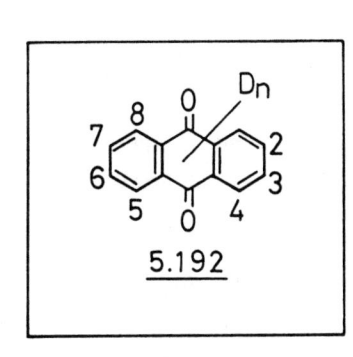

| $D_n$ | $\lambda_{max}$ [nm] | Farbe |
|---|---|---|
| 1-OH | 405 | orange |
| 1-NH$_2$ | 465 | rot |
| 1,5-(NH$_2$)$_2$ | 480 | rot |
| 1-NHMe | 508 | purpur |
| 1-OH, 4-NH$_2$ | 520 | rotbraun |
| 1,4-(NH$_2$)$_2$ | 550 | violett |
| 1,4,5,8-(NH$_2$)$_4$ | 610 | blau |
| 1,4-(NHØ)$_2$ | 620 | blaugrün |

Schema 5-46    Zur Farbe einfacher Anthrachinonderivate
(Ø ≡ C$_6$H$_5$)


5.6.1
Chinoide Farbstoffe

Chinoide Farbstoffe stellen eine grosse und wichtige Klasse unter den Textilfarbstoffen, mit hohen Echtheiten und einer Farbtonpalette, die von Gelb über Orange, Rot, Braun, Violett und Blau bis zu Grün reicht.

Das Bauprinzip dieser Farbstoffe ist in 5.193 unter Berücksichtigung der Ringstruktur dargestellt. Die Formel umfasst auch höher anellierte Chinone (n, m > 1), die meist zusätzlich durch Donorgruppen $D_i$ substituiert sind. Die im Molekül enthaltenen aromatischen Ringsysteme tragen je nach Verwendungszweck der Farbstoffe funktionelle Gruppen $Z_k$, denn man findet unter den Chinonfarbstoffen Beizen-, Säure-, Direkt-, Dispersions-, Küpen- und Reaktivfarbstoffe.

Die Diskussion der nachfolgenden Farbstoffbeispiele folgt mit der Applikationsklasseneinteilung einem Prinzip, das hier annähernd nach Löslichkeit und Molekelgrösse zu ordnen erlaubt.

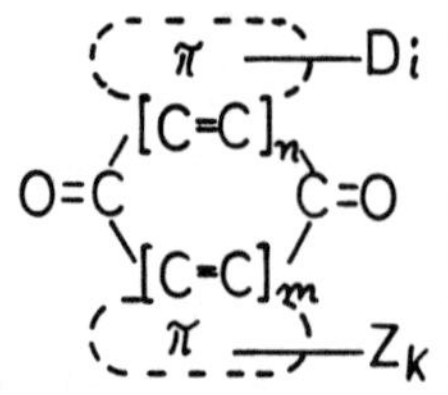

```
┌─────────────────────┐
│    π────Dᵢ          │
│   [C=C]ₙ            │
│ O=C      C=O        │
│   [C=C]ₘ            │
│    π────Zₖ          │
│                     │
│      5.193          │
└─────────────────────┘
```

$D_i$ : OH, OMe, $NH_2$, NHMe, NH Phenyl, NH Acyl u.a.

$Z_k$ : $SO_3^{\ominus} Na^{\oplus}$, $CONH_2$, CN, Reaktivgruppen, Alkylgruppen u.a.

Schema 5-47  Eine allgemeine Formel für chinoide Farbstoffe

5.6.1.1
Chinoide Dispersions- und Beizenfarbstoffe

Chinoide Dispersionsfarbstoffe leiten sich von donorsubstituierten 9,10-Anthrachinonen ab und umfassen Farbtöne bis Blaugrün. Sie dienen zur Färbung hydrophober Fasern wie Normal- und Triacetat, Polyamid und Polyester.

Mit den Dispersionsfarbstoffen hinsichtlich Molekelgrösse und Löslichkeit eng verwandt ist die Mehrzahl der älteren und historischen Beizenfarbstoffe. Ihr besonderes Merkmal sind komplexbildende Anordnungen von Substituenten, die das Färben auf metallgebeizten Naturfasern erlauben. Zu den historischen Beizenfarbstoffen gehören Naturfarbstoffe wie das als Krapp-Farbstoff Alizarin bekannte 1,2-Dihydroxyanthrachinon.

| Cellitonorange R | 5.194 | [C.I. Disperse Orange 11] |

Dieser Farbstoff, 1-Amino-2-methyl-9,10-anthrachinon, wird mittels Nitrierung und Reduktion aus 2-Methyl-9,10-anthrachinon 5.195 hergestellt (5.195 resultiert aus einer FRIEDEL-CRAFTS-Reaktion von Toluol und Phthalsäureanhydrid 5.27).

Man beachte, dass das Molekül keine wasserlöslich machenden Gruppen besitzt und relativ klein ist; nur so wird während des Färbeprozesses eine hinreichend schnelle Diffusion in die Faser gewährleistet.

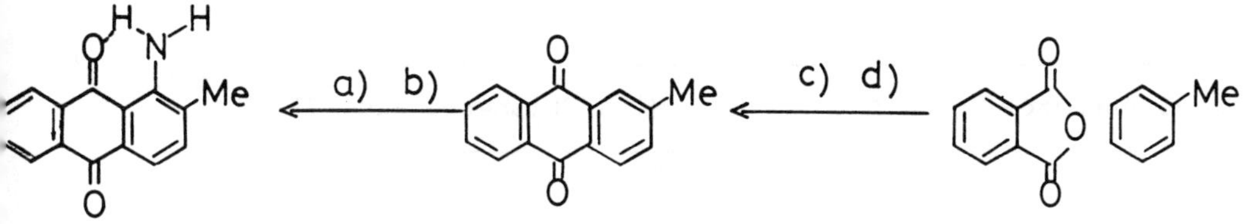

Schema 5-48  Synthese der anthrachinoiden Dispersionsfarbstoffe <u>5.194</u> (orange) und <u>5.196</u> (blau; abgas- und sublimierecht)

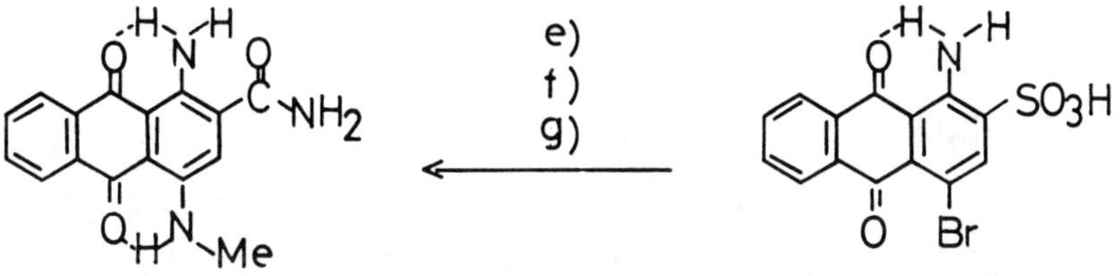

a) Nitrierung   b) Reduktion   c) $AlCl_3$
d) $H_2SO_4$   e) $CH_3NH_2$   f) NaCN   g) $H_2SO_4$ in $H_2O$

| Cellitonechtblau FFB | 5.196 | [C.I. Disperse Blue 5] |

Zur Erzeugung eines blauen Farbtones müssen mehrere Donoren in geeigneter Stellung im Anthrachinonmolekül vorhanden sein. Ein wichtiges Ausgangsprodukt in der Anthrachinonchemie ist die "Bromaminsäure" <u>5.197</u>, die stufenweise in den blauen Farbstoff <u>5.196</u> umgewandelt werden kann: Durch nucleophile Substitution des Bromatoms wird die Methylaminogruppe eingeführt, gefolgt von der nucleophilen Substitution der Sulfogruppe durch Cyanid. Die Carbonamidgruppe entsteht infolge partieller Verseifung des Säurenitrils (Schwefelsäure).

Sublimierechtheit wird durch polare Gruppen wie -CONH$_2$, -CH$_2$-CH$_2$-OH erreicht, die jedoch so dosiert sein müssen, dass die Wasserlöslichkeit nicht zu stark ansteigt. Die H-Brücken in 5.196 schützen schliesslich die 1,4-ständigen prim. und sek. Aminogruppen vor einem Angriff durch Stickoxide (Abgasechtheit).

---

Cellitonechtblaugrün B   5.198   [C.I. Disperse Blue 7]

---

Die nucleophile Substitution von Hydroxygruppen durch Aminogruppen wird wesentlich erleichtert durch eine zuvor erfolgende Reduktion des Chinonsystems. So entsteht der Farbstoff Cellitonechtblaugrün 5.198 aus 1,4,5,8-Tetrahydroxy-9,10-anthrachinon 5.200 durch Reduktion zu 5.199, das aus einem tautomeren Primärprodukt entsteht, Aminierung von 5.199 und Rückoxidation zum Chinon 5.198.

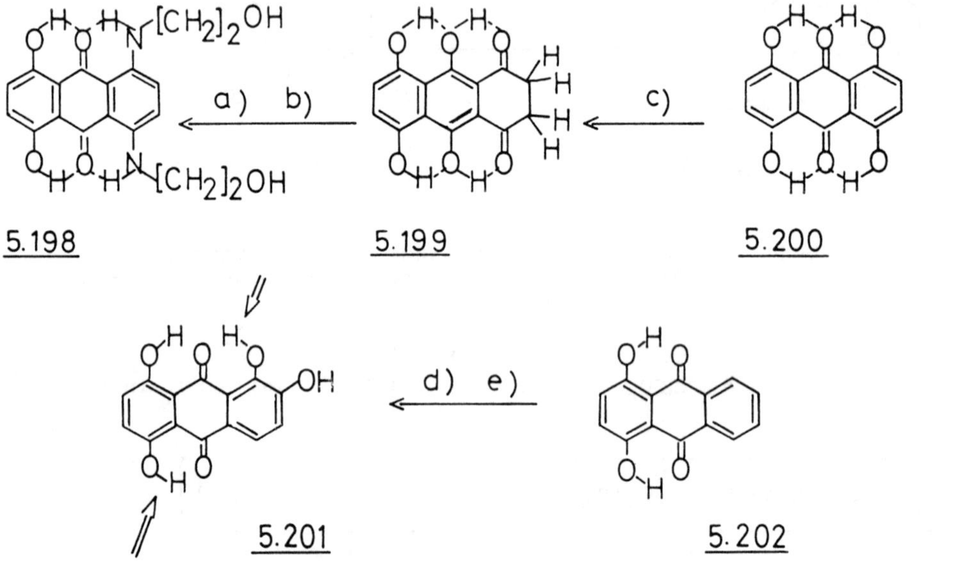

Schema 5-49   Synthese der Anthrachinonfarbstoffe 5.198 (blaugrün) und 5.201 [nach Komplexbildung mit Cr(III) violett, siehe Pfeile]

a) H$_2$NCH$_2$CH$_2$OH   b) Oxydation   c) Reduktion
   (2 Elektronen, 2 Protonen)   d) H$_2$SO$_4$ / SO$_3$
e) H$_2$O (Verseifung)

| Chinalizarin   5.201          [C.I. Mordant Violet 26] |

Unter Komplexbildung an den durch ↙ markierten Stellen färbt Chinalizarin 5.201 auf chromgebeizter Wolle ein neutrales, auf aluminiumgebeizter Wolle ein rotstichiges Violett. Die zu seiner Synthese führende Anthrachinon-Hydroxylierung nach BOHN-SCHMIDT, die 1890 zufällig entdeckt wurde, eignet sich auch zur Hydroxylierung von Monohydroxy- und Nitroanthrachinonen sowie von isomeren Dihydroxyanthrachinonen. Die Reaktion wird als nucleophile Substitution formuliert; Spuren von S, Se oder Hg wirken katalytisch. Am Schluss müssen die primär entstehenden Schwefelsäurehalbester hydrolysiert werden.

### 5.6.1.2
### Wasserlösliche Chinonfarbstoffe

Anthrachinoide Säurefarbstoffe enthalten, um die Wasserlöslichkeit und den anionischen Charakter zu garantieren, stets Sulfonsäuregruppen und in 1,4-Stellung als Donoren Amino- und/oder Arylaminosubstituenten. Sie färben Wolle in blauen bis grünen Tönen und besitzen gute Lichtechtheiten; die Nassechtheiten sind mittel bis gut. Sie sind auch für das Färben von Nylon geeignet. Analoge Strukturelemente tragen die anthrachinoiden Reaktiv- und die seltener vorkommenden chinoiden Direktfarbstoffe. Mit steigender Tendenz sind chinoide Strukturen auch unter den Basischen Farbstoffen vertreten; charakteristisch ist dann eine Seitenkette mit Ammonium- oder Phosphonium-Zentrum.

| Kitonechtblau CR   5.203          [C.I. Acid Blue 47] |

Der Farbstoff wird durch Kondensation von 1-Amino-4-brom-2-methylanthrachinon 5.204 mit p-Toluidin und nachträgliche Sulfonierung erhalten.

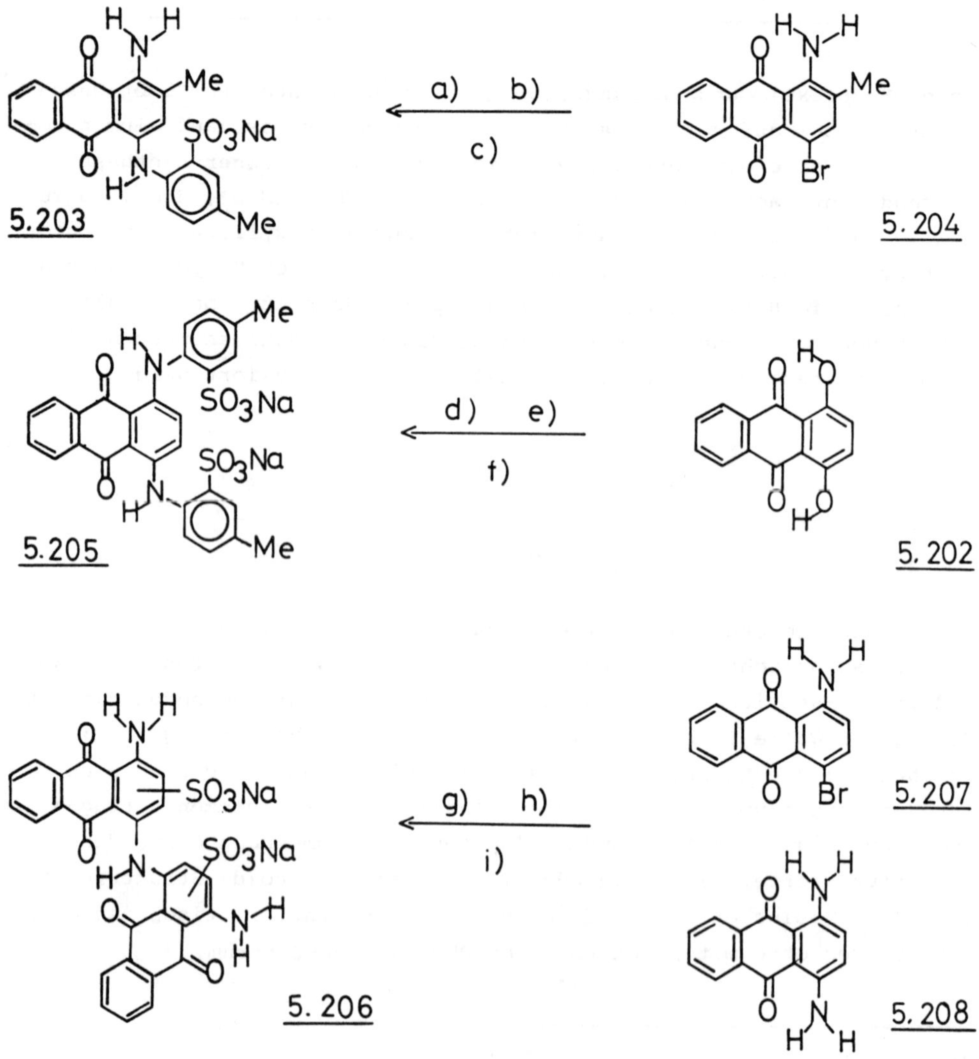

Schema 5-50  Synthese der anthrachinoiden Säurefärbstoffe 5.203 (blau), 5.205 (grün) und 5.206 (schwarz)

a) Erhitzen mit $H_2N-C_6H_4-CH_3$
d) Erhitzen mit HCl, $B(OH)_3$, Zn und $H_2N-C_6H_4-CH_3$
g) Erhitzen mit Cu und NaOAc
b) e) und h) $H_2SO_4/SO_3$   c) f) und i) $Na_2CO_3$ in $H_2O$

| Alizarinechtgrün G    5.205    • [C.I. Acid Green 25] |
|---|

Dieser Wollfarbstoff von hoher Licht-, aber geringer Alkali- und Säureechtheit entsteht durch nucleophile Substitution von Chinizarin 5.202 mit p-Toluidin in Gegenwart von Borsäure und Zink und durch nachfolgende Sulfonierung und Salzbildung. Wie bei 5.200 erfolgt die Substitution erst nach der Reduktion des chinoiden Eduktes.

Ersatz der Methylgruppen in 5.205 durch längere Alkylsubstituenten verstärkt die hydrophoben Wechselwirkungen und damit die Nassechtheiten.

| Alizarinechtgrau BLL    5.206    [C.I. Acid Black 48] |
|---|

Ein wichtiger Schwarzfarbstoff mit guten Licht- und Nassechtheiten resultiert aus der Kondensation von 1,4-Diamino-anthrachinon 5.208 und 1-Amino-4-bromanthrachinon 5.207 in Gegenwart von Kupfer und Natriumacetat; nach der "Molekülverdoppelung" wird das Zwischenprodukt sulfoniert.

| Säurealizarinblau BB    5.209    [C.I. Mordant Blue 23] |
|---|

Einen anthrachinoiden Chromierfarbstoff 5.209 erhält man nach basenkatalysierter Hydrolyse des oktasubstituierten Anthrachinons 5.210. Die Hydroxylierung des 1,5-Dinitro-anthrachinons nach BOHN-SCHMIDT führt mit $H_2SO_4/SO_3/S_8$ bei 130° C ebenfalls zu 5.209.

| Drimarenblau Z-RL    5.211    [C.I. Reactive Blue 17] |
|---|

Den blauen anthrachinoiden Reaktivfarbstoff 5.211 erhält man aus 5.197, das schrittweise mit Phenylendiamindisulfonsäure und Tetrachlorpyrimidin kondensiert wird.

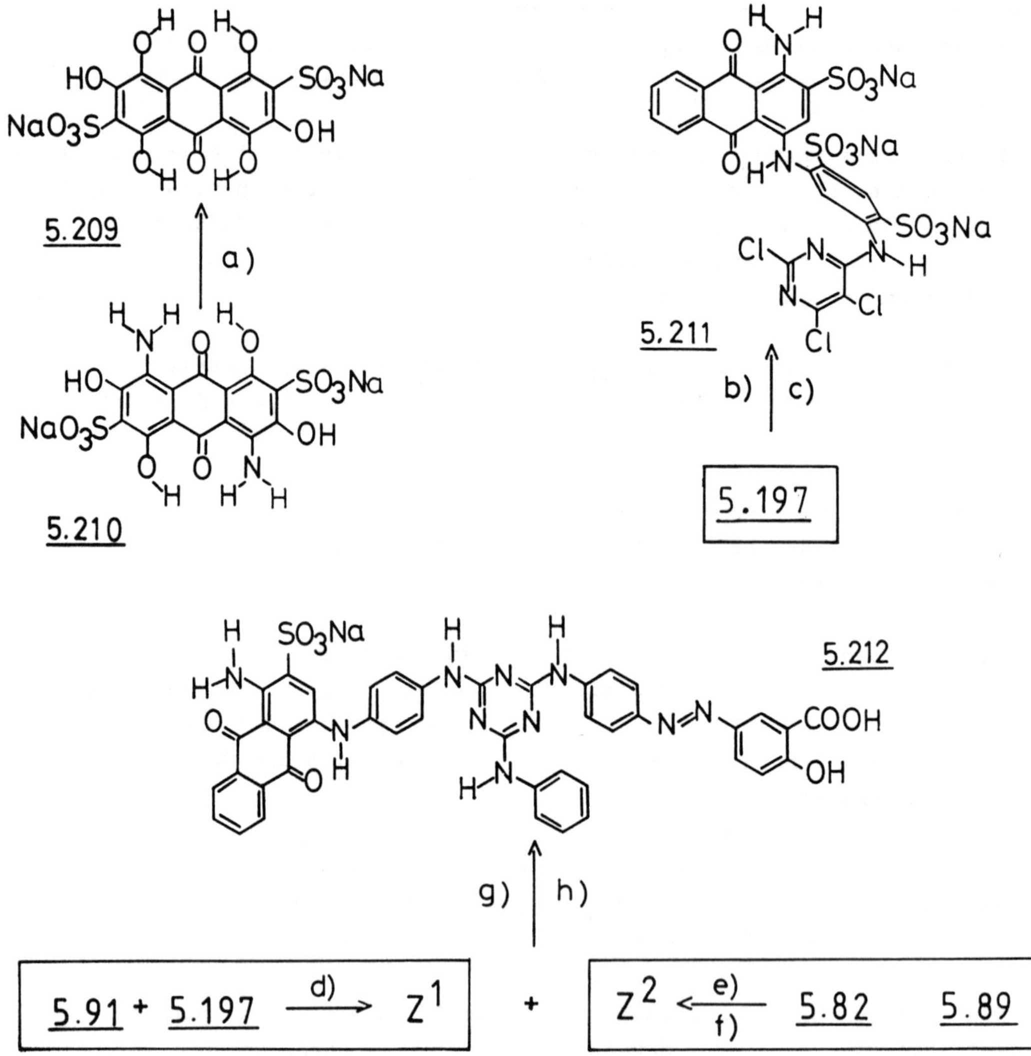

Schema 5-51 Synthese des anthrachinoiden Chromierfarbstoffes 5.209 (nach Komplexbildung mit Cr III blau), des anthrachinoiden Reaktivfarbstoffes 5.211 (blau) und des Anthrachinon/Azo-Direktfarbstoffes 5.212 (infolge intramolekularer Farbmischung grün)

a) $H_2O$/NaOH, 100 °C   b) Kondensation mit $(H_2N)_2C_6H_2=(SO_3Na)_2$   c) Kondensation mit $C_4Cl_4N_2$

d) nucleophile aromatische Substitution

e) Azokupplung   f) Reduktion mit $Na_2S$   g) Kondensation mit $C_3Cl_3N_3$   h) Kondensation mit $C_6H_5NH_2$

| Solophenylgrün 5GL | 5.212 | [C.I. Direct Green 28] |

Kopplung eines blauen Anthrachinonfarbstoffs mit einem gelben Azofarbstoff über ein Triazin-Zwischenglied ergibt einen grünen anionischen Farbstoff, der schon in die Applikationsklasse der Direktfarbstoffe gehört (ein erneutes Beispiel für intramolekulare Farbmischung).

Er wird hergestellt, indem Cyanurchlorid nacheinander mit 1-Amino-4-(p-aminophenylamino)anthrachinon-2-sulfonsäure, p-Aminophenylazosalizylsäure und Anilin substituiert wird. Eine Nachbehandlung der Färbung mit Kupfer(II)salzen führt zu einer Komplexbildung an den endständigen Carboxy- und HO-Gruppen, welche die Licht- und Nassechtheiten erhöht.

### 5.6.1.3
### Chinoide Küpenfarbstoffe

Küpenfarbstoffe sind praktisch unlöslich in Wasser und müssen vor dem Färben durch Reduktion in alkalischer Lösung wasserlöslich gemacht werden. Das entstandene Reduktionsprodukt ("Küpensalz") zieht auf das Substrat auf und kann nun zum Farbstoff rückoxidiert werden. Küpenfarbstoffe enthalten das Strukturelement 5.185', das reversibel zu 5.186' reduziert werden kann (Schema 5-44).

Die Moleküle chinoider Küpenfarbstoffe decken eine breite Farbtonpalette ab. Sie sind relativ gross und planar und enthalten keine wasserlöslich machenden Gruppen. Ausgehend von Aminoanthrachinonen erreicht man eine Molekülvergrösserung durch Acylierung, Molekülverknüpfungen oder ankondensierte aromatische und heteroaromatische Ringsysteme (Anellierung). In der Praxis unterscheidet man zwischen Acylaminoanthrachinonen und den höher anellierten Chinonen.

| Indanthrengelb GK | 5.213 | [C.I. Vat Yellow 3] |

Die einfache Benzoylierung von Aminoanthrachinonen führt zur Hypsochromie, da die $\pi$-Donoren geschwächt werden. So entstehen aus dem

roten 1,5-Diamino-anthrachinon 5.214 der gelbe Farbstoff 5.213, und
aus dem violetten 1,4-Diaminoanthrachinon der rote Farbstoff Indan-
threnrot 5GK [C.I. Vat Red 42]. Benzoylierung stellungsisomerer
Aminoanthrachinone mit einer oder mehreren Aminogruppen in 2-,3-,6- oder
7-Position ergibt alkalilösliche Produkte (Schema 6-16); erst $pK_a$-
Erhöhung durch intramolekulare H-Brücken führt zu potentiellen Küpenfarbstoffen.

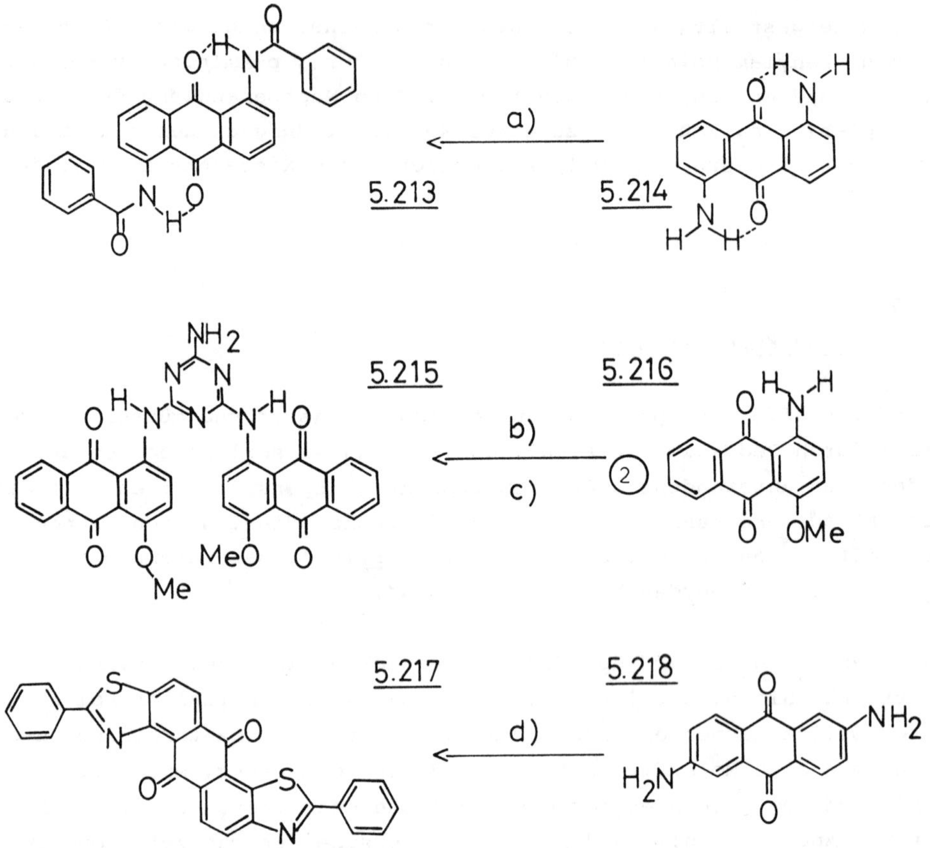

Schema 5-52  Synthese ausgewählter Acylaminoanthrachinonfarbstoffe.
Man beachte den Farbumschlag beim Verküpen: 5.213
(gelb/bordeaux), 5.215 (rot/orange) und 5.217 (gelb/
violett).

a) Erhitzen mit $C_6H_5$-COCl und $K_2CO_3$
b) Erhitzen mit $C_3Cl_3N_3$    c) $Cl/NH_2$-Austausch
d) $C_6H_5CCl_3/S_8$ , 220 °C (hochsiedendes inertes
Lösungsmittel

| Sandothrenrot NG    5.215           [C.I. Vat Red 28] |
| und |
| Cibanongelb GC    5.217             [C.I. Vat Yellow 2] |

Im Farbstoff 5.215 wird die Molekülvergrösserung durch Verknüpfung zweier Moleküle 1-Amino-4-methoxy-anthrachinon 5.216 über den Triazinring erreicht, während im Farbstoff 5.217 Acylaminogruppen in heterocyclische Ringe einbezogen wurden.

| Indanthron    5.219                 [C.I. Vat Blue 4] |

Die oxidative Verknüpfung zweier Moleküle 2-Aminoanthrachinon 5.220 in der Alkalischmelze führt zu einem blauen Küpenfarbstoff 5.219 von hervorragender Licht- und Nassechtheit, dessen Trivialname zur Gütebezeichnung "Indanthren" umfunktioniert wurde; vgl. 5.7.

Eine Chlorierung des Farbstoffs führt zum Cibanonblau GF [C.I. Vat Blue 6], das gegenüber 5.219 u.a. verbesserte Bleichechtheit zeigt.

| Indanthrengelb G    5.221           [C.I. Vat Yellow 1] |

Der Farbstoff 5.221, auch klassisch Flavanthron genannt, ist ein bei höherer Temperatur entstehendes Nebenprodukt der "Indanthronschmelze". Die technische Synthese stützt sich auf eine ULLMANN-Reaktion mit 1-Chlor-2-aminoanthrachinon 5.222. Andere bekannte Synthesen gehen vom 5.220 aus, das beispielsweise in $C_6H_5NO_2$ mit $TiCl_4$ zu 5.221 umgesetzt werden kann, oder vom 2,2'-Diaminodiphenyl, das über ein Diphthalimidoderivat unter FRIEDEL-CRAFTS-Bedingungen 5.221 ergibt.

Flavanthron färbt Baumwolle mit rotstichigem Gelb; die Ausfärbungen zeigen hohe Lichtechtheit, aber trotz Note 5 eine etwas geringere Waschechtheit als die von 5.219.

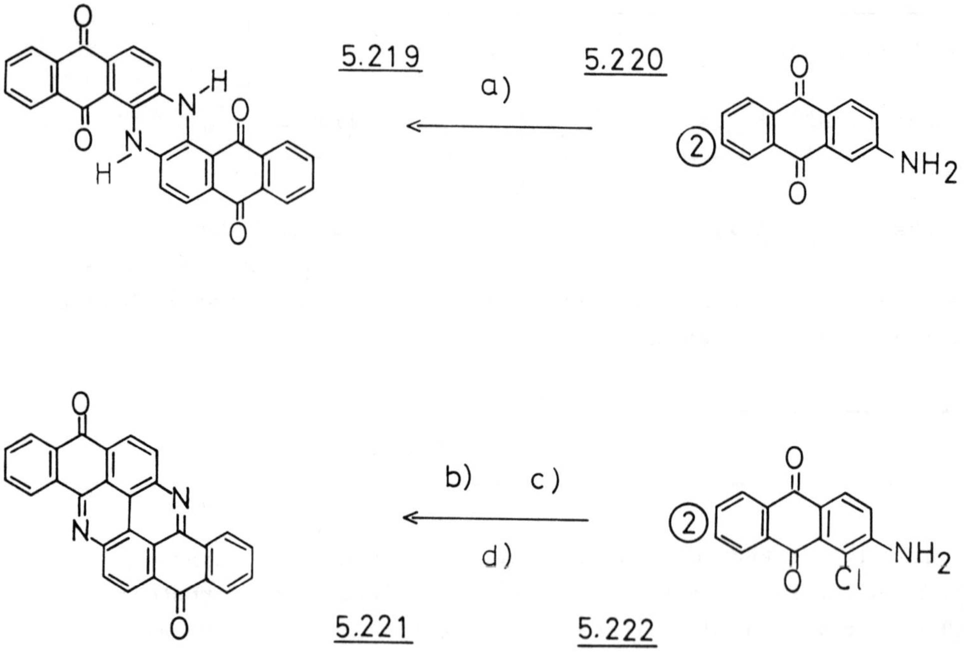

5.219   a)   5.220
⟵

5.221   b) c)   5.222
        d)
⟵

Schema 5-53  Synthese der Küpenfarbstoffe 5.219 (blau/gelb) und 5.221 (gelb/blau).

a) O$_2$ in KOH/NaOH: Schmelze, 220 °C
b) Einbau von Schutzgruppen: Phthalimidbildung
c) Erhitzen mit Cu-Pulver   d) NaOH in H$_2$O: Alkalische Verseifung, Ringschluss

Die Farbaufhellung gegenüber Indanthron ist durch den Verlust der π-Donoren bedingt, die bei der Verküpung wieder rückgebildet werden (blaue Küpe !).

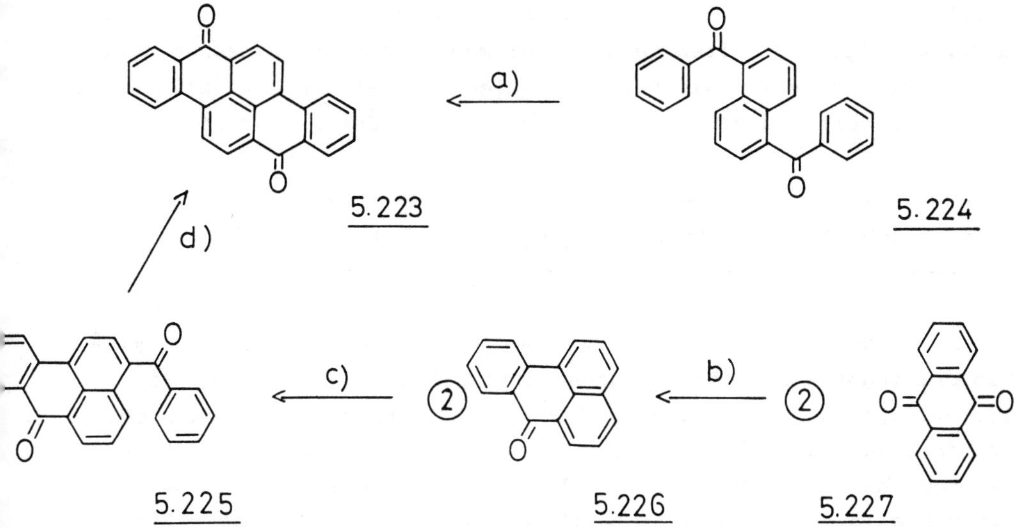

Schema 5-54   Zwei Wege zum Dibenzpyrenchinon 5.223 (gelb/bordeaux).

a) $O_2$ in $AlCl_3$/NaCl-Schmelze, 160 °C
b) Erhitzen in $H_2SO_4$ mit $HOCH(CH_2OH)_2$ und Fe-Pulver
c) $C_6H_5COCl/AlCl_3$
d) analog a)

---

Indanthrengoldgelb GK    5.223    [C.I. Vat Yellow 4]

---

Häufig liefern (höher kondensierte) aromatische Kohlenwasserstoffe nach kombinierter Anellierung von CO und zusätzlicher aromatischer Ringe wertvolle Küpenfarbstoffe. Durch dehydrierenden Ringschluss von 1,5-Dibenzoylnaphthalin 5.224 in der $AlCl_3$/NaCl-Schmelze in Gegenwart von $MnO_2$ oder Luft-$O_2$ entsteht beispielsweise 5.223; ein zweiter Syntheseweg stützt sich auf einen analogen Ringschluss von 3-Benzoyl-benzanthron 5.225. Das Zwischenprodukt 5.225 wird aus 5.226 durch FRIEDEL-CRAFTS-Acylierung, Benzanthron 5.226 durch Umsetzung von 5.227 mit Glycerin und Eisenspänen in $H_2SO_4$ gewonnen.

Durch Bromierung von 5.223 lassen sich im Einklang mit der Schweratomregel die Echtheiten verbessern; man erhält Indanthrengoldgelb RK [C.I. Vat Orange 1]. Wie bei fast allen Derivaten höher anellierter Chinone absorbiert die Küpe längerwellig als der Farbstoff.

| Indanthrenbrillantorange RK | 5.228 | [C.I. Vat Orange 3] |
|---|---|---|

Der brillante Farbstoff 5.228 mit der klassischen Bezeichnung 4,10-Dibromanthanthron entsteht durch intramolekulare Acylierung von 1,1'-Dinaphthalin-8,8'-dicarbonsäure 5.229 und nachfolgende Bromierung. Er färbt auf Baumwolle ein klares rotstichiges Orange mit sehr guter Lichtechtheit. Die rot-violette Küpe besitzt mässige Affinität bei gutem Egalisiervermögen. Anthanthron selbst hat nur geringe Farbstärke und ungenügende färberische Eigenschaften.

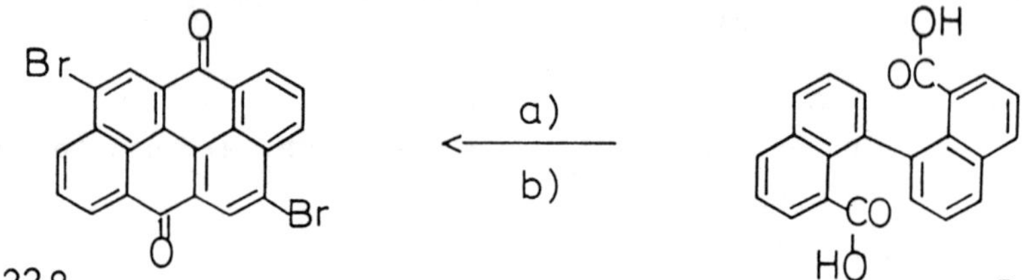


5.228 5.229

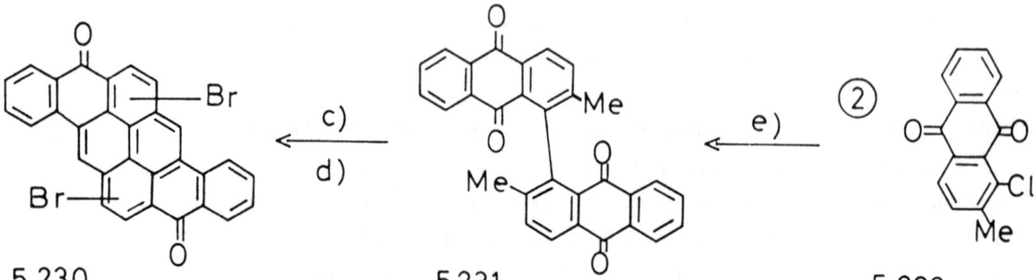


5.230 5.231 5.232

Schema 5-55 Synthese der Küpenfarbstoffe 5.228 (orange/violett) und 5.230 (orange/karminrot)

a) $H_2SO_4$ , 40° C b) und d) $Br_2$ in $H_2SO_4$
c) Erhitzen mit KOH e) Cu-Pulver/Pyridin, 180 °C

| Indanthrenorange 2RT    5.230        [C.I. Vat Orange 2] |

Der formale Ersatz von zwei Stickstoffatomen im Flavanthron 5.221 durch Methingruppen führt zu einem neuen Chromophor, dem Pyranthron [C.I. Vat Orange 9]. Seine Synthese stützt sich auf eine ULLMANN-Reaktion mit 1-Chlor-2-methylanthrachinon 5.232 und eine intramolekulare Aldolkondensation. Die anschliessende Bromierung ergibt den Küpenfarbstoff 5.230. Der Farbstoff 5.230 zeigt sehr gute Allgemeinechtheiten und färbt ein klares, rotstichiges Orange. Die Küpe ist karminrot.

| Violanthron   5.233        [C.I. Vat Blue 20] |

Dieser rotstichig blaue Farbstoff mit hohen Echtheiten, aber geringem Egalisiervermögen entsteht in der Alkalischmelze durch eine oxidative Dimerisierung von Banzanthron 5.226. Die Küpe ist violett.

| Cibanonbrillantgrün  BF (Caledon Jade Green XBN)   5.234
                        [C.I. Vat Green 1] |

Ein beachtenswerter grüner Küpenfarbstoff ist 16,17-Dimethoxyviolanthron 5.234. Auf Baumwolle resultiert ein klares, blaustichiges Grün mit ausgezeichneten Allgemeinechtheiten. Bei der Oxidation von Violanthron 5.233 mit Mangandioxid in Schwefelsäure entsteht das Zwischenprodukt Violanthron-16,17-chinon, das mit Natriumhydrogensulfit reduziert und mit p-Toluolsulfonsäuremethylester methyliert wird. Die Küpe ist blau.

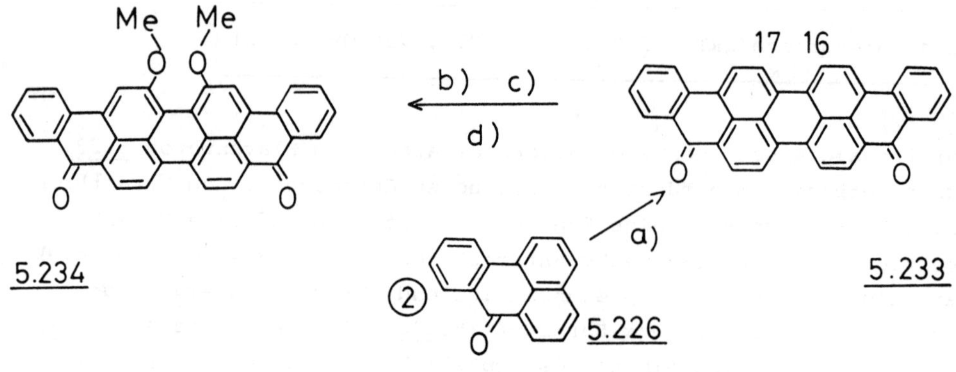

Schema 5-56  Synthese der Küpenfarbstoffe 5.233 (blau/violett)
und 5.234 (grün/blau)

a) KOH/NaOH/O$_2$ , 220 °C   b) MnO$_2$ in H$_2$SO$_4$ , 35 °C
c) NaHSO$_3$
d) Methylierung [ z.B. mit (CH$_3$)$_2$SO$_4$/NaHCO$_3$ ]


5.6.1.4
Chinonimidfarbstoffe

Formale Umwandlung der Carbonyl- in eine Imidfunktion und Einbau in ein Ringsystem führt zu Chinonderivaten wie 5.235. Im Terminus "Dioxazinfarbstoffe", der vom Colour-Index gebraucht wird, spiegelt sich in anschaulicher Weise die formale Verknüpfung zweier merochinoider Teilstrukturen - vgl. 5.32 - und damit die Analogie zur Transformation 5.189, 5.189' ⟶ 5.191. Eine ähnliche formale Verknüpfung führt zu Chinon-bis-imidium-farbstoffen wie 5.242.

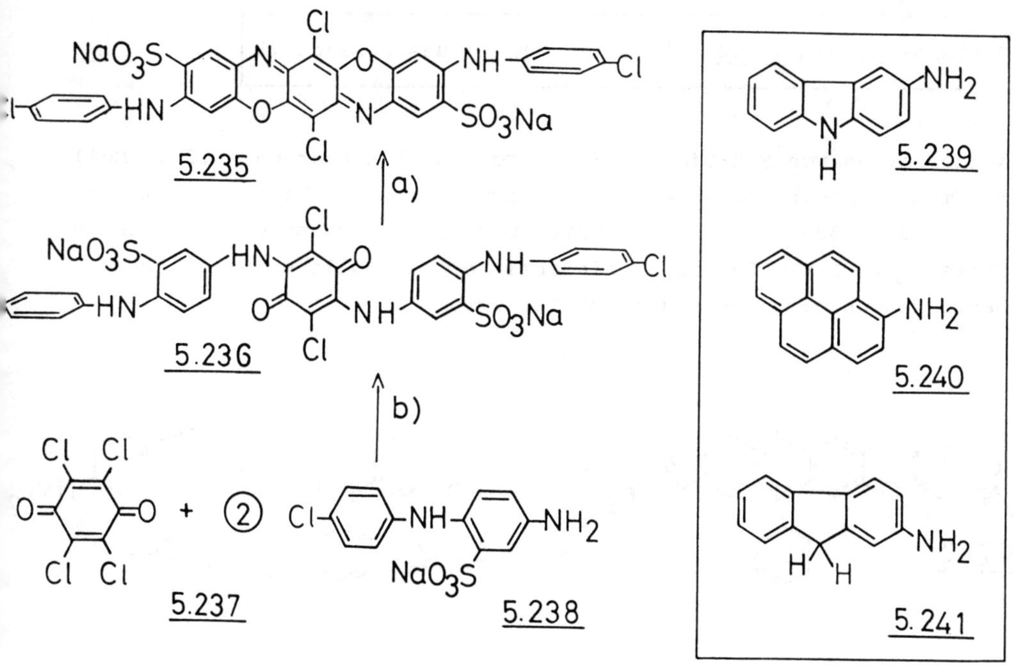

Schema 5-57  Zur Synthese von Dioxazinfarbstoffen

a) 4H-Oxydation mit $SO_3$ in $H_2SO_4$
b) Kondensation (Neutralisation des HCl durch MgO)

---

Siriuslichtblau FFB   5.235        [C.I. Direct Blue 190]

---

Kondensation von Chloranil 5.237 (elektrophile Komponente) mit
5-Amino-2-(4-chloranilino)-benzolsulfonsäure 5.238 führt zum aryl-
substituierten Dichlordiamino-benzochinon 5.236, das in Oleum oxydativ cyclisiert wird. Auf analoge Weise lassen sich aus 3-Amino-
carbazol 5.239, 1-Aminopyren 5.240 und 2-Aminofluoren 5.241 Farb-
pigmente gewinnen, die zu wertvollen Direktfarbstoffen sulfoniert werden.

| Echtschwarz L    5.242         [C.I. Basic Black 7] |

Kondensation von N,N-Dimethyl-p-nitroso-anilin-hydrochlorid (2 Mol) mit m-Anilino-phenol (1 Mol) führt zum schwarzen Chinonimidiumfarbstoff, der 1889 erstmals beschrieben wurde und unter der Bezeichnung <u>Echtschwarz L</u> zum Färben tanningebeizter Baumwolle im Handel war, heute jedoch nicht mehr hergestellt wird.

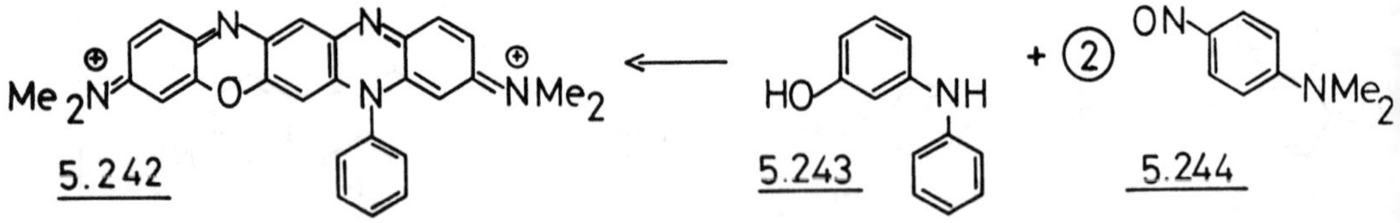

Schema 5-58   Synthese des chinoiden Farbstoffes Echtschwarz L
              5.242


## 5.6.2
### Indigoide Farbstoffe

Das Bauprinzip der indigoiden Farbstoffe lässt sich mehrheitlich mit der allgemeinen Formel 5.245 wiedergeben. Einbau der Strukturelemente R, D und CO in heterocyclische Ringe führt zu stabilen, technisch nutzbaren Farbstoffen wie dem klassischen Indigo 5.190 [C.I. Vat Blue 1, C.I. Pigment Blue 66]. Seltenere Varianten, die aus dem Wegfall und/oder Platzwechsel von $D^1$ und/oder $D^2$ resultieren, werden beispielsweise durch die allgemeine Formel 5.246 erfasst. Verlängerung des zentralen Doppelbindungssystems von 5.245 bewirkt eine hypsochrome Verschiebung der längstwelligen Absorptionsbande. Man beachte, dass dieser Effekt die indigoiden Farbstoffe von allen anderen π-Systemen abhebt, deren Absorptionsbanden bei einer entsprechenden Abwandlung ausnahmslos nach längeren Wellen verschoben werden. Formale Umwandlung der Carbonyl- in eine Imidfunktion und Einbau in heterocyclische Ringe führt zu indigoiden Indikatorfarbstoffen 5.247.

Von den zahlreichen Vertretern indigoider Farbstoffe, die früher überwiegend als Küpenfarbstoffe, seltener als Pigmente im Handel waren, werden ca. 50% heute nicht mehr hergestellt, da sie durch preiswertere und/oder echtere Chinonfarbstoffe ersetzt worden sind. Vertreter für andere Applikationsklassen wie 5.254 sind äusserst selten.

$$\begin{array}{cc} R^1-CO\diagdown\quad\diagup D^1-R^2 \\ \qquad C=C \\ R^3-D^2\diagup\quad\diagdown CO-R^4 \end{array} \qquad \begin{array}{cc} R^1-CO\diagdown\quad\diagup D^1-R^2 \\ \qquad C=C \\ R^3\diagup\quad\diagdown CO-R^4 \end{array}$$

<u>5.245</u>                   <u>5.246</u>

Schema 5-59    Grundstruktur und Variationsbreite indigoider Carbonylfarbstoffe:

$D^1 = D^2 = NH$     Indigoide im engeren Sinn
$D^1 = D^2 = S$      Thioindigoide
$D^1 = NH, D^2 = S$   Hemithioindigoide

(in Textilfarbstoffen sind die Donorsubstituenten mit der Carbonylfunktion heterocyclisch verknüpft)

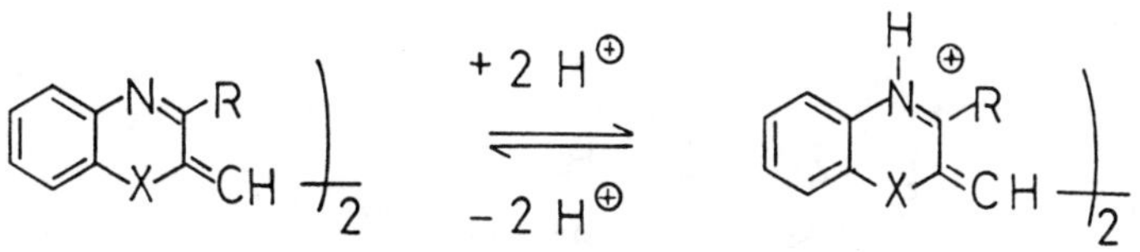

$$\underset{\underline{5.247}}{\text{[Struktur]}} \quad \overset{+2\,H^\oplus}{\underset{-2\,H^\oplus}{\rightleftharpoons}} \quad \underset{\underline{5.248}}{\text{[Struktur]}}$$

Schema 5-60    Indigoide pH-Indikatorfarbstoffe mit cyclisch eingebauter Imidfunktion (X = NR', S oder O)

## 5.6.2.1
### Die Derivate des klassischen Indigos

Besonders bewährt haben sich die durch direkte Halogenierung von 5.190 erhältlichen Farbstoffe 5.249 bis 5.253 (vgl. auch Schweratom-Regel im Abschnitt 5.5).

| | | |
|---|---|---|
| 5.249 | 5,5',7,7'-Tetrachlorindigo | [C.I. Vat Blue 41] |
| 5.250 | 5,5',7,7'-Tetrabromindigo | [C.I. Vat Blue 5] |
| 5.251 | 5,5'-Dichlor-7,7'-dibrom-indigo | [C.I. Vat Blue 37] |
| 5.252 | 5,5'-Dibrom-indigo | [C.I. Vat Blue 35] |
| 5.253 | 4,4',5,5',7,7'-Hexabromindigo | [C.I. Vat Blue 48] |
| 5.254 | 5,5'-Indigo-disulfonat | [C.I. Acid Blue 74] |

Andere Substitutionsmuster erhält man, wenn man die Farbstoffe aus entsprechend substituierten Edukten aufbaut. Einsatz von 5.262 (R = Cl) führt beispielsweise zum 4,4'-Dichlorindigo, der nicht im Handel ist, durch Bromierung aber leicht in das 4,4'-Dichlor-5,5'-dibrom-Derivat [C.I. Vat Blue 2] übergeht, das auf Cellulose ein grünstichiges Blau ergibt. Man beachte, dass alle unter 5.6.2.1 beschriebenen Farbstoffe bei der alkalischen Reduktion mit gelber bis gelb-brauner Farbe in Lösung gehen, und vergleiche mit den Küpenfarben der chinoiden Farbstoffe im Abschnitt 5.6.1.3.

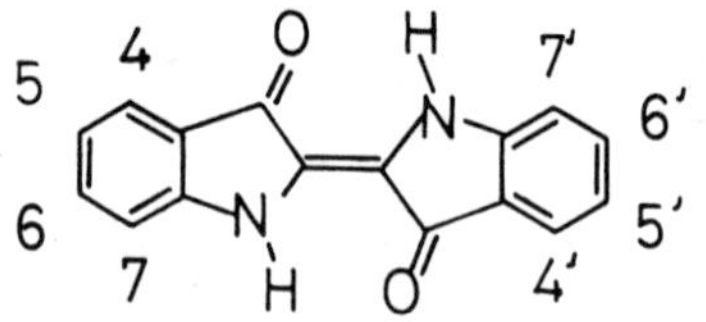

Schema 5-61    Zur Bezifferung der Indigoderivate 5.249 bis 5.254

Die bekanntesten Indigo-Synthesen sind die von BAEYER und DREWSON
(1882) und die von HEUMANN und PFLEGER (1890, verbessert 1901).
Während die relativ kostspielige Methode von 1882 heute vor allem
als Nachweisreaktion für aromatische o-Nitro-aldehyde dient, kommt
dem zweiten Verfahren noch immer grosse technische Bedeutung zu.

Die Synthese nach HEUMANN/PFLEGER stützt sich auf die oxydative Dimerisierung von Indoxyl 5.255, das bei der Einwirkung von $O_2$ höchstwahrscheinlich zunächst in ein Radikal 5.257 übergeht. Addition von
5.257 an die Enolform 5.256 eines zweiten Indoxylmoleküls und Abgabe
eines weiteren H-Atoms führt dann zur tautomeriefähigen Leukoform
5.258, die sich leicht weiter oxydieren lässt.
Radikale vom Typ D-A-B-D (Symbole in 4.3.1), für welche sich die Bezeichnung "capto-dativ-substituiert" eingebürgert hat, sind ungewöhnlich energiearm, sodass dem radikalischen Mechanismus eine relativ
hohe Selektivität und Wahrscheinlichkeit zukommt.

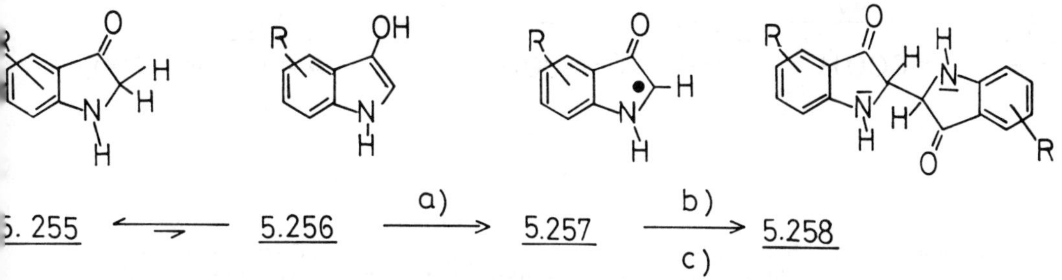

Schema 5-62  Zur oxydativen Dimerisierung des Indoxyl 5.255
und seiner Derivate (R ≠ H)

a) und c) Oxydation (H-Abstraktion)
b) Addition an 5.256

Die Synthese des Indoxyls 5.255 stützt sich auf Anilin- bzw. Anthranilsäure-Derivate wie 5.260 oder 5.261, die man durch Umsetzung von 5.86 bzw. 5.259 mit Chloressigsäure erhält. Einwirkung von NaNH$_2$ auf 5.260 bei 180 - 200 °C ergibt dann 5.255, Einwirkung von NaOH auf 5.261 nach Art einer Esterkondensation Indoxylcarbonsäure 5.262, die durch Decarboxylierung in Indoxyl und schliesslich oxydativ in den indigoiden Farbstoff umgewandelt wird.

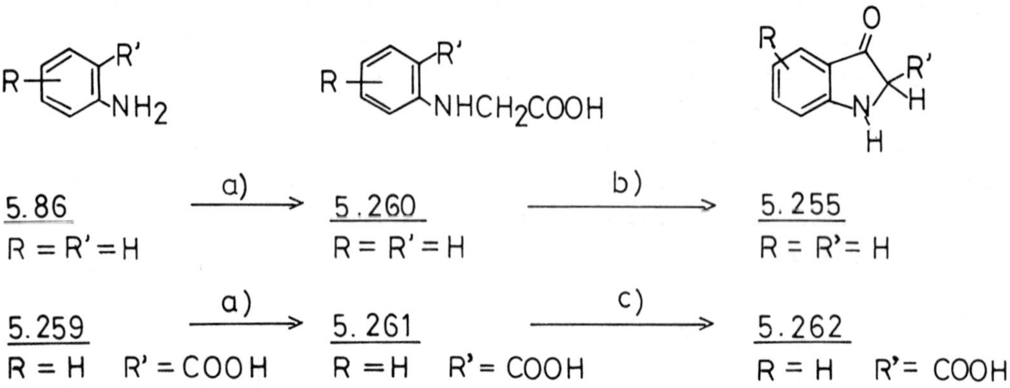

| 5.86 | a) | 5.260 | b) | 5.255 |
|---|---|---|---|---|
| R = R' = H | | R = R' = H | | R = R' = H |
| 5.259 | a) | 5.261 | c) | 5.262 |
| R = H  R' = COOH | | R = H  R' = COOH | | R = H  R' = COOH |

Schema 5-63   Synthese des Indoxyls 5.255, der Indoxylcarbonsäure 5.262 und kernsubstituierter Derivate (R ≠ H)

a) ClCH$_2$COOH   b) NaNH$_2$, 180 °C
c) NaOH, 200 °C


Die Synthese nach BAEYER/DREWSON stützt sich auf die Aldol-Addition eines o-Nitrobenzaldehydes 5.263 an Aceton. Erwärmen des Zwischenproduktes 5.264 in stärker alkalischer Lösung führt unmittelbar zur Kristallisation des indigoiden Farbstoffes. In der Lösung erfolgt vermutlich zunächst der Ringschluss zu 5.265. Eine (intramolekulare) Redox-Reaktion führt dann zu 5.266, Hydrolyse zum Dehydroindoxyl 5.267, das spontan dimerisiert.

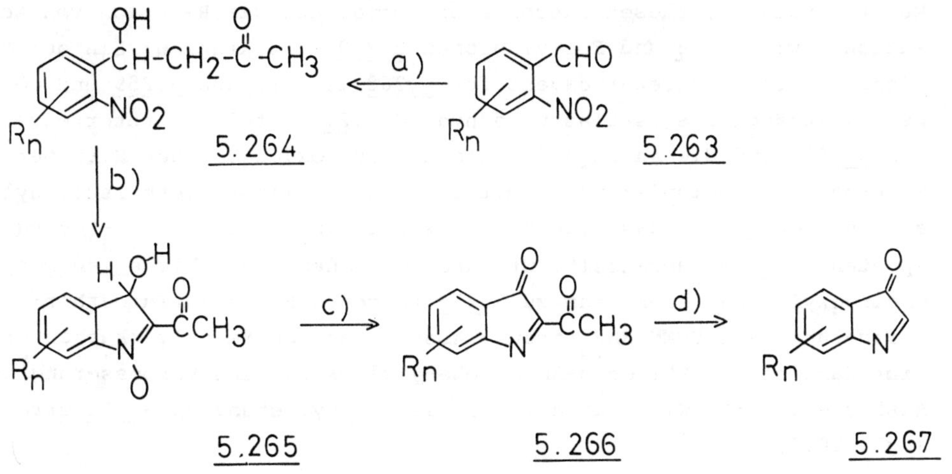

Schema 5-64  Zur Synthese nach BAEYER und DREWSON

a) Aceton in verdünnter wässriger NaOH
b) bis d) NaOH in H$_2$O

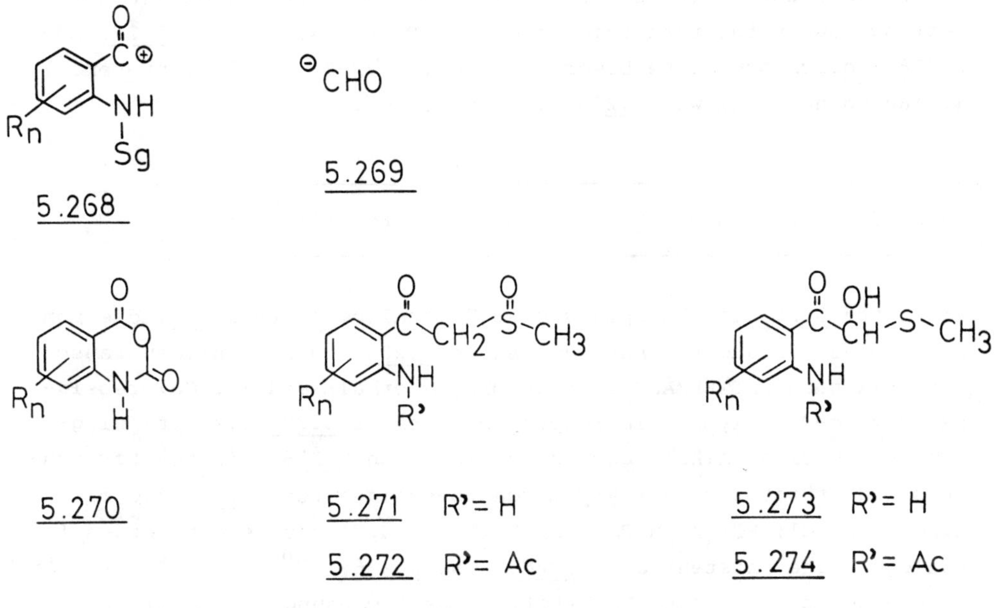

Schema 5-65  Zur Synthese nach GOSTELI (Sg ≡ Schutzgruppe, Ac ≡ Acetyl)

Neuere Indigo-Synthesen lassen sich formal auf die Reaktion von Acyl-
kationen wie 5.268 und Formylanionen 5.269 zurückführen: Ein geeignetes Stellvertreterreagenz für 5.268 ist das aus 5.259 und $COCl_2$
bequem zugängliche Isatinsäureanhydrid 5.270, Stellvertreterreagenzien
für 5.269 sind die Anionen des Dimethylsulfoxids und des Nitromethans.
So erhält man beispielsweise mit DMSO das o-Amino-ω-methylsulfinyl-
acetophenon 5.271, das sich beim Erwärmen in wässriger HCl-Lösung
spontan in 5.190 umwandelt. Offenbar geht dem Ringschluss zum Dehydroindoxyl 5.267 hier eine zu 5.273 führende Sulfoxid/Thioäther-
Umlagerung nach PUMMERER voraus. Abspaltung von Methylmerkaptan ergibt dann ein reaktives o-Amino-phenylglyoxal. Eine Verbesserung der
Ausbeute auf 86% wird durch vorgängige Acetylierung zu 5.272 erreicht
(vgl. 10.6).

### 5.6.2.2
### Thioindigoide und Hemithioindigoide

In Analogie zur Synthese nach HEUMANN und PFLEGER werden die symmetrisch substituierten thioindigoiden Farbstoffe - z.B. 5.275 oder
5.276 - durch oxydative Dimerisierung von 2H-Benzo[b]thiophenonen
(Thianaphthenonen) wie 5.278/5.279 gewonnen.

```
Thioindigorot B      5.275        [C.I. Vat Red 41]
```

Edukt für 5.278 ist beispielsweise Thiosalicylsäure 5.281, die man
durch Diazotierung von Anthranilsäure 5.259 und Diazoniumaustausch
mit HS-X nach GATTERMANN oder SANDMEYER erhält und mit Chloressigsäure zu o-Carboxymethylmercapto-benzoesäure 5.280 umsetzt; Ringschluss in einer Alkalischmelze ergibt dann 5.278. Ein zweiter Syntheseweg stützt sich auf Arylmercapto-essigsäuren 5.277, die mit
$H_2SO_4$, $HSO_3Cl$, $PCl_3/C_6H_5Cl$ oder $SO_2Cl_2/C_6H_5Cl$ cyclisiert werden [auf
analoge Weise entsteht auch 5.286; wie 5.276 ($R^n \neq H$) hat der entsprechende symmetrische Farbstoff keine Anwendung gefunden]. Die
Küpenfarbe des Thioindigorots ($R^n = H$) ist gelb.

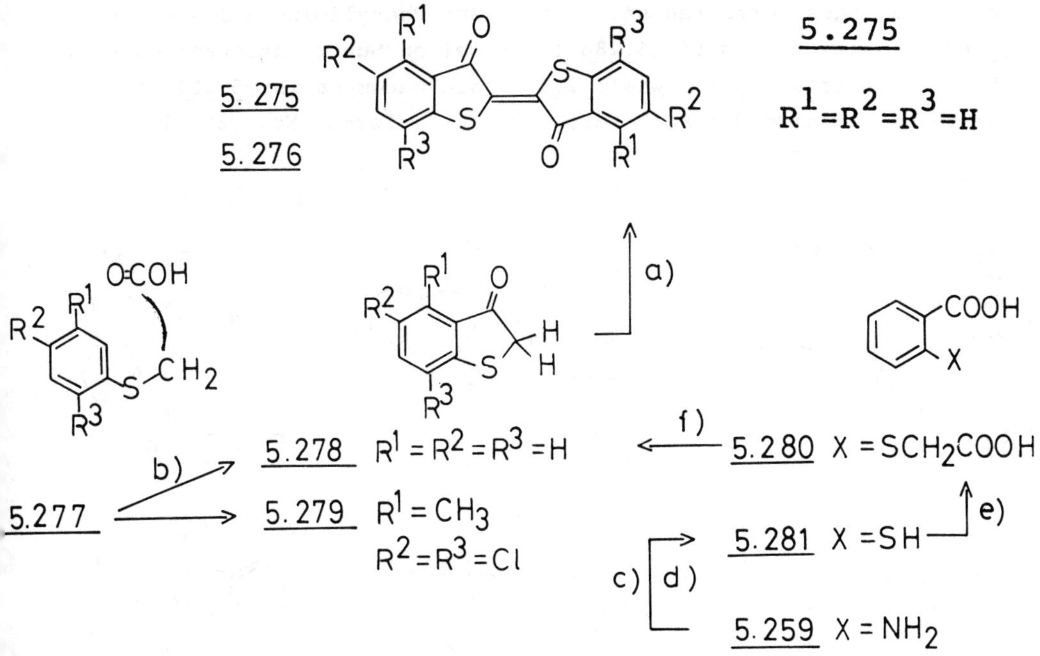

**5.275** $R^1=R^2=R^3=H$

**Schema 5-66** Zur Synthese thioindigoider Farbstoffe

a) $S_8$/NaOH in $H_2O$, 130 °C: $S_8$ dient hier als Oxydationsmittel
b) Cyclokondensation, z.B. mit $PCl_3$ in $C_6H_5Cl$
c) Diazotierung    d) $N_2$/SH-Austausch
e) $ClCH_2COOH$    f) Alkalischmelze

---

Algolviolett BBN   **5.282**         [C.I. Vat Violet 18]
Indanthrendruckschwarz BGL   **5.285**
                             [C.I. Vat Black 35]
Küpenfarben:  Gelb/gelbbraun/goldgelb

---

Kondensation des Thionaphthenons **5.279** mit dem substituierten Isatinchlorid **5.283** führt zum hemithioindigoiden Küpenfarbstoff **5.282** ($R^n$ = Cl). Kondensation von **5.286** mit **5.284** auf analoge Weise zum schwarzen, überwiegend im Textildruck gebrauchten Küpenfarbstoff **5.285**. Ein verwandtes Syntheseverfahren stützt sich auf Phenyliminoderivate wie 5.289, Einsatz von Isatin 5.288 (oder seinen Substitutionsprodukten) aber ergibt Isoindigoide wie 5.287 (genau genommen ist 5.287 ein hemithio-isoindigoider Farbstoff (vgl. C.I. Formel Nr. 73635).

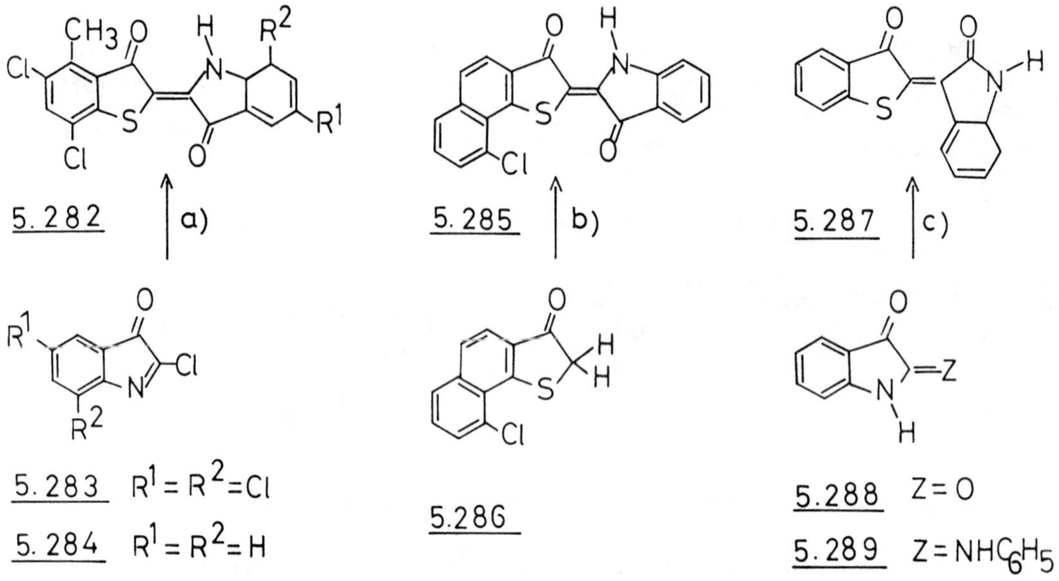

5.282    a)    5.285    b)    5.287    c)

5.283  R¹ = R² = Cl
5.284  R¹ = R² = H

5.286

5.288  Z = O
5.289  Z = NHC$_6$H$_5$

Schema 5-67   Zur Synthese der hemithioindigoiden Farbstoffe 5.282 (violett/gelbbraun) 5.285 (schwarz/goldgelb) und 5.287 (scharlach/blassgelb)

   a) Kondensation mit 5.279
   b) Kondensation mit 5.284 oder 5.289
   c) Kondensation mit 5.278 (nur wenn Z = O)

5.6.2.3
Farbstoffe im Grenzbereich zwischen Indigoiden und Polymethinfarbstoffen

Charakteristisch für die bisher diskutierten indigoiden Farbstoffe war ein doppelter Satz der typischen Polymethinbausteine $D^1$, $D^2$ und A sowie eine X-weise Anordnung von A B D (Symbole in 4.3.1; vgl. die Transformation 5.189, 5.189′ ⟶ 5.190). Fehlt eine der Endgruppen D, so resultiert eine Y-artige Verknüpfung wie beispielsweise in 5.246; Farbstoffe dieses Typs werden noch zu den indigoiden Farbstoffen gezählt. Vertauscht man in 5.246 aber zusätzlich die Gruppen $R^1CO$ und $D^1R^2$, so gelangt man zu Farbstoffen, die wie 5.9 und 5.11 bei den verzweigten Polymethinfarbstoffen einzureihen sind. Im Prinzip ist eine solche Grenzziehung willkürlich; man beachte jedoch, dass sich 5.9 und 5.11 und analoge Carbonylderivate nicht wie Küpenfarbstoffe reversibel reduzieren lassen, weil die typische Grundstruktur 5.185 infolge des Platzwechsels verloren geht.

5.290

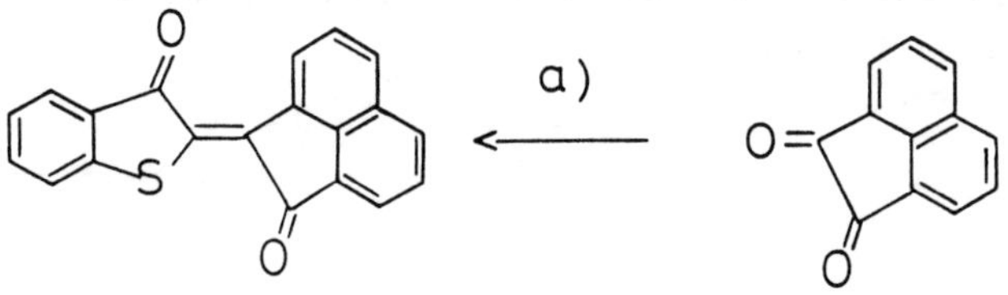


5.291

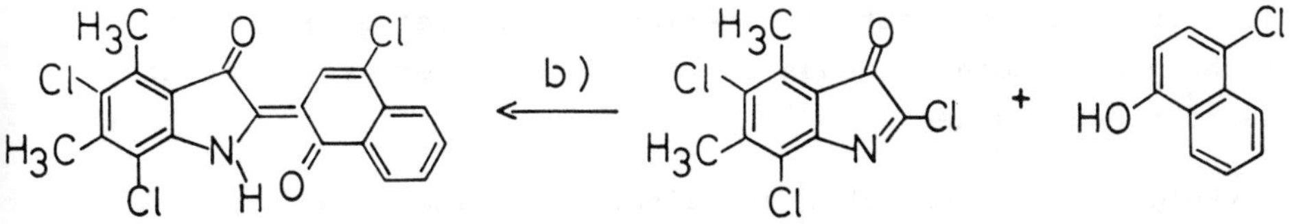


5.292 5.293 5.294

Schema 5-68 Synthese der Küpenfarbstoffe 5.290 (rotorange/rotviolett) und 5.292 (blau/gelb)

a) Kondensation mit 5.278

b) Kondensation in Gegenwart einer Hilfsbase (HCl-Abspaltung)

| | | |
|---|---|---|
| Indanthrendruckscharlach GG | 5.290 | |
| und | | [C.I. Vat Red 45] |
| Indanthrendruckblau R | 5.292 | [C.I. Vat Blue 40] |

Der Farbstoff 5.290, der auf Cellulosefasern ein gelbstichiges Rot färbt, wird durch Kondensation von 5.278 mit Acenaphthenchinon 5.291 hergestellt. Die Küpenfarbe ist rotviolett. Der Farbstoff 5.292 wird durch Kondensation des substituierten Isatinchlorids 5.293 mit 4-Chlor-1-naphthol gewonnen. Wie bei den typisch indigoiden Farbstoffen der Abschnitte 5.6.2.1 und 5.6.2.2 bewirkt die alkalische Reduktion eine hypsochrome Verschiebung der langwelligen Absorptionsbande; die Küpenfarbe ist gelb.

## 5.7
**Anhang: Echtheitsansprüche, Anpassung der Farbstoffauswahl**

Von einem farbigen Textilgut wird verlangt, dass seine Färbung den Beanspruchungen standhält, denen es während weiterer Verarbeitungsprozesse oder während des

> Die Fähigkeit der Ausfärbungen, einer bestimmten Beanspruchung standzuhalten, wird als Echtheit bezeichnet, wobei man zweckmässigerweise zwischen Fabrikationsechtheiten und Gebrauchsechtheiten unterscheidet.

Um diese Anforderungen mit kommerziellen Erwägungen in Einklang zu bringen, muss unter den Farbstoffen, mit denen auf einem vorgegebenen Material die gewünschte Nuance erzielt werden kann, eine sorgfältige Auswahl getroffen werden. Häufig resultieren Kompromisse, da Preis und Echtheit der Farbstoffe in der Regel parallelgehen. Für Spezialzwecke spielt auch die Infrarotabsorption der Farbstoffe eine Rolle. Sie soll beispielsweise bei Tropenkleidung möglichst gering sein, bei Militärkleidung an die der Umgebung (Ackerbraun, Blattgrün) angepasst werden.

So wird bei der Färbung eines Sonnenschirms die Widerstandsfähigkeit gegenüber dem Sonnenlicht, bei einem Kleiderstoff gegenüber Beanspruchung durch Licht und Wäsche, bei Badebekleidung gegenüber Meerwasser, Licht und Desinfektionsmitteln (Chlor, Hypochlorit) ausschlaggebend sein. Die Lichtechtheit muss als eine der wichtigsten Gebrauchsechtheiten besonders häufig berücksichtigt werden. Je nach Verwendungszweck ist ausserdem eine hohe Waschechtheit, Bügelechtheit (geringe Sublimationstendenz), Reibechtheit, Lösungsmittelechtheit (chemische Reinigung!), Schweissechtheit, Säureechtheit (Lebensmittel!) und Alkaliechtheit (Strassenstaub!) erforderlich. Bei Färbungen auf Acetat spielt noch immer die Abgasechtheit eine wichtige Rolle, da diese Fasern Stickoxide aus Verbrennungsgasen aufzunehmen und anzureichern vermögen.

Wichtige Veredlungsprozesse, denen die Textilien nach dem Färben unterzogen werden, oder Chemikalien, mit denen die Ausfärbungen während der weiteren Verarbeitung noch gelegentlich in Berührung kommen können, werden unter 7.1 erläutert. Die entsprechenden Fabrikationsechtheiten werden mit Karbonisier-, Dekatur-, Chlor-, Peroxid-, Chrom-, Chloritbleichechtheit usw. bezeichnet.

Die Echtheitseigenschaften hängen in erster Linie von der Reaktionsbereitschaft und somit vom chemischen Aufbau des Farbstoffes ab. Eine entscheidende Rolle spielen ferner die Art der Verankerung und die insbesondere die Nass-(Wasch-)echtheit beeinflussende Farbstoffkonzentration (Nuancentiefe der Ausfärbung).

Die Küpenfarbstoffsortimente (Abschnitt 6.8) wiesen als erste eine beträchtliche Anzahl hervorragend echter Vertreter auf. Produkte deutscher Herkunft, die den höheren Echtheitsansprüchen genügten, durften mit dem I-Zeichen (Indanthren) versehen werden, welches bedeutete, dass die Färbungen etwa den gleichen Echtheitsgrad wie diejenigen des klassischen Indanthrons aufwiesen. Später wurde eine internationale Vereinbarung getroffen, die für Farbstoffe mit ähnlich hohen Echtheitsgraden ein F-Zeichen (Felisol) vorsah. Inzwischen ist allerdings eine Abkehr von derartigen Gütezeichen erfolgt.

Um eine objektive Beurteilung der Echtheitseigenschaften garantieren zu können, hat man standardisierte Prüfverfahren entwickelt, die ungefähr den in der Praxis vorliegenden Beanspruchungen Rechnung tragen. In den Musterkarten der Farbstoffhersteller werden die Echtheiten mit einer Notenskala bewertet. Allgemein werden dabei fünf, bei der Lichtechtheit acht Echtheitsstufen unterschieden. Es sind dies

| für die Lichtechtheit | | für die sonstigen Echtheiten |
|---|---|---|
| 1 = sehr gering | 5 = gut | 1 = gering |
| 2 = gering | 6 = sehr gut | 2 = mässig |
| 3 = mässig | 7 = vorzüglich | 3 = ziemlich gut |
| 4 = ziemlich gut | 8 = hervorragend | 4 = gut |
| | | 5 = sehr gut |

Die Licht- und Waschechtheiten einiger wichtiger Farbstoffklassen sind der nachstehenden Tabelle zu entnehmen. Wie man sieht, schwanken die Waschechtheiten, für welche das der Farbstoffklasse gemeinsame Bindungsprinzip ausschlaggebend ist, wesentlich weniger stark als die Lichtechtheiten, für welche die konstitutionellen Besonderheiten des chromophoren Systems und des Substrates verantwortlich sind.

Tabelle 5/3  Wasch- und Lichtechtheiten im Vergleich

| Farbstoffklasse | Substrat | Waschechtheit | Lichtechtheit |
|---|---|---|---|
| Dispersionsfarbstoffe | Acetat | (2) 3 - 5 *) | (3) 4 - 7 (8) |
| Basische Farbstoffe | Naturfasern | 1 - 2 | 1 - 2 |
| ausgewählte Basische Farbstoffe | Polyacrylnitril | 4 - 5 | 4 - 8 |
| Saure Komplexfarbstoffe | Wolle | (3) 4 - 5 | 5 - 7 |
| Säurefarbstoffe (Standardtyp) | Wolle, Seide | 1 - 4 | 1 - 7 (8) |
| Chromierfarbstoffe | Wolle | (3) 4 - 5 | 4 - 7 (8) |
| Reaktivfarbstoffe | Cellulose | (2) 3 - 5 | (3) 4 - 7 (8) |
| Küpenfarbstoffe | Cellulose | (3) 4 - 5 | (3) 4 - 8 |
| Entwicklungsfarbstoffe | Cellulose | 4 - 5 | (1) 2 - 7 (8) |
| Direktfarbstoffe | Cellulose | 1 - 2 (3) | 1 - 7 (8) |

*) in () jeweils die seltener vorkommenden Noten

# 6.
# Von den Applikationsklassen des Colour Index zu den Mechanismen des Färbeprozesses

Die Fähigkeit, Farbstoffe aufzunehmen und genügend fest zu binden, gehört zu den fundamentalen Anforderungen, die an Textilfasern des täglichen Gebrauchs - insbesondere an Oberbekleidungstextilien - zu stellen sind. Neben dem chemischen Aufbau ist es die Faserstruktur, d.h. die Art, wie die Polymerketten in der Faser angeordnet und miteinander verknüpft sind, die das Färbeverhalten entscheidend beeinflusst.

Der wichtigste Schritt, nämlich die Diffusion des Farbstoffes in die Faser, ist an das Vorhandensein von amorphen Faserbereichen mit Kanälen molekularer Dimensionen, grösseren Poren oder ausgedehnten Faserhohlräumen gekoppelt.

Für den sekundären Schritt, die Fixierung des Farbstoffes mit Hilfe chemischer oder physikalischer Kräfte, werden geeignete Verankerungsstellen benötigt, deren Beschaffenheit überwiegend durch den chemischen Aufbau der Textilfasern bestimmt wird. Es ist daher sehr nützlich, in den Fasern geeignete Bindungsstellen zu erkennen - oder bei Synthesefasern einzuplanen - und mit der Auswahl und Entwicklung von Farbstoffen abzustimmen.

## 6.1
**Grundlagen**

6.1.1
<u>Die Verankerungsprinzipien</u>

Man kennt heute fünf Varianten der Verankerung.

1) <u>Einlagerung von a) Farbstoff-Aggregaten oder b) Farbpigmenten in Faserhohlräume</u>. Typisch für diese Möglichkeit sind die

Farbstoff/Faser-Kombinationen
a) Direktfarbstoffe/Cellulosefasern und
b) Küpen- und Entwicklungsfarbstoffe/Cellulosefasern.

2) <u>Bildung fester Lösungen</u>. Dieses Prinzip dominiert das Färben hydrophober Fasern.

3) <u>Ionenbindung und Ionenaustausch-Mechanismus</u>. Diese Möglichkeit wird insbesondere bei den Kombinationen Säurefarbstoffe/Protein- und Polyamid-Faserstoffe, Direktfarbstoffe/Nylon und Seide sowie Basische Farbstoffe/Polyacrylnitril genutzt.

4) <u>Koordinative Bindung</u>. Voraussetzung ist hier das Verankern von Schwermetallionen, das durch Einbeziehen von Fasersubstituenten in die Koordinationssphäre realisiert wird. Beispiele sind Beizen-, Chromier- und 1:1-Komplex-Säurefarbstoffe/Wolle.

5) <u>Kovalente Verknüpfung von Faser und Farbstoff</u>. Diese elegante Art der Verankerung kam erst 1955 mit den Reaktivfarbstoffen auf; sie ist ohne die gezielte Entwicklung dieser jüngsten Applikationsklasse undenkbar.

Ueberlagerungen der Verankerungsprinzipien sind relativ häufig. Ein Beispiel ist die der Punkte 3 und 4, die bei fast allen unter 4 genannten Kombinationen realisiert wird. Weitere Beispiele findet man bei 1:2-Komplex-Säurefarbstoffen/Nylon mit der Ueberlagerung von 2 und 3, bei Reaktivfarbstoffen/Wolle mit der von 3 und 5 und bei Direktfarbstoffen/Wolle mit der von 1 und 3. Typisch für das letztgenannte Beispiel ist, dass sich in saurem Medium egale Färbungen kaum erzielen lassen, während im (schädlichen) alkalischen Bereich die Affinität infolge elektrostatischer Abstossung stark zurückgeht.

## 6.1.2
### Das Egalisieren

Dem gleichmässigen Aufziehen des Farbstoffes, das als "Egalisieren" bezeichnet wird, ist bei allen diskontinuierlichen Färbeprozessen grosse Bedeutung beizumessen. Die wichtigsten Bedingungen für egales Aufziehen sind - eine reversible Verankerung sei vorausgesetzt -

    a) **gleichmässiger Kontakt** der Flotte mit der Fasergrenzfläche: bewegtes Färbegut und/oder bewegte Färbelösung

    b) **gleichmässige Durchtrittsbedingungen:** Einsatz von Netzmitteln ≡ "faseraffinen Textilhilfsmitteln"

    c) **Abbremsen der Aufziehgeschwindigkeit:** Man beginnt stets bei einer Temperatur in der Nähe des Affinitätsminimums und heizt (oder kühlt) dann allmählich auf die Färbetemperatur; hinzu kommen "farbstoff-affine Hilfsmittel" sowie andere, für die jeweilige Applikationsklasse spezifische Abbremsverfahren.

## 6.1.3
### Das Migrationsverhalten

Ungleichmässig verteilter Farbstoff kann durch das sogenannte Migrieren (Wandern) ausegalisiert werden. Damit der Farbstoff während des Färbeprozesses von Stellen höherer Konzentration zu Stellen niedriger Konzentration diffundieren kann, darf er nicht zu fest und keineswegs irreversibel verankert werden. Die Migration lässt sich durch ausgewählte Egalisiermittel, bei Ionenaustausch-Mechanismen durch "Konkurrenz um die Bindungsplätze" fördern.

Fälschlicherweise spricht man auch von Migrieren, wenn ein aufgeklotzter (einfoulardierter) Farbstoff zusammen mit Resten der Flotte wandert, und bei anderen mechanischen Verteilungs- oder Anreicherungsprozessen.

    <u>Merke:</u> Migration (engl.) ≡ Migrationsfähigkeit (R.H. PETERS: "the ability of dye to be transferred from one area of the yarn or cloth to another").

## 6.1.4
### Ueber Carrier-Wirkung, Einfrier-, Glas- und Erweichtemperaturen

Die <u>Glastemperatur</u> $T_g$ charakterisiert eine Quasi-Phasenumwandlung in den amorphen Bereichen der Faser, die bei $T_g$ vom Nichtgleichgewicht des glasig erstarrten Zustandes zum Gleichgewichtszustand der Schmelze übergehen. In Volumen/Temperatur-Diagrammen gibt sie sich durch einen Knick, in den Enthalpie/Temperatur-Kurven der Differentialthermoanalyse durch eine charakteristische Stufe zu erkennen. Während die thermische Ausdehnung unterhalb $T_g$ ausschliesslich auf Temperaturschwingungen einzelner Kettenglieder innerhalb ihrer Potentialmulden zurückzuführen ist, beruht die zusätzliche thermische Ausdehnung oberhalb $T_g$ auf der Bildung von "freiem Volumen". Die charakteristische Stufe in den $\Delta H/T$-Kurven ist so u.a. auf die Arbeit zurückzuführen, die gegen lokale Kohäsionskräfte aufzubringen ist. Die entstehenden Hohlräume atomarer Dimensionen sind innerhalb der amorphen Bereiche mehr oder weniger frei beweglich und können sich maximal mit Schallgeschwindigkeit fortpflanzen.

Im Gegensatz dazu versteht man unter der <u>Einfriertemperatur</u> $T_e$ die Temperatur, oberhalb derer grössere Molekülsegmente in den nichtkristallinen Bereichen beweglich werden. Makroskopisch gibt sich dieser Effekt durch eine erleichterte Verformbarkeit zu erkennen. In mechanisch unbelastetem Material erfolgen die Platzwechselvorgänge, welche Selbstdiffusion ganzer Ketten einschliessen und unter geeigneten Voraussetzungen die Bildung zusätzlicher kristalliner Bereiche ermöglichen, ungeordnet und regellos, während sie unter dem Einfluss einer mechanischen Spannung mehr oder weniger geordnet ablaufen und so in die gewünschte Richtung gelenkt werden können. Unterhalb $T_e$ verhalten sich die Fasern in der Regel quasiglasartig, d.h. sie reissen nicht spröde, sondern lassen sich unter "Spannungserweichung" weiter deformieren.

Mechanisches Weichwerden und Glasübergang können häufig mit der gleichen Temperatur $T_g = T_e$ charakterisiert werden. Man sollte dabei aber stets die unterschiedlichen Definitionen und die prinzipielle Nichtidentität beider Grössen in Erinnerung behalten. Fremdmoleküle

**DSC 1. SCAN** amorphe Anteile: 32 %

endotherm
exotherm

Tg : 347 K

N$_2$

K

**2.SCAN** 69 %

T$_s$ : 519 K

Tg : 352 K

T Rekrist. : 402 K

O$_2$

K

Thermogravimetrie
**TG**

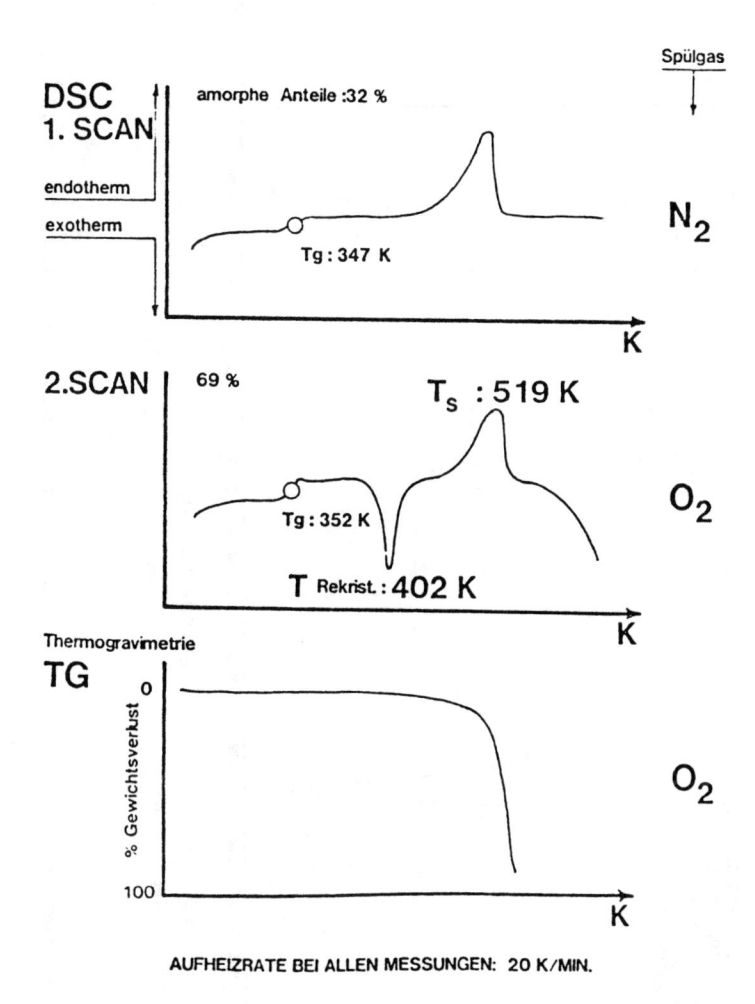

0

% Gewichtsverlust

100

O$_2$

K

AUFHEIZRATE BEI ALLEN MESSUNGEN: 20 K/MIN.

Abb. 6:1 Thermisches Verhalten eines teilkristallinen Polymeren auf Polyesterbasis:

    Oben: Glasumwandlungs- und Schmelzpunkt im Inertgas (amorphe Anteile 32%)
    Mitte: Glasumwandlungs-, Rekristallisations- und Schmelzpunkt (Zersetzung) in einer Sauerstoffatmosphäre (amorphe Anteile 69%)
    Unten: Bestätigung der Zersetzungsschmelze auf der Thermowaage

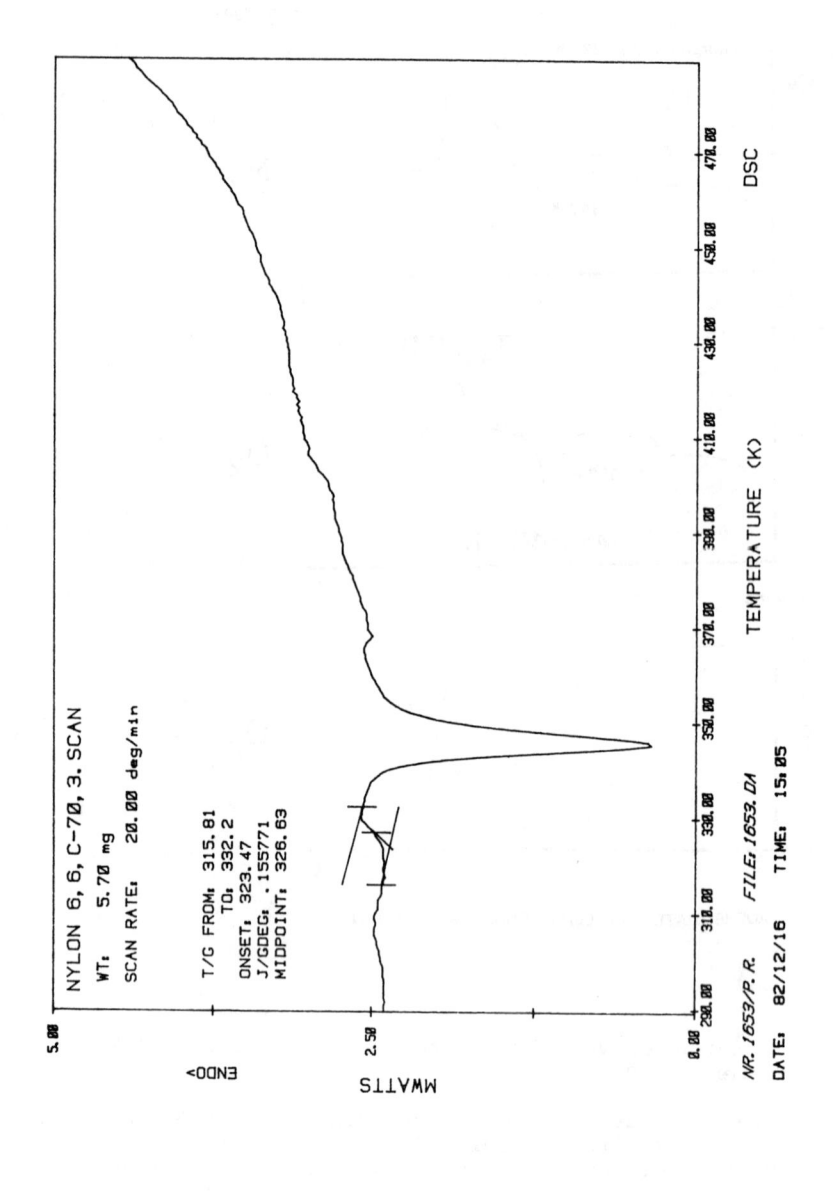

Abb. 6:2  Thermogramm von Nylon 6.6:  Der Glasumwandlungspunkt liegt bei 53,4° C

wie $H_2O$ im Polyamid oder Carrier im Polyester, welche die Kohäsionsenergie zwischen den Polymerketten erniedrigen, erleichtern die Fremddiffusion (z.B. von Farbstoffmolekülen) und setzen $T_g$ und $T_e$ beträchtlich herab. Typische $T_g$-Werte liegen bei 50 °C (Polyamid 6.6), 0 - 75° je nach Feuchte (Polyamid 6), 70 - 80° (Polyäthylenterephthalat) und 80 - 90° (Polyacrylnitril). Wesentlich höher, nämlich knapp unter dem Schmelzpunkt, liegen die durch Klebrigwerden charakterisierbaren <u>Erweichtemperaturen</u>, bei welchen auch die kristallinen Bereiche aufzubrechen beginnen: 180 - 200° (Polyamid 6); 220 - 230° (Polyamid 6.6); 230 - 240° (Polyäthylenterephthalat); 235 - 300° (Polyacrylnitril-Homopolymer).

### 6.1.5
<u>Anhang: Chemikalien und Textilhilfsmittel</u>

Die Wirkungsweise vieler der verwendeten Zusätze ist bei Kenntnis des Färbemechanismus leicht verständlich. Hierzu gehören die verwendeten Säuren, Basen, Reduktionsmittel, Oxydationsmittel, Elektrolyte und Salze mehrwertiger Metalle. Man beachte die Unterschiede, welche in der Wirkungsweise der <u>Neutralsalze</u> zwischen dem Färben von Cellulosefasern einerseits und Wolle, Seide und Nylon andererseits bestehen!

Spezielle <u>Reduktionsmittel</u> werden benötigt, wenn die Persistenz des in der Regel verwendeten Natriumdithionits ("Hydrosulfits") nicht genügt. Hydrosulfit R und Hydrosulfit RA werden durch Umsetzung von Natriumdithionit mit Formaldehyd gewonnen. Hydrosulfit RA ist die Mischung beider Disproportionierungsprodukte. Hydrosulfit R reines **6.4**.

$$Na_2S_2O_4 + 2\,CH_2O + H_2O$$
**6.1**    **6.2**

$$\downarrow$$

$$NaO_3S\text{-}CH_2OH + NaO_2S\text{-}CH_2OH$$
**6.3**    **6.4**

Schema 6-1  Die gebräuchlichsten Reduktionsmittel der Textilveredlung Natriumdithionit ("Hydrosulfit") **6.1** und Natriumhydroxymethylsulfinat (Hydrosulfit R) **6.4**.

## 6.1.5.1
### Tenside

Tenside sind Substanzen mit einem grösseren hydrophoben Rest (Paraffinketten) und einem oder mehreren hydrophilen Zentren.

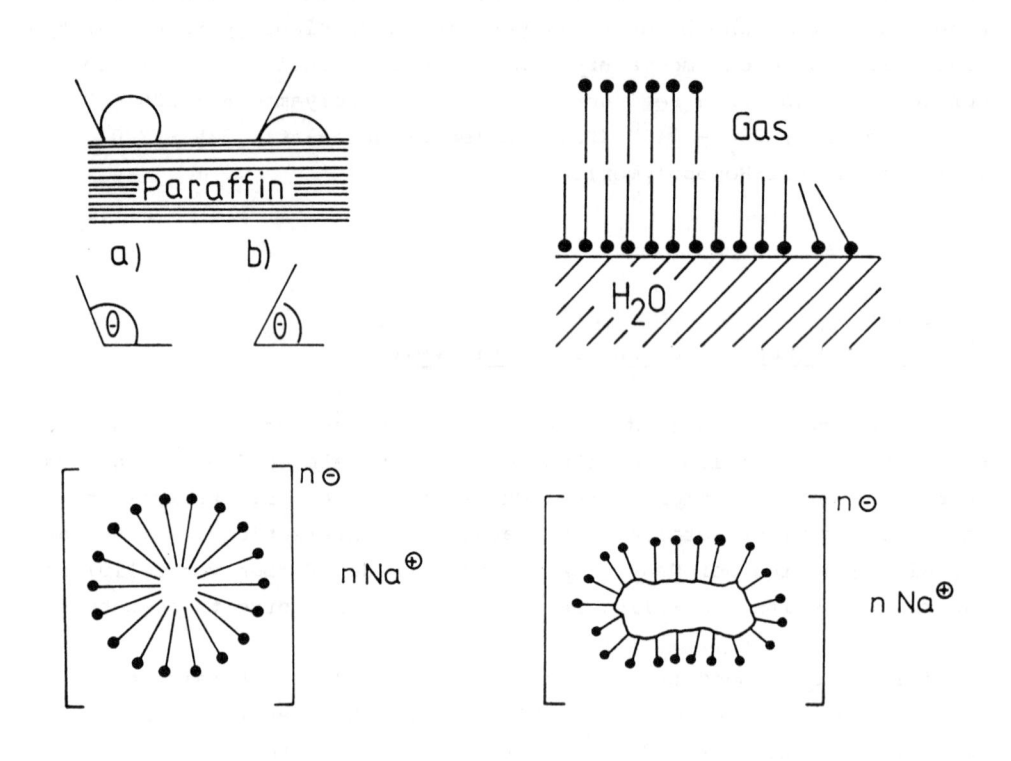

**Schema 6-2** Zur Wirkungsweise von Tensiden

**oben links** Ausbildung eines Randwinkels Θ zwischen einer festen Oberfläche und einer Flüssigkeit a) $H_2O$  b) Tensidlösung

**oben rechts** Anreicherung eines Tensids an der Flüssigkeitsoberfläche

**unten links** Querschnitt durch eine kugelförmige Micelle (anionisches Tensid)

**unten rechts** Querschnitt durch ein dispergiertes Feststoffpartikel (anionisches Tensid, die Grenzflächenladungen erschweren infolge der elektrostatischen Abstossung das Koagulieren dispergierter Teilchen)

**Symbole** Kopf = hydrophiler, Schwanz = hydrophober Molekelteil

**Merke:** Grenzfläche Gas/kondensierte Phase ≡ Oberfläche

Da die hydrophoben Reste vom Wasser nicht solvatisiert werden und sich infolgedessen zusammenlagern, entstehen in der wässerigen Lösung Micellen und zwar bereits bei einer Konzentration von weniger als 1 %.

Durch Anreicherung an Phasengrenzen bewirken die Tenside eine Herabsetzung der Grenzflächenspannung. Man bezeichnet ein Tensid als Netzmittel oder faseraffines Hilfsmittel, wenn es seine Wirkungsweise vornehmlich an ausgedehnten Flächen, z.B. an der Grenzfläche Flotte/Textil entfaltet, als Dispergiermittel oder farbstoffaffines Hilfsmittel, wenn es vornehmlich durch Einlagerung von kleinen Partikeln (Farbstoffaggregate, Schmutzteilchen) in die Micellen wirkt und kolloidale Lösungen zu stabilisieren vermag: Infolge der verringerten Grenzflächenspannung dringt das Wasser in die feinen Spalten und Risse der Kolloidteilchen ein, wodurch diese zu kleineren Partikeln abgebaut werden, von denen jedes wiederum vom Tensid umhüllt wird. Auf diesem Prinzip beruht auch das Emulgieren von Fetten und Oelen sowie das Dispergieren wasserunlöslicher Farbstoffe in der Flotte.

Neben ausgesprochenen Netz- und Dispergiermitteln gibt es eine wichtige Gruppe von Tensiden, die beide Eigenschaften mehr oder weniger in sich vereinen. Diese Tenside werden als waschaktive Substanzen bezeichnet. Waschaktive Substanzen werden häufig zur Vorbereitung des Textils für den Färbeprozess (Entfernung von Fett- und Schmutzresten) und für Nachbehandlungen nach dem Färben verwendet.

Da fliessende Uebergänge bestehen, ist zwar eine strenge Abgrenzung zwischen den genannten drei Gruppen von Tensiden nicht möglich. Mit Hilfe der folgenden Einteilung lässt sich der Zusammenhang zwischen dem Feinbau und der Wirkungsweise der Tenside dennoch annähernd richtig darstellen. Voraussetzung für die waschaktive Wirkung eines Tensides ist das Vorhandensein einer langen ununterbrochenen Paraffinkette in Kombination mit einer endständigen hydrophilen Gruppe (Schema 6-3). Bei kurzer hydrophober Kette oder mittelständig angeordneter hydrophiler Gruppe besitzt das Tensid vorwiegend Netzwirkung (Schema 6-4). Eine gute Dispergierwirkung besitzen Tenside mit langer Paraffinkette und zwei hydrophilen Gruppen, die in genügendem Abstand voneinander angeordnet sind; ein häufig verwendetes (historisch wichtiges) Tensidgemisch fällt bei der Einwirkung konzentrierter Schwefelsäure auf Ricinolsäureglycerid an (Schema 6-5).

Nach der Art des hydrophilen Restes unterscheidet man zwischen nicht-ionischen, anion- und kationaktiven Tensiden. Der Vorteil der <u>ionischen Tenside</u> beruht auf elektrostatischer Abstossung zwischen den Kolloid-partikeln, die eine Zusammenballung verhindert und die Fähigkeit einer

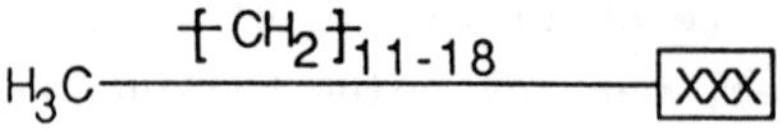

$H_3C-[CH_2]_{11-18}-\boxed{XXX}$  **6.5**

$n\text{-}C_{12}H_{25}\text{-}OSO_3Na$  **6.6**   $n\text{-}C_{18}H_{37}[OCH_2CH_2]_x\text{-}OH$  **6.7**

$H_3C[CH_2]_z\text{-}COONa$  **6.8**   $n\text{-}C_{17}H_{33}\text{-}\underset{R}{\text{benzimidazol}}(SO_3Na)_2$  **6.9**

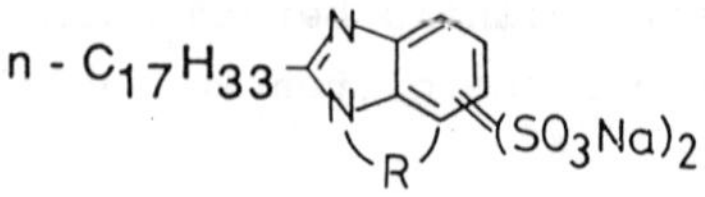

Schema 6-3   Waschaktive Substanzen: Allgemeine Formel <u>6.5</u> (XXX ≡ hydrophiler Rest), Natriumlaurylsulfat <u>6.6</u>, Univadin W <u>6.7</u> (X = 20; Mittelwert), Seife <u>6.8</u> (Z > 12) und Ultravon W <u>6.9</u> (R ist nicht publiziert)

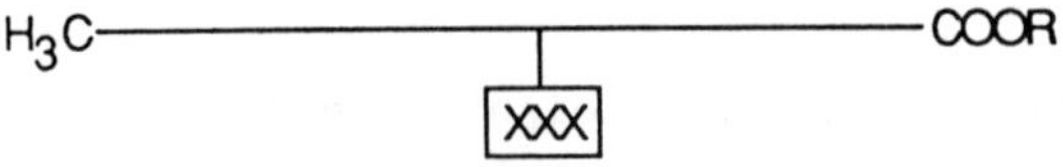

$H_3C\text{-----}\underset{\boxed{XXX}}{\phantom{X}}\text{-----}COOR$   **6.12**

$H_3C\text{-}[CH_2]_{4-10}\text{-}\boxed{XXX}$  **6.10**   $H_3C\text{-}[...]_{2-3}\text{-}Aryl\text{-}\boxed{XXX}$  **6.11**

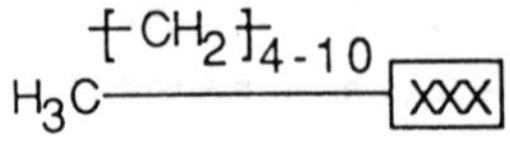

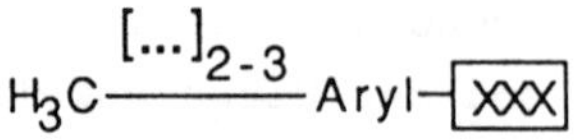

naphthyl-C(Me)(Me)(H), SO$_3$Na   **6.14**

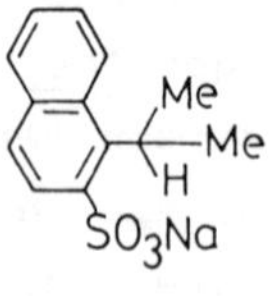

$H_3C[CH_2]_5\text{-}CH\text{-}CH_2\text{-}CH=CH[CH_2]_7\text{-}COOBu$
                     $|$
                  $SO_3Na$   **6.13**

Schema 6-4   Netzmittel: Allgemeine Formeln <u>6.10</u> bis <u>6.12</u>; Sandozol KB <u>6.13</u> und Invadin BL <u>6.14</u>

Wasch- oder Färbeflotte bedingt, die dispergierten Teilchen in Schwebe zu halten.

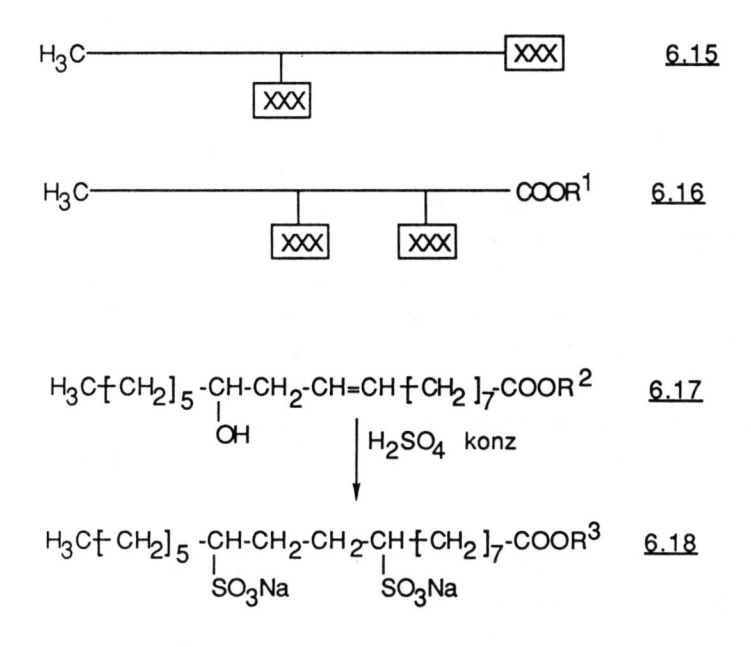

H₃C────────────┬────────[XXX]    **6.15**
                [XXX]

H₃C────────────┬────────┬────COOR¹    **6.16**
              [XXX]   [XXX]

$H_3C[CH_2]_5\text{-CH-CH}_2\text{-CH=CH}[CH_2]_7\text{-COOR}^2$    **6.17**
         |
         OH              ↓ $H_2SO_4$ konz

$H_3C[CH_2]_5\text{-CH-CH}_2\text{-CH-CH}[CH_2]_7\text{-COOR}^3$    **6.18**
         |              |
         $SO_3Na$        $SO_3Na$

Schema 6-5  Dispergiermittel: Allgemeine Formeln <u>6.15</u> und <u>6.16</u>, Herstellung von Türkischrotöl <u>6.18</u> aus Ricinusöl <u>6.17</u>.

$R^1$ = Alkyl; $R^2$ = 1/3 Glycerin; $R^3$ kann beispielsweise ein weiterer Ricinölsäurerest (Umesterung!), ein Proton (Verseifung) oder ein weitere Estergruppen tragender Glycerinrest sein.

6.1.5.2
Lösungsvermittler

Bei der Bereitung von Druckfarben oder speziellen Flotten für kontinuierliche Färbeverfahren müssen bei unzureichender $H_2O$-Löslichkeit relativ hohe Farbstoffmengen in kleinen Volumina verteilt werden. Bewährt hat sich in solchen Fällen der Zusatz sogenannter hydrotroper Substanzen (≡ Lösungsvermittler für $H_2O$).

Beispiele: Harnstoff, Phenol, Resorcin, Thiodiäthylenglykol (vgl. 9.6) und Glycerin. Letzteres dient darüberhinaus als Hygroskopiezusatz, um den Feuchtegehalt der Paste annähernd konstant zu halten.

### 6.1.5.3
### Verdickungsmittel

Substanzen, welche den Druckpasten die erforderliche hohe Konsistenz verleihen, werden als Verdickungsmittel bezeichnet. Infolge eingeschränkter Diffusion verhindern sie unerwünschte, d.h. verfrühte chemische Reaktionen - Druckpasten dürfen deshalb bis zu einem gewissen Grade Zusätze nebeneinander enthalten, welche beim Färben in aufeinanderfolgenden Schritten appliziert werden müssen -; dank der hohen Viskosität wird das Absetzen von Farbstoffpigmenten und - auf der Faser - das Ausfliessen (Verlaufen) der Farbstofflösung unterdrückt.

Als Verdickungsmittel eignen sich Substanzen, die bei verhältnismässig geringer Konzentration Lösungen hoher Viskosität ergeben. Hierzu sind neben Weizenstärke und Stärkeabbauprodukten wie Dextrin und Britisch Gummi (teilabgebaute Maisstärke) eine Reihe weiterer natürlicher Polysaccharide zu zählen: Traganth ist ein Polysaccharid aus Leguminosen (Hülsenfrüchten), Gummi arabicum ein Polysaccharid aus Akazien, Natriumalginat ein Salz der Polymannuronsäure 3.5.

Teilabgebauter wasserlöslicher Kautschuk wird unter der Bezeichnung Kristallgummi (Nafka) als Verdickungsmittel verwendet; eine geringere Rolle spielen Proteine wie Kasein und Albumin.

Unter den synthetischen und vollsynthetischen Verdickungsmitteln sind Celluloseäther und Polyvinylalkohol zu nennen. Als neueste Beispiele sind Emulsionsverdickungen im Gebrauch, deren Bestandteile sich beim Erhitzen bis auf die geringe Menge des Emulgators verflüchtigen.

Bei der Auswahl spielt neben dem Preis die Eignung eine bedeutende Rolle. Bei Gegenwart von Diazoverbindungen dürfen beispielsweise keine reduzierend wirkenden Substanzen wie Dextrin oder Britisch Gummi, bei Gegenwart von Schwermetallsalzen keine Verdickungsmittel verwendet werden, welche sich wie Gummi arabicum zu unlöslichen Metallverbindungen umsetzen. Für zarte Farben (Pastelltöne) wählt man vorteilhaft Gummi oder Dextrin, während für satte Drucke Stärke oder Traganth den Vorzug verdient.

## 6.2
## Dispersionsfarbstoffe

Die Dispersionsfarbstoffe (Disperse Dyes) lassen sich als Farbstoffe geringer Wasserlöslichkeit definieren, die in der Lage sind, hydrophobe Fasern aus einer wässrigen Dispersion anzufärben.

### 6.2.1
Strukturmerkmale und Einsatzbereiche

Die wichtigste Anforderung an den Farbstoff betrifft die Molekelgrösse: Nur kleine Moleküle gewährleisten die geforderte $H_2O$-Löslichkeit von ca. 30 mg/l und nur sie sind in der Lage, in die relativ kompakten Synthesefasern einzudringen. Substituenten, welche sowohl die $H_2O$-Löslichkeit als auch die Anfärbbarkeit der genannten Fasern günstig beeinflussen, sind:

1) OH-Gruppen
2) $NH_2$-Gruppen
3) $NH-OH_2-CH_2-OH$ Hydroxyäthylaminogruppen und davon abgeleitete Aether
4) aromatisch gebundenes Halogen

Die gelben, orangeroten und scharlachroten Töne werden hauptsächlich mit Farbstoffen der Azoreihe erzielt; für blaurot, violett und blau werden Amino- und Aminohydroxy-anthrachinone verwendet, für gelbe Töne gelegentlich auch Nitrofarbstoffe.

Hinzu kommen neuere Monoazofarbstoffe, welche mehrere Nitro- oder Cyanosubstituenten besitzen, und gewisse heterocyclische Azo- und Polymethinfarbstoffe, mit denen ebenfalls violette bis blaue Töne zu erzielen sind. Eine gewisse Lücke besteht noch bei Grün und Schwarz, doch kann man sich hier mit Mischungen behelfen. Von grosser Bedeutung sind zweistufige, im Grenzbereich zu den Entwicklungsfarbstoffen angesiedelte Färbeverfahren, wobei man eine Diaminoazoverbindung nach dem Dispersionsverfahren ausfärbt, auf der Faser diazotiert und mit einer geeigneten Kupplungskomponente zum schwarzen Trisazokörper umsetzt.

Farbstoffauswahl : 5.9, 5.11, 5.46, 5.135, 5.137, 5.141, 5.194, 5.198.

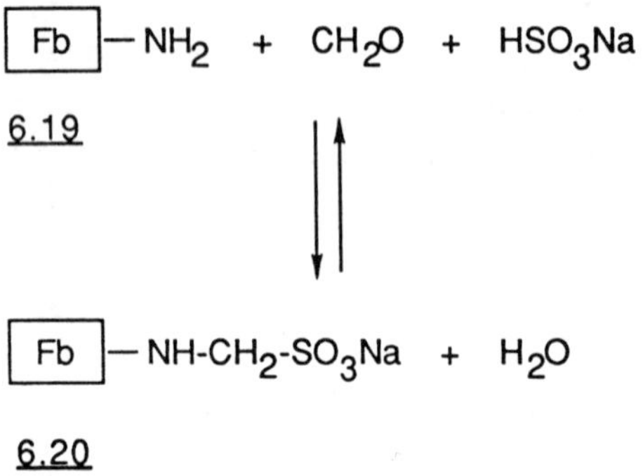

$$\boxed{Fb} - NH_2 + CH_2O + HSO_3Na$$
6.19

$$\updownarrow$$

$$\boxed{Fb} - NH-CH_2-SO_3Na + H_2O$$
6.20

Schema 6-6  Zur reversiblen Bildung von Ionaminen 6.20 aus 6.19. Die niedermolekularen Farbstoffe mit freier Aminogruppe werden in der wässrigen Färbeflotte ($H_2O$-Ueberschuss) rückgebildet; Fb = chromophorer Rest.

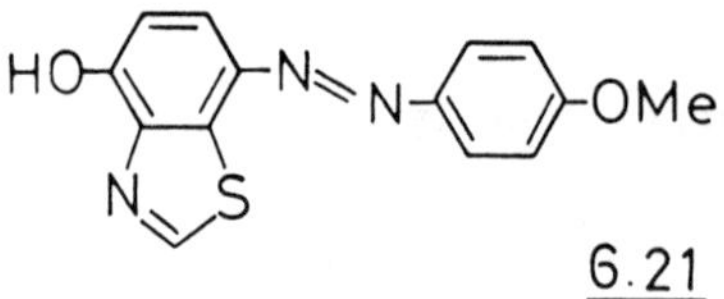

6.21

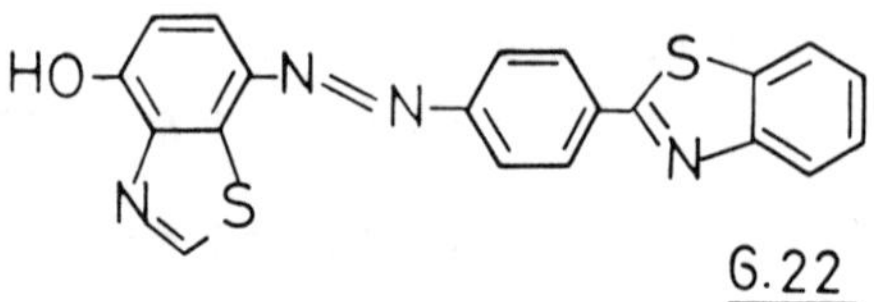

6.22

Schema 6-7  Dispersionsfarbstoffe mit komplexbildenden Gruppen: 6.21 für Celluloseacetat, 6.22 für Nylon

Vor der Entdeckung des Dispersionsverfahrens verwendete man sogenannte <u>Ionamine</u>, Kondensationsprodukte 6.20 aus niedermolekularen Aminoazoverbindungen 6.19 mit Hydroxymethylsulfonat.

Diese wasserlöslichen Produkte werden in schwach saurer oder schwach alkalischer Flotte verseift, wobei eine äusserst feine Dispersion resultiert.

In der Patentliteratur finden sich Beispiele für Dispersionsfarbstoffe mit komplexbildenden Gruppierungen, z.B. 6.21 und 6.22.

Die Ausfärbungen derartiger Dispersionsfarbstoffe erhalten durch Nachbehandlung mit Metallverbindungen wie dem Aethylendiamin-Kupfer-Komplex verbesserte Gebrauchseigenschaften. Dispersionsfarbstoffe mit einer ähnlichen Konstitution (Azoderivate des 8-Hydroxychinolins) wurden für das Färben von Nickelpolypropylen vorgeschlagen (vgl. 9.6). Ferner kennt man Dispersionsfarbstoffe für Nylon, welche wie Reaktivfarbstoffe eine reaktive, zur kovalenten Bindung an Aminogruppen der Faser befähigende Gruppe besitzen.

Als <u>Substrate</u> eignen sich alle hydrophoben synthetischen Gebrauchsfaserstoffe: Dispersionsfarbstoffe für Poly(äthylenglykolterephthalat)-Fasern, an welche wegen der Besonderheiten des Färbeverfahrens strenge Anforderungen zu stellen sind, werden in gesonderten Sortimenten zusammengestellt.

### 6.2.2
Das Verankerungsprinzip der Dispersionsfarbstoffe

Den Schlüssel zum Verständnis des Färbemechanismus liefert das Verteilungsgleichgewicht zwischen wässriger Flotte und Faser: Trägt man die Gleichgewichtskonzentrationen des Farbstoffes in der Faser ($C_F$) gegen die Gleichgewichtskonzentrationen in wässriger Lösung ($C_L$) bei konstanter Temperatur im Diagramm auf, so erhält man unter sorgfältiger Wahl der experimentellen Bedingungen (keine dritte Phase in Form von dispergierten Farbstoffpartikeln!) eine Gerade. Dispersionsfarbstoffe verteilen sich also zwischen Flotte und Faser wie zwischen zwei nicht oder beschränkt mischbaren Flüssigkeiten.

Ein derartiges Diagramm wird als Färbeisotherme, die lineare Beziehung zwischen den Gleichgewichtskonzentrationen als NERNST-Verteilung bezeichnet (Schema 6-8).

Als Auswahlkriterium dient die Grösse der Gleichgewichtskonstante K; es sind nur solche Farbstoffe brauchbar, die in Wasser beschränkt, in der Faser jedoch gut löslich sind ($K \gg 1$; in graphischen Darstellungen wird der Abszissenmaszstab gewöhnlich gewöhnlich gedehnt). Für $H_2O$ lässt sich wegen der geringen Löslichkeit der Farbstoffe die Gültigkeit der Nernst-Beziehung nur über einen begrenzten Konzentrationsbereich nachweisen. Verteilungsexperimente zwischen Faser und alkoholischen Farbstofflösungen haben jedoch gezeigt, dass die Linearität bis nahe an die Sättigungsgrenze S der Faser erfüllt ist.

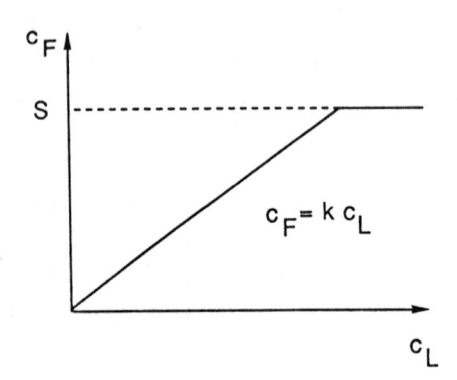

Schema 6-8   Die Färbeisotherme der Dispersionsfärbungen

| | |
|---|---|
| $c_F$ | Gleichgewichtskonzentration in der Faser |
| $c_L$ | "               "           in der Lösung |
| K | Gleichgewichtskonstante (Verteilungskoeffizient) |
| S | Sättigungsgrenze |

Bei dem Vergleich mit zwei nicht mischbaren Flüssigkeiten sind grundsätzliche Unterschiede zu beachten:

1. Die Verteilung der gelösten Moleküle in der Faser ist im Gegensatz zu Lösungen im flüssigen Solvens nicht streng statistisch. Die Farbstoffmoleküle besetzen vielmehr die Kanäle, die in den amorphen Bereichen der Fasern parallel zu den Polymerketten angeordnet sind. Die Verankerung erfolgt dort durch die bekannten zwischenmolekularen Kräfte, insbesondere durch Ausbildung von Wasserstoffbrücken (z.B. zu den Carbonylgruppen der Ester- bzw. Amidbindungen in den Polymerketten).

2. Im Gegensatz zur Verteilung zwischen zwei flüssigen Phasen bedarf bei einer Verteilung zwischen Flotte und Faser der Uebertritt an der Phasengrenze und vor allem die Diffusion in der festen Phase einer beträchtlichen Aktivierungsenergie: Die Gleichgewichte stellen sich in Abhängigkeit vom individuellen Farbstoff, von der Temperatur, der Grösse des Faserquerschnittes und der Art des Fasermaterials nur langsam ein. Wie die folgende Zusammenstellung (Kasten) zeigt, erfordert die Polyesterfaser die grösste, die Polyamidfaser die kleinste Aktivierungsenergie.

| Relative Diffusionskonstanten von Dispersolechtorange G | | | |
|---|---|---|---|
| Polyester 85 $^\circ$C | Normalacetat 85 $^\circ$C | Nylon 85 $^\circ$C | Polyester 100 $^\circ$C |
| 1 | 460 | 680 | 48 |

Die Färbung von Polyester und Triacetat wird gewöhnlich bei Temperaturen um 130 $^\circ$C in geschlossenen Druckgefässen durchgeführt (HT-Verfahren). Man kann die Hochtemperaturfärbung umgehen, indem man dem Färbebad Faserquellmittel (Carrier), z.B. o-Hydroxybiphenyl oder Trichlorbenzol zusetzt, die das Eindringen des Farbstoffes in die Faser erleichtern. Derartige Hilfsstoffe erniedrigen die Einfriertemperatur, oberhalb derer grössere Molekülsegmente in den nichtkristallinen Bereichen beweglich werden, was den Färbevorgang beschleunigt. Das Verteilungsgleichgewicht bleibt im Prinzip unberührt; man beachte jedoch dessen Temperaturabhängigkeit: Wer die Geduld aufbringt, bei einer Kaltfärbung den Gleichgewichtszustand abzuwarten, was mehrere Monate in Anspruch nimmt, kann leicht beweisen, dass die

Fasern bei den niedrigen Temperaturen wesentlich mehr Farbstoff aufnehmen, vgl. Abschnitt 6.1.4.

Nach erfolgter Färbung muss man, um einen ungünstigen Einfluss auf die Gebrauchseigenschaften der Faser zu vermeiden, den Carrier wieder aus der Faser entfernen.

## 6.3
## Säurefarbstoffe

Zu den Säurefarbstoffen (Acid Dyes) zählen die ohne störende Aggregationstendenz nach einem Ionenaustauschmechanismus applizierbaren Salze organischer Farb-Anionen, vorausgesetzt sie tragen weder einen zur kovalenten noch einen zur koordinativen Bindung befähigenden Substituenten.

### 6.3.1
### Strukturmerkmale, Subklassen und Einsatzbereiche

Für die Farbtöne gelb, orange und rot werden überwiegend Monoazoverbindungen eingesetzt, während die Farbtöne von blaustichig rot bis schwarz in der Regel aus der Disazo-, Anthrachinon- oder Triphenylmethanreihe stammen; Farbstoffauswahl:
5.28, 5.49, 5.129, 5.134, 5.144, 5.145, 5.163(IV), 5.203, 5.205, 5.206, 5.254.

Wichtige Säurefarbstoffe, die wegen abweichender Färbeprinzipien zweckmässigerweise in zwei Subklassen eingereiht werden, leiten sich von Metallkomplexen dreizähniger Liganden ab; Farbstoffauswahl:
5.179, 5.182 und 5.171, 5.178, 5.183.

Durch Einführung anionischer Substituenten kann prinzipiell jede farbige organische Verbindung zum Säurefarbstoff werden. Nicht jeder anionische Farbstoff ist jedoch ein Säurefarbstoff. Von den wasserlöslichen Farbstoffen aus anderen Applikationsklassen enthält die überwiegende Mehrzahl ebenfalls die Sulfosäuregruppe, beispielsweise die Direktfarbstoffe, die man über den primären Verwendungszweck hinaus auch als Quasi-Säurefarbstoff zum Färben und Bedrucken von Nylon und Seide sowie zum Bedrucken von Wolle einsetzen kann.

Als <u>Substrate</u> eignen sich prinzipiell alle Fasern, die - in Abhängigkeit vom pH der Färbeflotte - den Farbanionen kleine austauschbare Anionen und eine entsprechende Anzahl kationischer Gruppierungen für eine Ionenbindung zur Verfügung stellen. Es sind dies im wesentlichen Wolle und Seide sowie die synthetischen Polyamide.


6.3.2
<u>Das Verankerungsprinzip der gewöhnlichen, metallfreien Säurefarbstoffe (und der Metallkomplexe mit vierzähnigen Liganden)</u>

Infolge einer Salzbildung an basischen Substituenten gelangen mit fallendem pH zunehmend anorganische Anionen in die Fasern. Während des Färbeprozesses werden diese im Austausch gegen die vergleichsweise hydrophoben, in der wässrigen Lösung unzureichend solvatisierten Farbanionen an das Färbebad abgegeben. Da die kleinen anorganischen Ionen effektiver solvatisiert werden, ist der Austausch stets mit einem Energiegewinn verbunden, der das Austausch-Gleichgewicht auf die Seite der Farbstoff/Faser-Bindung verschiebt. Die <u>treibende Kraft</u> für den Austausch wird also <u>auf der Seite der wässrigen Lösung</u> erbracht.

Die Farbstoffmengen, die maximal von der Faser aufgenommen werden, unterliegen stöchiometrischen Regeln. Die mit sinkendem pH steigende Farbstoffaufnahme erreicht in der Regel bei einem vom Bau des Farbstoffes abhängigen pH-Wert ein Maximum. Dem Ionenaustausch entspricht die <u>Färbeisotherme nach LANGMUIR</u> (Schema 6-9).

$$\boxed{\frac{1}{c_F} = \frac{1}{kS} \cdot \frac{1}{c_L} + \frac{1}{S}}$$

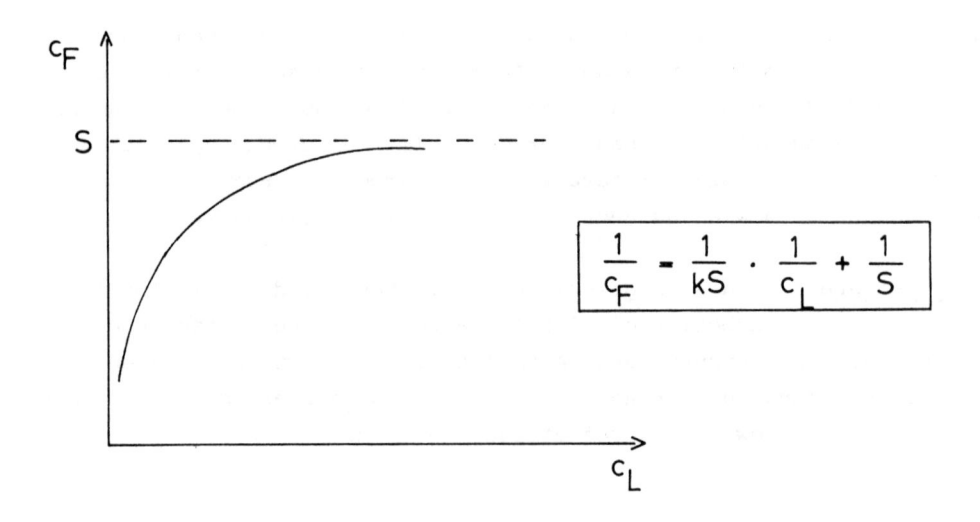

Schema 6-9  Die Färbeisotherme des Ionenaustausches

    k  : Gleichgewichtskonstante

    $C_F$ : Gleichgewichtskonzentration in der Faser

    $C_L$ : Gleichgewichtskonzentration in der Lösung

    S  : Sättigungsgrenze


Bei kleiner Farbstoffkonzentration wird eine direkte lineare Beziehung zwischen den Gleichgewichtskonzentrationen gefunden, während bei mittleren Konzentrationen eine zunehmende Krümmung der Kurve zu beobachten ist. Die Gleichgewichtskonzentration des Farbstoffes auf der Faser ($C_F$) erreicht schliesslich bei weiter steigender Gleichgewichtskonzentration des Farbstoffes in der Lösung ($C_L$) einen Sättigungswert (S). Wie die Gleichung zeigt, entspricht dieses Verhalten einer linearen Beziehung zwischen den reziproken Werten der Gleichgewichtskonzentrationen, wobei der Sättigungswert S ein Mass für die Anzahl aktiver Stellen in der Faser darstellt.

Die Säurefarbstoffe zeigen hinsichtlich ihrer Affinität zur <u>Wollfaser</u> starke Unterschiede. Diejenigen, die eine grosse Affinität zur Wolle besitzen, muss man, um Unegalitäten zu vermeiden, sehr vorsichtig, d.h. zu Beginn des Färbeprozesses bei geringer Acidität färben, damit die Zahl der austauschbaren Anionen keine zu hohen Werte erreicht (schwach sauer ziehende Säurefarbstoffe, Walkfarbstoffe). Bei solchen mit geringerer Affinität kann man das Färben bei grösserer Acidität beginnen, ohne Ungleichmässigkeiten befürchten zu müssen (stark sauer ziehende Säurefarbstoffe ≡ Egalisierfarbstoffe). Eine strenge Unterteilung ist infolge eines fliessenden Uebergangs nicht möglich. Die Anfangs-pH-Werte der Färbebäder bewegen sich dementsprechend etwa zwischen 1,8 und 6. Neutralsalze fördern das Egalisieren, ohne den pH-Wert der Flotte alzu stark zu beeinflussen (vgl. 2.2.4). Die Wirkung beruht hauptsächlich auf der Konkurrenz ihrer Anionen mit den Farbanionen um die kationischen Gruppen der Faser. Die im Färbebad vorhandene Säure zieht zum grössten Teil auf die Faser auf, so dass Säurefärbungen auch nach gründlichem Spülen noch chemisch gebundene Säure enthalten.

Zum Färben der <u>synthetischen Polyamide</u> können sowohl stark sauer als auch schwach sauer und neutral ziehende Farbstoffe eingesetzt werden. Die Bindung an diese Fasern ist sehr stark, so dass im Interesse des Egalisierens ein vorsichtiges Färben geboten ist. Um eine Faserschädigung zu vermeiden, färbt man ohnehin bei oberhalb 2,5 liegenden pH-Werten. Aufgrund der festeren Bindung zeigen solche Färbungen Nassechtheiten, die den entsprechenden Färbungen auf Wolle überlegen sind. Auf eine sorgfältige Farbstoffauswahl ist zu achten, namentlich dann, wenn man tiefe Nuancen färben und Farbstoffe zu einem Mischton kombinieren will. Grundsätzlich tritt das Ziehvermögen von Polysulfonaten hinter dasjenige von Monosulfonaten zurück. Aus Mischungen, welche einfach und mehrfach sulfonierte Farbstoffe enthalten, werden deshalb die Monosulfonate bevorzugt aufgenommen (Blockierungseffekt). Desgleichen können monosulfonierte Farbstoffe bereits aufgezogene Polysulfonate wieder von der Faser verdrängen.

### 6.3.3
<u>Das Verankerungsprinzip der 1:1-Metallkomplex-Säurefarbstoffe</u>

Die von sulfonierten o,o'-Dihydroxy-azo-Liganden abgeleiteten 1:1-Komplexfarbstoffe zeigen bei pH 4 - 5 ein nach der neutralen Seite nur flach abfallendes Aufziehmaximum, das die gegenläufige pH-Abhängigkeit zweier Bindungskräfte widerspiegelt. Während des Färbeprozesses können diese Farbstoffe einerseits wie typische Säurefarbstoffe durch elektrostatische Wechselwirkung, andererseits über das Metall-ion koordinativ auf der Faser verankert werden.

Wird bei pH 4 - 5 gefärbt, so kann der Farbstoff im Laufe des Färbeprozesses nicht mehr von Stellen höherer Konzentration zu solchen niedriger Konzentration abwandern. Auf diese Weise erschwert die praktisch gleichzeitig eintretende doppelte Verankerung das Egalisieren. Erst mit einem verhältnismässig hohem Säurezusatz lässt sich das Komplexbildungsgleichgewicht in der gewünschten, das Egalisieren fördernden Weise beeinflussen; dann nämlich wenn nur wenige freie Aminogruppen für eine koordinative Fixierung zur Verfügung stehen und bereits in die Koordinationssphäre einbezogenen Fasersubstituenten wieder freigesetzt werden.

Durch farbstoff-affine Hilfsmittel, die sich mit einer funktionellen Gruppe vom Polyäthertyp an die Komplex-Ionen anlagern und so einen beträchtlichen Teil des Farbstoffes quasi in einem Nebengleichgewicht einfrieren, lässt sich schliesslich auch der extreme, der Faserqualität abträgliche pH-Bereich umgehen.

Haupteinsatzgebiet ist das Färben von Wolle. Auf Seide sind die relativ stumpfen Nuancen unerwünscht; andererseits eignen sich für das Färben von Nylon nur gut deckende Schwarzfarbstoffe, da sonst die unvermeidlichen Inhomogenitäten der Synthesefasern infolge unterschiedlicher Farbstoff-Aufnahme sichtbar werden (vgl. 7.2.12.3).


6.3.4
Das Verankerungsprinzip der 2:1-Metallkomplex-Säurefarbstoffe

Die Wechselwirkung der anionischen 2:1-Komplexe mit hydrophilen Fasern entspricht durchweg der von schlecht solvatisierten, gewöhnlichen Säurefarbstoffen: Schwach saure Färbung, LANGMUIR-Isotherme. Man beachte, dass erst neuere Farbstoffe dieses Typs sulfosaure Substituenten tragen; denn deren Einbau führt häufig zu erheblichen Egalisierproblemen. Stattdessen verwendete man neutrale solvatations-

fördernde Substituenten wie $SO_2CH_3$ und $SO_2NH_2$ oder man bringt die
Farbstoffe ohne derartige Substituenten in den Handel. Da die
anionische Ladung wegen der Delokalisation über das $\pi$-System kaum zur
Solvatation beitragen kann, entspricht die $H_2O$-Löslichkeit im letzteren Fall der von gewöhnlichen Dispersionsfarbstoffen. Eine zweite
Paralle zu dieser Klasse wird durch eine Anomalie der Färbeisotherme
angezeigt; bei Wechselwirkung mit hydrophoben Polyamidfaserstoffen
sind der elektrostatischen Bindung der Anionen offensichtlich die
uns vom Abschnitt 6.2.2 her vertrauten Lösungsmechanismen überlagert;
der winzige Unterschied besteht darin, dass keine Neutralmolekeln,
sondern Ionen-Paare gelöst werden.

## 6.4
## Beizenfarbstoffe

Zu den Beizenfarbstoffen (Mordant Dyes) zählt der Colour Index alle
Farbstoffe, die überwiegend auf hydrophilen Fasern mit Hilfe von
Metallsalzen fixiert werden.

6.4.1
Strukturmerkmale und Einsatzbereiche

Man unterscheidet zweckmässigerweise zwischen einer älteren (historisch bedeutenden) und einer neueren Gruppe von Beizenfarbstoffen,
den Chromierfarbstoffen, die eng mit den Säurefarbstoffen verwandt
sind, da sie neben den zur Komplexbildung befähigenden Substituenten
anionische Gruppierungen enthalten (Säurefarbstoffe mit komplexbildenden Gruppen). Die wichtigsten komplexbildenden Atomgruppierungen
sind die

       o-Hydroxy-carboxy-
       peri-Hydroxy-oxo-
       o,o'-Dihydroxyazo-
       o-Hydroxy-o'-amino-azo und die
       o-Hydroxy-o'-carboxy-azo-Gruppierungen.

Farbstoffauswahl:

<u>5.134</u>, <u>5.209</u> (Chromierfarbstoffe Typ A)

<u>5.22</u>, <u>5.127</u>, <u>5.139</u> (Chromierfarbstoffe Typ B)

<u>5.201</u> (historischer Beizenfarbstoff)

### 6.4.2
### Die Applikationsvarianten und das Verankerungsprinzip

Beim Färben mit Beizenfarbstoffen ist zwischen drei Applikationsvarianten zu unterscheiden. Es sind dies das <u>Vorbeizenverfahren</u>, das <u>Nachchromierverfahren</u> und das <u>Einbadchromierverfahren</u>.

Selbstverständlich kommt für die meisten historischen Beizenfarbstoffe, denen die anionischen Substituenten fehlen, nur das Vorbeizenverfahren in Frage. Die Beizen werden vor Beginn des eigentlichen Färbevorganges durch einen hydrolytischen oder reduktiven Prozess aus Metallsalzen erzeugt und unter Komplexbildung an basischen Substituenten der Wolle verankert.

Nach dem zweiten Verfahren wird die gefärbte Ware mit entsprechenden Chromsalzen, in der Regel $Na_2Cr_2O_7$, <u>nachbehandelt</u>. Ueberdosierung kann die Wolle, die als Reduktionsmittel wirkt, schädigen. Bei oxydationsempfindlichen Farbstoffen nimmt man Chrom(III)salze wie $CrF_3 \cdot 6H_2O$, in anderen Fällen setzt man externe Reduktionsmittel zu.

Farbstoffe des Typs A werden dabei wie 1:1-Komplex-Säurefarbstoffe sowohl elektrostatisch als auch koordinativ verankert. Farbstoffe des Typs B, deren anionische Substituenten in den Komplex einbezogen werden, verlieren mit der Fähigkeit zur elektrostatischen Wechselwirkung ihre Wasserlöslichkeit, sodass ebenfalls eine optimale Haftfestigkeit resultiert. Die relativ hohe Konzentration auf der Faser niedergeschlagener Chromverbindungen scheint die Waschechtheit ebenfalls günstig zu beeinflussen.

Eine begrenzte Anzahl von Chromierfarbstoffen lässt sich <u>gleichzeitig</u> mit dem Färben chromieren, ohne dass sich der Chromkomplex in un-

löslicher Form im Färbebad abscheidet. Als Badzusätze verwendet man
eine Mischung aus Ammoniumsulfat und Kaliumbichromat. Während des
kochenden Färbens lässt sich so ein pH von ca. 6 einhalten, der ein
gleichmässiges Aufziehen des Farbstoffes gewährleistet und die
Reduktionsgeschwindigkeit des Bichromations optimiert. Man vergegen-
wärtige sich, dass diese Reduktion 14 Protonen erfordert und die
verbrauchte Säure ausschliesslich durch Abdampfen von $NH_3$ regeneriert
wird. Aehnliche Resultate lassen sich nur noch mit Oxalatkomplexen
des dreiwertigen Chroms erzielen, aus denen das Cr(III)Ion ebenfalls erst allmählich freigesetzt wird.

Chromierfärbungen übertreffen hinsichtlich Nassechtheiten alle anderen Wollfärbungen einschliesslich die der sauren 1:1-Komplexfarb-
stoffe. Ein günstiger Nebeneffekt: Mit Chromsalzen behandelte Wolle
ist weitgehend bakterienbeständig. Eine Anwendung zum Färben synthetischer Polyamide wie Nylon kann nicht empfohlen werden, da die
überschüssigen Schwermetallverbindungen die Zündtemperatur hydrophober Fasern herabsetzen und den Verbrennungsvorgang katalytisch
beschleunigen.


6.4.3
Historisches

Vor Beginn der Farbstoffsynthese stellten die Beizenfarbstoffe das
wichtigste Sortiment (vgl. 10.8.7). Der bedeutende Vertreter war
der Krappfarbstoff (Hauptbestandteil Alizarin), welcher als Ca-Al-
Komplex auf Baumwolle das unübertroffene Türkischrot lieferte.

Die Farbe der Komplexe variiert mit dem Metall der Beize, so dass man
mit dem gleichen Ausgangsfarbstoff verschiedene Farbtöne erzielen
kann. Hauptsächlich wurde auf Aluminium-, Eisen- und Zinnbeize gefärbt. Im zweiten Drittel des 19. Jahrhunderts kam die Chrombeize hinzu, die im Laufe der Entwicklung eine immer grössere Bedeutung erlangte. Nachdem 1869 die Alizarinsynthese geglückt war, nahm die
Chemie der synthetischen Beizenfarbstoffe einen grossen Aufschwung,
zu welchen die Erkenntnis nicht unwesentlich beitrug, dass die Sali-
cylsäuregruppierung einem Farbstoff komplexbildende Eigenschaften
verleiht; vgl. die Farbstoffauswahl zu Typ B.

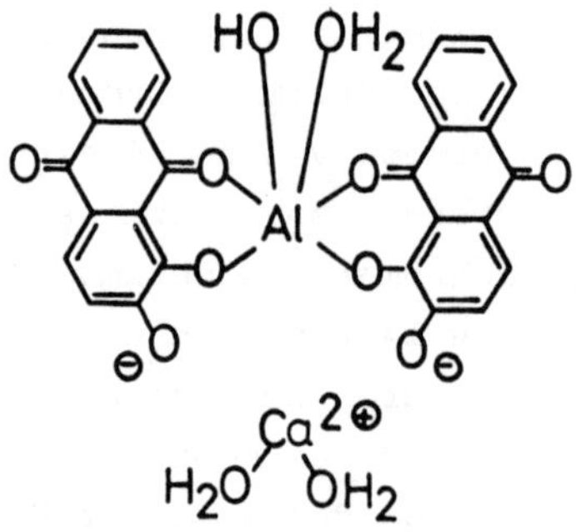

Schema 6-10   Türkischrot, der Calcium/Aluminium-Komplex des
              Alizarins (nach KIEL und HEERTJES)


Das Färben mit Beizenfarbstoffen auf Baumwolle war ausserordentlich umständlich. Das alte Verfahren zum Färben von Türkischrot auf Baumwolle (Altrot) erforderte mindestens zehn Arbeitsgänge (Abkochen, Behandeln mit ranzigem Olivenöl, Auslaugen, Gerbstoffbehandlung, Beizen mit Tonerde, Färben mit hartem Wasser, Avivieren, Säuern, Behandeln mit Sn-Salz, Seifen). Das sog. Neurotverfahren, bei dem an die Stelle des Oelens eine Behandlung mit dem dispergierend wirkenden Türkischrotöl trat, verlangte noch immer mindestens sechs Prozesse. Aus diesem Grunde wurden die Beizenfarbstoffe bald nach Auffinden neuerer Farbstoffklassen aus der Baumwollfärberei verdrängt. Wesentlich länger - teilweise bis in jüngste Zeit - konnten sich die Beizenfarbstoffe im Baumwolldruck behaupten, da sich die Komplexe aus Grundfarbstoff und Metallacetat durch einen einfachen Dämpfprozess bequem entwickeln lassen.

Auf Wolle gestaltete sich das Vorbeizen wesentlich einfacher. Zur Erzeugung der Aluminiumbeize wurde die Wolle mit einer Alaunlösung, der Weinstein und Oxalsäure zugesetzt ist, gekocht. Zur Erzeugung der Chrombeize verwendet man in der Regel anstelle von Cr(III)Salzen Bichromatlösung unter Zusatz eines Reduktionsmittels wie Ameisensäure, Weinstein oder Milchsäure. Gegenüber den komplexbildenden Naturfarbstoffen und ersten synthetischen Beizenfarbstoffen, die in ihrer

Mehrzahl infolge geringer Wasserlöslichkeit aus wässeriger Dispersion gefärbt wurden, brachte die Einführung von Sulfogruppen in Beizenfarbstoffe eine grundlegende Vereinfachung des Färbeverfahrens, da der gelöste Farbstoff wesentlich rascher mit der Beize reagieren kann. Etwa zur gleichen Zeit wurden die Dihydroxy- und Hydroxy-carboxyazofarbstoffe gefunden. Ein weiterer bedeutsamer Fortschritt wurde mit der Entdeckung des Nachchromierens erzielt, während die Anwendung in der Produktion vorgefertigter Metallkomplexe lange Zeit durch das Vorurteil behindert wurde, sie seien infolge ihrer äusserst geringen Wasserlöslichkeit nicht applizierbar. Die bisher jüngsten Glieder dieser auf die historischen Beizenfarbstoffe zurückreichenden Kette von Neuentwicklungen sind die 1:2-Metallkomplex-Säurefarbstoffe. Ferner kennt man heute Metallkomplexe von Azofarbstoffen auch unter den Basischen Farbstoffen sowie den Direkt- und Reaktivfarbstoffen; vgl. Abschnitt 5.5.3.

## 6.5
## Basische Farbstoffe

Zu den Basischen Farbstoffen (Basic Dyes) zählen alle, nach einem Ionenaustauschmechanismus applizierbaren Salze organischer Farbkationen; vgl. 9.6.

### 6.5.1
### Strukturmerkmale und Einsatzbereiche

Der wichtigste textile Anwendungsbereich für Basische Farbstoffe liegt heute beim Färben von Polyacrylnitril. Hierfür sind zahlreiche Neuentwicklungen in den Handel gekommen. Stark vertreten sind Anthrachinon- und Azofarbstoffe mit quartären Ammonium- oder Phosphoniumgruppierungen sowie Cyanin- und Hemicyaninfarbstoffe, deren Methingruppen in der Cyaninkette teilweise oder vollständig durch Stickstoff substituiert sind; vgl. 10.6.4.2. In der Patentliteratur wurden für das Färben von Polyacrylnitrilfasern kationische (basische) Metallkomplexfarbstoffe wie 6.24 und 6.25 vorgeschlagen.

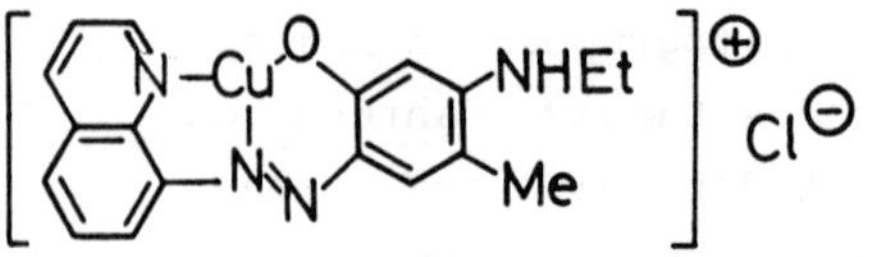

**6.24** 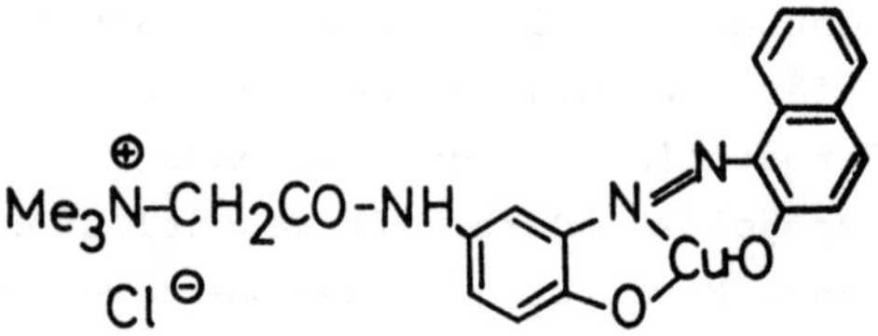         **6.25**

Schema 6-11  Kationische Komplexfarbstoffe zum Färben von
            Polyacrylnitril


Von Vorteil für die meisten Basischen Farbstoffe ist die auffällige, durch eine schmale steile Absorptionsbande bedingte Brillianz, die mit hohen Farbintensitäten und günstigen Herstellungskosten einhergeht. Von Nachteil ist die ungenügende Lichtechtheit, die insbesondere Ausfärbungen auf hydrophilen Fasern beeinträchtigt.
Farbstoffauswahl:

5.5, 5.7, 5.14, 5.18, 5.25, 5.32, 5.35, 5.40, 5.143, 5.242.


6.5.2
Das Verankerungsprinzip der Basischen Farbstoffe auf Polyacrylnitril und anionisch modifiziertem Polyamid

Der anionische Charakter der Polyacrylnitrilfaser beruht zum Teil auf den Schwefelsäurehalbestergruppierungen, die den als Starter bei der Polymerisation verwendeten Persulfaten entstammen. Hinzu kommen Sulfonatgruppen von Comonomeren, die wie in 3.2.5 diskutiert, die Anfärbbarkeit des Polymerisates wesentlich verbessern. Auch in stark saurem wässrigen Milieu werden diese ionischen Substituenten nicht mit Protonen assoziieren. Der Ionenaustausch, d.h. das Aufziehen des Basischen Farbstoffes, lässt sich deshalb nicht durch den pH des Färbebades steuern. Im Interesse des Egalisierens arbeitet man deshalb nach dem Prinzip "Konkurrenz um die Bindungsplätze" mit kationischen Bremsmitteln (Retarder).

Auf entgegengesetzter Basis arbeiten die anionischen Retarder, die die Farbkationen in Form von schwer löslichen, in Gegenwart von Dispergiermitteln fein verteilten Salzen quasi einfrieren.

### 6.5.3
### Historisches

Die Basischen Farbstoffe zählen zu den ältesten synthetischen Farbstoffen. Sie lassen sich praktisch auf allen Naturfasern fixieren und hatten daher früher eine Zeitlang eine überragende Bedeutung.

Quellen für austauschbare Kationen sind auf Proteinfasern in Form von Substituenten wie $NH_3^{\oplus}$ oder COOH vorhanden: Legt man eine Wollfaser in die farblose Lösung einer Carbinolbase wie 5.17 oder 5.21, so erzielt man nach einiger Zeit eine deutliche Färbung. Offensichtlich stellt die Faser gleichzeitig Protonen zur Freisetzung der Farbkationen und anionische Gruppierungen zu ihrer Fixierung zur Verfügung. Man beachte auch die vermehrte Farbstoffaufnahme desaminierter Wolle.

Auf Cellulosefasern, die von Natur aus keine anionischen Gruppen für eine elektrostatische Fixierung anbieten, wurde durch eine Vorbehandlung (Beize) ein Aufziehen des Farbstoffes ermöglicht. Für eine solche Beize eignet sich Tannin, das aus Glucosiden der Gallussäure und der m-Galloyl-gallussäure besteht und wie ein Direktfarbstoff aufzieht. Durch Komplexbildung mit Antimon-Ionen wurde die Haftfestigkeit der Beize nachträglich vergrössert und die Fixierung der Farbkationen durch die Komplex- und Carboxylat-Anionen der Beize gewährleistet. Durch das Auffinden besserer, vor allem lichtechterer Farbstoffe wurde das Färben der Naturfasern mit Basischen Farbstoffen allmählich zurückgedrängt.

## 6.6
## Reaktivfarbstoffe

> Reaktivfarbstoffe (Reactive Dyes) lassen sich als wasserlösliche Farbstoffe definieren, welche eine zur kovalenten Verknüpfung mit der Faser befähigende Gruppierung besitzen.

### 6.6.1
### Strukturmerkmale und Einsatzbereiche

Aus patentrechtlichen Gründen hat beinahe jeder Farbstoffhersteller mehrere reaktive Gruppen entwickelt. Unter dieser Vielzahl sind im wesentlichen zwei Haupttypen vertreten (Schemata 6-12 und 6-13).

Beim Typ A ist der chromophore Teil des Farbstoffes über ein Zwischenglied Y in der Regel mit einem π-Mangelheteroaromaten, in Ausnahmefällen mit einem akzeptorsubstituierten homocyclisch-aromatischen Rest verknüpft, die jeweils eine oder mehrere nucleofuge Abgangsgruppen X tragen; vgl. die allgemeine Formel in 6-12.

Formelbild 6.26 repräsentiert die Reaktivgruppe der ersten Kaltfärber; weitere kaltfärbende Farbstoffe erhält man, wenn in 6.27 bis 6.29 Chlor durch Fluor ersetzt wird. Ob auch Reaktivgruppen der vermutlich ebenfalls zu Kaltfärbern führenden Variante 6.30 auf Eignung geprüft wurden, muss offen bleiben.

Beim Typ B ist der chromophore Teil über ein gleichzeitig aktivierend wirkendes Zwischenglied Y mit einem aliphatischen oder olefinischen Rest verknüpft, der in kurzem Abstand zu Y ebenfalls eine nucleofuge Abgangsgruppe X trägt, welche unter Umständen mit Y nach Art eines gespannten (niedriggliedrigen) heteroaliphatischen Ringsystems verknüpft sein kann.

Die Art der Reaktivgruppe ist nicht ohne Einfluss auf die Eigenschaften der erzielten Ausfärbungen. So sind z.B. Ausfärbungen von Farbstoffen, welche eine Reaktivgruppe des Typ A tragen, in saurem Medium, und von Farbstoffen, welche eine Reaktivgruppe des Typ B tragen, im alkalischen Medium hydrolysegefährdet.

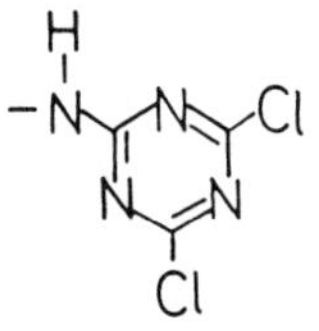

6.26

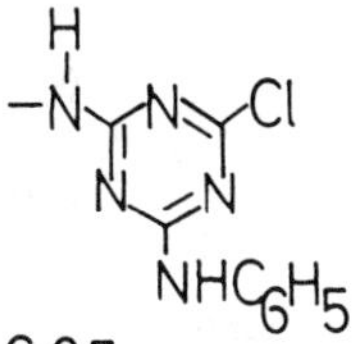

6.27

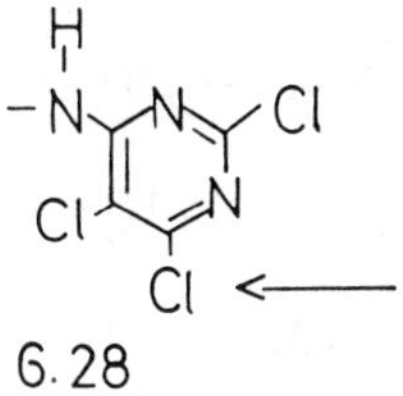

6.28

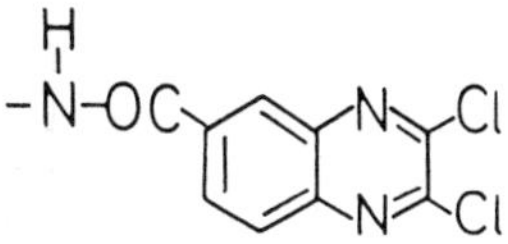

6.29

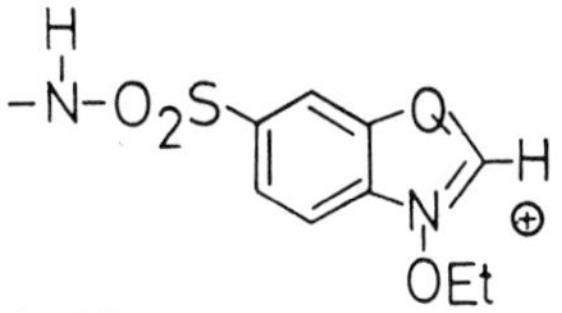

6.30

Fb —Y—R$^a$—X

6.26 bis 6.30

Schema 6-12   Reaktivgruppen des Typs A

In der allgemeinen Formel (unten rechts) symbolisiert R$^a$ einen aromatischen, in der Regel heteroaromatischen Rest: X ≡ nucleofuger Substituent, Y ≡ Verbindungsglied.

Die Substitutionsstelle in 6.28 ist durch einen Pfeil gekennzeichnet. Erläuterungen zur hypothetischen Formel 6.30 im Text.

Das erste Reaktiv-Sortiment für Baumwolle wurde mit den Procion Dyes von der ICI 1956 eingeführt (Kaltfärber). Bald danach kamen die Cibacronfarbstoffe der Ciba und die Remazole der Farbwerke Hoechst in den Handel. Die Cibacronfarbstoffe leiten sich ebenfalls vom Cyanurchlorid ab, enthalten aber nur noch _eine_ reaktive C-Cl-Bindung (Heissfärber). Farbstoffe mit Reaktivgruppen waren für Wolle sogar schon früher im Handel, ohne dass man die besondere Wirkungsweise der Reaktivgruppe erkannt und patentrechtlich abgesichert hatte (Cibalan-

| Fb | -NH-COCH$_2$CH$_2$-OSO$_3$Na | __6.31__ |
| Fb | -SO$_2$-NHCH$_2$CH$_2$-OSO$_3$Na | __6.32__ |
| Fb | -SO$_2$-CH$_2$CH$_2$-OSO$_3$Na | __6.33__ |
| Fb | -NH-COC$_6$H$_4$CH$_2$-Cl | __6.34__ |
| Fb | -ZCOCH$_2$-NHCH$_2$CH$_2$-OSO$_3$Na | __6.35__ |
| Fb | -Y-R$^b$-X | __6.31__ bis __6.35__ |

Schema 6-13  Reaktivgruppen des Typs B.

In der allgemeinen Formel für __6.31__ bis __6.35__ symbolisiert R$^b$ einen aliphatischen, zuweilen cycloaliphatischen oder araliphatischen Rest.

brillantfarbstoffe, 1953). Der neueste Trend weist auf Reaktivfarbstoffe mit mehreren Reaktivgruppen (Mehrfachverankerung). Als <u>chromophore Teile</u> kommen - wie bei den stark sauer färbbaren Säurefarbstoffen - vor allem kleine Moleküle in Frage, welche infolge schmaler steiler Absorptionsbanden klare und brillante Farbtöne liefern.

Farbstoffauswahl:  __5.130__, __5.163V__, __5.181__, __5.184__, __5.211__

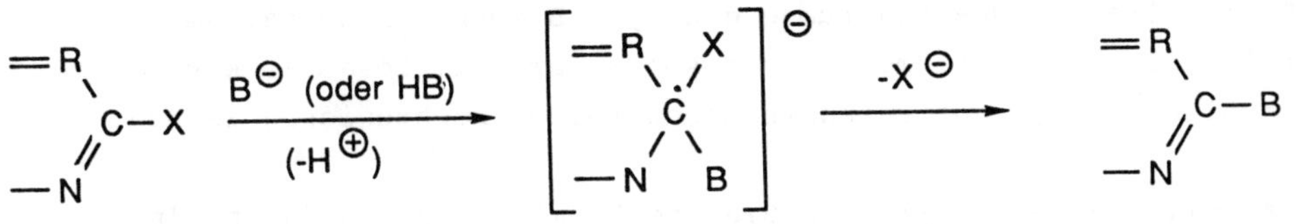

**6.36** → **6.37** → **6.38**

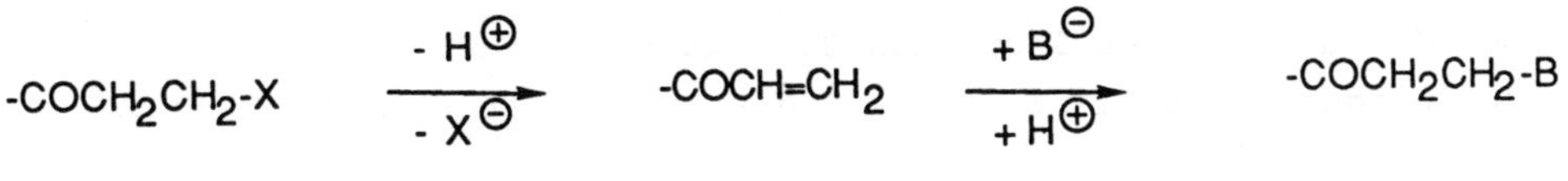

**6.39** → **6.40** → **6.41**

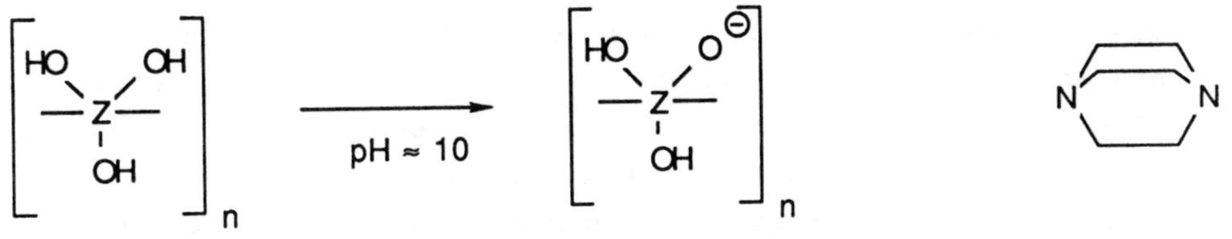

**6.42** → **6.43**   **6.44**

Schema 6-14   Zur Ausbildung der kovalenten Farbstoff/Faser-Bindung. Additions/Eliminations-Mechanismen bei Typ A (oben) und Eliminations/Additions-Mechanismen bei Typ B (mitte). Nucleophile (B⁻) sind 6.43 (Faser, 6.42 ≡ 3.1), 6.44 (Katalysator 1,4-Diaza-bicyclo(2.2.2)octan) oder OH⁻ (Konkurrenzreaktion).

### 6.6.2
#### Das Verankerungsprinzip der Reaktivfarbstoffe

Reaktivfarbstoffe werden definitionsgemäss kovalent mit der Faser verbunden, und zwar unter Ausbildung von Kohlenstoff/Sauerstoff-Bindungen (Cellulose), Kohlenstoff/Stickstoff-Bindungen (Wolle, Seide, Nylon) bzw. Kohlenstoff/Schwefel-Bindungen (weniger häufig).

Am Beispiel einer Reaktivgruppe des Typs B konnte nach saurem hydrolytischen oder fermentativem Abbau der Cellulose die kovalente Verknüpfung an den auftretenden Bruchstücken nachgewiesen werden.

Die Ausbildung der kovalenten Bindung kommt im Fall A durch eine nucleophile Additions/Eliminations-Reaktion ($S_N$Ar) zustande (Schema 6-14).

Neben der direkten nucleophilen Substitution ($S_N2$) sind bei Reaktivgruppen des Typs B Eliminations/Additions-Mechanismen in Betracht zu ziehen.

Um nach 6.42 ⟶ 6.43 nucleophile Zentren zu generieren, wird auf Cellulosefasern grundsätzlich alkalisch gearbeitet. Da die Hydroxidionen des Wassers mit den nucleophilen Gruppen der Faser konkurrieren, entsteht ein erheblicher Anteil an hydrolysiertem Farbstoff, der im Interesse der Waschechtheit sorgfältig entfernt werden muss. In Farbstoffe mit relativ ausgedehntem planaren π-Elektronensystem, die andernfalls zur Einlagerung von Aggregaten neigen, werden zu diesem Zweck mindestens drei Sulfogruppen eingebaut, die für einen Reaktivfarbstoff ebenso charakteristisch wie die Reaktivgruppe sind und im Ausziehverfahren einen hohen Elektrolytzusatz erfordern (Verschiebung des Gleichgewichtes zwischen absorbiertem und gelöstem Farbstoff, Aussalzeffekt). Um eine möglichst hohe Fixierausbeute zu erzielen, wird das Alkali erst zugesetzt, wenn die Hauptmenge des Farbstoffes sich bereits auf der Faser befindet. Eine katalytische Beschleunigung der Substitutionsreaktion wird bei vielen Reaktivfarbstoffen durch Zusatz sterisch fixierter tertiärer Amine 6.44 ermöglicht (Schema 6-13).

Ausgewählte Reaktivfarbstoffe eignen sich optimal für kontinuierliche Färbeverfahren und den Textildruck.

## 6.7 Direktfarbstoffe

> Direktfarbstoffe (Direct Dyes) lassen sich als wasserlösliche Farbstoffe definieren, welche die spezifische Fähigkeit besitzen, Cellulosefasern ohne besondere Vorkehrungen, d.h. **d i r e k t**, anzufärben, und die zu diesem Zwecke weder Reaktivgruppen oder anderer chemisch aktiver Substituenten noch einer besonderen Vorbehandlung der Faser - etwa in Form einer Beize - bedürfen.

### 6.7.1 Strukturmerkmale und Einsatzbereiche

Voraussetzung für eine solche als Substantivität bezeichnete Fähigkeit sind abgesehen von der solvatationsfördernden Sulfogruppe besondere konstitutionelle Merkmale. Zu deren wichtigsten sind im Fall A starre planare Grundgerüste, im Fall B eine lange ununterbrochene Kette konjugierter Doppelbindungen sowie die Möglichkeit zur koplanaren Einstellung des Moleküls zu zählen.

Die meisten handelsüblichen Direktfarbstoffe gehören der Azoreihe an und lassen sich durch die allgemeine Formel 5.137 wiedergeben (Abschnitt 5.4.5).
Farbstoffauswahl:  5.142, 5.146, 5.147, 5.148, 5.149, 5.150, 5.163(III), 5.180, 5.212, 5.235.

Als Quasi-Säurefarbstoffe lassen sich die Direktfarbstoffe auch auf anderen Fasern applizieren (Abschnitt 6.2.1).

### 6.7.2 Das Verankerungsprinzip der Direktfärbungen auf Cellulose

Direktfarbstoffe besitzen keine funktionellen Gruppen, welche mit Cellulose unter Ausbildung starker Bindungskräfte in Wechselwirkung treten könnten. Da zwar das Farbstoffmolekül, nicht aber die innere Oberfläche der Cellulose genügend eben ist, muss man eine für zwischenmolekulare Kräfte optimale gegenseitige Annäherung ebenfalls ausschliessen. Verstärkt durch hydrophobe Wechselwirkungen sind derartige Kräfte aber zwischen den Molekeln der planar gebauten Farbstoffe selbst wirksam. Eine dominierende Rolle spielen hydrophobe Wechselwirkungen in der Eiweisschemie; in Wasser gelöste hydrophobe Moleküle oder Molekülteile bewirken ein eisartiges Erstarren ("Eisbergstruktur") der Wassermolekeln der unmittelbaren Umgebung. Diesem entropisch ungünstigen Vorgang weicht das System durch die Assoziatbildung aus. Im Fall der Peptidketten ist es offenbar die durch das Sequenzmuster aus hydrophoben und hydrophilen Seitenketten festgeschriebene Faltung, im Fall der Direktfarbstoffe die Farbstoff/Faser-Bindung, die vom Entropiegewinn profitiert. Tatsächlich liess sich auf spektroskopischem Wege auch für Folien aus Cellulose nachweisen, was für wässrige Lösungen längst bekannt war: Die für Direktfarbstoffe typische hohe Aggregationstendenz; vgl. E. PFEIL et al. in 10.7. Selbstverständlich gilt das gleiche Prinzip auch für Textilfasern aus nativer oder regenerierter Cellulose: <u>Direktfarbstoffe werden in Form von Aggregaten in die reichlich vorhandenen Hohlräume eingelagert</u>. Dieser Art von Wechselwirkung zwischen Faser und Farbstoff-Aggregaten entspricht die Färbeisotherme nach <u>Freundlich</u>: Trägt man die Logarithmen der Gleichgewichtskonzentrationen gegeneinander an, so resultiert eine Gerade. Man beachte aber: Auch rein adsorptive Vorgänge wie im System Aktivkohle/Essigsäure/Wasser gehorchen Freundlichverteilungen.

Die als "Substantivität" bezeichnete Tendenz, von Cellulose durch Einlagerung von Molekül-Aggregationen gebunden zu werden, lässt sich in mehr oder weniger ausgeprägtem Masse auch bei vielen anderen Stoffen beobachten. Beispiele finden sich in den Abschnitten 6.7 und 6.8.

Beachtenswert scheint, dass prinzipiell auch andere, beispielsweise zu induziertem Circulardichroismus führende Kräfte zwischen Polysacchariden und Farbstoffen wirken können; das Phänomen, das u.a. bei Basischen wie bei Direktfarbstoffen beobachtet wurde, blieb jedoch auf lösliche Polymere beschränkt; vgl. 10.7.

$c_F = k c_L^n$  $\qquad$  $\log c_F = \text{konst} + n \log c_L$

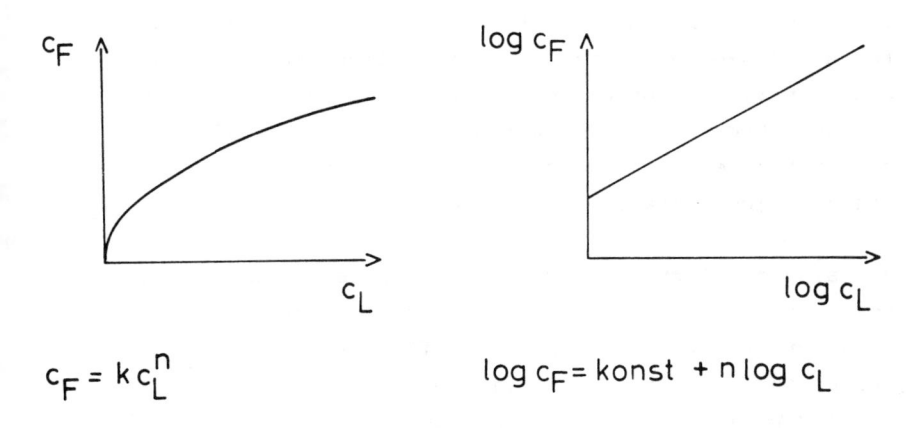

Schema 6-15  Die Färbeisotherme der Aggregatbildung

### 6.7.3
Nachbehandlungsmethoden und Subklassen

Direktfarbstoffe sind typische Cellulosefarbstoffe, die sich durch geringe Herstellungskosten und eine - von Sonderfällen abgesehen - besonders einfache Färbeweise auszeichnen. Auf Cellulosefasern können sie überall da eingesetzt werden, wo an die Waschechtheit der Färbung keine besonderen Anforderungen zu stellen sind.

Von den zahllosen Handelssortimenten früherer Jahre sind heute nur noch wenige in Gebrauch, beispielsweise Spezialsortimente mit hochlichtechten Farbstoffen sowie die Sortimente für Regeneratcellulose, die deren Tendenz zu streifigen Ausfärbungen Rechnung tragen.

Besonders wichtig sind die Kupferungsfarbstoffe (Direktfarbstoffe mit komplexbildenden Substituenten). Nachbehandlung mit Kupfersalzen führt zur Verbesserung der Nass- und Lichtechtheiten. Man beachte dabei, dass Cu(II)-Ionen nach einer _planaren_ Anordnung ihrer Liganden streben und die Aggregation der Farbstoffe daher nicht stören. Eine andere, oft mit den Metallnachbehandlungen kombinierte Methode ist die Umsetzung mit _kationischen Hilfsmitteln_, welche unter Bildung schwerlöslicher, hydrophober Salze reagieren. Mischungen solcher kationaktiver Produkte mit Kupferverbindungen lagen beispielsweise im Coprantex A (Ciba-Geigy) vor; Cuprofix S (Sandoz) und Coprantex B sind Kombinationen von Cu-Verbindungen mit Vorkondensaten aus Dicyandiamid und Formaldehyd. Die Wirkungsweise der Kunstharzvorkondensate beruht einerseits auf einem Herabsetzen der Hydrophilie, andererseits auf einem Verkleben von Poren.

Verschwunden sind die Farbstoffe der im Grenzbereich zu den Azoentwicklungsfarbstoffen angesiedelten Subklassen, die mehrstufige Färbeverfahren erforderten. Um die Farbstoffmoleküle auf der Faser zu vergrössern, ohne zusätzliche löslichkeitsfördernde Substituenten einzubringen, wurden bei den Diazotierungsfarbstoffen freie Aminogruppen der Farbstoffe diazotiert und mit geeigneten Kupplungskomponenten umgesetzt; bei den Kupplungsfarbstoffen liess man umgekehrt ein Diazoniumsalz auf kupplungsfähige Gruppierungen der Farbstoffe einwirken. Eine Verknüpfung oder Vernetzung der Farbstoffmoleküle, die einer analogen Aktivierung durch Donorsubstituenten bedarf, wurde durch Einwirkung von Formaldehyd erzielt.

## 6.8
## Küpenfarbstoffe

Zu den Küpenfarbstoffen sind alle wasserunlöslichen Farbstoffe zu zählen, die sich aus substantiven Reduktionsprodukten regenerieren lassen, in der Regel vorausgesetzt, sie tragen keine Disulfidbrücken (vgl. 6.9).

### 6.8.1
Strukturmerkmale, Subklassen

Wichtige Voraussetzung ist die Fähigkeit, durch Elektronenaufnahme in reversibler Reaktion in ein wasserlösliches Anion überzugehen. Als Bauelement eignet sich eine Kette konjugierter Doppelbindungen mit Carbonylgruppen als Kettenendglieder, wie sie typischerweise in chinoiden und indigoiden Farbstoffen anzutreffen ist (Schema 5-42). Als wasserlösliche Modellfarbstoffe eignen sich chinoide Säurefarbstoffe, deren Reduktionsgeschwindigkeit den Konzentrationen des Farbstoffes als auch des Reduktionsmittels proportional ist (Reaktion zweiter Ordnung).

---

Merke:

Verküpung = reduktiver Löseprozess des Küpenfarbstoffes.

Küpe = alkalische Lösung des reduzierten Küpenfarbstoffes.

Küpensäure = die bei Ansäuern der Küpe sich abscheidende konjugate Säure des Küpenanions.

Küpensäure-
verfahren = Färben mit einer Dispersion der in Wasser schwer löslichen Küpensäure, die sich hydrophoben Fasern gegenüber wie ein Dispersionsfarbstoff verhält.

---

<u>Anthrachinoide Küpenfarbstoffe</u> erhält man durch (formale) Substitution des Anthrachinons oder Verknüpfung mehrerer Anthrachinonmoleküle untereinander, sowie durch Anellierung.

Die einfachste Möglichkeit bietet sich in der Acylierung von Aminoanthrachinonen, wobei 2- bzw. 3-Substitutionsprodukte wegen ihrer Alkalilöslichkeit ungeeignet sind (Abschnitt 5.6.1.3). Acylaminoanthrachinone sind infolge der leichten Verseifbarkeit der Acylaminogruppe ausgesprochene Kaltfärber. Einige kurzwellig absorbierende Vertreter haben sich als faserschädigend erwiesen. Die Faserschädigung wird teilweise von einem direkten Wasserstoffentzug durch optisch angeregte Farbstoffmoleküle, teilweise von dem bei der Oxydation der Küpe durch Luftsauerstoff anfallenden Wasserstoffperoxid verursacht.

Durch Einbau der Säureamidgruppierung in einen heterocyclischen Ring lassen sich die genannten Nachteile weitgehend vermeiden.
Beispiele <u>5.213</u>, <u>5.217</u>.

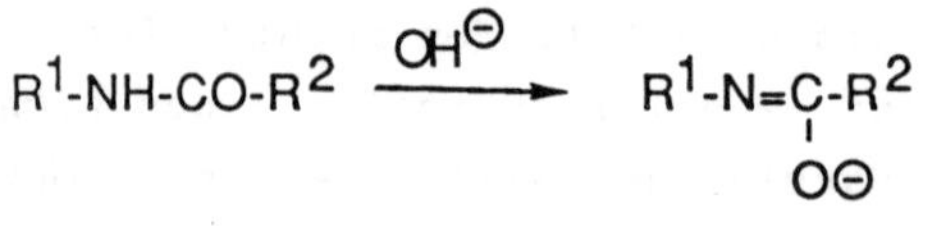

$$R^1\text{-NH-CO-}R^2 \xrightarrow{OH^\ominus} R^1\text{-N=}\underset{\underset{O^\ominus}{|}}{C}\text{-}R^2$$

    **6.45**      **6.46**

Schema 6-16 Zur Alkalilöslichkeit von Acylaminoanthrachinonen


Die Verknüpfung mehrerer Anthrachinonbausteine zu einem <u>Bis- oder Tris-Anthrachinonfarbstoff</u> ist mit den Beispielen <u>5.215</u>, <u>5.219</u> realisiert.

Neben den Anthrachinonderivaten finden sich <u>höher kondensierte Chinone (mit einer längeren Konjugationskette zwischen den Carbonylgruppen)</u>. Beispiele: <u>5.221</u>, <u>5.223</u>, <u>5.228</u>, <u>5.230</u>, <u>5.233</u>, <u>5.234</u>.

Die <u>Indigoiden Küpenfarbstoffe</u> sind strukturell eng mit einem der ältesten Farbstoffe, dem aus pflanzlichem Material isolierbaren Indigo verwandt (Abschnitt 5.6.2).
Farbstoffauswahl: <u>5.249</u>, <u>5.250</u>, <u>5.251</u>, <u>5.252</u>, <u>5.253</u>, <u>5.275</u>, <u>5.282</u>, <u>5.285</u>, <u>5.290</u>, <u>5.292</u>.


6.8.2
<u>Einsatzbereiche und Handelsformen</u>

Küpenfarbstoffe sind typische Cellulosefarbstoffe. Dank ihrer hervorragenden Eigenschaften werden insbesondere die echtesten Spezialsortimente überall dort eingesetzt, wo höchste Anforderungen insbesondere an die Gebrauchsechtheiten gestellt werden. Erst in den Reaktivfarbstoffen mit Mehrfachverankerung könnte ihnen allmählich eine ernsthafte Konkurrenz erwachsen.

Mit wenig Alkali verküpbare Vertreter – überwiegend indigoide – wurden bisweilen auch auf Wolle und Seide appliziert. Nach dem sogenannten Thermosolprozess (Abschnitt 7.2.8), bei welchem die Farbstoffe auf Gewebestücke aufgeklotzt und durch eine Trockenhitzeentwicklung (30 Sek. bei 180-220°) fixiert werden, erzielt man helle bis mittlere Töne auf Polyesterfasern. Für die Applikation auf anderen synthetischen Fasern sind ebenfalls höhere Temperaturen als bei den Cellulosefasern nötig; teilweise wurde nach dem Küpensäureverfahren gefärbt.

Die Küpenfarbstoffe kommen als Pulver-, Ultradispers- oder Teigmarken in den Handel. Ultradispers- und Teigmarken sind aufgrund ihres Dispersitätsgrades und ihres Gehaltes an Dispergiermitteln leichter zu verküpen, ein Gesichtspunkt, der namentlich bei den in der Druckerei verwendeten Farbstoffe eine Rolle spielt.


6.8.3
Das Verankerungsprinzip und die Verfahrensvarianten für Cellulose

Ein wichtiges Verankerungsprinzip für Cellulose beruht auf der Einlagerung von Farbpigmenten in Faserhohlräume, worauf bereits unter 6.1.1 hingewiesen wurde. Je geringer die Löslichkeit solcher Pigmente in Wasser, desto optimaler ist die in hohen Waschechtheiten manifeste Haftfestigkeit. Von entscheidendem Nachteil ist die Schwerlöslichkeit, wenn es darum geht, den Farbstoffmolekeln den Weg einer ungehinderten Diffusion an die Verankerungsstellen zu ebnen. Im Fall der Küpenfarbstoffe wird dieses Problem durch den reduktiven Löseprozess gemeistert, dem die Farbstoffe zu Beginn des Färbeprozesses unterworfen werden. Erst am Ende der Prozedur, nachdem sich die substantiven Anionen mit Alkali-Ionen der Küpe in den Hohlräumen der Faser zu Aggregaten vereint haben, sorgt ein Oxydationsschritt für eine optimale Verankerung.

6.8.3.1
Das diskontinuierliche Färbeverfahren

Der den Direktfarbstoffen des Typs A analoge Bau, insbesondere die starren planaren Grundgerüste, verleihen den in der alkalischen Flotte löslichen Salzen der Küpensäuren eine mit steigender Molekelgrösse wachsende Substantivität. So wird verständlich, warum manche Küpenfärbungen einen Zusatz von Egalisierhilfsmitteln erfordern, der das Aufziehen aus dem wässrigen Färbebad abbremst, andere hingegen einen hohen Salzzusatz (nämlich solche, die erst nach dem Oxydationsschritt mit einem wässrigen Spülbad in Berührung kommen dürfen).

Die Zusätze an Reduktionsmitteln und Alkali sowie die optimalen Verküpungs- und Färbetemperaturen sind ebenfalls individuellen Erfordernissen anzupassen. In der Praxis haben sich drei Standardverfahren eingebürgert, die sich hinsichtlich der Laugenkonzentration, der Menge der Salzzusätze und der Färbetemperatur unterscheiden (Zusammenstellung im Abschnitt 7.2.5.6).


6.8.3.2
Das kontinuierliche Färbeverfahren

Die kontinuierlichen Verfahren bedienen sich der Ultradispersmarken. Wichtig ist, dass der dispergierte Farbstoff auf dem Gewebe gleichmässig verteilt wird. Nach dem Zwischentrocknen werden die Chemikalien des Reduktionsbades aufgetragen. Daran muss sich unmittelbar der Dämpfprozess anschliessen, damit das Reduktionsmittel vor der Reaktion mit dem Luft-$O_2$ bewahrt bleibt: In den technischen Apparaturen beträgt der Abstand zwischen den Abquetschwalzen, mit deren Hilfe die Flottenaufnahme reguliert wird, und den Einlasswalzen der Dämpfvorrichtung nur wenige Zentimeter. Wenn zu Demonstrationszwecken das vollkontinuierliche Verfahren durch ein halbkontinuierliches mit längerem "Luftgang" ersetzt werden muss (z.B. in einem farbenchemischen Praktikum), ersetzt man vorteilhafterweise das Natriumdithionit durch Natrium-hydroxymethyl-sulfinat, das erst bei höheren Temperaturen reagiert.

6.8.3.3
Der Oxydationsschritt

Die Rückoxydation gelingt auf Cellulosefasern bereits mit Luftsauerstoff. Zur Beschleunigung können wässerige salzhaltige Lösungen von Wasserstoffperoxid verwendet werden. Bei den kompakten Synthesefasern verwendet man Natriumperborat. Andere Oxydationsmittel sind in der Regel ungeeignet. Besondere Sorgfalt ist erforderlich, wenn eine oxydative Schädigung der Farbstoffe zu befürchten ist.

Bei der Oxydation wird der wasserunlösliche Farbstoff in energiereicher amorpher Form in der Faser niedergeschlagen. Durch einen anschliessenden Seifungsprozess wird bei Kochtemperatur die Möglichkeit zur Bildung von Kristalliten und Farbpigmenten geschaffen und der an der Faseroberfläche haftende reibunechte Farbstoff entfernt. Der Seifungsprozess ist infolge der Kornvergrösserung häufig mit einer merklichen Nuancenänderung verbunden.


6.8.3.4
Die häufigsten Fehlerquellen

Die Küpenfarbstoffe weisen in ihrem Verhalten gegenüber den Verküpungsmitteln teilweise recht beträchtliche Unterschiede auf, wobei der Verküpungsgeschwindigkeit, der Möglichkeit hydrolytischer oder reduktiver Zerstörung und dem pK-Wert der Küpensäure grosse Bedeutung beizumessen ist.

Eine Ueberreduktion kann beispielsweise bei Indanthron 5.219 und seinen Derivaten eintreten. Während im Normalfall zwei Carbonylgruppen reduziert werden und das Reduktionsprodukt wieder leicht zum ursprünglichen Farbstoff oxydierbar ist, entstehen unter intensiveren Reduktionsbedingungen Verunreinigungen, die entweder schwer oder gar nicht mehr rückwandelbar sind.

Bei halogensubstituierten Farbstoffen kann die Ueberdosierung des Reduktionsmittels auch reduktive Deshalogenierungen verursachen.

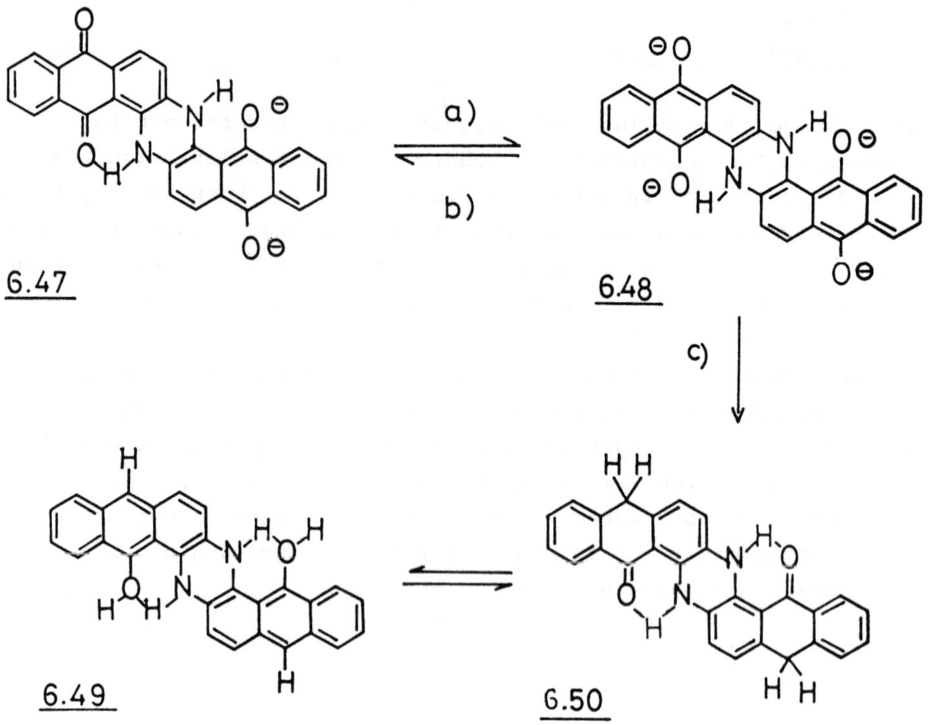

**6.47** ⇌ **6.48**

a) ⇌ b)

c) ↓

**6.49** ⇌ **6.50**

Schema 6-17   Zur reduktiven Schädigung von Indanthron 5.219:

Der erwünschte Reduktionsschritt führt zum blauen Küpen-Anion 6.47, ein weiterer reversibler Reduktionsschritt zum pH-empfindlichen 6.48, Protonierung, $H_2O$-Abspaltung und ein weiterer Reduktionsschritt zu den Tautomeren 6.49/6.50.

a) 2-Elektronen-Reduktion   b) 2-Elektronen-Oxydation
c) Aufnahme von 4 Elektronen und 8 Protonen, Abspaltung von 4 $H_2O$-Molekeln

Bei zu niedrigem pH neigen anthrachinoide Küpensäuren zu einer Umlagerung in die oxydationsbeständige Ketoform, z.B. 6.52, während falsche Wahl oder Dosierung des Oxydationsmittels beispielsweise zu Azinen wie 6.53 führen kann.

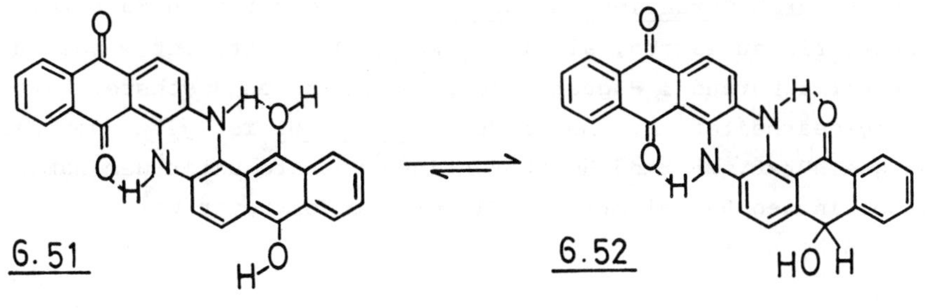

**6.51** ⇌ **6.52**

Schema 6-18 Zur Keto/Enol-Tautomerie der Küpensäure 6.51: pH ≅ $pK_a$ begünstigt die Einstellung des Gleichgewichtes.

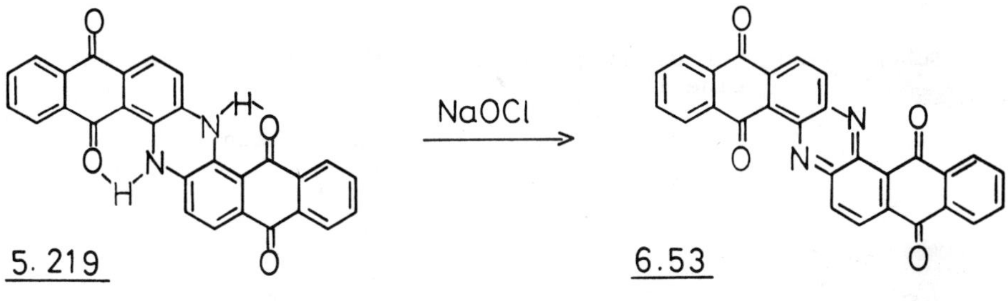

**5.219** $\xrightarrow{NaOCl}$ **6.53**

Schema 6-19 Bildung des grünen Azinderivates 6.53, ein Beispiel für die Oxydationsempfindlichkeit von Küpenfarbstoffen.

### 6.8.4
Die Leukoküpensäureester

Von den Küpensäuren leiten sich technisch interessante Schwefelsäurehalbester ab. Die Entdecker M. BADER und Chr. SüNDER bezeichneten 1921 die luft- und lagerbeständigen Alkalisalze dieser Ester, aus denen sich durch <u>Oxydation in saurem Milieu</u> die freien Farbstoffe bequem regenerieren lassen, als Indigosole. Das Sortiment wurde zuerst von der Firma Durand & Huguenin gemeinsam mit den Hoechster Farbwerken ausgearbeitet. Die Bezeichnung <u>Indigosol</u> ist jetzt der Firma Sandoz geschützt, während Hoechst seine Produkte unter dem Namen <u>Anthrasol</u> in den Handel bringt. Ein erster Vertreter war das Indigosol O (Schema 6-20).

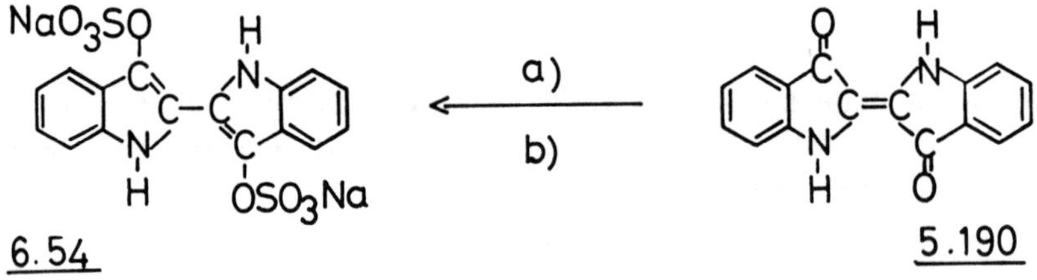

**6.54** ⟵ a) / b) ⟶ **5.190**

Schema 6-20  Zur Bildung von Indigosol O (Solubilized Vat Blue 1)

a) Fe-Pulver und $ClSO_3H$ in Pyridin
b) $Na_2CO_3$ in $H_2O$

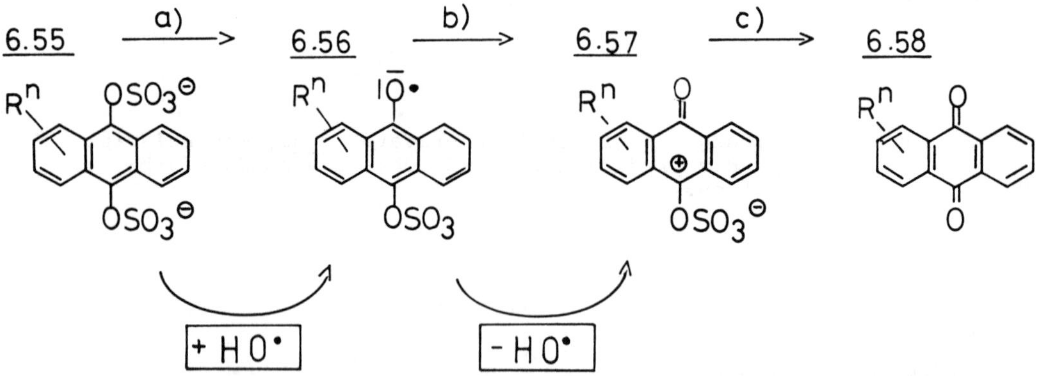

**6.55** —a)→ **6.56** —b)→ **6.57** —c)→ **6.58**

$+ HO^{\bullet}$     $- HO^{\bullet}$

Schema 6-21  Zum Radikalketten-Mechanismus der Indigosol-Oxydation

a) $HSO_4$-Anion wird eliminiert
b) Reaktion mit $H_2O_2$; nach Aufnahme eines Protons wird zusätzlich $H_2O$ eliminiert
c) Schnelle Folgereaktion; hydrolytische Abspaltung von $H_2SO_4$

Haupteinsatzbereich ist der Baumwolldruck; besonders wichtig sind
die Farbtöne, die bei den ähnlich applizierbaren Azoentwicklungsfarbstoffen fehlen (Kombinationsdruck). Wegen mangelnder Substantivität ist das Färben von Cellulosefasern im Ausziehverfahren von einer Ausnahme (Kreuzspule) abgesehen nicht möglich; in der Kontinue-
färberei werden Pastelltöne bevorzugt, die besonders lichtechter und
gut egalisierender Farbstoffe bedürfen.
Die Stabilität der Indigosole gegenüber Hydrolyse ist bemerkenswert. In verdünnter wässeriger Alkalilösung werden sie auch bei
Siedehitze kaum verseift. Auch in saurer Lösung erfolgt die Hydrolyse in Abwesenheit von Oxydationsmitteln nur langsam, so dass sie
als Quasi-Säurefarbstoffe auf Polypeptid- und Polyamidfasern aufziehen. Auf synthetischen Polyamiden fällt die Lichtechtheit
etwas ab, ein Effekt, der vermutlich auf eine mehr oder weniger
molekulardisperse Verteilung des Farbstoffes zurückzuführen ist.

Als Oxydationsmittel dient überwiegend $NaNO_2$ (nur Cellulose).
Möglich ist $Na_2Cr_2O_7$ (Wolle, Seide). Universell einsetzbar ist
$H_2O_2$, das nachgewiesenermassen - bei anderen Oxydantien wird es ver-
mutet - nach einem Radikalketten-Mechanismus reagiert (Schema 6-21).


### 6.8.5
### Der Aetzdruck

Unter <u>Aetzdruck</u> versteht man das örtliche Aufdrucken einer ätzen-
den, d.h. farbzerstörenden Druckpaste auf ein vorgefärbtes, meist
unifarbenes Gewebe (Aetzgrund, Aetzfonds). Der Aetzdruck wird angewandt, wenn es sich darum handelt, relativ kleinflächige weisse
oder farbige Muster auf farbigem Grund zu erzeugen und der Fonds-
farbstoff eine hinreichende Aetzbarkeit besitzt (Weissätzen bzw.
Buntätzen).

<u>Besonders leicht ätzbar sind Azofarbstoffe</u>, welche durch Reduktion
in die farblosen Amine gespalten werden (Schema 6-22).

Azoverbindungen kommen in vielen Farbstoffklassen vor: Als Aetzgrund eignen sich daher Direktfarbstoffe, Naphtol-AS-, Reaktiv-,
Säure- und Komplexfarbstoffe; in untergeordnetem Masse auch <u>Disper-</u>

sionsfarbstoffe, wobei besondere Vorkehrungen nötig sind, um das Eindringen der wässerigen Aetzpaste in die hydrophobe Faser zu ermöglichen.

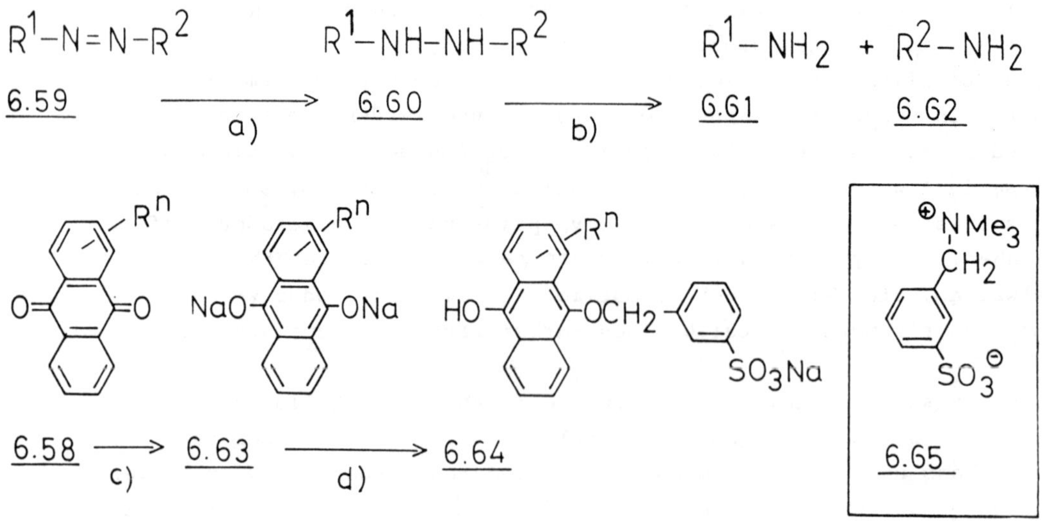

$$R^1-N=N-R^2 \quad \xrightarrow{a)} \quad R^1-NH-NH-R^2 \quad \xrightarrow{b)} \quad R^1-NH_2 + R^2-NH_2$$

6.59 → 6.60 → 6.61   6.62

6.58 $\xrightarrow{c)}$ 6.63 $\xrightarrow{d)}$ 6.64    6.65

Schema 6-22   Aetzdruck: Umwandlung der Fondsfarbstoffe 6.58 und 6.59, Bildung auswaschbarer Spaltprodukte 6.61 und 6.62 bzw. wasserlöslicher Derivate 6.64.

a) b) und c)   2H-Reduktion mit $Na_2S_2O_4$

d) Benzylierung mit 6.65

Die Aetzpasten für einen Azofonds (Cellulose) enthalten:

>   Verdickungsmittel
>   hydrotrope Substanz (Lösungsvermittler)
>   Reduktionsmittel ⟶ Natriumhydroxymethylsulfinat
>   gelegentlich Reduktionskatalysator ⟶ Anthrachinon
>   Weisspigment ⟶ Zinkoxid, Titandioxid, Bariumsulfat, Kaolin
>   Schutzkolloide ⟶ Eialbumin (bei Wolle)
>   Alkali ⟶ Kaliumcarbonat, Natriumcarbonat, Natriumacetat (bei alkaliempfindlichen Fasern wie Wolle werden spezielle Aetzverfahren herangezogen).

Für <u>Buntätzen auf Azogrund</u> eignen sich Farbstoffe, die unter alkalisch reduzierenden Bedingungen aufziehen (Buntätzfarbstoffe). Auf Cellulosefaserstoffen sind dies neben ätzbeständigen Reaktivfarbstoffen vor allem <u>Küpenfarbstoffe</u>, die an Stelle des ursprünglich am Ort des Aufdrucks vorhandenen und durch die Aetze zerstörten Farbstoffes fixiert werden.

<u>Aetzdruck auf Küpengrund</u>

Die Küpenfarbstoffe setzen je nach ihrer Konstitution dem Aetzen einen mehr oder weniger grossen Widerstand entgegen. Aetzbar sind Indigoide und Acylaminoanthrachinone, nicht ätzbar höher kondensierte Küpenfarbstoffe.

Die Aetzpasten für einen Küpenfonds enthalten:

>   Verdickung
>   Reduktionsmittel
>   Benzylierungsmittel (z.B. <u>6.65</u>)
>   Weisspigmente
>   Alkali
>   Reduktionskatalysator

Als Buntätzfarbstoffe auf Küpengrund eignen sich neben ätzbeständigen Küpenfarbstoffen Indigosole, welche im Anschluss an den Dämpfprozess nass entwickelt werden.

Die in den Druckpasten enthaltenen Benzylierungsmittel haben die
Aufgabe, die beim Aetzprozess entstehenden Reduktionsprodukte in
stabile auswaschbare Verbindungen zu überführen.


## 6.9
### Schwefelfarbstoffe

Mit den Küpenfarbstoffen eng verwandt sind die vom Colour Index in
einer selbständigen Applikationsklasse zusammengefassten Schwefelfarbstoffe (Sulfur Dyes), die ähnlich wie Küpenfarbstoffe appliziert
werden, jedoch geringere Echtheitseigenschaften aufweisen. Es handelt sich ebenfalls um wasserunlösliche, nach einem Reduktionsprozess aufziehende Farbstoffe, die man durch Schwefelung von aromatischen Aminen, aromatischen Nitroverbindungen, Indaminen und
Indophenolen, d.h. durch Verschmelzen dieser Verbindungen mit Schwe-
fel oder Natriumpolysulfid erhält.

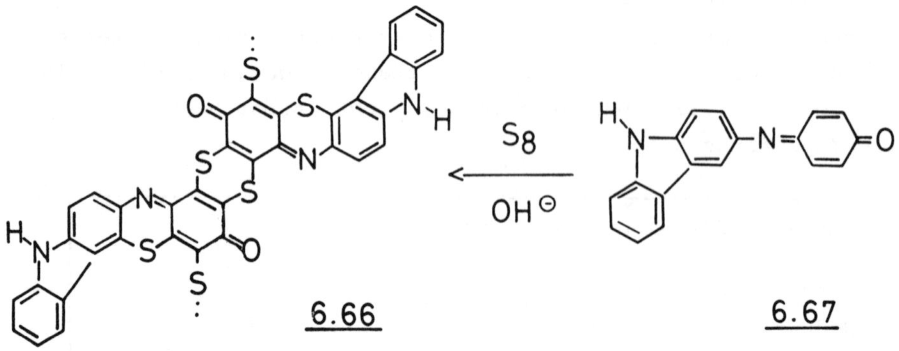

Schema 6-23  Konstitution und Bildungsweise von Cibablau 2RH
(C.I. Vat Blue 43)

Sie tragen infolge der besonderen Art ihrer Herstellung Disulfid-
brücken (R-S-S-R), die bei der Reduktion zu Thiolaten aufgespalten
werden und sich bei der Oxydation auf der Faser zurückbilden.
Einige hochwertige Schwefelfarbstoffe sind in die Sortimente der
Küpenfarbstoffe aufgenommen worden, beispielsweise der Thiazinfarb-
stoff 6.66 der sich aus dem merochinoiden Edukt 6.67 gewinnen
lässt.

Um den Reduktionsprozess in den Bereich der Farbstoffproduktion zu
verlagern, werden in Analogie zu den Leukoküpensäureestern hier
Bunte-Salze FbS-SO$_3$Na eingesetzt.

## 6.10
## Azo-Entwicklungsfarbstoffe

Entwicklungsfarbstoffe (Ingrain Dyes) sind als wasserunlösliche
Farbstoffe zu definieren, welche aus farblosen oder schwach
farbigen niedermolekularen Bausteinen auf der Faser synthetisiert
werden.

6.10.1
Strukturmerkmale und Einsatzbereiche

Die auch zahlenmässig wichtigste Gruppe stellen die Azo-Entwicklungsfarbstoffe, bei welchen man eine kupplungsfähige Komponente (Phenol
oder Enol) und ein Diazoniumsalz nacheinander auf die Faser einwirken lässt. Der älteste Farbstoff dieser Gruppe war das Pararot
6.69, welches aus 2-Naphthol 5.102 und 4-Nitrophenyldiazoniumsalz
6.68 hervorgeht. Mit diesem Farbstoff, der heute wegen geringer Echtheiten nicht mehr in Gebrauch ist, wurde zum ersten Mal eine Alternative zum Färben mit Türkischrot (Abschnitt 6.3.3) aufgezeigt, die
dieses in kurzer Zeit völlig verdrängte.

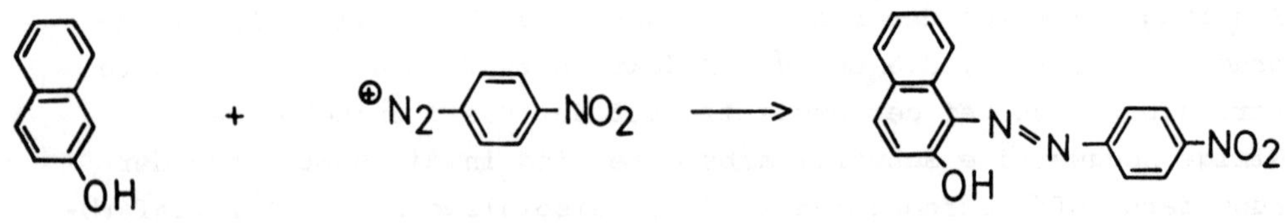

[Strukturformeln: 5.102 (2-Naphthol) + 6.68 (⁺N₂–C₆H₄–NO₂) → 6.69 (Azoverbindung)]

Schema 6-24  Bildung des Pararots 6.69:
Das Substrat (Garn, Gewebe) wird mit einer alkalischen Lösung von 5.102 gesättigt. Nachbehandeln in einem separaten, salzhaltigen Bad mit 6.68 ergibt eine waschechte rote Färbung.


6.10.2
Das Verankerungsprinzip der Azo-Entwicklungsfarbstoffe auf Cellulose

Das Färben mit Entwicklungsfarbstoffen beruht wie das Färben mit Küpenfarbstoffen auf der Einlagerung wasserunlöslicher Pigmente in Faserhohlräume.


6.10.2.1
Kupplungskomponenten

Im Gegensatz zum 2-Naphthol und zu den Grundkörpern der Phthalogen- und Oxydationsfarbstoffe (vgl. 6.10.2 und 6.10.3) sind die Naphtole und Naphtanilide so konzipiert worden, dass sie auch im Ausziehverfahren auf Cellulosefasern aufziehen. Im Prinzip genügt das Einfügen einer Carboxanilid-Gruppe, wie der Vergleich von 2-Naphthol mit ACC 2 (Naphtanilid RC, Naphtol AS) zeigt. Im Ziehvermögen bestehen jedoch starke Unterschiede. Während von ACC 2 und ACC 5 je nach Länge der Flotte nur 10 - 20% aufziehen, erreicht die Badausschöpfung bei den bevorzugt im Ausziehverfahren applizierten Komponenten mit einem ausgedehnteren Doppelbindungssystem nahezu 100%. Die in den alkalischen Bädern vorliegenden Naphtolat-Ionen werden durch Zusatz von Formaldehyd der schädlichen Einwirkung des Luftsauerstoffs entzogen. Im Zuge der Kupplungsreaktion wird die schützende Methylolgruppe in 6.78 elektrofug substituiert (die Handelsnamen der Kupplungskomponenten werden stets ohne das h hinter dem t geschrieben).

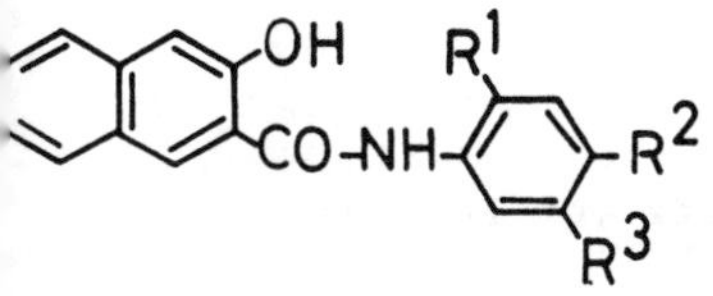

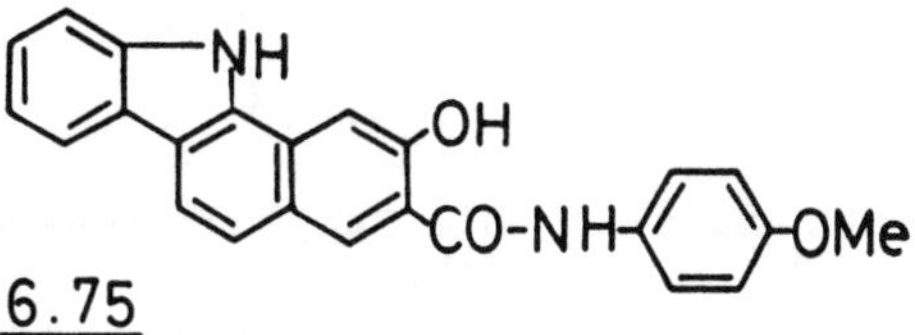

6.70 $R^1 = R^2 = R^3 = H$
6.71 $R^1 = R^2 = OMe$  $R^3 = Cl$
6.72 $R^1 = R^2 = H$  $R^3 = NO_2$

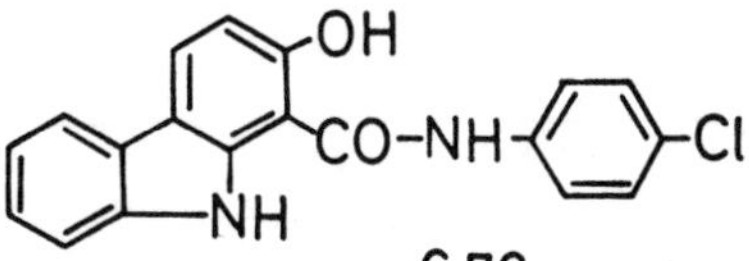

6.73

6.74

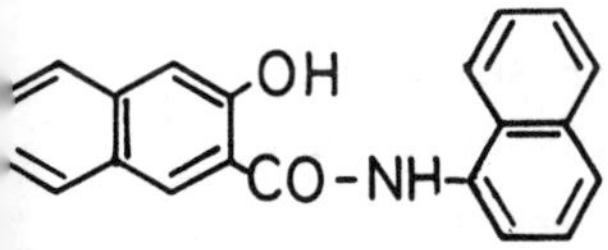

6.75

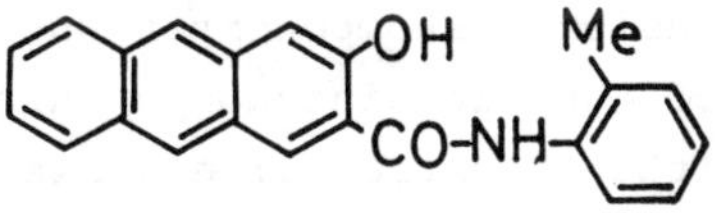

6.76

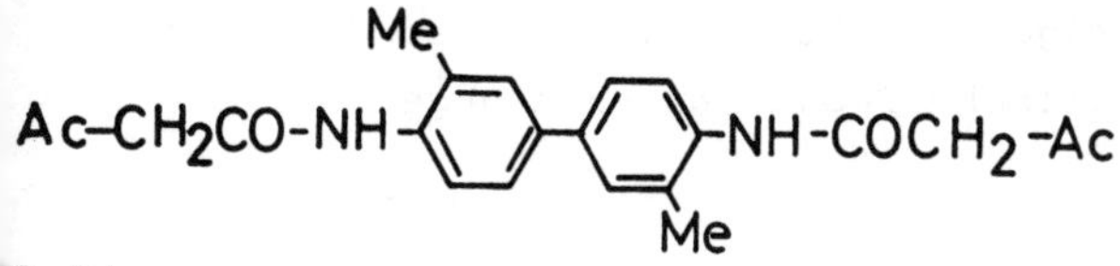

6.77

Schema 6-25  Typische Kupplungskomponenten für Azo-Entwicklungsfarbstoffe:
ACC 2 (Rotkomponente) 6.70, ACC 12 (Rot) 6.71, ACC 17 (Rot) 6.72, ACC 4 (Bordeaux) 6.73, ACC 5 (Gelb) 6.74, ACC 13 (Schwarz) 6.75, ACC 15 (Braun) 6.76 und C.I. Azoic Coupling Component 36 (Grün) 6.77.

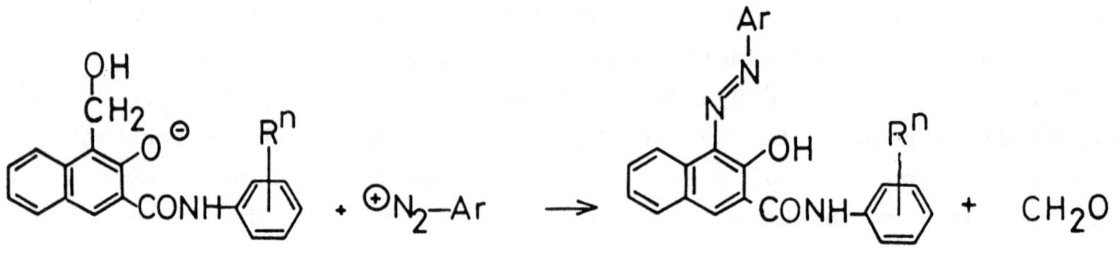

**6.78**        **6.79**        **6.80**        Ar ≡ Aryl

Schema 6-26   Die Kupplungsreaktion nach Zusatz von Formaldehyd:

Methylolbildung führt zu 6.78, die Methylolgruppe wird elektrofug substituiert

### 6.10.2.2
### Diazokomponenten

Wie die Grundierungskomponenten Unterschiede in ihrer Substantivität, so zeigen die Diazokomponenten Unterschiede in ihrer Kupplungsaktivität (Elektrophilie). Dieser Unterschiede bedient man sich erfolgreich im Reservedruck (Abschnitt 6.9.1.4), indem man die unterschiedliche Ansprechbarkeit ihres Kupplungsvermögens auf pH-Aenderungen ausnutzt: Während stark elektrophile Diazoniumsalze bereits mit Naphtolen (bei niedrigem pH) kuppeln, erfordern schwach elektrophile Diazoniumsalze alkalische Reaktionsbedingungen.

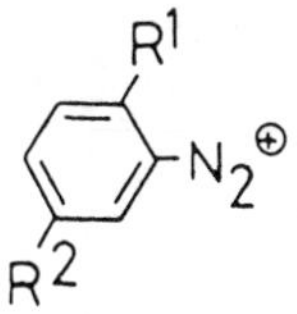

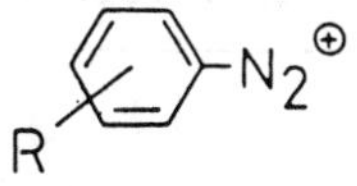

| 6.81 | $R^1$ = $NO_2$ | $R^2$ = OMe | | 6.85 | R = m-Cl |
| 6.82 | $R^1$ = OMe | $R^2$ = $NO_2$ | | 6.86 | R = p-NH-$C_6H_4$-OMe-p |
| 6.83 | $R^1$ = $SO_2Et$ | $R^2$ = $CF_3$ | | 6.87 | R = p-$NO_2$ |
| 6.84 | $R^1$ = Me | $R^2$ = $SO_2NMe_2$ | | 6.88 | R = o-Cl |

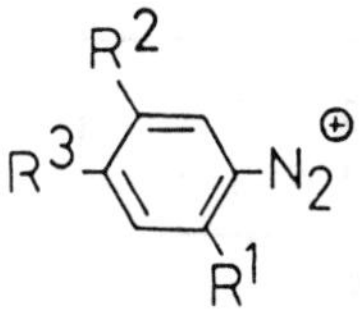

6.89  $R^1$ = $R^2$ = OMe    $R^3$ = $NHCOC_6H_5$
6.90  $R^1$ = OMe   $R^2$ = Me    $R^3$ = $NHCOC_6H_5$

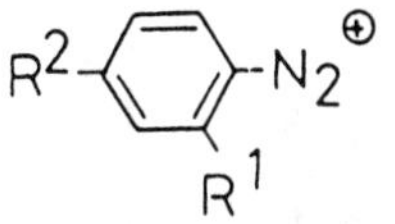

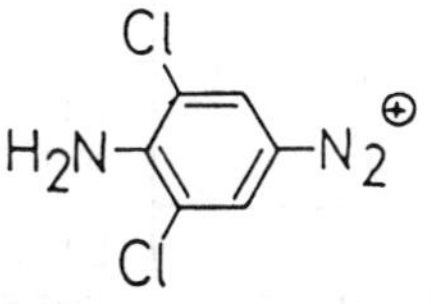

6.91  $R^1$ = $NO_2$   $R^2$ = Cl
6.92  $R^1$ = OMe   $R^2$ = Cl
6.93  $R^1$ = OMe   $R^2$ = $NHC_6H_5$

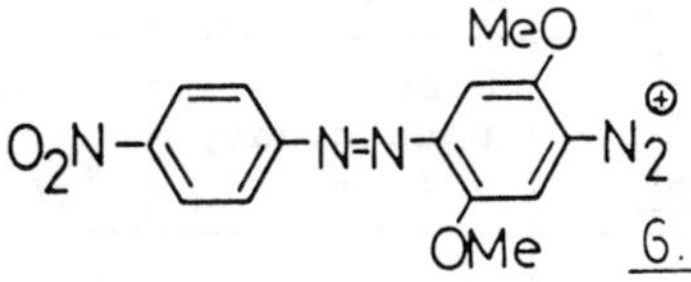

6.94

6.95

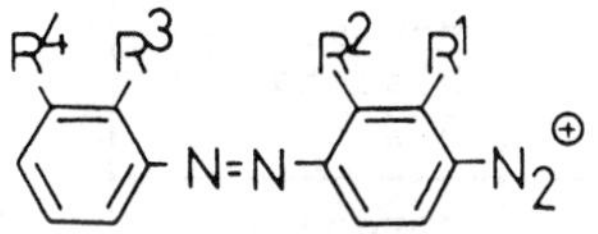

6.96  $R^1$ = $R^3$ = Me    $R^2$ = $R^4$ = H
6.97  $R^1$ = $R^3$ = H    $R^2$ = $R^4$ = Me
6.98  $R^1$ + $R^2$ = $C_4H_4$   $R^3$ = OMe   $R^4$ = H

Schema 6-27  Ausgewählte Diazokomponenten:
ADC 1 (Bordeauxentwickler) 6.81, ADC 13 (Scharlach) 6.82, ADC 19 (Goldorange) 6.83, ADC 132 (Rot) 6.84, ADC 2 (Orange) 6.85, ADC 35 (Variaminblauentwickler) 6.86, ADC 37 (Rot) 6.87, ADC 44 (Gelb) 6.88, ADC 24 (Blau) 6.89, ADC 41 (Violett) 6.90, ADC 9 (Rot) 6.91, ADC 10 (Rot) 6.92, ADC 47 (Blau) 6.93, ADC 117 (Braun) 6.94, ADC 38 (Schwarz) 6.95, ADC 4 (Granat) 6.96, ADC 27 (Granat) 6.97, Azoic Diazo Component 23 (Schwarz) 6.98

Tabelle 6/3  Farbe, Nuance, Licht- und Alkaliechtheit ausgewählter Azo-Entwicklungsfarbstoffe

| ADC \ ACC | 2<br>6.70 | 4<br>6.73 | 5<br>6.74 | 12<br>6.71 |
|---|---|---|---|---|
| 1<br>6.81 | rot<br>stp.blaustg<br>5 / 3 | bordeaux<br><br>5-6 / 3-4 | orange<br>gelbstg<br>2 / 3 | bordeaux<br><br>5-6 / 4 |
| 2<br>6.85 | orange<br>ltd<br>5-6 / 3 | rot<br>ltd.gelbstg<br>4-5 / 2-3 | gelb<br>ltd<br>4 / 5 | rot<br>gelbstg<br>6-7 / 2-3 |
| 4<br>6.96 | bordeaux<br>stp<br>4 / 3-4 | bordeaux<br>stp<br>5 / 3-4 | orange<br>gelbstg<br>5 / 4-5 | bordeaux<br>stp<br>5-6 |
| 9<br>6.91 | rot<br><br>6 / 3 | rot<br>stp.blaustg<br>5 / 2-3 | gelb<br>ltd<br>4 / 4 | rot<br>ltd<br>6-7 / 3-4 |
| 10<br>6.92 | rot<br>stp<br>4 / 3-4 | rot<br>blaustg<br>5 / 4 | gelb<br>ltd<br>4-5 / 4-5 | rot<br>stp.blaustg<br>6 / 4-5 |
| 13<br>6.82 | rot<br>ltd<br>5 / 3 | rot<br>blaustg<br>5-6 / 4 | gelb<br><br>3-4 / 3-4 | rot<br><br>5-6 / 3 |
| 24<br>6.89 | blau<br>rotstg.navy<br>5 / 4 | blau<br>rotstg.navy<br>4-5 / - | orange<br>gelbstg<br>- | violett<br>blaustg<br>5 / - |
| 35<br>6.86 | blau<br>rotstg.navy<br>6 / 4-5 | blau<br>navy<br>5 / 4-5 | braun<br>stp<br>1 / 4 | blau<br>rotstg.navy<br>6 / 3 |
| 37<br>6.87 | rot<br>gelbstg<br>5 / 1-2 | rot<br>stp.gelbstg<br>5 / 1-2 | gelb<br>ltd<br>4 / 3 | braun<br>rotstg<br>6-7 / 2-3 |
| 38<br>6.95 | schwarz<br>blaustg<br>5 / 3-4 | schwarz<br>blaustg<br>5 / - | bordeaux<br><br>2-3 / 3-4 | schwarz<br>blaustg<br>6 / - |
| 41<br>6.90 | violett<br>ltd.blaustg<br>5 / 4-5 | violett<br>stp.rotstg<br>5 / 4-5 | gelb<br>rotstg<br>2 / 4 | bordeaux<br><br>5 / 4-5 |
| 44<br>6.88 | rot<br>gelbstg<br>4 / 2-3 | rot<br><br>5 / 2-3 | gelb<br>ltd<br>5 / 4-5 | rot<br>gelbstg<br>5-6 / 4-5 |
| 47<br>6.93 | blau<br>rotstg.navy<br>- | blau<br>rotstg.navy<br>- | orange<br>stp.gelbstg<br>- | blau<br>rotstg.navy<br>- |

(ltd = leuchtend, navy = marineblau, -stg = -stichig, stp = stumpf, Strichmarkierung: Wegen ungenügender Echtheiten nicht kombinierbar).

| ACC / ADC | 13 <br> 6.75 | 15 <br> 6.76 | 17 <br> 6.72 | 36 <br> 6.77 |
|---|---|---|---|---|
| 1 <br> 6.81 | schwarz blaustg <br> - | braun <br> 5 / 1-2 | bordeaux <br> 5 / 3 | bordeaux <br> - |
| 2 <br> 6.85 | rotbraun stp <br> 6-7 / 4-5 | olive braunstg <br> 6-7 / 4 | orange rotstg <br> 3 / 2 | braun rotstg <br> - |
| 4 <br> 6.96 | bordeaux stp <br> 6-7 / 4 | braun stp.rotstg <br> 6 / 3-4 | bordeaux stp <br> 4-5 / 3-4 | - |
| 9 <br> 6.91 | schwarz grünstg <br> 6-7 / 2-3 | braun <br> 6 / 3-4 | rot gelbstg <br> 4 / 2-3 | - |
| 10 <br> 6.92 | schwarz rotstg <br> 7 / 3-4 | braun stp <br> 7 / 4 | rot ltd.blaustg <br> 4 / 3 | rot stp.blaustg <br> - |
| 13 <br> 6.82 | violett stp <br> 6-7 / 3 | braun gelbstg <br> 6-7 / 2 | rot ltd.blaustg <br> 4-5 / 2-3 | - |
| 24 <br> 6.89 | blau rotstg.navy <br> - | - | blau rotstg.navy <br> 5 / - | blau grünstg <br> - |
| 35 <br> 6.86 | blau rotstg.navy <br> 5-6 / 5 | - | blau navy <br> 5 / 5 | grün blaustg <br> - |
| 37 <br> 6.87 | schwarz <br> 6-7 / 3-4 | braun <br> 7 / 3 | rot gelbstg <br> 3 / 2 | - |
| 38 <br> 6.95 | schwarz grünstg <br> - | - | schwarz blaustg <br> 5 / - | grün blaustg <br> - |
| 41 <br> 6.90 | blau rotstg.navy <br> 6 / 2-3 | - | bordeaux stp <br> 4 / 3 | - |
| 44 <br> 6.88 | violett stp.rotstg <br> 5-6 / 3-4 | braun gelbstg <br> 6 / 2-3 | rot blaustg <br> 3-4 / 1-2 | bordeaux <br> 3 / - |
| 47 <br> 6.93 | schwarz grünstg <br> - | - | blau grünstg.navy <br> 6 / 4-5 | grün <br> 5 / 4 |

6.10.3
Anwendung im Textildruck, Reservedruck

Im Textildruck mit Azoentwicklungsfarbstoffen sind grundsätzlich drei Varianten möglich. Nach der ersten Variante wird mit Naphtolat grundiert und mit diazoniumsalzhaltigen Druckpasten bedruckt. Nach der zweiten wird das Gewebe umgekehrt mit einer konzentrierten Diazoniumsalzlösung getränkt (fehlende Substantivität!); ein mehrfarbiges Muster resultiert dann durch Aufdruck verschiedener Naphtolate. Nach der dritten Variante enthält die Druckpaste nebeneinander ein Naphtolat und ein "stabilisiertes" Diazoniumsalz (Anti-Diazotat 6.99 oder Triazen 6.100). Bei anschliessendem sauren Dämpfen oder einer sauren Nassentwicklung können die stärker aktivierten Diazonium-Ionen 6.79 nach Rückspaltung der Additionsverbindung zum Farbstoff reagieren. Genügend elektrophil sind z.B. 6.87, 6.91 und 6.96.

$$\underset{\text{6.99}}{Ar-N=N-ONa} \xrightarrow{a)} Ar-\bar{N}=\bar{N}^{\oplus} \xleftarrow{b)} \underset{\text{6.100}}{Ar-N=N-NH-R-SO_3Na}$$

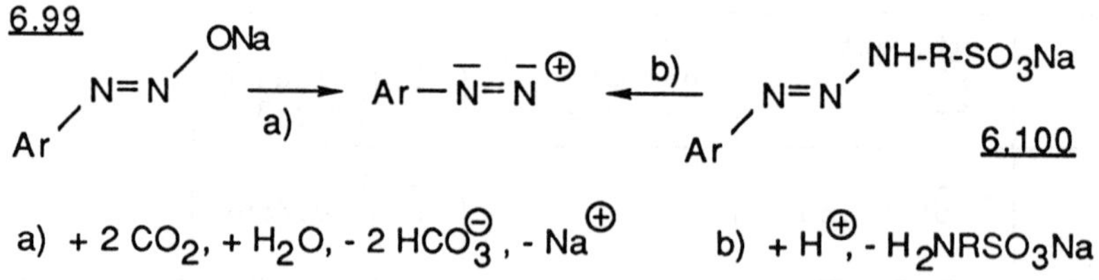

a) $+ 2\,CO_2, + H_2O, - 2\,HCO_3^{\ominus}, - Na^{\oplus}$   b) $+ H^{\oplus}, - H_2NRSO_3Na$

Schema 6-28   Antidiazotate 6.99 und Triazene 6.100 für den Textildruck:
Während des sauren Dämpfens oder einer sauren Nassentwicklung werden Diazonium-Ionen regeneriert; hinreichende Kupplungsaktivität von 6.79 vorausgesetzt, entsteht der Farbstoff bei niedrigem, die Gegenwart von Naphtolat-Ionen ausschliessendem pH.

Bei einem Mehrfarbendruck ist es häufig von Vorteil, Begleitfarben aus anderen Klassen zu verwenden. Ein klassisches Beispiel ist der

Kombinationsdruck mit Azoentwicklungs- und Leukoküpenesterfarbstoffen, denn die Hauptstärke des Naphtol-AS-Sortimentes sind die leuchtenden Rottöne, welche gerade bei den Indigosolen fehlen. Prinzipiell wählt man, um die Rentabilität des Druckverfahrens nicht zu beeinträchtigen, Begleitfarben, welche in ähnlicher Weise applizierbar sind.

Der Reservedruck dient ebenso wie der Aetzdruck zur Erzeugung eines farbigen Musters auf farbigem Grund. Im Gegensatz zum Aetzdruck wird der Grund hier erst nach dem Drucken gefärbt. Druckt man z.B. auf eine Naphtolatgrundierung eine saure Reservepaste, so ist beim anschliessenden Aufbringen eines Diazoniumsalzes geringer Kupplungsaktivität die Entwicklung der Grundfärbung an den bedruckten Stellen nicht mehr möglich. Neben dem Vermögen, Alkali zu binden, haben die verwendeten Reservierungsmittel mechanische Funktionen. Enthält die Druckpaste z.B. ein Aluminiumsalz, so entstehen beim Kontakt mit der alkalischen Naphtolatgrundierung voluminöse Hydrate des Aluminiumhydroxids, welche den Diazoniumsalzen die Diffusion zu den bedruckten Stellen verwehren.

Zur Erzeugung einer Buntreserve beschickt man die Druckpasten mit Farbstoffen, die sich unter den Bedingungen der Reserve fixieren lassen. Für eine Buntreserve auf a l k a l i s c h e r Naphtolgrundierung sind dies neben s a u e r kuppelnden Diazoniumsalzen beispielsweise Indigosole, welche ebenfalls sauer entwickelt werden.


6.10.4
Das Verankerungsprinzip der Azo-Entwicklungsfarbstoffe auf Polyester

Mit der weiten Verbreitung, die das Färben von Polyester unter HT-Bedingungen gefunden hat, gelangten die sogenannten Dispersionsdiazofarbstoffe, die wie 5.136 im Grenzbereich zwischen Dispersions- und Entwicklungsfarbstoffen angesiedelt sind, zu neuer Bedeutung, vgl. auch Abschnitt 5.2.1. Die Uebertragung dieses Färbeprinzipes auf die Kupplungskomponenten des Abschnittes 6.10.1.1 ist bei Kombination mit den zu 6.81 bis 6.98 korrespondierenden freien Aminen prinzipiell möglich: Wie bei der Kombination von 3-Hydroxynaphthoesäure mit 5.135 wird auf Polyester im Autoklaven bei 120 - 130 $^\circ$C gefärbt. Die von der Herstellerfirma vertriebenen "Farbstoffpulver" enthalten Diazo- und Kupplungskomponenten in einem optimalen, das unterschiedliche Ziehvermögen berücksichtigenden Mischungsverhältnis. Im Anschluss an den ersten Arbeitsgang erfolgt die Entwicklung in Gegenwart von salpetriger Säure bei Temperaturen um 100 °C: Für eine derartige Heissdiazotierung unerlässlich ist die Gegenwart der Kupplungskomponente, die mit dem zersetzlichen Diazonium-Ion in situ reagiert.

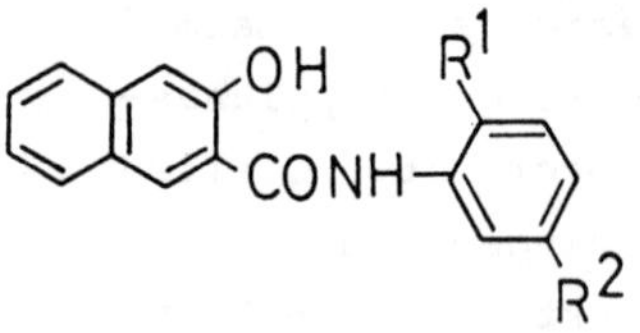

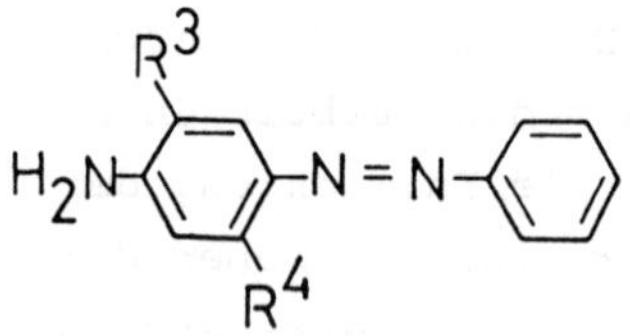

6.101  $R^1$ = Me   $R^2$ = H
6.102  $R^1$ = Me   $R^2$ = OMe
6.103  $R^1$ = OEt  $R^2$ = H
6.104  $R^1$ = OMe  $R^2$ = H
6.105  $R^1$ = $R^2$ = OMe

6.106  $R^3$ = $R^4$ = H
6.107  $R^3$ = $R^4$ = Me
6.108  $R^3$ = $R^4$ = OMe
6.109  $R^3$ = OMe  $R^4$ = Me

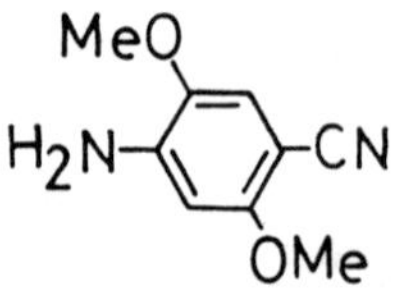

6.110

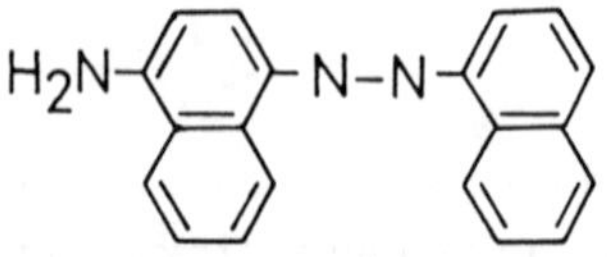

6.111

Schema 6-29  Ausgewählte Diazo- und Kupplungskomponenten für Entwicklungsfärbungen auf Polyester

Der Schwerpunkt der Einsatzmöglichkeiten liegt bei den tiefen Nuancen, unter denen neben Rot-, Bordeaux-, Granat- und Korinthtönen vor allem dunkelblaue und schwarze Nuancen dominieren. Ein hervorragendes

Ziehvermögen zeigen insbesondere die Komponenten 6.101 bis 6.107
und 6.111 sowie 5.135, hohe Lichtechtheit die Kombinationen mit
allen Azo-, Nitro- und Cyan-substituierten Anilinen wie 6.106 bis
6.111; vgl. 10.7.

## 6.11
### Aza [18]annulen-Entwicklungsfarbstoffe

Jüngeren Datums sind Farbkörper vom Typ des Phthalocyanins, welche
ebenfalls aus niedermolekularen Bausteinen auf der Faser synthetisiert und durch Einlagerung von Farbpigmenten verankert werden,
z.B. 5.163 (I und II). Der Hauptanwendungsbereich liegt beim Textildruck. Wir verzichten auf eine eingehendere Beschreibung und verweisen auf die unter 5.5.1 diskutierten Zusammenhänge.

## 6.12
### Anilinschwarz

Eine zahlenmässig kleine Gruppe, die in der Textilfärberei von vornehmlich historischem Interesse ist, stellen die Oxydationsfarbstoffe, höhermolekulare Produkte, welche aus aromatischen Aminen
durch Oxydation auf der Faser erzeugt wurden, z.B. 6.112 (Schema
6-30).

Für eine Buntreserve auf  s a u r e r  Anilinschwarzgrundierung eignen sich primär die  a l k a l i s c h  fixierbaren Reaktiv- und
Küpenfarbstoffe. Eine Reserve ist ebenfalls möglich, wenn die Druckpasten Natriumformiat, Natriumcitrat oder Zinksalze enthalten. Zink-
ionen wirken durch Entzug des Oxydationskatalysators, indem sie sich
mit den Hexacyanoferrationen zu unlöslichen Salzen umsetzen; schwache
Reduktionsmittel wie Natriumformiat verhindern die Oxydation des
Anilins, ohne die oxydative Entwicklung der Indigosole zu stören.
Dank der hieraus resultierenden Flexibilität war es ohne weiteres
möglich, Farbstoffe aus beliebigen Applikationsklassen für eine Buntreserve unter Anilinschwarz heranzuziehen.

Da Anilin bei längerer Disposition karzinogen wirkt, darf heute mit Anilinschwarz allenfalls noch unter Laboratoriumsbedingungen gearbeitet werden. Im Gegensatz dazu gibt es kosmetische Haarfärbemittel, die sich einer Reihe vergleichsweise harmloser Oxydationsbasen und eines milden Oxydationsverfahrens bedienen (vgl. 10.9).

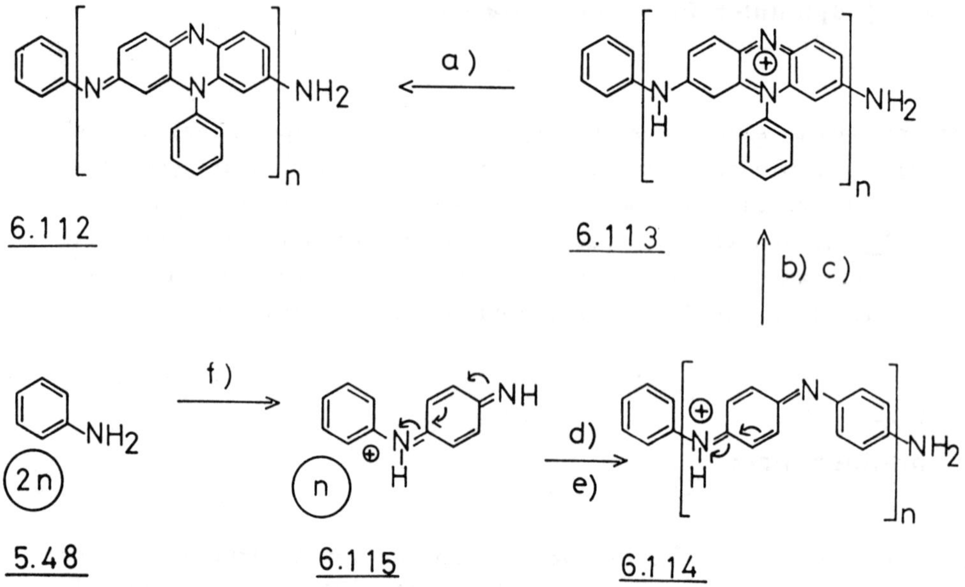

6.112     6.113

5.48     6.115     6.114

Schema 6-30   Zur Bildung des Anilinschwarz 6.112 (vereinfachte summarische Darstellung).

a)  
− n H$^{\oplus}$

b)  
+ n 5.48

d)  
+ 5.48

c)  
− 4n e$^{\ominus}$  
− 4n H$^{\oplus}$

e)  
− 2n e$^{\ominus}$  
− 2n H$^{\oplus}$

f)  
− 4n e$^{\ominus}$  
− 3n H$^{\oplus}$

# 7.

# Aspekte der Textilveredlung

Schon in prähistorischer Zeit und in der Antike ist gefärbt worden. Da die natürliche Umgebung dem Auge farbig erscheint, kam verständlicherweise der Wunsch auf, es dieser Umgebung gleich zu tun. Die ersten Schritte, die in der Natur vorhandenen Farben für die Bedürfnisse des Menschen einzusetzen, sind vermutlich nicht allzu gross gewesen. Ein langer Marsch lag noch vor der Menschheit bis zu dem Tage, als man das erste Mal eine sogenannte natürliche Farbe preisgünstiger auf synthetischem Wege herstellen konnte. Bis in die jüngste Zeit gelangten solche "natürlichen" Farbstoffe in Einzelfällen zur Anwendung, sodass für eine nostalgische, nunmehr steigende Nachfrage genügend Kenntnisse erhalten geblieben sind (vgl. 9.7 und 10.8).

Während die synthetische organische Chemie die Farbstoffauswahl von Grund auf revolutioniert hat, sind die Färbetechnologien, wie wir sie heute kennen, nahezu nahtlos aus der handwerklichen Tradition des Mittelalters hervorgegangen.

Mehr oder weniger in den Färbeprozess integriert ist in der Regel eine zweckdienliche Vorbehandlung des Textilmaterials. Zudem bedarf es vor dem eigentlichen Färbeprozess weiterer vorbereitender Schritte:

1) Vorbehandlung des Textilmaterials

Diese Vorbehandlung richtet sich nach den chemischen Eigenschaften des Substrats und dem Verarbeitungsgrad, in dem die Färbung vorgenommen werden soll (Tafel 1: Siehe Anhang).

2) Wahl des Färbeverfahrens

Dieses richtet sich zusätzlich nach der Menge des zu färbenden Materials und nach der Applikationsklasse des Farbstoffs, der zur Anwendung gelangen soll. Völlige Freiheit hat man jedoch nur in seltenen Fällen, nämlich bei der Planung für die Erneuerung oder Erweiterung des Färbereibetriebes. Im übrigen werden selbstverständlich diejenigen Methoden und Verfahren angewendet, die der jeweilige Maschinenpark zulässt.

3) <u>Vorbereitung der Flotte</u>

Unter Berücksichtigung von Industrie- und Gebrauchsechtheiten sowie der Preissituation wird das Farbstoffsortiment festgelegt, mit dem gefärbt werden soll. In der "Farbküche" wird danach aufgrund von Standardrezepten die Flotte bereitet; vgl. Abschnitt 7.2.1 bis 7.2.4.

## 7.1
## Die Vorbehandlung des Textilgutes

Die Endprodukte der Textilverarbeitung sind flächig verarbeitete und veredelte Web- und Wirkwaren (Stücke). Der Weg von der <u>rohen</u> Faser bis hin zum fertigen Stück führt über zahlreiche, zum Teil spezielle Zusätze an chemisch/technischen Stoffen wie Gleitmitteln oder Verstärkungsmitteln erfordernde mechanische Arbeitsschritte.

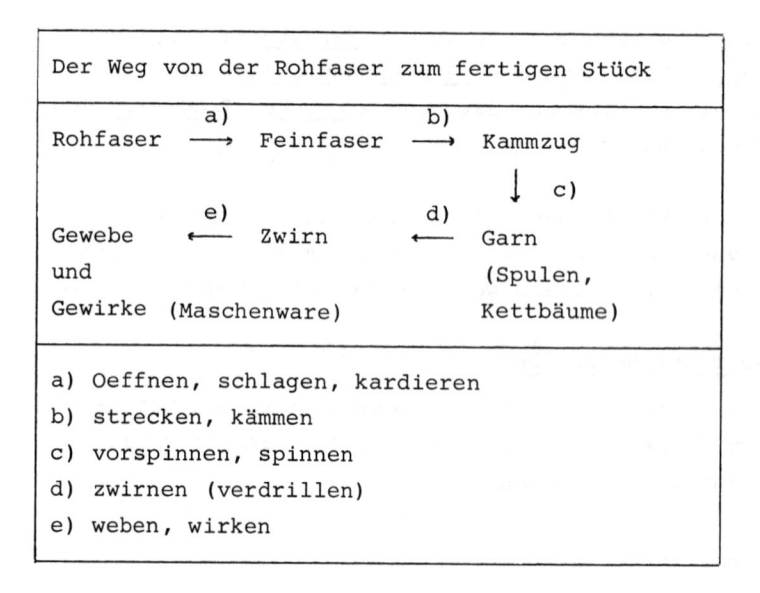

```
┌─────────────────────────────────────────────────────────┐
│ Der Weg von der Rohfaser zum fertigen Stück             │
├─────────────────────────────────────────────────────────┤
│              a)                b)                       │
│ Rohfaser  ─────→  Feinfaser ─────→  Kammzug             │
│                                         │ c)            │
│              e)                d)       ↓               │
│ Gewebe   ←─────  Zwirn     ←─────   Garn                │
│ und                                 (Spulen,            │
│ Gewirke (Maschenware)               Kettbäume)          │
├─────────────────────────────────────────────────────────┤
│ a) Oeffnen, schlagen, kardieren                         │
│ b) strecken, kämmen                                     │
│ c) vorspinnen, spinnen                                  │
│ d) zwirnen (verdrillen)                                 │
│ e) weben, wirken                                        │
└─────────────────────────────────────────────────────────┘
```

Der Färbeprozess, der - wie Tafel 2 veranschaulicht - prinzipiell in jedem Verarbeitungsstadium vorgenommen werden kann, setzt einen hohen Grad an Reinheit voraus, da andernfalls unegale Färbungen anfallen und/oder Nass- und Reibechtheit beeinträchtigt werden.

## 7.1.1
### Die Vorbehandlung der Baumwolle

Für den Regelfall, nämlich Färben der Baumwolle im Stück, gilt die im Kasten dargestellte Reihenfolge der Vorbehandlungsschritte. Gefärbt wird dann im Anschluss an das Bleichen, während beim Färben von

---

Die Reihenfolge der Vorbehandlungsschritte
(Baumwoll-Stückware)

1) Tuchschau und Scheren
2) Sengen
3) Entschlichten
4) Abkochen und Beuchen
5) Laugieren oder Mercerisieren
6) Bleichen

---

Flocke oder Garn beispielsweise das Mercerisieren erst nach dem Färben erfolgen kann; man beachte die Konsequenzen für die Farbstoffauswahl!


## 7.1.1.1
### Ueber das Sengen, Entschlichten, Beuchen und Mercerisieren

Die Uebergabe des Textilmaterials von der Weberei an die Färberei erfolgt an der sogenannten Tuchschau. Die Ware wird kontinuierlich über einen Schautisch gezogen und optisch auf Fehler im Material und der Verarbeitung untersucht. Nach der Tuchschau setzt die eigentliche Vorbehandlung ein. In der Schermaschine wird das Textilgut beidseitig an Schmirgelscheiben und Schermessern vorbeigeführt. Zweck dieser mechanischen Oberflächenbehandlung ist es, überstehende Faserenden wegzuschneiden und Flusen sowie von der Rohfaser herrührende Samenschalen etc. aufzurauhen.

Dieses Aufrauhen ist der Vorbereitungsschritt für die nächste Operation, das Sengen. In der Sengmaschine wird das Tuch über seine ganze Breite an Gasbrennern vorbeigezogen. Die aufgerauhten überstehenden Flusen, die Samenschalen etc. werden dabei abgebrannt. Quetschwalzenpaare unmittelbar nach den Brennern verhindern ein Ansengen des eigentlichen Gewebes.

Der nächste Schritt, das Entschlichten, dient dem Eliminieren einer chemischen Verunreinigung, der Schlichte, die vor dem Weben auf den Zwirn aufgebracht wurde und im Webvorgang als Gleitmittel sowie als Fertiger gegen mechanischen Abrieb diente. Soweit sie aus Stärke besteht - und das ist die Regel -, lässt sie sich auf enzymatischem Wege beseitigen. Auf analoge Weise werden aus der Rohfaser stammende oder als Schlichtemittel verwendete Eiweiss-Stoffe abgebaut; vgl. 9.7. Zur praktischen Ausführung wird das Gewebe mit der Enzymlösung oder -suspension imprägniert und dann mehrere Stunden bei Temperaturen um 45 $^{o}$C abgelegt. Während dieser Verweildauer werden Stärke und Eiweiss in lösliche Bestandteile (Maltose bzw. Aminosäuren) gespalten.

Zur Entfernung der übrigen chemischen Begleitstoffe, die zumeist schon in der Rohfaser vorhanden waren, dient das Abkochen und das Beuchen, d.h. längere Behandlung des Materials in einer stark alkalischen Waschflotte oberhalb Kochtemperatur. Abgekocht wird also im offenen Gefäss, gebeucht im Autoklaven. Zu diesem Zweck wird die entschlichtete und gewaschene Baumwolle in den Beuchkessel gepackt und 4 - 8 Std. bei 2 bis 3 atü in einer Flotte behandelt, die 0,1 - 0,3% Natriumhydroxid mit Zusätzen an Lösungsmitteln und Emulgatoren enthält (Kasten). Im alkalischen Milieu werden Fette und Wachse abgebaut, Pektine und Hemicellulose gespalten und Proteine aufgelöst. Mineralölreste, mit denen die Ware während der vorangegangenen Verarbeitung kontaminiert wurde, werden durch Zusätze von organischen Lösungsmitteln entfernt. Um der Gefahr vorzubeugen, dass die Cellulose durch Sauerstoff in "Oxicellulose" übergeführt wird, muss der Beuchkessel vor Beginn der Beuche entlüftet werden. Demselben Zweck dient ein Zusatz von Oxydationsschutzmitteln zur Beuchflotte.

| Uebersicht über einen kompletten Beuchvorgang | | |
|---|---|---|
| Erste Beuche | Zweite Beuche | Dritte Beuche |
| - NaOH-Behandlung (mit Lösemittel und Emulgator)<br>- Waschen<br>- Absäuern (verdünnte Salzsäure)<br>- Waschen | - Alkalibehandlung (schwächere Lauge)<br>- Waschen<br>- Absäuern<br>- Waschen<br>- Chloren (NaOCl) | - Alkalibehandlung<br>- Waschen<br>- Absäuern<br>- Waschen |

Das <u>Mercerisieren</u> ist eine Behandlung mit konzentrierter Natronlauge in Gegenwart eines Netzmittels, welche der Baumwolle Glanz und erhöhte Affinität zu Farbstoffen verleiht; siehe Abschnitte 2.1.4 und 10.2.

### 7.1.1.2
### Die gängigsten Bleichmittel

Unter <u>Bleichen</u> versteht man die oxydative und/oder reduktive Zerstörung farbgebender Verunreinigungen. Gebleicht werden kann in allen Stadien der Textilverarbeitung.

Gebleicht wird mit Oxydationsmitteln wie NaOCl (Hypochlorit), $NaClO_2$ (Chlorit), $H_2O_2$ (Wasserstoffperoxid), und/oder Reduktionsmitteln wie $Na_2S_2O_4$ (Na-Dithionit).

Oxydationsmittel auf Chlorbasis eignen sich für das Bleichen von Cellulose- und Synthesefasern; $H_2O_2$ schliesslich ist universell einsetzbar. Man kann mit $H_2O_2$ überdies eine Bleiche oft mit dem optischen Aufhellen in einem Arbeitsgang zusammenfassen. Da mit $H_2O_2$ auch Samenschalen aufgeschlossen werden, lässt sich das Beuchen oder Abkochen einsparen.

Der Einsatz von <u>Hypochlorit</u>, der auf Baumwolle meist nicht ausreicht, um einen vollen Weisseffekt zu erzielen, erstreckt sich auf das

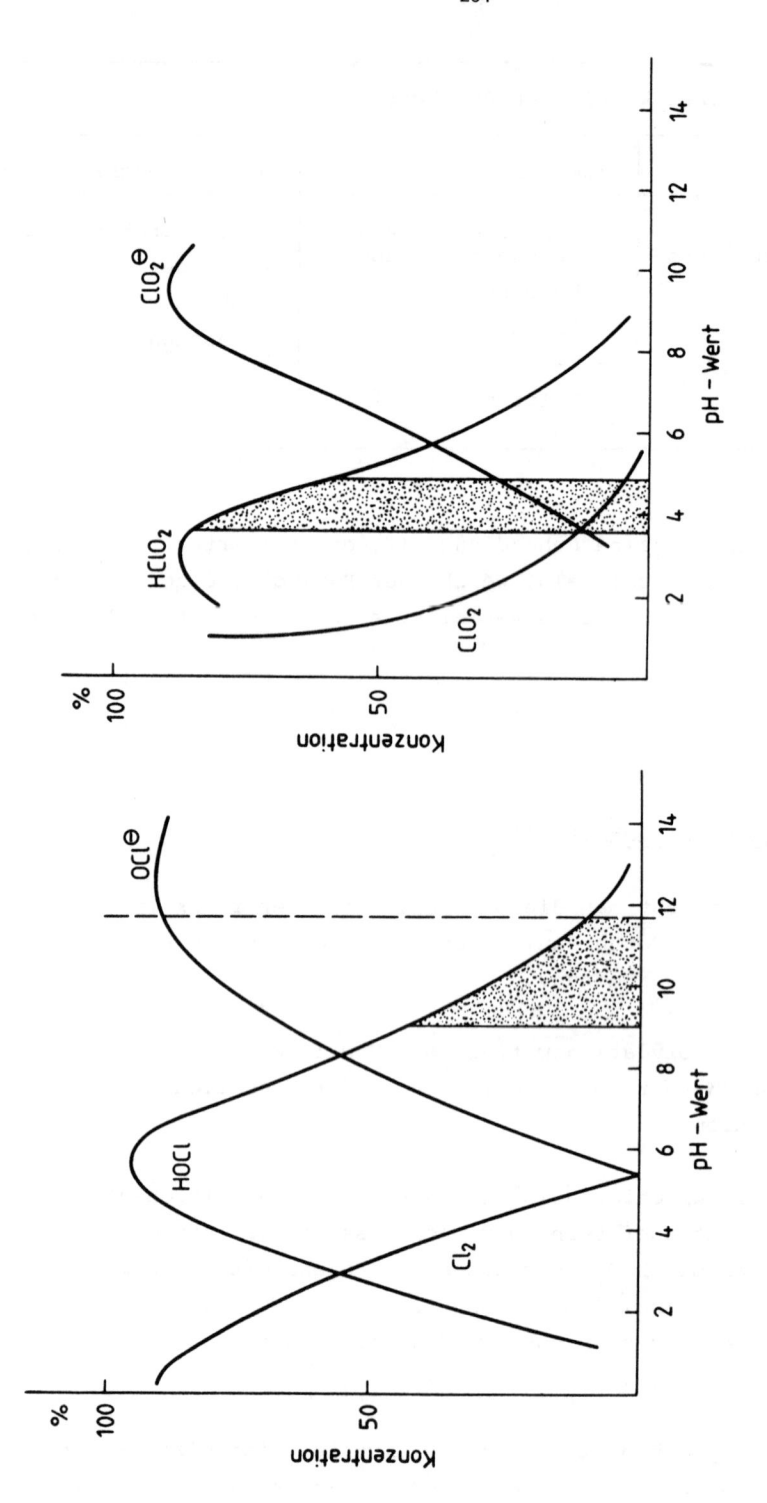

Schema 7-1  Einfluss des pH auf die Zusammensetzung einer Bleichflotte (nach A. AGSTER)

links    :  HOCl-haltig
rechts   :  HClO₂-haltig
schraffiert :  Günstiger pH-Bereich für das Bleichen

Bleichen von Material, das anschliessend einer Färbung oder einer
Vollbleiche mit Peroxid unterworfen wird. Ein weiterer Nachteil
des Hypochlorits ist die Bildung von Chloraminen aus Protoplasmaresten des Zellkerns, die mit Hilfe einer "Antichlorbehandlung"
entfernt werden müssen; man verwendet dazu z.B. $NaHSO_3$ oder $Na_2S_2O_3$.
Da die Oxydationspotentiale von Hypochlorit und Chlorit stark
pH-abhängig sind, kann der Prozess so gesteuert werden, dass eine
Faserschädigung möglichst klein gehalten wird (Schema 7-1).

Mit <u>Natriumchlorit</u> lässt sich auch auf Baumwolle eine Vollbleiche
erzielen. Es darf jedoch nur in geschlossenen Apparaten und nur
im sauren Bereich gebleicht werden, wobei es einen Kompromiss
zwischen der Bleichwirkung einerseits und der Faserschädigung andererseits zu finden gilt. Man stösst soweit in den sauren Bereich vor, bis
eine messbare $ClO_2$-Konzentration auftritt, d.h. bis mindestens pH 5.
Vorzugsweise wird bei pH 3,8 - 5 gearbeitet; von entscheidendem
Nachteil ist der Geruch und die Toxizität des $ClO_2$, das in saurem
Medium aus den Chlorit-Ionen durch Disproportionierung hervorgeht und
den Maschinenpark korrodiert. Im Anschluss an eine Chloritbleiche
ist ebenfalls eine Antichlorbehandlung durchzuführen.

<u>Wasserstoffperoxid</u>, das als "Perhydrol", d.h. als 30 - 40%ige wässrige
Lösung in den Handel kommt, ist im neutralen und saurem pH-Bereich
praktisch unwirksam. Die Bleichwirkung im alkalischen Medium wird
vermutlich durch die Addition eines $HOO^\ominus$-Ions an das elektrophile
Zentrum eines elektronenarmen Olefins vom Typ R-CH=CH-CO-R´ initiert.
Ueber eine Epoxydierung und anschliessende Bildung eines Diols entstehen so zwei gesättigte Zentren, die das Doppelbindungssystem
der farbigen Verunreinigung irreversibel unterbrechen. Obwohl sich
auf Cellulosefasern auch mit $H_2O_2$ allein ein Vollbleicheffekt erzielen lässt, wird es häufig im Anschluss an eine Hypochlorit-
oder Chlorit-Bleiche eingesetzt.

Zu beachten ist die insbesondere durch Basen und Schwermetall-ionen
katalysierte Zersetzung des $H_2O_2$ zu $H_2O$ und $O_2$ (auch $H_2O$ wirkt als
schwacher Katalysator, sodass die Beständigkeit der Lösungen bis zu
60% $H_2O_2$ mit wachsender Konzentration zunimmt). Offenbar bilden sich
während der Zersetzung OH-Radikale, welche infolge unspezifischer
Reaktionsweise die Faser schädigen, ohne eine nennenswerte Bleichwirkung zu entfalten. Die alkalischen Bleichbäder müssen daher durch

| Richtrezepturen für die Chlorit- und Peroxidbleiche                                                                 |
| ------------------------------------------------------------------------------------------------------------------- |
| (Die Rezepte berücksichtigen die üblichen Reagenzkonzentrationen; nach SVF-Lehrgang)                                |

| Anlage | Arbeitsgang | Chlorit-Bleiche | Peroxid-Bleiche |
|---|---|---|---|
| **Waschbatterie** | | | |
| 1. Abteil | Netzen 70-80°C | 0,3-1 g/l Netzmittel | 0,3-1 g/l Netzmittel |
| 2. Abteil | Spülen 50-60°C | | |
| 3. Abteil | Spülen kalt | | |
| 4. Abteil | Spülen oder Imprägnieren mit der Bleichflotte | Chlorit-Bleichflotte: 3-6 g/l Na-Chlorit 80%ig 2-3 g/l Na-Nitrat 2-5 g/l eines Puffersalzes Netzmittel pH 3,5 - 4,2 (Einstellen mittels Ameisensäure) | Peroxid-Bleichflotte: 4-10 ml/l $H_2O_2$ 35 Gew.-% 0,5-1 ml/l Na-Silikat 1-2 g/l Ätznatron fest Netzmittel X% optischer Aufheller |
| | Abquetscheffekt ~ 150-200 % | | |
| **Bleichkessel** | Einlegen von Hand oder Einrüsseln der Ware in den Bleichkessel | | |
| | Auffüllen des bereits geschlossenen Bleichkessels durch: | Zulauf der (restlichen) Bleichflotte: | Zulauf der (restlichen) Bleichflotte: |
| | Einschalten der Zirkulation | | |
| | Aufheizen | in ~90 Min. auf 85-90°C | in ~90 Min. auf 85-90°C |
| | Weiterbleichen | 2-4 Std. | 2-4 Std. |
| **Waschbatterie** | | | |
| 4. Abteil | Spülen 60-70°C | | |
| 3. Abteil | Spülen 40°C | | |
| 2. Abteil | opt. Aufhellen | bevorzugt mittelaffiner optischer Aufheller | optischer Aufheller |
| 1. Abteil | Avivieren | | |

Zusätze wie Magnesiumsilikat, Pyro- und Polyphosphate oder organische Kolloide (Methylcellulose, Leim, Dextrin) stabilisiert werden. Im vorangegangenen Kasten sind Richtrezepturen für ein einstufiges Bleichen von Cellulosefasern mit einem Flottenverhältnis von 1:4 bis 1:15 (z.B. Kesselbleiche) angegeben. Sie eignen sich sowohl für Garn wie für Maschenware oder Gewebe.

### 7.1.1.3
### Optische Aufheller

Um ein volles Weiss zu erzielen, genügt heute die Bleiche allein nicht mehr. Weissware wird vielmehr anschliessend an oder während der Bleiche mit einem "optischen Aufheller" behandelt, der wie ein Fluoreszenzfarbstoff Lichtenergie im nahen Ultraviolett aufnimmt und Strahlung im kurzwelligen sichtbaren Bereich emittiert; vgl. 4.2. Dieses Licht ergänzt das vom Substrat reflektierte zu einem brillanten Weiss (additive Farbmischung).

Die Applikation und Fixierung eines optischen Aufhellers verläuft nach denselben Gesetzen wie die eines Farbstoffes. Es erübrigt sich deshalb, hier eine gesonderte Beschreibung vorzunehmen. Wir heben jedoch hervor, dass besonders stabile, insbesondere oxydationsunempfindliche optische Aufheller direkt im Bleichbad eingesetzt werden können. Bleichen und optisches Aufhellen wird so zu einem Arbeitsgang zusammengefasst. Auch zahlreiche Haushaltswaschmittel enthalten Aufheller.

### 7.1.2
### Die Vorbehandlung von Bastfasern

### 7.1.2.1
### Flachs

Flachs wird zumeist in Form von Langfasern verarbeitet. Wie bereits erwähnt, bestehen diese Langfasern aus einem Verband lanzettförmiger

Zellen. Zur Erhaltung der Verbundstruktur ist darauf zu achten, dass die Veredlungsbäder nicht zu alkalisch sind und nicht zu heiss gehalten werden.

Die Vorbehandlung von Flachs erstreckt sich im wesentlichen auf das Beuchen und das Bleichen. Prinzipiell geht man bei Garnen ähnlich vor wie bei der Baumwolle. Wegen des höheren Gehaltes an Begleitstoffen tritt ein Gewichtsverlust ein, der als sogenannter Beuchgrad in % angegeben wird. Durch wiederholtes Beuchen kann der Beuchgrad bis auf 20 - 25% gesteigert werden, ohne dass dabei die Langfasern zerfallen (Cottonisieren). Je nach Verarbeitungsform und Herkunft des Materials muss das beste Rezept in Vorversuchen ausgearbeitet werden. Nach dem Beuchprozess wird gründlich gespült. Etwa noch vorhandene Reste an Lauge werden mit schwachen organischen Säuren neutralisiert. Wird die Vorbehandlung erst nach dem Weben angesetzt, so entspricht das Procedere weitgehend dem bei Baumwolle.

Im Gegensatz dazu unterscheidet sich der Bleichprozess wesentlich von dem der Baumwolle; denn Flachs enthält ungleich viel mehr farbgebende Verunreinigung wie z.B. Zersetzungsprodukte des Chlorophylls oder Gerbstoffe, sodass der Bleichprozess unter Kombination von Chlorit und $H_2O_2$ mehrmals wiederholt werden muss. Dabei unterscheidet man in Analogie zum Beuchen verschiedene Weissgrade, die mit 1/4-, 1/2-, 3/4-, 7/8- und 4/4-weiss bezeichnet werden, ohne dass ein normierter Maszstab existiert. Auch hier gilt, wie beim Beuchen, dass zum Erzielen des gewünschten Weissgrades von Material zu Material das geeignete Rezept erarbeitet werden muss.

Um lästiges Spülen zwischen den Arbeitsgängen zu vermeiden, kann das Bleichen von Leinengewebe unter Verwendung von $Ca(OH)_2$ und $NaClO_2$ folgendermassen mit dem Beuchprozess kombiniert werden:

1) Beuchen mit Kalkmilch
2) Absäuern mit Salzsäure
3) Beuchen mit Soda
4) Bleichen mit Natriumchlorit

Das Gewebe wird mit 5%iger "Kalkmilch" auf dem Foulard geklotzt und in den Beuchkessel eingelegt, der eine Beuchlauge mit 3% gelöschtem Kalk enthält. Zur Verhinderung von Oxydationsschäden wird der Lauge

0,5% $Na_2S_2O_4$ (% wie in 7.2.1) zugesetzt. Die Behandlung dauert 2 - 3 Std. bei 95-105 °C.

Als Bleichlösung dient eine auf pH 3,5 gestellte Lösung von 2% Natriumchlorit (Spezialbottiche aus Steingut). Innerhalb einer Stunde wird von 30° auf 80° erwärmt und eine weitere Stunde bei dieser Temperatur belassen.

### 7.1.2.2
### Jute und Ramie

Jute kann ebenfalls in beliebiger Reihenfolge (als Garn oder Gewebe) vorbehandelt werden: Zuerst wird das in der Spinnerei zugesetzte Schmälzmittel in einem Waschprozess entfernt. Als Waschflotte, mit der bei 90 °C 1 Std. behandelt wird, dient eine Lösung von 1-3 g/L Soda, 1,5 g/L "Fettlöser" und 1-2 g anionischem Tensid.

Gebleicht wird mit 5 g/L $Na_2S_2O_4$ (1 - 2 Std. 70° ), und zwar wegen des hohen Lignin-Anteils unterhalb Kochtemperatur mit Soda anstelle von Natronlauge; eine Vollbleiche ist nicht möglich.

Wegen des störenden Pflanzenleims muss die Verarbeitung von Ramie unbedingt mit einem Vorbehandlungsschritt beginnen (Degummieren). Gebleicht wird in der Regel direkt anschliessend (Verfahren wie bei Baumwolle).

### 7.1.3
### Die Vorbehandlung von Regeneratcellulose und Celluloseacetat

Von wenigen Vereinfachungen abgesehen, dient der Vorbehandlung hier das von der Baumwolle vertraute Procedere. Nicht beseitigt werden können die für diese Materialien charakteristischen Fehler des Spinn- und Webprozesses wie z.B. Kassuren, zu straffe Lisieren, die sich relativ häufig in Unegalitäten der Färbung niederschlagen; vgl. 9.7. Feuchte Regeneratfasern verlangen nach einer möglichst schonenden mechanischen Behandlung (Druck- und Zugempfindlichkeit).

| Rezepte für das Entschlichten und Abkochen | | | |
|---|---|---|---|
| Viskose : | | Acetat : | |
| Seife | 5 g/l | Seife | 5-10 g/l |
| Soda | 1-5 g/l | Perborat | 0,5-2 g/l |
| Fettlöser | 1-2 g/l | Fettlöser | 1-2 g/l |
| Calgon | 0,5-2 g/l | Calgon | 0,5-2 g/l |

Das Entschlichten und Abkochen wird häufig in einem Arbeitsgang zusammengefasst, vorausgesetzt, es wurden wasserlösliche Schlichtemittel verwendet: Polyphosphate (Calgon) verhindern Kalkniederschläge und bekämpfen Verunreinigungen durch Schwermetall-Ionen (Abrieb), Perborat dient hier dem Entschlichten (Kasten).

Gebleicht wird, falls überhaupt erforderlich, mit $H_2O_2$/Natriumsilikat, das man 2 Std. bei 70 °C einwirken lässt. Alkalische Hypochlorit-Lösungen, die wegen der Alkaliempfindlichkeit maximal 10 Min einwirken dürfen, sind ungeeignet. Vorzüglich eignet sich auch Chlorit (80°/2 Std.). Anschliessend wird warm und kalt gespült.

Acetatgewebe werden fast ausschliesslich mit $H_2O_2$ gebleicht. Um der nochmals gesteigerten Alkaliempfindlichkeit Rechnung zu tragen, arbeitet man bei pH 8,5-9,5 und lässt die Temperatur 55° nicht übersteigen.

| Bleichrezepte für Regeneratcellulose (links) und Celluloseacetat (rechts) | | |
|---|---|---|
| 10-20 cm³/l | $H_2O_2$-Lösung (30 proz) | 5 cm³/l |
| 0,5-1,5 g/l | Wasserglas (36 proz) | 1 g/l |
| 0,1-0,2 g/l | Netzmittel | |
| 0,1-0,2 g/l | Alkylsulfate / Seife | 3 g/l |
| 1-3 g/l | Natriumchlorit (85 proz) | |
| 1 g/l | chloritbeständiges Waschmittel | |
| 3 g/l | Essigsäure | |
| 0,1 g/l | Polyphosphat | |

Triacetat muss mittels Thermofixierung in einen formstabilen Zustand überführt werden; vgl. 7.1.6.3. Farbware muss nach dem Färben fixiert werden, weil der Fixierprozess die Affinität zu den Farbstoffen beeinträchtigt.

### 7.1.4
### Die Vorbehandlung der Wolle

Rohe Schurwolle enthält eine Vielzahl mechanischer und chemischer Verunreinigungen von mitunter beträchtlichem prozentualem Anteil am Wollgewicht. Der erste Arbeitsgang ist deshalb ein Waschprozess, die Rohwollwäsche.

Im sogenannten Levianthan, einer Maschine, die beträchtliche Ausmasse erreichen kann, wird das Waschgut mit Hilfe von Greifern von Bottich zu Bottich gegen eine Waschflotte wechselnder Zusammensetzung bewegt. Aus automatischen Dosieranlagen werden der Waschflotte ständig Wasser und Chemikalien zugeführt, sodass Abweichungen vom Soll-Wert begrenzt bleiben. Der Volumenüberschuss wird an Ueberläufen weggeführt.

Im ersten Schritt wird der Wollschweiss entfernt, der sich überwiegend aus Kalisalzen aliphatischer Carbonsäuren (von Essig- über Milch- und Weinsäure bis Stearinsäure) und anderen löslichen Bestandteilen wie Aminosäuren, Carbonaten und Harnstoff zusammensetzt, werden unlösliche Bestandteile dispergiert, die Komponenten des Wollfetts verseift und/oder emulgiert. Er gliedert sich in drei Stufen, nämlich eine alkalische (pH 8-10), eine neutrale (6,5-7,5) und eine saure (4-6) Wäsche.

Um die Wolle zu schonen, wäre es zwar angezeigt, möglichst alle Veredlungsschritte in der Nähe des isoelektrischen Punktes durchzuführen; namentlich zur Abtrennung des Wollfettes wird aber mit Vorteil alkalisch gearbeitet, wobei sich unter günstigen Voraussetzungen sogar eine auf einen "Selbstvernetzungseffekt" zurückzuführende Persistenzerhöhung einstellt. Eine zweite Möglichkeit zur Gewinnung des Wollfettes, das u.a. in der pharmazeutischen und kosmetischen Industrie als Salbengrundlage dient und als Lanolin in

Waschvorschrift für Schurwolle, alkalisch: Soda/synthetisches Waschmittel/Elektrolyt, Levianthan mit 5 Bottichen (nach SVF-Lehrgang)

| Bottich | Temperatur °C | pH | Stammansatz: g/l | | | Nachsatz: g/l/h | | | |
|---|---|---|---|---|---|---|---|---|---|
| | | | Soda kalz. | Waschmittel* | Salz | Soda kalz. | Waschmittel | Salz | |
| 1 | 55 | 9,5 | 1 | 0,2 | — | 0,3—0,4 | 0,07 | | kein Salznachsatz, da relativ geringer Salzverlust, d. h. nur die Menge entsprechend der Flüssigkeit, welche nach dem Abquetschen mit der Wolle weggeht |
| 2 | 50—55 | 9 | 1 | 0,4 | 5 | 0,2—0,3 | 0,15 | | |
| 3 | 50 | 8,5 | — | 0,3 | 4 | | 0,1 | | |
| 4 | 45 | 8 | — | 0,2 | — | | 0,05 | | |
| 5 Spülbottich | | 7 | — | — | — | | | | |

* Typus: Alkylsulfat

Waschvorschrift für Schurwolle, neutral: Synthetisches Waschmittel/Elektrolyt, Levianthan mit 5 Bottichen

| Bottich | Temperatur °C | pH | Stammansatz: g/l | Nachsatz: g/l/h |
|---|---|---|---|---|
| 1 | 65 | 7—8 | 0,75 synth. Waschmittel* <br> 10,0 Salz | 0,06 synth. Waschmittel |
| 2 | 55 | 7—8 | 1,5 synth. Waschmittel* <br> 15,0 Salz | 0,15 synth. Waschmittel |
| 3 | 50 | 7,5 | 0,60 synth. Waschmittel* <br> 5,0 Salz | 0,12 synth. Waschmittel |
| 4 | 45 | 7—7,5 | 0,20 synth. Waschmittel* | 0,05 synth. Waschmittel |
| 5 | 35 | 7 | — Spülwasser | |

* Typus: Anionaktives Waschmittel

Waschvorschrift für Schurwolle, saure isoelektrische Wäsche: Synthetisches Waschmittel/Säure, Levianthan mit 5 Bottichen

| Bottich | Temperatur °C | pH | Stammansatz | | Nachsatz | |
|---|---|---|---|---|---|---|
| | | | synthetisches Waschmittel* g/l | Ameisensäure konz. ccm/l | synthetisches Waschmittel* g/l/h | Ameisensäure konz. ccm/l/h |
| 1 | 65—70 | 6,3—6,7 | 0,49 | 0,50 | — | 0,15—0,2 |
| 2 | 55—60 | 5,4—5,7 | 1,49 | 0,4—0,50 | 0,15—0,2 | 0,1—0,15 |
| 3 | 50 | 5,0—5,4 | 1,29 | 0,35 | 0,1 | 0,06—0,075 |
| 4 | 45 | 5,0—5,9 | 0,89 | 0,25 | 0,06 | 0,05 |
| 5 Spülbottich | 40 | 6,3—6,5 | — | — | — | — |

* Typus: Aliphatische Sulfonate

den Handel kommt, resultiert aus dem Einsatz organischer Lösungsmittel; Probleme erwachsen hier aus einer zu stark entfetteten Wolle, die ihre Geschmeidigkeit weitgehend eingebüsst hat.

Unter Verwendung synthetischer Waschmittel lässt sich der pH der Waschflotte heute relativ niedrig einstellen; schliesslich erlauben sie Zusätze an Mineralsalzen, die die Waschkraft erhöhen und den Pufferbereich der Wolle in die erwünschte Richtung verschieben; vgl. 2.2.4. Die alkalische Wäsche erfordert niedrige Waschtemperaturen, die 55 °C keinesfalls übersteigen dürfen. Die neutrale Wäsche erfolgt in der Regel bei 65°, die saure bei 70-75°.

Vor dem Färben sollte eine erneute Wäsche erwogen werden, zumal eine mit Schmälze verunreinigte Wolle am Licht stark vergilbt (Schmälzen ≡ Fetten). Namentlich bei satten Färbungen lassen sich so stark abreibende Qualitäten vermeiden, die vermutlich von anfärbbaren Komponenten der Schmälze verursacht werden (Kammgarn enthält bis 2%, Streichgarn bis 10% Fett).

Typisch für Proteinfasern ist die Kombination einer oxydativen Bleiche durch $H_2O_2$ mit einer reduktiven __Bleiche__ mittels $Na_2S_2O_4$ oder $Na_2SO_3$. Zur Schonung der Wollfaser wird schwach alkalisch und bei mässigen Temperaturen gearbeitet. Bei Anwendung von Bisulfit müssen die labilen Additionsverbindungen durch gründliches Spülen restlos entfernt werden, um eine erneute Verschmutzung zu vermeiden.

### 7.1.5
__Die Vorbehandlung der Seide__

Die erste Verarbeitung der Rohseide zielt auf das Abtrennen des Sericins (Entbasten, vgl. 2.2.6) und den Abbau der nativen Seidenfarbstoffe (Bleichen). Je nach Faserqualität begnügt man sich u.U. mit einer Halbentbastung (souple) oder wie bei Tussah mit nicht entbastetem Material (écru). Nur reine, den typischen Glanz und Weichgriff aufweisende Seide ist voll entbastet (cuite). Vor dem Färben muss Ecru-Seide durch Aushärten des Sericins stabilisiert werden. Zu diesem Zweck wird sie mit 15 ml/l Formaldehydlösung bei 75 °C eine Stunde lang behandelt und ohne Spülung getrocknet.

| Zur Herstellung einer Cuite-Seide | | |
|---|---|---|
| Einweichen: | 1 ml/l | Fettlöser |
| | 2 ml/l | Ammoniak |
| | 0,5 g/l | Seife |
| | | bei 40° über Nacht stehen lassen |
| Abkochen: | 10 g/l | Seife |
| | 1/4 g/l | Soda |
| | | 4 Std. lang kochend behandeln |
| Repassieren: | 10 g/l | Seife |
| | | 2 - 4 Std. kochend behandeln |
| Spülen: | 1 ml/l | Ammoniak |
| | | zuerst 20 Min. bei 50°, dann 20 Min. bei 40°, dann 20 Min. kalt |

Auch heute noch wird Seide mit Seife entbastet. Zur Anwendung gelangt vornehmlich die durch alkalische Hydrolyse von Olivenöl gewonnene "Marseiller Seife", deren Lösung neutral ist und überdies häufig im Betrieb selbst hergestellt wird.

Auf analoge Weise wird Souple bearbeitet: Vor dem Abkochen (20 Min., 10 g/l Seife, kein Alkali) wird gesäuert und gespült. Ein Repassieren entfällt.

### 7.1.6
#### Die Vorbehandlung synthetischer Fasern

Gewebe und Gewirke aus synthetischen Fasern erfordern eine besonders aufmerksame Rohwarenkontrolle. Zunächst ist das Substrat mittels Laborfärbungen zu testen. Weitere Prüfungen erstrecken sich sowohl auf mechanische wie auf chemische Eigenschaften.

```
Synthesefaserstückware: Rohwarenkontrolle (Fachausdrücke
siehe 9.7)
```

Prüfung der mechanischen Eigenschaften:
--------------------------------------------------------------------

- verschobene Stellen und Neigung auf Schieben
- zu straffe oder zu lose Lisieren
- Rohkassuren

Prüfung der chemischen Eigenschaften:
--------------------------------------------------------------------

- Fett-, Oel- und Graphitverschmutzungen
- eine qualitative Faseranalyse
- kurze Kochwäsche mit synthetischem Waschmittel zur Feststellung der Neigung zum Creponieren
- bei gefärbtem Material: Prüfung der Echtheiten der Färbung in bezug auf die vorgesehene Weiterbehandlung

Die Veredlung von synthetischen Textilien erfolgt in neun Schritten, deren Reihenfolge sich namentlich in bezug auf das Thermofixieren variabel gestalten lässt. Wichtige Vorbehandlungsschritte sind das Entschlichten, das Waschen und das Bleichen.

Die in der Wirkerei und Weberei synthetischer Faserstoffe verwendeten Schlichten wie Polyvinylalkohol, Pflanzen- und Mineralöle, Gelatine oder Casein sind in einer wässrigen Waschflotte löslich oder emulgierbar und können deshalb ohne eigentlichen Entschlichtungsschritt direkt in der Wäsche entfernt werden. Wird jedoch zum Schlichten Stärke angewendet, so muss man wie bei der Baumwolle verfahren. Auf diese Weise lassen sich auch die gelegentlich vorhandenen Garnkennfarben, Schmälzen und antistatische Präparate problemlos beseitigen. Bei Siedetemperatur erfolgt eine erwünschte Vorschrumpfung; zudem werden Spannungen, die beim Spinnen, beim Zwirnen, beim Weben oder Wirken im Material erzeugt worden sind, teilweise ausgeglichen.

## Vor- und Nachteile des Vor-, Zwischen- und Nachfixierens (Synthesefaserstückware, nach SVF-Lehrgang)

| A Rohfixieren | B Zwischenfixieren | C Nachfixieren |
|---|---|---|
| Schlichten, Verunreinigungen werden eingebrannt. | Kein Einbrennen von Schlichten und Verunreinigungen möglich. | Kein Einbrennen von Schlichten und Verunreinigungen möglich. |
| Gewebe und Gewirke können vor Thermofixierung nicht frei schrumpfen. | Gewebe können vor Thermofixierung genügend schrumpfen. | Gewebe können vor Thermofixierung genügend schrumpfen. |
| Es können alle Farbstoffe verwendet werden. | Es können alle Farbstoffe verwendet werden. | Es können nur sublimierechte Farbstoffe verwendet werden. |
| Bei Thermofixierung entstehende Vergilbung kann anschliessend ausgebleicht werden. | Bei Thermofixierung entstehende Vergilbung kann anschliessend ausgebleicht werden. | Bei Thermofixierung entstehende Vergilbung kann nicht mehr ausgebleicht werden. |
| Verfahren hat einen Arbeitsgang weniger. | Verfahren hat einen Arbeitsgang mehr. | Verfahren hat einen Arbeitsgang weniger. |
| Gewebe ist bei Nassoperationen thermofixiert, ist also weniger cassurenempfindlich. | Gewebe ist bei den ersten Nassoperationen noch nicht thermofixiert und in diesem Zustand cassurenempfindlich. | Gewebe ist bei sämtlichen Nassoperationen noch nicht thermofixiert und deshalb sehr cassurenempfindlich. |
| Thermofixierung verbessert Schiebefestigkeit. Gefahr des Schiebens bei den Nassoperationen geringer. | Empfindlichkeit gegen Schieben bei den ersten Nassoperationen vor Thermofixierung grösser. | Empfindlichkeit gegen Schieben bei allen Nassoperationen grösser. |
| Grössere Schwierigkeiten beim Färben von Polyesterfasern. | Grössere Schwierigkeiten beim Färben von Polyesterfasern. | Geringere Schwierigkeiten beim Färben von Polyesterfasern. |

## Zur Reihenfolge der Vorbehandlungsprozesse (Synthesefaserstückware, nach SVF-Lehrgang)

| A Rohfixieren | B Zwischenfixieren | C Nachfixieren |
|---|---|---|
| 1. Rohfixieren<br>2. Entschlichten<br>3. Waschen<br>4. Bleichen<br>5. Färben<br>6. Bürsten, Scheren, Sengen<br>7. Auswaschen<br>8. Trocknen<br>9. Ausrüsten | 1. Entschlichten<br>2. Waschen<br>3. Trocknen<br>4. Thermofixieren<br>5. Bleichen<br>6. Färben<br>7. Bürsten, Scheren, Sengen<br>8. Auswaschen<br>9. Trocknen<br>10. Ausrüsten | 1. Entschlichten<br>2. Waschen<br>3. Bleichen<br>4. Färben<br>5. Bürsten, Scheren, Sengen<br>6. Auswaschen<br>7. Trocknen<br>8. Thermofixieren<br>9. Ausrüsten |

### 7.1.6.1
### Das Waschen und Bleichen von Polyamidfaserstoffen

Polyamidgewebe wird mit Seife und/oder einem synthetischen Waschmittel (1-2 g/l), einem Fettlöser (1-5 g/l) sowie Soda (1-2 g/l) oder Ammoniak gewaschen. Man treibt die Temperatur von 20 °C langsam auf die erforderliche Temperatur von 60-100°, die etwa 1 Std. lang beibehalten wird. Garne können nur bei 60°, nicht fixierte Gewebe bei 70-80° und bereits fixierte Gewebe und Gewirke bei 95-100° gewaschen werden. (Für Graphitverunreinigungen wird das Betupfen mit einem nichtionogenen Waschmittel oder einem Dispergator empfohlen. Metallabreibungen müssen mit Oxalsäure oder Komplexbildnern wie Polyphosphaten, EDTA etc. entfernt werden).

Gebleicht wird Polyamid relativ selten, z.B. wenn aus dem Verarbeitungsprozess farbige Verunreinigungen wie Signierfarbstoffe auf der Faser zurückgeblieben sind, die Ware nach einer Chemikalienbehandlung vergilbt ist, wenn ein reines Vollweiss verlangt wird sowie in allen Fällen von Mischungen mit natürlichen Fasern. Für eine reduktive Bleiche wird in der Regel $Na_2S_2O_4$, für die oxydative $NaClO_2$ eingesetzt (bis 2,5 g/l, pH 3,5, 1-2 Std. bei $90\pm8°$).

### 7.1.6.2
### Das Waschen und Bleichen von Polyester und Polyacrylnitril

<u>Acrylfaserstoffe</u> werden vorzugsweise mit nichtionogenen Waschmitteln gewaschen. Gewöhnlich verwendet man dazu 1 g/l, mit dem man 30-60 Min. bei 60 °C behandelt.

Sie sind im Rohzustand meist leicht gelblich oder crèmefarbig. Um ein reines Weiss zu erzielen oder um helle Nuancen färben zu können, wird gebleicht.

<u>Polyesterfaserstoffe</u> werden bevorzugt mit anionaktiven Waschmitteln und in alkalischem Milieu gewaschen. Obwohl Polyester prinzipiell durch Alkalien verseift werden können, ist eine Wäsche in alkalischem Milieu unbedenklich; ein Abbau erfolgt erst oberhalb oder um 100°

| Bleichrezept für Polyacrylnitril | Waschrezept für Polyester |
|---|---|
| 2-5 g/l Natriumchlorit 80%ig<br>1-2 g/l Bleichhilfsmittel mit Salpetersäure auf pH 2,5 stellen und 1-3 Std. bei 98° behandeln | 1-2 g/l anionaktives Waschmittel<br>2 g/l Natronlauge (30 proz.) 30 - 60 Min. bei 70-80° behandeln |

Eine Bleiche ist meist überflüssig. Um ein reines Weiss zu erzielen, was problematisch sein kann, arbeitet man in der Regel bei pH 3 mit 2-4 g $NaClO_2$ 3 Std. bei 70-98°.

### 7.1.6.3 Das Thermofixieren

Synthetische Faserstoffe gehören zu den thermoplastischen Materialien, die bei Wärmeeinwirkung ihre Formbeständigkeit einbüssen. Im Laufe ihrer Fertigung, insbesondere während des oberhalb der Glastemperatur erfolgenden Streckprozesses werden energiereiche Zustände konserviert. Thermofixiert wird, um das Material in den thermodynamischen Gleichgewichtszustand zu überführen. Zu unterscheiden ist zwischen längerer Wärmeeinwirkung bei relativ niedrigen Temperaturen in Gegenwart von Quellmitteln - dazu gehört das Fixieren in siedendem Wasser oder mit Dampf bis 135 °C - und der Anwendung von Temperaturen, die nahe am Erweichungspunkt liegen; im letzteren Fall ist nur kurze Behandlung von max. 30 Sec. zulässig. Eine schnelle Aufheizung wird durch Heissluft-, durch Infrarot- oder Mikrowellengeräte gewährleistet. Die infolge der Wärmezufuhr vergrösserte Beweglichkeit führt über Platzwechselvorgänge der Kettensegmente zu einer Schrumpfung der Faser und einer Erhöhung der kristallinen Anteile.

Je nach Verarbeitungszustand des Materials eignen sich die einzelnen Verfahren unterschiedlich gut. Während eine Sattdampf-Behandlung in allen Verarbeitungsstadien empfohlen werden kann, eignen sich für Garne und Zwirne vornehmlich die Heisswasserbehandlung und für Gewebe und Gewirke vor allem die Heissluftfixierung.

Thermofixierbedingungen: Uebersicht nach SVF-Lehrgang

| Faser | Erweichbereich vom leichten Kleben bis z. Schmelzen | Schmelzpunkt °C | Optimale Fixierbedingungen ||||||| Maximal zulässige Bügeltemperatur °C |
| | | | Wasserfixierung ||  Sattdampffixierung ||| Heissluftfixierung || |
| | | | °C | Zeit/min | °C | Druck/atü | Zeit/min | °C | Zeit/sek | |
|---|---|---|---|---|---|---|---|---|---|---|
| Nylon 6 (Perlon, Grilon, Mirlon, Enkalon) | 160—195 | 213—219 | 100 | 120—180 | 130±4 | ca. 2 | 10—30 | 190±2 | 3—15 | 140 |
| Nylon 66 (Nylon) | 230—240 | 249—253 | 100 | 120—180 | 130±4 | ca. 2 | 10—30 | 225±8 | 3—15 | 200 |
| Nylon 610 (Rilsan) | 175 | 186 | 100 | 120—180 | 130±4 | ca. 2 | 10—30 | 170±5 | 3—15 | 140 |
| Mischpolyamide aus Nylon 6 und Nylon 66 (Eltrelon) | — | 237 | 100 | 120—180 | 130±4 | ca. 2 | 10—30 | — | 3—15 | 150 |
| Polyester (Terylene, Dacron, Diolen, Tergal, Terital, Enkalene, Trevira) | 230—240 | 255—260 | 100 | 120—180 | 140 | ca. 3 | 10—30 | 210—230 | 3—15 | 200 |
| Polyacrylnitrile (Orlon, Pan, Dralon, Redon, Crylor, Acrilan) | — | kein fester. Klebrig bei 300—320 | 100 | 120—180 | 134 | ca. 2 | 10—30 | 180—200 | 3—15 | 120 |
| Vinylchlorid/Vinylidenchlorid (Saran, Velon) | 115—137 | 150—160 | 100 | 30—60 | — | — | — | 115—120 | 3—15 | 100 |
| Vinylchlorid/Acrylnitril (Dynel) | 125—135 | 140—145 | 95 | 30—60 | — | — | — | 115—120 | 3—15 | 100 |
| Polyvinylchlorid (Rhovyl, Movil, Thermovyl, PeCe, Fibravyl, Isovyl) | 60 80 | Zersetzt 180—210 | 60 80 | 30 | — | — | — | 60 80 | 3—10 | (60) |
| Polyäthylen (Courlene) | 104 | 110—120 | 80—82 | 15 | — | — | — | 80 | 3—10 | (80) |
| Polytetrafluoräthylen (Teflon) | 327 | Zersetzt 400 | — | — | — | — | — | — | — | — |
| Vinylchlorid/Vinylacetat (Vinyon HH) | 80 | 200—210 | 80 | 30 | — | — | — | 80 | 3—10 | (80) |
| Triacetat (Courpleta, Trilan, Tricel, Arnel) | 250 | ca. 300 | — | — | — | — | — | 210—230 | 10—15 | 220 |
| Diacetat | 175—180 | 245—260 | 80—100 | 60—180 | — | — | — | (180—200) | 3—15 | 160 |

Man beachte: Das Vor- und Nachfixieren ist zwar bequemer, weil eine Zwischentrocknung entfällt. Diese Bequemlichkeit muss indessen durch gewisse Nachteile erkauft werden; beim Vorfixieren können Oel- und Schmutzflecken auf der Faser leicht einbrennen, während das Nachfixieren extrem sublimationsechte Farbstoffe erfordert, die den Thermofixierprozess unbeschadet überstehen. Ein Optimum lässt sich u.U. erreichen, wenn man den Fixierprozess an der jeweils günstigsten Stelle zwischen die übrigen Vorbehandlungsschritte einschiebt; vgl. S.276.

## 7.2
## Die Praxis des Färbens

### 7.2.1
### Anmerkungen zu einem Färbereipraktikum

Für das Färben von Stückware (Gewebe und Gewirke) sind mehrere Applikationsverfahren bekannt:

1) das stets diskontinuierlich arbeitende "Ausziehverfahren"

2) das Arbeiten am Foulard, das sowohl diskontinuierliche (Fall a) wie kontinuierliche Varianten (Fall b) zulässt.

Die Verfahren 1 und 2 a eignen sich für kleinere Partien von Stückware, Verfahren 2 b, das sich durch hohe Färbegeschwindigkeit auszeichnet, für grosse Partien. In den Fällen 2 a bzw. 2 b spricht man auch von halb- bzw. vollkontinuierlicher Arbeitsweise.

#### 7.2.1.1
#### Das Ausziehverfahren

Bei diesem am längsten bekannten Färbeverfahren, das aus apparativen Gründen im Praktikum bevorzugt verwendet wird, zieht der Farbstoff im Verlauf der Färbung aus einer verdünnten wässrigen Lösung (Flotte) auf die Faser auf und diffundert bei Temperaturen in der Nähe des Siedepunktes an die Verankerungsstellen im Innern der Faser.

## Grundbegriffe und allgemeine Hinweise

### Flottenverhältnis

Unter Flotte versteht man in der Färberei die Färbelösung mit allen Zusätzen. Das Flottenverhältnis gibt an, wieviel ml Färbelösung für 1 g Faser benötigt werden.

Flotte 1:25 heisst demnach:     für    1 g     Faser
                                           25 ml    Färbelösung

### Prozentzahlen

Alle Prozentzahlen beziehen sich auf das Gewicht der zu färbenden Faser.

1 % Farbstoff heisst z.B.:     für   10   g Faser benötigt man
                                            0,1 g Farbstoff

Sind in einer Vorschrift Konzentrationen in g/l angegeben, so muss die fertige Färbelösung diese Konzentration aufweisen.

Die gebräuchlichsten Chemikalien stehen als Lösungen auf. In diesen Lösungen sind in 1 ml 0,1 g Substanz gelöst. Die Konzentration dieser Lösungen ist so gewählt, dass bei der häufig vorkommenden Aufgabe, 10 g einer bestimmten Faser zu färben, die Anzahl der benötigten M i l l i l i t e r  einer bestimmten Reagenzlösung stets numerisch gleich der geforderten Prozentzahl ist; dabei beachte man nachgestellte Konzentrationsangaben:

> 5 %  Essigsäure 40-proz. heisst z.B.:
>
> > für 10 g Faser benötigt man 5 ml der aufstehenden Lösung, welche 0,1 g 40-proz. Essigsäure pro ccm enthält.

### Lösen oder Dispergieren der Farbstoffe

Man löst 1 g Farbstoff in 200 ml heissem Wasser und kocht auf. Aus dieser Stammlösung entnimmt man die nötige Menge für das Färbebad. 20 ml der Stammlösung enthalten 0,1 g Farbstoff, entsprechen also 1 % auf 10 g Faser.

Auf entsprechende Weise bereitet man von wasserunlöslichen Farbstoffen <u>Stammdispersionen</u>. Aus modernen "Ultradispersmarken" erhält man die Dispersion durch kurzes Schütteln mit <u>kaltem</u> Wasser.

Im Prinzip kann man beim Zubereiten ("Bestellen") der Flotte die Zusätze an Farbstoffstammlösung ähnlich schnell ermitteln wie bei den Reagenzlösungen, wenn man die beim numerischen Gleichsetzen erhaltenen Werte entsprechend der grösseren Verdünnung stets mit dem Faktor 20 multipliziert.

### 7.2.1.2
### Die Foulardverfahren

Ein vollkontinuierliches Färbeverfahren kann nicht demonstriert werden. Jedoch lassen sich die gängigen vollkontinuierlichen Verfahren auf halbkontinuierlichem Wege simulieren.

Dazu wird die Stückware auf dem <u>Foulard</u> mit der Farbstofflösung oder Farbstoffdispersion getränkt. Dies geschieht in der Regel bei RT. Es soll nur soviel Farbstoff von der Faser aufgenommen werden, dass seine Konzentration in der von der Faser aufgenommenen Flotte der Konzentration in der ursprünglichen Foulardflotte entspricht.

Der von der Faser aufgenommene Farbstoff wird aus der "Flottenaufnahme" (Quotient aus der <u>Gewichtszunahme nach dem Foulardieren</u> und dem Trockengewicht der Faser) berechnet, die früher auch "Abquetscheffekt" genannt wurde; sie lässt sich durch Variation des Druckes regulieren, welchen die elastischen Walzen des Foulards auf das Gewebe ausüben.

Nach dem Einfoulardieren und Trocknen wird die Färbung entwickelt, wobei der Farbstoff von der Faseroberfläche an die Verankerungsstellen im Innern der Faser diffundiert. Dies kann - wie im Textildruck - auf verschiedene Weise geschehen:

1) Durch Dämpfen
2) durch Trockenhitze
3) durch Nassentwicklung

> **Merke:** Die wichtigsten halbkontinuierlichen Verfahren sind das
> Klotz/Jigger-, das Klotz/Kaltverweil- und das ähnliche, aber bei
> höherer Temperatur arbeitende Klotz/Walz-Verfahren, die wichtigsten
> vollkontinuierlichen das Klotz/Thermofixier- und das Klotz/Dämpf-
> Verfahren (engl: Pad/Jig, Pad/Batch, Pad/Roll, Pad/Thermofix, Pad/
> Steam; vgl. die Tafeln im Anhang an Seite

### 7.2.1.3
### Der Textildruck

Der Textildruck dient der farbigen Bemusterung; zu den konkurrierenden Methoden sind z.B. die Batik und webereitechnische Verfahren zu zählen. Das älteste und einfachste handwerkliche Aufdruckverfahren bedient sich einer Art Holzstempel (Modeldruck).

Ein analoges kontinuierliches Verfahren hat sich nicht durchsetzen können. Stattdessen versieht man im Rouleauxdruck die Druckwalzen mit Gravuren, welche die Farbpaste aufzunehmen vermögen. Nachdem ein "Rakel" aus Metall von den polierten Teilen der Walze alle Pastenrückstände entfernt hat, wird im letzten Drittel eines Walzenumlaufes die Stoffbahn (Druckfonds, Druckgrund) herangeführt. Zur Uebertragung der Farbpaste dient eine bürstenartige elastische Walze, welche das Gewebe in die Vertiefungen hineinpresst (Tiefdruck).

Handwerkliches Drucken bedient sich heute überwiegend des **Film- oder Siebdrucks**. Arbeitsgerät ist eine Druckschablone, die an den erforderlichen Stellen für die Druckpaste durchlässig ist, kombiniert mit einem Rakel aus Hartgummi, mit dessen Hilfe die Farbpaste durch die siebartige Gaze gedrückt wird. Auch der Siebdruck lässt sich rationalisieren; dabei kennt man sowohl Verfahren, bei welchen der Fonds rapportweise (diskontinuierlich) bewegt wird, als auch solche, bei denen das Substrat mit gleichmässiger Geschwindigkeit an einer sogenannten Film- oder Siebwalze vorbeigeführt wird.

Unabhängig von der Art des Aufdrucks sind die weiteren Verarbeitungsschritte und ihre Reihenfolge praktisch identisch mit denen für

Foulardfärbungen, sodass sich ein näheres Eintreten erübrigen dürfte. Kein Studierender sollte sich jedoch die Möglichkeit entgegen lassen, einmal im Rahmen einer Exkursion einen mechanisierten Druckereibetrieb in voller Aktion zu erleben.

Um den Druckpasten die richtige Konsistenz zu verleihen, die Löslichkeit der Farbstoffe zu beeinflussen und den Feuchtegehalt zu regulieren, sind Zusätze erforderlich, auf die wir bereits unter 6.1.5 eingegangen sind. Analoges gilt für spezielle Druckverfahren wie den Aetz- und Reservedruck; vgl. 6.8.5 und 6.10.3.


7.2.2
Die Organisation und Struktur des Veredlungsbetriebs

Obwohl es kaum zwei Veredlungsbetriebe gibt, die in jeder Hinsicht vergleichbar sind, was jeden Versuch einer systematischen Darstellung erschwert, muss man zwischen zwei grundsätzlich verschiedenen Organisationsformen unterscheiden: Einerseits kann der Veredlungsbetrieb in den grösseren Verband eines Textilunternehmens eingegliedert sein und damit den Status einer Betriebsabteilung annehmen, andererseits besteht die Möglichkeit, einen selbständigen Veredlungsbetrieb zu führen, der in Kommission vorbehandelt, färbt und ausrüstet. Im ersten Fall spricht man von einem Vertikalbetrieb, im zweiten von einer Lohnfärberei. Ein Vertikalbetrieb kann seine Organisationsstruktur, d.h. seine personellen und materiellen Mittel viel spezifischer definieren als ein Lohnbetrieb, dessen Hauptanliegen vor allem grosse Flexibilität sein muss. Infolgedessen werden sich die Investitionen in den Maschinenpark vorrangig nach individuellen Notwendigkeiten auszurichten haben. Continue-Anlagen werden hauptsächlich bei Vertikalbetrieben angetroffen; der Lohnbetrieb arbeitet dagegen fast ausschliesslich diskontinuierlich. Mit dem Maschinenpark sind aber das Färbeverfahren und die zur Anwendung gelangenden Farbstoffsortimente weitgehend vorbestimmt. Weitere Einschränkungen resultieren aus den stofflichen Eigenschaften und dem Verarbeitungsstadium des Substrates. Beispielsweise muss ein Farbstoff, der für das Färben losen Materials wie Flocke oder Kammzug gewählt wird, nicht unbedingt egal färben, aber hohe Fabrikationsechtheiten aufweisen, wogegen am Stück die Priorität dem Egalisiervermögen zukommt. Analoges gilt für die Wahl der Färbeverfahren. So stellen Klotzverfahren einerseits geringere Anforderungen an das Aufzieh- und Egalisiervermögen, andererseits verlangen sie höhere thermische Beständigkeit und Sublimierechtheit als das Ausziehverfahren.

### 7.2.3
### Die Farbstoff-Handelsformen

Zu den wichtigsten Eigenschaften eines technischen Farbstoffes zählt die Farbstärke, die wie die Farbe vom chromophoren System abhängt und mit technischen Mitteln grundsätzlich nicht beeinflussbar ist. Der Hersteller legt bei der Fertigung des Farbstoffes deshalb eine "Typenkonzentration" fest, die primär der Reproduzierbarkeit der Ausfärbungen dient (ein günstiger Nebeneffekt: gleiche prozentuale Einwaage führt auch im Falle ungleicher Farbstoffe häufig zu gleich satt erscheinenden Färbungen). Alle aus dem Farbstoffbetrieb angelieferten Chargen eines Farbstoffs werden im Mahl- und Mischbetrieb mit Hilfe von Harnstoff- oder Neutralsalz-Zusätzen (Coupagen) auf diesen Standard eingestellt und applikatorisch überprüft. Dieser vom Hersteller definierte Standard heisst Typ und wird in allen Rezepturen als Farbstoff 100% bezeichnet. In den Handel gelangen mitunter auch höhere Konzentrationen. Solche Marken tragen dann etwa die Bezeichnung 150%, 200%.
Um dem Kunden das Bereiten der Farbstoff-Lösungen zu erleichtern gibt der Farbstoffhersteller sogenannte Musterkarten heraus, die jeweils Ausfärbungen aller Vertreter eines Handelssortimentes (einer Gamme), meist geordnet in der Reihenfolge gelb-orange-rot-violett-blau-grün-braun-schwarz, und entsprechende Färbevorschriften aufweisen.

Im äusseren Habitus lassen sich Granulate und Flüssigmarken unterscheiden, welche die wegen ihres lästigen Staubens unbeliebten Pulvermarken fast völlig verdrängt haben. Von schwer- oder unlöslichen Farbstoffen wurden färberfreundliche "Ultradispersmarken" entwickelt; vgl. 7.2.1.1. Ueber die Teilchengrösse entscheidet der Mahlvorgang, im Fall von Sprühtrocknung einer Lösung u.a. die Konzentration und die Tröpfchengrösse. Höherer Zerteilungsgrad bedeutet grössere Lösungsgeschwindigkeit bzw. leichtere Dispergierbarkeit und höhere Stabilität der Dispersion.

### 7.2.4
#### Rezeptieren und Nuancieren

Um nach Vorgabe von Substrat, Gamme und Färbeverfahren eine bestimmte Nuance zu erzielen, ist ein Färberezept auszuarbeiten. Im Prinzip lassen sich alle gewünschten Nuancen mit Hilfe einer Blau/Rot/Gelb-Trichromie einstellen; als günstiger erweisen sich jedoch Zweierkombinationen, die zwar eine relativ grosse Anzahl individueller Farbstoffe voraussetzen, aber den Spielraum für andere Anforderungen wie z.B. die Echtheiten erweitern. Materialbedingte kleine Abweichungen von der geforderten Nuance lassen sich in der Praxis nur selten vermeiden. Während des Färbevorganges werden deshalb Proben gezogen. Zusetzen minimaler Farbstoffmengen reicht dann meist aus, um die Identität mit einem vorgegebenen Muster herzustellen.

Die Rezeptkartei einer Färberei enthält unzählige Rezepte, die im Laufe der Zeit ausgearbeitet worden sind und die den spezifischen Gegebenheiten und Verfahren der betreffenden Färberei angepasst sind. Diese Kartei ist als Ansammlung mitunter jahrzehntelanger Erfahrung von unschätzbarem Wert.

Zahlreiche Unternehmen haben anstelle der früheren Rezeptkarteien eine elektronische Speicherung und Rezeptierung eingeführt. Mit einem Spektrometer wird das Remissionsspektrum des vorgegebenen Musters aufgenommen und dem Rechner zugeführt, der anhand gespeicherter Remissions-(Reflektions)spektren das Rezept ausarbeitet und nach einem festgelegten Schema digital ausdruckt. Betriebe, die über kein eigenes Computersystem verfügen, können auf das des Farbstoffherstellers zurückgreifen, der ein solches System als "Dienst am Kunden" zur Verfügung stellt.

### 7.2.5
#### Das Färben von Cellulosefasern

Cellulosefasern werden wie z.B. auch Wolle in praktisch allen Verarbeitungsstadien gefärbt. Die wichtigsten Applikationsklassen sind in der Reihenfolge steigender Nassechtheiten die Direkt- (Subklasse Kupferungs-), Entwicklungs-, Reaktiv- und Küpenfarbstoffe.


### 7.2.5.1
### Das Färben mit Direktfarbstoffen

Sieht man von der Subklasse der Kupferungsfarbstoffe, die wir unter 7.2.5.2 behandeln werden, zunächst ab, so reicht der Einsatzbereich der Direktfarbstoffe von Billigartikeln im Dekorations-, Oberbekleidungs- und Wirkwarensektor bis zu Vorhängen, Pullovern, Abendkleidern, Halstüchern und Kravatten. Die von den Herstellern angebotenen Sortimente sind analog ausgelegt und führen einerseits einfach herzustellende und daher relativ preiswerte, im höherwertigen Angebot ausgewählte, u.a. hochlichtechte Vertreter.

Mit speziellen Vertretern lassen sich mehrere Arbeitsschritte der Textilveredlung kombinieren; so können beispielsweise das Färben und das Ausrüsten oder das Färben und Bleichen in einem Arbeitsgang zusammengefasst werden.

---

Rezept und Procedere für Baumwoll-Stückware (Ausziehverfahren)

```
     X  %    Farbstoff
0-0,1 g/l    Egalisiermittel
0-20  g/l    Na₂SO₄ · 10 H₂O (Glaubersalz)
```

$\quad\quad\;\,$X % Farbstoff
$0\text{-}0{,}1$ g/l Egalisiermittel
$0\text{-}20$ g/l $Na_2SO_4 \cdot 10\ H_2O$ (__Glaubersalz__)

Man fährt bei Zimmertemperatur ein, treibt innert 30 Min. auf 98-100 °C und färbt bei dieser Temperatur 45-60 Min. Am besten gibt man das Salz während des Kochens portionsweise zu. Anschliessend abkühlen und spülen.

---

Im __Ausziehverfahren__ steuern Temperaturverlauf, Dosierung von Salz und Egalisiermittel den Aufziehvorgang (Egalisieren, Durchfärben und die Badausschöpfung). Unter Berücksichtigung der üblichen Färbedauer von ca. 60 Min. wird allgemein die beste Ausbeute zwischen 80°

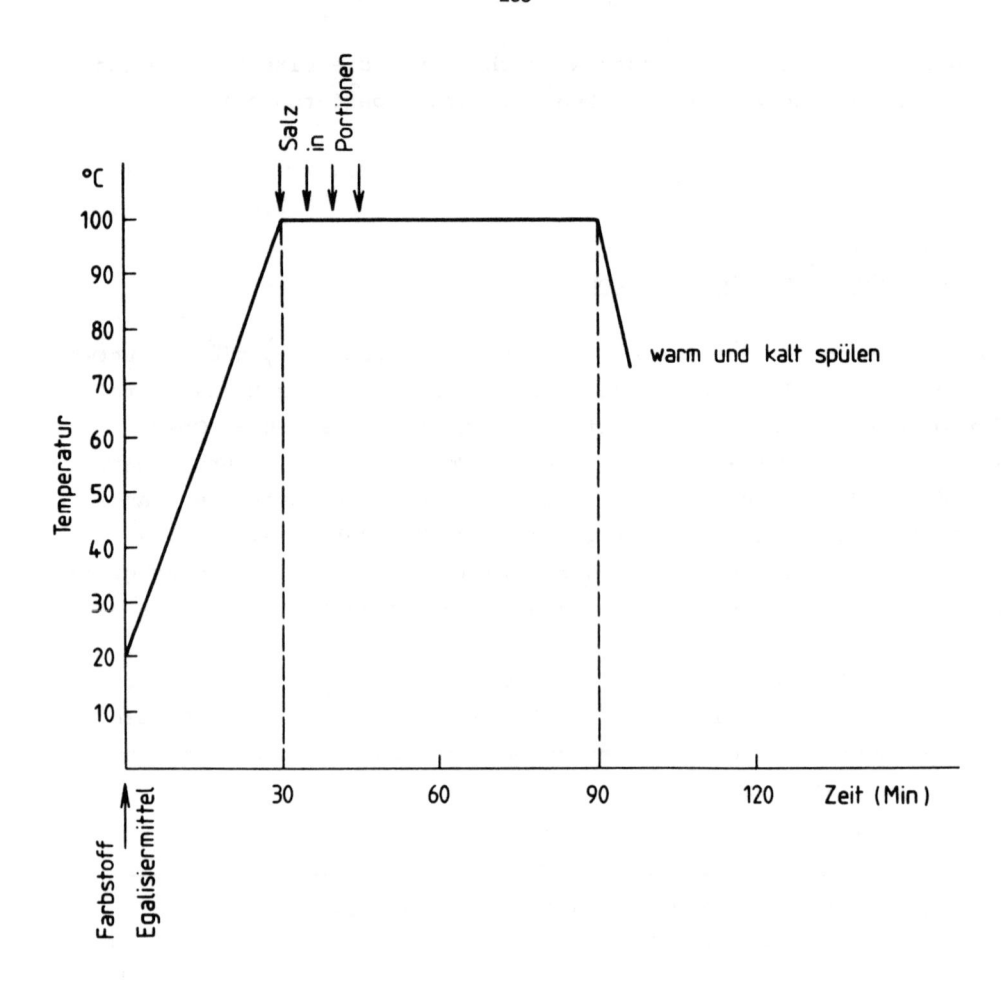

Schema 7-2  Färbediagramm für Direktfarbstoffe auf Baumwolle
nach dem Ausziehverfahren (vgl. Kasten)

und 100° erzielt. Sofern geeignete Aggregate zur Verfügung stehen, kann auch bis ca. 120° gefärbt werden, was Egalität und Durchfärbung (insbesondere bei schwerer Ware) verbessert und die Färbezeit verkürzt; die Farbstoffe sind allerdings nach den Angaben der Hersteller zu selektionieren und müssen dann im schwach sauren Färbebad (Ammonsulfat) appliziert werden.

Hinsichtlich des Egalisiervermögens, das mit der Salzempfindlichkeit und der Migrationsfähigkeit gekoppelt ist, bestehen bedeutende Unterschiede. Auf Vorschlag der Society of Dyers and Colourists hat man die Direktfarbstoffe in drei Klassen eingeteilt; SDC Klasse A:

kleine Salzempfindlichkeit, grosses Migrationsvermögen (gut egalisierend; SDC Klasse B: geringe Salzempfindlichkeit und geringes Migrationsvermögen (mit langsamer Temperatursteigerung und sorgfältig dosiertem Salzzusatz zu färben); SDC Klasse C: mit grosser Salzempfindlichkeit und geringem Migrationsvermögen (diese Farbstoffe sind im Ausziehverfahren in bezug auf Temperatursteigerung im kritischen Bereich von $80°$ C bis $100°$ C nur mit äusserster Vorsicht egal zu färben; Salz sollte erst gegen Ende des Prozesses zugesetzt werden).

Für das Färben von Regeneratcellulose empfiehlt es sich namentlich bei schwerer Ware, nicht kalt, sondern bei ca. $80°$ einzufahren. Man vermeidet dadurch ein übermässiges Quellen der Faser und man färbt anschliessend bei $85°$ aus. Da die Streifigkeit von Viskose durch die Vorbehandlung nicht ausgeglichen werden kann, muss man auf Direktfarbstoffe zurückgreifen, die diesen Mangel überdecken und vom Farbstoffhersteller deshalb zu einer separaten Gamme zusammengefasst werden.

Eine <u>Nachbehandlung</u> mit kationaktiven Fixiermitteln (vgl. 6.7.3), die grundsätzlich auch im Anschluss an das unten besprochene Foulardverfahren durchgeführt werden darf, ermöglicht es, Direktfarbstoffe auch einer Verwendung in der Damenoberbekleidung und sogar bei Regenmänteln zuzuführen. Man behandelt hierzu mit 1 - 1,5% Fixiermittel in Gegenwart von 1/2-2 ml/l Essigsäure 80% (oder halb so viel Ameisensäure 85%) für 30 Min. bei $20-40°$ .

Direktfarbstoffe eignen sich auch für <u>Foulard-Verfahren</u>, wobei sowohl Pad/Jig- und Pad/Roll- als auch kontinuierliche Verfahren zur Anwendung gelangen. Zur Bereitung der Flotte wählt man, um den relativ hohen Konzentrationen Rechnung zu tragen, gut lösliche Vertreter und erhöht die Löslichkeit zusätzlich durch Zusatz von Harnstoff (Achtung: Wasserhärte beeinflusst die Löslichkeit, Weichwasser verwenden!). Wichtig sind ferner Netzmittel, die in den je nach Verfahren variierenden Flotten mit durchschnittlich 1-2 g/l enthalten sind. Beispielsweise foulardiert man im Pad/Jig-Verfahren bei einer Temperatur von $30-40°$ für helle Töne und $60-80°$ für tiefe Töne, mit einer Flottenaufnahme von 60 - 80% für Baumwolle und 70 - 90% für Viskose. Fixiert wird anschliessend im Jigger mit einer Lösung von 10-30 g/l Glaubersalz mindestens 30 Min. lang bei Kochtemperatur.

7.2.5.2
**Das Färben mit Kupferungsfarbstoffen**

Im Gegensatz zu den vorgefertigten Kupferkomplexen, die in den Sortimenten der gewöhnlichen Direktfarbstoffe die besonders lichtechten Vertreter stellen, erfordern Nachkupferungsfarbstoffe zur vollen Entfaltung ihrer Qualitäten nach dem Färben eine Behandlung mit Kupfersalzen. Die Färbungen, die dann gute bis sehr gute Lichtechtheiten und gute Nass- und Schweissechtheiten aufweisen, eignen sich deshalb für Cord- und Samtgewebe, Dekorationsstoffe, Mantelstoffe, Freizeitbekleidung und Futterstoffe aus Baumwolle, für Dekorationsstoffe, Damenoberbekleidung und Futterstoffe aus Regeneratcellulose sowie für Mantelstoffe, Modeartikel und Trainingsanzüge aus Mischungen mit Polyester oder Polyamid.

Das Nachkupfern erfolgt in einem zweiten Bad. Vor der Nachbehandlung ist ein gründlicher Spülvorgang - warm und kalt - unerlässlich (Schema 7-3).

| Rezepte zu Schema 7-3 (Ausziehverfahren) | | |
|---|---|---|
| a) Färben | | |
| Zu Beginn einfahren mit     x %    Farbstoff | | |
| 0,2-0,5 g/l    Soda (oder Tetranatriumpyrophosphat) | | |
| 0-0,1 g/l    Egalisiermittel | | |
| Beim Erreichen der Färbetemperatur in Portionen zugeben | | |
| 0-20 g/l    Glaubersalz (oder Kochsalz) | | |
| b) Nachbehandeln | | |
| hell | mittel/dunkel | schwarz |
| CO   0,8-1,2% $CuSO_4$ <br> 1% $CH_3COOH$ | 0,8-1,2% $CuSO_4$ <br> 1% $CH_3COOH$ | 1,5-1,8% $CuSO_4$ <br> 1% $CH_3COOH$ |
| CV   0,8-1,2% $CuSO_4$ <br> 1% $CH_3COOH$ | 1,2-1,5% $CuSO_4$ <br> 1% $CH_3COOH$ | 1,5-1,8% $CuSO_4$ <br> 1% $CH_3COOH$ |

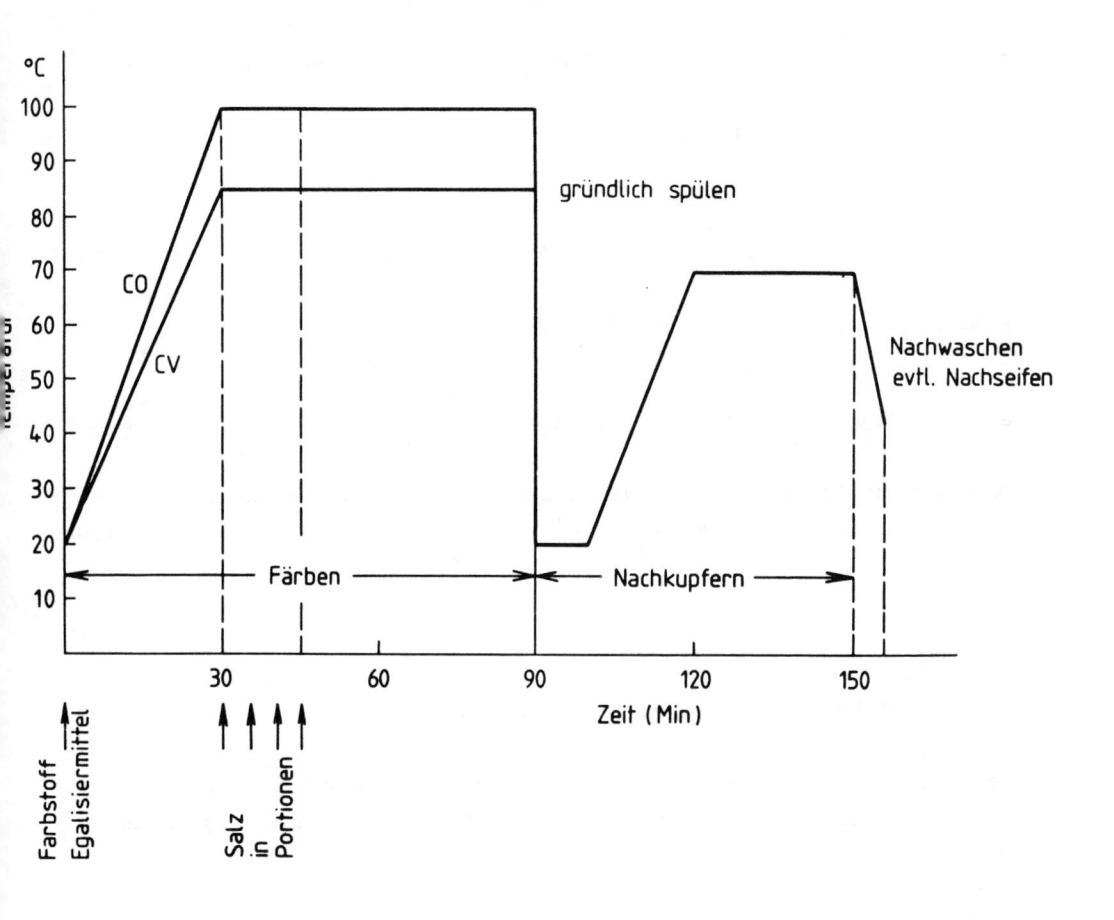

Schema 7-3  Färbediagramm: Baumwolle (CO) und Viskose (CV) mit
Kupferungsfarbstoffen

Im Anschluss an die Kupferbehandlung muss mit 0,3 g/l eines anionaktiven Waschmittels 10 Min. lang bei 40-50 °C behandelt werden. Eine weitere Verbesserung der Nassechtheiten lässt sich durch Zusatz eines kationaktiven Hilfsmittels erzielen.

Als Beispiel für eine Foulard-Färbung diene das Pad/Jig-Verfahren, das mit

      X g/l    Farbstoff
  0,5-1 g/l    Soda
    0-1 g/l    Netzmittel

bei einer Flottenaufnahme für CO 60 - 80% und CV 70 - 90% arbeitet.

Fixiert wird mindestens für 30 Min. mit

   10-25 g/l    $Na_2SO_4$ (oder NaCl)

auf dem Jigger bei Kochtemperatur.

Das Nachkupfern geschieht nach derselben Rezeptur wie beim Ausziehverfahren. Auch hier empfiehlt es sich, noch ein Seifen anzuschliessen.

7.2.5.3
Das Färben mit Entwicklungsfarbstoffen

Gefärbt wird mit Azo-Entwicklungsfarbstoffen sowohl im Auszieh- als im Foulardverfahren, wobei stets folgendes Schema eingehalten wird (Kasten).

> 1) Grundieren (Aufbringen des Naphtols),
> 2) Entwickeln (Kuppeln mit der Diazokomponente),
> 3) Kochend seifen.

Zur Bereitung der Grundierflotte löst man das "Naphtol" entweder in kalter alkoholischer oder nach Anteigen mit einem Dispergiermittel in warmer wässriger Natronlauge (Kalt- bzw. Heisslöseverfahren). Einige Farbstoffhersteller bieten "stabilisierte Naphtolate" an, die nur noch in Wasser aufgelöst werden müssen.

Im Ausziehverfahren wird bei 30 °C mit x% Naphtol, das mit Weichwasser auf das erforderliche Flottenvolumen gestellt worden ist,

und 30-50 g/l Glaubersalz grundiert. Am <u>Foulard</u> arbeitet man häufig
bei Temperaturen von 80-90°, um die in der Kälte höhere Affinität
des Naphtols zur Faser zurückzudrängen.

<u>Entwickelt</u> wird mit oder ohne Zwischentrocknung in einem Bad, das Diazoniumsalz, Essigsäure und 30-50 g/l Glaubersalz (wozu ?) enthält.
Im Ausziehverfahren behandelt man 30 Min. lang kalt (10°) auf dem
Foulard bei Zimmertemperatur, schliesst jedoch zum Ausreagieren
einen "Luftgang" an. Besondere Aufmerksamkeit ist dem pH zu widmen;
denn einerseits erfolgt die Kupplung vorzugsweise im alkalischen
Milieu, andererseits kann zu hoher pH zum Ausfallen eines Diazotates
(R-N=N-O Na) führen.

## 7.2.5.4
### Das Färben mit Reaktivfarbstoffen

Mit Reaktivfarbstoffen kann auf Cellulose und ihren Mischungen nach
allen gängigen Verfahren gefärbt oder gedruckt werden. Um dem Veredlungsbetrieb die Auswahl zu erleichtern, unterteilen die Hersteller
ihre Sortimente nach Haupteinsatzbereichen. Gewöhnlich werden drei
Klassen angegeben: (a) solche, die in erster Linie im Ausziehverfahren eingesetzt werden, (b) Farbstoffe ohne jegliche Aggregationstendenz für Foulard-Verfahren und Druck sowie (c) eine dritte Klasse
mit Allround-Produkten, die sich sowohl im Auszieh- wie im Foulard-Verfahren einsetzen lassen.

<u>Ausziehverfahren</u>

Das Ausziehverfahren für Reaktivfarbstoffe lässt sich durch drei
Schritte charakterisieren:

1) das Aufziehen des Farbstoffs auf das Substrat,
2) das Verankern des Farbstoffs im Substrat,
3) das Auswaschen des hydrolysierten, nicht fixierten Anteils
   des Farbstoffs.

Normalerweise wird der gesamte Färbeprozess bei der Fixiertemperatur
durchgeführt. Heissfärber lässt man bei 75 °C unter meist portionsweisem Zusatz von Salz während 30 - 45 Min. aufziehen, fügt dann

Soda oder Natronlauge bei und fixiert bei der gleichen Temperatur
für eine weitere Stunde (Schema 7-4).

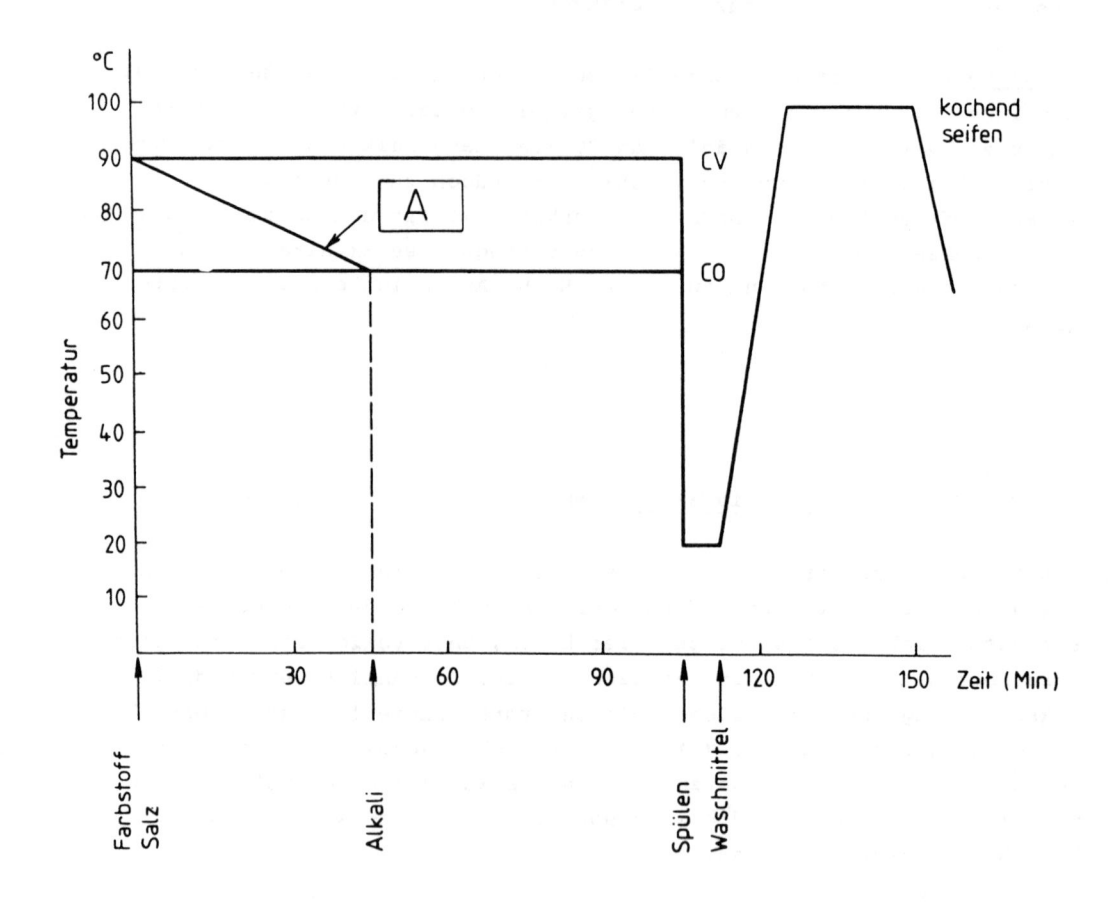

Schema 7-4  Färbediagramm: Reaktivfarbstoffe auf Cellulosefasern
(Temperaturverlauf A für Farbstoffe mit Rest-Substantivität)

Reaktivfarbstoffe mit beträchtlicher Rest-Substantivität erfordern,
um eine bessere Egalität zu erzielen, eine höhere Anfangstemperatur.
Man geht dann bei 90-95° mit dem Farbstoff und dem Salz ein und
kühlt langsam auf 75-80°, d.h. auf Fixiertemperatur ab.

| Rezept zu Schema 7-4 (Ausziehverfahren) |
|---|
| X g/l Farbstoff<br>40-60 g/l Salz (bei Farbtiefen bis 2%)<br>60-80 g/l Salz (bei 2 - 4% Farbtiefe)<br>80 g/l Salz (bei Farbtiefen über 4%) |
| Nach dem Aufziehen |
| CO     5 g/l $Na_2CO_3$<br>        2 ml/l Natronlauge 36°Bé<br>CV    20 g/l $Na_2CO_3$ bei 85-90° |

Um lange Aufheizperioden, wie beispielsweise auf der Haspelkufe oder im Zirkulationsapparat für das Ausziehen zu nutzen, kann auch bei 50° begonnen werden, vorausgesetzt dass der Salzzusatz während der Aufziehperiode portionsweise erfolgt und die Temperatur kontrolliert gleichmässig auf Fixiertemperatur gesteigert wird.

Einige Reaktivfarbstoffe sind reduktionsempfindlich. Besteht Reduktionsgefahr wie beim Färben von Regeneratcellulose, so empfiehlt es sich, der Flotte ein leicht oxydierend wirkendes Hilfsmittel zuzusetzen.

Da stets ein Teil der Reaktivgruppen während des Färbeprozesses (insbesondere nach dem Alkali-Zusatz) durch Hydrolyse desaktiviert wird, muss, um den nicht kovalent gebundenen Farbstoff zu entfernen, am Schluss noch kochend geseift werden.

Foulard-Verfahren

Mit Reaktivfarbstoffen kann man am Foulard sowohl voll- wie halbkontinuierlich arbeiten, und zwar nach praktisch allen gängigen Verfahren. Im Reserve- und Aetzdruck hat sich für das Färben des Fonds mit Reaktivfarbstoffen das Einbad/Dämpf-Verfahren bewährt; denn es erlaubt, den Arbeitsgang des Druckens sowohl nach dem Foulardieren/ Zwischentrocknen als auch nach dem Fixieren des Fonds-Farbstoffes einzuschieben.

Beim Pad/Thermofix- und beim Pad/Dry-Verfahren wird einbadig foulardiert. Neben dem Farbstoff, dessen Löslichkeit durch Zusatz von Harnstoff gesteigert wird, enthält das Bad auch das zum Fixieren benötigte Alkali.

```
Rezept:      X g/l   Farbstoff
             Y g/l   Harnstoff
            20 g/l   Soda kalz.
```

Die Temperatur der Klotzflotte sollte 20-50° betragen. Baumwolle benötigt bei einer Farbstoffkonzentration bis zu 20 g/l einen Harnstoffzusatz von 50-100 g/l und bei über 20 g/l Farbstoff einen solchen von 100-200 g/l. Regeneratcellulose verlangt neben einem Reduktionsschutzmittel einen höheren Harnstoffzusatz. Allerdings soll die Konzentration von 200 g/l Harnstoff auch hier nicht überschritten werden.

Für das Pad/Steam-Verfahren eignet sich folgendes Verfahrensprinzip:

- foulardieren auf dem 2- oder 3-Walzen-Foulard,
- vortrocknen (wenn möglich) mit dem Infrarotgerät,
- vervollständigen mit der Heissluft-Trocknungs-Maschine (Hot Flue),
- Luftgang zum Auskühlen der Ware,
- foulardieren der Chemikalien auf dem 2-Walzen-Foulard,
- dämpfen
- auswaschen auf der Breitwaschmaschine.

Am Farbenfoulard ist darauf zu achten, dass die Tauchzeit in der Foulardflotte für natürliche Cellulosefasern mindestens 1 - 2 Sek. und für regenerierte Cellulosefasern zwischen 2 - 4 Sek. beträgt. Wird zu kurz getaucht, so besteht die Gefahr, dass die Faser nur ungenügend quillt, was zu ungleichen Färbungen führt. Im allgemeinen wird mit einer Flottenaufnahme von 60 - 70% für Baumwolle und 70 - 90% für Viskose gearbeitet. Nach dem Zwischentrocknen wird auf einem zweiten Foulard die Chemikalienflotte mit z.B. 250 g/l Kochsalz oder Glaubersalz und 16 g/l Aetznatron aufgeklotzt, deren Temperatur 30° nicht überschreiten soll. Gedämpft wird für helle

Töne 30 - 40 Sek. bei 102-105° und für dunkle Töne 40 - 60 Sek. bei 102-105°. Als Beispiel für eine halbkontinuierliche Arbeitsweise möge das Pad/Batch-Verfahren dienen. Foulardiert wird mit x g/l Farbstoff bei Zimmertemperatur. Die Flotte enthält neben dem Farbstoff Lauge und evtl. Salz. Die foulardierte Ware wird aufgedockt und luftdicht abgepackt. In dieser Form wird sie ca. 24 Stunden gelagert.

Besondere Aufmerksamkeit ist bei allen Verfahren auf das Auswaschen zu legen. Als Beispiel diene ein Rezept, das sich für eine 8-teilige, kontinuierlich betriebene Breitwaschmaschine eignet. Die Abteile werden wie folgt bestückt:

- 1. Abteil: kaltes Wasser im Ueberlauf
- 2. Abteil: kaltes Wasser mit oder ohne Natriumbicarbonat zum Neutralisieren,
- 3. Abteil: heisses bis kochendes Wasser mit wenig Ueberlauf,
- 4. Abteil: heisses bis kochendes Wasser mit wenig Ueberlauf,
- 5. Abteil: kochendes Seifen (mit einem nichtionogenen oder anionaktiven Waschmittel),
- 6. Abteil: kochendes Seifen
- 7. Abteil: heisses Wasser mit wenig Ueberlauf,
- 8. Abteil: warmes oder kaltes Wasser im Ueberlauf.

7.2.5.5
Zwei Druckvorschriften
(die Druckschablonen lassen sich improvisieren; beispielsweise kann man die Muster aus Plastikfolien ausschneiden, Auftragen der Farbpaste mit einem Pinsel ist ebenfalls möglich)

Reaktivdruck mit Drimaren-Z-Farbstoffen auf Baumwolle

a) Stammansätze

Für den Direktdruck auf Baumwolle mit anschliessendem Thermofixieren gelten folgende Stammansätze:

|  |  | Drimarenschwarz Z-BL |
|---|---|---|
| Drimarenfarbstoff | 25 - 50 | 100 g |
| Harnstoff | 250 | 100 g |
| Heisses Wasser | 135 - 160 | 220 g |
| Natriumalginatverdickung ca. 4% | 450 | 450 g |
| Soda calc. 1:3 | 60 | 100 g |
| Revatol S 1:2 | 30 | 30 g |
|  | 1000 | 1000 g |

Der Farbstoff wird mit Harnstoff vermischt und mit kochendem Wasser übergossen. Wenn nötig, wird aufgewärmt bis der Farbstoff völlig gelöst ist. Die Lösung wird in die Natriumalginatverdickung eingerührt. Man lässt abkühlen und gibt die Soda- sowie die Revatol-S-Lösung zu. Die Druckfarben sind mehrere Wochen lagerungsbeständig.

b) Coupurenverdickung

Die Stammfarben können mit folgender Coupurenverdickung verschnitten werden:

| Harnstoff | 200 g |
|---|---|
| Wasser | 230 g |
| Natriumalginatverdickung ca. 4% | 500 g |
| Soda calc. 1:3 | 40 g |
| Revatol S 1:2 | 30 g |
|  | 1000 g |

c) Thermofixieren

Die Fixierung erfolgt bei 140-150 °C während 4 - 6 Minuten. Bei höheren Temperaturen kann die Einwirkungszeit entsprechend vermindert werden (z.B. bei 190°, 45 Sekunden).

d) Spülen

Die Drucke werden nach der Fixierung in üblicher Weise zuerst kalt, dann kochend gespült und abschliessend mit Vorteil kochend geseift (0,5 g/l Sandopan DTC oder Sandopur BW oder 1 g/l Seife).

Direktdruck mit Cibacronfarbstoffen auf Baumwolle
(ebenfalls Trockenfixierverfahren)

| | 1 | 2 | 3 | 4 | 5 | 6 | 7 | 8 | 9 |
|---|---|---|---|---|---|---|---|---|---|
| Cibacronbrillantgelb 3G | 50 | | | | | | | | |
| " gelb R | | 50 | | | | | | | |
| " brillantorange G | | | 50 | | | | | | |
| " scharlach 2G | | | | 50 | | | | | |
| " brillantrot 3B | | | | | 50 | | | | |
| " rubin R | | | | | | 50 | | | |
| " blau 3G | | | | | | | 50 | | |
| " türkisblau G | | | | | | | | 50 | |
| " schwarz | | | | | | | | | 80 |
| Harnstoff | 300 | 300 | 300 | 300 | 300 | 300 | 300 | 250 | 100 |
| Wasser | 128 | 128 | 178 | 138 | 138 | 128 | 178 | 88 | 90 |
| Na-Alginat-Verd. 50:1000 | 450 | 450 | 400 | 350 | 450 | 450 | 400 | 450 | 550 |
| Pottasche 1:2 | 60 | 60 | 60 | 150 | 60 | 60 | 60 | 150 | 150 |
| NaOH 30-proz. | 2 | 2 | 2 | 2 | 2 | 2 | 2 | 2 | 4 |
| Albatex BD pulv. | 10 | 10 | 10 | 10 | 10 | 10 | 10 | 10 | 10 |
| (Reduktionsschutz) | | | | | | | | | |

Coupure
- Harnstoff         300
- Wasser            145
- Alginat 50:1000   500
- Pottasche 1:2      45
- Albatex BD pulv.   10

Zur Fixierung des Farbstoffes wird nach dem Drucken und Trocknen 5 Min. bei 150-165 $^\circ$C entwickelt (z.B. Trockenschrank, Zeit zählt vom Erreichen der 150$^\circ$ an, Thermostat auf ungefähr 180$^\circ$ einstellen). Danach wird mit 2 g/l anionischem Waschmittel und 2 g/l Wachs-Seifen-Emulsion (Cibacronseife oder Waschmittel 6892) ca. 15 Min. kochend geseift, im frischen Seifungsbad (2 g/l) nochmals 5 - 10 Min. geseift, dann gespült und getrocknet.

### 7.2.5.6
### Das Färben mit Küpenfarbstoffen

In den Handel gelangen Küpenfarbstoffe heute als Ultradispersgranulat oder als Ultradispers-Flüssigmarken, deren hoher Zerteilungsgrad

problemloses Dispergieren und Verküpen ermöglicht. Gefärbt wird
sowohl im Ausziehverfahren wie nach halb- und vollkontinuierlichen
Foulardverfahren.

Da konzentrierte Lösungen des Reduktionsmittels die Reduktion des
dispergierten Farbstoffes, eine Reaktion quasi 2ter Ordnung, wesentlich erleichtern, ist für das <u>Ausziehverfahren</u> das Arbeiten mit einer
konzentrierten Stammküpe charakteristisch. Je nach Farbtiefe, Flottenlänge und Klassifikation nach Heiss- oder Kaltfärber sind recht
unterschiedliche Flottenzusätze erforderlich. Zur Veranschaulichung
möge die Zusammenstellung im Kasten dienen.

| Typische Vorschrift für die Herstellung einer Stammküpe |
|---|
| 1 kg Küpenfarbstoff<br>50 l weiches Wasser<br>2 l Natronlauge 36°Bé (30%ig)<br>0,75 kg $Na_2S_2O_4$<br>Temperatur: 50 °C<br>Verküpungszeit: 10 - 15 Min. |

| Küpenfärbung (1%ig, 1:10) | | | |
|---|---|---|---|
| | Natronlauge (30%ig) | Hydrosulfit | Salz |
| Heissfärber (60-80°) | 18 cm³/l | 5 g/l | keines |
| Warmfärber (50-60°) | 10 cm³/l | 3 g/l | 10 g/l |
| Kaltfärber (20-30°) | 0,8 cm³/l | 3 g/l | 15 g/l |
| Heissfärber: | Eingehen bei 30°, innerhalb 30 Min. auf 60-80° steigern und weitere 30 Min. bei 60-80° ausfärben. | | |
| Warmfärber: | Eingehen bei 30°, innerhalb 30 Min. auf 50-60° steigern und weitere 30 Min. unter portionenweiser Salzzugabe fertig färben. | | |
| Kaltfärber: | Eingehen bei 40-50°, innerhalb 30 Min. Temperatur auf 20-30° senken und unter portionsweiser Zugabe des Salzes weitere 30 Min. fertig färben. | | |

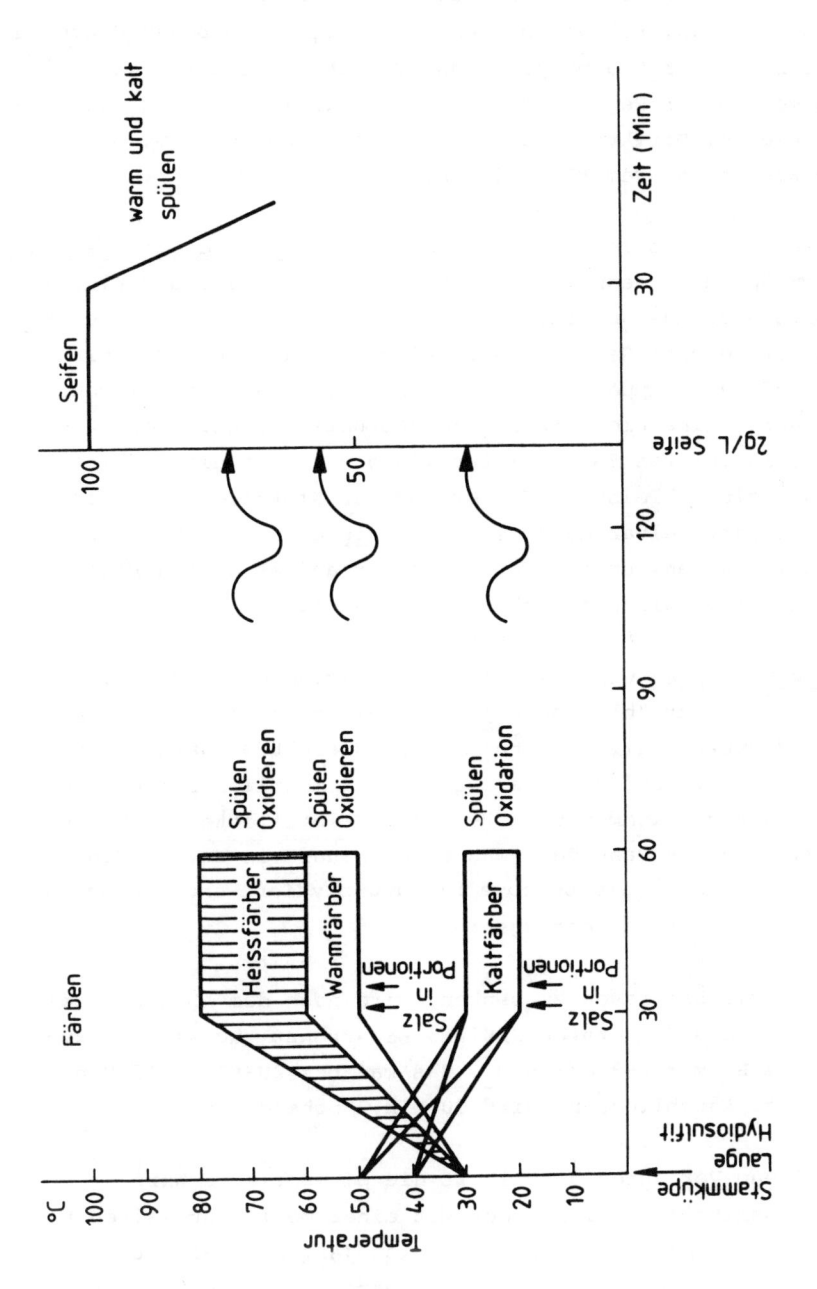

Schema 7-5  Färbediagramm: Küpenfarbstoffe auf Cellulosefasern

Um den Bedarf an Chemikalien für das Vorschärfen des Färbebades zu berechnen, subtrahiert man von den im Rezept angegebenen Mengen den Anteil, der aus der Stammküpe in das Färbebad gelangt; vgl. 9.7. Hinzu kommen in der Regel noch Egalisierhilfsmittel, und zwar die gleichen wie bei Direktfärbungen. Das Procedere entnimmt man den Angaben im Kasten und dem Färbediagramm.

Im Gegensatz zum Ausziehverfahren kommen die Foulardverfahren ganz ohne Stammküpe aus; denn das Färbeprinzip beruht auf dem Klotzen mit Dispersionen des unverküpten Pigmentes. Zum Auftragen der Flotte hat sich für leichte Gewebe ein 2-Walzen-Foulard bewährt; der Einsatz aufwendigerer Apparaturen beschränkt sich auf das Pigmentieren schwerer Ware. Eine Flottenaufnahme (Abquetscheffekt) von 60 - 70% für Baumwolle und von 70 - 90% für Viskose sollte nicht überschritten werden; auf gleichbleibende Temperatur der Klotzflotte ist zu achten. Falls nicht unmittelbar nach dem Foulardieren entwickelt wird, ist bei allen Varianten, um das Verlaufen der aufgeklotzten Flotte zu verhindern, eine Zwischentrocknung angezeigt.

Im Pad/Jig-Verfahren wird der Jigger zu Beginn des Entwicklungsschrittes mit einer "blinden Küpe" beschickt, in der Lauge, Dithionit und Neutralsalz, eventuell Egalisiermittel gelöst sind ("blind" stets gleich "ohne Farbstoff"). Namentlich bei mittleren und hellen Nuancen kommen noch 2-15 ml/l Klotzflotte hinzu. Entwickelt wird in 4-6 Passagen, was einer Dauer von ca. 30 Min. entspricht. Danach wird die Leukoverbindung oxydiert und die Färbung durch kochendes Seifen fertiggestellt.

Um den pH möglichst rasch zu senken, wird nach dem Ablassen des Entwicklungsbades dem ersten Spülbad Bicarbonat zugesetzt. Oxydiert wird z.B. mit 2-3 g/l $H_2O_2$, das man bei 30-60° 15 Min. einwirken lässt. Anschliessend wird 30 Min. kochend geseift.

Beim Pad-Steam-Verfahren durchläuft die pigmentierte Ware einen sogenannten Chemikalienfoulard, der mit einer möglichst kalten Klotzflotte aus Dithionit/Lauge beschickt ist (Abquetscheffekt 80 - 100%). Die unmittelbar anschliessende Dämpfapparatur arbeitet mit Sattdampf von 102-105°, der einen leichten Ueberdruck aufrecht erhält.

Der Waschprozess im Anschluss an eine Küpenfärbung nach dem Klotz/Dämpf-Verfahren

| Abteil | Vorgang | Zusätze | Temperatur |
|---|---|---|---|
| 1 | Spülen | ev. Natriumbikarbonat (5-10 g/l) | kalt |
| 2 | Oxidieren | 3-6 ccm/l Wasserstoffperoxid 40 vol.%ig | 40°C |
| 3 | Oxidieren | 3-6 ccm/l Wasserstoffperoxid 40 vol.%ig<br>1,5-3 ccm/l Essigsäure 80%ig | 50°C |
| 4 | Spülen | | heiss |
| 5-8 | Seifen | 3 g/l Marseiller Seife und<br>1 g/l Soda kalz oder<br>1 g/l synthetisches Waschmittel<br>1 g/l Soda kalz. | kochend |
| 9 | Spülen | | heiss |
| 10 | Spülen | | kalt |

Während die Austrittsöffnung durch ein Wasserschloss gesichert wird, entströmen der Eintrittsöffnung permanent kleine Mengen Dampf, die das Eindringen schädlichen Luftsauerstoffs verhindern. Eine Passage dauert 20-40 Sek.


7.2.6
<u>Das Färben von Proteinfasern</u>

Wolle wird in allen Verarbeitungsstadien gefärbt, vom losen Material bis zum fertigen Stück. Dies erfordert einerseits hohe Nassechtheiten; falls das Material im Laufe der weiteren Verarbeitung eng verwoben und wie im Walkprozess weitgehend vermischt wird, sind Mängel im Egalisiervermögen tolerierbar, vgl. 9.7. Am Stück verdient andererseits gerade das Egalisiervermögen besondere Beachtung, denn die Affinität der Farbstoffe zu Wolle ist in der Regel gross. Insbesondere muss beim Färben von Mischungen mit Cellulose- oder Synthesefasern auf eine sorgfältige Farbstoffauswahl geachtet werden, damit der Wollanteil nicht vom Fremdfarbstoff angeblutet wird.

### 7.2.6.1
### Das Färben mit Säurefarbstoffen

Säurefarbstoffe zeichnen sich durch besondere Einfachheit des Färbeprozesses aus, wobei man zwischen drei Klassen zu unterscheiden hat:

1) stark sauer zu färbende Säurefarbstoffe (Schwefelsäure),
2) mässig sauer zu färbende Säurefarbstoffe (Essigsäure, Ammonsulfat),
3) schwach sauer bis neutral zu färbende Säurefarbstoffe mit aussergewöhnlich hohen Nass-Echtheiten (Ammoniak, Essigsäure).

Stark sauer ziehende Säurefarbstoffe zeichnen sich durch sehr gutes Migrations- und Egalisierverhalten aus; sie können deshalb im allgemeinen ohne Egalisiermittel gefärbt werden und eignen sich auch für die Trichromiefärbung. Ihre Lichtechtheit ist gut bis sehr gut, dagegen lassen ihre Nassechtheiten zu wünschen übrig. Typische Erzeugnisse sind Teppiche, Damenoberbekleidung, Dekorationsstoffe und Haarfilze.

Bei Farbstoffen der zweiten Kategorie muss die Säure im Interesse einer egalen Färbung vorsichtig dosiert werden. Gute bis sehr gute Nassechtheiten erweitern den Einsatzbereich auf das Färben von Kammzug und Garnen für Maschenware.

> Säurefarbstoffe der Klassen 1 bis 3
> im Ausziehverfahren auf Wolle
> (anstelle eines Färbediagramms)
>
> Man geht bei 50 °C ein, setzt nach 5 Min. die Chemikalien, nach weiteren 5 Min. den Farbstoff zu und beginnt 5 Min. später mit dem Aufheizen (Aufheizdauer 30-40 Min., Färbedauer bei Kochtemperatur 60-75 Min.; zum Ausziehen des Bades werden während der letzten 30 Min. zusätzlich 2 - 3% Ameisensäure oder eine zweite Portion Mineralsäure benötigt). Nach dem Abkühlen wird gründlich gespült.
>
> Rezept für Klasse 1:  4% Schwefelsäure, 5% Glaubersalz, x% Farbstoff.
>
> Rezept für Klasse 2 (Klasse 3):  8% (3%) Essigsäure 80%ig, 3 - 5% Ammonsulfat (Ammoniak), 10% Glaubersalz, evtl. 0,2 (0,5%) Egalisiermittel, y% Farbstoff.

Bei Farbstoffen der zweiten Kategorie muss die Säure im Interesse einer egalen Färbung vorsichtig dosiert werden. Gute bis sehr gute Nassechtheiten erweitern den Einsatzbereich auf das Färben von Kammzug und Garnen für Maschenware.

Die dritte Klasse von Säurefarbstoffen schliesslich verfügt über sehr gute Nassechtheiten, die sich durchaus mit den Qualitäten von 1:2 Metallkomplexfarbstoffen oder Reaktivfarbstoffen vergleichen lassen. Da die Vertreter dieser Kategorie sehr reine Nuancen zeigen, können sie auch zum "Schönen" von Färbungen mit 1:2-Metallkomplexfarbstoffen verwendet werden.

#### 7.2.6.2
#### Das Färben mit Chromierfarbstoffen

Als "Säurefarbstoffe mit komplexbildender Anordnung von Substituenten" können Chromierfarbstoffe im Prinzip nach drei Varianten des Ausziehverfahrens gefärbt werden.

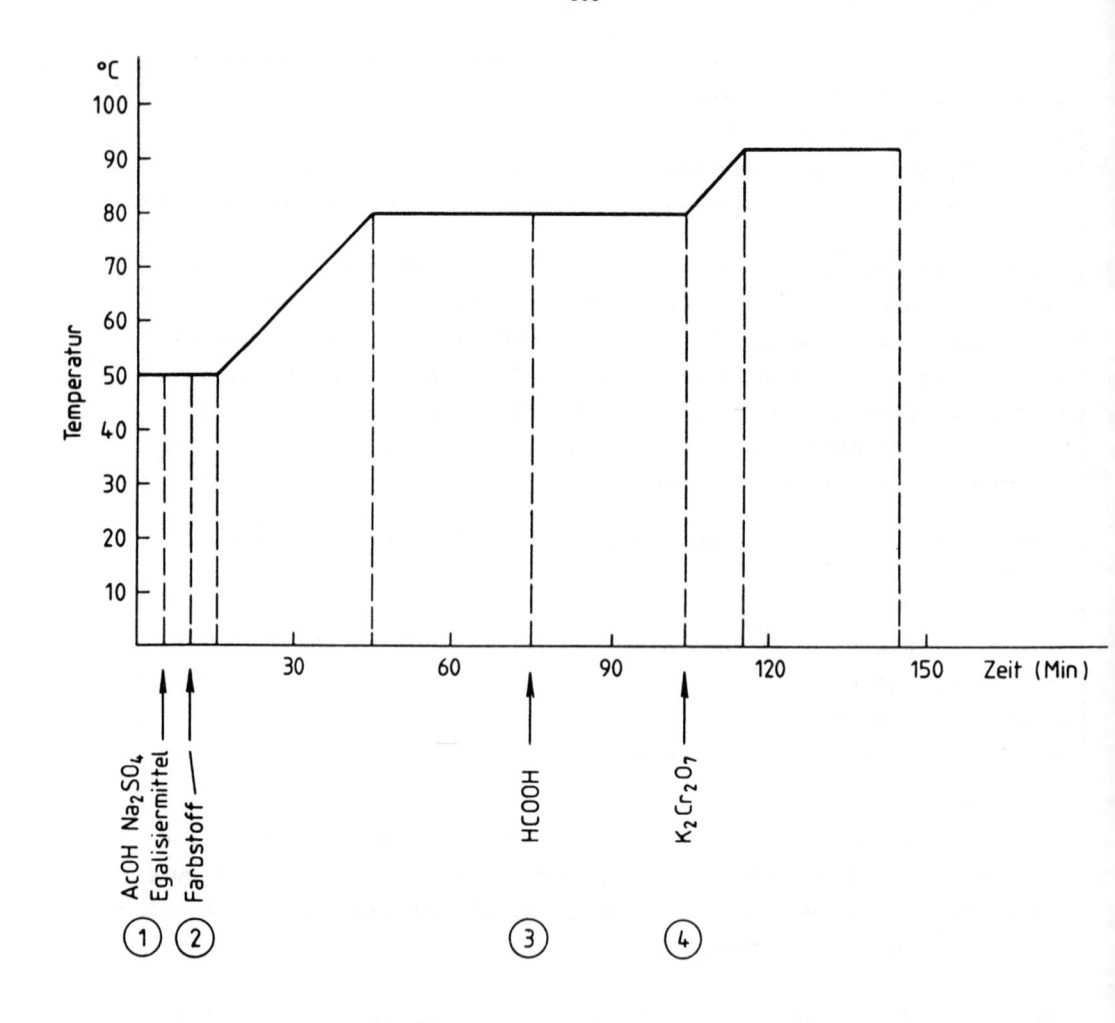

Schema 7-6  Färbediagramm für Chromierfarbstoffe auf Wolle:
Faserschonendes Nachchromierverfahren unterhalb
Kochtemperatur

<u>Rezept</u>
a) 1,5 - 2% Essigsäure
   5% Glaubersalz
   0,5% Egalisiermittel
b) X% Farbstoff
c) 1 - 2% Ameisensäure
   → pH 4
d) Y% Kaliumbichromat

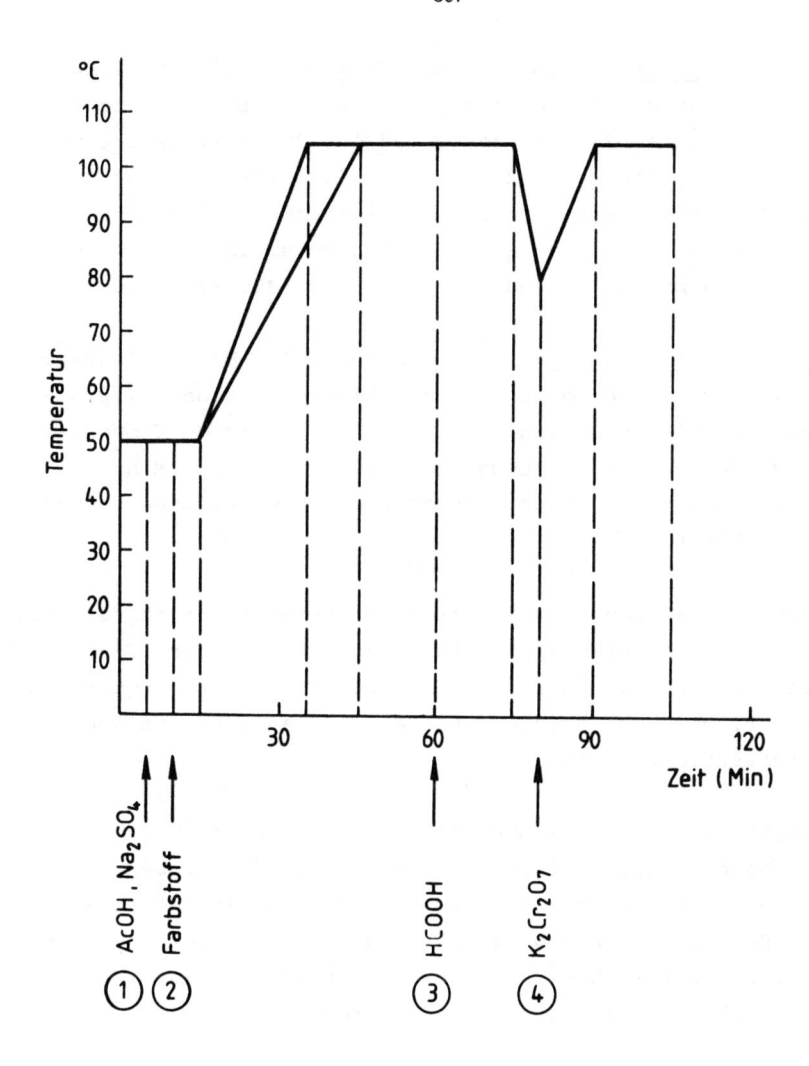

Schema 7-7  Rezept und Färbediagramm für Chromierfarbstoffe im Nachchromierverfahren auf Wolle:

Zeitsparendes HT-Verfahren

Rezept
1) 1 - 2% Essigsäure 80%
   5% Glaubersalz

2) X% Chromierungsfarbstoff

3) 1 - 2% Ameisensäure
   → pH ca. 4

4) 0,25 - 1,5% Kaliumbichromat

Das Vorchromierverfahren, das kaum noch Anwendung findet, lehnte sich eng an die Färbeverfahren der klassischen Beizenfarbstoffe an. Mit 1,5% $K_2Cr_2O_7$ , ca. 3% Milchsäure und 1 - 2% Ameisensäure wurde nach einer Aufheizperiode von 20 Min. (ab 50 °C) 90 Min. erhitzt. Die gründlich gespülte Ware wurde anschliessend mit 1 - 3% Farbstoff, 5% Glaubersalz und ca. 1,5% Essigsäure sowie evtl. einem Egalisiermittel gefärbt (Aufheizdauer 20 Min. ab 50°, Färbedauer 60 Min.).

Beim Einbad-Chromierverfahren, das eine spezielle Farbstoffauswahl erfordert, wird mit 2% Ammonacetat, 10% Glaubersalz und 1,5% Bichromat bei ca. 50° eingefahren und bei der gleichen Temperatur 5 Min. später der Farbstoff zugesetzt. Nach weiteren 5 Min. wird die Temperatur allmählich auf Kochtemperatur gesteigert, danach 60-90 Min. fertig gefärbt.

Im Nachchromierverfahren lassen sich alle Chromierfarbstoffe applizieren. Gefärbt wird entweder bei Kochtemperatur, unter HT-Bedingungen oder in einem besonders schonenden Spezialverfahren unterhalb Kochtemperatur, wofür sich jedoch nur eine relativ kleine Auswahl von Chromierfarbstoffen eignet.

Aufmerksamkeit verdienen die Schwarzmarken, die nach speziellen Rezepten im Nachchromierverfahren appliziert werden müssen. Der Einsatzbereich erstreckt sich von losem Material bis zur Stückfärberei (Damen- und Herrenoberbekleidung, Strickgarne, Bodenbeläge). Dass Cellulosefasern praktisch nicht angeschmutzt werden, ist für das Färben entsprechender Mischungen von Interesse.


7.2.6.3
Das Färben mit 1:1-Metallkomplex-Säurefarbstoffen

Die 1:1-Metallkomplex-Säurefarbstoffe werden im Ausziehverfahren, das sich durch besondere Einfachheit auszeichnet, aus stark sauren Bädern gefärbt, Bedingungen, die sie zum Färben karbonisierter, nicht entsäuerter Ware und stark sauer gewalkten Materials prädestinieren, vgl. 6.3.3 und 9.7. Wollschonendes Färben unterhalb Kochtemperatur vermag die Nachteile des stark sauren Färbebades partiell auszugleichen. Die Ausfärbungen zeigen durchweg beachtliche Lichtechtheit. Aufgrund der doppelten Verankerung lassen sich selbst in dunklen Tönen erstaunlich gute Nassechtheiten erzielen. Der Einsatzbereich erstreckt sich auf das Färben von Garn und Stück für Herren- und Damenoberbekleidung, das Färben von Flocke und Garn für Bodenbeläge sowie auf Handstrickgarne. Anteile aus Baumwolle, Viskose oder Acetat werden weitgehend reserviert.

---

1:1-Metallkomplex-Säurefarbstoffe auf Wolle

(anstelle eines Färbediagramms)

Man geht bei 70 $^{\circ}$C in das Bad ein, setzt nach 5 Min. die Chemikalien, nach weiteren 5 Min. den Farbstoff zu. Nach weiteren 5 Min. bei 70$^{\circ}$ wird innert 30 Min. auf Siedetempertur aufgeheizt und 90 Min. gefärbt. Anschliessend abkühlen, spülen, abpuffern.

Rezept: 4% + x g/l Schwefelsäure, 10% Glaubersalz, y% Farbstoff
(x = 1, wenn y < 1; X = 0.7, wenn y > 1).

---

1:2-Metallkomplex-Säurefarbstoffe im HT-Verfahren auf Wolle

Man geht bei 50$^{\circ}$ ein, setzt nach 5 Min. die Chemikalien, nach weiteren 5 Min. den Farbstoff zu. Nach weiteren 5 Min. bei 50$^{\circ}$ wird während 20 (40)Min. auf ca. 110$^{\circ}$ aufgeheizt und weitere 35 (20)Min. bei 110$^{\circ}$ fertig gefärbt. Anschliessend abkühlen, spülen.

Rezept: 0,5 - 1,5% Essigsäure 80%ig, 0,3 - 1% Egalisierhilfsmittel, evtl. bis 10% Glaubersalz, x% Farbstoff

## 7.2.6.4
### Das Färben mit 1:2-Metallkomplex-Säurefarbstoffen

Bei optimaler Führung des Färbeprozesses ziehen die 1:2-Metallkomplexfarbstoffe unabhängig vom Verarbeitungsstadium bereits zu Beginn des Färbens gleichmässig auf die Wolle auf. Infolge hohen Durchfärbevermögens und der auch in hellen Tönen optimalen Lichtechtheit genügen ihre Ausfärbunger höchsten Ansprüchen. Obwohl prinzipiell möglich, spielen Foulard-Färbungen eine untergeordnete Rolle; ausgenommen ist Kammzug im Pad/Steam-Verfahren. Aufmerksamkeit verdient ihre Anwendung im Vigoureux-Druck. Einbadiges Färben von Polyester/Woll-Mischungen ist dank ihrer Beständigkeit selbst unter HT-Bedingungen möglich. Ihre Beständigkeit gegen Bichromat erlaubt die Kombination mit Chromierfarbstoffen. Wolle/Polyamid und Wolle/Seide-Mischungen lassen sich, da kaum Affinitätsunterschiede auftreten, bequem Ton in Ton färben.


## 7.2.6.5
### Das Färben mit Wollreaktivfarbstoffen

Infolge der kovalenten Verknüpfung mit der Faser sind Reaktivfärbungen auf Proteinfasern wie die auf Cellulose durch hervorragende Nassechtheiten charakterisierbar. Ein weiterer Vorteil resultiert aus den leuchtenden Nuancen (kleine Moleküle).
Der im Verlauf der Färbung desaktivierte Anteil ist insbesondere bei Reaktivgruppen vom Typ der Acrylsäure und $\alpha$-Bromacrylsäure klein, was die Abwasserprobleme reduziert und die Wirtschaftlichkeit steigert. Eine geeignete Wahl des Chromophor-Teils (Azo, Anthrachinon) verleiht den meisten Vertretern Chemikalienbeständigkeit (wie z.B. Bichromatverträglichkeit und macht sie so mit den weniger brillanten Chromierfarbstoffen kombinierbar).

Bei Kombination mit Basischen Farbstoffen können auch Wolle/Polyacrylnitril-Mischungen einbadig gefärbt werden.
Hervorzuheben ist eine einfache Färbeweise. Neben den Ausziehverfahren erfreut sich das Klotz/Kaltlager-Verfahren steigender Beliebtheit, denn es garantiert grösstmögliche Faserschonung, gute Endengleichheit sowie geringen Wasserverbrauch.

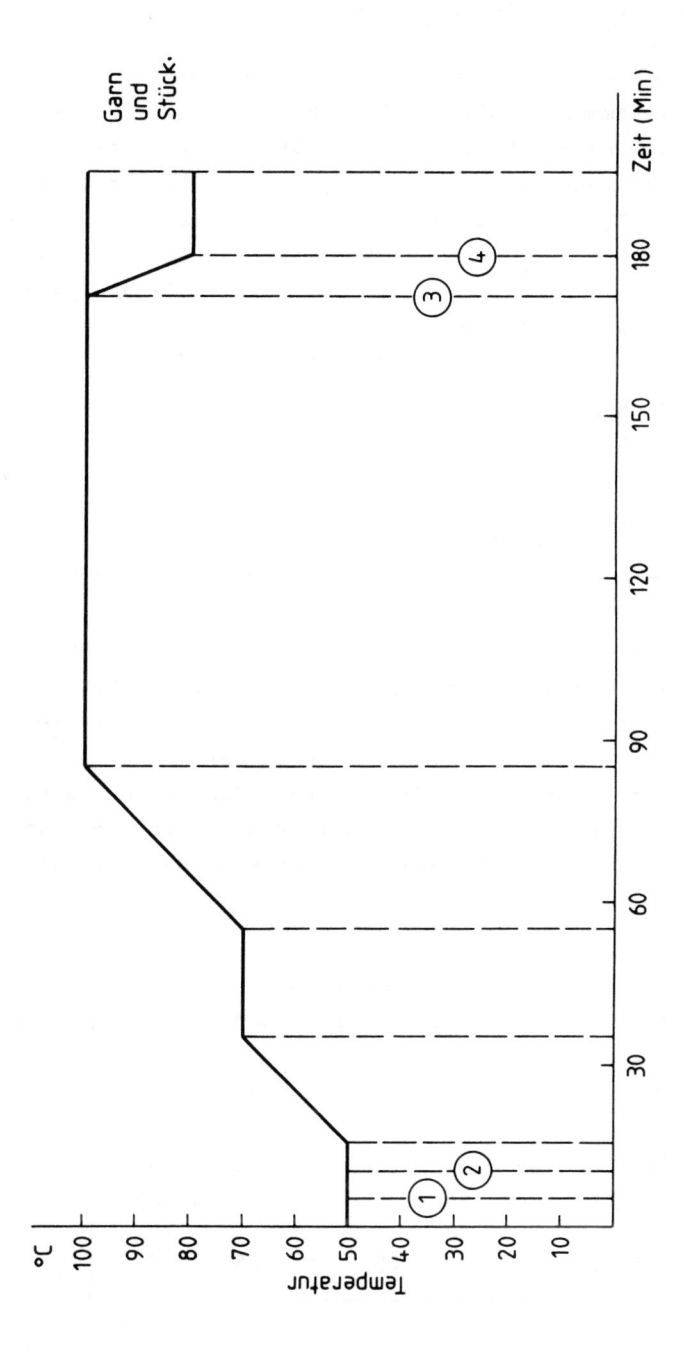

Schema 7-8  Färbediagramm: Reaktivfarbstoffe auf Wolle, Garn und Stück (bei Kammzug und losem Material wird innerhalb 30 bis 45 Min. linear von 50 bis 100 °C aufgeheizt)

```
Reaktivfarbstoffe im Ausziehverfahren auf Wolle
(Rezepte zu Schema 7-8)

                  1) 4% Ammoniumsulfat    X     a     b    c    d     pH
                     a% Essigsäure 80%   0,5%  0,5%  10%  1%   -    7-6,5
                     b% Glaubersalz       1%   0,8%  10%  1%   -    6,5-6
                     c% Egalisiermittel  1,5%   1%    5%  1%   2%   6-5,6
                                          2%   1,5%   -   1%  2,5%  5,6-5,3
                                          3%    2%    -  1,5%  3%   5,3-5
                  2) X% Reaktivfarb-
                        stoff            >3%  2-4%    -   2%  3-6%  5-4,5
- - - - - - - - - - - - - - - - - - - - - - - - - - - - - - - - - - - -
Neutralisieren    3) d% Ammoniak 25%ig
ab X=1,5%            pH ca. 8,5
oder mehr         oder

                  4) 2-3% Hexamethy-
                         lentetramin
```

Wie man den Rezepten im Kasten entnimmt, richten sich alle Chemikalienzusätze nach der Farbtiefe. Dasselbe gilt für die spätere "Neutralisation" mit Ammoniak. Als Textilhilfsmittel besonders bewährt hat sich ein amphoteres Tensid, das sich in Form einer Additionsverbindung mit dem Farbstoff an der Faseroberfläche anzulagern scheint und unter der Bezeichnung Albegal B im Handel ist. Im weiteren ist zu beachten, dass mit der Farbtiefe auch die Färbedauer variiert werden muss.

```
Reaktivfarbstoffe auf Wolle: Farbtiefe und Färbedauer

Farbstoff           bis    0,5    1    1,5    2    3%   über 3%

Behandlungsdauer     85° C   45   40    50    60   75     90
in Min.             100° C   30   60    75    90  120   ca.140
bei Färbetempe-
ratur               105° C   15   20    25    30   35     40
```

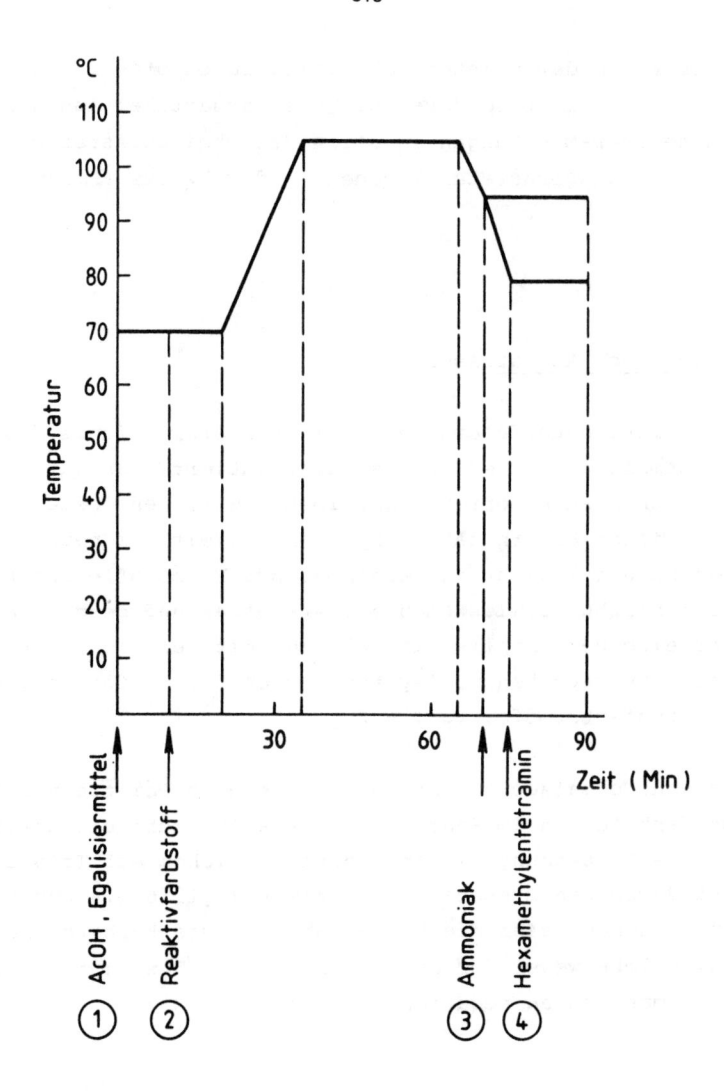

Schema 7-9  Färbediagramm: Reaktivfarbstoffe auf Wolle nach
dem Schnellfärbeverfahren (2 proz. Färbung)

Rezept   ①   1 - 4% Essigsäure 80%
             1 - 1,5% Egalisiermittel
             pH 5,5 - 4,5

         ②   X% Reaktivfarbstoff

         ③   Y% NH$_3$ 25% pH 8,5

         oder

         ④   2,5 - 3% Hexamethylentetramin

Der Einsatzbereich der meisten Wollreaktivfarbstoffe ist sehr breit und erstreckt sich insbesondere auf Qualitätsartikel aus Wolle und Woll/Synthesefaser-Mischungen in allen Verarbeitungsstadien, bis hin zu filzfest ausgerüsteten Maschen- und Webwaren (Super-wash -Artikel).

### 7.2.7
### Das Färben von Acetatfasern

Von den Celluloseacetatfasern wurde die Färberei anfangs des 20. Jahrhunderts erstmals mit einem Problem konfrontiert, das unter Einsatz von herkömmlichen Farbstoffen nicht lösbar war. Denn alle bis dahin gebräuchlichen Fasern hatten hydrophile, mit dem neuartigen hydrophoben Material nicht zu vereinbarende Farbstoffe erfordert. Der Innovationsschub erwies sich als fruchtbar und bescherte dem Textilveredler eine neue Applikationsklasse, mit der sich später auch die ebenfalls hydrophoben vollsynthetischen Fasern färben liessen, die Dispersionsfarbstoffe; vgl. 6.2.

Zum Färben von Normalacetat ist noch heute eine Palette von älteren Dispersionsfarbstoffen im Handel, welche allen Echtheitsanforderungen standhält. Die Ausdehnung des Anwendungsbereiches auf Triacetat gelang erst durch den Einsatz von Carriern (vgl. 6.1.4 und 6.2.2). Später hinzugekommen sind die HT-Verfahren sowie Farbstoffneuentwicklungen, welche weder der Carrier noch 100 $^\circ$C wesentlich übersteigender Temperaturen bedürfen.

### 7.2.7.1
### Färbeverfahren für Normalacetat

Im Ausziehverfahren eignen sich insbesondere Färbungen auf dem Jigger oder der Haspelkufe, wobei Temperaturen über 85 $^\circ$C zu vermeiden sind, da anderenfalls Glanz und Festigkeit leiden. Gearbeitet wird bei einem mit Essigsäure einzustellenden pH von 6,5 - 7,5 mit 0,1 - 0,3 g/l Egalisiermittel.

---

Normalacetat/Dispersions-Färbungen im Ausziehverfahren

(anstelle eines Färbediagramms)

Man geht auf der Haspelkufe bei 40 °C ein, treibt innerhalb 30 Min. auf 80° bis 85°, behält diese Temperatur 60 Min. bei und kühlt auf 50° bis 55°. Jiggerfärbungen beginnen analog mit 2 Passagen bei 40°, 2 - 4 weitere Passagen erfolgen während der Aufheizperiode, 4 - 6 Passagen nach Erreichen der max. Färbetemperatur. Nach dem Färben wird warm und kalt gespült und eventuell mit 1 g/l eines nichtionogenen oder anionaktiven Waschmittels 15 Min. lang bei 40° gewaschen.

---

Bei den Foulard-Verfahren steht das Pad/Jig-Verfahren im Vordergrund; für helle Töne gelangt das Pad/Roll-Verfahren zur Anwendung. Foulardiert wird mit

        X g/l   Dispersionsfarbstoff
        1-4 g/l   Acrylat-Verdicker

bei einem mit Essigsäure eingestellten pH von 6. Beim Pad/Jig-Verfahren wird bei 20-30° foulardiert, beim Pad/Roll-Verfahren bei 40° Das Fixieren auf dem Jigger erfolgt mit 0,3 g/l Egalisiermittel. Man geht bei 80-85° ein und fixiert mit 4 - 6 Passagen bei 80-85°. Im Pad/Roll-Verfahren wird 2 - 4 Std. bei 80-90° fixiert. Anschliessend an das Fixieren wird warm und kalt gespült und eventuell wie bei den Ausziehverfahren gewaschen.

### 7.2.7.2
### Färbeverfahren für Triacetat

Im Ausziehverfahren wird Triacetat mit Dispersionsfarbstoffen bei Kochtemperatur mit oder - im Fall des erwähnten Spezialsortimentes - ohne Carrier oder nach einem HT-Verfahren (115-125 °C) gefärbt. Carrier sind erforderlich bei langsam ziehendem Material, bei langsam diffundierenden Farbstoffen oder wenn die Kochtemperatur nicht ganz erreicht wird. Man beachte, dass materialbedingte Streifigkeit ausschliesslich durch das HT-Verfahren ausgeglichen werden kann.

Triacetat/Dispersions-Färbungen im Ausziehverfahren

(anstelle eines Färbediagramms)

Man geht bei $40°$ bis $50°$ ein und treibt innerhalb 30 Min. auf die Färbetemperatur; die Färbung bei $95°$ bis $100°$ erfordert in der Regel trotz Carrierzusatz weitere 120 Min., während die HT-Färbung bei $120°$ bis $125°$ nach 60 Min. abgebrochen werden darf (Abkühlen, Spülen, etc.).

Rezept (mit Carrier):   X %      Dispersionsfarbstoff
                        0,3 g/l  Egalisiermittel
                        0-4 g/l  Carrier
                                 pH 5, mit Essigsäure eingestellt.
                        Namentlich dunkle Töne werden nachgewaschen mit 1 g/l anionaktivem Waschmittel, 15 Min. bei $70°$.

Rezept (ohne Carrier):  X %      Dispersionsfarbstoff
                        0,3 g/l  Egalisiermittel
                                 pH 5, mit Essigsäure eingestellt.

Durch eine nachträgliche Behandlung mit Natronlauge wird die Faser an der Oberfläche partiell verseift, ein Effekt, welcher die Anschmutzbarkeit vermindert, die antistatischen Eigenschaften verbessert, die Trockenhitzebeständigkeit steigen, den Griff angenehmer und die glasige Oberfläche matt werden lässt. Da aber auch das Farbstoffaufnahmevermögen sinkt, darf man diesen sogenannten S-Finish vor allem bei tiefen Tönen erst nach der Färbung applizieren.

Im Prinzip lässt sich auch das kontinuierliche Pad/Thermofix-Verfahren anwenden.

## 7.2.8
### Das Färben von Polyesterfasern

#### 7.2.8.1
##### Aufmachung, Echtheiten und Farbstoff-Auswahl

Der Prototyp Poly-äthylenglykolterephthalat wird in allen Aufmachungsformen von der Flocke bis zu Web- und Wirkwaren gefärbt. Ein idealer Polyesterfarbstoff soll hohe Sublimier-, gute Licht- und Nassechtheit, gute Woll- und Cellulosereserve sowie Beständigkeit gegenüber Permanent-Press-Ausrüstung aufweisen und nach allen gebräuchlichen Applikationsverfahren in hoher Ausbeute fixiert werden.

Am ehesten werden diesen Anforderungen die Dispersionsfarbstoffe gerecht, die in weitgehender Analogie zu Triacetat in der Polyesterfärberei den ersten Platz einnehmen. Das Färben texturierter Ware verlangt schliesslich, damit eine materialbedingte Streifigkeit möglichst wenig markiert wird, eine spezielle Auswahl leicht diffundierender Farbstoffe mit besonders niedriger Molmasse. Mischgewebe mit modifiziertem Polyester ergeben Hell/Dunkel- oder Bicoloreffekte, je nach dem ob man Dispersionsfarbstoffe allein, oder in Kombination mit einem kationischen Farbstoff verwendet. Gelegentlich werden noch Polyamidanteile beigemischt und mit anionischen Farbstoffen gefärbt, sodass sich bequem Multicoloreffekte erzielen lassen. Normaler Polyester wird dabei von allen ionischen Farbstoffen, der modifizierte vom anionischen und der Polyamidanteil vom kationischen reserviert.

An zweiter Stelle folgen Azo-Entwicklungsfarbstoffe, die insbesondere für tiefe Töne vorteilhaft erscheinen, vgl. 6.10.4. Pastelltöne dominieren die Färbungen mit Küpenfarbstoffen; beachtenswerterweise beeinträchtigt die weitgehend molekulardisperse Verteilung im Polyester aber die Lichtechtheit. Mit Pigmenten spinngefärbtes Material wird hauptsächlich zu Tüll- und Markisette-Ware verarbeitet, die hohe Lichtechtheit erfordert.

Im Interesse hoher Formstabilität werden Polyestermaterialien vor dem Färben thermofixiert. Von den Fixierbedingungen Dauer und Temperatur wird die Farbstoffausbeute insbesondere von Carrierfärbungen beeinträchtigt, die empfindlicher als HT-Färbungen reagieren.

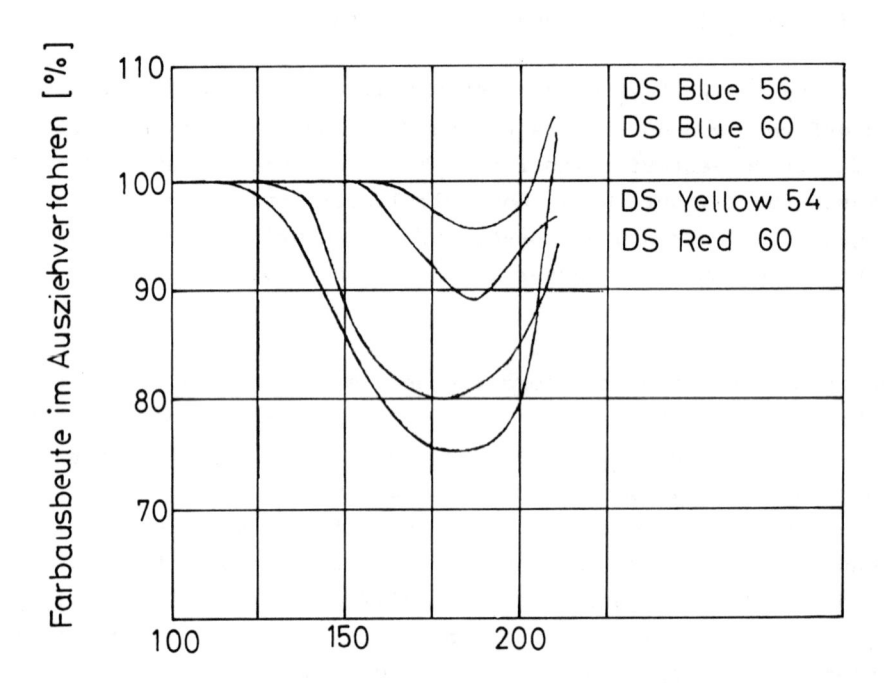

Schema 7-10   Einfluss der Fixiertemperatur auf die Anfärbbarkeit von Polyester (schematisch bei gleicher Fixierdauer).

### 7.2.8.2
Polyester/Dispersions-Färbungen im Ausziehverfahren

Wie bereits im Abschnitt 6 besprochen, stützen sich die Auszieh-verfahren für Polyester/Dispersions-Färbungen entweder auf Färbetemperaturen über 120 °C oder auf den Einsatz von Carriern. Das Procedere für Carrierfärbungen ist dem ersten Kasten (diese Seite) zu entnehmen. Da viele Handelsformen alkalische Dispergatoren enthalten und ein pH von 4,5 - 5,5 für die Dispersionsstabilität der Flotte wesentlich ist, sollten die angegebenen Bedingungen sowie die Reihenfolge der Badzusätze tunlichst eingehalten werden. Langsames Abkühlen am Ende des Färbeprozesses verhindert bis zu einem gewissen Grade das unerwünschte Konservieren von Falten.

Im zweiten Kasten wird die gängige Variante des HT-Verfahrens erläutert. Wichtig ist hier, dass die Bäder nach dem Abkühlen auf 70° sofort abgelassen werden. Andernfalls können sich die aus dem Material gelösten Oligomeren (man bedenke die hohen Temperaturen) auf der Faseroberfläche ablagern und u.a. das Warenbild beeinträchtigen.

Nach dem Spülen wird bei mittleren bis dunklen Tönen eine reduktive Reinigung durchgeführt. Dies geschieht mit 1 g/l Waschmittel und 2 g/l $Na_2S_2O_4$ in Gegenwart von 3-5 ml/l Natronlauge 30 proz. Man behandelt 20 - 30 Min. bei 70-80°, spült, neutralisiert und trocknet.

---

**Carrierfärbung mit Dispersionsfarbstoffen auf Polyester**

Man geht bei 60-70° mit den Chemikalien und der Ware ein, setzt nach 15 Min. den Farbstoff zu, stellt mit Ameisensäure auf pH 4,5 - 5,5 und heizt anschliessend innert 30 Min. auf. Nach weiteren 60 Min. bei ca. 100° wird abgekühlt, gespült und reduktiv gereinigt.

Rezept: 1-2 g/l Ammonsulfat, 2-5 g/l Carrier, 0,1-0,3 g/l Tensid, x% Farbstoff, Ameisensäure bis pH 4,5 - 5,5.

---

Eine neuere Variante beruht auf dem Einschleusen des Farbstoffes nach Erreichen der optimalen Färbetemperatur, wobei die Flotte unkontrolliert und mit maximaler Heizleistung auf 130° gebracht werden kann. Das Verfahren ist an die apparativen Voraussetzungen eines hohen Flottendurchsatzes bzw. einer entsprechenden Umwälzrate sowie die Möglichkeit raschen Einschleusens unter HT-Bedingungen

> HT-Färbung mit Dispersionsfarbstoffen auf Polyester
>
> Man geht bei 60° mit der Ware, dem Farbstoff und den Chemikalien ein, heizt innert 45 Min. auf und färbt anschliessend 60 Min. bei 120° bis 130°. Abkühlen auf ca. 70°, Bad ablassen, spülen, reduktiv reinigen.
>
> Rezept: x% Farbstoff, 2 g/l Ammonsulfat, 0,1-0,3 g/l Tensid; mit Ameisensäure auf pH 4,5 - 5,5 stellen.

gebunden und erfordert bei einer kritischen Farbstoffauswahl den Einsatz spezieller Textilhilfsmittel. Es bietet aber eine Reihe von Vorteilen: Zeitliche Verkürzung, Aussparen des problematischen Temperaturbereiches zwischen 110° bis 120°, der häufig Instabilitäten der Dispersion verursacht, quasi eine vorgeschaltete Hydrofixierung, welche bei Texturartikeln zu einem optimalen Ausgleich der Affinitätsdifferenzen beiträgt.

### 7.2.8.3
### Polyester/Dispersions-Färbungen im Foulardverfahren

Da selbst in HT-Dämpfern bei 140-155 °C mit Fixierzeiten von durchschnittlich 10 ± 5 Minuten zu rechnen ist, hat das Pad/Steam-Verfahren nur eine begrenzte Anwendung, und zwar für das Färben von Kammzug gefunden.

Wesentlich verbreiteter ist der Thermosolprozess ("Variante" des Klotz/Thermofixierverfahrens). Zusätze von Verdickungsmitteln auf Acrylat- oder Alginatbasis, die sich am Schluss relativ leicht auswaschen lassen, sind hier unerlässlich; ein Absetzen der dispergierten Partikel wird so erschwert und die Bildung eines gleichmässigen Filmes gefördert, welcher sie während des Trocknens auf der hydrophoben Faseroberfläche festklebt. Von Vorteil sind hohe Dispergentienkonzentration und die Verwendung von Flüssigmarken, die sich besser in die Flotte einarbeiten lassen.

> Foulardiert wird mit einer Flotte, die
>
> >    X g/l  Dispersionsfarbstoff
> > 20-40 g/l  Acrylatverdicker
> >            (oder 3-5 g/l Natriumalginat hochviskos)
> >  1-3 g/l  Netzmittel
>
> enthält und mit Essigsäure auf einen pH 6 eingestellt wird. Man klotzt mit einer Flottenaufnahme von 60-80%.

Getrocknet wird je nach Aggregat bei 100-140°. Das Thermosolieren erfolgt bei 200-225°. Die Fixierdauer richtet sich nach Maschinentyp, Warengewicht, dem Farbstoff und der Farbtiefe. Bei Kontakthitze-Aggregaten werden 15 - 25 Sec., bei Umluftaggregaten zwischen 40 - 60 Sec. empfohlen.

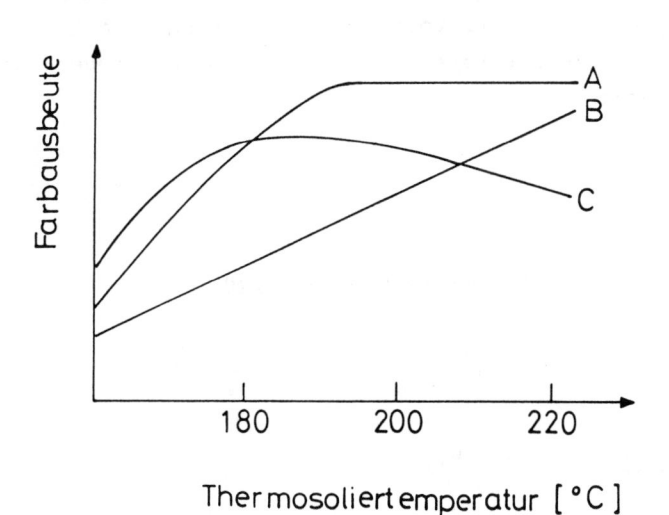

Schema 7-11  Fixiercharakteristiken eines idealen und zweier ungeeigneter Farbstoffe

Das Auswaschen des Verdickers und des Dispergiermittels erfolgt mit warmem Wasser. Anschliessend arbeitet man in einer reduktiven Wäsche nach den gleichen Rezepten wie bei den Ausziehverfahren.

Der Vollständigkeit halber sei erwähnt, dass auch kontinuierlich nachbehandelt werden kann und zwar auf der Breitwaschmaschine, in der zwei Abteile mit warmem Wasser und zwei weitere Abteile mit einer Reduktiv-Waschflotte und schliesslich je ein Abteil mit warmem und kaltem Spülwasser beschickt sind. In den Musterkarten lassen die meisten Hersteller auch die Fixierausbeute/Temperatur-Funktion abdrucken, die der üblichen Fixierdauer entspricht; zweckmässigerweise sollten nur solche Farbstoffe kombiniert werden, welche ähnliche Fixiereigenschaften aufweisen. Wie in Schema 7-11 schematisch dargestellt, sind unter den sublimierechten Farbstoffen die Fälle A und B zu unterscheiden; während die Ausbeute des idealen Farbstoffs A nach Ueberschreiten der $190^\circ$-Grenze konstant bleibt, weist im Fall B das gleichmässige Ansteigen über $220^\circ$ hinaus auf eine ungenügende Ausbeute im üblichen optimalen Temperaturbereich. Der sublimierunechte Farbstoff erreicht ein Maximum bei $180^\circ$ ; bei weiterer Temperatursteigerung überwiegt der gegenläufige Effekt des Sublimierens.

### 7.2.9
### Das Färben von Polyester/Cellulose-Mischungen

#### 7.2.9.1
#### Verfahrensvarianten im Ueberblick

Mischgewebe sind entweder auf Ton-in-Ton-Färbung oder auf farbige Bemusterung ausgelegt (vgl. 9.7). Zur ersten Kategorie zählen wie alle Beispiele mit genormtem, auf Anwendung vorgefertigter Farbstoffmischungen abzielendem Mischungsverhältnis vor allem Polyester/Naturfaser-Mischungen mit den Quotienten 67:33 oder 50:50 (Cellulose) und 55:45 (Wolle), auf die wir anhand ausgewählter Färbeverfahren etwas näher eingehen wollen.

Tabelle 7/1  Polyester/Cellulose-Mischungen.
Die Verfahrensvarianten bei Kombination von Dispersions- und Cellulosefarbstoff

| Aufmachungsform | | Verfahrensvariante | Applikationsklasse bzw. Handelssortiment des Cellulose-Farbstoffes | | | | | |
|---|---|---|---|---|---|---|---|---|
| Garn | Stückware | • wird häufig<br>x wird selten<br>angewendet | Küpen- | Reaktiv- | Direkt- | Kupferungs- | TERACOTON (vorgefertigte) TERASIL/CIBA-NON-Mischung | |
| | | **Ausziehverfahren mit Carrier** | | | | | | |
| • | • | Einbad-Methode | | | | • | • | |
| • | • | Zweibad-Methode | | • | • | • | • | |
| | | **HT-Verfahren** | | | | | | |
| • | • | Einbad-Methode | | | | • | • | |
| • | • | Einbad-Zweistufen-Methode | • | • | | | | • |
| • | • | Zweibad-Methode | • | • | • | • | | |
| | | **Thermosol-Verfahren** | | | | | | |
| | • | Thermosol-Ausziehverfahren | | • | • | • | • | |
| | • | Thermosol-Jig-Verfahren *) | | • | • | • | • | • |
| | • | Thermosol-Haspel-Verfahren *) | x | • | • | • | • | x |
| | • | Thermosol-Pad/Steam-Verfahren | | • | • | • | • | • |
| | • | Thermosol-Pad/Batch-Verfahren | x | • | x | x | | x |
| | • | Thermosol-Pad/Roll-Verfahren | | x | • | • | | |
| | • | Teracron-Verfahren | | • | | | | |

*) Varianten des Thermosol/Nassfixier-Verfahrens

Zur Grundlage einer Systematik wählt man zweckmässigerweise das Färbeverfahren für den PES-Anteil und unterteilt dann nach der Fixiermethode für den Naturfaseranteil. Tabelle 7/1, die auf diesem Muster beruht, vermittelt einen Ueberblick über die gängigen Varianten bei Kombination von Dispersions- und Cellulosefarbstoff.

### 7.2.9.2
#### Die Thermosolverfahren

Die Thermosolverfahren lassen sich folgendermassen charakterisieren:

Beim Thermosol-Auszieh-Verfahren wird das Mischgewebe zunächst wie reiner Polyester behandelt; eventuell nach einer Zwischenreinigung wird danach im Ausziehverfahren wie bei reiner Cellulosefaser gefärbt.

Die Thermosol-Nassfixier-Verfahren beruhen auf dem Einfoulardieren beider Farbstoffkomponenten. Nach dem Thermosolieren wird der Cellulosefarbstoff kontinuierlich - z.B. auf der Breitwaschmaschine - oder diskontinuierlich - z.B. auf dem Jigger - fixiert.

Beim vollkontinuierlichen Thermosol-Pad/Steam-Verfahren durchläuft das Gewebe folgende Stationen: Foulard mit beiden Farbstoffen, Trockenaggregat, Thermosoliereinheit, Foulard mit den Fixierchemikalien für die Cellulose, Dämpfer, Waschmaschine.

Bei den diskontinuierlichen Thermosol-Pad/Batch- und Thermosol-Pad/Roll-Verfahren werden ebenfalls beide Farbstoffe vor dem Thermosolieren auffoulardiert.

Das Teracron-Verfahren beruht auf einer Foulardierflotte mit 50 g/l Harnstoff und einem Verdicker auf Acrylat-Basis. Auf diese Weise lassen sich in einem vollkontinuierlichen Prozess Dispersions- und Reaktivfarbstoffe gleichzeitig durch Trockenhitzeeinwirkung verankern.

Tabelle 7/2  Zur Erläuterung der Einbad-Zweistufen-Methode

| Applikations-klasse des Cellulose-farbstoffs | Variante | Operationen 1. Stufe | 2. Stufe |
|---|---|---|---|
| Reaktiv | A | Färben des PES-Anteils (HT) | Färben des Cel-Anteils (unter 100°) |
| | B | Färben des Cel-Anteils (unter 100°) | Färben des PES-Anteils (HT) |
| Küpen | — | Färben des PES-Anteils und Pigmentieren des Cel-Anteils (vgl. Abschnitt 7.2.5.6) | Reduzieren und Verankern des Küpenfarbstoffes und Zerstören des an der Cellulose adsorbierten Dispersionsfarb-stoffes |

7.2.9.3
### Die Einbad-Zweistufen-Methode

Einbad-Zweistufen-Verfahren sind den Zweibad-Verfahren hinsichtlich Energie- und Wasserverbrauch generell überlegen. Wie bei den Einbadverfahren, die für PES/Wolle in 7.2.10 erläutert werden, entfällt die Möglichkeit einer Zwischenreinigung, was von entscheidendem Nachteil sein kann. Nicht so bei Kombination mit Küpenfarbstoffen; denn der adsorbierte Dispersionsfarbstoff wird in der zweiten Stufe durch überschüssiges Reduktionsmittel ohne zusätzlichen Aufwand zerstört. Dass Küpenfarbstoffe - insbesondere solche mit niedriger Molmasse - während des Pigmentierens als Quasi-Dispersionsfarbstoffe partiell auf den PES-Anteil aufziehen und unter Umständen Nuance und Lichtechtheit beeinträchtigen, fällt im Vergleich mit den Thermosolverfahren weniger stark ins Gewicht. Wie ebenfalls aus Tabelle 7/2 ersichtlich, unterscheidet man bei den Dispersions/Reaktiv-Kombinationen zwei Varianten, deren Vor- und Nachteile jedoch nicht im Detail erörtert werden sollen.

---

Zum Färben mit einer Teracoton-Mischung (Ausziehverfahren)

Mit 2 g/l Ammonsulfat und dem Textilhilfsmittel bei 50 °C eingehen; nach 10 Min. den Farbstoff zugeben und mit AcOH auf pH 6-6,5 stellen; innert 15 Min. auf 80° fahren, die 10 Min. beibehalten werden; innerhalb 30 Min. auf 120° fahren; nach 60 Min. auf 80° abkühlen, Reservierungsmittel und 15 ml/l Natronlauge 30 proz., nach weiteren 5 Min. 5 g/l $Na_2S_2O_4$ 85 proz. zugeben und 5 Min. einwirken lassen; innerhalb 20 Min. auf 60° abkühlen und das Färbebad ablassen. Anschliessend oxydieren, seifen und trocknen, wie unter 7.2.5.6 beschrieben. Empfohlenes Flottenverhältnis 1:20.

## 7.2.10
### Das Färben von Polyester/Woll-Mischungen

#### 7.2.10.1
##### Wollreserve, Wollschutzmittel, Färbeverfahren und Farbstoffauswahl

Polyester/Woll-Mischungen sind speziell im Oberbekleidungssektor heute weit verbreitet. Als Wollfarbstoffe werden dabei in erster Linie 1:2-Metallkomplex- und Woll-Reaktivfarbstoffe eingesetzt. Die Mischung mit Dispersionsfarbstoffen wird gewöhnlich einbadig im Ausziehverfahren unter HT-Bedingungen bis maximal 120°, eventuell unter Einsatz eines Carriers für den Polyesteranteil appliziert. Eine Kombination von Carrier-Einsatz und HT-Bedingungen zielt auf ein wollschonendes Verfahren mit kurzer Färbedauer; der Einsatz eines Wollschutzmittels erübrigt sich, wenn die Färbetemperatur 105° nicht übersteigt. Besondere Aufmerksamkeit erfordert die unerwünschte Anfärbung des Wollanteils durch den Dispersionsfarbstoff, da adsorptiv gebundener Farbstoff das Echtheitsniveau entscheidend herabsetzt. Einbadiges Färben ist fast immer an eine spezielle Auswahl, wie sie z.B. in den genormten und vom Hersteller getesteten Farbstoff-Mischungen vorliegt, und/oder den Einsatz eines "Reservierungsmittels" gekoppelt, während zweibadiges Färben eine Zwischenreinigung erlaubt. Das kostenaufwendigere zweibadige Verfahren wird unerlässlich, wenn bei schwarzen oder marineblauen Färbungen optimale Nass- und Reibechtheiten verlangt werden.

Tabelle 7/3  Rezeptierung für Polyester/Woll-Garn auf der Kreuzspule bei pH 5,5, Flotte 1:20

| Zusätze | Funktion | Dosierung (g/l) 105° | Dosierung (g/l) 120° |
|---|---|---|---|
| Albegal FFA | Entlüftungsmittel (für Wickelkörper) | 0,3 | 0,3 |
| Irgalon ST | Komplexbildner für $Ca^{++}$, $Fe^{++}$ | 0,2 | 0,2 |
| Ammonsulfat | Puffer (Einstellen mit HCOOH) | 2,0 | 0,0 |
| Natriumacetat | Puffer (Einstellen mit $CH_3COOH$) | 0,0 | 2,0 |
| Formaldehyd | Wollschutzmittel | 0,0 | 3,0 [*] |
| Albegal A | Wollreservierungs- und Dispergiermittel | 0,5 [**] | 0,5 [**] |
| Dilatin EN | Carrier (für geschlossenes System) | 3,0 | 1,5 |

[**] in % des Warengewichtes     [*] in ml/l der 30 proz. Lösung


7.2.10.2
Das Einbad-Ausziehverfahren mit Teralanfarbstoffen

Die Teralanfarbstoffe der Ciba-Geigy AG sind wie analoge Handelsformen anderer Hersteller Mischungen aus selektionierter Dispersions- und Wollfarbstoffen, die sich durch einfache Rezeptierung und einen regelmässigen, von der Farbtiefe unabhängigen Farbaufbau auszeichnen. Infolge hoher Löslichkeit und Dispersionsstabilität lassen sich Filtrationsphänomene an Wickelkörpern weitgehend vermeiden. Weitere Vorteile resultieren aus einem einfachen Nuancieren; bei Mischgarnen,

> **Färben mit Teralanfarbstoffen** (Ausziehverfahren)
>
> Man geht bei 60 °C mit der Ware und dem Entlüftungsmittel ein, fügt nach 5 Min. die restlichen Chemikalien, nach 15 Min. den Farbstoff zu, stellt auf pH 5,5 und heizt innert 45 Min. auf Färbetemperatur, die 30 bzw. 60 Min. beibehalten wird. Danach wird auf 90° gekühlt, heiss gespült und eventuell in Gegenwart des Wollreservierungsmittels 20 Min. bei 70° / pH 5-6 gewaschen.

deren PES-Anteil nicht vorfixiert wurde, kann die Wolle beispielsweise etwas zu hell bleiben, ein Fehler, der sich in Nuancierbädern mit dem vom Hersteller angebotenen Egalisiermittel leicht ausgleichen lässt. Empfohlen wird das Einbad-Ausziehverfahren bei maximal 106°, gewarnt wird vor falscher Dosierung des Carriers, die Tongleichheit und Echtheiten beeinträchtigt.

## 7.2.11
### Das Färben von Polyacrylnitrilfasern

#### 7.2.11.1
##### Aufmachung, färberische Eigenschaften und Farbstoffauswahl

Mehr als 50% der PAC-Färbungen betreffen Garne, etwa 25% Flocke plus Kammzug und nur etwa 10% Web- und Wirkwaren; der Rest entfällt hauptsächlich auf Spinnmasse. Gefärbt wird überwiegend im Ausziehverfahren. Vertikalbetriebe bedienen sich zum Färben von losem Material gelegentlich des Pad/Steam-Verfahrens.

Da sich mit Hilfe der Copolymerisation nicht nur Sättigungsgrenze und optimaler pH-Bereich für den Ionenaustausch, sondern auch Glas- und Einfriertemperatur steuern lässt, trifft man je nach Hersteller und Herstellungsverfahren auf stark voneinander abweichende färberische Eigenschaften. Im Vergleich zu trockengesponnenen weisen nassgesponnene Fasern zudem eine weitgehend amorphe, mit niedrigerer

Sättigungstemperatur gekoppelte Struktur auf. Ueblicherweise werden Fasern, deren Sättigungsgrenze für kationische Farbstoffe bei Temperaturen um 100 °C erreicht wird, als normalziehend und solche mit niedrigeren Sättigungstemperaturen als schnellziehend bezeichnet.

Mit den meisten Basischen Farbstoffen bleibt in Polyacrylnitril/ Woll-Mischungen der Wollanteil infolge ausgeprägter Affinitätsunterschiede weitgehend reserviert; bei relativ hohem pH ist einbadiges Färben mit Mischungen aus Basischen und anionischen (inkl. Komplex- und Wollreaktiv-)Farbstoffen deshalb unproblematisch, vorausgesetzt es gelingt, die Bildung schwerlöslicher Niederschläge mit Hilfe von Tensiden zu unterdrücken.

Färbetemperatur/Aufzieh-Kurven, in denen man den Aufziehgrad ein und desselben kationischen Farbstoffes (in % bezogen auf die Gleichgewichtskonzentration) aufträgt, zeigen eine mehr oder weniger übereinstimmende S-förmige Gestalt; bezüglich der Temperaturskala sind sie je nach Fasertyp jedoch mehr oder weniger parallel verschoben. Eine analoge Parallelverschiebung resultiert, wenn man den Fasertyp konstant hält und den Farbstoff beispielsweise hinsichtlich der Molekelgrösse variiert.

Sieht man von den sauer färbbaren Typen ab, so eignen sich neben den konventionellen Basischen vor allem gut migrierende kationische (MK-)Farbstoffe, die sich durch ein vergleichsweise einfaches und vom Fasertyp weitgehend unabhängiges Färbeverfahren, kurze Färbedauer und problemlose Korrektur von Fehlfärbungen auszeichnen (bezüglich Lichtechtheit sind hier noch nicht alle Probleme gelöst). An dritter Stelle stehen die Dispersionsfarbstoffe, deren Einsatzbereich sich auf relativ trübe, aber lichtechte Pastelltöne erstreckt.

7.2.11.2
Die_Kennzahlen

Um der begrenzten Anzahl austauschbarer Kationen und einer reibungslosen Applikation Rechnung zu tragen, hat man farbstoff- und faserspezifische Kennzahlen eingeführt.

Unter Standardbedingungen (4 Std. 98 °C) experimentell leicht zugänglich ist die Sättigungskonzentration $c_s$, die wie beim Bestellen der Flotte in % des Fasergewichtes angegeben wird und sowohl von der Konzentration austauschbarer Kationen im Fasermaterial ($c_{Faser}$) als auch von der der Farbkationen in der Farbstoff-Handelsform ($c_{Pulver}$) abhängt. Berechnen lässt sich $c_s$, wenn man diese Konzentrationen oder analoge (proportionale) Grössen kennt.

Die Fasersummenzahl s, welche über das maximale Farbstoff-Aufnahmevermögen einer PAC-Faser Auskunft gibt, steht im direkten Verhältnis zur Anzahl austauschbarer Kationen pro Gewichtseinheit. Sie basiert auf einem Standard-Typ, für den s willkürlich gleich 1% gesetzt wurde.

Den dimensionslosen Farbstoffsättigungswert f erhält man durch Division von s durch $c_s$ (in Analogie zum Quotienen aus $c_{Faser}$ und $c_{Pulver}$):

$$\boxed{f \cdot c_s \; [\%] = s \; [\%]}$$

Problemen hinsichtlich Kombinierbarkeit hat man durch Einführung der Kombinationskennzahl K Rechnung getragen; die Skala umfasst fünf Noten mit K = 1 für niedrige und K = 5 für hohe Sättigungstemperatur. Farbstoffe mit übereinstimmenden K-Werten bauen gleichmässig auf. Bei Trichromien sollten die Einzelfarbstoffe nicht mehr als einen halben, bei Zweierkombinationen maximal eineinhalb Noten auseinander liegen.

Man beachte:

Fasersummenzahl, K-Wert und Farbstoffsättigungswert können den Musterkarten entnommen werden; für Färbungen unter Retarder-Zusatz gilt ein abweichendes Kennzahlensystem, welches auch die optimale Retardermenge zu berechnen erlaubt.

7.2.11.3
**Färbeverfahren für Basische Farbstoffe**

Der Beschreibung des eigentlichen Ausziehprozesses müssen wir hier einige allgemeine Bemerkungen voranstellen. Hochbauschgarne aus PAC müssen vor oder während des Färbens gebauscht werden. Beim Vorbauschen geschieht dies mit Sattdampf bei 95-104 °C in einem 20- bis 30-minütigen Arbeitsgang. Man kann jedoch das Vorbauschen auch im Färbeapparat durchführen. Dazu wird die Flotte ohne Farbstoff und Retarder auf Kochtemperatur erhitzt und anschliessend bei eingeschalteter Flottenzirkulation bis auf Färbetemperatur (60-70°) abgekühlt. Ist die Schrumpfcharakteristik und die Ziehgeschwindigkeit des Garns genau bekannt, so kann auch im Färbebad gebauscht werden. Man treibt dazu die Färbeflotte (mit Farbstoff und Retarder) auf eine Temperatur von 75-85°, fährt dann mit der Ware ein, stellt die Flottenzirkulation ab und bauscht ca. 5 Min. lang. Anschliessend wird langsam auf Kochtemperatur getrieben und wie üblich gefärbt.

Für das egale Färben von PAC-Fasern ist eine minutiöse Temperaturregelung unerlässlich. Die Aufziehgeschwindigkeit des Farbstoffs ist beim Glasumwandlungspunkt selbst noch sehr gering; sie steigt indessen mit steigender Temperatur stark an; 2-3° C bedeuten eine Verdoppelung der Aufziehgeschwindigkeit, so dass bei Kochtemperatur das Bad im allgemeinen rasch ausgezogen ist. Infolge ihrer Thermoplastizität werden die Fasern oberhalb $T_g$ stark deformiert (vgl. 6.1.4). Empfindliche Fasern sollen deshalb nicht unter HT-Bedingungen gefärbt werden. Auch die Verarbeitungsform der Faser spielt eine Rolle. Am unempfindlichsten sind Flocke, Kammzug und Kabel. Sie können - falls es sich um normalziehende Fasern handelt - bis 110°, schnellziehende Fasern dagegen höchstens bis 105° gefärbt werden. Mit Garnen aus normalziehendem Material kann man bis 107°, andernfalls höchstens bis 103° gehen. Hochbauschgarne vertragen im Normalfall bis 104°, schnellziehende aber nur 97-99°.

PAC-Fasern werden in Gegenwart von Essigsäure, einem kation- oder anionaktiven Hilfsmittel und Glaubersalz gefärbt. Der pH-Wert des Färbebades soll zwischen 4 und 4,5 liegen.

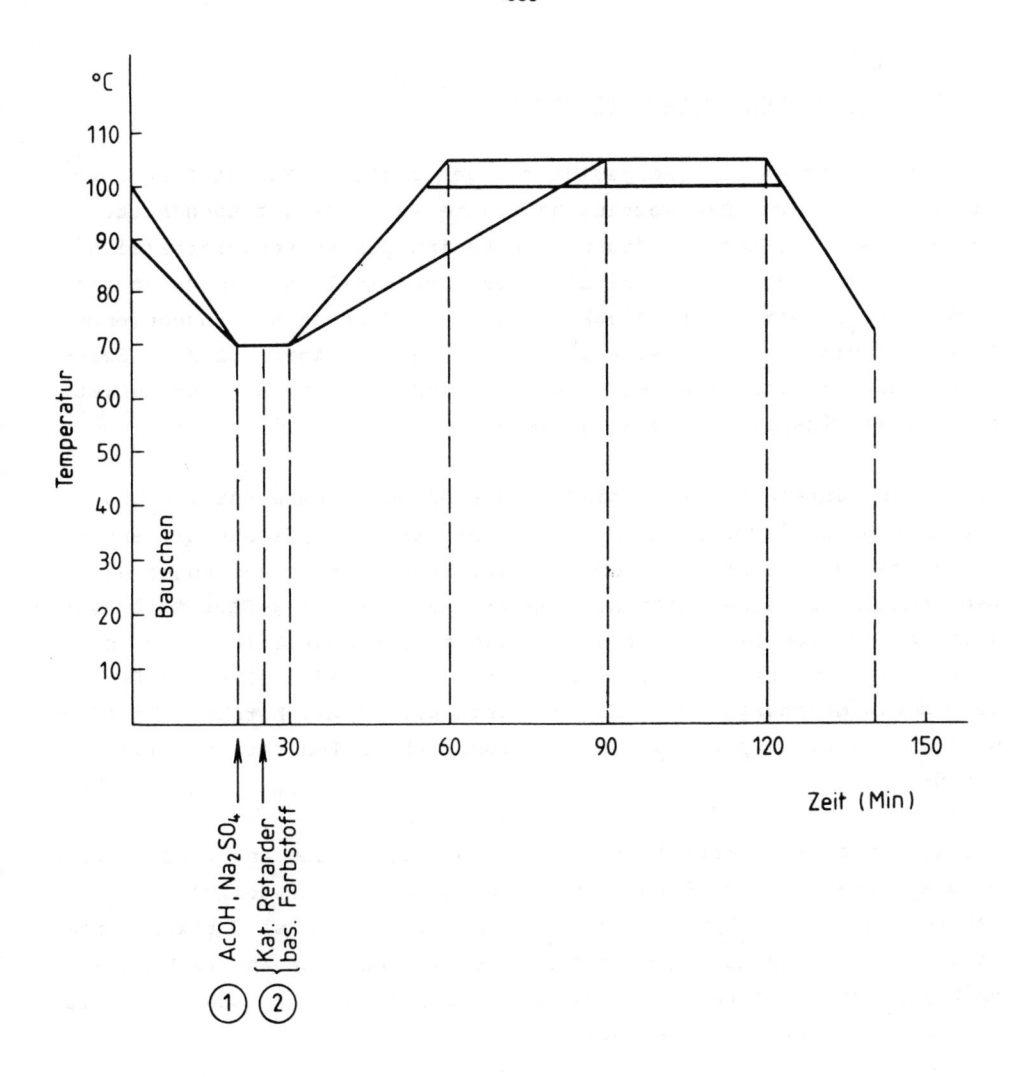

Schema 7-12  Färbediagramm für Basische Farbstoffe auf Poly-
acrylnitril-Hochbauschartikeln (bei Flocke,
Kammzug und anderen Aufmachungsformen entfällt
der Bauschvorgang: Aufheizdauer 30 Min., Färben
60 Min.)

Rezept

①     2% $CH_3COOH$ (80%),
5-10% $Na_2SO_4$ calc.,
pH-4-4,5 evtl. $CH_3COONa$

②     3- 5% kationischer Retarder
X% Basischer Farbstoff

## 7.2.12
### Das Färben von Polyamidfasern

Im Prinzip lassen sich Polyamide mit den gleichen Farbstoffen färben wie Proteinfasern. Die weitaus häufigste Verwendung finden heute Säurefarbstoffe, deren Bedeutung zu Beginn der Polyamidfärberei nicht genügend erkannt worden war; denn negative Einflüsse wie ungenügendes Decken der Streifigkeit, Blockierungserscheinungen und ungenügende Lichtechtheit konnten erst allmählich aufgrund einer strengen Selektionierung und vieler Neuentwicklungen insbesondere auf dem Gebiet der Textilhilfsmittel beseitigt werden.

Neben den Säurefarbstoffen sind es die Dispersionsfarbstoffe und die 2:1-Komplexfarbstoffe ohne löslichkeitsfördernde Substituenten, welche die Hauptsortimente dominieren. Sortimente von sekundärer Bedeutung rekrutieren sich aus den 1:1-Metallkomplex-Säurefarbstoffen (sehr schlechtes Decken der Streifigkeit, nur dunkle Töne insbes. Schwarz), den konventionellen 2:1-Metallkomplex-Säurefarbstoffen (und deren Mischungen mit Dispersionsfarbstoffen), Direktfarbstoffen, Woll-Reaktivfarbstoffen und Dispersionsfarbstoffen mit Reaktivgruppe.

Metallkomplex-Säurefarbstoffe werden vor allem dann angewendet, wenn hohe Anforderungen an Licht- und Nassechtheiten zu stellen sind; Haupteinsatzgebiet für schlecht deckende Vertreter sind texturierte Garne oder Flocke aus PA-6 oder PA-6.6, während für andere Verarbeitungsformen und für PA-11 die Einsatzmöglichkeiten stets mittels Vorversuchen abzuklären sind.

Das grosse Angebot an Farbklassen mit potentieller Eignung, das auch Küpenfarbstoffe, Indigosole und Azo-Entwicklungsfarbstoffe einschliesst, wird stark eingeengt, wenn man die Echtheitsanforderungen und applikatorischen Eigenschaften kritisch betrachtet. Als völlig ungeeignet erwiesen sich neben den Chromier- die meisten Cellulose-Reaktivfarbstoffe.

Polyamid/Acetat-Mischungen können je nach Hersteller und Farbtiefe mit Dispersionsfarbstoffen Ton in Ton gefärbt werden. Da die PA-Faser früher die Sättigungsgrenze erreicht, stellt man bei dunklen Tönen die Tongleichheit mit Hilfe von Säurefarbstoffen her.

## 7.2.12.1
### Färbeverfahren für Säure- und anionische Komplexfarbstoffe

In Gegenwart eines anionaktiven Egalisiermittels, das materialbedingte Streifigkeit auszugleichen vermag, wird für gut egalisierende Säurefarbstoffe mit 0,5-1,5% Essigsäure und eventuell etwas Ammonacetat ein pH von 5 bis 5,5 eingestellt, schlecht egalisierende färbt man bei einem pH von 6 (Ammonsulfat). Wird unter HT-Bedingungen gearbeitet, ist die je nach Aufmachung und Herstellungsverfahren schwankende Temperaturverträglichkeit zu berücksichtigen; texturierte Garne aus Polyamid-6 (Polyamid-6,6) sollten maximal bei 96 °C (108°) gefärbt werden, nicht texturierte vertragen Färbetemperaturen bis 120° (130°). Analoge Temperaturbereiche gelten selbstverständlich für das Färben mit den "Dispersions-Säurefarbstoffen" und anderen 2:1-Metallkomplexfarbstoffen, die man mit 1-3% Ammonsulfat und 1-3% Egalisiermittel appliziert.

---

Säurefarbstoffe des Standard-Typs auf Polyamid

Man geht bei 40° mit der Ware und den Chemikalien ein, setzt nach 15 Min. den Farbstoff zu und heizt mit 1-3° / Min. auf. Anschliessend wird 30 Min. bei 125° oder 70-80 Min. bei 95° gefärbt. Abkühlen, spülen wie üblich.

Rezept: 1-4% Essigsäure (pH 5) oder 1-4% Ammonsulfat (pH 6), 1-2% Egalisiermittel, x% Farbstoff.

---

2:1-Metallkomplex-Säurefarbstoffe auf Polyamid

Man geht bei 30° mit der Ware und den Chemikalien ein, gibt nach 5 Min. den Farbstoff zu und beginnt nach weiteren 5 Min. mit dem Aufheizen (Aufheizdauer 30 Min., Färbedauer 30 Min. bei 125° bis 130° oder 60 Min. bei 95°).

Rezept: 1-3% Egalisiermittel, 1-3% Ammonsulfat, evtl. 5-10% Glaubersalz, x% Farbstoff.

### 7.2.12.2
### Die Anforderungen an Polyamidfarbstoffe

Färbungen auf Polyamid-Artikeln haben bezüglich Gleichmässigkeit strenge Anforderungen zu erfüllen. Neben der Flächenegalität kommt hier in verstärktem Ausmass eine materialbedingte Streifigkeit ins Spiel, die aus Schwankungen im Verstreckungsgrad der Fasern resultiert. Zunehmender Orientierungsgrad der Kristallite geht in der Regel mit einer Verengung der intermicellaren Räume einher, wodurch die Farbstoffmolekeln in ihrer Beweglichkeit gehemmt werden: Färbt man zwei ansonsten gleiche Polyamid-Garne, die sich nur im Verstreckungsgrad unterscheiden, zusammen im gleichen Bad, dann ergeben sich während der üblichen Färbedauer unterschiedliche Farbtiefen. Sind derartige Garne zu einem Stück verwebt oder verwirkt, so werden nach dem Färben Differenzen auftreten, die sich als Quer- oder Längsstreifen bemerkbar machen. Andere Unegalitäten des Materials, die im gefärbten Stück Streifigkeit verursachen können, sind Querschnitts-(Titer-)Schwankungen, Texturier- und Fixierunterschiede sowie andere Verarbeitungsfehler. Schwankungen im Aminogruppengehalt, die als chemische Ursachen für Streifigkeit zu nennen sind, spielen bei den Produkten der wichtigsten Hersteller heute kaum noch eine Rolle. Gezieltes Verarbeiten von Garnen unterschiedlichen Gehaltes an funktionellen Gruppen ist andererseits ein moderner Weg zur Herstellung verschiedenfarbiger Effekte (vgl. 3.3.3).

Während bei den Dispersionsfärbungen die Streifigkeit allein durch die Farbstoff-Auswahl bekämpft werden kann, erfordern anionische Farbstoffe eine genaue Abstimmung mit dem Egalisierhilfsmittel. Da nichtionogene Hilfsmittel Affinitätsdifferenzen zwischen Farbstoff und einem inhomogenen Substrat nicht auszugleichen vermögen, werden ausschliesslich Produkte vom Retarder-Typ eingesetzt.

Polyamidfarbstoffe sollen ausserdem hohe Thermofixier-, Sublimier- und Lösungsmittelechtheiten aufweisen, möglichst ätzbar und nach einfachen Färbeverfahren applizierbar sein. Weitere Anforderungen betreffen Modefarben, attraktive Nuancen, gutes Aufbauvermögen bis zu tiefsten Tönen, beliebige Kombinierbarkeit, gutes Migrationsvermögen, gute Nass- und Lichtechtheiten (vgl. Tabellen 7/4 und 7/5).

Tabelle 7/4  Eigenschaften der Hauptsortimente für Polyamid

| Farbstoffe | Aufbau-vermögen | Deckenmaterial-bedingter Streifigkeit | Blockierungserscheinungen | Migrationsverhalten | Lichtechtheit | Nassechtheiten | Empfohlener Nuancentiefenbereich |
|---|---|---|---|---|---|---|---|
| Dispersions- | gut | sehr gut | keine | sehr gut | mittel - gut | mittel | pastell - hell |
| Säure- | gut | sehr gut* | keine | sehr gut | gut - sehr gut | gut** | hell - mittel |
| Spezielle Säure- | gut - sehr gut | gut - sehr gut* | keine | mittel - gut | mittel - sehr gut | gut - sehr gut** | mittel - dunkel |
| Spezielle Metallkomplex | sehr gut | begrenzt | keine | mittel | sehr gut | gut - sehr gut | dunkel |
| " | sehr gut - gut | gut | keine | | sehr gut | gut - sehr gut | schwarz |
| 1:1-Metallkomplex | gut | gut | keine | | sehr gut | gut | schwarz |
| 2:1- " | sehr gut | gut | keine | | sehr gut | gut - sehr gut | schwarz |

\* unter Zusatz von EGALISIERMITTEL
\*\* mit PA-Nachbehandlung

Tabelle 7/5  Polyamidfarbstoffe: Einsatzbereiche der Hauptsortimente

|  |  | Dispersions- | Säure- | Spezielle Säure- | Spezielle Metallkomplex | Spezielle Metallkomplex | 1:1-Metall-komplex | 1:2-Metall-komplex |
|---|---|---|---|---|---|---|---|---|
|  | Damenstrümpfe | x | x |  |  | x |  | x |
| Texturgarn-Artikel | Socken | x | x | x | x | x | x | x |
|  | Strumpfhosen | x | x | x | x | x | x | x |
|  | Badeanzüge |  | x | x | x | x | x | x |
|  | Pullover | x | x | x | x | x | x | x |
|  | Wäsche | x | x | x | x | x | x | x |
|  | Möbelstoffe |  | x | x | x | x | x | x |
|  | Teppichgarne |  | x | x | x | x |  |  |
|  | Teppichstück | x | x |  |  |  |  |  |
|  | Autopolsterstoffe |  | x | x | x | x | x | x |
|  | Autoteppiche |  |  | x | x | x | x | x |
|  | Nadelfilzflocke |  | x | x | x | x | x | x |
| Filament-Artikel | Webtrikot | x | x | x |  | x | x | x |
|  | Charmeuse | x | x | x |  | x | x | x |
|  | Velours (Wäsche) | x | x | x |  | x | x | x |
|  | Velours (Möbelbezug) |  | x | x |  | x | x | x |
|  | Velours (Oberbekl.) | x | x | x |  | x | x | x |
|  | Bänder | x | x | x |  | x | x | x |
|  | Tüll | x | x | x |  | x | x | x |
|  | Spitzen | x | x | x |  | x | x | x |
| Nichttext. | Schirmstoffe |  | x | x |  | x | x | x |
|  | Regenmantelstoffe |  | x | x |  | x | x | x |
|  | Anorakstoffe |  | x | x |  | x | x | x |
|  | Futterstoffe |  | x | x |  | x | x | x |
|  | Schürzenstoffe |  | x | x |  | x | x | x |
|  | Fischnetze |  |  |  | x | x | x | x |
|  | Nähgarne |  | x | x | x | x | x | x |
|  | Autosicherheitsgurte |  |  | x | x |  |  | x |
|  | Nuancen | pastell bis dunkel | | | | schwarz | | |

# 8.

## Fragen und Übungen

### 8.1
**Textilfasern im Überblick**

A) Welches Strukturprinzip gilt für die Moleküle aller Textilfasern?
   a) Molmassen?
   b) Was versteht man unter polymolekular?
   c) Welche physikalische Eigenschaft der Kettenmoleküle ist für ihre Verwendung als Faserrohstoff unabdingbar?

B) Definieren Sie die Begriffe
   a) Polymerisation
   b) Polykondensation
   c) Polyaddition
   d) Trockenspinn-
   e) Schmelzspinnverfahren
   f) Stapelfaser

   und geben Sie Beispiele

C) Bei welchen Substitutionsmustern des Aethylen **8.1** entstehen während der Polymerisation asymmetrische C-Atome?

   a) $R^1 = R^2 = R^3 = R^4$
   b) $R^1 = R^2$, $R^3 = R^4$
   c) $R^1 = R^3$, $R^2 = R^4$
   d) $R^1 = R^4$, $R^2 = R^3$
   e) $R^1 = R^2 = R^3$, $R^4 \neq R^1$

$$n \quad \begin{matrix} R^1 \\ R^2 \end{matrix} C=C \begin{matrix} R^3 \\ R^4 \end{matrix} \quad \underline{8.1} \longrightarrow \left[ \begin{matrix} R^1 & R^3 \\ | & | \\ -C-C- \\ | & | \\ R^2 & R^4 \end{matrix} \right]_n \quad \underline{8.2}$$

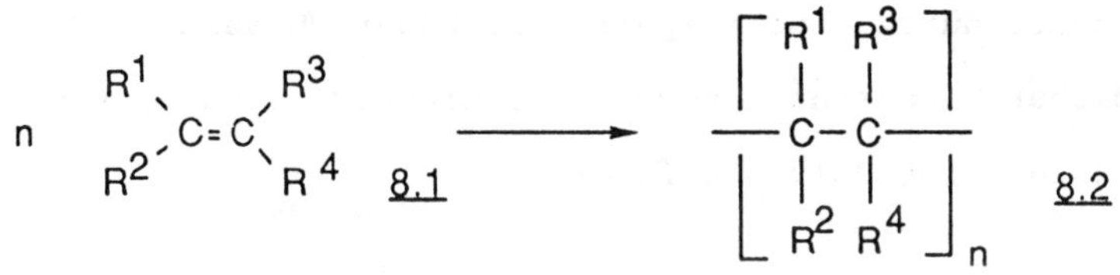

Schema 8-1   Zur Isomerie der Polymerisate

## 8.2

## Polymerisatfasern

A) Nennen Sie die kinetisch erfassbaren Teilschritte der radikalischen Polymerisation (wann beobachtet man H-Abstraktion, Disproportionierung bzw. Dimerisierung?)

B) Wie lassen sich aus Polyvinylalkohol wasserunlösliche Fasern gewinnen?
   a) Monomerbaustein, Synthese?
   b) Zu welchen Zwecken werden "gehärtete", zu welchen "ungehärtete" Produkte eingesetzt?

C) Auf welchen Eigenschaften des Polyacrylnitrils beruhen die wichtigsten Färbeverfahren?
   a) Woher stammen die anionischen Substituenten der Faser?
   b) Lassen sich auch die Nitrilgruppen für das Färben nutzbar machen?


## 8.3

## Polykondensatfasern

A) Nennen Sie grosstechnische Zwischenprodukte für
   a) Terephthalsäure            d) Adipinsäure
   b) Aethylenglykol             e) ε-Caprolactam?
   c) Hexamethylendiamin

B) Wie wirkt sich in Polyesterfasern (formaler) Ersatz der Terephthalsäure durch eine aliphatische Dicarbonsäure aus?

C) Auf welcher Eigenschaft beruht das wichtigste Färbeprinzip?

D) Spinnprozess für Polyesterfasern?

E) Schmelzpunkt, Dichte?
   a) Ursache der hohen Dichte?
   b) Welche Fasereigenschaften werden durch die hohe Dichte positiv,
   c) welche negativ beeinflusst?

F) Handelsnamen?

G) Durch welche Strukturelemente wird die hohe Festigkeit der Polyamidfasern gewährleistet?
   a) Was geschieht bei Einwirkung verdünnter Säurelösungen?
   b) Auf welchen Eigenschaften beruht das Färbeprinzip?
   c) Worauf beruht das "differential dyeing" bei Polyamidteppichen?


## 8.4
## Natur- und Regeneratfasern

A) Woher weiss man, welche IR- oder Ramansignale aus den kristallinen und welche aus den amorphen Bereichen der Cellulose stammen?
   a) Chemische Eigenschaften (Alkali, Säure, Oxydationsmittel)?
   b) Welcher Eigenschaften der Cellulose bedient man sich zum Färben?

B) Welche Rohstoffe werden zur Gewinnung von regenerierten Cellulosefasern eingesetzt?
   a) Wie bringt man die Cellulose in Lösung?
   b) In welchen Medien wird die Cellulose wieder ausgefällt?

C) Welche Rohstoffe werden zur Gewinnung von Acetatfasern eingesetzt?
   a) Reagenz, Katalysator, Lösungsmittel?
   b) Aufarbeitung?
   c) Spinnverfahren
   d) Welche Eigenschaften der Acetatfasern werden für die Färbung ausgenutzt?

D) Morphologischer Aufbau (sekundäre und tertiäre Strukturen)
   a) der Wolle,
   b) der Seide.
   c) Welche inter- und intra-molekularen Kräfte verbinden die Kettenmoleküle in der Wollfaser?
   d) Welche Aminosäuren sind für Wolle und
   e) welche für Seide charakteristisch?
   f) Im Kasten auf Seite 343 wird die Primärstruktur dreier Kerateine der 19000-Dalton-Gruppe wiedergegeben; erkennen Sie eine fossile Struktureinheit?

E) Definieren Sie die Begriffe
   a) isoionischer Punkt und
   b) isoelektrische Zone

F) In welchen Eigenschaften unterscheiden sich
   a) Wolle und Seide
   b) natürliche und synthetische Polyamide?

G) Wie verhalten sich die Eiweissfasern bei Einwirkung von
   a) Base
   b) Reduktionsmitteln
   c) Oxydationsmitteln
   d) Nitriten ?
   e) In welchem pH-Bereich besitzen diese Fasern maximale Stabilität?

H) Wieviel Säure (in Mol/kg Faser) kann
   a) von Wolle
   b) von Seide
   gebunden werden ?
   c) Wo werden die Wasserstoff-Ionen angelagert?

I) Wie werden
   a) Wolle
   b) Seide
   für die Verwendung als Textilrohstoff aufbereitet?

Zur Primärstruktur der 19000-Dalton-Kerateine SCMK-B2A, SCMK-B2B und SCMK-B2C nach ELLEMANN (vgl. 10.1 )

**Grundstruktur**

```
                                    5                      10                       15
- Ala - Cys - Ser - Thr - Ser - Phe - Cys - Gly - Phe - Pro - Ile - Cys - Ser - b   -
                       20                      25                      30
  c   - Gly - Thr - Cys - Ser - d   - e   - f   - g   - Thr - Cys - h   - Gln -
                                                                          45
  Thr - Ser - Cys - Cys - Gln - Ile - Ile - Pro - Thr - Ser - Cys - Cys - Gln -
                       50                      55                      60
  Pro - Ile - Ser - Ile - Cys - Thr - Ser - Cys - Ser - Thr - Ser - Ile - Gln -
                       65                      70                      75
  Thr - Ser - Cys - Gln - Leu - Pro - Thr - Ser - Gly - Cys - Glu -
                       80                      85                      90
  Thr - Gly - Cys - Gly - Ile - Gln - Gly - Tyr - Gln - Val - Gly -
                       95                     100                     105
  Ser - Ser - Gly - Ala - Val - Ser - Arg - Thr - Arg - Trp - Cys - Asp -
                      110                     115                     120
  Cys - Arg - Val - Glu - Gly - Thr - Leu - Pro - Cys - Cys - Val - Ser -
                      125                     130                     135
  Cys - Thr - i   - Pro - Cys - Cys - Gln - Leu - Tyr - Tyr - Ala - Ser -
                      140                     145                     150
  Cys - Cys - Arg - Pro - Ser - Tyr - Cys - Gly - Cys - Arg - Ala -
                      155                     160                     165
  Cys - Cys - Gln - Pro - Thr - Cys - j   - Glu - Cys - Pro - Pro -
                      170
  Cys - m   - n   - o   - p   - q                                      - 1
```

**Variante Position (a = Acetyl)**

| Protein-fraktion | b | c | d | e | f | g | h | i | j | k | l | m | n | o | p | q |
|---|---|---|---|---|---|---|---|---|---|---|---|---|---|---|---|---|
| B2 A | Thr | Gly | Pro | Cys | Gln | Pro | Cys | Pro | Ile | Ile | Ser | Cys | Glu | Pro | Thr | Cys |
| B2 B | Ser | Val | Cys | Gly | Gln | Pro | Ser | Ser | Ile | Val | Thr | –   | –   | –   | –   | –   |
| B2 C | Thr | Ala | Cys | Cys | Arg | Ser | Ser | Ser | Thr | Thr | Val | Thr | Ser | Gln | Pro | Ile | Cys |

## 8.5
## Einteilung und Benennung der Farbstoffe

A) Welche wichtigen Strukturklassen haben Sie kennengelernt?
   a) Welche kommen besonders häufig vor und warum?
   b) Welche sind unter den Textilfarbstoffen besonders selten?
   c) Zeigen Sie anhand weiterer Grenzformeln, welche Donor-Atome in 8.25 und 8.55 zum chromophoren π-System gehören (mit den Akzeptor-Atomen konjugiert sind).
   d) Konstruieren Sie zu 8.52 eine symmetriegerechte Grenzformel.

B) Wieviele Applikationsklassen sind für die Textilfärbung relevant?
   a) Welches sind die drei ältesten?
   b) Welches die beiden jüngsten?
   c) Welche Klasse nimmt eine Sonderstellung ein?
   d) Welche unterteilt man zweckmässigerweise in Subklassen?
   e) Welche sind (eng) miteinander verwandt?

C) Welche Probleme ergeben sich für eine rationelle Benennung der Farbstoffe?
   a) Welches System benutzt der Colour-Index?
   b) Aeltere Farbstoffe werden häufig mit Trivialnamen bezeichnet. Können Sie Beispiele geben?

D) Zu welcher Chromophorklasse sind Tautomere wie 5.59 zu zählen?

E) Man konstruiere die Strukturformeln folgender Azofarbstoffe (Synthesevorschriften in Kurzschreibweise siehe Abschnitt 4.4.5):
   a) C.I. Reactive Red 88

   6-Amino-m-toluol-sulfonsäure → H-Säure; anschliessend mit Cyanurchlorid kondensieren.

   b) C.I. Mordant Black 10

   2,6-Diamino-1-phenol-4-sulfosäure ⇄ 2-Naphthol (2 mol)

   c) C.I. Mordant Black 25

   ↗ (1) Schäffer-Säure (4.103)
   2,6-Diamino-1-phenol-4-sulfosäure
   ↘ (2) 2-Naphthol

d) C.I. Direct Brown 153

     (2) Amid-Hydrolyse
 m-Aminoformanilid         ⇌ (3)
              m-Phenylendiamin
    (1) (alk) Gamma-Säure (4.99)   (2 mol)

e) C.I. Acid Brown 120 (rot-brauner Lederfarbstoff)

 2,4-Diaminobenzolsulfonsäure

 ⇌ (m-Phenylendiamin ← Metanilsäure) (2 mol)

f) C.I. Direct Brown 127

 H-Säure (alk) (1) ← Benzidin → Bismarck Braun (5.143)

g) C.I. Direct Black 32

 5-Amino-2(p-aminoanilino)benzolsulfonsäure ⇌ (alk) Gamma-
 säure (2 mol) ⇌ 2-(m-Aminoanilino)äthanol (2 mol)

h) C.I. Direct Brown 70

 Salizylsäure ← Benzidin → (alk) H-Säure
 → (alk) J-Säure (4.100) → m-Phenylendiamin

i) C.I. Direct Brown 31

 Salizylsäure (1) ← Benzidin
         ↙
 (2) (Toluol-2,4-diamin (sauer) ←
   1-Phenylsulfonyloxy-7-amino-3,6-naphthalin-disulfosäure)
   |
   (3) Estergruppenhydrolyse ← Naphthionsäure

j) C.I. Direct Red 32

 [7-Amino-1,3-naphthalindisulfosäure (1) → $C_6H_5NHCH_2SO_3H$
 (2)-Hydrolyse] (2 mol) ⇌ (3) J-Säure Harnstoff

k) C.I. Direct Brown 25

 Salizylsäure (1) ← Benzidin → (2) 1,6(und 1,7)-Clevesäure
 → (3) Bismarck Braun

l) C.I. Direct Brown 149

 [(3,5-Diamino-p-toluolsulfonsäure → (1) 1,6(und 1,7)-Clevesäure)
 (2 mol) ⇌ (2) m-Phenylendiamin (4 mol)]
 (3) ⇌ 3,5-Diaminotoluolsulfonsäure

F) Ordnen Sie die Strukturformeln 8.3 bis 8.55 nach

   a) Chromophorklassen/Zwischenprodukten der Farbstoffsynthese
      (Subklassen berücksichtigen!)

   b) Applikationsklassen/nichttextilen Verwendungszwecken (die
      Ladungszeichen wurden z.T. weggelassen)

   c) der Lage der längstwelligen Absorptionsbande/Farbe
      (grobe Einteilung: kurzwellig, gelb bis orange; mittel, rot
      bis violett; langwellig, blauviolett bis türkis; mehrere
      Banden, grün, braun, schwarz)

G) Kennen Sie die Synthesewege?

8.10

8.11

8.12

8.13

8.14

8.15

8.16

8.17

8.18

8.19

8.20
8.21
8.22 X = NH, S
8.23
8.24
8.25
8.26
8.27
8.28
8.29
8.30
8.31
8.32

8.33 Ⓡ ≡ CH₂CH=C(Me)-[CH₂CH₂CH₂C(Me)]₃-Me

8.44

8.45

8.46

8.47

8.48

8.49

8.50

8.51

8.52

8.53

8.54

8.55

## 8.6

## Handelsformen und Echtheiten

A) Was signalisiert dem Färber die Verpackungsaufschrift "Maxilonlichtgelb 300%?"

    a.) Welche Eigenschaften müsste der oben genannte hypothetische Textilfarbstoff besitzen und welchen Vorteil würde er der Herstellerfirma einbringen?

    b) Welche Substanzen werden in der Regel zur Einstellung der Richttypstärke verwendet und wie lautet der Sammelbegriff?

    c) Wie erkennt man das Vorliegen einer Handels- bzw.

    d) Produktionsmischung ?

    e) Für welche Farbtöne sind Handelsmischungen besonders häufig und warum?

    f) In welchem Spektralbereich absorbieren grüne Farbstoffe?

    g) Welchen ungefähren Farbeindruck vermittelt eine Farbstofflösung, deren Farbstoff bei X nm eine Absorptionsbande besitzt

        X = 430

        X = 520

        X = 700

B) Geben Sie eine möglichst knappe Definition des Begriffes "Echtheit".

C) a) Welche Gruppe von Echtheiten interessiert den Textilveredler, welche den Verbraucher?

    b) Wie lässt sich die Lichtechtheit in der Regel verbessern?

    c) Wie lässt sich die Bügel- oder Sublimierechtheit verbessern?

    d) Wovon ist die Waschechtheit einer Färbung abhängig?

    e) Werden gelegentlich auch weniger echte Textilfarbstoffe verwendet und warum?

    f) Wie werden die Echtheiten bewertet?

## 8.7
## Applikationsverfahren, Grundbegriffe

A) Was versteht man unter einem Applikationsverfahren? Beispiele?

B) Aus welchen Applikationsklassen stammen in Wasser schwer- oder unlösliche Farbstoffe; nach welchen Verfahren werden sie auf der Faser verankert?

C) Welche Substituenten verleihen Naturfarbstoffen Löslichkeit in Wasser? Woher rührt die Wasserlöslichkeit der 2:1-Azo/Metallkomplexfarbstoffe?

D) Was versteht man unter
   a) Flotte?
   b) Flottenverhältnis?

E) Was signalisieren Prozentangaben in Färbevorschriften?

F) Konstruieren Sie folgende Färbediagramme

   a) Basische Farbstoffe auf Polyacrylnitril-Kammzug
   b) Chromierfarbstoffe im Einbad-Verfahren (Aufheizdauer 25 Min.)
   c) Herstellung einer Chrombeize auf Wolle
   d) Dispersionsfarbstoffe auf Normalacetat
   e) Dispersionsfarbstoffe auf Polyester (Carrierfärbung und/oder HT-Färbung
   f) Dispersionsfarbstoffe auf Triacetat
   g) 1:2-Metallkomplex-Säurefarbstoffe auf Nylon
   h) 1:1- und 1:2-Metallkomplex-Säurefarbstoffe auf Wolle
   i) Reaktivfarbstoffe auf Woll-Kammzug
   j) Säurefarbstoffe der Klassen 1 bis 3 auf Nylon
   k) Säurefarbstoffe der Klassen 1 bis 3 auf Wolle
   l) Teracotonfarbstoffe auf Polyester/Cellulose-Stückware
   m) Teralanfarbstoffe auf Polyester/Woll-Stückware

## 8.8

**Tenside**

A) Geben Sie eine möglichst knappe Definition des Begriffes "Tenside" und nennen Sie Beispiele aus dem täglichen Gebrauch

B) Zu welchen Zwecken werden Tenside in der Textilfärberei eingesetzt?
   a) Was ist Türkischrotöl?
   b) Wovon leitet sich der Name dieses Tensides ab?

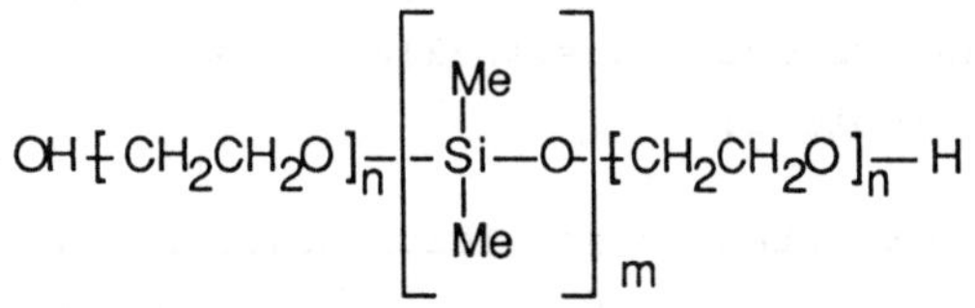

$$OH[CH_2CH_2O]_{\overline{n}}\left[-\underset{\underset{Me}{|}}{\overset{\overset{Me}{|}}{Si}}-O-[CH_2CH_2O]_{\overline{n}}-H\right]_m \qquad \begin{array}{l} m = 21\text{-}25 \\ n = 12\text{-}14 \end{array} \qquad \underline{8.56}$$

$$H_3C[CH_2]_{\overline{7}}-O-\overset{O}{\overset{\|}{C}}-CH_2-\underset{\underset{SO_3Na}{|}}{CH}-\overset{O}{\overset{\|}{C}}-O[CH_2]_{\overline{7}}-CH_3 \qquad \underline{8.57}$$

$$H_3C[CH_2]_{\overline{17}}-CO[NH\text{-}CHR\text{-}CO]_{\overline{x}}-ONa \qquad x = 20\text{-}30 \qquad \underline{8.58}$$

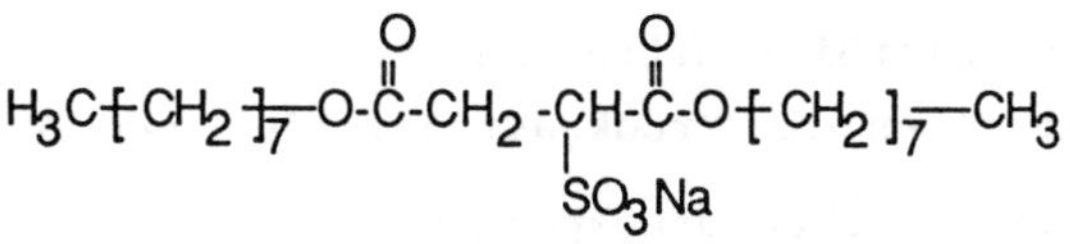

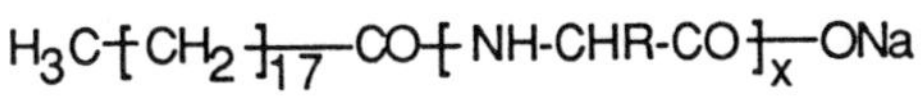

$$H_3C[CH_2]_{\overline{15}}\overset{\oplus}{N}\diagdown\!\!\!\!\diagup \; Cl^{\ominus} \qquad [nC_{18}H_{37}]_2\overset{\oplus}{N}Me_2 \; Cl^{\ominus} \qquad F_3C[CF_2]_{\overline{6}}-COONa$$

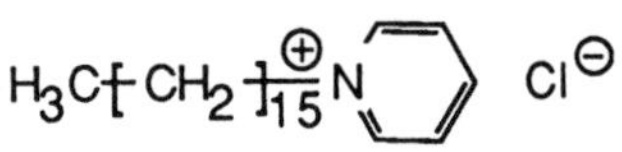

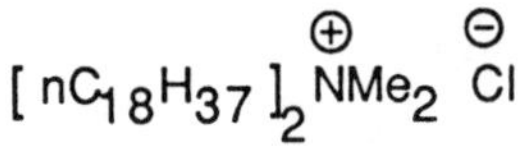

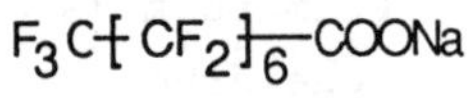

<u>8.59</u>                      <u>8.60</u>              <u>8.61</u>

Schema 8-3   Ordnen Sie die Strukturformeln <u>8.56</u> bis <u>8.61</u> nach Netz-, Dispergier-, Waschmitteln und anderen Einsatzbereichen; geben Sie Synthesebeispiele

C) Im Abschnitt 7.2.6.5 wird von einem Tensid berichtet, das sich in Form einer Additionsverbindung an die Faseroberfläche anlagert; muss man es als faser- oder muss man es als farbstoffaffin einstufen?

## 8.9
## Textildruck

A) Um Druckpasten die richtige Konsistenz zu verleihen, benutzt man sogenannte Verdickungsmittel; aus welchen Substanzklassen stammen die am häufigsten verwendeten Beispiele?

B) Die Farbstoffe liegen in den Druckpasten in vergleichsweise hoher Konzentration vor; aus welchen chemischen Substanzklassen stammen die verwendeten Lösungsvermittler?
   a) Welche Zusätze verwendet man bei wasserunlöslichen Farbstoffen?
   b) Müssen Druckpasten auch Egalisierhilfsmittel enthalten?
   c) Welche weiteren Zusätze enthalten die Druckpasten in der Regel?

C) Können Sie Beispiele nennen, bei welchen Druckpasten Zusätze nebeneinander enthalten, die beim Färben in aufeinanderfolgenden Schritten appliziert werden müssen? Wodurch wird vorzeitige Reaktion der Komponenten verhindert?

D) Nach welchen Methoden kann der Aufdruck erfolgen; was versteht man unter
   a) Filmdruck (Siebdruck)
   b) Modeldruck
   c) Rouleauxdruck ?

E) Welche Methode für die Entwicklung eines Druckes ist allgemein anwendbar?

F) Welche Aetzbedingungen sind beim Druck auf Cellulosefasern besonders günstig?
   a) Was geschieht mit einem Azofarbstoff während dieses Aetzprozesses?
   b) Was geschieht mit einem indigoiden oder chinoiden Farbstoff während dieses Aetzprozesses?

c) Wie wird die reduzierte Form der Carbonylfarbstoffe stabilisiert und auswaschbar gemacht?

G) Weissätzpasten enthalten anstelle eines Farbstoffes häufig Weisspigmente; nennen Sie geläufige Beispiele und eine weitere wichtige Komponente für Weissätzpasten.

H) Mit welchen Farbstoffklassen kann man auf Azofonds eine Buntätze drucken?

I) Welche Küpenfarbstoffe sind ätzbeständig? Mit welchen Farbstoffklassen kann man auf Küpenfonds eine Buntätze drucken?

J) Mit Farbstoffen welcher Applikationsklasse werden Azo-Entwicklungsfarbstoffe im Textildruck häufig kombiniert?

K) Was versteht man unter Variaminblau? Wie elektrophil ist die Diazokomponente? Unter welchen pH-Bedingungen entsteht der Farbstoff?

L) In welcher Reihenfolge werden bei einem Reservedruck mit Variaminblau Druckpaste, Kupplungskomponente, Diazokomponente appliziert?

M) Welche Farbstoffklassen kann man für eine Buntreserve unter Variaminblau (auf Baumwolle oder Viskose) einsetzen?

## 8.10 Applikationsklassen

A) Welche charakteristischen Substituenten besitzen die meisten Dispersions-Farbstoffe? Welche Echtheiten würde ihr Fehlen negativ beeinflussen?
   a) Welche Chromophorklassen sind unter den DS-Farbstoffen vertreten?
   b) Wodurch wird die Farbstoffauswahl weitgehend eingeschränkt?
   c) Welche Farbtöne lassen sich unter dieser Einschränkung (leicht) erzielen?
   d) Welche Farbtöne erzielt man mit einem zweistufigen, im Grenzbereich zu den Entwicklungsfarbstoffen angesiedelten Färbeverfahren?
   e) Welche Farbtöne fehlen also in den meisten Sortimenten und warum?

f) Mit Farbstoffen welcher Applikationsklasse schliesst man die Lücke in der Polyamid-, mit welchen in der Polyesterfärberei?

g) Nennen Sie einen grünen Farbstoff mit relativ niedrigem Molekulargewicht aus einer anderen Applikationsklasse.

h) Wie konstruiert man blaue Monoazofarbstoffe?

i) Welches Fasermerkmal und welche experimentellen Parameter beeinflussen die Färbegeschwindigkeit am stärksten?

B) Für das Färben welcher Synthesefaser sind die Basischen Farbstoffe prädestiniert?

a) Färbemechanismus? Färbeisotherme? Zusätzliche Verankerungskräfte? Worauf muss man bei der Auswahl des Textilhilfsmittels achten?

b) Wie kann man bei den B-Farbstoffen die Aufziehgeschwindigkeit abbremsen?

c) Nennen Sie drei zusätzliche, das Egalisieren g e n e r e l l fördernde Bedingungen.

d) Echtheitseigenschaften auf hydrophilen Fasern?

e) Wo sind in der Wolle (Seide) die austauschbaren Kationen gebunden?

f) Wie belädt man Cellulosefasern mit austauschbaren Kationen?

g) Welche Chromophorklassen sind unter den B-Farbstoffen vertreten?

C) Im Gegensatz zu allen anderen Applikationsklassen werden bei den Säurefarbstoffen die Metallkomplexe zweckmässigerweise als zwei selbständige Untergruppen betrachtet; warum?

a) Welche Fasern werden mit S-Farbstoffen gefärbt? Färbemechanismus? Färbeisotherme? Wie bringt man austauschbare Anionen in diese Fasern?

b) Welche Kräfte verschieben die Färbegleichgewichte zugunsten der Farbstoff/Faser-Bindung? Welche Strukturelemente beeinflussen die Stärke dieser Bindungskräfte?

c) Viele Farbstoffe aus anderen Applikationsklassen lassen sich als Quasi-Säurefarbstoffe einsetzen. Hierzu zählen u.a. die Direktfarbstoffe, die - aus einem sauren Färbebad appliziert - speziell auf Wolle sehr fest gebunden werden. Sind zusätzliche Bindungskräfte wirksam und wenn ja, welche?

d) Was versteht man unter einem Blockierungseffekt? Auf welcher Faser wird er beobachtet? Wie kommt er zustande?

e) Welche Chromophorklassen sind unter den Säurefarbstoffen vertreten?

f) Als Liganden für 1:1-Komplex-Säurefarbstoffe werden o,o'-disubstituierte Azofarbstoffe der allgemeinen Formel 8.63 eingesetzt. Warum kann jeweils nur eines der beiden Azo-N-Atome in die Koordinationssphäre des Metallatoms einbezogen werden? Welche Metallionen werden verwendet? Womit sind die restlichen Ligandstellen in der Regel abgesättigt?

g) Definieren Sie meridionale bzw. faciale Koordination des dreizähnigen Liganden 8.63: meridional, wenn Y an Position ....., facial, wenn Y an Position ..... (Ziffern von 8.62 einsetzen!)

h) Im Schema 8-4 finden Sie eine allgemeine Formel 8.64 für 2:1-Azo-Metallkomplexfarbstoffe. Unter welcher Voraussetzung (Anzahl m/n der Ringglieder in den durch X-Me-N bzw. Y-Me-N definierten Heterocyclen) erfolgt meridionale, unter welchen facialie Koordination?

i) Wieviele (Z)Sulfogruppen besitzen die Azoliganden der Komplex-Farbstoffe? Ladungszustand der 1:1-Komplexe in stark saurer Lösung bei Z = 1? Ladungszustand der 2:1-Komplexe in schwach saurer Lösung bei Z = 0?

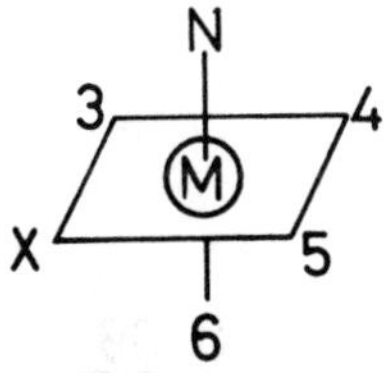

8.62 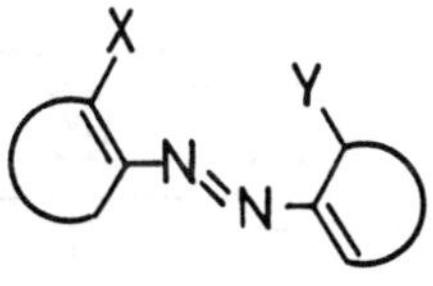   8.63 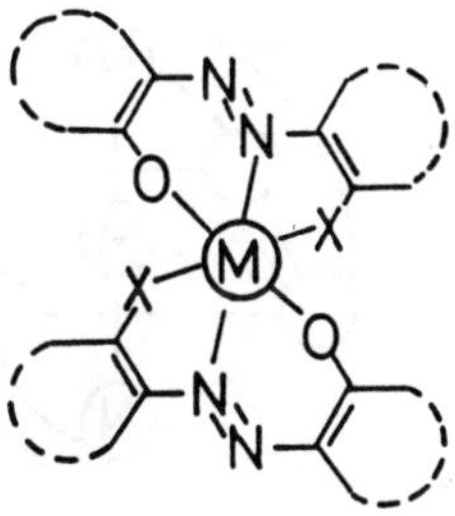   8.64

Schema 8-4   Zur Koordination o,o'-disubstituierter Azo-Liganden

j) Die 1:1-Komplexe werden auf Protein- und Polyamidfasern doppelt verankert. Kennen Sie die Ursache für die gegenläufige pH-Abhängigkeit der Bindungskräfte? In welchem pH-Bereich liegt das Maximum der Waschechtheit? Wie bremst man die Aufziehgeschwindigkeit ab?

8.65

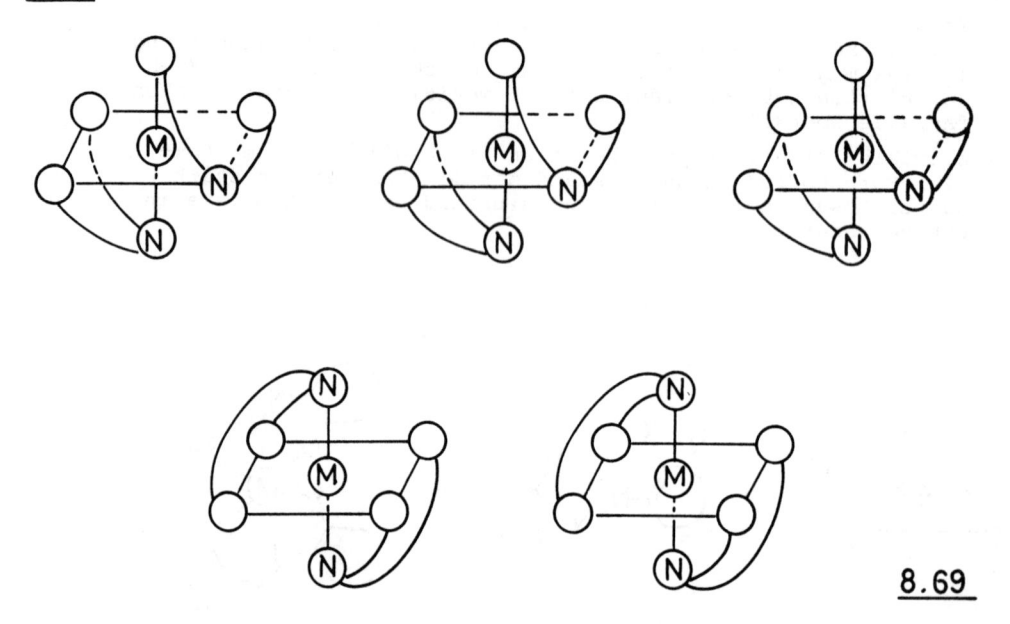

8.69

Schema 8-5  Zur Stereoisomerie facial koordinierter 2:1-Azometallkomplexe: Demonstrieren Sie anhand der perspektivischen Formeln 8.65 bis 8.69 die Anzahl der möglichen Diastereomeren

D) Welche Metallionen waren bei den Färbungen mit klassischen Beizenfarbstoffen gebräuchlich. Welche Farbtöne wurden mit Alizarin SW (2,3-Dihydroxy-anthrachinon-sulfonat) erzielt? Herstellung der Beizen?

　a) Welches Strukturelement hebt die neueren Chromierfarbstoffe von den älteren Beizenfarbstoffen ab?

b) Welche Vorteile (Nachteile) bringt die Verwendung von Chromierfarbstoffen anstelle von Metallkomplex-Säurefarbstoffen?

c) Warum sollte man das Färben von synthetischen Polyamiden mit Chromierfarbstoffen nach Möglichkeit vermeiden?

d) Der älteste - noch heute in den Handelssortimenten geführte - Chromierfarbstoff ist 5-(3-Nitrophenylazo)-salicylsäure; wo, wann und von wem wurde er erfunden?

e) Die anionische Gruppierung des Alizaringelbs [C.I. Mordant Yellow 1] geht bei der Komplexbildung verloren; eine elektrostatische Bindung an Kationen der Faser ist dann nicht mehr möglich. Wodurch wird dieser Nachteil kompensiert?
Erkennen Sie eine Analogie in der Verankerung der klassischen Beizenfarbstoffe?

f) Viele Chromierfarbstoffe können auch einbadig gefärbt werden; welche Vorkehrungen sind nötig, damit der Komplex nicht als schwer löslicher Niederschlag aus der Flotte ausfällt?

E) Direktfarbstoffe werden als Aggregate in Hohlräume der Cellulosefasern eingelagert. Kennen Sie Ursachen und Nachweis der Aggregatbildung? Konstruieren Sie die Formel eines hypothetischen Azo-Direktfarbstoffes, dessen Strukturelemente sämtliche unter 6.7.3 diskutierten Nachbehandlungsmethoden zulassen.

F) Welche Hersteller brachten als erste Reaktivfarbstoffe auf den Markt?

a) Wie hoch schätzen Sie die Anzahl der bisher patentierten Reaktivgruppen?

b) Welche Neuentwicklungen sind zur Zeit aktuell?

c) Welche der unter 6-12 und 6-13 gezeigten sind Reaktivgruppen von Kaltfärbern? Welche formale Aenderung macht z.B. 6.27 zur Reaktivgruppe eines Kaltfärbers?

G) Welche Schritte sind beim Färben von Küpenfarbstoffen nach dem Ausziehverfahren zu unterscheiden? Nennen Sie das Reduktionsmittel, die Reduktionsbedingungen, die treibende Kraft für das Aufziehen, die üblichen Färbetemperaturen und die Oxydationsmittel.

H) Versuchen Sie anhand des Textes weitere Fragen zu formulieren.

# 9.
# Anmerkungen und Glossar

**9.1**
**Zum Abschnitt 1**

Auch die <u>Organisationsform der menschlichen Gemeinschaft</u> selbst kann mit diesen Ergebnissen direkt in Bezug gebracht werden. Demokratisch orientierte Gesellschaftsformen sind nur in dem Ausmass möglich, in dem Kommunikationstechnologien den weitgehenden Informationsfluss gewährleisten. Es ist deshalb nicht verwunderlich, dass zu Beginn der geschichtlichen Epoche gesellschaftliche Kleinstrukturen demokratisch, Groszstrukturen jedoch zentralistisch organisiert waren. Mit dem Anwachsen der politischen Machtsphäre auch der anfänglichen Kleinstrukturen sind diese ausnahmslos in zentralistisch geführte Systeme übergegangen. Wiederum demokratisch sind diese Gebilde erst ab etwa Mitte 19. Jh. geworden, als die Voraussetzung gegeben war.

Neue Probleme erwachsen heute aus der mangelhaften naturwissenschaftlichen Bildung breiter Bevölkerungsschichten und führender Repräsentanten, die sich so immer von neuem gegen Fehlentscheidungen und irrationale Aengste als unzureichend gefeit erweisen.

Eine in der ersten Hälfte dieses Jahrhunderts gipfelnde Apokalypse und die anscheinend nicht endende Kette neuerlicher Tragödien rufen nach neuen Methoden der Konfliktbewältigung, unzählige Opfer inner- und zwischenstaatlicher Willkür und Unvernunft nach einer wirksameren Auswahl und Kontrolle der Entscheidungsträger. Als Optimisten hoffen wir, ein entscheidender Impuls möge von einem realistischeren, in seinen wesentlichen Zügen durch neuzeitliche naturwissenschaftliche Denkansätze geprägten Welt- und Menschenbild ausgehen.

## 9.2
## Zum Abschnitt 2

(a) <u>Kardieren:</u> Maschinelles Aufspalten der Rohware in Einzelfasern, Gleichrichten und Vereinigen zum "Kardenband", das entweder direkt zum kardierten Garn versponnen oder nach Entfernen der kürzeren Fasern (Kämmen) zu Kammgarn verarbeitet wird (das dem Kardenband analoge Produkt heisst Kammzug).
<u>Vigogne</u> (Vicogne) : Spezielle Verarbeitungsform, ursprünglich für Baumwoll/Woll-Mischungen (zu Tabelle 2/2).

(b) Der nach Abzug der 80% Keratin verbleibende Teil setzt sich aus einer grossen Zahl verschiedener Proteine (17%) sowie weiteren in der Zelle vorhandenen Stoffen (Polysacchariden, Nucleinsäuren, Lipiden etc.) und sogar aus anorganischen Bestandteilen (Salzen, Spurenelementen) zusammen. Hydrolytische Schäden treten (u.U. indiziert durch die Bildung von "Wollgelatine") zuerst in den von Nichtkeratinproteinen gebildeten Bereichen auf.

(c) <u>Die Reisslänge</u> ist ein anschauliches, vom Querschnitt unabhängiges Mass für die Festigkeit; die Länge eines Probestückes, unter dessen Zuglast der Körper zerreisst oder bricht.

$$\frac{\text{Reisskraft (kg)}}{\text{Titer (kg/km)}} = \text{Reisslänge (km)}$$

(d) <u>Die Faserfeinheit</u> (Titer) wird in tex (früher Denier ≡ den) angegeben: Eine Faser hat den Titer 1 tex, wenn 10'000 m (1 den, wenn 9'000 m) 1 g wiegen.

Nach den SI-Einheiten kann die Formel für die Reisslänge nicht mehr angewendet werden, stattdessen gilt für die <u>titerbezogene Reisskraft</u>:

$$1 \frac{cN}{tex} \approx 1 \frac{p}{tex} = 1 \text{ km (R-Länge)}$$

(der Proportionalitätsfaktor weicht nur 2% von 1 ab).

## 9.3 Zum Abschnitt 3

Die Reissdehnung (Bruchdehnung) wird aus $\sigma/\epsilon$-Kurven ermittelt: $\sigma \equiv$ titerbezogene Dehnungskraft; $\epsilon \equiv$ Dehnung in % des ungedehnten Fadens; Ordinatenabschnitt des Bruchpunktes $\equiv$ Reisskraft; Abszissenabschnitt $\equiv$ Reissdehnung.

## 9.4 Zum Abschnitt 4

(a) Anregung, elektronisch/optische : Ueberführen des $\pi$-Elektronensystems in einen energiereicheren Zustand durch Lichtabsorption (um einer drohenden Begriffseinengung vorzubeugen, sollte "elektronisch" in diesem Zusammenhang möglichst beibehalten werden).

(b) Konzept der formalen Chromophorbausteine: H. B A L L I, Universität Basel, dankenswerte persönliche Mitteilung.

(c) Handelsnamen sind firmeneigene Bezeichnungen, unter denen die Hersteller ihre üblicherweise in Gammen (Handelssortimenten) mit einheitlichen färberischen Eigenschaften zusammengefassten Produkte anbieten; C.I. Vat Orange 2 $\equiv$ Indanthrenorange 2RT (BASF, Bayer, Höchst) $\equiv$ Caledonorange 2RT (ICI) $\equiv$ Cibanongoldorange F2R (Ciba-Geigy).

## 9.5 Zum Abschnitt 5

Die anderen neun Herstellungsverfahren für Azoverbindungen werden z.B. im "Leitfaden" von RYS und ZOLLINGER diskutiert (vgl. 10.6).

## 9.6
**Zum Abschnitt 6**

(a) Thiodiäthylenglykol (Lyoprint G) bildet bei Einwirkung von HCl in der Hitze das gefährliche Lost (Senfgas, Yperit):

$$HO-CH_2-CH_2-S-CH_2-CH_2-OH \quad \text{Lyoprint G}$$

$$Cl-CH_2-CH_2-S-CH_2-CH_2-Cl \quad \text{Lost (Kampfgas)}$$

(b) Polyolefinfasern werden nach dem Schmelzspinnverfahren aus den Polymerisaten geeigneter Olefine gewonnen. Ein preiswerter Rohstoff ist Propylen, von welchem sich syndiotaktische Fasern von hoher Festigkeit und Chemikalienbeständigkeit ableiten (Smp. 160-170° C). Infolge des Paraffincharakters sind solche Fasern schwierig zu färben. Nickelpolypropylen erhält man durch Zusatz von Nickelverbindungen zum Spinnbad.

(c) Sollten sich Direktfarbstoffe mit kationischen Substituenten durchsetzen, müsste die Definition zu 6.5 entsprechend abgeändert werden.

## 9.7
**Zum Abschnitt 7**

(a) Das Bestreben, seine Umgebung gezielt farblich zu gestalten, scheint einem menschlichen Grundbedürfnis zu entsprechen: Einerseits sind es künstlerisch/ästetische Motive, die zur Anwendung von Farbe führen, und zum anderen wurde Farbe als Symbolik für mystisch-religiöse Rituale verwendet, die dann in Insignien der Macht einmündeten (der Purpur der Könige). Verfehlt wäre die

Annahme, die in der Färberei verwendeten natürlichen Farbstoffe seien Substanzen, deren sich auch die Natur zur Farbgebung bediene. Das ist keineswegs der Fall. Keine einzige Pflanze ist mit Alizarin oder Indigo gefärbt und dies sind die beiden bedeutendsten Vertreter der natürlichen Farbstoffe. Indigofera Anil enthält keinen Indigo und Rubia Tinctorum kein Alizarin. In den Stengeln der ersteren findet sich lediglich das Ausgangsmaterial oder der Rohstoff für die Gewinnung des Indigo, und in den Wurzeln der letzteren ist das Ausgangsmaterial für die Krappfärbung enthalten. Die Farbstoffe selbst entstehen erst durch chemische Prozesse. Ein prinzipieller Unterschied zur heutigen Situation besteht daher nicht. (Zu 7.1.1)

(b) Die zum Einsatz gelangenden Enzyme heissen Diastasen und bestehen aus der stärkeabbauenden Komponente Amylase und der eiweissabbauenden Komponente Peptidase, die aus keimenden Gerstenkörnern, aus tierischen Bauchspeicheldrüsen oder aus Bakterien gewonnen werden. (Zu 7.1.1.1)

(c) Lisiere : Webkante
Kassure : Bruch, Falte (vor allem bei Naturseide auftretend)
Creponieren (Kreppen) :
Krepp-Gewebe werden in der Kette oder im Schuss oder in beiden Fadenrichtungen aus hochgedrehten oder hochgezwirnten Krepp-Garnen gefertigt, welche sich beim Einbringen in quellend wirkende Bäder kringeln und eine charakteristische Veränderung der Gewebeoberfläche auslösen. Da sie teils links-, teils rechtsgedreht sind und mustergemäss miteinander abwechseln können, entstehen stark von einander abweichende, mehr oder weniger gekörnte oder gefurchte Warenbilder. Gekreppt werden vor allem seidene und kunstseidene Gewebe; grundsätzlich sind die Effekte, die unter Umständen auch unbeabsichtigt auftreten können, bei allen Fasermaterialien möglich. Die vor dem Zwirnen aufgebrachte Schlichte bremst den Quell-Prozess in der gewünschten, zu einem gleichmässigeren Warenbild führenden Weise ab, dient hier also nicht nur dem Schutz vor der starken mechanischen Beanspruchung. Für die Kreppbäder verwendet man bei Viskose-Kunstseide alkalische Seifen-, für Acetat und Naturseide ameisensaure Tensid-Lösungen (zu 7.1.3 und 7.1.6).

(d) Abkürzungen:

CV ≡ Viskose  
PES ≡ Polyester  
PAC ≡ Polyacrylnitril  
HT ≡ Hochtemperatur(färbung)  
CO ≡ Baumwolle  
PET ≡ Polyäthylenglykolterephthalat  
PA ≡ Polyamid  

(Zu 7.2.5.2 ff)

(e) Unter "Vorschärfen" versteht man die Beigabe von Lauge und Reduktionsmittel zum blinden Färbebad, unter "blind" das Fehlen des Farbstoffes (zu 7.2.5.6).

(f) Unter bestimmten Voraussetzungen lässt sich der dispergierte Küpenfarbstoff auch aus langer Flotte - quasi im Ausziehverfahren - an der Faseroberfläche adsorbieren (zu 7.2.5.6).

(g) Die Grundlagen des Walkens sind Filz- und Einlauftendenz der Wolle, sodass Stückware in einem Ausmass verdichtet werden kann, wie es webereitechnisch niemals möglich wäre; Produkte sind äusserst strapazierfähige "Tuche", die ausserordentliche Festigkeitseigenschaften zeigen und einen idealen Wind- und Wetterschutz darstellen; walkecht sind Farbstoffe mit hohen Nassechtheiten (zu 7.2.6).

(h) Unter Karbonisieren versteht man eine Behandlung in heisser Säure, welche dazu dient, etwa in der Ware vorhandene Cellulosebestandteile zu entfernen (zu 7.2.6.3).

(i) Unter Vigoureux-Druck versteht man das streifenförmige Bedrucken von Kammzug. In der Weiterverarbeitung entsteht daraus ein Garn, das farbig-weiss gesprenkelt erscheint (zu 7.2.6.4).

(j) Um Tongleichheit zu erzielen, muss bei starken Differenzen im Oberflächenglanz die stärker reflektierende Komponente etwas tiefer angefärbt werden (zu 7.2.9.1).

## 9.8

## Zum Abschnitt 8

<u>8.3</u>  C.I. Basic Orange 21, asymmetrisch verknüpftes Cyanin.

Wird hergestellt aus 1,3,3-Trimethyl-$\Delta^{2,\alpha}$-indolinacetaldehyd (Elektrophil) und 2-Methyl-indol (Nucleophil). Analog hergestellt wird C.I. Basic Orange 22; nucleophile Komponente ist dann 1-Methyl-2-phenyl-indol.

<u>8.4</u>  C.I. Pigment Violet 23, vgl. 5.6.1.4.

<u>8.5</u>  Bromaminsäure, vgl. 5.6.1.1.

<u>8.6</u>  Pararot, vgl. 6.10.

<u>8.7</u>  C.I. Mordant Black 3, Chromierfarbstoff ≡ Säurefarbstoff mit komplexbildender Anordnung von Substituenten.

Wird hergestellt aus Aminonaphtholsulfonsäure und 2-Naphtholat.

<u>8.8</u>  C.I. Basic Yellow 11, Hemicyanin.

Wird analog <u>8.3</u> hergestellt.

<u>8.9</u>  C.I. Direct Yellow 12, Disazo/Stilben-Farbstoff.

Wird hergestellt aus Stilben: Sulfonieren, nitrieren, reduzieren, diazotieren, auf Phenolat kuppeln, den resultierenden Indikatorfarbstoff veräthern.

<u>8.10</u>  Zwischenprodukt, vgl. 5.6.1.3

<u>8.11</u>  Roter Reaktivfarbstoff (Patentliteratur).

Anilinsulfonsäure → (alk.) H-Säure-Amid.

<u>8.12</u>  Dehydrophthalocyanin, vgl. 5.5.1.

8.13 C.I. Direct Brown 95, Trisazo/Metallkomplex (liegt als Produktionsmischung mit den beiden symmetrisch substituierten Biphenylderivaten vor).

       1. Salizylsäure
Benzidin
       2. [Resorcin + Aminophenolsulfonsäure]

8.14 wie 8.10

8.15 C.I. Direct Blue 166, Kupferungsfarbstoff (endständige Aminosubstituenten: potentiell auch als Diazotierfarbstoff brauchbar, vgl. 6.7.3).

Dihydroxy-benzidin $\rightarrow$ (alk.) J-Säure.

8.16 J-Säure-Harnstoff, Zwischenprodukt, vgl. 5.4.5.

8.17 Alizaringelb FS, klassischer Beizenfarbstoff (1885, heute nicht mehr im Handel).

Strukturklasse: Merochinoid (Hexaaza-Derivat, phenylog und vinylog) oder Trisazo/Triphenylmethan.

Wird hergestellt aus dem Triphenylmethanfarbstoff Magenta und Salizylat.

8.18 Basischer Farbstoff (Patentliteratur).

Wird hergestellt aus 8-Aminochinolin und (subst.) Cresolat; die Bindung an Cu(II) führt unter Abgabe eines Protons zum kationischen Komplex.

8.19 C.I. Acid Black 24  Obwohl mit 5.138 konform, als Direktfarbstoff ungeeignet. Vermutlich wird die Aggregationstendenz durch die Anhäufung 1,4-verknüpfter Naphthalinreste unterdrückt; man bedenke die freie Drehbarkeit um die C-N-Bindungen.

Naphthylaminsulfonsäure → Naphthylamin → N-Phenyl-perisäure.

8.20 Zwischenprodukt zur Herstellung von C.I. Acid Violet 70 (mit zwei identischen Liganden; die unsubst. Sulfonamidgruppe ist für 2:1-Azo/Metallkomplex-Säurefarbstoffe charakteristisch).

Wird hergestellt aus Aminophenolsulfonsäureamid, Dichlornaphtholat und Co(III)Salz.

Merke: Grössere Substituenten in 5-Stellung eines 1-Naphthols beeinträchtigen die (normalerweise bevorzugte) Kupplung in 4-Stellung zugunsten der ortho-Kupplung; der schrittweise Einbau der Liganden in die Koordinationssphäre eines Komplexes wird durch unterschiedliche Bildungskonstanten erleichtert, vgl. 5.5.3.

8.21 C.I. Acid Green 16, Triarylcarbeniumfarbstoff (Merochinoid; mässig saure Färbung: Nassechtheit gut).

Wird hergestellt aus 4,4'-Bis(dimethylamino)benzhydrol (Elektrophil) und 2,7-Naphthalin-disulfonsäure (Nucleophil) in 15%iger wässriger Schwefelsäurelösung; das Kondensationsprodukt (Leukoform) wird mit $PbO_2$ oxydiert, Kristallisation nach NaCl-Zusatz.

8.22 "Urindigo", Modellfarbstoff zur Ueberprüfung einer quantenchemischen Voraussage.

Merke: Die blaue Farbe des klassischen Indigos ist eine Kristalleigenschaft; Indigodampf ist wie der von 8.22 violett (die Benzkerne im Indigo tragen nicht wesentlich zur langwelligen Absorption bei).

Wird hergestellt aus Pyrrolidinon-2-carbonsäure, vgl. Indigosynthesen in 5.6.2.1.

8.23 Sondenfarbstoff zur empirischen Ermittlung der Lösungsmittelpolarität, Pyridinium-Phenolat-Betain (ungewöhnlich starke Solvatochromie: Lösungsfarben gelb bis blau, vgl. C. REICHARDT in 10.6).

Merke: Aus den Vis-Spektren des Sondenfarbstoffes wurden sogenannte $E_T$-Werte ermittelt; sie sind der Wellenzahl des Absorptionsmaximum proportional und geben ein Mass dafür, wie sich beim Lösungsmittelwechsel die Solvatationsenergie des

Grundzustandes relativ zu der des angeregten Zustandes ändert, also ein weitaus besseres Mass für die LM-Polarität, als es Dielektrizitätskonstante oder Dipolmoment liefern können: Die $E_T$-Werte sind z.B. mit Aktivierungsenthalpien und Geschwindigkeitskonstanten durch "lineare Freie Energie-Beziehungen" (analog der HAMMETT-Gleichung) verknüpft.

Wird hergestellt aus Triphenyl-pyrylium-tetrafluoroborat und Diphenylaminophenol (NaOAc/EtOH, Rückfluss).

8.24 C.I. Vat Red 45, vgl. 5.6.2.3.

8.25 Potentieller pH-Indikator, Indigoid, vgl. 5.248 (die Farbbase ist himbeerfarben, das Farbsalz blau; das Säure/Base-Gleichgewicht wird von einem Tautomeriegleichgewicht überlägert).

Die freie Base wird hergestellt aus Dimethyl-phenyl-chinoxalinium-perchlorat mit Cu(II)Acetat in $CH_3CN$.

8.26 C.I. Direct Violet 46 ($\equiv$ 5.180).

8.27 C.I. Mordant Red 7, Chromierfarbstoff.

Wird hergestellt aus Aminonaphthol-sulfonsäure (Rotkomponente) und dem enolisierbaren Phenyl-methyl-pyrazolon (Gelbkomponente). Mit Cr(III) entsteht auf der Wollfaser der rote Komplex.

8.28 Hypothetischer Monoazofarbstoff.

Kann nicht mittels Azokupplung gewonnen werden.

8.29 Potentieller Säurefarbstoff, Formazan/Metallkomplex, vgl. 5.5.2.

8.30 C.I. Acid Yellow 3, verzweigtes Neutrocyanin, vgl. 5.1 und 5.6.2.3 (liegt je nach Hersteller in Produktionsmischung mit einem Homologen und/oder Mono- und Trisulfonaten vor).

Wird hergestellt aus Chinaldin (evtl. im Gemisch mit 2,6-Dimethylchinolin) und 5.27 ($ZnCl_2$-Aktivierung); das Kondensationsprodukt wird sulfoniert.

8.31 Pyrazolonblau, Isoindigoid.

Wird hergestellt durch oxydative Dimerisierung analog Schema 5-62.

8.32 C.I. Mordant Blue 27, klassischer Beizenfarbstoff zum Färben auf chromgebeizter Wolle.

Wird hergestellt aus Alizarin in einer dreistufigen Synthese, im letzten Schritt mit Glycerin, Schwefelsäure und $C_6H_5NO_2$ nach SKRAUP.

8.33 Pflanzenfarbstoff, Biokatalysator, vgl. 2.1.1.

8.34 C.I. Pigment Red 224.

Umsetzung mit p-Phenylazoanilin ergibt C.I. Pigment Red 178.

8.35 C.I. Natural Yellow 29 (Zeaxanthin), Polyen (Carotinoid).

8.36 C.I. Basic Orange 24.

Wird hergestellt durch Kupplung des p-Aminobenzoyl-Derivates auf Methylanilino-acetonitril.

8.37 C.I. Disperse Green 5.

8.38 C.I. Acid Blue 45 (Komplexbildung ist prinzipiell möglich).

Wird hergestellt aus 1,5-Dihydroxyanthrachinon (1. Sulfonieren, 2. Nitrieren, 3. Reduzieren mit $Na_2S$).

8.39 Alkalilösliches Acylaminoanthrachinon, vgl. 5.6.1.3.

8.40 C.I. Acid Red 111 (wegen der Methylgruppen am mittleren Strukturelement nicht als Direktfarbstoff brauchbar, vgl. Schema 5-27).

Wird hergestellt aus m-Tolidin, Naphtholdisulfonsäure und Phenol; Veresterung mit Toluolsulfonsäurechlorid.

Merke: Der unveresterte Farbstoff ist ein potentieller Säure/Base-Indikator (saurer phenolischer Substituent!).

8.41 Solubilised Vat Yellow 5, vgl. 6.8.4.

8.42 C.I. Acid Yellow 24, vgl. 5.3 (das sublimierechte Acid Yellow 1 trägt zusätzlich eine Sulfogruppe in 7-Stellung).

8.43 Farbstoff für nichttextile, potentielle technische Anwendung, phenyloges Polymethin (Neutrocyanin).

Gehört zu einer Gruppe von Farbstoffen, denen eine zweite ringgeschlossene Form (B) zuzuordnen ist; zwischen dem Farbstoff und dem Spiropyran B liegt eine Energiebarriere, die durch Energiezufuhr ( hν oder Δ ) überwunden werden kann (Photochromie, Thermochromie).

Wird hergestellt aus FISCHER-Base (Nucleophil) und Nitrosalizylaldehyd (Elektrophil).

8.44 Dehydro-Indanthron, vgl. 6.8.3.4.

8.45 C.I. Mordant Violet 28, Merochinoid (die Ladung ist für die Bestimmung der Applikationsklasse hier unerheblich, Vorrang haben die komplexbildenden Gruppen).

Wird hergestellt aus 2-Chlor-4-diäthylamino-benzaldehyd (Elektrophil) und 3-Methylsalizylsäure (Nucleophil); das Kondensationsprodukt (Leukoform) wird mit Nitrosylschwefelsäure ($NOHSO_4$) oxydiert.

8.46 Gehört zu einer Gruppe potentieller grüner Pigmente und Dispersionsfarbstoffe, Chinonimid (problematisch ist vor allem die Lichtechtheit).

In Gegenwart einer Hilfsbase entsteht aus 1,2,3-Trimethylchinoxaliniumperchlorat und 2,3-Dichlor-1,4-anthracenchinon ein blauer "Chinonylmethanfarbstoff"; die anschliessende Cyclokondensation führt über ein rotes Zwischenprodukt, das statt der Doppelbindung an Position 15 zwei gesättigte C-Atome aufweist.

Die Farbänderungen verdeutlichen die Kopplung der beteiligten Oszillatoren: Kombination der Merocyanin-Teilstruktur mit der 1,4-chinoiden Komponente lässt die Absorption vom grünen in den gelben Spektralbereich wandern (Komplimentärfarben rot → blau), bei Kombination mit der Teilstruktur des 2,6-Naphthochinonimids entsteht ein Farbstoff mit einer stärker bathochromen Verschiebung und einer zusätzlichen Bande im kurzwelligen Bereich (Absorptionslücke im mittleren, grünen Spektralbereich, vgl. 4.2).

8.47 C.I. Acid Orange 74, 1:1-Azo/Metallkomplexfarbstoff für stark saure Wollfärbung.

Wird hergestellt aus dem subst. Aminophenol, der Enolatkomponente 5.106 und Cr(III)Salz.

8.48 NIR-Farbstoff, Diaza-Neutrocyanin (trotz der mehrfachen Verzweigung bewirken die zwischen den Endgruppen aufgereihten 15 π-Zentren eine ungewohnt langwellige Absorption).

Merke: NIR ≡ Near Infrared (730 < λ < 1800 nm).

Wird hergestellt aus 2-Amino-5-formylthiazol (Azokupplung und Kondensation mit 5.12).

8.49 Farbstoff für nichttextile, potentielle technische Anwendung, Chinonimid.

Lässt sich u.a. aus Dihydroxybenzochinon und N-substituierten Phenylendiaminen aufbauen. Bei Herstellung aus Salzen des 1-Methyl- und des 1-Phenyl-2,3-dimethyl-chinoxalins überrascht die Orientierung (man erwartet eigentlich die Bildung eines Isomeren). In Gegenwart einer Hilfsbase entsteht die korrespondierende Farbbase.

8.50 Zwischenprodukt, vgl. Schema 5-53.

8.51 C.I. Mordant Red 3, Chinoid.

Als Säurefarbstoff auf Wolle: braun.
Auf metallgebeizter Wolle: gelbstichig orange (Sn), orange (Al), violett (Cr), dunkelblau (Fe).

Wird hergestellt aus Anthrachinon (1. $NaOH/NaClO_3$, 2. $SO_3/H_2SO_4$).

8.52 Potentieller Basischer Farbstoff mit guter Lichtechtheit, Triazacyanin, vgl. 5.1 und 10.6.

Wird hergestellt u.a. aus 2-Chlor-3-äthyl-benzthiazolium-tetrafluoroborat und $NaN_3$ (Stöchiometrie 2:3). In protonischen Lösungsmitteln entsteht 2-Azido-3-äthyl-benzthiazolium-tetrafluoroborat, das in aprotonisch-polaren Lösungsmitteln das Azid-Ion zum äusserst instabilen $C_9H_9N_7S$ anlagert ($N_6$-Kette). Schrittweise $N_2$-Eliminierung führt zum heterocyclischen Ylid $C_9H_9NS$, das mit dem 2-Azido-Derivat zum Farbstoff kombiniert (formulieren Sie die Reaktionsgleichung!).

8.53 pH-Indikator, Orange I, vgl. 5.4.4..

8.54 Zwischenprodukt: Die 1:1-Komplexbildung mit Cr(III) ergibt C.I. Acid Yellow 99.

Wird hergestellt mittels Kupplung auf eine enolisierbare aliphatische Komponente.

8.55 Potentieller Basischer Farbstoff, blau, neuartiges chromophores π-System, das in Analogie zu Schema 5-45 formal aus der Kombination zweier dikationischer Cyanine resultiert (mit je 9 π-Zentren zwischen den Endgruppen).

Eine Rechnung lässt für analoge Chinolinderivate eine kürzerwellige Absorption vorhersehen und unterstreicht so den wesentlichen Beitrag der N-Atome in Stellung 4.

Wird hergestellt aus 6-Dimethylamino-1,2,3-trimethyl-chinoxalinium-perchlorat mit Cu(II)Acetat in $CH_3CN$.

# 10.

# Hinweise für ein vertieftes Studium

Um den Einstieg in spezielle Themenkreise zu erleichtern, haben wir

1) Randgebiete berücksichtigt, die im vorangegangenen Text nicht vorkommen,

2) von Bücherzitaten abgesehen, stets erläuternde Stichwörter, in der Regel eine verkürzte Wiedergabe des Titels, nachgestellt.

Eine ausführliche Fassung wird im Register mit den Seitenzahlen Ia bis IIIw berücksichtigt; interessierte Leser erhalten sie vom INSTITUT FüR FARBENCHEMIE, St. Johanns-Vorstadt 10-12, CH-4056 Basel, gegen einen Unkostenbeitrag von sFr. 10.-- (Postscheck Basel 40-20998-9).

## 10.1
## Polymerwissenschaften

<u>Ueberblick</u>

Elias, H.G.: Makromoleküle. Basel: Hüthig und Wepf 1981

Elias, H.G.: Grosse Moleküle. Berlin-Heidelberg-New York: Springer 1985

Hiemenz, P.C.: Polymer chemistry; the basic concepts. New York: Dekker 1984

Rink, G., Schwahn, M.: Einführung in die Kunststoffchemie. Frankfurt/Main: Diesterweg 1983

Ceausescu, E.: Nouvelles recherches dans le domaine des composes macromoleculaires. Oxford: Pergamon 1984

Allen, N.S., Mc Kellar, J.F. (Eds): Photochemistry of dyed and pigmented polymers. Amsterdam: Elsevier 1980

Ebert, G.: Biopolymere, Darmstadt: Steinkopf 1980

Dehne, H., Kreysig, D.: Natürliche organische Makromoleküle, Berlin (Ost): Deutscher Verlag der Wissenschaften 1982

Chatterjee, P.K.: Cellul. Chem. Technol (ACS Symp. Ser) 48, 173 - 88 (1977) Thermoacoustical techniques

Bovey, F.A.: Org. Coat. Appl. Polym. Sci Proc. 48, 76 - 86 (1983) NMR und Makromoleküle

Morton, M.: Rubber Chem. Technol. 58, 75 - 94 (1985). Rubber enters the polymer age

Kern, W., Schulz, R.C.: Bemerkungen zur Nomenklatur und Terminologie makromolekularer Stoffe. In: Houben-Weyl, Methoden der organischen Chemie, Bd 14. Stuttgart: Thieme 1961


Cellulose


Gruber, E., Krause, T., Schurz, J.: Ullmanns Encykl. Tech. Chem. (4. Aufl.) 9, 184-91 (1975). Struktur, Vorkommen, Qualitätsprüfung, Verwendung

Colvin, J.R.: Prog. Biotechnol. 1, 279-83 (1985). Biosynthese: Bildung der Mikrofibrillen

James, D.W., Preiss, J., Elbein, A.D.: Polysaccharides 3, 107-207 (1985). Biosynthese

Brown, R.M., Haigler, C.H., Sultie, J., White, A.R., Roberts, E., Smith, C.J.: Appl. Polymer Sci, Appl. Polym. Symp 37, 33-78 (1983) Biosynthese und Abbau

Goring, D.A.: Cellul. Chem. Technol (ACS Symp. Ser) 48, 273-7. A speculative picture of the delignification process

Crönert, H., Dalpke, H.L., Kilpper, W., Pothmann, D., Berndt, W.: Ullmanns Encykl. Tech. Chem., (4. Aufl.) 17, 531-76 (1979). Zellstoff, Holzstoff, andere Papierrohstoffe

Hunger, G., Placzek, L., Günder, W., Dalpke, H.L., Rohmann, M.E., Mummenhoff, P., Bergmann, W., Sollinger, H., Schoch, W., Ströhle, U., Horand, D.: Ullmanns Encykl. Tech. Chem., (4. Aufl.) 17, 577-635 (1979). Papierherstellung


(Ib/Ic)

Kraessig, H.: Papier (Darmstadt) 38, 571-82 (1984). Struktur und
Reaktivität

Burkart, P.: Oesterr. Chem. Z. 86, 96-104 (1985). Struktur und
heterogene Reaktionen

Pasteka, M.: Cellul. Chem. Technol. 18, 276-74 (1984). Heterogene
Reaktionen


Strukturproteine


Weber, K., Osborn, M.: Spektrum Wissensch. 1985 (12), 102-14.
Die Moleküle des Zellskeletts

Weber, K., Geisler, N.: EMBO Journal 1, 1155-60 (1982). Intermediate
filament proteins in living cells and the α-keratins of sheep wool:
structural relation

Woods, E.F., Ingles, A.S.: Int. J. Biol. Macromol 6, 277-83 (1984).
Organization of the coiled-coils in the wool microfibril

Fraser, R.D.B., Mac Rae, T.P.: Linn. Soc. Symp. Ser. 9, 67-86 (1980).
Current views on the keratin complex

Fraser, R.D.B., Mac Rae, T.P.: Biosci Rep. 3, 517-25 (1983). The
structure of the α-keratin microfibril

Fraser, R.D.B., Mac Rae, T.P., Suzuki, E., Parry, A.D., Trajstman,
A.C., Lucas, I.: Int. J. Biol. Macromol 7, 258-74 (1985).
Molecular interactions in the filament

Fraser, R.D.B., Mac Rae, T.P., Parry, A.D., Suzuki, E.: Proc. Natl.
Acad. Sci. USA 83, 1179-83 (1986). Intermediate filaments in
α-keratins

Thomas, H., Spei, M.: Melliand Textilber. 65, 208-9 (1984). Proteine
der Mikrofibrillen: Isolierung

Kuczek, E., Rogers, G.E.: Eur. J. Biochem. 146, 89-93 (1985).
Glycin- und tyrosinreiche Wollproteine: Charakterisierung von DNA-
clones

Elleman, T.C.: Biochem. J. 130, 833-45 (1972). Primärstruktur von
schwefelreichen Wollproteinen

Swart, L.S., Joubert, F.J., Parris, D.: Proc. Int. Wolltextil-
forschungskonferenz (Aachen) 2, 254-63 (1975). Primärstruktur ausgewählter Wollproteine

Treiber, L.R., Wong, W.M., Shen, M.E., Walton, A.G.: Int. J. Peptide
Protein Res. 10, 349-62 (1977). Ein synthetisches Polypeptid mit
α-helicaler Sekundärstruktur


(Id/Ie)

Dickerson, R.E., Geiss, J.: Struktur und Funktion der Proteine. Weinheim: Verlag Chemie 1971. Die zitierte Passage stammt vom Anfang des zweiten Abschnittes

Morrison, R.T., Boyd, R.N.: Organic Chemistry. (4. Ed.) Boston: Allyn and Bacon 1983. Im Abschnitt "Aminosäuren und Proteine" findet man die wichtigsten Methoden der Endgruppenbestimmung und ein Uebungsbeispiel zur Sequenzanalyse

Baumann, H.: Gelernt - Vergessen 1984, 37-40. Amphotere Elektrolyte: Aminosäuren, Peptide, Proteine

## Spezielle Materialien

Ise, N., Tabushi, I. (Eds.): An introduction to speciality polymers. Cambridge: Univ. Press, 1983. Aus dem Inhaltsverzeichnis : Reactive polymers, macromolecules as catalysts, polymers having energy-converting capability, transport phenomena and functional polymers, synthetic bilayer membranes, information transmitting macromolecules

Elias, H.G.: Ullmanns Encykl. Tech. Chem., (4. Aufl.) 15, 421-48 (1977). Kunststoffe mit besonderen Eigenschaften, 146 Lit.-Zitate

Broll, C.: Bild d. Wissenschaft (Stuttgart) 1987 (3), 102-113. Initialzündung für intelligente Kunststoffe

Schulz, R.C.: Pure Appl. Chem. 56, 417-26 (1984). Some new linear and branched polymers

Mark, H.: Lenzinger Ber. 55, 7-10 (1983). Entwicklungstendenzen : strom- und lichtleitende Materialien, Verbundwerkstoffe

Ciferri, A., Ward, J.M. (Eds.): Ultra-high modulus polymers. Amsterdam: Elsevier 1979

Seymour, R.B., Kirschenbaum, G.S. (Eds.): High performance polymers: their origin and development. Amsterdam: Elsevier 1986

Evans, C.W. (Ed.): Developments in rubber and rubber composites, Bd. 2. Amsterdam: Elsevier 1983

Blackleyr, D.C.: Synthetic rubbers-their chemistry and technology. Amsterdam: Elsevier 1983

Dahlquist, R.: Kautsch. Kunstst. 1985, 617-20. An overview of adhesive technology

Gibson, H.W.: Polym. Sci. Technol. (Plenum) 25, 381-97 (1984). Stromleitende Polymere

## 10.2
## Faserkunde

Ueberblick

Rebenfeld, L.: Kirk Othmer Encykl. Chem. Technol., 3rd Ed. 22, 762-8 (1983). Ueberblick

Pfeifer, H.: Ullmanns Encykl. Tech. Chem. (4. Aufl.) 11, 193-204 (1976). Fasern: Geschichte, Systematik, Charakterisierung, wirtschaftliche Aspekte

Bonart, R., Orth. H.: Ullmanns Encykl. Tech. Chem. (4. Aufl.) 11, 205-48 (1976). Faserstruktur

Falkai, B. von: Chemiefasern/Textilind. 33, 372-8 (1983). Spezifische Fasereigenschaften

Zahn, H.: Lenzinger Ber. 60, 7-18 (1986). Neues über den Feinbau von Textilfasern

Stein, H.J.: Textilveredlung 19, 52-6 (1984). Chemiefasertabelle

Bauer, R., Koslowski, H.J.: Chemiefaserlexikon - Begriffe, Zahlen, Handelsnamen (9. Aufl.). Frankfurt/Main: Dtsch. Fachbuchverlag


Naturfasern

Zahn, H., Altenhofen, U., Wortmann, F.J.: Ullmanns Encykl. Tech. Chem. (4. Aufl.) 24, 489-506 (1983). Ueberblick Wolle

Mc Phee, J.R., Shaw, T.: Rev. Prog. Color. Relat. Top. 14, 58-68 (1984). The chemical technology of wool processing: 136 Lit.-Zitate (1934 - 1984)

Nishimura, H., Sarko, A.: J. Appl. Polym. Sci 33, 855-74 (1987). Mercerization of cellulose: Changes in crystalite sizes, mechanism of mercerization

Kocher, E., Stogdon, R., Krucker, W., Günther, R., Marty, W.B., Bartsch, F.: Textilveredlung 18, 285-310 (1983). Produktion, Marktentwicklung, Textilpflanze als Nahrungsquelle, neuzeitliche Veredlungsverfahren

(Im,Io,Iq)

## Chemiefasern

Kehren, M.L., Reichle, A.: Ullmanns Encykl. Tech. Chem. (4. Aufl.) <u>9</u>, 213-26 (1975). Cellulose-Chemiefasern: Ueberblick

Treiber, E.E.: Lenzinger Ber. <u>58</u>, 25-30 (1985). Viskose: Kostengünstige Neuerungen und ihre Probleme

Serad, G.A.: Encykl. Polym. Sci. Eng. (Wiley) <u>3</u>, 200-26 (1985). Normal- und Triacetat: Uebersicht mit 124 Lit.-Zitaten

Williams, D.J.: Textilveredlung <u>18</u>, 226-30 (1983). Problematischer Polyester

Zeitler, H.: Melliand Textilber. <u>66</u>, 132-8 (1985). Cyclische Oligomere

Hirt, P., Herlinger, H., Winghofer, R., Klimpke, R., Gutmann, R.: Chemiefasern/Textilind. <u>34</u>, 428-37 (1984). Modifizierte Acrylfasern mit verbesserten Löse- und Färbeeigenschaften

Bach, H.C., Knorr, R.S.: Encykl. Polym. Sci. Eng. <u>2</u>, 334-88 (1985) Acrylfasern: Ueberblick; 432 Lit.-Zitate

Matthies, P.: Ullmanns Encykl. Tech. Chem. (4. Aufl.) <u>19</u>, 39-54 (1980). Polyamide: Herstellung, Eigenschaften, Verarbeitung, wirtschaftliche Entwicklung

Enneking, H.: Chemiefasern/Textilind. <u>36</u>, 676-9 (1986). Herstellung von Standard- und Spezialfasern aus Polypropen

Blumberg, H.: Chemiefasern/Textilind. <u>34</u>, 808-16 (1984) und J. Ind. Fabr. <u>3</u>, 9-32 (1984). Die Zukunft der neuen Hochleistungsfasern aus Aramid, C, SiC, $Al_2O_3$ und B

Helminiak, T.E., Evers, R.C.: Polym. Mater. Sci. Eng. <u>49</u>, 689-93 (1983). Massgeschneiderte Hochmodulfasern

Dopp, M.G., Mc Intyre, J.E.: Adv. Polym. Sci. <u>60</u>, 61-98 (1984). Aromatische Polykondensate, flüssigkristalline Phasen


## Faser-Mischungen

Srivastava, M.L., Deshpande, S.D.: Text. Dyer Printer <u>19</u>, 18-20 (1986). Polyester/Baumwolle: Technologische Fortschritte


(Is bis Iw)

Needles, H.L., Brook, D.B., Keighley, J.H.: Text. Chem. Color 17, 177-80 (1985). How alkali treatments affect selected properties of polyester, cotton and polyester/cotton fabrics

Bajaj, P., Chakrapani, S., Jha, N.K.: J. Macromol. Sci.,Rev. Macromol. Chem. Phys. 25, 277-314 (1985). Flame retardant finishes for polyester/cellulosic blends

Reichstaedter, B., Sevcikowa, V.: Dtsch. Färberkal. 81, 350-64 (1977). Hochbauschfasern und ihre Mischungen mit Wolle: Herstellung und Eigenschaften

Kossina, A., Lejeune, H.: Lenzinger Ber. 58, 24-32 (1985). Modalfasern: Die alternative Mischungskomponente für funktionelle Sportbekleidung

Dickson, K.: Rev. Prog. Color. Relat. Top. 14, 1-8 (1984). Baumwolle und Baumwollmischungen: Vorbehandlung, Bleichen


## Standard- und Spezialfasern: Spezielle Einsatzbereiche

Tarnoky, F.: Textilveredlung 21, 102-5 (1986). Technische Anwendungen: Uebersicht

Stull, J.O.: J. Ind. Fabr. 4, 13-22 (1985). Schutzbekleidung

Hillermeyer, K.H.: VDI-Berichte 475, 467-71 (1983). Asbest-Ersatz

Ebneth, H.: Textilveredlung 21, 105-8 (1986). Metallisierte Fasern und ihre Einsatzbereiche

Jlschner, B., Röhr, H., Prinz, R., Stöckel, D., Kochendörfer, R., Wirth, G., Lampert, G.: Ullmanns Encykl. Tech. Chem. (4. Aufl.) 23, 511-54 (1983). Verbundwerkstoffe: 155 Lit.-Zitate

Galli, E.: Plast. Compct. 8, 13-22 (1985). Verbundwerkstoffe

Menges, G., Minte, J.: Polym. Compos. 5, 347-52 (1984). Endlessfiber reinforced polymers

Piggott, M.R.: Quant Charact. Plast. Rubber, Proc. Symp. 1984, 103-13. Origin of mechanical properties of fiber reinforced plastics

Aziz, M.A., Paramasivam, P., Lee, S.L.: Concr. Technol. Des. 2, 106-40 (1984). Concrete reinforced with natural fibers; 122 Lit.-Zitate

Schaerer, C., Zerfass, K.C., Oehrl, M., Müller-Mutter, L., Schwitter, E., Martin, E., Schröder, H., Moritz, K., Wilmers, W.: Textilveredlung 21, 81-102 (1986). Geotextilien: Einsatzbereiche, Fabrikation und Eigenschaften, Materialien, Merkmale; Bauvliese und geotextile Vliesstoffe

## 10.3
## Textilveredlung, Textiltechnik

### Allgemeines, Trends

Burdett, B.C.: Colourage 33, 12-25 (1986). Textile research. Modern trends

Mecheels, J.: Textilveredlung 21, 223-330 (1986). Funktionelle Kleidung, Komfort

Loss, R.: Textilveredlung 19, 178-81 (1984). Qualität und Zuverlässigkeit

Gysin, H.P.: Textilveredlung 18, 53-7 (1983). Modische Aspekte

Schmid, H.R., Krucker, W.: Textilveredlung 35, 272-5 (1985). Verbilben: Ursachen, Gegenmassnahmen

Walters, M., Goswami, B., Vigo, T.L.: Text. Res. J. 53, 354-60 (1983). Schädigung durch Luftverschmutzung

Merkel, R.S.: Text. Chem. Color 16, 109-11 (1984). Terminologie

Kuster, R.: Textilveredlung 21, 223-9 (1986). Schweizerische Textilwirtschaft. Der Beitrag der Hugenotten

### Oekologische Aspekte, Arbeitshygiene

Gross, P., Braun, D.C.: Toxic and biomedical effects of fibers: asbestos, talc, inorganic fibers, man-made vitreous fibers and organic fibers. Park Ridge (N.J.): Noyes Data Corp. 1984

Drössler, H., Erbert, L., Winter, W.: Umweltschutz in der Textil- und Bekleidungsindustrie. Leipzig: VEB Fachbuchverlag 1985

Gow, J.S., Düring, G., Anliker, R., Eigenmann, G., Oehme, C.: Textilveredlung 18, 119-41 (1983). Allgemeine Aspekte

Berzel, K., Frahne, D.: Textilveredlung 20, 112-23 (1985). Abwasser, Umweltschutz

Judkins, J.: J. Water Pollut. Control Fed. 56, 642-3 (1984). Textile wastewater

## Tenside

Attwood, D., Florence, A.T.: Surfactant systems - their chemistry, pharmacy and biology. London: Chapmann and Hall 1983

Fischer-Blunk, L.: Lipide und Tenside. Frankfurt/Main: Diesterweg 1979. Grundlagen, Abbaubarkeit, Gewässerschutz, Versuchsteil

Bueren, H., Groszmann, H.: Grenzflächenaktive Substanzen, Weinheim: Verlag Chemie 1971

Kosswig, K.: Ullmanns Encykl. Tech. Chem. (4. Aufl.) 22, 455-515 (1982). Ueberblick

Kolbel, H., Kurzendörfer, G.: Fortschr. chem. Forschung 12/2, 52-348 (1969). Konstitution und Eigenschaften

Heimann, S.: Rev. Prog. Color. Relat. Top. 11, 1-8 (1981). Dispergentien, allgemeine Aspekte

Johnson, G.C.: Am. Dyest. Rep. 73, 22-8 (1984). Anwendungen und Trends in der Textilindustrie

Jakobi, G., Löhr, A., Schwuger, M.J., Jung, D., Fischer, W., Gloxhuber, C.: Ullmanns Encykl. Tech. Chem. (4. Aufl.) 24, 65-160 (1983). Waschmittel; 580 Lit.- Zitate

Osteroth, D.: Ullmanns Encykl. Tech. Chem. (4. Aufl.) 21, 209-26 (1982). Seifen

Stache, H.: Textilveredlung 18, 3-12 (1983). Die Chemie des Waschens und der Tenside

Lange, H.: Textilveredlung 18, 12-18 (1983). Wirkung waschunterstützender Substanzen

Pegiadou, S., Tsatsaroni, E.: J. Am. Oil Chem. Soc. 63, 1583-6 (1986). Neue kationaktive Tenside: Synthese, Eigenschaften, Nachbehandlung von Direktfärbungen

Schwuger, M.J., v. Rybinski, W.: Tenside Surfact. Deterg. 23, 200-7 (1986). Wechselwirkungen mit Ausfärbungen und Farbstoffen

Abe, M., Ohsato, M., Ogino, K.: Colloid Polym. Sci. 262, 657-61 (1984). Ww. mit Azofarbstoffen; Einfluss auf Protonierungsgleichgewichte

Hartmann, G., König, H.J., Prescher, D.: Textiltechnik (Leipzig) 36, 541-7 (1986). Perfluorsubstituierte: Ww. mit Dispersionsfarbstoffen

Zahn, H., Finnimore, E., Spei, M.: Schriftenreihe Dtsch. Wollforschungsinst. (Aachen) 98, 1-98 (1985). Ww. mit Wolle, Haaren und Stratum corneum; 97 Lit.-Zitate

(IIc)

## Vorbehandlung und Ausrüstung

Whewell, L.S.: Rev. Prog. Color.Relat. Top. 14, 157-65 (1984).
Rückblick bis 1934

Capponi, M., Flister, A., Hasler, R.; Oschatz, C., Robert, G.,
Robinson, T., Stakelbeck, H.P., Tschudin, P., Vierling, J.P.:
Rev. Prog. Color. Relat. Top. 12, 48-57 (1982). Foam technology in
textile processing

Cook, T.F.: Text. Chem. Color. 15, 74-85 (1983). Foam wet processing
in the textile industry

Bernholz, W.F., Redstone, J.P., Schlatter, C.: Surfactant Sci. Ser 6,
215-39 (1984). Spin finish for man-made fibers; 120 Lit.-Zitate

Taraporewala, K.S., Shah, S.A.: Man-Made Text. India 28, 173-9
(1985). Energiesparen

Bosmann, A., Berndt, H.J., Schollmeyer, E.: Melliand Textilber. 65,
828-33 (1984). Der Einfluss der Vorbehandlung auf das Egalisieren

Mock, G.N.: Encykl. Polym. Sci. Eng. 2, 310-23 (1985). Bleaching
of textiles

Bähr, B.D.: Textilveredlung 19, 169-73 (1984). Peroxidbleiche:
Kaltverweiltechnik

Gulrajani, M.L., Sukumar, N.: J. Soc. Dyers Colour. 100, 21-7 (1984).
Entschlichten und Bleichen: Einbadverfahren

Wurster, P.: Textilveredlung 20, 187-90 (1985). Wasserglas in Bleich-
rezepturen: Unersetzbarer Bestandteil ?

Wolf, R.: Kunststoffe 76, 943-952 (1986). Phosphorhaltige Flamm-
schutzmittel

Elgal, G.M., Perkins, R.M., Knoepfler, N.B.: Solv. Spun Rayon, Mod.
Cellul. Fibers Deriv. (ACS Symp. Ser) 58, 249-60 (1977). Prepolymer
preparation and polymerization of flame retardant chemicals in
cotton

Graf, E., Raschle, P.: Textilveredlung 18, 57-63 (1983). Prüfung
antimikrobieller Ausrüstungen

Mebes, B., Matter, U., Lüdi, C.: Textilveredlung 18, 63-5 (1983).
Erfassung der Geruchsschwelle bei mikrobiologischer Zersetzung von
organischem Material auf Textilien

Graf, E., Lanz, B.: Textilveredlung 19, 15-22 (1984). Insektenschutz: Ueberblick

Reinehr, D., Feron, J.P., Räuchle, A., Schmid, W.: Textilveredlung
21, 137-9 (1986). Neues vom Insektenschutz

(IId bis IIf)

## 10.4

## Biologie und Biochemie des Sehvorganges


Allgemeines, Ueberblick

Shichi, H.: Biochemistry of vision. New York: Academic 1983

Fein, A., Levine, J.S. (Eds.): The visual system (Lectures in biology, Vol. 5). New York: Liss 1985

Poggio, G.F., Sakata, H. (Eds.): Neural basis of visual perception (Vision Res. Vol. 25). Oxford: Pergamon 1985

Schmidt, R.F.: Grundriss der Sinnesphysiologie (5. Aufl.). Berlin-Heidelberg-New York: Springer 1985

Rock, J.: Wahrnehmung - vom visuellen Reiz zum Sehen und Erkennen. Heidelberg: Spektrum-Bibliothek 1987

Shichi, H.: Vision. Handb. Neurochem. (Plenum) $\underline{8}$, 577-602 (1985).

Wald, G.: Angew. Chem. $\underline{80}$, 857-91 (1968). Die molekulare Basis des Sehvorganges

Autrum, H.: Naturwissenschaften $\underline{55}$, 10-18 (1968). Colour vision in man and animals

Henke, H.: Prog. Nonmamm. Brain Res. (Boca Raton) $\underline{1}$, 113-58 (1983). The central part of the avian visual system

Voke, J.: Rev. Prog. Color. Relat. Top. $\underline{13}$, 1-9 (1983). Significance of defective colour vision

Lorenz, K.: Die Rückseite des Spiegels - Versuch einer Naturgeschichte menschlichen Erkennens. München: (C) R. Piper & Co. Verlag 1973. Die zitierten Textstellen wurden mit freundlicher Genehmigung der dtv-Ausgabe von 1977, Seiten 25 und 152 entnommen (Auslassungszeichen denke sich der Leser vor dem 10. und vor dem 12. Satz)


Netzhaut, Sehpigmente, Reizleitung

Bazan, N.G., Reddy, T.S.: Handb. Neurochem. (Plenum) $\underline{8}$, 507-75 (1985). Retina

Masland, R.H.: Spektrum der Wissenschaft $\underline{1987}$ (2), 66-75. Die funktionelle Architektur der Netzhaut

## 10.5

## Farbmetrik, Farbenlehre

### Allgemeines, Ueberblick

Schultze, W.: Farbenlehre und Farbenmessung. Berlin-Heidelberg-New York: Springer 1975. Empfehlenswerte kurze Einführung

Sproson, W.N.: Colour science in television and display systems. Bristol: A. Hilger 1983

Küppers, H.: Die Farbenlehre der Fernseh-, Foto- und Drucktechnik. Köln: Du Mont 1985

Küppers, H.: Textilveredlung 18, 367-71 (1983). Farbenlehre und Textilfärbung

Küppers, H.: Farbe: Ursprung, Systematik, Anwendung. München: Callwey 1977

Küppers, H.: Die Logik der Farbe. München: Callwey 1976

### Farbdatenverarbeitung, Messmethodik

Mac Adam, D.L.: Color measurement: theme and variations. Berlin-Heidelberg-New York: Springer 1981

Chamberlain, G.J., Chamberlain, D.G.: Colour - its measurement, computation and application. London: Heyden 1980

Hürzeler, R., Griesser, R.: Textilveredlung 18, 151-62 (1983). Farbmesstechnologie, Weissbewertung

Luo, M.R., Rigg, B.: J. Soc. Dyers Colourists 103, 161-7 (1987). A colour-difference formula for surface colours under illuminant A

Emmenegger, E., Meyer, B., Christ, H.: Textilveredlung 19, 7-8 (1984). Echtheitsbewertung mit Hilfe der Farbmetrik

Ulshöfer, H.: Textilveredlung 21, 298-9 (1986). Farbmetrische Bewertung von Farbänderungen

Heine, H.: Textilveredlung 22, 69-72 (1987). Farbmetrische Abmusterung bei vorgegebenen Toleranzen

Rohner, E.: Textilveredlung 22, 61-66 (1987). Farbdatenverarbeitung in den farbgebenden Industrien

Olbricht, U.: Textilveredlung 22, 66-69 (1987). Vollintegriertes Instrumental-Farbkontrollsystem für die Textilveredlung

Am Rande notiert

Ploss, E.E.: Ein Buch von alten Farben. München: Heinz Moos 1977

Matthaei, R.: Goethes Farbenlehre. Ravensburg: O. Maier 1971

Pawlik, J.: Goethe, Farbenlehre. Köln: Du Mont 1974

Wells, C.H.: J. Oilcolour Chem. Assoc. 67, 262-3 (1984). Green - the predominant color of nature

## 10.6
**Farbstoffe und Chromophorklassen: Struktur, Synthese und Reaktivität**

Allgemeines, Ueberblick

Zollinger, H.: Color Chemistry. Weinheim: Verlag Chemie 1987. Aus dem Inhalt (auszugsweise): Application of organic pigments, photo-thermo- and electrochemical reactions of colorants, colorants for imaging and data recording systems, dyes in biochemistry, biology, medicine and analytical chemistry, ecology and toxicology of colorants

Wittke, G.: Farbstoffchemie (2. Aufl.). Frankfurt (Main): Diesterweg 1984

Gordon, P.F., Gregory, P.: Organic Chemistry in colour. Berlin-Heidelberg-New York: Springer 1983

Kratzert, W., Peichert, R.: Farbstoffe. Heidelberg: Quelle und Meyer 1981

Albrahart, E.N.: Dyes and their intermediates (2nd Ed.). London: Arnold 1977

(II1)

Rys, P., Zollinger, H.: Leitfaden der Farbstoffchemie. Weinheim: Verlag Chemie 1976

Kraetz, O., Hunger, K., Hörnle, R., Franzke, L., Schwarzer, M.: Ullmanns Encykl. Tech. Chem. (4. Aufl.) 11, 135-44 (1976). Synthetische Farbstoffe: Geschichtliche Entwicklung, Einteilung und Definitionen, Fabrikation, wirtschaftliche Aspekte

Jayaraman, P.: Proc. Int. Conf. Man Made Fibres 1976, 334-42. Recent developments in synthesis and application

Guthrie, J.T.: Encykl. Polym. Sci. Eng. 2, 277-99 (1986). Makromolekulare Farbstoffe

## Rückblick und Ausblick

Shore, J.: Textilveredlung 21, 207-12 (1986). Die Entwicklung der Farbstoffchemie seit Perkin

Zahn, J.: Textilveredlung 21, 212-19 (1986). Vom Regenbogen aus der Retorte: F.F. Runges Rolle bei der Entwicklung der synthetischen Farbstoffe

Winkler, H.: Textilveredlung 18, 85-9 (1983). Die Farbstoffindustrie in den 80er Jahren

Kern, R.: Textilveredlung 21, 47-51 (1986). Veredlungsindustrie und Farbstoff-Forschung

Bitter, B.: Textilveredlung 18, 89-91 (1983). Wunschliste eines Veredlers

## Grundlagen

### Farbstofftheorien, Struktur/Eigenschafts-Beziehungen

McLaren, K.: The Color Science of Dyes and Pigments, (2. Aufl.). Bristol (UK): Hilger 1986

(IIm)

Fabian, J., Hartmann, H.: Light absorption of organic colorants: theoretical treatment and empirical rules. Berlin-Heidelberg-New York: Springer 1980

Griffith, J.: Colour and constitution of organic molecules. London: Academic 1976

Griffith, J.: Rev. Prog. Color. Relat. Top. <u>14</u>, 21-34 (1984). The historical development of modern color and constitution theory

Dähne, S.: Z. Chemie <u>10</u>, 133-40 und 168-83 (1970). Die historische Entwicklung der Farbstofftheorien

Dähne, S.: Science (Washington) <u>199</u>, 1163-88 (1978). Colour and constitution

Griffith, J.: Rev. Prog. Color. Relat. Top. <u>11</u>, 37-57 (1981). Recent developments in the colour and constitution of organic dyes

## Reaktivität

Meier, H.: Venkataraman's Chem. Synth. Dyes <u>4</u>, 392-515 (1971). Photochemistry of dyes; 777 Lit.-Zitate

Brown, G.H.: Photochromism techniques of chemistry (Vol. 3). New York: Wiley 1971

Tajima, M., Inone, H., Hida, M.: Dyes Pigm. <u>8</u>, 119-28 (1987). Thermochromie

Bersier, P.M., Bersier, J.: Trends Anal. Chem. (Pers. Ed.) <u>5</u>, 97-102 (1986). Polarographie, Voltammetrie

Kitao, T.: J. Soc. Dyers Colour <u>101</u>, 334-6 (1985). Ozon-Reaktionen

Barek, J., Berka, A., Borek V.: Microchem. J. <u>31</u>, 241-7 (1985). Redox-Reaktionen in der Analyse

## Echtheiten

Kramer, H.E.: Chimia <u>40</u>, 160-9 (1986). Lichtechtheit; 104 Lit.-Zitate

Evans, N.A., Stapleton, J.W.: Venkataraman's Chem. Synth. Dyes <u>8</u>, 221-76 (1978). Structural factors affecting the lightfastness

(IIn/IIo)

Giles, C.H., Duff, D.G., Sinclair, R.S.: Rev. Prog. Color. Relat. Top. 12, 58-65 (1982). The relationship between dye structure and fastness properties

Cook, C.C.: Rev. Prog. Color. Relat. Top. 12, 73-89 (1982). Aftertreatments for improving the fastness

Baumgartner, U., Wegerle, D.; Melliand Textilber. 67, 567-72 (1986). Azofarbstoffe/Cellulose: Photochemische Reaktion

Chang, J.Y., Miller, J.K.: J. Soc. Dyers Colour. 102, 46-53 (1986). Nylon-Modell N-Aethylacetamid: Photostabilität von Anthrachinon- und Azofarbstoffen

Soell, M.; Melliand Textilber. 64, 843-5 (1983). Echtheitstests. Neuer Trend

Oda, H., Kitao, T.; J. Soc. Dyers Colour. 102, 305-7 (1986). The role of intramolecular quenching in the catalytic fading of dye mixtures

Baumann, J.: Textilveredlung 20, 356-61 (1985). Lichtechtheit ist machbar

Arcoria, A., Longo, M.L., Maccarone, E., Parisi, G., Perrini, G.: J. Soc. Dyers Colour. 100, 13-6 (1984). Azofarbstoffe/Amide: Photobleichung

Tera, F.M., Abdou, L.A., Michael, M.N., Hebeish, A.: Polym. Photochem. 5, 361-74 (1985). Azofarbstoffe: Ausbleichcharakteristika in Celluloseacetat- und Polyamidfolien

Seu, G.: Am. Dyest. Rep. 74, 29-30 (1985). Photobleichung von Aminoazo-Derivaten: Substituenteneffekte

Dubini-Paglia, E., Beltrame, P.L., Marcandalli, B., Carniti, P., Seves, A., Vicini, L.: J. Appl. Polym. Sci. 31, 1251-60 (1986). Azofarbstoffe: E/Z-Isomerie und Photobleichung

Schwuger, M.J., Rybinski, W. von: Tenside, Surfactants Deterg. 23, 200-7 (1986). Verhalten im industriellen Waschprozess


## Oekologische Aspekte, Arbeitshygiene

Holme, J.: Crit. Rep. Appl. Chem. 7, 111-128 (1984). Ecological aspects of colour

Ros, J.P.: Textilveredlung 21, 352-5 (1986). Textilfarbstoffe auf ihrem Weg in die Umwelt

Brown, D.; Ecotoxicol. Environ. Saf. 13, 139-47 (1987). Colorants in the aquatic environment

Clarke, E.A., Anliker, R.: Rev. Prog. Color. Relat. Top. 14, 84-9 (1984). Safety in use of organic colorants

Anliker, R.: Textilveredlung 18, 92-8 (1983). Umwelt und Gesetzgebung

Sigmann, C.C., Papa, P.A., Doeltz, M.K., Perry, L.R., Twhigg, A.M., Helmes, C.T.: J. Environ Sci. Health 20 A, 427-84 (1985). A study of anthraquinone dyes for the selection of candidates for carcinogen bioassay; 66 Lit.-Zitate


## Polymethinfarbstoffe


### Allgemeine Aspekte, Ueberblick

Sturmer, D.M., Diehl, D.R.: Kirk-Othmer Encykl. Chem. Technol. (3rd Ed.) 18, 848-74 (1982). Polymethine dyes

Raue, R., Riester, O.: Ullmanns Encykl. Tech. Chem. (4. Aufl.) 16, 635-69 (1978). Methinfarbstoffe

Sturmer, D.M.: Weissberger's Chem. Heterocycl. Compds. 30, 441-587 (1977). Syntheses and properties of cyanine and related dyes; 910 Lit.-Zitate

Ficken, G.E.: Venkataraman's Chem. Synth. Dyes 4, 212-340 (1971). Merocyanine und verwandte Strukturen, polynucleare Derivate, Styrylfarbstoffe, Hemicyanine, Methincyanine

Dale, J., Kruger, S., Roemming, C.: Acta Chem. Scand. 38 B, 117-24 (1984). Bisdimethylaminopentamethiniumperchlorat. Elektrophile Substitution


### Methincyanine

Heilig, G., Lüttke, W.: Chem. Ber. 119, 3102-8 (1986). Verbrückte Nonamethincyanine als Laserfarbstoffe

(IIq)

Stiel, H., Teuchner, K., Dähne, S.: Z. Chem. 25, 264-5 (1985).
Pinacyanol, potentieller Schaltfarbstoffe für Rhodamin-Farbstofflaser. Photophysikalische Parameter

Steiger, R., Reber, J.F.: Photograph. Sci. Eng. 25, 127-38 (1981).
Trinucleare. Photographische Eigenschaften


## Indigoide Farbstoffe

Wagner, H.: Ullmanns Encykl. Tech. Chem. (4. Aufl.) 13, 177-81 (1977). Indigo und Indigoide: Uebersicht

Klessinger, M.: Dyes Pigments 3, 235-41 (1982). The origin of the color of indigo dyes

Gosteli, J.: Helv. Chim. Acta 60, 1980-3 (1977). Neue Indigosynthese

Schelz, D.: Helv. Chim. Acta 66, 379-99 (1983). Indigoide Chinoxalinfarbstoffe: Indikatoreigenschaften, Tautomerie konjugater Farbsäuren

Krysanov, S.A., Alfimov, M.V.: Laser Chem. 4, 121-8 (1984). Photoisomerisierung, schnelle Untersuchungsmethode

Pouliquen, J., Wintgens, V., Toscano, V.: Dyes Pigments 6, 163-75 (1985). N,N-Disubstituierte Derivate. Photochemische Redox-Reaktionen

Schanze, K.S., Lee, L.Y., Gianotti, C., Whitten, D.G.: J. Am. Chem. Soc. 108, 2646-55 (1986). Photoreduktion


## Höher kondensierte Aromaten und heterocyclische Analoga, kombinierte Chromophore und andere aussergewöhnliche Strukturelemente

Langhals, H., Grundner, S.: Chem. Ber. 119, 2373-6 (1986). Neue Fluoreszenzfarbstoffe: Heterocyclische Derivate des Perylens und anderer hochkondensierter Aromaten

Marraccini, A., Pasquale, A.: Dyes Pigments 7, 23-32 (1986). Novel colorants based on the 9-Oxo-1,9a,10-triaza-9-hydroanthracene chromophoric systems

Celnik, K., Jankowski, Z., Stolarski, R.: Dyes Pigments 7, 57-68 (1986). Derivate des Chinazolinoisochinolinons

(IIr/IIy)

Leslie, T.M., Goodby, J.W., Filas, R.W.: Liq. Cryst. Ordered Fluids 4, 43-55 (1984). Azo/Anthrachinon-Kombination

El-Kersh, M., El-Sheiker, M.Y., Issa, R.M., Mansour, E.A.: Indian J. Text. Res. 9, 70-3 (1984). Azo/Hydrazon-Kombination

Schelz, D., Rotzler, N.: Dyes Pigments 5, 37-47 (1984). Chinonylmethan-Farbstoffe und "percyclische" Dihydronaphtho[1,2-b]phenazinone: Substituenteneinfluss auf Lichtbeständigkeit und Absorptionswellenlänge

Hünig, S., Berneth, H.: Top. Curr. Chem. 92, 1-44 (1980) und Deuchert, K., Hünig, S.: Angew. Chemie 90, 927-1018 (1978). Farbige Radikale, Quadratsäure-Derivate

Fabian, J., Röbisch, G., Nöske, R.: Dyes Pigments 8, 165-78 (1987). Ueber die Farbe von Dithizonderivaten

Kussler, M.: Dyes Pigments 8, 179-88 (1987). Farbstoffe mit starker Festkörperfluoreszenz

Martin, H.D., Schiweck, H.J., Spanget, J., Gleiter, R.: Chem. Ber. 111, 2557-62 (1978) und Martin, H.D., Mayer, B.: Angew. Chem. 95, 281-313 (1983). Langwellige n/π*-Uebergänge tricyclischer 1,2-Dione

Kaim, W., Ernst, S., Kohlmann, S.: Chem. uns. Zeit 21, 50-58 (1987). Farbige Komplexe: Das Charge-Transfer-Phänomen

Reichardt, C., Harbusch, E.; Liebigs Ann. Chem. 1983, 721-96. Pyridinium-N-phenolat-Betaine und Lösungsmittelpolarität


## 10.7

**Applikationsklassen und Färbeprozess**


<u>Registrierung, Eigenschaften und Neuentwicklung von Textilfarbstoffen</u>

Schmid, A.: Textilveredlung 20, 341-6 (1985). Identische Farbstoffe - identische Eigenschaften ?

Burdett, B.C.: Stud. Phys. Theor. Chem. 26, 241-70 (1983). Aggregation, ein Ueberblick mit 86 Lit.-Zitaten

The Chemical Society, COLOUR INDEX, 3rd Ed., Bradford 1971

Hallas, G.: Crit. Rep. Appl. Chem. 7, 31-65 (1984). Textilfarbstoffe: Neuere Entwicklungen

## Zur physikalischen Chemie des Färbeprozesses

### Allgemeine und mechanistische Aspekte, Ueberblick

Peters, R.H.: The physical chemistry of dyeing (textile chemistry, Vol. 3). Amsterdam: Elsevier 1975

Bird, C.L., Boston, W.S.: The theory of coloration of textiles. Bradford: Dyers Company Publication Trust 1975

Rattec, J.D., Breuer, M.M.: The physical chemistry of dye adsorption. London: Academic 1974

Giles, C.H.: Adsorpt. Solution Solid/Liq. Interface (Academic London) 1983, 321-76. Adsorption of dyes

Jyer, S.R.: Venkataraman's Chem. Synth. Dyes 7, 115-275 (1974). Physical chemistry of dyeing. Kineties, equilibrium, dye-fiber-affinity, mechanisms

Daruwalla, E.H.: Venkataraman's Chem. Synth. Dyes 7, 69-113 (1974). State of dye in dyebath and in substrate

McGregor, R.: Text. Chem. Color. 17, 17-23 (1985). Coloration of textiles. Methods, models and misperceptions

Silkstone, K.; Rev. Prog. Color. Relat. Top. 12, 22-30 (1982). Polymer morphology. Influence on the dyeing properties

Pacciarelli, B., Pfenninger, S., Hügli, F.: Textilveredlung 21, 51-53 (1986). Färbeprozess und elektrische Doppelschicht

Schreiner, G., Kemter, W.: Textiltechnik (Leipzig) 34, 324-8 (1984). Zur Theorie der Polyamid-Färberei: Wie sicher stehen die Fundamente ?

Alberti, G., De Giorgi, M.R.: Ann. Chim. (Rome) 73, 315-20 (1983). Chromatographie an Cellulose: Retention/Standardaffinitäts-Beziehung

Prati, G.: Tinctoria 76, 65-75 (1979). Fiber structure and dyeing properties

(IIIa)

## Wechselwirkungsphänomene

Sumner, H.H.: J. Soc. Dyers Colour 102, 301-5 und 341-9 (1986). The development of a generalised equation to determine affinity

Shirai, M., Hanatani, Y., Tanaka, M.: J. Macromol. Sci., Chem. 22, 279-92 (1985). Polyelektrolyt/Farbstoff-Wechselwirkungen

Daruwalla, E.H.: Colourage 32, 15-8 (1985). Farbstoff/Farbstoff-Wechselwirkungen im Färbebad

Hersey, A., Robinson, B.H.: J. Chem. Soc. Faraday Trans. 1984, 2039-52. Farbstoff/Cyclodextrin-Wechselwirkungen. Kinetische und thermodynamische Aspekte

Pal, M.K., Roy, A.: Makromol. Chem., Rapid Commun. 6, 749-54 (1985). Induzierter Cirkulardichroismus: Basische Farbstoffe

Trisnadi, J.A., Bössler, H.M., Schulz, R.C.: Colloid. Polym. Sci. 252, 222-33 (1974). Induzierter Cirkulardichroismus: Direktfarbstoffe


## Untersuchungsmethoden

Giles, C.H.: J. Soc. Dyers Colour. 94, 4-12 (1978). A review of the use of the monolayer method in the study of dye-fiber reactions; 26 Lit.-Zitate

Mizutani, S., Takizawa, A., Kinoshita, T., Tsujita, Y.: Text. Res. J. 56, 347-54 (1986). Diffusionsphänomene in orientierten Polypeptid-Membranen

Leader, J.D., Rippon, J.A., Rothery, F.E., Stapleton, I.W.: Proc. Int. Wool Text Res. Conf. 7th 5, 99-108 (1985). Diffusionsprozess: elektronenmikroskopische Studien

Aravindanath, S., Betrabet, S.M., Chaudhuri, N.K.: J. Polym. Sci., Polym. Lett. Ed. 22, 1-5 (1984). Single crystals of dye in cellulose fibers seen through electron microscope

Leader, J.D., Rippon, J.A., Rothery, F.E., Stapleton, I.W.: Proc. Int. Wool Text Res. Conf. 7th 5, 99-108 (1985). Use of electron microscope

(IIIb)

Direktfarbstoffe

Bach, H., Pfeil, E., Philippar, W., Reich, M.: Angew. Chem. 75, 407-16 (1963). Aggregate in Cellophanfolien

Chaudhur, N.K., Aravindanath, S., Betrabet, S.M.: J. Polym. Sci., Polym. Lett. Ed. 19, 131-5 (1981). Direct evidence of crystalline aggregation of dyes in cellulose fibers by electron diffraction

Alberti, G., Seu, G.: Ann. Chim. (Rome) 73, 737-40 (1983). Monoazo-Derivate des Benzthiazols. Bestimmung der Standardaffinität zu Cellulose


Reaktivfarbstoffe


Elliott, J., Yeung, P.P.: Kirk-Othmer Encykl. Chem. Technol. 3rd Ed. 8, 374-92 (1979). Uebersicht; 138 Lit.-Zitate

Schündehütte, K.H.: Ullmanns Encykl. Tech. Chem. (4. Aufl.) 20, 113-123 (1981). Uebersicht; 66 Lit.-Zitate

Rattee, J.D.: Rev. Prog. Color. Relat. Top. 14, 50-7 (1984). Reactive dyes for cellulose 1953-1983

Brunnschweiler, E., Siegrist, G.: Textilveredlung 19, 305-9 (1984). Reaktivfarbstoffe seit 1953

Ramsay, D.W.: J. Soc. Dyers Colour. 97, 102-6 (1981). Prognose für die 80er Jahre

Hähnke, M.: Textilveredlung 21, 285-9 (1986). Wie sieht die Zukunft der Reaktivfarbstoffe in der Zellulose-Ausziehfärberei aus ?

Harms, W.: Organofluorine Chem. Their Ind. Appl. Symp. (Horwood, Chichester) 1979, 188-207. Reactive dyes containing fluorine; 115 Lit.-Zitate

Kamel, M., Hebeish, A.: Am. Dyest. Rep. 66, 44-7 und 71 (1977). Acid catalyzed reactive dye for cotton

Eltz, H.U.v.d.: Textilveredlung 18, 99-102 (1983). Maskierte Reaktivgruppe: Remazole

Lehr, F., Greve, M., Katritzky, A.R.: Dyes Pigm. 7, 419-43 (1986). Abgewandeltes Reaktivsystem: 6-Alkyl-,6-Aryl- und 6-Hetaryl-1,3,5-triazinderivate

(IIIe/IIIf)

## Küpen-, Leukoküpenester- und Schwefelfarbstoffe

Shenai, V.A.: Text. Dyer Printer 11, 29-35 (1978) und 10, 31-5 (1977). Vat dyeing

Wilcoxson, W.: Am. Dyest. Rep. 73, 16-21 (1984). Küpen: kontinuierliches Färbeverfahren

Nishida, K., Ando, Y., Sunagawa, S., Ogihara, A., Tanaka, I., Koukitsu, A.: J. Soc. Dyers Colour 102, 18-20 (1986). Küpen: Dampfdruck, Sublimationswärme

Baumgarte, U.: Melliand Textilber. 68, 189-95 (1987). Küpen: Redox-Prozesse

Okafor, C.O., Okerulu, J.O., Okeke, S.J.: Dyes Pigm. 8, 11-24 (1987). Neue heterocyclische Küpenfarbstoffe

Lehmann, W.: Ullmanns Encykl. Tech. Chem. (4. Aufl.) 16, 209-13 (1978). Leukoküpenfarbstoffester

Hinzmann, G., Grummt, U.W., Langbein, H., Fassler, D.: J. Prakt. Chem. 327, 953-62 (1985). Indigosole: Photooxydation

Guest, R.A., Wood, W.E.: Kirk-Othmer Encykl. Chem. Technol. 3rd Ed. 22, 168-9 (1983). Schwefelfarbstoffe: Uebersicht

Heid, C.: Ullmanns Encykl. Tech. Chem. (4. Aufl.) 21, 65-74 (1982). Schwefelfarbstoffe

Sherrill, W.T.: Book Pap. Natl. Tech. Conf.-AATCC 1985, 41-6. Sulfur dyes: recent trends and developments in application technology

Krauzpaul, G.: Text. Prax. Intern. 42, 140-2 (1987). Schwefelfarbstoffe in der Ausziehfärberei

Weston, C.D.: Venkataraman's Chem. Synth. Dyes 7, 35-68 (1974). Bunte salt dyes


## Entwicklungsfarbstoffe

Frey, P., Hertel, H.: J. Soc. Dyers Colour. 99, 286-9 (1983). Flüssigmarken

Misra, V.K., Doshi, S.M., Achwal, W.B.: Colourage 30, 25-30 (1983). Rapidogen: Textildruck auf Cellulose

Vollmann, H.: Venkataraman's Chem. Synth. Dyes 5, 283-311 (1971). Phthalogen dye stuffs

(IIIg)

Kirner, A.: Textilveredlung 4, 1-12 (1969). HT-Färben von Polyester

Gehrlein, R.: Textilveredlung 22, 205-7 (1987). Technologie, Anwendung, Marktsituation

## 10.8
## Die Praxis des Färbens und Bedruckens textiler Materialien

Grundlagen Textildruck und Batik

Zahn, J., Eibl, J., Kühnel, W., Dahm, H., Koch, R., Schwaebel, R., Berlenbach, W.: Ullmanns Encykl. Tech. Chem. (4. Aufl.) 22, 565-633 (1982). Textildruck, Uebersicht mit 113 Lit.-Zitaten

Badertscher, W.: Textilveredlung 21, 219-223 (1986). Textildruck im Wandel. Vom Kunsthandwerk zur modernen Leistungsindustrie

Schwindt, W., Faulhaber, G.: Rev. Prog. Color. Relat. Top. 14, 166-75 (1984). Pigmentdruck 1934-1984

Nordmeyer, H.: Textilveredlung 19, 310-4 (1984). Reproduzierbarkeit im Reaktivdruck

Hawkyard, C.J., Miak, A.S.: J. Soc. Dyers Colour. 103, 27-31 (1987). Rotary-screen printing

Vellins, C.E.: Venkataraman's Chem. Synth. Dyes 8, 191-220 (1978). Transfer printing

Chandavarkar, S.P.: Colourage 31, 37-41 (1984). Discharge printing of synthetics and blends

Teli, M.D., Ahluwalia, H.: Text. Dyer Printer 19, 18-22 (1986). Khadi-Druck

Schaub, A.: Textilveredlung 19, 351-4 (1984). Einfluss des Dampfes beim Fixieren von Textildrucken

Canlas, R.E., Socorro, L., Conception, B., Fenoy, R.: NSTA Technol. J. 1985, 86-94. Neuere Batik-Techniken

Larson, J.L.: The dyers art.Ikat, plangi, batik. New York: Van Nostrand 1976

Grundlagen Färben

### Ueberblick

Leube, H., Baumgarte, U., Söll, M., Heid, C., Hückel, M., Jordan, H.D., Däuble, M., Siepmann, E., Malle, K.G.: Ullmanns Encykl. Tech. Chem. (4. Aufl.) 22, 635-716 (1982). Textilfärberei: Ueberblick mit 299 Lit.-Zitaten

Kuehni, R.G., Bunge, H.H.: Encykl. Polym. Sci. Eng. 2, 214-77 (1986). Ueberblick

Cavagnaro, D.M.: Textile Dyeing Processes Vol. 2. Springfield (Va.): 1978

Simmons, M.: Dyes and dyeing. London: Van Nostrand 1978

Glanz, O.; Venkataraman's Chem. Synth. Dyes 4, 1-74 (1971). Application of dyes by dyeing

Nunn, D.M. (Ed.): The dyeing of synthetic polymer and acetate fibres. Bradford: Dyers Comp. Publ. Trust 1979

Agnihotri, V.G.: Text. Dyer Printer 12, 33-5 (1979). Principles of dyeing of synthetic fibers

Peters, R.H., Miles, L.W.: Venkataraman's Chem. Synth. Dyes 8, 133-89 (1978). Developments in textile coloration

Leary, R.H.: Text. Asia 11, 62-4 und 73-4 (1980). Patentliteratur: Uebersicht

Morris, J.V.: Rev. Prog. Color. Relat. Top. 11, 9-18 (1981). Militärkleidung

### Allgemeine und apparative Aspekte

Richardson, G.A.: J. Soc. Dyers Colour. 103, 156-60 (1987). Changing technology and machinery

Davies, P.A., Glover, B., Schoch, R.: Textilveredlung 18, 162-72 (1983). Automatisierungstrends

(IIIj)

Krill, J., Müller, U.: Textilveredlung 18, 354-60 (1983). Farbküchen, Farblager, Dosierstationen

Hartmann, W.: Text. Prax. Intern. 41, 877-80 (1986). Ein neues Flottenauftragsystem

Burdett, B.C.: Rev. Prog. Color. Relat. Top. 13, 41-9 (1983). The practical significance of pH and methods of control

Park, J., Shore, J.: J. Soc. Dyers Colour. 100, 383-99 (1984). Water for the dyehouse: supply, consumption, recovery and disposal

Kahle, U.: Textilveredlung 18, 105-9 (1983). Kationaktive Nachbehandlung. Neue Impulse für ein bekanntes Verfahren

Shore, J.: Rev. Prog. Color. Relat. Top. 11, 58-73 (1981). Economics of dyeing processes

Stakelbeck, H.P.: Melliand Textilber. 65, 57-60 (1984). Bodenbeläge: Energiesparen

## Verfahrensvarianten

Eltz, H.U.v.d.: Melliand Textilber. 66, 199-205 (1985) und J. Soc. Dyers Colour. 101, 168-73 (1985). Neue Techniken

Talati, G.O.: Colourage 30, 21-3 (1983). Practical aspects of rapid dyeing

Sharma, J.K., Mhatre, A.K.: Text. Dyer Printer 18, 17-25 (1985). Färben aus kurzer Flotte: Oekonomische Aspekte

Lehmann, H.: Melliand Textilber. 67, 189-90 (1986). Pad/Roll-Verfahren

Park, J.: Rev. Prog. Color. Relat. Top. 15, 25-8 (1985). Optimization of batchwise dyeing processes

Somm, F., Buser, R.: Textilveredlung 19, 359-67 (1984). Zwischentrocknen von Foulardfärbungen: Migrationsprobleme

Melnikov, B.N., Osminin, E.A.: Textiltechnik (Leipzig) 34, 617-20 (1984). Nichtwässrige Medien

Bandyopadhyay, B.N., Mehta, P.C.: Man-Made Text. India 27, 237-49 (1984). Energiesparen: Schaumverfahren

Eltz, H.U.v.d.: Textilveredlung 21, 261-6 (1986). Feuchtemessungen als Basis für optimale Arbeitsweise

(IIIk)

## Färben und Bedrucken von Natur- und Regeneratfasern

The dyeing of cellulosic fibres. Bradford: Dyers' Company Publications Trust 1986

Schaumann, W.: Textilveredlung 22, 15-19 (1987). Modalfasern und deren Mischungen mit Baumwolle

Canning, A.J. Jarman, C.G.: Trop. Sci. 25, 91-102 (1985). Improvements to the dyeing of coconut fiber

Robinson, T., Egger, W.B.: Textilveredlung 18, 41-48 (1983). Reaktantfixierbare Farbstoffe: ein neuer Weg zu hohen Nassechtheiten

Bird, C.L.: The theory and practice of wool dyeing. Bradford: The Society of Dyers and Colourists 1972

A practical introduction to the dyeing and finishing of wool fabrics. Bradford: The Society of Dyers and Colourists 1986

Holt, R.R.: Proc. Int. Wool Text. Res. Conf. 7th 3, 151-60 (1985). Waschmaschinenfeste Wolle

Hertig, J., Scheidegger, H.: Textilveredlung 33, 325-30 (1983). Spitzigfärben von Wolle

Flensberg, H., Mosimann, W., Salathe, H.: Melliand Textilber. 65, 472-7 (1984). Färben am isoelektrischen Punkt

Salathe, H.: Am. Dyest. Rep. 74, 20-3 (1985). Wollteppiche: Acht Wege zum egalen Färben

Hofstetter, R.: Textilveredlung 21, 141-8 (1986). Wolldruck heute

Agnihotri, V.G.: Text. Dyer Printer 19, 21-3 (1986). Entbasten, Bleichen, Färben, Drucken von Seide

Rohrer, R., Ball, P., Meyer, W., Yang, J., Zollinger, H.: Textilveredlung 20, 85-9 und 354-6 (1985). Reaktivfärbungen auf Seide

Vogt, B., Altenhofen, U., Zahn, H.: Textilveredlung 20, 90-93 (1985). Studium von Abbaureaktionen im Färbebad

Hofstetter, R.: Text. Prax. Int. 40, 1233-8 (1985). Seidendrucke im Wandel der Zeit

## Färben und Bedrucken von Synthesefasern

Somm, F., Buser, R.: Textilveredlung 19, 131-7 (1984). Thermosolfärben heute und morgen

Hoffmann, F., Schubert, H., Moreau, J., Tiefenbacher, H., Christ, W., Eltz, H.U.v.d., Reuther, A., Navratil, J., Datye, K.V., Miskra, S.: Textilveredlung 18, 191-213 (1983). Schnellfärben: Grundlagen, wirtschaftliche Aspekte, Produktion, Färbeverhalten, Verträglichkeit der Farbstoffe in Mischung

Gulrajani, M.L., Dara, D.: Colourage 32, 25-6 (1985). Role of leveling agents

Narrasimham, K.V., Ahuja, G.: Man-Made Text. India 28, 379-85 (1985). Carrier-free dyeable polyester

Vaidya, A.A., Narrasimham, K.V., Kumar, J., Ahuja, G., Aiyer, A.N.: Colourage 33, 15-18 (1986). Cationic dyeable polyester

Biehler, B.: Chemiefasern/Textilind. 34, 442-3 (1984). Verfahren und Farbmittel für die PA-Spinnfärbung

Shali, C.D., Jain, D.K.: Text. Res. J. 55, 99-103 (1985). N-Butanol assisted dyeing of acid dyes on nylon 66

Moore, R.A., Weigmann, H.D.: Book Pap. Natl. Tech. Conf. AATCC 1985, 59-66. Dyeing behavior of high speed spun polyamide yarns

Strahm, U., Bouwknegt, T.: Textilveredlung 21, 267-72 (1986). Kontinuierliches Heissfärben von Polyamid-Teppichware

Acton, B., Engeler, E.: Textilveredlung 18, 109-13 (1983). Multicolor-Effekte: Verdrängungstechnik

Phan, X.T., Shannon, P.J.: J. Photochem. 36, 113-9 (1987). Photochemical regeneration of acid dye receptor sites: A new method for differential dyeing of polyamides

Holme, J.: Rev. Prog. Color. Relat. Top. 13, 10-23 (1983). The coloration of acrylic fibers; 254 Lit.-Zitate

Meyer, U., Rohner, R.M., Zollinger, H.: Melliand Textilber. 65, 47-51 (1984). Untersuchungen über das färberische Verhalten von porösen Acrylfasern

Meyer, U., Zhang, J., Zollinger, H.: Textilveredlung 19, 39-42 (1984). Vergleich der Kombinierbarkeit kationischer Farbstoffe auf regulären und porösen Acrylfasern

(IIIn/IIIo)

Schweitzer, A.: Chemiefasern/Textilind. 36, 671-4 (1986). Polypropylen: Produktionen, Färbeprozess, Wirtschaftlichkeit

Mears, R.: Chem. Eng. World 20, 55-7 (1985). Polyolefin: spinngefärbte Filamentgarne

Sohn, H.J.: Chemiefasern/Textilind. 34, 827-9 (1984). Spinnfärbung von Polypropylenfasern und Filamentgarnen


Färben und Bedrucken von Fasermischungen

Amin, S.A.: Kolor. Ert. 25, 25-44 (1983). Developments in dyeing of polyester/cotton blend fabrics

Hildebrand, D., Marschner, W.: Colour. Annu. 1983, 5-18. Theory and practice of continous dyeing of polyester-cotton blends

Eltz, H.U.v.d., Olpeter, G., Walbrecht, H.: Text. Prax. Int. 40, 73-6 (1985). Polyester/Baumwolle: Dispersions/Schwefel-Farbstoffe und Dispersions/Naphtol-AS-Farbstoffe

Annen, O., Somm, F., Buser, R.: Textilveredlung 22, 19-26 (1987). Rationelle Kontinue-Färbeverfahren für Mischgewebe aus Polyamid/Baumwolle

Wilcoxson, W.: Am. Dyest. Rep. 71, 34-8 und 73-4 (1982). Vat dyes and thermosol dyeing on cotton and blends

Abetha, S., Imada, K.: Am. Dyest. Rep. 74, 25-6, 28 (1985). Onebath two stage dyeing

Schwind, W., Vogl, G.: Textilveredlung 18, 173-5 (1983). Verlangt die Mode hochwertige Druckartikel aus Polyester/Baumwolle ?

Mahapatro, B.: Colourage 32, 33-4 (1985). Practical considerations in printing of polyester/cellulose blends

Dawson, T.L.: Rev. Prog. Color. Relat. Top. 15, 29-37 (1985). The dyeing of fiber blends for carpets

Zesinger, K.: Am. Dyest. Rep. 74, 24-5 und 45 (1985). Teppichgarne und Teppiche aus Wolle und Polyamid/Woll-Mischungen

Cookson, P.G.: Wool Sci. Rev. 62, 3-37 (1986). Wolle/Baumwolle: Ueberblick

Steenken, J., Souren, J., Altenhofen, U., Zahn, H.: Text. Prax. Int. 39, 1146-50 (1984). Wolle/Baumwolle: Wollschädigung bei alkalischen Reaktivfärbungen


(IIIp/IIIq)

Färben mit Naturfarbstoffen: Aktuelles und Historisches

Farris, R.E.: Kirk-Othmer Encykl. Chem. Technol. 3rd Ed. <u>8</u>, 351-73 (1979) Ueberblick

Vogler, H.: Textilveredlung <u>21</u>, 229-235 (1986). Ueber die Färberei der Antike

Schweppe, H.; Ullmanns Encykl. Tech. Chem. (4. Aufl.) <u>11</u>, 100-34 (1976). Natürliche Farbstoffe: Ueberblick

Schweppe, H., Roosen-Runge, H.E.: Artists Pigm. <u>1</u>, 255-83 (1986). Carmine, cochineal, kermes

Czygan, F.C.: Farbstoffe in Pflanzen. Stuttgart: G. Fischer 1975

Zähringer, F.: Sandoz Bull. <u>53</u>, 21-37 (1980). Mit Achtsamkeit zurück zur Färberpflanze

Hughey, C.S.: Text. Chem. Color. <u>15</u>, 103-8 (1983). Indigo dyeing: an ancient art

Kiel, E.G., Heertjes, P.M.: J. Soc. Dyers Colour. <u>79</u>, 21-7 (1963). Türkischrot

Perkins, P.: J. Soc. Dyers Colour. <u>102</u>, 221-7 (1986). Ecology, beauty, profits: trade in lichen-based dyestuffs through western history

Taylor, G.W.; Stud. Conserv. <u>28</u>, 153-60 (1983). Detection and identification of dyes on Anglo-Scandinavian textiles

Ziderman, I.I.: Chem. Br. <u>22</u>, 419-21 (1986). Biblical dyes of animal origin


## 10.9

## Nichttextile Einsatzbereiche


### Ueberblick

Gurr, E.: Synthetic dyes in biology, medicine and chemistry. London: Academic 1971

Gordon, P.F., Gregory, P.: Crit. Rep. Appl. Chem. <u>7</u>, 66-110 (1984). Nicht-textile Anwendungen: Ueberblick

Vgl. auch 10.6 (H. Zollinger)

(IIIr)

## Schreibflüssigkeiten und -stifte, Drucktinten und Papierfarbstoffe

Kunkel, E.: Ullmanns Encykl. Tech. Chem. (4. Aufl.) 23, 259-66 (1983). Tinten und andere Schreibflüssigkeiten

Schwanhäuser, E.; Ullmanns Encykl. Tech. Chem. (4. Aufl.) 8, 600-4 (1974). Bleistifte, Buntstifte

Sixtus, H.: Ullmanns Encykl. Tech. Chem. (4. Aufl.) 10, 187-99 (1975). Druckfarben

Riffel, D.: Farbe Lack 93, 211-6 (1987). Modernes Schwarz für Drucktinten

Marsk, R.J.: Rev. Prog. Color. Relat. Top. 12, 37-42 (1982). Printing inks

Arnold, E., Martin, G.: Wochenbl. Papierfabr. 113, 267-70 (1985). Neue Möglichkeiten der Papierfärbung. Kationische Direktfarbstoffe

Gröbke, W., Martin, G.: Rev. Prog. Color. Relat. Top. 14, 132-8 (1984). Chemical and technical progress in the dyeing of paper

## Keramische Farben, Künstlerfarben

Krause, H.J.: Ullmanns Encykl. Tech. Chem. (4. Aufl.) 14, 1-12 (1977). Keramische Farben

Kremer, W.: Ullmanns Encykl. Tech. Chem. (4. Aufl.) 15, 171-7 (1978). Künstlerfarben

Feller, R.L. (Ed.): Artists' Pigments. A handbook of their history and characteristics, Vol. 1. Cambridge, U.K.: Univ. Press 1986

Baer, N.S., Joel, A., Feller, R.L., Indictor, N.: Artists Pigm. 1, 17-36. Indian yellow

Grissom, C.A., Kuehn, H., Curran, M.: Artists Pigm. 1, 141-217 (1986). Green earth, zinc white and chrome yellow

El-Goresy, A., Jaksch, H., Abdel Razek, M., Weiner, K.L.: Max-Planck-Inst. Kernphys. Rep. 12, 1-65 (1986). Ancient pigments of Egyptian tombs and temples

Puettbach, E.: Betonwerk Fertigteiltech. 53, 124-31 (1987). Zementfarben

## Farbstoffe in der Analytik, in Medizin und Biologie

Wannagat, U.: Nova Acta Leopold 59, 353-65 (1985). Siladerivate aktiver Substanzen, u.a. von natürlichen Farbstoffen

Vejdelek, Z.J., Kakac, B.: Farbreaktionen in der spektralphotometrischen Analyse organischer Verbindungen; Bde. 1, 2 Erg. Bd. Jena: Fischer 1969, 1973, 1980

Naumann, R., Eberle, H.G., Neisius, K., Bodart, D., Fischer, W., Schmitt, D.; Ullmanns Encykl. Tech. Chem. (4. Aufl.) 13, 183-96 (1977). Indikatorfarbstoffe

Gurr, E., Anand, N., Unni, M.K., Ayyangar, N.R.; Venkataraman's Chem. Synth. Dyes 7, 278-351 (1974). Applications of synthetic dyes to biological problems

Horobin, R.W.: Rev. Prog. Color. Relat. Top. 11, 101-111 (1981). Selective coloration of biological material

Lowe, C.R.; Top. Enzyme Ferment Biotechnol. 9, 78-161 (1984). Application of reactive dyes in biotechnology

Brown, R.A., Combridge, B.S.; J. Virol Methods 23, 267-74 (1986). Binding of hepatitis virus particles to immobilized Procion Blue HB and Cibacron Blue 3 GA


## Pelz- und Lederfärbung

Nungesser, T.: Ullmanns Encykl. Tech. Chem. (4. Aufl.) 17, 655-8 (1979). Pelzfarbstoffe, Pelzfärbung

Wachsmann, H.; Leather Sci. (Madras) 31, 31-5 (1984). Modern developments in retanning and dyeing of goat and sheep skins

Schubert, R., Faber, K., Spahrkäs, H., Eitel, K., Schade, F., Träubel, H., Harmening, G.: Ullmanns Encykl. Tech. Chem. 16, 148-59 und 176-7 (1978). Lederfärbung: Uebersicht mit 69 Lit.-Zitaten

Wachsmann, H.: J. Am. Leather Chem. Assoc. 80, 33-41 (1985). Liquid dyes for spray dyeing

Leafe, M.K.; J. Soc. Dyers Colour. 100, 262-3 (1984). Leather dyeing today

Feeman, J.F.: Venkataraman's Chem. Synth. Dyes 8, 37-80 (1978). Leather dyes


(IIIt/IIIv)

### Färben von Kosmetika und Haaren

Malasziewicz, J., Förg, F.: Ullmanns Encykl. Tech. Chem. (4. Aufl.) 12, 557-67 (1976). Hautkosmetika

Lehmann, G. (Hrsg.): Identifizierung von Farbstoffen in Kosmetika. Weinheim: Verlag Chemie 1986

Vogel, F.; Chem. uns. Zeit 20, 156-64 (1986). Kosmetik aus der Sicht des Chemikers

Corbett, J.F.: Venkataraman's Chem. Synth. Dyes 5, 475-534 (1971). Hair dyes; 207 Lit.-Zitate

Freytag, H.: Ullmanns Encykl. Tech. Chem. (4. Aufl.) 12, 429-57 (1976). Haarbehandlungsmittel

Corbett, J.F.; Rev. Prog. Color. Relat. Top. 15, 52-65 (1985). Hair colouring


### Färben von Lebensmitteln

Schlierf, G., Brubacher, G. (Hrsg.): Lebensmittelfärbung - wozu ? Stuttgart: G. Thieme 1979

Lück, E., Rymon v., G.: Ullmanns Encykl. Tech. Chem. (4. Aufl.) 16, 73-89 (1978). Lebensmittel-Zusatzstoffe

Kienzle, F., Isler, O.; Venkataraman's Chem. Synth. Dyes 8, 389-414 (1978). Synthetic carotenoids as colorants for food and feed

Herrmann, K.; Ernähr.-Umsch. 33, 275-8 (1986). Anthocyanin-Pigmente in Lebensmitteln

Francis, F.J.; Food Technol. (Chicago) 41 (4), 62-8 (1987). Lesser known food colorants

Ilker, R.; Food Technol. (Chicago) 41 (4), 74-6 (1987). In vitro pigment production: natural colorants for food

Fisher, C., Kocis, J.A.: J. Agric. Food Chem. 35, 55-7 (1987). Separation of paprika pigments by HPLC

Potthast, K.: Fleischwirtschaft 67, 50-5 (1987). Die Farben von Fleisch- und Wurstwaren

Photographie

Böttcher, H., Epperlein, J.; Moderne photographische Systeme. Leipzig: Dtsch. Verlag Grundstoffind. 1983

Bloom, S.M., Green, M., Idelson, M., Simon, M.S.: Venkataraman's Chem. Synth. Dyes 8, 331-87 (1978). The dye developer in the Polaroid color photographic process

Riester, O.; Ullmanns Encykl. Tech. Chem. (4. Aufl.) 18, 430-4 und 497 (1979). Spektrale Sensibilisierung

Schmitt, M., Heilmann, M., Fergg, B., Boie, J.: Ullmanns Encykl. Tech. Chem. (4. Aufl.) 18, 452-72 und 498-9 (1979). Farbphotographie; 57 Lit.-Zitate

Bailey, J., Williams, L.A.: Venkataraman's Chem. Synth. Dyes 4, 341-87 (1971). The photographic color development process

Leupold, D., König, R., Dähne, S.; Z. Chem. 10, 409-23 (1970). Organische Farbstoffe. Photophysikalische Eigenschaften, Nutzung


Farbstoff-Laser und andere technische Anwendungen

Schäfer, F.P. (Hrsg.): Dye Lasers (Top. Appl. Phys., Vol. 1). Berlin, Heidelberg, New York: Springer 1973

Schäfer, F.P.: Top. Curr. Chem. 61, 1-30 (1976). Organic dyes in laser technology

Gold, H.; Ullmanns Encykl. Tech. Chem. (4. Aufl.) 17, 468-73 (1979). Fluoreszenzfarbstoffe

Kaempf, G., Loewer, H., Witman, M.; Kunststoffe 76, 1077-81 (1986). Optische Speichermedien

Talati, J.D., Daraji, J.M.; J. Electrochem. Soc. India 35, 175-81 (1986). Dyes as corrosion inhibitors. Triphenylmethane dyes, aluminium-copper alloy

Meier, H.; Top. Curr. Chem. 61, 87-131 (1976). Application of the semiconductor properties of dyes

Jahnke, H., Schönborn, M., Zimmermann, G.; Top. Curr. Chem. 61, 133-181 (1976). Organic dyestuffs as catalysts for fuel cells

# 11.

# Register

Abaca 16,20
Abbau
- alkalischer 277
- hydrolytischer 9
- mikrobieller Id,IIu
abbaubar (Tenside) IIc
Abbaureaktionen
- im Färbebad IIIm
- von Cellulose Id
- von Polyester 277,It
- von Seide IIIm
Abbremsen:
    Aufziehvorgang 199,238
Abendbekleidung 287
Abendlicht 95
Abfälle 398
Abgasechtheit 169,170,195
Abkochen 261,263,270,274
Abkürzungen, häufige 365
Abmusterung, farbmetrische
    IIk
Abquetscheffekt 282,302
Abquetschwalzen 338
Abrieb 262,270
Absorption, ungewohnte 372
Absorptionsbande 91
Absorptionslücke 93
Abwasser 310,Iy,IIIf,IIIk
Acceptor (Akzeptor) 107,116
    124,125,128
π-Acceptor 95,96
Acceptor/Donor-Kombination
    107
Acetat,-fasern
    siehe Celluloseacetat
Acetatverfahren 51
Acetylierung 189
Acridinfarbstoffe 111,IIt
Acrylfärbung, Kinetik IIIp
Acrylfasern
- elastomere Iv
- Handelsnamen 279
- modifizierte 77
Acrylsäurepfropf Ii
Acylaminoanthrachinone 175,235,
    236,370
    Alkalilöslichkeit 176
Acyl-Kation 189
Acylierung 175
    intramolekulare 180
Addition 117,118,119,153,187,
    188
    anti MARKOWNIKOFF 75

Additive, Gesundheitsprobleme
    Ig
Adenosintriphosphat 8
Adhesive Ij
Adipinsäure 67
Adiponitril 67
Adsorption IIIa,IIIc
Aethylen 54
Aetzbarkeit
- Azofarbstoffe 243
- Acylaminoanthrachinone 245
Aetzdruck auf
- Azogrund 243
- Küpengrund 245
Aetzdruck mit
- Indigosolen 245
- Reaktivfarbstoff 243,295
Aetzgrund 243
Aetzpaste 245
Affinität 216,IIId
Aggregate 197,198,230,231,232,
    237,IIIe
Aggregation 139,140,144,156,162,
    214,367,IIz
    Färbeisotherme 232
AH-Salz 68
Akazien 208
Alaun 222
Albatex BD 299
Albegal A,B,C 312,328
Albumin 208
Aldol
- addition 188
- kondensation 181
- spaltung 75
Alginat 208,298,299
Alginsäure 52,53
Algolviolett BBN 191
Alizarin 168,221,364,370
    Ca/Al-Komplex 222
Alizarin
- echtgrau BLL 173
- echtgrün G 173
- gelb FS 368
- gelb 2G 134
Alkanfasern
    siehe Polyolefinfasern
Alkali
- behandlung (Wolle) Ir
- cellulose (Quellung) 14
- echtheit 109,173,195,253
- schmelze 177,178,181,190,191

Allenbildung IIr
Allgemeinechtheit 107,121, 181
Allgemeine Formel für
- Azo/Direkt-Farbstoffe 231
- Azofarbstoffe 123
- chinoide Farbstoffe 168
- Dispergiermittel 207
- Netzmittel 206
- Polymethinfarbstoffe 104
- Reaktivgruppen 227,228
- Waschmittel 206
Allylumlagerung 70,75
Alpha-Helix
 siehe α-Helix
Alternanz 99
Alterungsprozess Ih
Altrot 222
Aluminiumbeize 171,221
ambident 13
ambifunktionell 130
Aminierung 170
Aminosäuren 262,If
- natürliche 21
- Symbole 25,28,29
- Uebersicht 23
- $H_2O$-Löslichkeit 23
- Code 7,31
ω-Amino-undecansäure 74
Ammoniakbehandlung Ip
AMOCO 62
amorphe Bereiche 197,200,212
Ampholyt
 siehe Elektrolyt, amphoterer
amphoter (Tensid) 312
Amylase 364
Amylopektin 9
Amylose 9
Analytik Ib,Iu,Iz,IIv
Anbaugebiete
 siehe Erzeugerländer
Anellierung 175,179,235
Anfärbbarkeit 77
 Steuerung 83
Anilinschwarz 100,257,258
Anion, austauschbar 215
anionaktiv 205
Anionocyanine 104,105
Annulenfarbstoff
 siehe Aza[18]annulen
Anorak 338
Anregung,
 elektronische 89,362
Anreicherung,
 mechanische 199
Anschmutzen 316
Anthanthron 180

Anthocyane IIIu
anthrachinoide
- Beizenfbst. 168
- Dispersionsfbst. 168
- Küpenfbst. 175,235,IIx
- Säurefbst. IIx
Anthrachinon
- Hydroxylierung 171,173
- als Katalysator 245
Anthrachinon/Azo-Direktfarbstoff 174
Anthrachinonfarbstoffe
- Azoderivat 174,IIz
- Ersatz IIIf
- im Vergleich 166,167,209,IIq
- kationische 223
- Lichtechtheit IIp
- wasserlösliche 171
- Zwischenprodukte für IIw
Anthrasole 242
Antichlorbehandlung 265
Antike 259,IIIr
antike Pigmente IIIs
Antioxydantien Iu
Antisepticum 117
antistatisch 275,316,Iw
Apokalypse 360
Applikationen
- klasse 100,101,102,103,104, 134,167,197,IIz
- verfahren 5,280
Appretur 6
Aramidfasern 81,Iw
Arbeitshygiene Iy,IIp
Aromaten
 höher kondensierte IIy
Artisildiazoschwarz GP 138
Asbest Iw,Iy
 Ersatz Ix
Assoziat
 siehe Aggregat
Astraphloxin FF 105
Astrazonrot 6B 107
Asymmetrie 55,57,79
ataktisch 56
ATP 8
Aufbau, chemischer
 siehe Primärstruktur
Aufbau, morphologischer
- von Baumwolle 19
- von Blattfasern 21
- von Cellulose 11
- von Wolle 43
Aufbauvermögen 336,337
Aufhellen,
 optisches 6,263,It,IIe
Aufheller 266,267,IIb

Aufzieh
- geschwindigkeit 199
- kurve 330
Augenheilkunde IIt
Ausfärbung:
  Prüfen IIn
Ausrüsten 6,41,Iz
- Schaumtechnik IId
- antimikrobiell IIf
Ausrüsten von
- Baumwolle Ip
- Polyester It
- Polypropylen Iv
- Seide Ir
- Wolle Ir,Iz,IIIl
- Polyolefinfasern Iv
Aussalzeffekt 230
Auswahl (Textilfarbstoffe) 197
Ausziehfärberei mit
- Basischen Fbst. 332
- Chromierfbst. 305
- Direktfbst. 287,323
- Dispersionsfbst. 314,315,318
- Entwicklungsfbst. 292
- Küpenfbst. 300,323
- Kupferungsfbst. 290,323
- Metallkomplexfbst. 308,310, 335
- Reaktivfbst. 230,312,323 IIIe,IIIl,IIIm
- Säurefbst. 305,335
- Schwefelfarbstoffen IIIg
- Teracoton-Mischung 326
- Teralan-Mischung 328
Ausziehverfahren 280
Automatisierung IIIj
Automobil
- Lack IIIt
- Zubehör 338
Autooxidation 75
Austauschreaktion Br/$NH_2$ 75
Auxochrome:
  Verteilungssatz 122
Aza[18]annulen 152,153
  Entwicklungsfarbstoffe 257
Azacyanine IIr
Azaderivate von
- Cyaninen IIr
- Hemicyaninen 150
- Merochinoiden 150
- Neutrocyaninen IIs
Azahemicyanine 150
Azamethine 104,IIs
Azasubstitution 116

Azinfarbstoffe IIt
Azo/Chinon-Farbstoff IIz
Azo/Direktfarbstoffe 141,231
Azo/Dispersionsfarbstoffe 209
Azo/Entwicklungsfarbstoffe 247
- Diazokomponenten 250,251
- für Polyester 255,256
- Grenzbereich 210,234
- Handelsnamen 249
- im Textildruck 252
- Kupplungskomponenten 248,249
- Schutzgruppe 249,250
- Verankerungsprinzip 248,255
Azofarbstoffe 122,IIu
- Abbau IIu
- Biochemie IIu
- chinoide Derivate IIz
- o,o'-disubstituierte 223
- heterocyclische 209
- Hydrazonderivate IIz
- kationische 223
- komplexbildende 134
- Kurzschreibweise 134,135,140 142,146,149
- im Aetzdruck 243
- im Vergleich 100,101,126,175
- in der Aufhellersynthese IIb
- Ozonolyse IIv
- Photochemie IIp
- Polarographie IIv
- WW mit Tensiden IIc
Azogrundierung 258
Azogruppe (Polarisierbarkeit) 123
Azo/Hydrazon-Tautomerie 125, IIv
Azokupplung 126,127,128,135, 137,138,149,158,174
  Regeln IIv
Azo/Metallkomplex-Farbstoffe 152,161
- Uebersicht 159
- charakteristische Substituenten 368
Azo-Pigmente IIIh
Azo/Säurefarbstoffe 134
Azoverbindungen (Herstellungsmethoden) 126,362

Badebekleidung 195,338
BADER/SüNDER:
  Indigosole 241
Bakelite 53
bakterienbeständig 221
Bandenspektrum 91
DALLI 362

Basenkatalyse 173
- allgemeine 128
- spezifische 128
Basentriplett 33
Basische Farbstoffe (siehe auch C.I. Basic) 223,IIId
- chinoide 171
- Circulardichroismus 232 IIIb
- Färben mit 332
- Historisches 225
- im Vergleich 101,103,196, 198
- Kombinierbarkeit IIIo
- potentielle 373
basisch färbbar 77
Bast 47
Bastfasern 117
  Vorbehandlung 267
Bastschicht 20
Bathochromie 109,116,124
Batik 283 IIIh,IIIi
Bauchspeicheldrüse 364
Baumwolle 17, Io
- Abfälle 52
- Anbau Io
- Bedrucken 222,243,297
- Bleichen 263,Ix
- Färben von 243,287,288,289, 290,296
- Faserdurchmesser 19
- kationische Iv
- Züchtung Io
- Mischungen 361,Iw
- modifizierte Iv
- Morphologie 19
- Provenienz 18
- Stapellänge 17,18
- tannierte 117,184
- Uebersichtstabelle 18,19
- unreife Ip
- Veredlung Io
- Vorbehandlung 261
- Waschen Ip
Baumwollfarbstoffe 177,180
Bauprinzip
- von Farbstoffen 101
Bauvliese Ix
Bave 47
BAYER/DREWSON :
  Indigosynthese 187,188,189
BECKMANN :
  Umlagerung 72
Bedrucken
    siehe Textildruck

Beflockung IIg
Begleit
- farben 252
- stoffe 20,42
Beizen
  siehe Metallbeize, Tanninbeize
Beizenfarbstoffe (s.a. C.I. Mordant) 219
- Applikationsvarianten 220
- chinoide 168
- Chromierfärbungen 305
- historische 168
- Historisches 221,222
- im Baumwolldruck 222
- im Vergleich 101,103,152,167, 198
- klassische 367,370
- merochinoide 371
- Subklassen 220
- synthetische 221
Bekleidungs
- industrie Iy
- textilien 77
Bemusterung, farbige 283,322,336
Benzanthron 179,181
Benzidin
- derivate IIu
- ersatz IIu
Benzochinonfarbstoff IIx
Benzophenone (Synth. mit) IIt
Benzoxazinon
  siehe Phenoxazin
Benzoylierung 175
Benzylechtscharlach 3 B 144
Beschichtungen IIf
  mit Metallpulver IIg
Beständigkeit gegen
- Faltenbildung 319
- Permanent-Press 317
- Trockenhitze 316
Betaine IIz
Beuche, Beuchen (Beuchflotte, -kessel, -lauge) 261,262, 263,268
Bichromat-Ion (Reduktion) 221
bifunktionell 130
Bikomponenten
- spinnen 82
- faser IIh
Bildung, naturwissenschaftliche 360
Billigartikel 287
BINDSCHEDLERs
  Grün 116

Bindungsplätze (Konkurrenz um) 199
Biochemie
- Phenazinpigmente IIIv
- Baumwolle IIu
biologisch abbaubar 397
Biomasse Ic
Biopigmente IIIv
Biopolymere Ib
Biosynthese
- von Cellulose 8,9,Ic
- Grundprinzipien 7
Biotechnologie IIIv
Biotop 1
BISMARCK-braun 144
BLACKWELL 12,13
Blattfasern 15,19,Ip
Bleichen
- Richtrezeptur 266
- Uebersicht IIe
Bleichen von
- Acetatfasern 270
- Baumwolle 261,263,Ix
- Baumwollmischungen Ix
- Cellulosefasern 266,270
- Flachs 268
- Leinen Ip
- Polyacrylfasern 277
- Polyamidfasern 277
- Polyester 277,It
- Proteinfasern 273
- Ramie 269
- Seide 273,IIIm
- Synthesefasern 263
- wilder Seide 46
- Wolle 273,Iq
Bleich
- echtheit 177,195
- flotte 262
- kessel 266
- mittel 263
- rezeptur 266,270,277,278, IIe
Bleistifte IIIs
blinde Küpe 302
blindes Färbebad 365
Blockierungseffekt 217,334, 337
Block
- polymerisation 58
- technik Ih
Bodenbeläge IIg
- Färben IIIk
- Farbstoffe für 304,308,309 338
BOHN/SCHMIDT:
  Hydroxylierung 171,173

Bombyx mori
  siehe Maulbeerspinner
Borstenherstellung 80
Breitwaschmaschine 296,297, 322,324
Bremsmittel
  siehe Retarder
Brennbarkeit, verminderte 80
Brennstoffzellen IIIw
brillante Farbstoffe 109,111, 114,180
Brillanz 134,224,228
Britisch Gummi 208
Bromaminsäure 169,379
Bromierung 180,181,186
Bruchdehnung 362
$\pi$-Brücke 96
Brutofen 46
Bruttozusammensetzung (Wolle) 24,25
Bügel
- echtheit 195
- temperatur (Synthesefasern) 279
Buna N 76
Buntätze 239,243,245
BUNTE-Salz 247,IIIg
Buntstifte IIIs
Butandiol 59
Butanol
  zum Färben IIIo

Cadmium-Kathode 70
Caledon
- Jade Green XBN 181
- Orange 2RT 362
Calgon 270
  (siehe auch Polyphosphat)
Capriblau GON 117
$\varepsilon$-Caprolactam 72,73
capto/dativ 187
Carbinolbase 111,114
Carbonylfarbstoffe
- chinoide 164
- indigoide 164
- langwellig absorbierende 166
carcinogen IIq,IIu
CAROTHERS 68
Carotinoide 370,IIIu
Carrier 83,213,314,318
- färbung IIIn
- wirkung 200
Casein 275
Cassuren
  siehe Kassuren
Cd-Kathode 70

Cellitonecht
- blau FBB  169
- blaugrün B  170
- gelb 7G  107
- orange R  168
Cellobiose  9,10,11,51
Cellulose  8,Ic
- Abbau  243,Ic,Id
- Adsorption  IIIc
- Anisotropie  14
- Biosynthese  8,9,Ic
- Derivate  15,51,52,Id
- Eigenschaften  14
- Fermentation  Id
- Folien  232
- Hydrolyse  9
- innere Oberfläche  232
- Kristallstruktur  11,12,13
- Lösungsmittel für  Is
- Modifikationen (Cellulose I,II)  11,12,13
- modifizierte  27
- Pfropfreaktionen  Ig,Ii
- Polymerisationsgrad  10
- Quellung  14
- Reaktivität  Ic
- Spektroskopie  11,12,13,Ic
- Vorkommen  16,Ic
Cellulose
- acetat  51,Is
-- Abkochen  270
-- Alkaliempfindlichkeit  270
-- Bleichen  270
-- Echtheiten auf  195,196
-- Entschlichten  270
-- Färben  213,314,315,316,IIIj
-- Farbstoffe für  107,115,121, 138,210
-- Folie aus  IIp
-- Handelsnamen  279
-- im Vergleich  103,279
-- Kreppen  364
-- Kristallstruktur  Id
-- Materialfehler  269
-- Textildruck  IIIi
-- Vorbehandlung  269
- äther  208,Ie
- carbamat  Is
- ester  48,52,Id
- fasern
  (siehe auch Abaca,Baumwolle, Flachs,Hanf,Jute,Kapok,Sisal, Ramie,Viscose)  8,286
-- Bedrucken  IIIl
-- Begleitstoffe  15,16
-- Bleichen  263
-- Einteilung  16
-- Färben  286,322

-- Färben mit
--- Direktfbst.  287
--- Entwicklungsfbst.  292
--- Indigosolen  243
--- Küpenfbst.  299
--- Kupferungsfbst.  290
--- Pigmentfbst.  IIIl
--- reaktantfixierbaren  IIIl
--- Reaktivfbst.  229,293, IIIe,IIIl
-- Farbstoffe für  186,194,196, 233,236,323,324,326
-- in Mischungen und Mischgeweben  323,324,326
-- im Vergleich  15
-- modifizierte  Iv
-- native, natürliche  15,17,19, Im
-- regenerierte  11,15,48,IIb
-- reine  Ip
-- Vollbleiche  265
- phosphat  27
- nitrat  52,Ie
CHARDONNET:
  Kunstseide  52,In
Charge-Transfer  IIz
Charmeuse  338
Chemiefaser
- tabelle  Im
- lexikon  Im
Chemiefasern  Is
- erste Generation  48
- zweite Generation  53
- dritte Generation  78,80,81
Chinalizarin  171
Chinizarin  173
Chinodimethan  166
Chinoide Farbstoffe
  (siehe auch Chinon-, Chinonimid-)  167,IIw
- allgemeine Formel  168
- Bauprinzip  99,167,168
- Einsatzbereiche  IIx
- im Vergleich  185,235
- Küpen  175
- NIR-Absorption  IIx
- Photobleichung  IIy
- Reaktivität  IIx
- Synthese  167,IIx
- wasserlösliche  171
Chinonfarbstoffe
  (siehe auch Anthrachinonfarbstoffe)
- höher anellierte  167,175,180
- im Vergleich  101
- wasserlösliche  171
Chinonimidfarbstoffe
  (mit cyclisch eingebauter Imidfunktion)  182,371

Chinoniminfarbstoffe
  (Diarylnitrenium-) 110,111,
  117,119,120
Chinophthalon IIr
Chinonylmethanfarbstoffe
  371,IIz
Chiralität 9
Chlorantinlicht
- grün 5GLL   175
- violett RLL   162
Chloritbleiche 266
Chlorophyll 8,268
Chromatographie
- Adsorptions IIo
- Dünnschicht IIId
- Gegenstrom
- HPLC IIo,IIx,
- Ionenpaar IIx
- Verteilungs IIo
Chromatographie von
  chinoiden Fbst. IIx
  Lederfarbstoffen IIId
  Proteinfraktionen 27
Chrom
- beize 221
- echtblau R   136
- gelb IIIs
chromgebeizt (Wolle) 134
Chromierfarbstoffe
- anthrachinoide 173,174
- auf Wolle 198
- Definition 219
- disazo 141,142
- Färbediagramm 306,307
- Färben mit 305
- im Vergleich 152,196
- monoazo 134,136
- Typen A,B   220
Chromierfärbungen
- Einbadchromierverfahren
  220,308
- Fortschritte IIIm
- Nachchromierverfahren
  220,223,308
- Nassechtheit 221
- Vorbeizenverfahren 308
- Wollschädigung 220
Chromophore 95,97,107
- kombinierte IIy
- neuartige 373
Chromophorbausteine,
  formale 95
Chromophorklassen
  (siehe auch Farbstoff-
  klassen)
- Grenzbereiche 150,151,192
- im Vergleich 101

C.I. Acid
  Yellow   115,160,369,371,373
  Orange   121,135,162,371
  Red      136,370
  Violet   367
  Blue     156,163,171,186,370
  Green    146,173,368
  Brown    163
  Black    144,173,180,367
C.I. Basic
  Yellow   366
  Orange   366,370
  Red      105,119
  Violet   107,111,114
  Blue     117
  Green    112,370
  Brown    144
  Black    184
C.I. Direct
  Yellow   366
  Orange   150
  Red      142
  Violet   162,369
  Blue     146,155,183,367
  Green    148,175
  Brown    367
C.I. Disperse
  Yellow   107,121,142
  Orange   168
  Blue     109,137,169,170
  Black    138
C.I. Ingrain 155
C.I. Mordant
  Yellow   134,141
  Red      369,372
  Violet   171,371
  Blue     114,117,136,173,370
  Black    366
C.I. Natural 370
C.I. Pigment
  Red      370
  Violet   366
  Blue     155,156,184
C.I. Reactive
  Red      135
  Violet   162
  Blue     157,173
  Black    163
C.I. Solubilized Vat 371
C.I. Vat
  Yellow   175,177,179
  Orange   180,181,362
  Red      176,177,191,194,369
  Violet   191
  Blue     177,181,184,186,194
  Green    181
  Black    191

Cibacron
- blau 3G  299
- brillantgelb 3G  299
- brillantorange G  299
- brillantrot 3B  299
- farbstoffe  227
- gelb 3  299
- rubin R  299
- scharlach 2G  135
- scharlach 2G  299
- seife  299
- schwarz BG  163
- schwarz  299
- türkisblau G  157
- türkisblau G  299
- violett 2R  162
Cibalan
- braun TL  163
- brillantfarbstoffe  227
Cibanon
- blau GF  177
- brillantgrün FBF  181
- gelb GC  176
- goldorange F2B  362
Circulardichroismus  232,IIIb
CO  365
Cochenille  IIIr
Cocosfaser  IIIl
codierende Basen  33
colloidal  Ik
Colour and Constitution  IIn
Colour-Index  101,103,129,132, 139,149,150,182,197,IIz
Copolymere
- alternierende  If
- Fasern  IIIp
Copolymerisate, ternäre  78
Copolymerisation  58,77,83
    Blocktechnik  Ih
Coprantex A,B  234
Coprantin -
    grün G  148
Cordgewebe  290
Cordsamt  IIg
COREY  33,34
Cortex
    siehe Rindenschicht
Cortexzelle
    siehe Spindelzelle
Cottonisieren  268
Coupagen  285
Coupurenverdickung  298,299
COURTAULDS  Is
Creponieren  275,364
Cuite  273,274
Cu(I)Methode  102
Cuprofix S  234
Cuticula
    siehe Schuppenschicht

CV  365
Cyaninfarbstoffe  104,IIq
    (siehe auch Polymethin-
    farbstoffe)
- asymmetrische  366
- Azaderivate  223
- Decamethin [3.3.3]  IIr
- dikationische  373
- grenzflächenaktive  IIr
- mit basischen Endgruppen IIr
- verbrückte  IIq
Cyclisierung (Ringschluss) 117,119,120,178,188,190
- dehydrierend  179
- oxydativ  118
Cyclohexandimethylol  60
Cyclokondensation  191,371

Dämpfprozess  238
Damenstrümpfe  66,338
Dampfdruck:
    Küpenfarbstoffe  IIIg
Datenverarbeitung  III
Decarboxylierung  188
Definitionen
- Basischer Farbstoff  223
- Beizenfarbstoff  219
- Direktfarbstoff  231
- Dispergiermittel  205
- Dispersionsfarbstoff  209
- Einfriertemperatur  200
- Glastemperatur  200
- Küpenfarbstoff  234
- Netzmittel  205
- Reaktivfarbstoff  226
- Säurefarbstoff  214
- Substantivität  232
- Textilhilfsmittel  Iz
- Waschmittel  205
Degummieren  269,Ip
DEHNE/KREYSIG:
    Lehrbuch  14,28,35
Dehnungs
- kraft  362
- schwankungen  Ij
Dehydro
- indanthron  371
- phthalocyanin  153,366
Dekaturechtheit  195
Dekorations
- artikel  287,290
- bedürfnis  2
- stoffe  76,290,304
Delokalisation
- π-Elektronen  99,104,105, 107,152
- Ladung  114

Denier (den) 361
Denkansätze, naturwissen-
 schaftliche 360
desaminierte Wolle 225
Deskriptoren IIv
Dextrin 208,267
Diagnose:
 Reagenz IIt
Diamin-
 stahlblau L 146
Diarylmethanfarbstoffe
 (Diarylcarbenium-) IIs
- Synthese mit DMSO IIt
Diarylnitrenium 110
Diastase 364
Diastereomere 57
Diaza-Neutrocyanin 370
Diazokomponenten 126,129
- bifunktionelle 138,139
- binucleare 139
- diazotierbare 139
- für Entwicklungsfärbstoffe
 250,251
- Häufigkeit 131
- heterocyclische 132,133,
 IIv
- individuelle 134,139,144,
 160,162
- neuere 132,IIv
- trifunktionelle 139
- überlieferte 130
Diazonium-Ionen 126,137
Diazotierfarbstoffe 234
Diazotierung 126,127,128,129,
 IIv
- Beispiele 135,137,158,190,
 191
Diazoverbindungen 208
Dibenzpyrenchinon 179
Dibromanthanthron 180
DICKERSON/GEISS:
 Lehrbuch 24
Dielektrizitätskonstante 369
Differential dyeing 78,IIIo
Differentialthermoanalyse
 200
Diffusion 5,169,199,237
- Dispersionsfarbstoffe IIIo
- eingeschränkte 208
- elektronenmikroskopische
 Studie IIIb
- Konstanten 213
Discharge/Resist-Printing
 (Reservedruck) IIIi,IIIn
Dimerisierung
- oxydative 181,187,190,370
- spontane 188
Dimethylterephthalat 61

Dinitrat 52
Dioden-Array-Spektrometer
 427
Dioxazinfarbstoffe 182,183,
 IIx,IIIf
Diphenylmethan (Diphenyl-
 carbenium) 111
Dipolmoment 124,369
Dipolmoment
Direktdruck 297
Direktfarbstoffe 231,IIIe
 (siehe auch C.I. Direct)
- Aggregate IIIe
- chinoide 167,174,183
- Circulardichroismus 232,
 IIIb
- Disazo 139
- Echtheiten 196
- Färbediagramm 288
- Färbevorschrift 287
- für Viskose 289
- hochlichtechte 287
- im Aetzgrund 243
- im Vergleich 101,103,134,
 215
- kationische 363,IIIs
- Klassen A,B,C 288,289
- Kombinationen mit 323
- Metallkomplex 152,156,159,
 161,223
- preiswerte 287
- Standardaffinität 443
- Subklassen 233
- Trisazo 145
- Verankerungsprinzip 197,
 198,214,231
- Vernetzung 234
Direktfärbungen
 (siehe auch Färben mit ...)
- Färbeisotherme 232
- Nachbehandlungsmethoden
 233,289,IIc
Disaccharid 9
Disazofarbstoffe 139
- Beispiele 143
- im Vergleich 122,214
- potentieller 367
Disazo/Stilben-Farbstoff 366
Dispergiermittel IIc,IIIc
- allgemeine Formel 206
- Definition 205
- in Farbstoffhandels-
 formen 237
- Lignosulfate IIw
Dispersionsfarbstoffe
 (siehe auch C.I. Disperse)
 209,IIIc
- Adsorption IIIc

- anthrachinoide 137,169
- chinoide 168
- Diffusion IIIo
- Echtheiten 196
- Färben mit 314,317,324, 330,334,337,338
- für Nickelpolypropylen 211
- für Polyamid 334,337
- für Polyester 211
- im Aetzgrund 244
- im Textildruck IIa,IIIc
- im Thermosolprozess IIIc
- im Vergleich 101,103,139, 167
- Kaltfärbung 213
- Kombinationen mit 323,324, 326,327,337
- Kombinierbarkeit IIIn
- mit komplexbildenden Substituenten 210,211
- mit Reaktivgruppe 211,334
- neuere IIIc
- potentieller 371
- Strukturelemente 209,IIIc
- Verankerungsprinzip 211
- WW mit Tensiden IIc
Dispersionsfärbungen (siehe auch Färben mit ...)
- Aktivierung 213
- Isotherme 212
Dispersions/Säure-Farbstoffe siehe 2:1-Metallkomplex-Säurefarbstoffe (ohne $SO_2X$)
Dispersolechtorange G 213
Dissoziations
- gleichgewicht 37,39
- grad 39
Disulfidbrücken 26,234
DMF (Dimethylformamid) 78
Donau 116
DONNAN 36,37
Donor (Donator) 107,110,111, 120,124,125,128,166,167, 169,171,175
$\pi$-Donor 96,105
$\sigma$-Donor 105
Donorstärke 166
Doppelschicht, elektrische IIIa
Dosierstation IIIk
Drimaren
- blau Z-RL 173
- schwarz Z-BL 298
Drimaren-Z Farbstoffe 297

Druck
- empfindlichkeit 269
- farbe 457
- fonds 283
- grund 283
- maschinen IIIi
- pasten 283,297,IIIi
- rezept 298,299
- schablone, improvisierte 297
- technik IIk
- tinte IIIs
- vorschrift 297,299
Durchfärbevermögen 310
Durchtrittsbedingungen 199

Echtheiten
 (s.a. Abgas-,Allgemein-, Alkali-,Bleich-,Bügel-, Fabrikations-,Gebrauchs-, Karbonisier-,Lösungsmittel-, Nass-,Reib-,Sublimier- und Waschechtheit) 194,IIo,IIp
- beeinträchtigte 329
- Notenskala 195,196
- Prüfverfahren 195
Echtheits
- anforderungen 195
- bewertung IIk
- deskriptoren IIv
Echtschwarz L 184
Ecru 273
Edelzellstoff 52
EDTA 277
Egalisieren 198:
- acht Wege IIIm
- Einflüsse auf 199,238,IId
- Flächenegalität 336
- Konkurrenzprinzip 217,224
- Spitzigfärben IIIm
- Streifigkeit 317,334,336
Egalisier
- farbstoffe 210
- hilfsmittel:
-- farbstoffaffine 199
-- faseraffine 199
-- für Polyester IIIn
- probleme 198,218,IIIm
- vermögen 160,180,181
Egrenieren 17
Eigen
- farbe 95
- nuance 138
Eigenschaften von:
- Cellulosefasern 14
- makromolekularen Stoffen 55,Ib,Ij

- Polyamidfasern 75
- Polyesterfasern 59
- Polyolefinfasern Iu
- Tensiden IIc
- Textilfarbstoffen IIz
- Wolle 44

Einbad-Methode 323,329
Einbad/Zweistufen-Methode 323,326,IIIq
Einbettungslösung 37
Einfriertemperatur 200,329
Einkristalle (Fbst. in Cellulose) IIIb
Einlagerung von:
- Aggregaten 197,198,230,231, 232,237
- Pigmenten 197,198,248,255, 257

Einlasswalze 238
Einlaufen 365
Einsatzbereiche von:
- Acrylfasern 76
- Basischen Fbst. 223
- Beizenfbst. 219
- chinoiden Fbst. IIx
- Dispersionsfbst. 209
- Entwicklungsfbst. 247,252,255,257,258
- Indigosolen 243
- Kunststoffen Il
- Küpenfbst. 236
- Polyamidfbst. 338
- Säurefbst. 214
- Spezialfasern Ix
- Standardfasern Ix

Einstellen (Tongleichheit) 334,365
Einteilungsprinzip:
- Farbstoffe 89,100
- Textilfasern 7,15,21,48

Elasthan 84
Elastizität (Wollfaser) 44
Elastomere 84,86,Il,Iv
Elimination 117
Elektrochemie Ib,IIl
elektrofug 249,250
Elektrolyt
- beständigkeit IIIf
- effekte 203,IIIp
- zusätze 230,238

Elektrolyte, amphotere If,IIId
elektronenarm 265
π-Elektronen
- delokalisation 99,104,105, 107,152
- system 89
- zahl 96,97
- zustände 87,95

Elektronenmikroskopie Ir,IIIb
Elektroneutralität 36,37,38
Elektrophil, elektrophile Komponente 107,109,121, 126,183
elektrophiler Angriff 117
Elektrophilie 105,IIv
Elektrophorese 27,IIIc
elektrische Doppelschicht IIIa
Emulgator 262
Emulgieren 205
Emulsions
- polymerisation 55,393
- verdickung 208
endergon 8
Endlosfaser
siehe Filament
Energie
- sparen Iu,IId,IIg,IIIk
- speicher 8
- wandler IIIj
Entbasten 46,273,274,Ir, IIIm
Entgasungsschnecke 68
Entlüftungsmittel 328,329
Entropie 232
Entschlichten 261,270,275, IIb,IIe
Entwicklungsfarbstoffe 247,
- Anilinschwarz 258
- Definition 247
- Einsatzbereiche 247,252, 255,257,258
- Färben mit 292,317,334
- Flüssigmarken IIIg
- im Textildruck IIIg
- im Vergleich 101,103,196
- Marktsituation IIIh
- Phthalogene 155,257,IIIg
- Rapidogen IIIg
- Verankerung 198,248,255, 257
- zur Polyesterfärbung 255,IIIh
Entwicklungstendenzen/Fortschritte
- Baumwolle Io
- Färben IIIj
- Polymerchemie Ij
- Polyolefinfasern Iu
- Seide 47
- Textilfarbstoffe 197,IIm, IIIa
- Textilfasern Io

- Textilforschung Ip,Iy
- Viskose Is
- Wollfärbung IIIm
Enzyme 7,9,20,27,262
Eosin 116
Epidermis 42
Epoche, geschichtliche 360
Epoxidation 265
Epoxide Iq
Eriochrom
- azurol 114
- gelb GS 141
Erschweren Ir
Erweichtemperatur 200,203
Erzeugerländer von
- Baumwolle 17
- Ricinusöl 73
- Seide 46
- Wolle 41
Esterkondensation 188
Evolution 31
exocyclische Doppelbindung 165
Extinktion 124
Extraktion 49

Fabrikationsechtheit 194,195
Fabrikröste 20
Fadenrichtung (Kette,Schuss) 364
Fäll
- bad 49,50,78
- mittel 82
Fällungspolymerisation 77
β-Faltblatt 33,35,If

Man beachte die Reihenfolge:
Farb-,Farbe,Färbe-,Farben-,
Färben,Färber,Farbig,Farbstoff-,Farbstoffe

Farb
- änderungen IIk
- anionen 214,215
- datenverarbeitung IIl
- fernsehen IIk
- intensität 224
- kationen 223
- konstanz 95
- kontrolle IIl
- küche 260,IIIk
- lack 112,115
- lager IIIk
- messung, -metrik IIk,IIIi
- mischung
-- additive 267
-- intramolekulare 148,163, 174,175
- photographie IIk,IIIw

- physiologie 91
- reaktionen IIIv
- regel 122,137
- sehen 93
- stärke 111,125,180,285
- wahrnehmung IIi
Farbe
- alte IIl
- keramische IIIs
- natürliche 259
- symbolische 363
Färbe
- apparate IIIj,IiIl
- bad, blindes 365
- diagramm
-- Basische Färbung 333
-- Chromierfärbung 306,307
-- Direktfärbung 288,291
-- Küpenfärbung 301
-- Kupferung 291
-- Reaktivfärbung 294,311,313
- gut 199
- isotherme
-- Anomalie 215,219
-- der Aggregatbildung 232
-- der festen Lösung 212
-- des Ionenaustausches 218
-- FREUNDLICH 232
-- LANGMUIR 215,218
-- NERNST 212
- kinetik IIIp
- praxis 280
- prozess 197,198,IIIa
- schwankungen IIIj
- technik IIIk
- temperatur 239,281,282,330
- verfahren
-- Auswahlkriterien 259
-- Ausziehverfahren 230,280
-- diskontinuierliche 230, 238,280
-- faserschonende 307,310,327
-- Kaltverweiltechnik IIIk,IIIl
-- kontinuierliche 238,280,445 IIIg,IIIq
-- Schaumtechnik IIIk
-- zweibadige 323,327
-- zweistufige 138,323,326,IIIq
- Vorschriften für
-- Direktfärbung 287
-- Dispersionsfärbung 315,316, 319,320
-- Fasermischungen 326,329
-- Küpenfärbung 300
-- Reaktivfärbung 312
-- Säurefärbung 305,309,335

Farben
- industrie IIl,IIm
- kreis 92
- lehre 94,IIk,IIl
Färben
- Automatisierung IIIj
- carrierfrei IIIn
- Fortschritte IIIj
- Grundlagen IIIj
- in der Antike IIIr
- korrektes IIIo
- Lösungsmittel IIIk
- Patentliteratur IIIj
- pH-Kontrolle IIIk
- Schaumverfahren IIIk
- Ton in Ton 322,329,334,365
- Ueberblick IIIj
- Wasserversorgung IIIk
Färben aus
- kurzer Flotte IIIk
- wässriger Dispersion 209, 223
Färben mit
- Basischen Farbstoffen 225, 332,IIId,IIIn,IIIo,IIIp
- Chromierfarbstoffen 305,IIIm
- Direktfarbstoffen 287,323
- Dispersionsfarbstoffen 314,317, 324,337,338,IIIc,IIIn,IIIo, IIIp
- Entwicklungsfarbstoffen 292, 317,IIIh,IIIp
- Küpenfarbstoffen 299,317,323, 334,378,IIIg,IIIl,IIIq
- Kupferungsfarbstoffen 290,323
- Metallkomplex/Säurefarbstoffen 309,334,335,IIId
- Naturfarbstoffen IIIr
- Pigmentfarbstoffen 317,IIIh, IIIl
- Reaktivfarbstoffen 293,310, 323,324,334,IIIe,IIIl,IIIm
- Säurefarbstoffen 304,308, 310,334,335,337,338,IIId, IIIm,IIIo
Färben von
- Acetatfasern 103,314,IIId
- Acrylfasern 103,329,332,Iu, IIIo,IIIp
- biologischen Präparaten IIIv
- Bodenbelägen IIIk,IIIm,IIIo, IIIq
- Cellulosefasern 103,286 IIIe,IIIl
- Charmeuse 338
- Cordgewebe 290
- Fasermischungen 290,304,308, 309,310,314,317,322,327,330, 334,IIIl,IIIp,IIIq
- filzfester Ware 314
- Fleischwaren IIIu
- Flocke 284,309,329,332,338, 339
- Garn 304,309,311,329,334, IIIo,IIIp
- gewalkter Ware 308
- Gummi IIIt
- Haaren IIIu
- Haarfilz 304
- Häuten IIIt
- Hochbauschgarnen 332
- Holz IIIt
- Kabel 332
- Kammzug 284,304,310,311,320, 329,332,333
- karbonisierter Ware 308
- Kosmetika IIIu
- Kunststoffen IIIh,IIIt
- Lebensmitteln IIIu
- losem Material 284,303,308, 311,329
- Maschenware 314,317,329,IIIl
- Militärkleidung IIIj
- Naturfasern 225,IIIl,IIIr
- Nylon IIId
- Polyamidfasern 103,334,IIIo
- Polyesterfasern 103,276,317, IIId,IIIh,IIIn
- Polyolefinfasern IIIp
- Polypropylen IIIp
- Proteinfasern 303,IIIf
- Regeneratfasern 289,290,295, 296,IIIl
- Samt 290
- Seide 103,303,IIIf,IIIm
- Serumproteinen IIIv
- Spinnmasse 329
- Strickgarn 308,309
- Stückware 285,287,304,308, 309,311,317,329
- Synthesefasern IIId,IIIj, IIIn
- Textilien IIIh
- Texturartikel 317,320,334
- Tüll 317,338
- Velour 338
- Viskose 289
- Webtrikot 338
- Wickelkörpern 328
- wilder Seide 46
- Wirkware 314,317,329
- Wolle 103,303,IIId,IIIl,IIIm
- Wollteppichen IIIm,IIIq

Färberei
- betrieb 259
- chemikalien 203,Iz,IIa
- praktikum 280
Färberpflanze IIIr
farbige Radikale 96,IIz
Farbigkeit 89
farbstoffaffin 199,204,205, 218
Farbstoff
- auswahl 194,215
- begriff 89
- chromophore (-strukturen) 89,96
-- auffällige IIz
-- Azo 100,122
-- Chelate 100,152
-- chinoide 97,100,167
-- indigoide 97,100,184
-- kombinierte 97,166,IIz
-- merochinoide 97,110
-- Polyen 99,105,123
-- Polymethin 99,100,104,123
-- Radikale 96,IIz
- fabrikation IIm
- forschung IIm
- handelsformen 285
- klassen 100,101,103
- kombinationen (-mischungen) 310,322,323,324,327,328,330, 331,334,336
- konzentration 195
- Laser IIq,IIr,IIIw
- musterkarten 195
- synthese 101,II1
- theorie IIm,IIn
- verteilung 213
Farbstoffe
- anionische 114,215
- Anwendung IIm,IIIr
- Bauprinzip 101
- biblische IIIr
- Elektrochemie II1,IIo
- fluoreszierende 110,114,115 IIt,IIx,IIz,IIIw
- frühe Synthesen 110,119,134
- Geschichte IIm
- kationische 114
- Lehrbücher II1
- makromolekulare IIm
- natürliche 364,IIIr
- Oekologie II1,IIp
- Oekonomie IIm
- Photochemie Ib,II1,IIo
- photochrome IIo,IIId
- Photophysik IIIw
- Reaktivität IIo
- Reinigung IIn
- Silachemie IIIv
- Spektroskopie IIn,IIo
- Struktur/Eigenschafts-Beziehung IIm
- sublimierechte 276,280,322
- thermochrome IIo
- Toxikologie II1
- walkechte 365
- wasserlösliche 215
Farbstoffe in
- Analytik II1,IIIv
- Biochemie II1,IIIr
- Biologie und Medizin II1, IIIr,IIIv
- Kosmetik 258,IIIu
- Mikroskopie IIIv
Farbstoffe für
- Automobilzubehör 338
- Billigartikel 287
- Brennstoffzellen IIIw
- Halbleiter IIIw
- Heimtextilien 287,304,308, 309,317,338
- Modeartikel 290
- Oberbekleidung 287,289,290, 304,308,309,327,338,339
- Qualitätsartikel 310,314
- Sportbekleidung 290,338
- Wetterschutz 289,338
faseraffin 199,204,205
Faser
- feinheit 361
- kunde Im
- keratine Iq
- mischungen mit
-- Acetat 309
-- Baumwolle 290,309,Ir,Iw, Ix,III1,IIIp,IIIq
-- Cellulose 304,308,322,IIf IIh,III1,IIIq
-- Hochbauschmaterialien Ix
-- Modal Ix,III1
-- Polyamid 290,310,317,IIh, IIIq
-- Polyester 290,317,322,327, It,Iw,Ix,IIIp,IIIq
-- Polyacryl 310,330
-- Regeneratcellulose 290,309, III1
-- Synthetics 304,314,In,Iz, IIIi,IIIp
-- Wolle 308,310,314,327,330, Ir,Ix,Iz,IIIq
- quellmittel siehe Carrier
- schädigung 235,265
- struktur 197,212,234,237, Im,IIIa
- summenzahl 331

Fasern
- anorganische Iw
- Eigenschaften Im,Ix
- Einsatzbereiche Ix,IIg, IIh
- elastische 81,84,Iv
- Entwicklungstendenzen Io
- flammresistente 81,Iw,Ix, IIe,IIf
- Geschichte In,Io
- hydrophile 107,111,126
- hydrophobe 107,168,198,209, 211
- in Geotextilien Ix
- in Verbundwerkstoffen Ix
- legierte 83,It,Iw
- massgeschneiderte Io,Iw
- poröse 81,82,IIIo
- reissfeste 81,Iw
- saugfähige 81,82,Im,Io,Is
- spezielle Iw,Ix
- Systematik Im
- Technologie In
Fastogen-
  blau SBL 156
Fehlerquellen
- Küpenfarbstoffe 238
Fehlfärbungen 330
Feinfasern 260
Feinstfasern It,IIg
Felisol 195
Fernsehen IIk
Feste Lösung 198,211,212,218, 255
Festigkeit 44,47,75,76,79,81
Festkörperfluoreszenz IIz
Fett 262
Feuchtemessung IIIk
fibrilläre Verteilung 82
Fibrillen 13,19
Fibrinogen 47,If
Fibroin 47
Filament-
  proteine Ie
Filamente 44,46,49,50,76,79, Ie
Filament/Matrix-
  Struktur 43
FILIPPI:
  Drüsen 47
Film
- bildung IIa
- druck 283
- rollen 52
- walze 283
Filtrationsphänomene 328
Filz, filzen 365

FISCHER:
  Base 107,371
Fixierausbeute 230
Fixiercharakteristik 320
Fixieren (von Drucken) IIIi
Flächenegalität 336
Flachs 20,267,268,Ip
Flamm
- schutz IIe,IIf
- festigkeit 6,81
Flavanthron 177,181
Flechten
- farbstoffe IIIr
Fleckentest
  (auf Schlichte) IIb
Fleischwaren IIIu
Fliesskristallisation IIIj
Flock IIg
- druck IIg
- seide 46,47
Flotte 4,260,280
- bewegte 199
- bestellen 282
- kurze IIIk
Flotten
- auftragsystem IIIk
- verhältnis 281
Fluorchemikalien IIa
Fluoreszein 115,116,IIs
Fluoreszenz 110,114,115,IIe, IIt,IIx,IIz
Fluoreszenz
- farbstoffe IIy,IIx,IIIw
fluorhaltige
- Acrylfasern Iu
- Kunststoffe Ik
- Reaktivgruppen IIIf
- Tenside IIc
Flüssig
- chromatographie 24
- marken 285,318,319
flüssigkristallin Ik
Flussversickerung 11
Folien 52
Fonds 283
- farbstoff 243,244
Form
- stabilität 59,83
Formaldehyd IIb
Formazanfarbstoffe 152,157, 369,IIw
Formeln
- allgemeine 104,110,120,139, 141,153,157,164,168,184,185, 193
- konventionelle 105,165
Formyl-Anionen 189

Foron
- brillantblau SR 109
- marineblau S-2GL 137
Forschung:
   Farbstoffe IIm
Fortschritte
   siehe Entwicklungstendenzen
fossile Struktureinheit
   31,342
Foulard 268,282
- färbungen IIIk
- verfahren (Klotzverfahren)
  230,283
Foulardfärbungen mit
- Direktfarbstoffen 289
- Dispersionsfarbstoffen
  315,316,320,329
- Entwicklungsfarbstoffen
  293
- Küpenfarbstoffen 302
- Kupferungsfarbstoff 292
- Reaktivfarbstoffen 295,310
Foulardverfahren
- Nassfixier 324
- Teracoton 324
- Thermosol 320,323,324
FRASER 44
Fremddiffusion 203
FREUNDLICH:
   Verteilung 232
FRIEDEL/CRAFTS:
   Reaktion 168,177,179
Furanose 9
F-Zeichen 195

Galactose 16
Galacturonsäure 16
Gamme 285,362
Gardinen 79
Garn 260,267,278
- kardiertes 360
- Kennfarben 275
Gaschromatographie 24
GATTERMANN:
   Dediazonierung 190
Gebrauchs
- echtheit 194,236
- eigenschaften 214
- qualität 81
Gefahren 221,IIq,IIu
gekreuzt konjugiert 97
Gelatine 275
Gelfiltration 27
Gemeinschaft,menschliche 360
Gene If
genetische(r)
- Code 7,31
- Information 3
- Manipulation 3

Geotextilien Ix
Gerbstoff 222,268
Gerste 364
Geruchsschwelle IIf
$\pi$-Gerüst 105
Gerüsteiweiss 24
Geschichte
- Farbstoffe 221,222,223,
  225,IIm
- Fasern 41,46,52,53,66,Im,
  In
- Kunststoffe Ik
Gesellschaftsform 1,360
Gesetzgebung IIq
Gestaltung,farbliche 363
Gestehungskosten 120,125,134
Gesundheit Ig
Gewässerschutz Iz,IIc,IIp
Gewebe 260,267,276,277,280,
  IIg
Gewirke 260,276,277,280
Glas
- faser Iy
- temperatur,-übergang
  200,201,329,332,IIIo
Gleichgewichte
- Azo/Hydrazon 125
- Redox 164
- Säure/Base 107
- vorgelagerte 127,128
Gleichgewichtspolymerisat 71
Gleitmittel 262
Glucose 9,10,51
Glykosid 9,51
GOETHE:
   Farbenlehre 94,IIl
GOSTELI:
   Indigosynthese 190
Gräber,ägyptische IIIs
Granulate 285,286
Graphit 277
Grautöne 138
Grege 47
Grenz
- bereiche der
-- Azofarbstoffe 150
-- Beizenfbst. 211,233
-- Cyanine 150
-- Direktfbst. 233,234
-- Dispersionsfbst. 210,211,
  219,255
-- Entwicklungsfbst. 210,
  234,255
-- Indigoiden 192
-- Küpenfbst. 246
-- Merochinoiden Fbst. 150
-- Metallkomplex-Säurefbst.
  219
-- Polymethinfbst. 150,192

-- Reaktivfbst. 211
-- Säurefbst. 215
-- Schwefelfbst. 246
- flächen 204,205,IIc,IIz
- formel
-- diradikalische 105
-- gleichwertige 152
-- monopolare 105,110
-- nomenklaturgerechte 107
-- symmetriegerechte 105,107,
   110,116
-- tripolare 105,110
Griff 6,Iq
Grund 283
- farben 102
- struktur (Monoazo) 124
Gummi Ib,Ij
- arabicum 208
- britisch 208
- Färben IIIt
- Kristall- 208
- synthetischer Ij
Gütezeichen 177,195

Haar-
   färbemittel 258,IIIu
H-Abstraktion 187
Halbleiter IIIw
halbsynthetisch 48
halochrom IIs
Halogenierung,halogenierte
   Farbstoffe 116,176,180,186
Halstücher 287
Häm 152
Hämoglobin 152
HAMMETT:
   Gleichung 369
Handels
- farbstoff,-produkt 131,IIn
- form 131,236,237,285,IIIt
- namen
-- Farbstoffe 102,154,155
   213,227,242,249,362
-- Fasern 67,279
-- Textilhilfsmittel 206
- sortiment 225,285,362
Handwerk 259
Hanf 15,16,20
Hart
- fasern 80
- segment 88
Harze,synthetische Il
Haspelkufe 295,314,315
Hauptsatz,thermodynamischer 38
Haushalts
- wäsche IId
- waschmittel 267
H-Brücken 24,33,120,212
   intramolekulare 126,176
Hecheln 20
HEERTJES 222

Heiss
- diazotierung 256
- färber 227
- luftfixierung 278,279,280
- wasserfixierung 278,279
helical 391,Ie
α-Helix 33,44,If
HELFFERICH:
   Lehrbuch 39
Hell/Dunkel-
   Effekte 78,84
Hemi (hemi)
- cellulose 16,47,262
- cyanine 104,107,108,366,
   IIq,IIr
- thioindigoid 185,192
Heimtextilien 77,287,304,
   317,338,Id
Hepatitis-
   Virus IIIv
Herstellungskosten
   siehe Gestehungskosten
HEUMANN/PFLEGER:
   Indigosynthese 187,190
Hexamethylen
- diamin 69
- diisocyanat 59
Hexose 16
Hierarchie (Aufbau) 43
Himmelsmechanik 1
Hoch (hoch)
- auflösung (UV/Vis) IIn
- bausch 76,332,333
- geschwindigkeitsspinnen Ii
- leistungs(-modul)
- saugfähig Im,Io
-- Fasern Iv,Iw
-- Polymere Ij
HOFFMANN 53
Hohlräume 17,44,197,200,237
Holz 389,Ic,Id
HOMO 116
Homo
- ester 83
- polymerisat 58
Hörner 24
Hot Flue 296
HPLC von
   chinoiden Fbst. IIx
H-Säure 146
HT-Bedingungen,HT-Färben 83,
   213,288,307,314,316,318,
   319,320,325,327,332
HT-Dämpfer 320
HÜCKEL 154
Hufe 24
Hugenotten Iy
Hydrazonderivate 126,IIz

Hydro (hydro)
- cyanierung 70
- dimensierung 71
- fixierung 320
- lyse 170,171,173,178,188, 227,243,Ir,IIIf
- phil,-philie 82,107,111,126, 234
- phobe
-- Fasern 107,168,198,209,211
-- Wechselwirkungen 173,232
- sulfit R und RA 203
- trope Substanzen,-tropie 207,245,IIa
Hydrolblau 116
o-Hydroxy-carboxy
 siehe Salicylsäure-
 Gruppierung
Hygroskopie 208
hypotetischer Realismus 94
Hypsochromie 110,117,175,184, 194

Identifizierung von
- Farbstoffen IIIu
- Textilfasern Iz
Ikat IIIi
Imidfunktion,cyclisch einge-
 baute 182,184,185
Imitieren (von Naturfasern) 82
Imprägnieren IIf
Indanthren 177,195
- brillant orange RK   180
- druckblau R   194
- druckscharlach GG   194
- druckschwarz BGL   191
- gelb G   177
- gelb GK   175
- goldgelb GK   179
- goldgelb RK   180
- orange 2RT   181,362
- rot 5GK   176
Indanthron 176,177,195
Indigo,klassischer 184,236, 364
- Derivate 186
- Färben mit   IIIr
- Synthese 187,IIy
- Ursprung der Farbe 368, IIy
Indigofera Anil 364
Indigoide Farbstoffe 184, 186,190,IIy
- Färben mit   237,IIIr
- Grenzbereich 192

- im Vergleich 101,164,165, 235,236
- Subklassen 185
Indigoimide 184,185
Indigosole 242,243,255,334, IIIg
Indigosol O   242
Indikatorfarbstoffe
 (s.a. pH-) IIIv
Indolderivate IIt
Industrie IIIi
- qualität 81
- wäsche IId,IIp
Information
- genetische 3
- Verarbeitung Ij
Infrarot
- absorption 194
- spektren 11,If
- technik 278,IIe
Inhibitor (Korrosion) IIIw
Initiator (Polymerisation) 54
Inkorporation niedermoleku-
 larer Stoffe 82
Inkremente IIv
innere Oberfläche 232
Insektenschutz IIe,IIf
Insignien 363
in situ 256
Insulin 27
Interferenz 11
intermizellar 13
Invadin BL   206
Invalon TA   328
inverse Struktur IIs
Inversion der $pK_a$   129
In-vitro-Photolyse IIIv
Ionamine 210,211
Ionen
- austausch(er) 24,36,39, 40,199,216,223,224,Ii,Iz
-- Färbeisotherme 216,218
- bindung 24,198,215,218, 220
- paar 219,IIt,IIx,IIId
IR   siehe Infrarot
Irgalon C   328
I-Säure 135
- Harnstoff 139,142,367
isoelektrischer Punkt (pI) 25,36,271,IIIm
Isoindigoide Fbst. 192,236, 370
Isoindolderivate (Fbst.) IIt
Isolatoren Il
Isomerie
- E/Z IIp

isotaktisch 56
I-Zeichen 195

J-Aggregate IIs
Jigger 289,292,314,315,324
JOUBERT 29
Jute 20,269,Ip

Kalkmilch 268
Kaltfärber,-färbung
   213,226,235,IIe,IIIo
Kaltwasserröste 20
Kamm
- garn 18,273,365
- zug 260,361,365
Kapazität (Austauscher) 40
Kapillar
- kolonnen IIo
- kräfte 83
Kapok 19
Karbonisierechtheit 195
karbonisieren 365,Iq
Kardenband 361
kardieren 18,260,361
Karmin IIIr
karzinogen 128,129
Kaschmir Ir
Kasein 208
Kassuren 269,275,276,364
Katalyse 153,154,155,156,
   171,IIy
   Polymerisation Ig,Ih
kationaktiv 205,IIc
Kationen,austauschbare 225
Kationocyanin 104,105
Kautschuk 208
   synthetischer 53,76
Kennzahlen (Acrylfärbung)
   330
keramische Farben IIIs
Keratein 26,27,31,32
- fraktionen 26,30
Keratin 24,361,391,Ie,If
Kermes IIIr
Kern/Mantel-
   Struktur 43,50,79,81
Kesselbleiche 267
Kettbaum 260
Kette (Fadenrichtung) 364
Ketten
- abbruch 54,55
- glieder,-segmente 199,
   278
- länge 50
- träger 53,56
- übertragung Ih
- verlängerung 86,88,IIr

Kevlar Ih
Khadidruck IIIi
KIEL 222
Kinetik (Acrylfärbung) IIIo
Kittsubstanz 20,44
Kitonechtblau CR 171
Klebstoffe Ii,IIa
Kleiderstoff 195
Kleidung,funktionelle Iy
Klima 41
Klotz/Dämpf-Verfahren
   (Pad/Steam) 283,296,302,
   303,310,320,324,329
Klotz/Jigger-Verfahren
   (Pad/Jig) 283,292,289,302,
   315,324
Klotz/Kaltverweil-Verfahren
   (Pad/Batch) 283,297,310,
   324
Klotz/Thermofixier-Verfahren
   (Pad/Thermofix) 283,296,
   316,320
Klotz/Walz-Verfahren
   (Pad/Roll) 283,289,315,
   324
Knäuelung 33
Koagulation 36,50,78,83,230
Kohäsionskräfte 200,232
Kohlenstoff-
   fasern 81,Iw
Kokon 46,47
Kollenchym 20
Kolloide 267
Kombinationen von
- Chromophorbausteinen und
   Teilchromophoren 96,166,
   IIy,IIz
- Farbstoffen 243,255,286,
   323,324,326,327,330,334
Kombinations
- druck 243,255
- kennzahl 331
Kombinierbarkeit 336
Komforttextilien Io,Iy
Kommunikationstechnologie
   366
komplementär 92
Komplexbildung 113,120,134,
   170,175,Ik,IIId
Kondensationsreaktionen
   (siehe auch Polykonden-
   sation),
- deshalogenierende 121,135,
   148,173,174,180,183,192,
   193,194
- intramolekulare 180,181,
   188,189,191
- mit C-Nucleophilen
   107,108,192,193,194

- mit N-Nucleophilen
  121,135,148,173,174,183
- säure/base-katalysierte
  107,108
- säurekatalysierte
  113,115,117,118
Konfliktbewältigung 360
Konkurrenz
- reaktionen 128
- um Bindungsplätze 199
Konstanzwahrnehmung 94
Konstitutionsermittlung
  IIn
Kontakthitze 321
Koordination(s)
- faciale 159,160
- katalyse
- meridionale 159,160
- sphäre
koordinative Bindung (Fbst.)
  198,214,218,220
Kopf/Kopf-Polymerisation
  Ig
Koplanarität 139,140
Körperhaare 21
Korrosion 265,IIIw
Kosmetika IIIu
kovalente Bindung (Fbst.)
  198,226,229
Krapp 168,221,364
Kravatten 287
Krebs
- sterblichkeit Ig
- zellen IIIv
Kreppen 364
Kreuzspule 328
Kristall
- gummi 208
- modifikation 155
- struktur
-- Cellulose 11,12,13
-- Celluloseacetat Id
-- Seidenproteine If
- violett 111,112,114,IIt
Kristallinität,-sation
  57,59,80,86
Kunst
- handwerk IIIi
- harz 234,Il,IIg
- leder IIh
- licht 145
- seide In
- stoffe Ij,Ik,Il,Ix
-- Lehrbuch Ia
-- Färben IIIt
Künstlerfarben IIIs

Küpe(n) 235
- farben (Farbumschläge
  durch Reduktion) 176,177,
  178,180,181,182,191,193,
  194
- farbstoffe (s.a. C.I. Vat)
  234,IIx,IIIg
- salz,-säure 175,235,241
-- ätzbare 245
-- Färben mit 238,239,299,300,
  301,317,323,334,365,IIIl,
  IIIg
-- kochechte 195
-- Kombinationen mit 323,326
-- ungewöhnliche 155
Kupfer-Phthalocyanin 153
Kupferungsfarbstoffe 148,233
- Färbediagramm 291
- Färben mit 290,323
- Kombinationen mit 323
Kupplungs
- farbstoffe 234
- komponenten 126,129,134,
  144,160,162
-- binucleare 139
-- heterocyclische 132,133,
  IIv
-- trifunktionelle 139
-- überlieferte 130
Kurzschreibweise für Azo-
  farbstoffe 134,135,140,
  142,146,149

Lacke,Lackieren IIIt
Ladungs
- delokalisation 114
- trennung 124
Lamellen 13
LANGMUIR:
  Färbeisotherme 215,218
Lanolin 271
Laser
- farbstoffe IIq,IIr,IIIw
- Picosecond IIx
- technologie IIIw
Laugieren 261
Lebens
- dauer 54
- mittel IIIu
- qualität 1
Leder (leder) 115,117,144,
  145
- ähnliche IIg
- ersatzstoffe
  siehe Kunstleder
- farbstoffe,-färbung IIId,
  IIIt

Leguminosen 246
Leim 267
Leinen 20,268,Ip
Leiterstruktur 12
Leitsalz 70
Leuko
- base 114,117,120
- form 164,165,187,368
- küpensäureester 241,242, 243,IIIg
Levianthan 271,272
LEWIS
- Base 54
- Säure 54,129
Licht
- beständigkeit 75,IIf
- echtheit 195,IIo,IIp
-- beeinträchtigte,problematische 317,331,334,371
-- Chromophorabhängigkeit 105,109,111,121,171,173, 177,373
-- hohe,optimale 114,175, 304,310,317,334
-- in Abhängigkeit von Substrat und Applikationsklasse 107,111,196,224, 233,243,253,257,287,290, 304,309,337
-- Schweratomregel 152,180, 186
- leitung Ij
- quant 91
- schutz Iq,Iu,IIe,IIf
Ligand 163
Lignin 17,20,49,269,Ic
Lignosulfate IIw
Linienspektren 91
Lipide 361,IIc
Lisiere 269,275,364
Lohnfärberei 284
LORENZ:
  Zitat 93
Löslichkeit(s)
- inkremente IIv
- parameter IIn
- von Acrylfasern Iu
- von Dispersionsfbst. 209, IIIc
Lost 363
Lösungs
- mittel
-- beständigkeit 75
-- echtheit 195,336
-- polarität 368,IIz
-- protische 126
- vermittler 207,245

Luft
- beständigkeit 75
- feuchtigkeit 14
- gang 238
- verschmutzung Iy
Lumen 17
Lumineszenz IIw
LUMO 116
Lyoprint G 363

Magenta 367
Makro
- fibrillen 44
- moleküle Ia,Ib
-- als Katalysatoren Ij
Malachitgrün 112,114
Maltose 9,262
Manipulation,genetische 3
Mantel
- bildung 82
- stoffe 290
Markierfarbstoff 116
Markisette 317
Markkanal 44
MARKOWNIKOFF
- Addition(anti) 75
Marktchancen 125
Marseiller Seife 274
Masche(n) 66
- ware 260,267,IIIl
Maschinenpark 265
maskierte Reaktivgruppe IIIf
Massenspektrometrie IIo
Matrix 43,44
Maulbeer
- baum 46
- spinner 46
Mauvein 119
Mechanismen des Färbeprozesses 197
Mehrfachverankerung 228,236
Mehrfarbendruck 252
Membran 7
- hydrolyse 38
- orientierte IIIb
- semipermeable 36,37
- synthetische Ij
Mercerisieren 15,261,263, 401,402
Merino 29,30,31
Merochinoide Fbst. 110,IIs
- Azaderivate 150,367
- heterocyclische IIt
- im Vergleich 100,368

Merocyanin(e)
   siehe Neutrocyanine
 - chromophor,modifizierter
   124
Metall
 - beize 168,220,221
 - chelatfasern 81
 - echtheit 153,195
 - heterocyclen 152,159
 - im Färbe- und Druckprozess
   IIw
 - komplex
 -- farbstoffe 100,152,223,
    224
 -- Reaktivfarbstoffe 164
 -- Säurefarbstoffe 195,214,
    217,218,223,327,330,334,
    335,337,339,IIId
Metamerie 144,145
Methylcellulose 267
Methylenblau 117
Methylierung 181,182
Methylol-Gruppe 249,250
MICHLERs
 - Hydrolblau 116
 - Keton 111
Migration(s) 99,336,337
 - fähigkeit 199
 - farbstoffe 330
 - probleme IIIk
Micellen 204
Mikrobenschutz IIe
Mikro
 - fibrillen 13,14,44,Ic,Ie
 - organismen Id,IId,IIf
 - skopie Iq,IIIv
 - wellen 278,IIe
Militärkleidung 194,IIIj
Mineral
 - farben 89
 - öl 262,275
Misch
 - garn 328
 - gewebe 82,322
 - polyester 87
Mittelalter 259
mizellar 13
MK-Farbstoffe 330
Möbel(bezugs)stoffe 76,338
Modacrylfasern 78,80
Modalfasern Ix,IIIl
Mode Iy,IIIq
 - artikel 290,IIg
 - farben 336
Modeldruck 283
Modell
 - farbstoff 368
 - substanzen 124
 - vorstellungen IIIa

Mohair 27,29,30,31,Ir
Molekularbiologie IIj
Monoazo/Direktfarbstoffe
   162
Monoazofarbstoffe 134,135
 - als Zwischenprodukte 148,
   149,IIb
 - Einbau von Reaktivgruppen 136
 - Farbregeln 137
 - für zweistufige Färbeverfahren
   138
 - hypothetische 369
 - im Vergleich 122,123,124,209,
   211
 - komplexbildende 134,136
 - langwellig absorbierende 137,
   200
monochromatisch 91
Monomerkonzentration
Monomethincyanine 105
Morgenlicht 95
Morphologie,morphologischer
   Aufbau 11,19,21,43
Motive (künstlerische,
   ästetische) 363
Multicoloreffekte 78,84,IIIo
Multifilament Iv
Musterkarten 195,285
Mutation 32

Nachbehandeln 233,IIp,IIIk
 - Seifen,Waschen 239,297,
   303
Nachweisreaktion für Nitro-
   aldehyde 187
Nafka 208
Nägel 24
Naphtanilide 248,249
Naphthionsäure 136
Naphthochinonfbst. IIx
Naphtole 248,249
Nass
 - echtheit 171,173,175,177,
   195,261,IIIl
 -- auf Cellulosefasern 230,
    236,290,291
 -- auf Proteinfasern 217,220,
    221,304,305,309,310
 -- auf Synthesefasern 217,
    317,324,326,334,336,337
 -- auf hohe und höchste 236,310,
    327,334
 - spinnen 51,78,82,87
Nass/Trocken-Reinigung IId
Natriumdithionit 203
Natur
 - farbstoffe 168,222,370,IIIr
 - fasern 7,168
 -- färben 225,IIIl
 -- imitieren 82

Nebengleichgewicht 218
NERNST:
   Färbeisotherme 212
Nervensignal IIj
Netzhaut (Retina) IIi,IIj
Netzmittel 199,205,206,
Neurot 222
Neutralsalze 39,40,203,230
Neutrocyanine (Merocyanine)
   100,104,107,108,166,IIr,
   IIs
- modifizierte 120
- verzweigte 109,369
NEWTON:
   Farbenlehre 94
Nickelpolypropylen 363
NIETZKY 134
NIR-Absorption 385,IIo,IIs,
   IIw,IIx
Nitrocellulose
   siehe Cellulosenitrat
Nitrierung 168,169
Nitrofarbstoffe 100,120,121,
   209,IIt
Nitrosierung 118
Nitrosodecarboxylierung
   73
Nitrosofarbstoffe 120,121,
   IIt
Nomenklatur 65,Ib
   - C.I. System 103
   - symmetriegerechte IIr
Normalacetat 51,107,168,It
Nuancen
   - attraktive 336
   - leuchtende 310
   - veränderte 239
Nuancentiefe 337
Nuancieren 286,328,329
Nucleinsäure 361
Nucleophilie 105
Nylon 65,68,121,171,202,Ih,
   IIId
- Färben von 210,215,279,
   IIIo
- teppiche IIId,IIIo

Oberbekleidung 76,197,287,
   289,290,304,308,309,327,
   338,339
Oberfläche(n)
- aktivität IIc
- Lackieren von IIIt
- modifizierte 81
Oeffnen 260
Oekologie Iy,IIl,IIp
Oekonomie Il,Im,It,IIm,IIIi,
   IIIk,IIIn

Olefin,elektrophiles 265
Oligomere 71,87,319,IIt
Olivenöl 222,274
optische
- Eigenschaften Ib
- Wahrnehmung IIi
Orange I,II: 135,373
Organelle 8
Orientierung 128
Osmose 36
OSTWALD:
   Farbenkreis 92
Oszillatoren,gekoppelte 371
Oxacarbocyanine IIr
Oxicellulose 262
Oxidation(s)
   [Oxydation(s)] 61,113,114,
   117,118,119,170,175,177,181,
   183,187,188,191
- farbstoffe 258
- mittel 126
- schutz 262
oxidative Schädigung 239,241
Oxonol
- chromophor 164
Ozonreaktionen (Ozonolyse)
   IIo,IIv,IIy

PAC 76,365
Pad/Batch etc.
   siehe Klotz/Kaltverweil etc.
Papier 115,119,144,Ic,Id,
   IIIs
Paprika
- pigmente IIIu
Pararot 248,366
PARRIS 33
Pastelltöne 209,243,330
Patentliteratur 132,IIIj
PAULING 33,34
Pektin 16,17,20,262
Pelzfärbung IIIt
Pentamethincyanine 105
Pentose 16
Peptidase 364
Peptide 21
Perborat 239
Perbunan 76
Perhydrol 265
PERKIN 119,IIm
Perlon 65
Peroxid 266,IIe
Persistenz 128
PES 365
PET 365
PFEIL 232
Pflanzen
- leim 269
- öl 275
- zelle 8,13

Pflege (Seide) Ir
pflegeleicht 81,Ip
Pfropf
- polymerisation 58
- technik Ih,Ii
Phasen
- grenze 213
- übergang 91
Phenalenon (Fbst.) IIs
Phenazin (Fbst.) 111,119
Phenazinon (Fbst.) IIz
Phenoxazin (Fbst.) 111,116, 117,118,IIt
Phenthiazin (Fbst.) 111,117, 118
Phenylperisäure 144
pH-Indikator 135,369,370, 371
- potentieller 184,185
pH-Kontrolle IIIk
Phosphonsäurederivate IIIf
Phosphororganyle IIf
Photo
- abbau Iq,IIIv
- bleichung IIy
- chemie Ib,Ih,IIl,IIo,IIp, IIy,IIIg
- chromie 371,IIo,IIId
- graphie IIIw
- isomerisierung IIy,IIr
- oxidation Iq,IIs,IIy,IIIg
- reduktion IIy
- synthese 8
- technik IIk
Phthalocyanin 152,155,156, IIw
- blau,-brillantblau 155
Phthalogen 100,154
- türkisblau IFBK 155
Picosekunden-
phänomene IIj
Pigment(e) 135,154,155,183
- anorganische IIl,IIIh
- antike IIIs
- des Lebens IIIv
- druck IIIl,IIIi
- farbe 89,103
- farbstoffe 317,371,IIIh
- färbung IIIl,IIIt
- indigoide 185
- makromolekulare IIIh
- natürliche IIIu
- organische IIl,IIIh
- produktion IIIu
- verteilung (in Kunst- stoffen) IIIt
Pikrinsäure 121
Pinacyanol IIr

Plangi IIIi
Plastik
siehe Kunststoffe
Platzwechselvorgänge 200, 278
Polarisation,Polarisierbar- keit 123,124
Polarographie IIo,IIv
Polaroid IIIw
Polfalangrau 3BL 158
Polfaser IIk
Polsterartikel 19
Polyacrylnitril(-fasern) 76,Iu
- Bedrucken von IIIo
- Färben von, Farbstoffe für 107,138,223,224,329,330, 331,332
- im Vergleich 103,196,203
- modifizierte 77,Iu
- poröse,saugfähige 79,IIIo
- Vorbehandeln 277
Polyaddition 58,63,Im
Polyamid(-fasern) 65,67,70, 73,It
- aromatische
siehe Aramide
- Einsatzbereiche 338,IIp
- Färben von,Farbstoffe für 115,138,168,211,215, 217,218,229,290,334,336, 337,IIIa,IIIo
- im Vergleich 80,103,203, 221
- modifizierte 224,Ih,Iv
Polyätherdiole 87
Polyäthylen Ih,Il,Iv
Polyazo
- farbstoffe 112,145,149
- methine (Spezialfasern) Iw
Polybenzimidazol Iw
Polybuten Il
Polycarbonate Il
Polycyanogen Iw
Polyelektrolyt 35
Polyen(-chromophor, -farbstoff) 96,97,99,105, 123,164,165
Polyester(-fasern) 58,201, It
- Ausrüsten It,IIf
- Bedrucken von IIa,IIIn
- Färben von,Farbstoffe für 121,138,168,213,237, 276,290,317,327,IIt,IIId, IIIh,IIIn
- für spezielle Zwecke 59,80, 84,87,Ik,Il,Iv,IIk

- im Vergleich 103,203
- Verspinnen 63
- Vorbehandeln 277
Polyisobuten Il
Polykondensat(-fasern)
  Im,Iw
Polykondensation 58,63
Polymannuronsäure
  siehe Alginsäure
Polymer(e) Ib,If,Ig,Ih
- Einsatzbereiche Ij
- industrie Ig
- leitfähige Ik
- legierte Ii
- lichtleitende Ij
- mit besonderen Eigenschaften Ij,Ik,IIa
- morphologie IIIa
- Photochemie Ib,Ih
- segmentierte Ih
- Selbstorganisation Io
- wissenschaft Ia
polymeranaloge Reaktion 81
Polymerisatfasern Im
Polymerisation 53,54,55,57,
  Ig,Ih,IIf
- alternative Rohstoffe Ig
- Fortschritte Ig
- ionische 54,71,Ig
- radikalische 54
- stereospezifische 57
- von Acrylnitril 76,Ig
- von Olefinen Ik
- von Tetrahydrofuran 88
Polymerisations
- grad 54,79,82
- technik Ig,Ih
polymethinähnlich 123
Polymethin
- bausteine 192
- chromophor 96,97,99,100,
  101,104,107,109
-- modifizierter 110,165
-- phenyloger 371
-- verzweigter 107,193
- farbstoffe 104,192,209,IIq,
  IIr
- kette 109
Polymorphie Ic
Polynosic 50
polynuclear IIq
Polyolefin 363,Ih,In,IIIp
Polyoxymethylen Il
Polypeptide 21,Ie,If
Polyphosphate 267,270,277
Polypropylen (Polypropen)
  Ih,Il,Iu,Iv,IIIp,IIIt

Polysaccaride 208,232,IIa
Polystyrol 55,56,Il
Polyurethan 58,85,86,Il,
  Iv,IIg
Polyvinyl
- alkohol 82,208,Il
- äther,-ester etc. Il
Poren 234
- kanal 42
- system,inneres 82,83
Porösität 79
Porphyrin 152
Praepolymer 86,87,IIf
Primär
- radikal 54
- struktur 9,21,27,31
- wand 19
Prinzip gegenseitiger Erhellung
  (of mutual elucidation)
  194
Prisma 94
Procion Dyes 227
Produktionsmischung 144,162,
  163,164
Prognosen In,IIIe
Promotor 70
Proteine 21,35,262,Ie,If
Protein-fasern 21,48,262,273,
  303,In

Protoplasma 265
Provenienz 18
Prozentangaben
  (in Färbevorschriften) 138
PUE 84
Puffer
- kapazität 40
- substanz 36
Pullover 287,338
Pulvermarken 237,285
PUMMERER:
  Umlagerung 189
Puppenbett 47
Purpur der Könige 363
Pyranose 9
Pyranthron 181
Pyrazolonblau 370
Pyrolyse 75
Pyrophospate 267,290

Quadratsäurederivate IIz
Qualität 310,314,Iy
Quantensprung 95
quasi
- Dispersionsfarbstoff 326
- einfrieren 218,225
- glasartig 200
- Küpenfarbstoff 246
- Phasenumwandlung 200
- Säurefarbstoff 215,231,243

Quellmittel 278
Quellung von
- Cellulose 14
- Hemicellulose 16
Querschnitt 79
- modifizierter 81

Radikal(e) 52,265
- bildung 54
- energiearme 187
- farbige 96,IIz
- kettenreaktion 62
- mechanismus 55
Rakel 283
RAMAN:
 Spektren 11
Ramie 16,269,Ip
Randwinkel 204
Rayon Is,IIf
Realismus,hypothetischer 94
Reaktions/Spritzgiess-
 Verfahren Ih
Reaktiv
- bindung 230,IIIf
- farbstoffe
 (s.a. C.I. Reactive) 226,
 IIIe,IIIf
-- als Mikrosonden IIIm
-- Färbediagramme 294,311,313
-- Färben mit 228,230,293,310,
 323,327,334,IIIe,IIIf,IIIl,
 IIIm,IIIq
-- im Textildruck 243,245,297,
 298,IIIi
-- im Vergleich 101,103,198
-- in der Biotechnologie IIIv
-- Mehrfachverankerung 228,
 236
- gruppe 135,136,162,226,227,
 228,310,IIIf
Reaktivität Ic,Ih,IIl,IIo,
 IIv,IIx
Recycling It,In
Redox-Reaktion 188,IIo,IIy,
 IIIg
Reduktion 118,138,148,153,154,
 168,169,170,173,174,175,
 181,186
Reduktionsempfindlichkeit
 295
reduktive
- Reinigung 319
- Schädigung 238,240
Rechteckbande 136
Reflektionsfarbe IIk
Regeneratcellulose(-fasern)
 48,51,233,269,270,289,290,
 295,296,Is,IIIl

Regenmantel 289,338
Regler
- funktion 54
- substanz 71,84
Reibechtheit 195,261,327
REICHARDT 368
Reifenfabrikation 81
Reifungsprozess 50
Reinigung,chemische IId
Reiss
- dehnung 84,362
- festigkeit 6,76,79,81
- kraft 361,362
- länge 44,361
Reiz,visueller(-leitung) IIi
Remazolfarbstoff 227,IIIl
Remissionsspektrum 286
Repassieren 274
Reservedruck (Discharge/
 Resist-Printing) 252,255,
 258,295,IIIi,IIIn
Reservieren von
- Cellulosefasern 309,317
- Wolle 317,327,328,329,330
Resistenztransfer Ip
Resonanzenergie 126
Retarder 225,331,336
Retina
 siehe Netzhaut
Revatol S 298
Rezeptieren,Rezeptkartei 286
Rezeptoren 92,93,IIj
Rhodamin 114,IIr
Rhodopsin IIj
Ricinusöl 207
Riffeln 20
Rilsan 65
Rindenschicht 43,44
Ring
- öffnungspolymerisation
 65,72,Ig
- schluss
 siehe Cyclisierung
- spannung 65
Rituale 363
Roh
- faser 260,261
- flachs 16
- stoffe Ig
- warenkontrolle 274,275
- wolle 42,271
RÖNTGEN
- beugung 11,13
- spektroskopie 33
- strukturanalyse
 siehe Kristallstruktur
Röste,Röstprozess 20,Ip
Rotationsfilmdruck IIIi
Rouleauxdruck 283

Rubia tinctorum 364
RUNGE IIm
RYS 362

Safranin T  119,120
Salicylsäure-Gruppierung
    136,141,221
Salz(e)
- brücke,intramolekulare 26
- innere 36
- zufuhr,verhinderte 39
Samen
- haare 15,17
- kapsel 17
- schalen 262,263
Samt 290
SANDMEYER:
    Dediazonierung 190
Sandopan DTC   298
Sandopur BW   298
Sandothren
- rot NG   177
Sandozol KB   206
SANGER 27
Sattdampf 278,279
Sättigung 212
Säure
- alizarinblau BB   173
- echtheit 109,173,195
- farbstoffe
    (s.a.C.I. Acid) 214,IIx,IIId
-- Egalisierklassen 217
-- Färben mit 304,308,310,334,
    335,337,338,IIIm,IIIo
-- im Vergleich 101,103,196,
    198,215,369
-- Kombinationen mit 330,334
Säure/Base
- Gleichgewichte 127,IIc
- Indikator
    (siehe pH-)
Schädlinge 3
Schaf
- häute IIIt
- rasse 41
- wolle 41
- zucht 41
Schallgeschwindigkeit 200
Schaltfarbstoff IIr
Schappe 47
Schaum
- bekämpfung Iz
- stoffe Il
- verfahren IIIk
Schautisch 261
Scheren 261
Scheuerfestigkeit 79

Schichten,mono- und multi-
    molekulare IIs
Schieben 275,276
Schiessbaumwolle 52
Schirme 338
Schlagen 260
Schlauchwirkwaren Ip
Schlichte 262,276,364,IIb
Schmälze,Schmälzmittel 269,
    273
Schmelz
- kleben IIh
- spinnen 51,63,75,363
Schnell
- färben 313,IIIk,IIIn
- spinnen IIIo
SCHOENBEIN 52
Schönen 305
Schreib
- flüssigkeiten IIIs
- stifte IIIs
Schrumpf
- charakteristik 332
- tendenz 63,273,276
Schuppen
- protein 42
- schicht 43
Schur 41
- wolle 42,271
Schutz
- bekleidung Ix,IIb
- Gas 75
- gruppe 178,190
- kolloide 245
Schuss (Fadenrichtung) 364
Schwarz
- farbstoffe
-- ideale 138
-- mit Eigennuance 138,144,
    184,191
-- neutrale 144,158,164,173
- marken 308
Schwefelfarbstoffe 103,134,
    246,247,IIIg
Schweiss
- echtheit 195,290
- wolle 42
SCHWEIZER:
    Reagenz 52
Schweratomregel 152,180,
    186
Schwermetall-Ionen 198
Schwingtrommel 20
Schwingungsfrequenzen 12
Segment(e)
- harte und weiche 85,86,
    88
- struktur 85

Segmentierung Ih
Sehpigmente IIi
Seide 46,121,196,Ir
- Färben 215,218,229,237, 243,310,IIIm
- Pfropfen Ii
- Struktur 35
- Vorbehandlung 273
Seiden
- bast 46,47
- farbstoffe
-- historische 105,117
-- native 273
- textilien 46
Seife 206,IIc
Seifungsprozess 239
Seite-an-Seite
  (Querschnittform) 82
Seitenketten:
  Wechselwirkungen 24,26
Sekundär
- radikal 54
- struktur 11
- wand 19
Selbst
- organisation Io
- vernetzung 271
Selektion 3
Selfassembly Io
Sengen 261
Sensibilisator, Sensibili-
  sierung IIs,IIIw
Sequenz 21,46
- analyse 21,27,30,If
-- Ergebnisse 30,35,343
Sericin 46,47,273,If
Serumproteine IIIv
Sesselkonformation 9
Sicherheit(s)
- bei Farbstoffen IIq
- gurte 81
Sieb
- druck 283
- walze 283
SI-Einheiten 361
Signierfarbstoff 277
Silachemie IIIv
Silicon IIa
- Elastomere Iv
Sirius
- blau GG 146
- lichtblau FFB 183
- lichtorange 3R 150
Sisal 15,16,20
S-Finish 316
Skleroproteine 24
SKRAUPP:
  Synthese 370

Socken 339
Sol 37
Solar-
  türkisblau GLL 155
Solidgrün O 121
Solvatation
  (opt. angeregter Zustand)
  IIs
Solvatochromie 368
Solvensfarbstoffe IIIt
Sondenfarbstoff 368
Sonnen
- kollektor IIw
- schirm 195
Souple 273
Spandex 84
Spannung(s)
- erweichung 200
- mechanische 200,275
Spektroskopie
  siehe NMR,IR,UV/Vis etc.
Speichermedien IIIw
Spezial
- chemikalien Iz
- fasern 78,Iw,Ix
Spindelzelle 44
Spinn
- aggregat 68
- bad 50
- bank 47
- düse 63
- fäden 21
- färbung IIIo,IIIp
- finger 47
- hütte 46
- lösung 50
- prozess 63,79,Ii,Is,Iv
- reife 46
- schacht 78
- verfahren 78,Iv
Spiropyran 371
Spitzenstickerei 53
Spitzigfärben IIIm
Sportbekleidung 290,338,Iu, Ix
Sprayfärben IIIt
Spritzgiessen Ih,Ii,Ij
S-Säure 144,146
stahlartig Ik
Stamm
- ansatz (Druckfarbe) 297
- küpe 300
- lösung 281
Standard
- affinität 232
- fasern Ix
Stapel
- faser 47,79,IIg
- länge 17,18,41,42
- mischung 81

Stärke 273,Id
Starter,Startreaktion 54
statistische(s)
- Auswertung 31
- Gewicht 32
STAUDINGER 53
Steingut 269
Stellvertreterreagenz
  (Synthon) 189
Stengelfaser 15,19,Ip
stereospezifisch 57
Stilbenfbst. 149,150
Strapazierfähigkeit 75
Streckprozess 278
Streichgarn 273
Streifigkeit,Streifigfärben
  233,317,334,336,337
Streptocyanin (Pentamethi-
  nium-) IIq
Strickgarn 308,309
Struktur
- analyse 11,33,If
- einheit,fossile 31
- elemente(-merkmale,-prin-
  zip) 89,100,102,IIy
-- von Applikationsklassen
  209,214,219,223,226,231,
  234,247
- klasse 100
- proteine 24,Ie
- variationen 151
Struktur/Eigenschafts-
  Beziehungen 79,IIm
Stücke,Stückware 260,261,280
Stützgewebe 15,19,20
Subfilamente 44
Subjekt,erkennendes 94
Sublimation IIt,IIIc,IIIg
Sublimierechtheit 169,195,
  317,336,371
Submikrostruktur IIIt
Substantivität 232,237,243
- abgestufte 238
- restliche 294
- unterdrückte 230
- von Direktfbst. 232
- von Küpen-Ionen 237
- von Kupplungskomponenten
  248,250
Substituenten
- aktivierende 129
- anionische 214
- effekte IIp,IIr,IIv,IIz,
  IIId
- elektrofuge 128,249,250
- komplexbildende 219
- nucleofuge 227
- solvatationsfördernde 219,
  234

Substitution(s)
- elektrofuge 249,250
- elektrophile 118,119,
  IIq
- intramolekulare 118
- muster 122,123,130,131,133,
  186
-- capto/dative 187
-- symmetrische 124
- nucleophile 121,137,169,
  170,171,173,174,175
- stelle 128
Sulfonierung 183
Sulfoxid/Thioäther-
  Umlagerung 189
SÜNDER 241
SWART 29
Symmetrie 105,109
symmetriegerecht 105,110,116
syndiotaktisch 56
Synthese
- fasern 48,79,209,218,263,
  274,278,279,In
-- Färben von IIIj,IIIn
- planung 150
- von Azofarbstoffen IIv
- von chinoiden Fbst. IIx
- von Polymeren Ig
Synthon (Stellvertreter-
  reagenz) 189

Tageslicht 145
Talk Iy
Tandem (Massenspektro-
  metrie) IIo
Tannin 225,IIa
Tauröste 20
Tautomerie 170,369
- fähigkeit 187
- gleichgewicht 124,125
technische Gewebe 76,79
Technologie
- Färben 259,IIIj,IIIm
- Kunststoffe Il
- Laser IIIw
- Textilfasern Im,In,Iq
Teigmarken 237
Teilchromophore und Teil-
  strukturen 136,141,165,166,
  168,182
Telesubstitution 70
Telette 47
Tempel,ägyptische IIIs
Temperatur,problematische
  320
Tenside 204,205,206,218,312,
  353,IIc
- Wechselwirkungen Iq,IIc

Teppiche 76,304,308,309,338, IIh,IIIq
Teracoton 323,326
Teracron 323,324
Teralan 328,329
Terasilgoldgelb R 142
Terephthalsäure 61
Terminologie Ib,Iy
Tetraazaoxonole 158
Tetrakisazofbst. 122,145, 147
tex 47,361
Textil
- chemie 48,In
- druck 103,191,209,222,230, 258,283,297,299,365,IIa, IIIc,IIIg,IIIl,IIIm,IIIn, IIIp,IIIq
-- Uebersicht 243,254,283, IIIi
- farbstoffe
-- Auswahl 197
-- Handelsformen 285
-- Standardaffinität IIIa
-- Uebersicht IIz
- fasern 197,198,209,211,Im, Io
-- Identifizieren Iz
-- massgeschneiderte Io
-- modifizierte Iv
-- poröse III
- forschung Iy
- gut(-material) 259,260
- hilfsmittel 203,334,Iz
-- farbstoffaffine 199,204, 218
-- faseraffine 199,204
-- polymere IIa
-- Spezialchemikalien Iz,IIa
- industrie Iy,IIc
- pflanze Io
- technik Iy
- veredlung Iy
Texturgarn 338
texturieren,texturiert 85,Iv
Theorie
- Polyamidfärbung IIIa
- Textilfärbung IIIa
- Wollfärbung IIIl
Thermo
- analyse Iz
- chromie 371,IIo
- fixierechtheit 336
- fixieren 278,279,280,298, 299
- gramm 201,202
- plaste 278,Il

- sol 237,320,323,324,IIIc, IIIn
- spray Ionisation IIo
- waage 201
Thiazinfbst. 247
Thiazolderivate IIu
Thiodiäthylenglykol 363
Thioindigoide (Fbst.) 185, 190,191
- mit cyclisch eingebauter Imidfunktion 185
Thioindigorot B 191
Thionaphthenon 190
Thioxanthenfbst. 111
Tinte 112,116,IIIs
Titer 47,336,361,Ij
Titration 39,40
Tolidin 146
Tonerde 222
Tongleichheit 329,334,378
Totalhydrolysat 27
Toxikologie Ig,Iy,IIl,IIq, IIu
Toxizität 265,Iy
TPA 61,62
Traganth 208
Tragekomfort 17,81
Traglufthallen 81
Trainingsanzüge 290
Transducine IIj
Transferdruck IIIi
Transportphänomene IIIo
Transskription If
Trends
 siehe Entwicklungs- tendenzen
Triacetat 51,52,107,168,213, 271,It,IIId
Triarylmethan-,Triphenyl- methanfbst. (überliefert anstelle Triarylcarbenium-) 97,111,112,113,214,368, IIs,IIt,IIIw
Triazacyanin 373
Trichromiefärbung 304
Tricolorfärbung IIIo
Trikot IIIl
Trimethincyanine 105,106
Trimethyl
- cellulose 9
- glucose 9
Trinitrat 52
trinuclear IIr
Trisaccharid 9
Trisazofbst. 122,145,147
Trisazo/Metallkomplex- Fbst. 367
Trisazo/Triphenylmethan- Fbst. 367

Trivialnamen 102,177
Trocken
- reinigung IId
- spinnen 51,82,87
Trocknen IId,IIe
Tropenkleidung 194
Tuch 365
- schau 261
Tuftingteppiche IIh
Tüll 317,338
Türkischrot 221,222,IIIr
- öl 206,207,222
Tussah 46
Typkonzentration 138,285

Uebertragungskonstante 55
ULLMANN:
  Reaktion 177,181
Ultra (ultra)
- dispers(marken) 237,238,
  282,285,299
- feine Faser It
- struktur Iq
Ultravon W 206
Umluftaggregat 321
Umwelt 3,62,83
- schutz Iy,IIo,IIp,IIq
Univadin W 206
Unterbekleidung,
- wäsche 76,Iu
Untersuchungsmethoden
- Farbstoffe,Färbeprozess
  IIk,IIn,IIv,IIx,IIIb
- Polymere Ib
- Textilfasern If,Ip,Iq,Ir,
  Iz
- visuelle Wahrnehmung IIj
Urethansegment 87
Urindigo 368
UV/Vis-Spektren 93,97,IIn,
  IIo

Valenzschale 96
Velour 338,IIg
Verankerung(s)
- doppelte 198,309
- optimale 237
- prinzip
-- Aggregateinlagerung
  197,198,230,231,232,237
-- Feste Lösung 198,211,
  212,218,255
-- Ionenbindung 198,215,
  218,220
-- Koordinative Bindung
  198,214,218,220

-- Kovalente Bindung
  198,226,229
-- Pigmenteinlagerung
  197,237,248,255,257
Verarbeitung(s) IIg
- grad,-stadium 260,263,278
Verbrennung,katalytische 221
Verbundwerkstoffe Ij,Ix
Verdicker,Verdickungsmittel
  208,245,320,IIa
Verdrängungstechnik IIIo
Verdrillung 11
Verdünnungsreihe 138
Veredlungs
- betrieb 284
- industrie IIm
Verformen 200
Vergilben 273,276,Ip,Iq,Iy,
  IIb
Verküpen 177,209
Vernetzen 80
- Effekte Iq,IIIf
- Reagenzien Iq,IIa
Verseifen
  (siehe Hydrolyse)
Verstärkerproteine IIj
Verstrecken 50,63,75,79
Verteilen 199
Verteilungs
- gleichgewicht 211,213
- koeffizient 212
Vertikalbetrieb 284
Vesikel Ig
Vibration 91
Vicogne (Vigogne) 18,361
Vigoureux 310,365
Vinylensprung 109
Vinylpfropf Ih,Ii
Violanthron 181
Viskose
  (s.a. Regeneratcellulose)
  50,270,289,363,Is
Viskosität 208
visueller Reiz IIi
Vitrolan
- blau 2G 163
- orange G 163
Vlies 41,42
- stoffe IIh
-- geotextile Ix
Vögel IIi
Voll
- bleiche 265
- schur 41
Voltammetrie IIo
Volumen,freies 200
Vorbehandlung 260,261,267,
  269,271,273,274,IId

Vorhänge 287
Vorkondensate 234
Vorschärfen 302,365
Vorverlängerung 87
Vulkanfiber IIh

Wachs 262
Wachstumsreaktion 54
Wahrnehmung IIi
Walken,Walkechtheit 365
Walkfarbstoff 217
Wärme
- retention 81
- rückgewinnung IId
Warmwasserröste 20
Wasch
- batterie 266
- echtheit
  (s.a. Nassechtheit) 177,195,
  196,220,230,237,IId
- effekte IId
- frequenz Ip
- gewohnheit IId
- mittel 205,206,267,IIc,IId
- mittel 6892: 299
Waschen It,IIc,IId
Wasser (wasser)
- abstossend 6
- gehalt 14
- glas 270,IIc
- löslichkeit 170,209
- Schloss 303
- spaltung 8
- stoffbrücken 24,33,126,176,
  212
- stoffperoxid 235,239,243,
  265
- verbrauch 310
- versorgung IIIk
Web
- trikot 338
- waren 260
Weben 260,Ir
Weichgriff 17,79,81
Wechselwirkungen
- Farbstoff/Farbstoff IIIb
- Farbstoff/Faser 198,332,
  IIIb,IIId
- Farbstoff/Neutralsalz
  230,238
- Farbstoff/Polyelektrolyt
  IIIb
- Farbstoff/Polysaccharid
  232,IIIb
- Farbstoff/Tensid IIc,IIw
- Faser/Neutralsalz 39,40
- Faser/Tensid Iq,IIc

- hydrophobe 173,232
- in Seitenketten 24,26
Weiss
- ausrüsten It
- ätze 243
- bewertung IIk
- grad 268,IIb,IIe
- pigmente 245,IIb
- ware 267
Weizenstärke 208
Weltbild 360
- apparat 94
Wetterschutz 289,338,365,
  IIg
Wickelkörper 328
wilde Seide 46
Windschutz 365
Wirkwaren 260,Ip
Woll
- druck 215,IIIm,IIIq
- dunkelgrün AZ 146
- farbstoffe 114,121,144,171,
  173,196,215,218,221,237
-- Kombinationen mit 327,334
- färbungen 442,444,450
  IIIl,IIIm,IIIq
-- Nassechtheit 221
-- Wirkungsweise von Neutralsalz 203,217
- faser 43,44
- fett 42,271
- filz 365
- gelatine 361
- haar 42
- mischungen 327
- reaktivfarbstoff 310,327,
  330,334
- reserve 317,327,328,329,
  330
- proteine (Keratein,Keratin)
  24,25,29,35,Ie
- schädigung 94
- schutz 327,328
- schwarz GR 144
- schweiss 42,271
- teppiche IIIm
Wolle
  (s.a. Proteinfasern) 41,
  271,Iq
- Anbluten 327
- Ausrüstung Ir,Iz,IIIl
- bakterienbeständige 221
- desaminierte 225
- im Vergleich 26,31,196
- Insektenschutz IIf
- metallgebeizte 134,171,
  221
- Titration 39

- Vorbehandlung 271
- waschmaschinenfeste IIIm
- Wechselwirkungen IIc,IIId
Wurstwaren IIIu

Xanthenfbst. 111,114,115,IIz
Xanthogenat 50

Ylid,heterocyclisches 373

ZAHN 25,44
Zeaxanthin 370
Zell
- kern 17,44,265
- membran 44,Iq
- skelett Ie
- stoff 52,Ic
- wand 13
Zement
- farben IIIs
- faserverstärkter Ix

Zersetzung(s)
- durch Mikroorganismen IIf
- schmelze 201
Ziegenhäute IIIt
ZIEGLER:
   Katalysatoren 57
Zierfäden 52
Zinkweiss IIIs
Zinnbeize 221
Zirkulationsapparat 295
ZOLLINGER 44,109,362
Zuverlässigkeit (Bekleidung) Iy
Zweibadmethode 323
Zwirn 260,278,364
Zwischenreinigung 324,326, 327
Zwitter-Ion 159,162

H.-G. Elias

# Große Moleküle –
# Plaudereien über synthetische und natürliche Polymere

1985. 54 Abbildungen, 34 Tabellen. XII, 204 Seiten. Broschiert DM 29,80. ISBN 3-540-15599-6

„Was Sie schon immer über Kunststoffe wissen wollten ..."
Professor Hans-Georg Elias (Midland, MI) erklärt es Ihnen in seinem Buch **Große Moleküle – Plaudereien über synthetische und natürliche Polymere.**

Er zeigt Ihnen in leicht verständlicher Darstellung auf, wieso die Natur ohne Makromoleküle nicht auskommt und wie sich unsere wissenschaftliche Vorstellung über den Aufbau dieser Polymeren entwickelte – nicht ohne Irrungen und Wirrungen. Heute können wir aus dem molekularen Aufbau der großen Moleküle ihre Eigenschaften ableiten und Kunststoffe gezielt so herstellen, daß sie den an sie gestellten Anforderungen, z. B. bei Autoreifen oder Motorenölen, voll gerecht werden.

Mit anschaulichen Beispielen aus dem täglichen Leben wird der Bezug zwischen molekularem Aufbau und Eigenschaften der Makromoleküle hergestellt:
- Warum wird Brot im Kühlschrank schneller altbacken als bei Raumtemperatur?
- Was bedeutet „bügelfeucht" und warum wird ein Anzug gedämpft?
- Welche Bedeutung hat der Rasierschaum für die glatte Rasur und was geht bei der Dauerwelle chemisch vor?
- Soll ein Anfänger sein Tennisracket mit Darm- oder mit Kunststoffsaiten bespannen?

Dieses Buch will kein Lehrbuch sein – es wendet sich an Schüler und Lehrer. Aber jeder, der mit Kunststoffartikeln umgeht und sich dafür interessiert, wieviel wissenschaftliche Erkenntnisse in unsere Gebrauchsgegenstände einfließen, wird hier eine unterhaltsame Lektüre finden.

Chemiestudenten und (Molekül-)Chemiker schließlich werden viele Anstöße zum Nachdenken und Nachlesen finden: Das Buch ist kein Lehrbuch, aber es enthält alle Informationen über Makromoleküle, die in einem Speziallehrbuch zu finden sind – nur nicht so trocken geschrieben.

*Auch in Englisch erhältlich:*
H.-G. Elias

# Mega Molecules

**Tales of Adhesives, Bread, Diamonds, Eggs, Fibers, Foams, Gelatin, Leather, Meat, Plastics, Resists, Rubber, ... and Cabbages and Kings**

1987. 55 figures, 34 tables. XIII, 202 pages. Soft cover DM 24,80. ISBN 3-540-17541-5

P. F. Gordon, P. Gregory

# Organic Chemistry in Colour

**Springer Study Edition**

1st edition 1983. 2nd printing 1987. 52 figures, 59 tables. XI, 322 pages. Soft cover DM 58,–.
ISBN 3-540-17260-2

**Contents:** The Development of Dyes. – Classification and Synthesis of Dyes. – Azo Dyes. – Anthraquinone Dyes. – Miscellaneous Dyes. – Application and Fastness Properties of Dyes. – Appendices. – Author Index. – Subject Index.

**Organic Chemistry in Colour** emphasizes the strong links that exist between dyestuffs and organic chemistry. The most important properties of dyestuffs are discussed in terms of modern organic chemistry, with special emphasis on current molecular orbital theories. Dye synthesis in discussed in the light of modern synthetic methods and, where appropriate, current thinking on mechanistic aspects is considered.
The book therefore provides an ideal forum for those seeking an insight into modern organic chemistry while simultaneously seeing its application to an important industrial field. To this end, then, the book fulfills a dual function both as a useful reference for research workers in the field of organic chemistry and dyes, and also as an aid to the advanced chemistry student who would like to see organic chemistry illustrated by practical examples.
This corrected reprint of the first hard-cover edition 1983 is published in soft-cover within the Springer Study Edition.

Springer-Verlag Berlin
Heidelberg New York London
Paris Tokyo Hong Kong

Springer

Tafel 1: Verarbeitungsstadium und Aufmachung

| Verarbeitungs-stadien | lose Formen | Strangformen | Wickelformen | |
|---|---|---|---|---|
| | | | Wickelkörper und Spulen | Warenbäume |
| Unverarbeitetes Fasermaterial | Flocke | | | |
| Vorgespinste | | Spinnkabel<br>Spinnbänder<br>Kammzüge<br>Kardenbänder | Kammzug-bobinen<br>Kardenband wickel | Färbebäume |
| Gespinste | | Garnstrange<br><br>Garnkette | Spinnkuchen<br><br>Spulkränze<br><br>Kreuzspulen<br><br>Sonnenspulen<br><br>Flaschenspulen | Teilbaumrolle<br><br>Färbebäume |
| Gewebe/Gewirke | Vlies | geraffte Warenbahn, Schlauch | Buchform<br>an Ficelles   auf Stöcken<br>auf Stern | Docke |

Ebner/Schelz: Textilfärberei und Farbstoffe
© Springer-Verlag Berlin Heidelberg 1989

Tafel 2: Verarbeitungsformen und Färbeprozeß

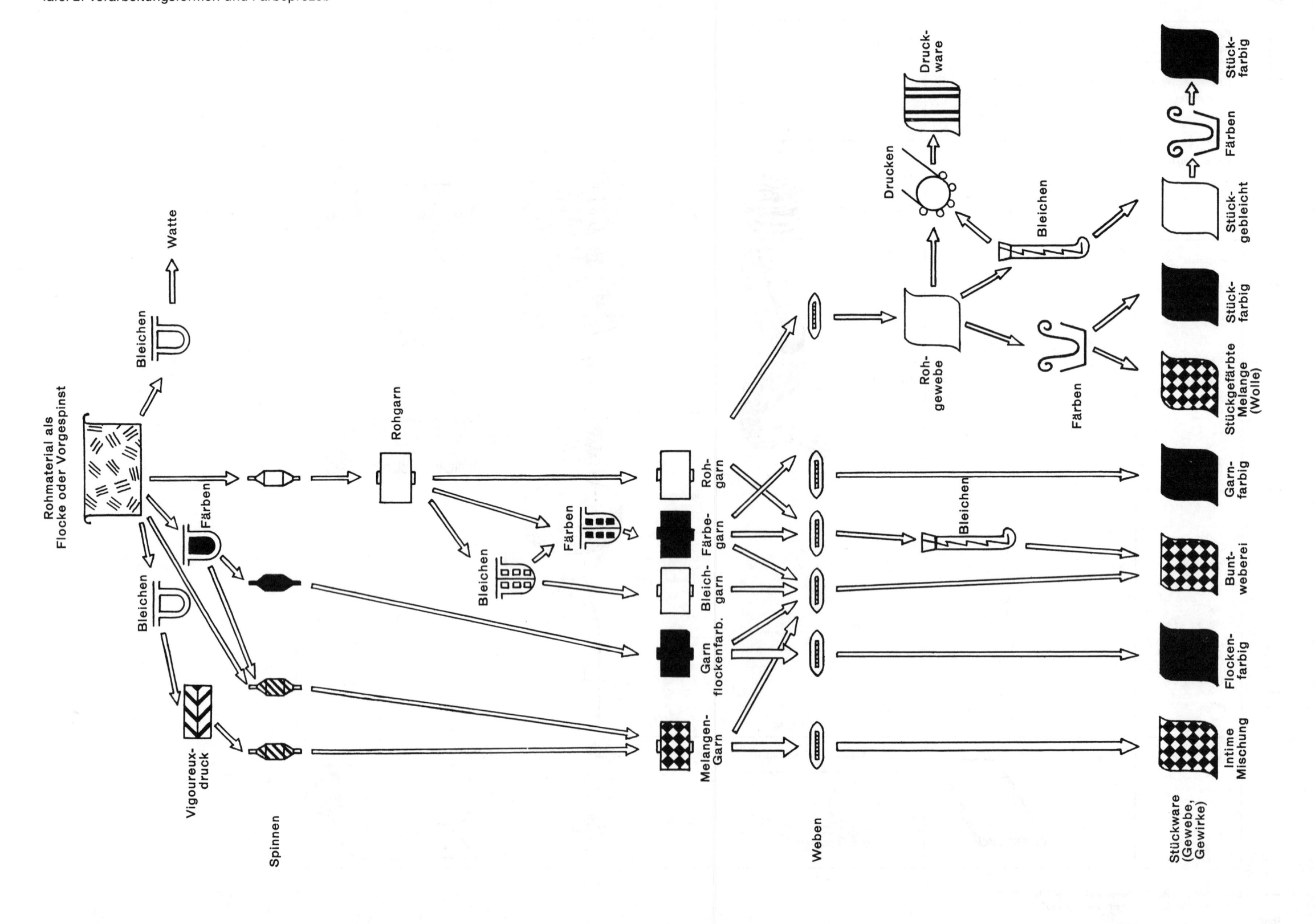

Tafel 3b: Übersicht über die technischen Verfahren und ihre Anwendungsbereiche (1. Fortsetzung)

| Kontinuierliches Färben<br>Teinture à la continue<br>Continuous dyeing | Halbkontinuierliches Färben<br>Teinture à la semi-continue<br>Semicontinuous dyeing | Diskontinuierliches Färben<br>Teinture à la discontinue<br>Discontinuous dyeing | Aufmachungsform<br>Présentation<br>Form of textile |
|---|---|---|---|
| **Foulard-Dämpf-Verfahren (System Smith)**<br>Procédé par foulardage-vaporisage (Système Smith)<br>Pad-steam method (Smith system)<br><br>Foulard / Padding mangle — Piston Dämpfer / Piston vaporiseur / Piston steamer — Waschanlage / Installation de lavage / Washing plant — Trockner / Séchoir / Dryer | | Packapparat<br>Appareil d'empaquetage<br>Packing apparatus | Flocke<br>Bourre<br>Loose stock |
| **Foulard-Dämpf-Verfahren (System ILMA)**<br>Procédé par foulardage-vaporisage (Système ILMA)<br>Pad-steam method (ILMA system)<br><br>Foulard / Padding mangle — Dämpfer / Vaporiseur / Steamer — Lisseuse / Backwashing machine — Trockner / Séchoir / Dryer — Topfauslauf / Dispositif de mise en pot / Can take-up | | Aufsteckapparat<br>Appareil de teinture par embrochage<br>Spindle machine    Packapparat<br>Appareil d'empaquetage<br>Packing apparatus | Kammzug<br>Ruban peigné<br>Tops<br><br>Kardenband<br>Ruban de carde<br>Card sliver<br><br>Spinnkabel<br>Câble de filature<br>Tow |
| **Foulard-Dämpf-Verfahren (System Fleissner)**<br>Procédé par foulardage-vaporisage (Système Fleissner)<br>Pad-steam method (Fleissner system)<br><br>Abrollrahmen / Dévidoir / Unwinding stand — Foulard / Padding mangle — Dämpfer / Vaporiseur / Steamer — Waschanlage / Installation de lavage / Washing plant — Trockner / Séchoir / Dryer — Topfauslauf / Dispositif de mise en pot / Can take-up | | | |

**Tafel 3a:** Übersicht über die technischen Verfahren und ihre Einsatzbereiche (Fortsetzung siehe 3b, c und d)

| Kontinuierliches Färben / Teinture à la continue / Continuous dyeing | Halbkontinuierliches Färben / Teinture à la semi-continue / Semicontinuous dyeing | Diskontinuierliches Färben / Teinture à la discontinue / Discontinuous dyeing | Aufmachungsform / Présentation / Form of textile |
|---|---|---|---|
| | | Packapparat / Appareil d'empaquetage / Packing apparatus — Aufsteckapparat / Appareil de teinture par embrochage / Spindle machine | Kreuzwickel (Muff) / Gâteau (manchon) / Muff; Spinnkuchen / Gâteau de filature / Spinning cake |
| | | Aufsteckapparat / Appareil de teinture par embrochage / Spindle machine | Kreuzspule / Bobine croisée / Cheese |
| Färben in der Schlichte / Teinture dans le bain d'encollage – Dyeing in the sizing bath: Kettbaum / Ensouple / Beam — Foulard / Padding mangle — Trockner / Séchoir / Dryer — Kettbaum / Ensouple / Beam | | Kettbaum-Färbeapparat / Appareil de teinture des ensouples / Warp beam dyeing apparatus | Kettbaum / Ensouple / Warp beam |
| System Colorhank (Bellmann) / Système Colorhank (Bellmann) – Colorhank system (Bellmann): Strangwagen / Chariot à fil / Hank carrier — Färbekammer / Poste de teinture / Dyeing unit — Spülkammer / Poste de ringage / Rinsing unit — Abquetschkammer / Poste d'exprimage / Squeezing unit — Trocknungskammer / Poste de séchage / Drying unit | | Packapparat / Appareil d'empaquetage / Packing apparatus — Spritzfärbemaschine / Machine de teinture par arosage / Spray dyeing machine — Hängemaschine / Machine de teinture par suspension / Hank dyeing machine — Hängeapparat / Appareil de teinture par suspension / Hank dyeing apparatus | Strang / Echeveau / Hank |

Ebner/Schelz: Textilfärberei und Farbstoffe
© Springer-Verlag Berlin Heidelberg 1989

Tafel 3d: Übersicht über die technischen Verfahren und ihre Anwendungsbereiche (3. Fortsetzung)

| Kontinuierliches Färben / Teinture à la continue / Continuous dyeing | Halbkontinuierliches Färben / Teinture à la semi-continue / Semicontinuous dyeing | Diskontinuierliches Färben / Teinture à la discontinue / Discontinuous dyeing | Aufmachungsform / Présentation / Form of textile |
|---|---|---|---|
| **System Colorform (Bellmann)** / Système Colorform (Bellmann) / Colorform system (Bellmann)<br><br>Formwagen / Chariot à forme — Reinigungs-, Färbe- und Spülkammer / Poste de nettoyage, teinture et ringage / Cleaning, dyeing and rinsing unit — Wartekammer (teilweise Entwässerung) / Poste d'attente (égoutage) / Waiting unit (partial removal of water) — Trocknungskammer / Poste de séchage / Drying unit | | Trommelfärbeapparat / Appareil de teinture à tambour / Drum dyeing apparatus — Paddel-Färbemaschine / Barque à palette / Paddle machine | Kleidungsstücke / Vêtements / Garments |
| **System Colorplast (Bellmann)** / Système Colorplast (Bellmann) / Colorplast system (Bellmann)<br><br>Formwagen / Chariot à forme — Reinigungs-, Färbe- und Spülkammer / Poste de nettoyage, teinture et ringage / Cleaning, dyeing and rinsing unit — Avivier- und Trocknungskammer / Poste d'avivage et de séchage / Scrooping and drying unit | | | |
| | | | |

Tafel 3c: Übersicht über die technischen Verfahren und ihre Anwendungsbereiche (2. Fortsetzung)

| Kontinuierliches Färben<br>Teinture à la continue<br>Continuous dyeing | Halbkontinuierliches Färben<br>Teinture à la semi-continue<br>Semicontinuous dyeing | Diskontinuierliches Färben<br>Teinture à la discontinue<br>Discontinuous dyeing | Aufmachungsform<br>Présentation<br>Form of textile |
|---|---|---|---|
| **Pad-Steam-Verfahren** / Procédé par foulardage-vaporisage / Pad-steam method 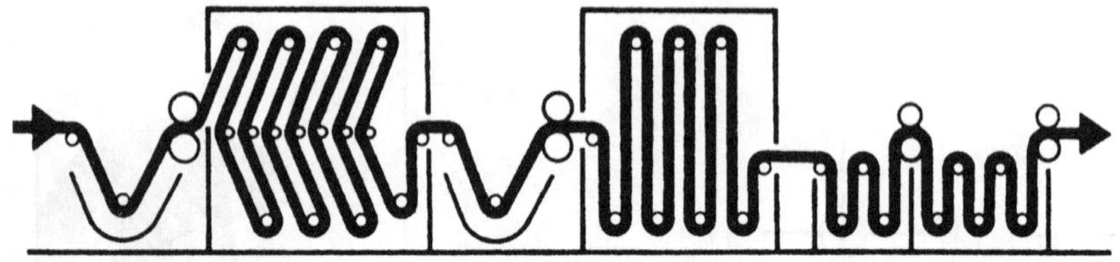<br><br>Foulard / Padding mangle — Trockner / Séchoir / Dryer — Chemikalien-Foulard / Foulard chimique / Chemical pad — Dämpfer / Vaporiseur / Steamer — Breitwaschmaschine / Machine à laver au large / Open-width washer | **Pad-Jig-Verfahren** / Procédé Pad-Jig / Pad-Jig-method <br><br>Foulard / Padding mangle — Jigger / Jig | 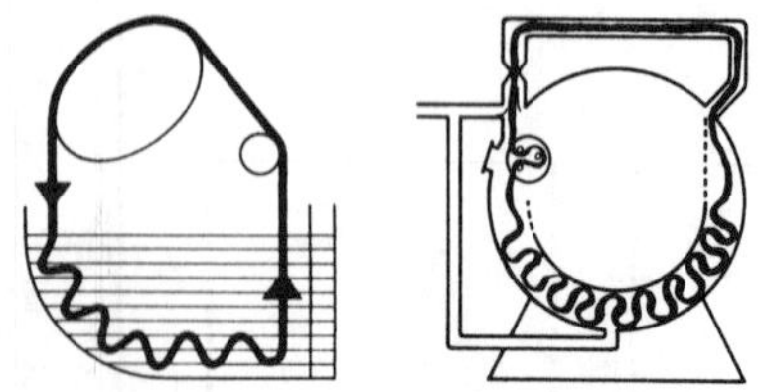 Haspelkufe / Tourniquet / Winch — Düsenfärbemaschine / Machine à tuyères / Jet dyeing machine | |
| **Pad-Thermofix-Verfahren** / Procédé par foulardage-thermofixation / Pad-thermofix method 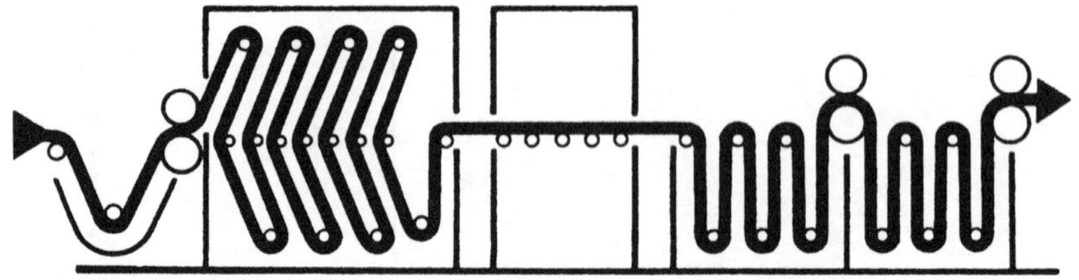<br><br>Foulard / Padding mangle — Trockner / Séchoir / Dryer — Thermofixierer / Thermofixeuse / Curing unit — Breitwaschmaschine / Machine à laver au large / Open-width washer | **Pad-Roll-Verfahren** / Procédé Pad-Roll / Pad-Roll method 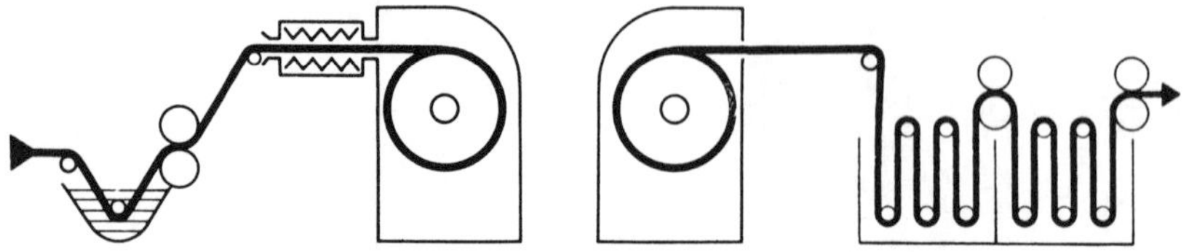<br><br>Foulard / Padding mangle — Verweilkammer / Chambre de fixation / Batching unit — Breitwaschmaschine / Machine à laver au large / Open-width washer | 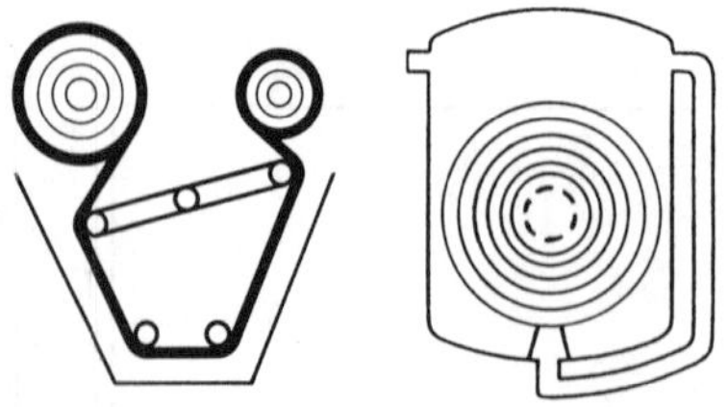 Jigger / Jig — Baumfärbeapparat / Appareil de teinture sur ensouple / Beam dyeing machine | 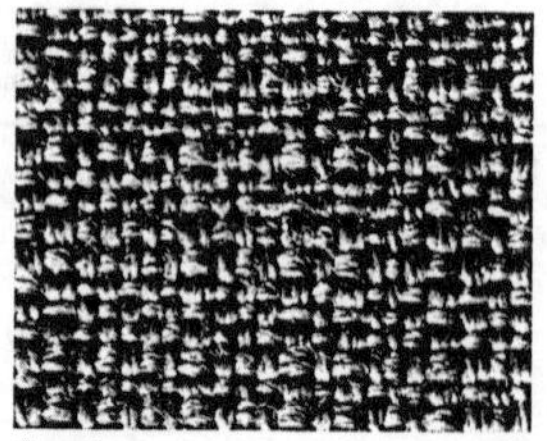 Gewebe / Tissu / Piece goods |
| **Pad-Dry-Verfahren** / Procédé par foulardage-séchage / Pad-dry method 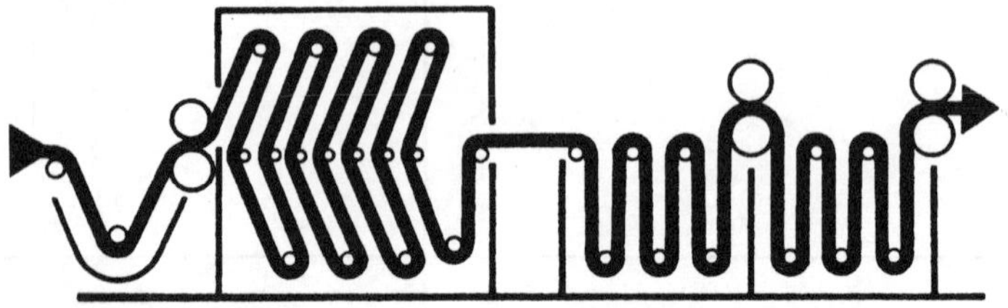<br><br>Foulard / Padding mangle — Trockner / Séchoir / Dryer — Breitwaschmaschine / Machine à laver au large / Open-width washer | **Kaltverweil-Verfahren** / Procédé par foulardage-stockage à froid / Cold pad-batch method 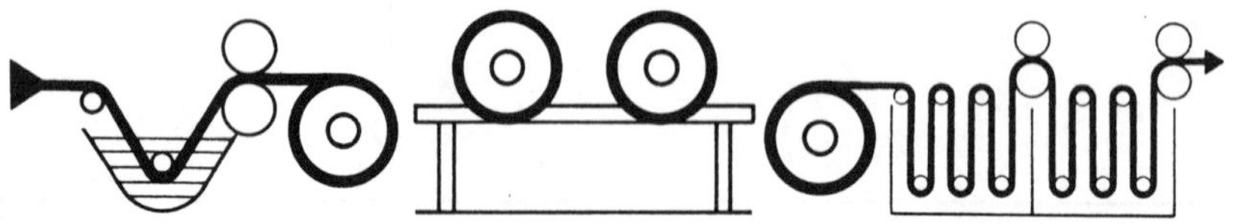<br><br>Foulard / Padding mangle — Verweilanlage / Dispositif de stockage / Batching unit — Breitwaschmaschine / Machine à laver au large / Open-width washer |  Sternreifen / Etoile / Star frame | |
| **Foulard-HT-Dämpf-Verfahren** / Procédé par foulardage-vaporisage à haute température / Pad-HT-steam method 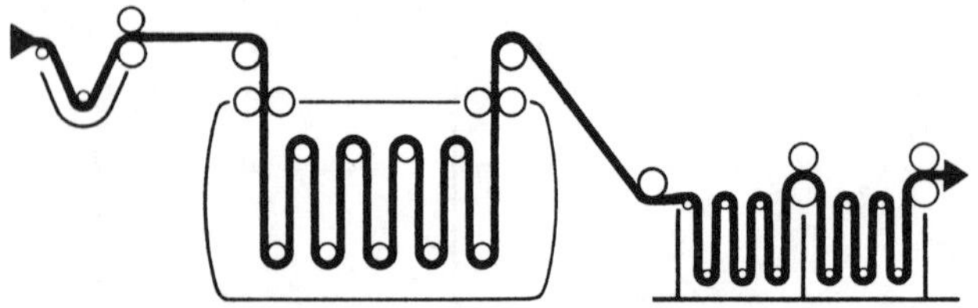<br><br>Foulard / Padding mangle — HT-Dämpfer / Vaporiseur à haute température / HT-steamer — Breitwaschmaschine / Machine à laver au large / Open-width washer | **Kaltverweil-Verfahren** / Procédé par foulardage-stockage à froid / Cold pad-batch method 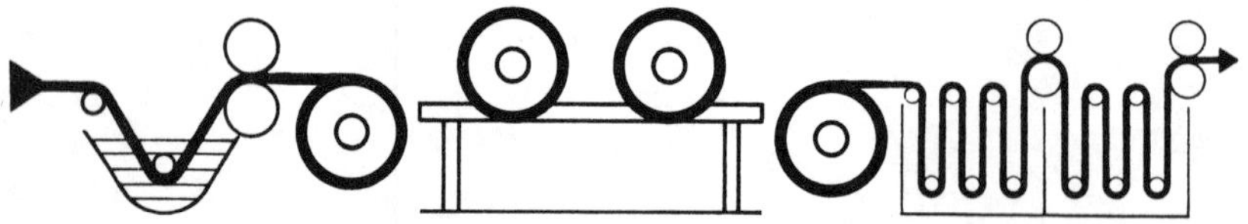<br><br>Foulard / Padding mangle — Verweilanlage / Dispositif de stockage / Batching unit — Breitwaschmaschine / Machine à laver au large / Open-width washer | 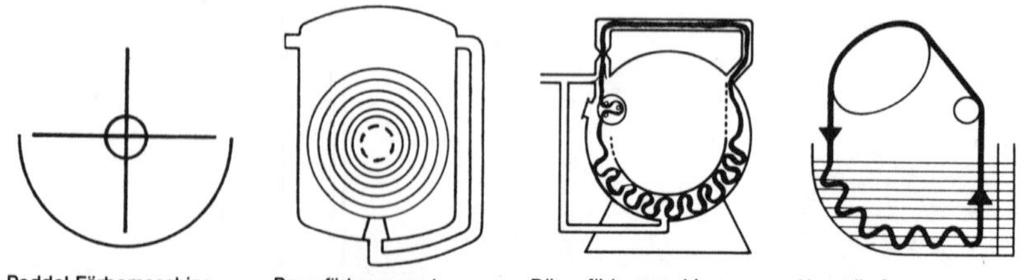 Paddel-Färbemaschine / Barque à palette / Paddle machine — Baumfärbeapparat / Appareil de teinture sur ensouple / Beam dyeing machine — Düsenfärbemaschine / Machine à tuyères / Jet dyeing machine — Haspelkufe / Tourniquet / Winch | 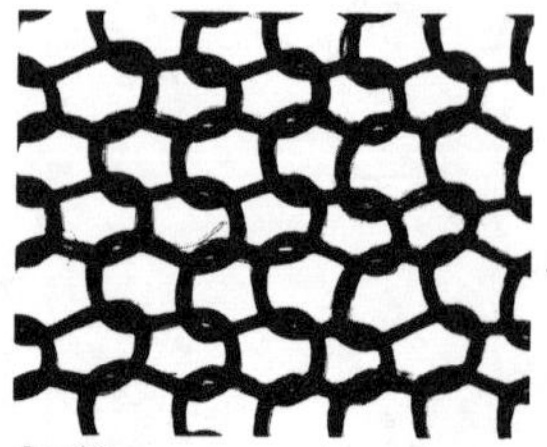 Gewirk / Tricot / Knitted fabric |

Ebner/Schelz: Textilfärberei und Farbstoffe
© Springer-Verlag Berlin Heidelberg 1989

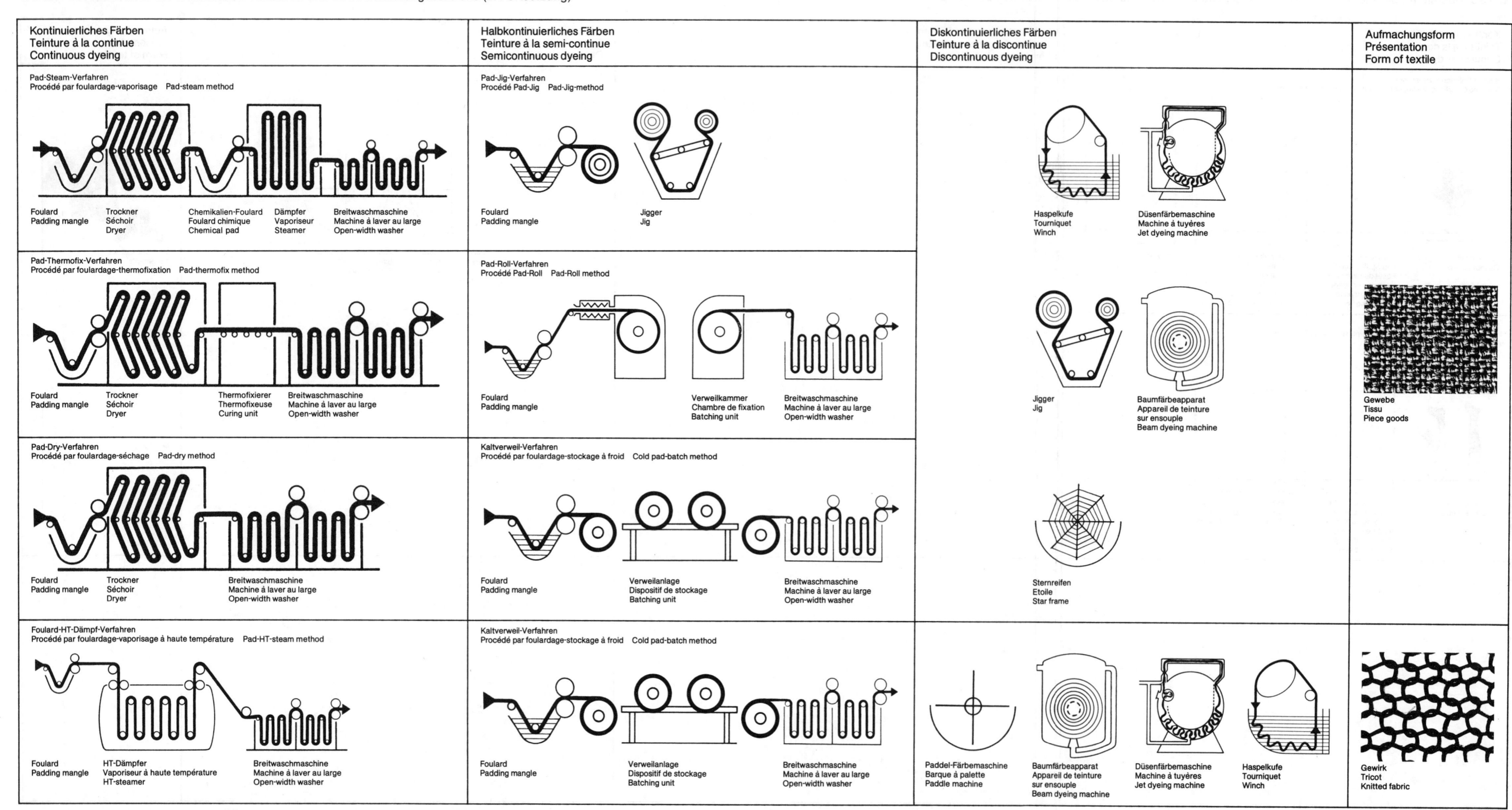